国外电子与通信教材系列

通信系统微波滤波器
——基础篇(第二版)

Microwave Filters for Communication Systems
Fundamentals, Design and Applications
Second Edition

[英] Richard J. Cameron
[加] Chandra M. Kudsia   著
[加] Raafat R. Mansour

王松林 译

电子工业出版社
Publishing House of Electronics Industry
北京·BEIJING

内 容 简 介

Microwave Filters for Communication Systems: Fundamentals, Design and Applications, Second Edition 是微波滤波器设计领域的经典著作，全书共23章，基本涵盖了通信系统微波滤波器的基础理论、设计及工程应用。为了适合中国本科教学的具体情况，中译本出版时分成了两本教材。本书为基础篇，对应原著第1章至第10章；另一本书为设计与应用篇，对应原著第11章至第23章。本书前两章介绍了通信系统的基本概念与理论；第3章和第4章介绍了常用的滤波器函数特性，以及计算机综合和优化方法；第5章描述了二端口网络的表示方法，以及多端口网络的分析；第6章至第8章叙述了各类滤波器传输函数及其电路网络综合方法，深入讲解了滤波器的耦合矩阵理论；第9章和第10章详细说明了各种滤波器耦合矩阵，以及相关拓扑结构的综合方法与应用。

经过以上系统及基本滤波器知识的学习后，再结合设计与应用篇中的高级滤波器设计研究及实际案例的强化练习，读者就能全面掌握现代通信系统中微波滤波器的基本理论知识及工程实践。

本书可作为高年级本科生或研究生的工程入门教材，也非常适合作为广大微波设计人员必备的参考书籍。

Microwave Filters for Communication Systems: Fundamentals, Design and Applications, Second Edition 9781118274347, Richard J. Cameron, Chandra M. Kudsia, Raafat R. Mansour

Copyright © 2018, John Wiley & Sons, Inc.

All rights reserved. This translation published under license.

No part of this book may be reproduced in any form without the written permission of John Wiley & Sons, Inc.

本书简体中文字版专有翻译出版权由美国John Wiley & Sons公司授予电子工业出版社。
未经许可，不得以任何手段和形式复制或抄袭本书内容。

版权贸易合同登记号　图字：01-2018-7263

图书在版编目（CIP）数据

通信系统微波滤波器：基础篇：第二版/（英）理查德·J.卡梅伦（Richard J. Cameron），（加）钱德拉·M.库德西亚（Chandra M. Kudsia），（加）拉法特·R.曼苏尔（Raafat R. Mansour）著；王松林译. 北京：电子工业出版社，2022.2
（国外电子与通信教材系列）
书名原文：Microwave Filters for Communication Systems: Fundamentals, Design and Applications, Second Edition
ISBN 978-7-121-42887-6

Ⅰ.①通… Ⅱ.①理…②钱…③拉…④王… Ⅲ.①微波滤波器-高等学校-教材 Ⅳ.①TN713
中国版本图书馆CIP数据核字（2022）第022052号

责任编辑：马　岚
印　　刷：大厂聚鑫印刷有限责任公司
装　　订：大厂聚鑫印刷有限责任公司
出版发行：电子工业出版社
　　　　　北京市海淀区万寿路173信箱　邮编：100036
开　　本：787×1092　1/16　印张：20.25　字数：518千字
版　　次：2012年10月第1版
　　　　　2022年2月第2版
印　　次：2022年2月第1次印刷
定　　价：79.00元

凡所购买电子工业出版社图书有缺损问题，请向购买书店调换。若书店售缺，请与本社发行部联系，联系及邮购电话：(010)88254888，88258888。
质量投诉请发邮件至zlts@phei.com.cn，盗版侵权举报请发邮件至dbqq@phei.com.cn。
本书咨询联系方式：classic-series-info@phei.com.cn。

译 者 序

微波滤波器是各种微波通信系统中的关键器件。其作用是允许传输所需频段的信号，抑制或反射不需要的信号。现如今，各通信系统的频段越来越拥挤，频段的间隔越来越窄，这些因素极大地驱动了微波滤波器的创新与应用。随着5G应用中基站的布局越来越密集，需要大量的高功率微波滤波器和多工器，这使得各种新兴技术的应用(如多通带、可调、可集成与小型化)，以及更高效、快速地解决仿真与工程问题，都成为行业的迫切需要。因此，对于大多数从事通信或微波领域的高校和企业来说，滤波器技术人才的培养已成为目前亟待解决的问题。

Microwave Filters for Communication Systems: Fundamentals, Design and Applications, Second Edition 的出版，给整个滤波器行业，甚至整个微波通信行业带来了新的技术学习热潮。这本微波滤波器经典著作，在微波业界堪称里程碑之作。早在2003年，为了学习滤波器综合设计方法，我认真研读了三位作者之一 Cameron 博士发表的所有文献。为了解决自己在理解文献时遇到的问题，我有幸与 Cameron 博士建立了邮件联系。后来，这些文献的内容由他汇总到了本书中。当时国内缺乏最关键的综合设计软件，对于滤波器的设计，大家都处在摸索阶段，大公司也只是借鉴国外设计，或者凭借经验值来指导工程应用。而正是基于对文献内容的理解及好友的建议，微波家园论坛于2006年正式推出。之后，这个交流平台逐渐吸引了众多业界和学术界同仁的关注，大家在这里开展了许多关于微波滤波器综合和仿真工程应用的技术讨论，互相促进和提高。也正是由于这种热烈氛围，微波家园论坛得到了电子工业出版社编辑的关注，我有幸牵头翻译了本书第一版并认真审校了全书。

本书第一版出版之后，得到了业内技术人员的好评，尤其是专业人员利用本书主要核心内容编写的各种综合软件的发布，促进了国内滤波器设计及工程应用的迅速发展。三位作者经过多年的积淀，将工程应用心得汇集整理，对第一版内容进行了大幅修订补充，并新增了微波滤波器的许多新型应用。本书以电路网络理论为基础，逐一介绍了各类复杂滤波器耦合矩阵的综合技术及工程应用，实现了理论与实践的完美结合。作者根据多年的研究经验，结合现代微波滤波器技术发展，创新地提出了许多新的方法与手段。这是针对高性能微波滤波器最完善的一本指导教材和设计工具书，读者只要掌握基本的数学理论、电路知识和仿真工具，通过对书中实际案例的认真学习，就能够快速掌握滤波器设计方法，解决较复杂的滤波器工程问题。

第二版的翻译及所有章节的审校工作都由我完成。对于可能存在的排版错误和不容易理解的地方，我已与作者反复沟通与确认，力求奉献给读者一部易懂好学的教材。某些表中的数据已根据现今技术水平进行了更新。值得一提的是，在讨论过程中，作者提供了新的文件，因此第6章新增了附录6A。另需注意的是，中译本的一些章节中的矩阵数据与原著存在差异，这是译者在相同的输入条件下，利用 MATLAB 编程实现的综合数据，已验证数据的真实性。读者如果想参考原著的矩阵数据，则可登录华信教育资源网(www.hxedu.com.cn)注册后免费下载。

许多学生在离开校园步入通信与微波行业时，还不具备基本的滤波器设计知识，在大学本科阶段开设以滤波器为基础的理论课程是大势所趋。为了适应本科教学学时和内容深度等方面的实际情况，这次出版的译著特意拆分成"基础篇"和"设计与应用篇"两本书。前者适合作为本科选修课教材，后者可以在毕业入行后再深入研读。对于已投身通信与微波行业的工程师，本人建议将这两本书作为案头必备参考书。在这里，我要感谢西安电子科技大学滤波器领域的研究团队对本书的支持，还要特别感谢参与本书第一版初译的各位同行的付出，以及电子工业出版社编辑为本书高质量出版的不懈努力。

限于本人的能力水平，对于译本出现的遗漏或翻译不妥之处，恳请广大读者给予批评指正。为了方便大家的交流，微波家园论坛开辟了针对本书的讨论专区，期望大家能总结本书的不足及错误，共同在微波滤波器的理论研究和工程实践方面不断学习与提高。同时，关于本书中部分章节中的计算实例，可以在这个讨论专区的相关主题下查找下载。

王松林

2021 年 11 月

前　　言[①]

与第一版相比，本书新增了三章，其中关于多通带滤波器和可调滤波器的两章主要反映了无线系统的新兴市场需求，还有一章主要介绍了实际应用中微波滤波器和多工器网络设计与实现。我们全面检查和改进了第一版的内容，并在第1章、第6章、第8章、第16章和第20章新增了一些小节。

本书由一个简单的通信系统模型开始，阐述了以下问题：

1. 在无线通信系统中，可用带宽是否存在限制？
2. 在可用带宽内，信息传输的限制是什么？
3. 在通信系统中，对成本敏感的参数有哪些？

本书针对通信系统中不同部分对滤波器网络的功能需求，对上述问题进行了讨论，以便读者对不同的系统参数有所了解。接下来，书中讨论了用于产生对称和不对称频率响应的广义低通原型滤波器函数的计算机辅助设计技术。通过引入一个假想的不随频率变化的电抗元件，得到了低通原型滤波器设计的基本公式。在实际带通和带阻滤波器中，不随频率变化的电抗元件表征谐振电路的频率偏移。缺少不随频率变化的电抗元件的经典滤波器函数，将产生对称的频率响应。根据滤波器函数的基本公式推导出的综合方法，可用于实现滤波器网络的等效集总参数模型。利用接下来的综合步骤，可将滤波器的电路模型转化为等效的微波结构。一般来说，运用众多现有的电路模型参数，可以近似实现微波滤波器的物理结构参数。为了得到更精确的物理尺寸，本书论述了运用基于现代电磁技术的方法和工具，可以任意精度确定滤波器尺寸的方法。相关理论将通过设计任意带宽和信道间隔的多工器网络得以展示。其余一些章节主要讨论了计算机辅助调试和滤波器设计中的高功率因素。本书的目的是使读者全面了解滤波器的要求和设计，并且对该领域中陆续出现的一些高级方法有足够的认识。本书通篇强调了在滤波器设计中的基本理论和实际影响因素。全书特色如下：

1. 在滤波器设计中，系统的影响因素。
2. 包含不随频率变化的电抗元件的滤波器函数的基本公式和综合方法。
3. 在大部分拓扑结构中，包含对称或不对称频率响应的广义低通原型滤波器的综合方法。
4. 应用基于电磁技术的方法，优化设计微波滤波器的物理结构尺寸。
5. 各种多工器结构的设计方法和折中方案。
6. 滤波器辅助调试技术。
7. 在地面和太空应用中，滤波器的高功率影响因素。

本书共23章，具体内容分述如下。

第1章主要回顾了通信系统，特别是通信系统中的信道与其他部分之间的关系。本章的主

[①] 前言译文对应原著的 Preface，其中涉及的第11章至第23章的内容，在《通信系统微波滤波器——设计与应用篇（第二版）》中。——编者注

要目的是给读者提供足够的背景知识,以便于理解滤波器在通信系统中的关键作用和要求。

本书对数字传输、信道部分、频率划分和微波滤波器技术的局限性等内容进行了完善。为了反映无线业务爆炸性增长对额外频带的需求,针对蜂窝系统应用的射频滤波器指标也进行了完善,并新增了关于超宽带无线通信的一节。第 1 章的小结部分也进行了修订,以反映这些变化。

第 2 章主要介绍了通信理论和一些电路理论,重点强调了在电路网络分析中大家熟知的频率分析方法。

第 3 章论述了经典最大平坦、切比雪夫、椭圆函数等低通原型滤波器的特征多项式的综合方法。本章对不随频率变化的电抗元件进行了论述,并通过运用它们产生不对称的频率响应,得出了一些结论。其中传输函数多项式包含复系数(在一些限制条件下),这与我们熟悉的有理实系数特征多项式有明显区别,从而为分析大部分低通原型域中的基本函数形式的滤波器,如最小相位和非最小相位滤波器、对称或不对称频率响应的滤波器提供了基础。

第 4 章介绍了运用计算机辅助优化技术综合任意幅度响应的低通原型滤波器特征函数的方法。该方法的关键是确保优化过程的有效收敛,这主要是通过确立目标函数的解析梯度和建立与理想幅度响应的直接对应关系来实现的。该方法也适用于对称或不对称频率响应的最小相位滤波器和非最小相位滤波器。为了说明该方法的灵活性和有效性,本章给出了一些非常规滤波器的设计示例。

第 5 章回顾了一些在多端口微波网络分析中用到的基本概念。由于任意滤波器或多工器能够被分成若干二端口、三端口或 N 端口的级联形式,因此这些概念对于滤波器设计人员来说非常重要。接下来介绍了微波网络的 5 种矩阵表示形式,分别为 $[Z]$、$[Y]$、$[ABCD]$、$[S]$ 和 $[T]$ 矩阵。这些矩阵都是可以相互转化的,即任意一个矩阵的元件可以用其他的矩阵元件表示。熟悉这些矩阵的概念对于理解本书的内容来说是极为重要的。

第 6 章开篇复习了与滤波器网络设计相关的一些重要散射参数之间的关系。接着讨论了广义切比雪夫函数及其在产生传输多项式和反射多项式中的应用,这些多项式可以用来综合含有任意传输零点的等波纹滤波器。本章最后主要讨论了预失真和双通带滤波器函数。

本章新增内容之一是求解广义切比雪夫原型滤波器带内反射最大值和带外传输最大值的位置;另外新增一节描述了特征多项式、S 参数、短路导纳和 $[ABCD]$ 传输矩阵参数之间的关系。本章还新增了一个附录,讨论二端口 S 参数的扩展分析和复终端多端口网络的综合。

第 7 章介绍了基于 $[ABCD]$ 矩阵的滤波器综合方法。综合步骤分为两步。首先确定无耗的集总元件电容、电感和不随频率变化的电抗元件的值,然后确定导纳变换器的值。应用这些变换器,可使微波谐振器通过相互耦合的方式来实现原型电路。运用这种方法综合出的对称和不对称频率响应的低通原型滤波器,其拓扑不仅是梯形的,还含有交叉耦合。这一方法还可以推广到单终端滤波器的综合。本章介绍的综合方法是一种普适的技术,广泛应用于集总低通原型滤波器网络的综合。

第 8 章介绍了带通滤波器综合的 $N \times N$ 耦合矩阵的概念。通过加入不随频率变化的电抗元件,修正后的综合方法也可用于综合不对称的滤波器响应。然后,通过从 $N \times N$ 耦合矩阵中分离出纯阻性和纯电抗性元素,可将该设计过程拓展到 $N+2$ 型耦合矩阵。$N+2$ 型耦合矩阵除了包含源与第一个谐振器耦合、负载与最后一个谐振器耦合的情形,还包含源和负载与其他所有谐振器的耦合，以及源和负载直接耦合的情形。这种方法可用来综合全规范型滤波器，并且简化了到其他拓扑结构的相似变换过程。以上综合过程产生的基本耦合矩阵，其所有耦合都位于限定位置。接下来，本章讨论了确定包含最小耦合路径的拓扑结构，即全规范型拓扑，可以通过矩阵的相似变换来实现。这种变换保证了矩阵的特征值和特征向量在变换过程中保持不变，因此变换前后的滤波器响应也保持不变。这种综合方法具有两大优势：(1)能够得到包含所有可能耦合的基本耦合矩阵，从而使针对耦合矩阵的后续变换中能够得到不同的滤波器拓扑结构；(2)耦合矩阵代表了实际带通滤波器的结构。因此，能够知道实际带通滤波器的每一个参数值，如 Q 值、色散特性和灵敏度。这些信息使我们能够对实际滤波器性能做出更准确的判断，得出优化滤波器性能的方向。

本章新增了两节，其中一节讨论 $N+2$ 型复终端网络耦合矩阵综合，另一节讨论奇偶模耦合矩阵综合，即折叠梯形阵列。

第 9 章提出了一种相似变换的方法，该方法适用于双模滤波器网络的大部分拓扑结构。应用双模滤波器可实现在一个谐振器中产生两个正交极化的简并模。其中，谐振器可以是腔体的、介质盘片的或平面结构的，这使得滤波器的体积可以显著减小。除了轴向形和折叠形结构，比较适用的结构还有级联四角元件和闭端形拓扑。本章末尾给出了一些例子，并讨论了不同双模滤波器结构的灵敏度。

第 10 章介绍了两种不常用的电路单元：提取极点和三角元件。这些单元可以用来实现一个传输零点，在滤波器网络中可以级联其他的电路元件。这些单元的应用拓宽了拓扑结构的范围。最后，本章论述了盒形及其衍生拓扑（扩展盒形）的综合方法，并举例说明了其复杂的综合过程。

第 11 章介绍了确定微波谐振器的谐振频率和无载 Q 值的理论和实验方法。谐振器是带通滤波器的基本组成单元。在微波频段，谐振器形状各异且包含许多结构形式。本章介绍了两种用来计算任意形状谐振器的谐振频率的方法：本征模分析和 S 参数分析。本章通过一些示例，采用基于电磁技术的商用软件，如 HFSS 来说明这两种方法的具体实现过程。另外，本章还分别介绍了在矢量网络分析仪的极化显示模式下，以及在标量网络分析仪的线性显示模式下，有载 Q 值和无载 Q 值的详细测量步骤。

第 12 章论述了在微波频率实现低通滤波器的综合方法。低通滤波器的典型带宽要求为吉赫量级，使得集总元件模型不再适用于微波频段内的滤波器实现，需要运用分布元件来实现原型滤波器。本章论述了公比线元件及其实现的分布低通原型滤波器，接下来讨论了适合构造实际低通滤波器的特征多项式，以及生成这个多项式的方法，最后论述了阶梯阻抗和集总/分布元件低通滤波器的综合方法。

第 13 章讨论了双模滤波器的实用设计理论，其中包括工作于主模和高次模的双模谐振器的应用。本章给出了许多实例来说明双模滤波器的设计过程，其中包括轴向形滤波器、规范型滤波器、扩展盒形滤波器、提取极点型滤波器，以及全电感耦合滤波器。本章还介绍了同时优化双模线性相位滤波器的幅度和群延迟的步骤。本章所述实例运用了第 3 章至第 11 章中的分析和综合方法。

第 14 章讨论了如何应用电磁仿真工具来设计微波滤波器，展示了如何运用电磁仿真工具综合出与滤波器电路模型对应的微波滤波器的具体物理尺寸。首先计算从滤波器的最佳电路模型得到的物理尺寸。通过应用商业电磁仿真软件，可计算得到较精确的输入/输出及谐振器间耦合。应用 K 或 J 变换器模型，稍加改进就可以作为一种直接从耦合矩阵[M]确定滤波器物理尺寸的方法。本章给出了介质谐振器、波导和微带滤波器的一些数值算例。为了使结构更简单，在不相邻谐振器之间引入了负耦合，这种方式的效果极佳。电磁仿真工具也显示了其在微波滤波器的物理实现上的优势。

第 15 章介绍了一些基于电磁技术的微波滤波器设计方法。最直接的方法就是应用具有优化功能的电磁仿真工具来优化一个滤波器的物理尺寸，使其得到一个理想响应。这在调试阶段是非常有效的，其中调试是通过优化工具而不是技术人员来完成的。这一方法的出发点是运用第 14 章介绍的技术得到滤波器的具体尺寸。如果不采取任何简化措施，直接优化将非常耗时。但是，运用一些优化策略，包括自适应频率采样、神经网络和多维柯西法，可以显著减少优化时间。本章详细介绍了两种基于电磁的高级技术：空间映射方法和粗糙模型方法，它们的应用极大地降低了计算时间。本章末尾给出了用空间映射方法和粗糙模型方法确定滤波器尺寸的例子。

第 16 章介绍了各种结构的介质谐振器及滤波器的设计方法。商用软件如 HFSS 和 CST 都可以用来计算任意形状介质谐振器的谐振频率、场分布和 Q 值。应用这些工具，可以获得介质谐振器的前 4 个模式的场分布图。本章也论述了同轴谐振器的谐振频率和无载 Q 值的计算，同时也介绍了 Q 值、寄生响应、温漂和高功率等设计中的一些影响因素。本章末尾详细介绍了低温介质谐振器滤波器的设计和折中方案。介质滤波器广泛应用于无线和卫星通信中，且介质材料特性的持续改善预示着这一技术将会有更广阔的应用空间。

本章新增一节讨论介质谐振器小型化的概念，给出了利用常规圆柱介质谐振器实现四模谐振器的实例，并演示了如何将一个半切介质谐振器应用于双模滤波器。

第 17 章讨论了均衡器全通网络的分析和综合方法。这种在滤波器外接全通均衡器网络的方法可以提高滤波器的相位和时延特性。本章末尾讨论了线性相位滤波器与外接均衡器的滤波器之间的折中方案。

第 18 章讨论了广泛应用的多工器网络的设计和折中方案。本章开篇讨论了各种不同的多工网络的折中方案，包括环形器耦合、混合电桥耦合和多枝节耦合等多工器，其中用到了单模或双模滤波器，或基于定向滤波器的多工器。接下来，本章详细论述了各种多工器设计中应该注意的一些因素，并针对目前最复杂的微波网络，即多枝节耦合多工器的设计方法和优化策略进行了深入讨论，进而运用数值算例和图形说明了该设计方法。本章末尾简要论述了蜂窝通信应用中双工器的高功率容量问题。

第 19 章主要讨论了微波滤波器的计算机辅助调试方法。从理论上讲，一个微波滤波器的物理结构能够通过电磁方法以任意精度来诠释。然而在实际中，应用电磁仿真工具可能非常耗时，对于高阶的滤波器或多工器仿真无法实施。另外，由于加工的误差和材料特性的变化，实际的微波滤波器响应与理想设计可能存在差异。以上这些问题，在对滤波器性能要求极高的无线和卫星通信系统中，表现得尤为糟糕。因此，滤波器调试被认为是产品加工完成后不可或缺的一个关键步骤。本章讨论了如下一些调试方法：

1. 针对耦合滤波器的逐阶调试；
2. 基于电路模型参数提取的计算机辅助调试；
3. 应用输入反射系数的零极点的计算机辅助调试；
4. 时域调试；
5. 模糊逻辑调试。

本章针对每种方法的优势都进行了介绍。

第 20 章讨论了在设计微波滤波器和多工器时的高功率容量问题。本章回顾了陆地上应用的空气击穿现象，重点强调了严重影响高功率设备性能的一些因素，深入讨论了在太空应用中的二次电子倍增击穿现象，详细阐述了设备上的高功率器件的设计裕量问题，强调了避免二次电子倍增击穿现象的一些方法。高功率器件设计中的另一个重要现象是无源互调（Passive Inter-Modulation，PIM）。无源互调比较难以分析，它取决于材料的选择和制造工艺的标准。本章给出了一些在高功率器件的设计中无源互调最小化的一些指导性建议。

本章深入探讨了二次电子倍增现象。在大多数实际应用中，高功率设备工作于多载波环境，其外形与简单的平板电容导体之间没有对应关系。在针对二次电子倍增和气体放电的简单分析过程中，通过新引入的数值方法，可以更精确地分析具有非均匀场的复杂结构单表面和双表面的二次电子倍增效应。尽管此方法更复杂且计算量更集中，但是当具有复杂外形结构的高功率设备工作于不同的调制方式下，处理不同数量的载波时，运用这种方法进行实际分析更接近于理论值。新增内容还介绍了针对射频击穿效应的常用测量装置，彰显了在多载波工作环境下使用峰值功率法，以及 20 间隙交叉规则这一业界公认方法来预测电子倍增放电的有效性。

本章还给出了高功率设备设计时无源互调最小化的指导方针。

新增的第 21 章通过对若干双通带和三通带滤波器设计实例的介绍和讨论，概述了各种多通带滤波器设计方法。本章重点关注利用同轴、波导和介质谐振器实现的高 Q 值多通带滤波器，同时也介绍了多通带滤波器综合的详细过程。本章还说明了如何使用双通带滤波器来实现双工器和多工器的小型化。

新增的第 22 章概述了可调滤波器技术，指出实现高 Q 值可调滤波器主要面临以下挑战：

1. 在整个宽的调谐范围内保持恒定带宽和合适的回波损耗；
2. 在整个宽的调谐范围内保持恒定的高 Q 值；
3. 调谐元件与滤波器结构的集成；
4. 线性度和高功率容量。

本章还介绍了一种只使用谐振器调谐元件，在宽的调谐范围内实现恒定绝对带宽的方法，并对比分析了各种调谐元件（半导体、压电电机、微机电系统、钛酸锶钡材料和相变材料）的不同应用。本章还展示了实现可调梳状、介质谐振器和波导滤波器的各种案例。在给出的滤波器例子中，重点关注微机电系统的应用。此外，本章还介绍了滤波器的中心频率和带宽皆可调的实现方法。

新增的第 23 章的目标是在微波滤波器和多工器网络的理论与具体实现之间建立对应关系。本章的关键部分出自本书的共同作者：西班牙瓦伦西亚理工大学的 Vicente Boria 教授和 Santiago Cogollos 教授。通过若干实例，本章强调了实际滤波器与多工器在设计和性能上的折中方法。该方法为通信系统中滤波器的分析与优化提供了一个思路,针对以下这些参数来指导滤波器的折中设计:典型的工作环境(地面或太空)、技术的限制、加工的难度,以及滤波器拓扑的准分布参数模型的电路设计等。最后,本章运用电磁仿真工具来完成最终物理尺寸的计算。另外,本章还简要介绍了滤波器设计过程中基于电磁方法的公差和灵敏度分析。

新增的**附录 E**[①] 是关于阻抗和导纳变换器的,主要介绍了滤波器设计中变换器应用的简单公式。

本书不仅适用于高年级本科生和研究生,而且还适用于微波技术从业人员。本书编写时借鉴了许多经验,包括实际的工程经验、在大学授课和研讨会作报告时获得的经验,以及在不同的会议中与工程师们交流时获得的经验等。本书反映了作者为了提高微波滤波器和多工器网络的技术水平所付出的毕生努力。

---

① 对应这本教材的附录 A。——编者注

目　　录

第1章　射频滤波器——无线通信网络系统概论 ... 1
1.1　通信系统模型 ... 1
1.1.1　通信系统的组成 ... 2
1.2　无线频谱及其应用 ... 4
1.2.1　微波频率下的无线传播 ... 5
1.2.2　作为自然资源的无线频谱 ... 6
1.3　信息论的概念 ... 7
1.4　通信信道与链路预算 ... 8
1.4.1　通信链路中的信号功率 ... 8
1.4.2　发射天线与接收天线 ... 9
1.5　通信系统中的噪声 ... 12
1.5.1　邻近同极化信道干扰 ... 12
1.5.2　邻近交叉极化信道干扰 ... 13
1.5.3　多路径干扰 ... 13
1.5.4　热噪声 ... 14
1.5.5　级联网络中的噪声 ... 18
1.5.6　互调噪声 ... 20
1.5.7　非理想信道的失真 ... 21
1.5.8　射频链路设计 ... 23
1.6　通信系统中的调制和解调方案 ... 25
1.6.1　幅度调制 ... 26
1.6.2　基带信号的组成 ... 27
1.6.3　角调制信号 ... 27
1.6.4　频率调制系统和幅度调制系统的对比 ... 30
1.7　数字传输 ... 31
1.7.1　抽样 ... 32
1.7.2　量化 ... 32
1.7.3　脉冲编码调制系统 ... 32
1.7.4　脉冲编码调制系统的量化噪声 ... 33
1.7.5　二进制传输中的误码率 ... 34
1.7.6　数字调制和解调方案 ... 35
1.7.7　高级调制方案 ... 36
1.7.8　服务质量和信噪比 ... 39
1.8　卫星系统的通信信道 ... 40
1.8.1　接收部分 ... 42

	1.8.2	信道器部分	42
	1.8.3	高功率放大器	44
	1.8.4	发射机部分的架构	46
1.9	蜂窝系统中的射频滤波器		49
1.10	超宽带无线通信		53
1.11	系统需求对射频滤波器指标的影响		54
	1.11.1	频率规划	54
	1.11.2	干扰环境	55
	1.11.3	调制方案	55
	1.11.4	高功率放大器特性	55
	1.11.5	通信链路中射频滤波器的位置	55
	1.11.6	工作环境	55
	1.11.7	微波滤波器技术的限制	56
1.12	卫星和蜂窝通信对滤波器技术的影响		57
1.13	小结		57
1.14	参考文献		58
附录1A	互调失真小结		59

第2章 电路理论基础——近似法 60

2.1	线性系统		60
	2.1.1	线性的概念	60
2.2	系统的分类		61
	2.2.1	时变系统和时不变系统	61
	2.2.2	集总参数系统和分布参数系统	61
	2.2.3	即时系统和动态系统	61
	2.2.4	模拟系统和数字系统	61
2.3	电路理论的历史演化		62
	2.3.1	电路元件	62
2.4	线性系统在时域中的网络方程		63
2.5	频域指数驱动函数的线性系统网络方程		64
	2.5.1	复频率变量	64
	2.5.2	传输函数	65
	2.5.3	连续指数的信号表示	65
	2.5.4	电路网络的传输函数	66
2.6	线性系统对正弦激励的稳态响应		66
2.7	电路理论近似法		67
2.8	小结		68
2.9	参考文献		68

第3章 无耗低通原型滤波器函数特性 69

3.1	理想滤波器		69
	3.1.1	无失真传输	69

3.1.2　二端口网络的最大传输功率 …………………………………………… 70
　3.2　双终端无耗低通原型滤波器网络的多项式函数特性 …………………………… 70
　　　3.2.1　反射系数和传输系数 …………………………………………………… 71
　　　3.2.2　传输函数和特征多项式的归一化 ……………………………………… 73
　3.3　理想低通原型网络的特征多项式 …………………………………………………… 74
　3.4　低通原型滤波器的特性 ……………………………………………………………… 75
　　　3.4.1　幅度响应 …………………………………………………………………… 75
　　　3.4.2　相位响应 …………………………………………………………………… 76
　　　3.4.3　相位线性度 ………………………………………………………………… 76
　3.5　不同响应波形的特征多项式 ………………………………………………………… 77
　　　3.5.1　全极点原型滤波器函数 ……………………………………………………… 77
　　　3.5.2　包含有限传输零点的原型滤波器函数 ……………………………………… 77
　3.6　经典原型滤波器 ……………………………………………………………………… 78
　　　3.6.1　最大平坦滤波器 …………………………………………………………… 78
　　　3.6.2　切比雪夫滤波器 …………………………………………………………… 79
　　　3.6.3　椭圆函数滤波器 …………………………………………………………… 80
　　　3.6.4　奇数阶椭圆函数滤波器 …………………………………………………… 82
　　　3.6.5　偶数阶椭圆函数滤波器 …………………………………………………… 83
　　　3.6.6　包含传输零点和最大平坦通带的滤波器 …………………………………… 84
　　　3.6.7　线性相位滤波器 …………………………………………………………… 85
　　　3.6.8　最大平坦滤波器、切比雪夫滤波器和椭圆函数（B 类）滤波器的比较 …… 85
　3.7　通用设计表 …………………………………………………………………………… 85
　3.8　低通原型滤波器的电路结构 ………………………………………………………… 86
　　　3.8.1　原型网络的变换 …………………………………………………………… 87
　　　3.8.2　变换后的滤波器频率响应 ………………………………………………… 89
　3.9　滤波器的损耗影响 …………………………………………………………………… 90
　　　3.9.1　损耗因子 δ 与品质因数 Q_0 的关系 ……………………………………… 91
　3.10　不对称响应滤波器 ………………………………………………………………… 91
　　　3.10.1　正函数 ……………………………………………………………………… 92
　3.11　小结 ………………………………………………………………………………… 94
　3.12　参考文献 …………………………………………………………………………… 95
　附录3A　通用设计表 ……………………………………………………………………… 96

第4章　特征多项式的计算机辅助综合 ……………………………………………… 101
　4.1　对称低通原型滤波器网络的目标函数和约束条件 ……………………………… 101
　4.2　目标函数的解析梯度 ……………………………………………………………… 102
　　　4.2.1　无约束目标函数的梯度 …………………………………………………… 103
　　　4.2.2　不等式约束条件的梯度 …………………………………………………… 104
　　　4.2.3　等式约束条件的梯度 ……………………………………………………… 104
　4.3　经典滤波器的优化准则 …………………………………………………………… 105
　　　4.3.1　切比雪夫滤波器 …………………………………………………………… 105

	4.3.2 反切比雪夫滤波器	105
	4.3.3 椭圆函数滤波器	106
4.4	新型滤波器函数的生成	106
	4.4.1 等波纹通带和等波纹阻带	107
	4.4.2 非等波纹阻带和等波纹通带	107
4.5	不对称滤波器	107
	4.5.1 切比雪夫通带的不对称滤波器	108
	4.5.2 任意响应的不对称滤波器	109
4.6	线性相位滤波器	110
4.7	滤波器函数的关键频率	111
4.8	小结	111
4.9	参考文献	112
附录4A	一个特殊的八阶滤波器的关键频率	112

第5章 多端口微波网络的分析 … 114

5.1	二端口网络的矩阵表示法	114
	5.1.1 阻抗矩阵$[Z]$和导纳矩阵$[Y]$	114
	5.1.2 $[ABCD]$矩阵	115
	5.1.3 $[S]$矩阵	117
	5.1.4 传输矩阵$[T]$	120
	5.1.5 二端口网络的分析	122
5.2	两个网络的级联	124
5.3	多端口网络	130
5.4	多端口网络的分析	131
5.5	小结	135
5.6	参考文献	135

第6章 广义切比雪夫滤波器函数的综合 … 136

6.1	二端口网络传输参数$S_{21}(s)$和反射参数$S_{11}(s)$的多项式形式	136
	6.1.1 ε和ε_R的关系	141
	6.1.2 $[ABCD]$传输矩阵多项式与S参数的关系	142
6.2	确定分母多项式$E(s)$的交替极点方法	144
6.3	广义切比雪夫滤波器函数多项式的综合方法	146
	6.3.1 多项式的综合	146
	6.3.2 递归技术	150
	6.3.3 对称与不对称滤波器函数的多项式形式	153
	6.3.4 广义切比雪夫原型带内反射最大值和带外传输最大值的位置求解	154
6.4	预失真滤波器特性	156
	6.4.1 预失真滤波器网络综合	159
6.5	双通带滤波器变换	162
6.6	小结	164

6.7 参考文献 ·· 165
附录 6A　多端口网络复终端阻抗 ·· 165
参考文献 ·· 170

第 7 章　电路网络综合方法 ·· 171
7.1　电路综合方法 ·· 172
7.1.1　三阶网络的 [ABCD] 矩阵构造 ·· 173
7.1.2　网络综合 ·· 173
7.2　耦合谐振微波带通滤波器的低通原型电路 ··· 176
7.2.1　变换器电路的 [ABCD] 多项式综合 ·· 178
7.2.2　单终端滤波器原型的 [ABCD] 多项式综合 ·· 182
7.3　梯形网络的综合 ·· 183
7.3.1　并联耦合变换器的提取过程 ··· 186
7.3.2　并联导纳变换的提取过程 ·· 186
7.3.3　原型网络的主要元件汇总 ·· 188
7.4　(4-2) 不对称滤波器网络综合示例 ··· 189
7.4.1　谐振器节点变换 ··· 193
7.4.2　变换器归一化 ·· 194
7.5　小结 ·· 195
7.6　参考文献 ·· 196

第 8 章　滤波器网络的耦合矩阵综合 ·· 197
8.1　耦合矩阵 ·· 197
8.1.1　低通和带通原型 ··· 198
8.1.2　一般 $N \times N$ 耦合矩阵形式的电路分析 ··· 199
8.1.3　低通原型电路的耦合矩阵构成 ·· 201
8.1.4　耦合矩阵形式的网络分析 ·· 203
8.1.5　直接分析 ·· 205
8.2　耦合矩阵的直接综合 ·· 206
8.2.1　$N \times N$ 耦合矩阵的直接综合 ··· 206
8.3　耦合矩阵的简化 ·· 208
8.3.1　相似变换和矩阵元素消元 ·· 209
8.4　$N+2$ 耦合矩阵的综合 ·· 214
8.4.1　横向耦合矩阵的综合 ··· 214
8.4.2　$N+2$ 横向耦合矩阵到规范折叠形矩阵的简化 ··································· 219
8.4.3　实用范例 ·· 220
8.4.4　复终端网络 $N+2$ 耦合矩阵综合 ·· 222
8.5　奇偶模耦合矩阵综合方法：折叠形栅格拓扑 ··· 225
8.5.1　直耦合 ·· 226
8.5.2　对角交叉耦合 ·· 227
8.5.3　奇数阶网络中的等分中心谐振节点 ·· 227
8.5.4　对称栅格网络的奇偶模电路 ··· 228

8.5.5　传输多项式和反射多项式的奇偶模导纳多项式设计 ………………………… 229
　　　8.5.6　对称栅格网络耦合矩阵的综合 …………………………………………………… 231
　8.6　小结 ………………………………………………………………………………………… 234
　8.7　参考文献 …………………………………………………………………………………… 234

第9章　折叠耦合矩阵的拓扑重构 ………………………………………………………………… 236
　9.1　双模滤波器的对称实现 …………………………………………………………………… 236
　　　9.1.1　六阶滤波器 …………………………………………………………………………… 238
　　　9.1.2　八阶滤波器 …………………………………………………………………………… 238
　　　9.1.3　十阶滤波器 …………………………………………………………………………… 239
　　　9.1.4　十二阶滤波器 ………………………………………………………………………… 239
　9.2　对称响应的不对称实现 …………………………………………………………………… 240
　9.3　Pfitzenmaier 结构 ………………………………………………………………………… 241
　9.4　级联四角元件——八阶及以上级联的两个四角元件 …………………………………… 243
　9.5　并联二端口网络 …………………………………………………………………………… 245
　　　9.5.1　偶模和奇模耦合子矩阵 ……………………………………………………………… 248
　9.6　闭端形拓扑结构 …………………………………………………………………………… 249
　　　9.6.1　闭端形拓扑的扩展形式 ……………………………………………………………… 251
　　　9.6.2　灵敏度分析 …………………………………………………………………………… 255
　9.7　小结 ………………………………………………………………………………………… 256
　9.8　参考文献 …………………………………………………………………………………… 256

第10章　提取极点和三角元件的综合与应用 …………………………………………………… 257
　10.1　提取极点滤波器的综合 ………………………………………………………………… 257
　　　10.1.1　提取极点元件的综合 ……………………………………………………………… 257
　　　10.1.2　提取极点综合示例 ………………………………………………………………… 260
　　　10.1.3　提取极点滤波器网络的分析 ……………………………………………………… 263
　　　10.1.4　直接耦合提取极点滤波器 ………………………………………………………… 264
　10.2　带阻滤波器的提取极点综合方法 ……………………………………………………… 268
　　　10.2.1　直接耦合带阻滤波器 ……………………………………………………………… 269
　10.3　三角元件 ………………………………………………………………………………… 273
　　　10.3.1　三角元件的电路综合方法 ………………………………………………………… 274
　　　10.3.2　级联三角元件——耦合矩阵方法 ………………………………………………… 278
　　　10.3.3　基于三角元件的高级电路综合方法 ……………………………………………… 283
　10.4　盒形和扩展盒形拓扑 …………………………………………………………………… 288
　　　10.4.1　盒形拓扑 …………………………………………………………………………… 288
　　　10.4.2　扩展盒形拓扑 ……………………………………………………………………… 291
　10.5　小结 ……………………………………………………………………………………… 294
　10.6　参考文献 ………………………………………………………………………………… 295

附录 A　阻抗和导纳变换器 ……………………………………………………………………… 296

通信系统微波滤波器
——设计与应用篇(第二版)　　简目

第 11 章　微波谐振器

第 12 章　波导与同轴低通滤波器

第 13 章　单模和双模波导滤波器

第 14 章　耦合谐振滤波器的结构与设计

第 15 章　微波滤波器高级电磁设计方法

第 16 章　介质谐振滤波器

第 17 章　全通相位与群延迟均衡器网络

第 18 章　多工器理论与设计

第 19 章　微波滤波器计算机辅助诊断与调试

第 20 章　微波滤波器网络的高功率因素

第 21 章　多通带滤波器

第 22 章　可调滤波器

第 23 章　实际因素和设计实例

第1章 射频滤波器——无线通信网络系统概论

本章旨在概述通信系统，尤其是系统中通信信道与其他要素之间的关系，从而为读者提供充分的背景信息，理解通信系统中射频滤波器的关键作用及指标要求。本章大部分内容源于文献[1~8]。

本章分为三部分。第一部分介绍了通信系统的简单模型，无线频谱及其应用，信息论的概念和系统链路预算。第二部分描述了通信信道中的噪声和干扰环境，信道的非理想幅度与相位特性，调制解调方案的选取，以及这些参数如何影响分配带宽的有效使用。第三部分探讨了系统设计对微波滤波器网络需求的影响，以及卫星和蜂窝通信系统中微波滤波器网络的指标要求。

第一部分 通信系统、无线频谱及信息论

1.1 通信系统模型

通信是指在物理上分离的两点之间传递信息的过程。在远古时期，人们通过各种方式实现远距离通信，比如烟雾信号、击鼓、信鸽和快马传书等。所有这些方式在远距离信息传递中都非常慢，而电的发明改变了这一切。利用电子在电线中的传播，或者电磁波在真空/光纤中的传播，通信几乎瞬时实现，仅受光速——这一人类目前无法超越的速度的限制。

在最高层模型（或简单模型）中，通信由信息源、发射机、通信媒质（或信道）、接收机及信息目的地（信宿）组成，如图1.1所示。20世纪80年代以前，大多数信息都以模拟方式通信，称为模拟通信。现在，大多数信息以数字方式通信，称为数字通信。对于模拟信息，通常也是先将其转换为数字信号进行传输，到目的地后再还原为模拟信号。

所有通信系统都需要是线性的。由于线性系统满足叠加原理，任意一些独立信号通过公用媒质进行发送和接收时，仅受到可用带宽和一定功率电平的限制。但是，通信系统中并不需要所有器件都是线性的，只需整个系统在指定带宽范围内是线性的，而带宽外一定程度上的非线性是可接受的。实际上，非线性是所有有源器件的固有特征，在频率合成、调制、解调及信号放大过程中是必不可少的。这种非线性可以人为控制，适合于特殊场合应用。对于远距离网络的视距（Line-Of-Sight，LOS）系统或卫星系统等宽带无线通信系统来说，频谱划分为多个射频信道，通常将这样的系统称为转发器。在每个射频信道内，由于系统需求不同，会存在多个射频载波。在多用户环境中，频谱的信道化提高了通信话务量的灵活性。另外，高功率放大器（High Power Amplifier，

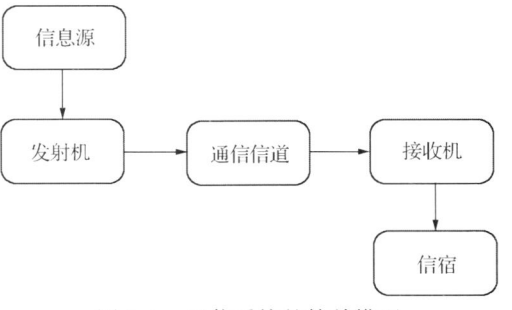

图1.1 通信系统的简单模型

HPA）只需要放大一个载波或有限的信号带宽，所以它能以相对较高的效率运行，并最大程度减少了非线性失真。

无论采用哪种通信方式，显然发射信号经过通信信道的过程是一个严格意义上的模拟过程。通信信道是非理想化的有耗传输媒质，使接收机接收到的信号性能出现恶化。比如，接收机的热噪声、信号失真（在信道中，非理想化的发射机和接收机造成的失真）、多径干扰及系统的其他干扰信号。

1.1.1 通信系统的组成

本节将详细介绍图 1.2 所示的模拟通信系统和数字通信系统的组成。

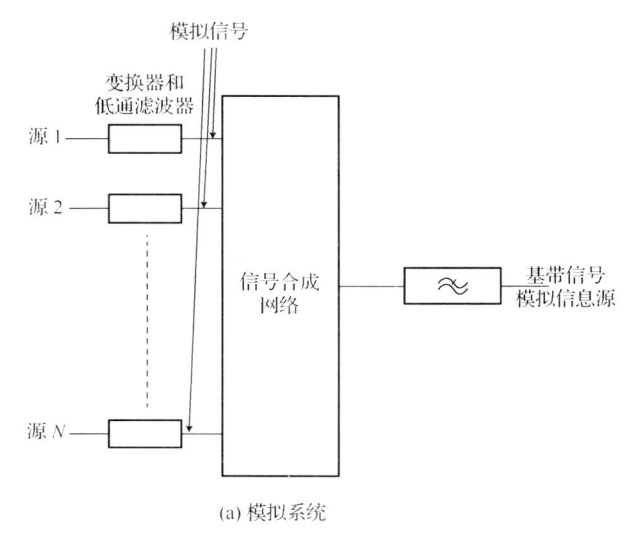

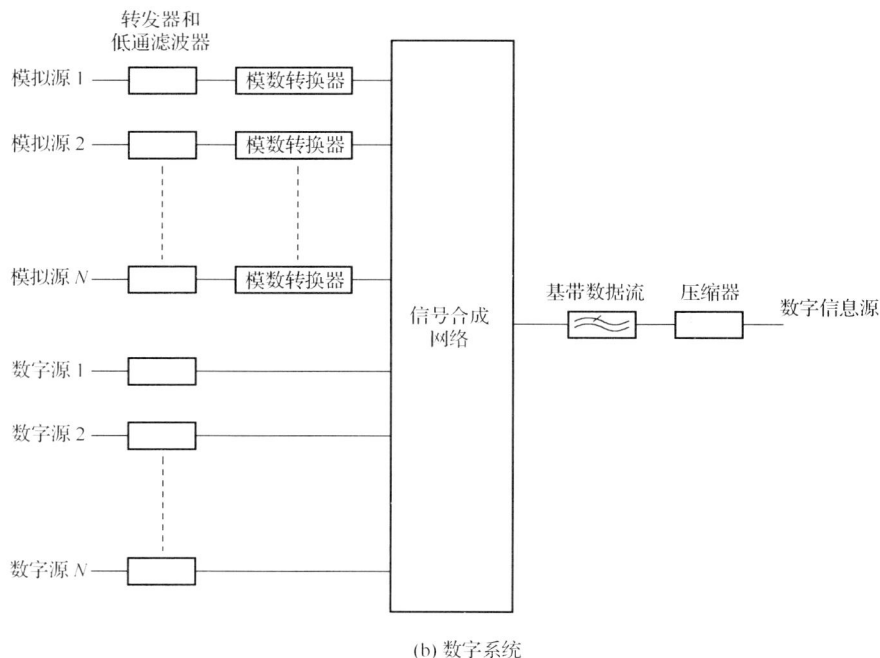

图 1.2　信息源

1.1.1.1 信息源

信息源由大量独立信号组成，这些信号经过某种方式合成，在通信媒质中传输。合成后的信号称为基带信号。图1.2中的变换器将单个信息源的能量(声能或电能)转换为适合传输的电信号。对于模拟系统，所有的独立信号及合成后的基带信号均是模拟形式的，如图1.2(a)所示。

对于数字系统，基带信号是数字化的数据流，而合成为基带信号之前的单个信号既可以是数字形式的，也可以是模拟形式的。因此，单个模拟信号需要通过模数转换器(A/D)转换成相应的数字信号。数字系统中信息源的另一个特性是使用数据压缩技术，以节省带宽。压缩器去除数据中的冗余信息及其他特性，从而降低了需要发射的数据量，同时又确保信息可以恢复。数字通信系统的信息源如图1.2(b)所示。

1.1.1.2 发射机

发射机结构如图1.3所示，各组成部分的功能如下：

- 编码器。在数字系统中，编码器将纠错数据置入基带信息流，即使接收信号在经过信道后存在严重的恶化，数字信息仍然可以恢复。
- 调制器。用于携带信息的信号的发射路径和接收路径之间，将基带信号变换到较高的中等载波频率(Intermediate carrier Frequency，IF，简称为中频)。在调制器中，中频的使用简化了信号处理滤波电路。调制器可以改变信号频率、占用带宽，或者从实质上改变信号的形式，从而更适合在通信媒质中有效传输。
- 上变频器。又称为混频器，将已调制的中频载波频率变换到指定的射频(Radio Frequency，RF)频率的微波范围，实现射频传输。
- 射频放大器。用于放大射频信号。射频功率对射频信道的通信容量有直接影响。
- 射频多工器。将若干射频信道的功率合路成一个宽带射频信号，并通过公用天线传输。
- 发射天线。向空间发送射频功率信号，发射方向指向接收机。

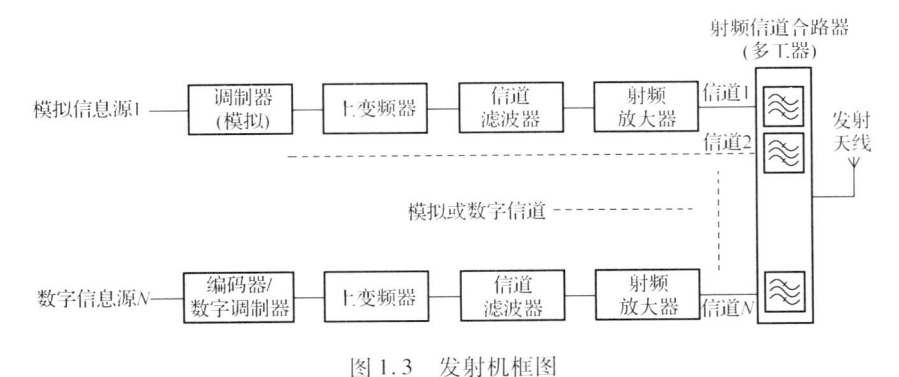

图1.3 发射机框图

1.1.1.3 通信信道

对于无线系统来说，通信信道是自由空间。因此，空间特性(包括大气层)对于系统设计起着至关重要的作用。

1.1.1.4 接收机

接收机的结构如图1.4所示，各组成部分的功能如下：

- 接收天线。指向发射天线，获取射频信号，传输至低噪声放大器（Low-Noise Amplifier，LNA）。
- 低噪声放大器。在引入最小噪声的前提下，放大接收到的微弱信号。
- 下变频器。提供频率转换功能，与发射机链路中的作用类似。下变频器将上行频率转换为下行频率。
- 解调器。从射频载波中提取基带信号，这与调制器的过程正好相反。
- 解码器。找出之前置入信息流的纠错数据，并使用这些数据纠正数字解调器在恢复数据过程中出现的错误。

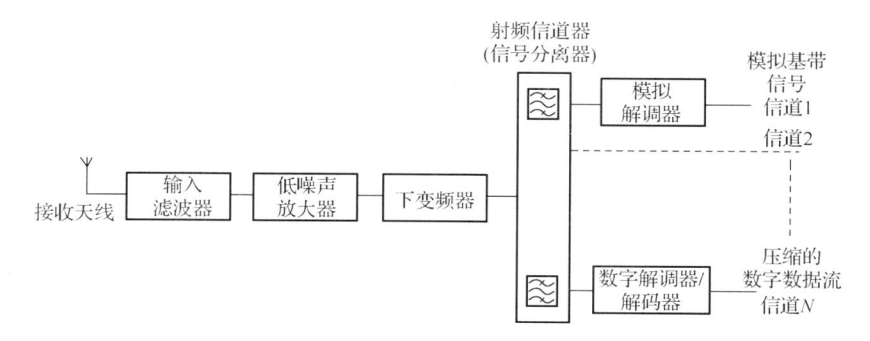

图 1.4　接收机框图

1.1.1.5　信宿

信宿的功能正好与信息源相反。在数字系统中，使用扩展器实现压缩器的反向操作，从而恢复数据，如图 1.5 所示。

由于通信系统的安装成本很高，其商业可行性在很大程度上取决于共享传输媒质容纳的用户数量。因此，信息源通常由大量信号组成，占用有限的频率范围。频率范围的宽度称为系统的带宽。

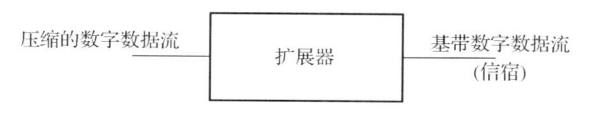

图 1.5　数字系统的信宿

这样就引出了一些关键问题。通信系统的可用带宽是否存在限制？选定了传输媒质之后，在可用带宽下信息传递的限制是什么？通信系统中与成本息息相关的参数有哪些？

1.2　无线频谱及其应用

要理解通信系统可用带宽的限制，有必要先了解无线频谱及其应用[4]。

电磁波覆盖极宽的频谱，从每秒几个周期到高达每秒 10^{23} 个周期（伽马射线）。无线频谱是电磁波频谱的一部分，电波从空间中某一点有效辐射并在另一点接收。无线频谱包括 9 kHz～400 GHz 范围的所有频率，大多数商用频段集中在 100 kHz～44 GHz，而一些实验系统的频率甚至高达 100 GHz。另一方面，这些频率信号也可以通过电线、同轴电缆和光纤实现远距离传输。一旦采用上述有线方式来传输这些频率信号，且这些信号并不用于发射，就不再将其视为无线频谱的一部分。由于技术上的限制，同时出于管理方面的考虑，一个通信系统仅允许占用一部分无线频谱。国家机构和国际机构将无线频谱划分为更小的频率"段"，其中每段仅允许有限类型的运营。此外，各个频段均为管制商品，通常需要缴纳牌照费才能使用。因此，已分配频谱的最大化利用成为极大的驱动力。

1.2.1 微波频率下的无线传播

在自由空间通信媒质中，存在许多造成能量损耗的因素。其中最主要的因素是大气层中的降雨和氧气的存在。大气层中信号衰减与频率的关系如图 1.6 所示。无线电能量被雨滴吸收和耗散，在其波长和雨滴大小接近的情况下，这一影响愈加显著。因此，降雨和水蒸气会在较高的微波频率造成强烈的衰减效应。水蒸气造成的第一个吸收带峰值约为 22 GHz，氧气造成的第一个吸收带峰值约为 60 GHz。

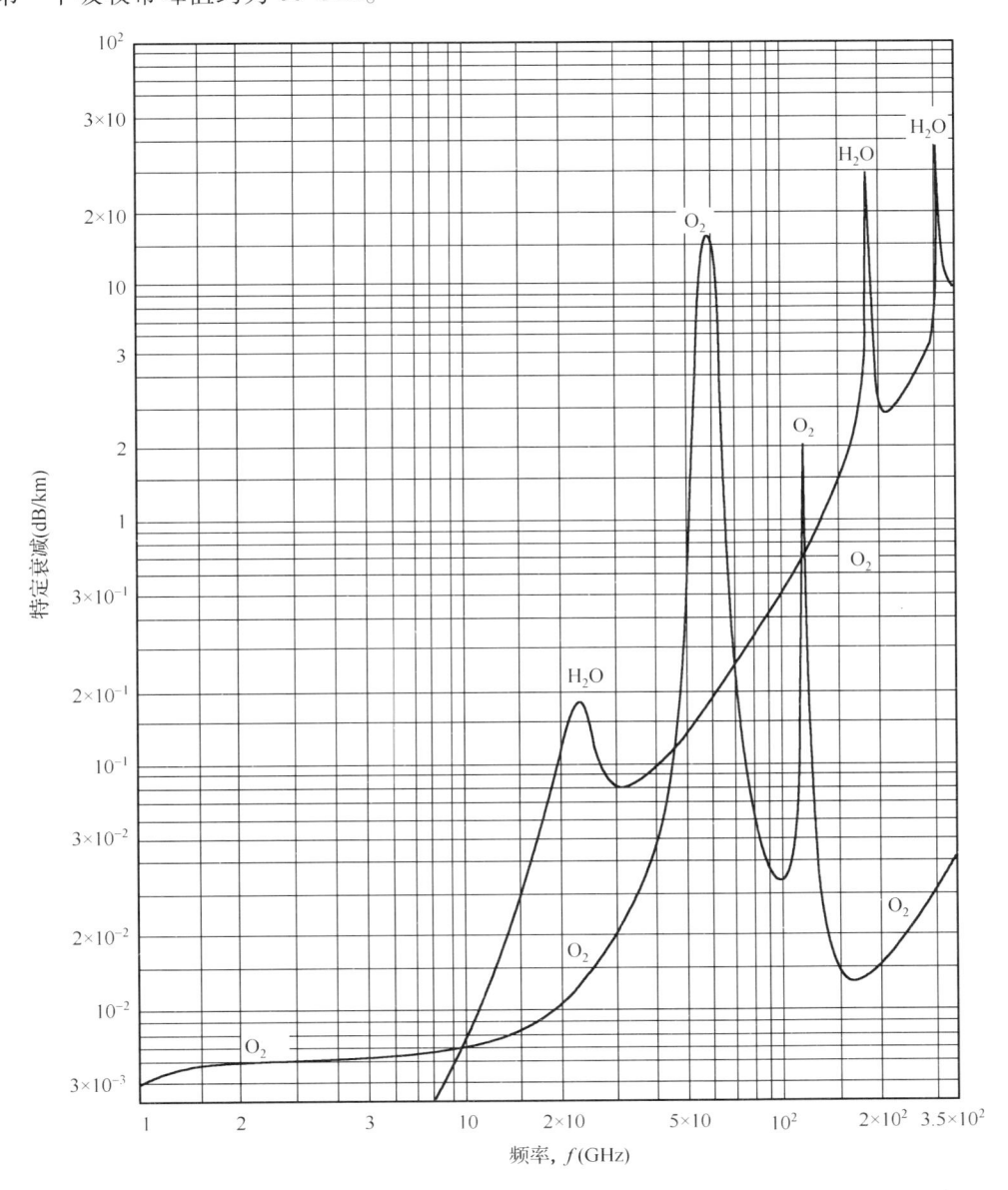

图 1.6 大气层中信号损耗与频率的关系（摘自 CCIR Rep. 719-3, Vol. V Annex, 1990）

对于固定视距陆地微波无线链路来说，多径衰落是信号损耗的另一个主要原因。衰落是由于地球表面几十千米处大气折射率的变化引起的。折射率的梯度变化令射线弯曲，且经过地面或其他层的折射后，与直接射线合并，导致相干干扰。

移动通信给信号传播带来了新问题。除了满足全方位覆盖和终端用户移动性的需求，通信系统还必须解决信号经高楼、树木、山谷及城市环境中其他大型物体折射后产生的非视距和多径问题。此外，移动业务的覆盖区域还包括室内。同时，移动会产生多普勒频移效应，即接收信号频率发生变化，使问题更加复杂。

通过上述分析，显而易见，由于城市环境中的降雨和其他大气层效应带来的多径问题影响，严重限制了频谱在商用通信方面的应用。

1.2.2 作为自然资源的无线频谱

与其他任一通信系统不同，无线频谱是独特的自然资源，完全可以再生，永远不会耗尽，且无处不在。同时，无线频谱的应用也是受限的。这主要是由于无线频谱的容量有限，如果超出其容量限制则将产生干扰，使系统失效。因此，政府机构以遵守使用规则为条件，授予用户无线频谱的使用特权。由于射频信号经常跨越边境线，两国分配的无线电频率将产生干扰，因此国家之间必须合作，协调各国的频率分配。由于通信对所有国家来说都极其重要，因此需要设立国家和国际性机构来管理射频频谱的分配与使用。

国际电信联盟（International Telecommunication Union，ITU）是个联合国机构，是确定世界无线频谱分配的国际组织。国际电信联盟组织召开世界无线电行政大会（World Administrative Radio Conferences，WARC），与会的国际电信联盟成员国就不同国家的提议达成一致，从而实现无线频谱的分配。由于这些会议要求针对决策达成一致意见，导致会议过程异常冗长，而且往往延期。一旦意见达成一致，国际电信联盟就会发布频率分配表，即"无线电规则"。各个国家根据无线电规则表详细制定本国的频率分配计划。此外还有一些咨询委员会，如国际电信联盟的国际无线电咨询委员会（International Radio Consultative Committee，CCIR），专门研究并推荐互通性标准和指导方针，并针对各业务之间的干扰进行控制。在国家内部，大多数国家都有自己的政府机构，例如美国的联邦通信委员会（Federal Communications Commission，FCC），管理所有非联邦政府使用的无线频谱。此外，还有其他一些机构控制着政府和军用频率的分配。

下面列出大多数国家的管理者在分配无线频谱时的优先考虑事项：

- 军用；
- 公共安全，如航空/海事应急通信、公安机关、消防及其他应急服务；
- 国家电信公司的电话业务；
- 广播和电视；
- 私人用户（移动系统和其他业务等）。

鉴于修订程序、优先度、国家政策等因素之间的复杂关系，一旦一项业务确立并使用特定频段的频谱，就很少再做改变。履行义务将产生巨大利益，但是往往在无线频谱有效利用的同时带来干扰。为了确保频率分配和频谱使用，使无线频谱这种自然资源在最大程度上实现有效利用，涌现出大量分布广泛的无线通信和业务。但是，这也给国家与国际管理实体及原始设备制造商（Original Equipment Manufacture，OEM）带来了巨大压力。

1.3 信息论的概念

在给定的传输媒质中，信息传递的限制是什么？信息论概念提出者克劳德·香农[9]，基于其开创性的工作给出了最基本的答案。

1948 年，贝尔实验室的香农指出："信号携带信息，则必然发生变化；传送信息，则必须解决信号的不确定性。"

也就是说，所有信息的测量值是个概率问题。香农规定了代表一个信息单位的两条等概率消息输出的不确定性，他采用了二进制或比特作为测度，并指出系统的信息容量基本上只受几个参数的限制。尤其是，他证明了信道最大信息容量 C 受到信道带宽 B 和信道中信噪比 (S/N) 的限制，如下所示：

$$C = B \log_M \left(1 + \frac{S}{N}\right) \quad \text{信息量/秒} \tag{1.1}$$

其中 M 为源信息可能存在的消息状态数。在这个公式中，S/N 定义为解调器输入端的信号条件，其中 S 为信号功率(单位为 W)，N 是在信道带宽中均匀分布的高斯白噪声的平均功率(单位为 W)。在模拟通信中，M 很难定义；但是在数字通信中，由于采用二进制数据($M=2$)，信息容量的限制条件给定为

$$C = B \log_2 \left(1 + \frac{S}{N}\right) \quad \text{信息量/秒} \tag{1.2}$$

对于数字通信来说，其容量是根据编码之前压缩器的输出端测量得到的信息比特流，而不是根据想象中数据源端的信息定义的。B 和 S/N 定义在信道内接收机的输入端。

注意，信息并非由数据源定义的，因为"数据"和"信息"之间存在显著差异。

数据是源的原始输出。例如，数字化音频、数字化视频或文本文档中文本字符的顺序。

信息是原始数据的主要内容。此内容往往比表示原始输出的数据少得多。

以音频数字转换器为例，它必须对模拟音源连续抽样并输出，即使谈话者在词句之间停顿时也是如此。类似地，在视频信号中，大多数帧与帧之间的图像变化极小。在文本文档中，一些字符或单词重复的概率比其他字符或单词高得多，但是在数据源中仍会使用同样数量的比特来代表各个字符或单词。

数字压缩技术拓宽了对数据源类型特性的认识。当数据由一种表现形式映射到另一种表现形式时，减少数字比特量仍可以保证重要信息得到传输。本书不打算详解其中的细节。但是，数据传输之前能够大幅度减少原始数据量而不会丢失有用信息，或丢失很少的有用信息，认识到这一点非常重要。例如，现代数字电视使用 MPEG2 压缩技术，其源数据与原始数字视频相比，平均数据传输率至少降低了一个数量级。毫无疑问，数字压缩技术在最近几十年来吸引了许多研究机构的兴趣，并获得了持续的进步。

香农的信息定理也证明了，只要信息传输率 $R < C$，便有可能将传输错误限制在一个任意小的值内。数字通信中解决这一限制的技术称为编码，是近几十年来又一个广受关注的研究领域。当前的技术可以达到距香农极限零点几分贝以内。香农理论指出，当 $R < C$ 时，噪声条件下仍可以实现无差错传输。而高斯噪声作用的结果却令人吃惊，这是由于高斯噪声的概率密度可以扩展到无穷大。

尽管受限于高斯信道，但这个理论仍然非常重要，因为：（1）物理系统中出现的信道一般为高斯信道；（2）高斯信道带来的结果常常是提供系统性能的下限，表明高斯信道的误码率最高。因此，如果将高斯信道环境中经过特定的编码和解码后产生的误码率记为 P_e，那么非高斯信道环境中采用其他编码和解码技术得出的误码率与 P_e 相比，相对较低。针对许多非高斯通道也可以推导出类似的信道容量公式。

香农的信息定理表明，无噪声高斯信道（$S/N = \infty$）具有无穷大容量，与其带宽无关。但是当带宽变得无穷大时，信道容量并不会变得无穷大，这是因为噪声功率随带宽增加而变大。因此，在信号功率固定且出现高斯白噪声的情况下，信道容量随着带宽增加而趋于上限。令式（1.2）中的 $N = \eta B$，其中 η 为噪声密度（单位为 W/Hz），可得

$$C = B \log_2 \left(1 + \frac{S}{\eta B}\right) = \frac{S}{\eta} \log_2 \left(1 + \frac{S}{\eta B}\right)^{\eta B/S} \tag{1.3}$$

和

$$\lim_{B \to \infty} C \approx \frac{S}{\eta} \log_2 \mathrm{e} = 1.44 \frac{S}{\eta} \tag{1.4}$$

显然，在一个容量指定的系统中，无论使用的带宽是多少，接收信号都位于绝对功率的下限。在容量给定的情况下，有

$$S \geqslant \frac{C\eta}{1.44} \tag{1.5}$$

根据式（1.2），一旦超出最低接收信号功率，就可以在带宽与信噪比之间进行折中，反之亦然。例如，如果 $S/N = 7$，$B = 4$ kHz，则可得 $C = 12 \times 10^3$ bps。如果信噪比（Signal-to-Noise Ratio，SNR）增加至 $S/N = 15$ 且 B 减少至 3 kHz，则信道容量仍保持不变。由于 3 kHz 带宽时的噪声功率只有 4 kHz 带宽时噪声功率的 3/4，因此信号功率必须增加 $\frac{3}{4} \times \frac{15}{7} \approx 1.6$ 倍。所以，若带宽减少25%，则需要信号功率增加60%。

一旦确定了无线频谱的基本参数和信道带宽，接下来的问题是：通信系统中有哪些参数是成本敏感参数？由这个问题引出了对通信信道和系统链路参数的评估。

1.4 通信信道与链路预算

一个信道的通信容量受限于信道中的信号功率 S、带宽 B 及噪声功率 N。这些参数及其之间的关系将在随后的章节中说明。

1.4.1 通信链路中的信号功率

无线通信系统需要以射频的方式在空间传输信号。射频信号通过地球的大气层，然后被接收机接收。信号传播的方向既可以是用于陆地固定通信系统或移动通信系统的水平方向，也可以是用于卫星系统的垂直方向。通信系统中接收到的信号功率主要由以下4方面决定：

- 发射机发射的射频功率信号；
- 由发射天线的增益定义，以自由空间波方式传输并指向接收机的部分发射功率信号；
- 通信媒质中的能量损耗，包括能量因球面扩散而造成的损耗；
- 由接收天线的增益定义，接收机接收到的部分自由空间射频信号转换成的能量。

1.4.1.1 射频功率

对于给定的分配带宽和指定的噪声电平来说,通信容量取决于无线传输中资用功率的控制。初看起来,通过增加射频功率的方式可以任意增加信道容量。但是这种方法存在两个问题:(1)产生射频功率的代价太昂贵,是成本敏感参数;(2)大量射频功率在无线传输过程中发生了损耗,使功率成为无线系统中成本最高的部分。由于这些问题,有必要研究无线系统中功率传输的基本限制。

1.4.2 发射天线与接收天线

天线通过传输线向空间发射电磁能量,同时也通过传输线从空间接收电磁能量。天线是线性的互易元件,因此在发射和接收过程中天线的特性也是相同的。互易定理对所有特性的天线都成立。物理天线(反射面类型)由反射平面与辐射或吸收馈送网络组成。反射面用于在指定的方向聚集能量,馈送元件在发射系统中将电流转换成电磁波,在接收系统中将电磁波转换成电流。典型的抛物面微波天线如图1.7所示,发射天线将能量向接收站或特定地理区域集中发射。对于接收天线来说,天线孔径收集功率,并将其聚集到接收系统的输入馈送元件。此处描述的天线的基本特性可以广泛应用于各种频段。

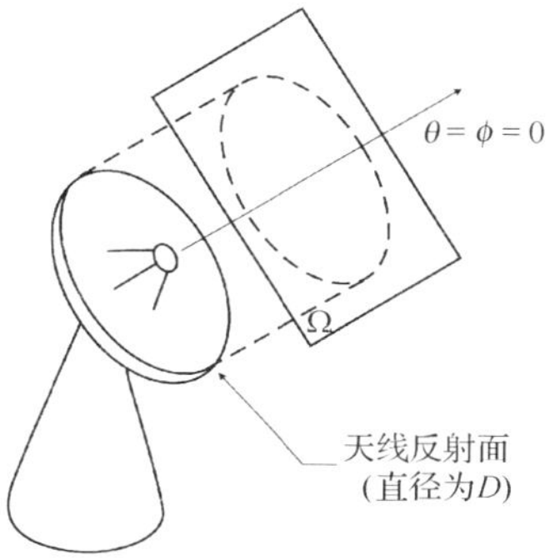

1.4.2.1 天线增益

天线的增益是以全向天线来定义的。一个全向发射天线等效于一个点源,向各个方向辐射均匀球面波,如图1.8(a)所示。如果点源辐射出的功率为p_0(单位为W),则在距离点源r处均匀分布的功率通量密度为$p_0/4\pi r^2$(单位为W/m^2)。假设功率源位于天线的输入端,其辐射功率在周围空间的任意(θ,ϕ)方向上与$p_0/4\pi$成正比。一个定向天线的辐射功率$p(\theta,\phi)$在(θ,ϕ)方向上的功率如图1.8(b)所示。考虑到各向同性源,定向天线的增益为

$$g(\theta,\phi) = \frac{p(\theta,\phi)}{(p_0/4\pi)} \qquad (1.6a)$$

增益随着θ和ϕ的取值而变化,其最大值取决于(θ,ϕ)包络的最大功率。天线增益g通常用分贝的形式表示为

$$G = 10\lg g \quad \text{dBi 或 dB} \qquad (1.6b)$$

注意,该定义独立于天线的物理属性,仅与天线的辐射方向图有关。对于大多数采用均匀抛物面天线的系统来说,最大增益发生在天线的视轴上,其中$\phi = \theta = 0$。

图1.7 抛物面天线

1.4.2.2 有效孔径和天线增益

物理天线需要设计成在目标方向上以最小的损耗辐射和捕获能量,而在目标区域外允许能量逸出。天线的有效孔径A_e定义为天线在目标θ和ϕ方向捕获和辐射能量的等效物理区域,其公式为

$$A_e = \eta A \qquad (1.7)$$

其中η为天线的效率($\eta<1$),A为用于辐射和捕获能量的物理孔径。有效孔径代表最大增益情况下波束方向的投射区域,其中包括因损耗和结构的不一致,以及孔径照度的非均匀性引

的恶化。如果理想天线的能量传播是均匀的，则 A_e 与实际投射区域 A 相等，$\eta=1$。在实际应用中，η 的取值通常在 $0.5\sim0.8$ 范围内变化。

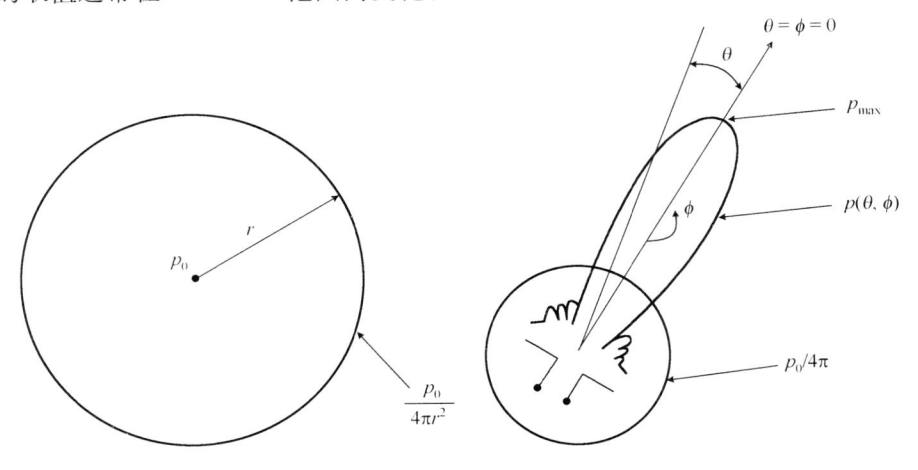

(a) 来自各向同性源的均匀球面波　　　　(b) 定向天线波束

图 1.8　发射天线的辐射功率

接下来的问题是如何确定有效孔径在给定频段内能够聚集到的功率能量。这个问题的推导非常复杂，但结果却简单明了。根据天线理论[10]，天线增益与有效孔径之间的关系是

$$g = \frac{4\pi A_e}{\lambda^2} \tag{1.8}$$

其中 λ 为射频频率的波长。上式表明，天线的增益取决于其有效孔径与工作频率。对于给定孔径尺寸的天线来说，频率越高，天线增益越大。这种关系表明，给定尺寸的孔径可实现的增益存在固有局限性。此外，由于高频天线孔径的表面需要 λ 精确到很小的范围内，使得其制造成本极高。另一个有用的公式可根据天线聚集功率的立体角 Ω 推导得到。根据式(1.8)可得

$$\Omega = \frac{\lambda^2}{A_e} \quad \text{rad}^2 \quad \text{且} \quad g = \frac{4\pi}{\Omega} \tag{1.9}$$

在卫星通信系统中，一旦天线的轨迹被指定(覆盖区域被划定)，卫星覆盖这块区域的立体角也就固定下来了，这说明天线增益(及孔径尺寸)是由覆盖区域决定的。换句话说，决定卫星可实现增益极限的是天线的覆盖区域，而非天线的设计或物理结构。这种关系还表明，为了实现高方向性，即立体角较小，孔径尺寸必须远大于工作波长。在微波频段，相对较高增益的物理孔径是比较容易实现的。对于这种天线来说，辐射区域与不处于发射方向的邻近物体不会产生强烈的相互干扰。因此，通常在兆赫范围(调幅、调频和电视广播)的设计中至关重要的地面效应，在 1 GHz 以上频率中可以忽略。

1.4.2.3　功率通量密度

电磁能量的辐射遵循基本平方反比法则。因此，辐射距离为 r 的全向天线的能量均匀分布在球面 $4\pi r^2$ 上，如图 1.8(a)所示。注意，能量大小与辐射频率无关。每个单位面积上接收到的功率为 $p_0/4\pi r^2$，其中 p_0 为各向同性源输入的总功率。这个值用功率通量密度(power flux density, pfd)定义为

$$\text{pfd} = \frac{p_0}{4\pi r^2} \quad \text{W/m}^2 \tag{1.10}$$

1.4.2.4 通信系统中天线发射和接收的功率

假设功率在理想信道中通过无线传输进行发射和接收。定义 p_T 为发射机功率(单位为 W)，g_T 为发射天线增益，g_R 为接收天线增益，A_{eT} 和 A_{eR} 为发射天线和接收天线的有效孔径(单位为 m)，r 为发射机和接收机之间的距离(单位为 m)，则传输功率为 $p_T g_T$(单位为 W)。在目标方向上，距离为 r 时的功率通量密度为

$$\text{pfd} = \frac{p_T g_T}{4\pi r^2} \quad \text{W/m}^2 \tag{1.11a}$$

p_T 和 g_T 的乘积称为等效全向辐射功率(Equivalent Isotropic Radiated Power，EIRP)，是链路计算中的重要因子。pfd 代表理想天线以 1 m² 孔径截获的接收功率，用分贝形式表示为

$$\text{PFD} = P_T + G_T - 10\lg 4\pi r^2 = \text{EIRP} - 10\lg 4\pi r^2 \quad \text{dBW/m}^2 \tag{1.11b}$$

其中，$P_T = 10\lg p_T$，$G_T = 10\lg g_T$，$\text{PFD} = 10\lg(\text{pfd})$。这个公式表明，在无线传输中，以 $10\lg 4\pi r^2$ 形式表示的很大一部分发射能量在接收端损耗掉了。同样，这个损耗与频率无关，当公式使用发射和接收天线的增益形式表示时，这一点往往被忽视。为了说明这一点，式(1.11)可用距离为 r 时接收到的功率 p_r 表示如下：

$$p_r = (\text{pfd})_t \times A_{eR} = \frac{p_T g_T}{4\pi r^2} g_R \frac{\lambda^2}{4\pi} = p_T g_T g_R \left(\frac{\lambda}{4\pi r}\right)^2 \quad \text{W} \tag{1.12a}$$

用分贝表示为

$$P_R = P_T + G_T + G_R - 20\lg \frac{4\pi r}{\lambda} \quad \text{dBW} \tag{1.12b}$$

此式表明接收功率包含与频率和距离相关的项。这种相关性源于接收天线需要将接收能量聚集到一个点源。换句话说，$20\lg(4\pi r/\lambda)$ 通常指距离损耗，代表两个全向天线之间在特定距离和特定频率的功率损耗。如果考虑以一个点源的形式辐射射频能量，那么能量分布服从经典的平方反比法则，而与频率无关，如式(1.11)所示。式(1.11)或式(1.12)都可以用于链路计算。

例 1.1 在一个微波中继传输链路中，中继站之间距离 50 km。它们都装有 10 W 的高功率放大器和 30 dB 增益的天线。假设传输线和滤波器损耗为 2 dB，(1)计算发射机的等效全向辐射功率(EIRP)和接收天线的功率通量密度(PFD)；(2)给定天线效率 0.8，计算圆形抛物面天线直径，要求在 4 GHz 频带内实现 30 dB 增益。

解：

1. EIRP = 10 dBW + (−2 dB) + 30 dB
   = 38 dBW

   PFD = EIRP − 10lg $4\pi r^2$
   = 38 − 105
   = −67 dBW/m² (或 200 nW/m²)

   因此，在距离发射机 50 km 处，每平方米的孔径截获发射天线输出的射频功率为 200 nW。

2. 推导出孔径及其特定天线增益之间的关系为

$$A = \frac{G}{\eta} \frac{\lambda^2}{4\pi} \quad \text{m}^2$$

虽然功率通量密度保持不变,但是孔径接收的信号功率取决于射频信号的频率。对于直径为 D 的圆抛物面天线,孔径面积 $A = (\pi/4) \times D^2$。将天线增益表示为分贝形式,直径单位为 m,则可得

$$G = 20\lg D + 20\lg f_{\text{MHz}} + 10\lg \eta - 39.6 \quad \text{dB}$$

对于 $f = 4000$ MHz,$G = 30$ dB,$\eta = 0.55$,可计算出 $D = 1$ m。

第二部分　通信信道中的噪声

1.5　通信系统中的噪声

广义上的噪声包括通信电路中的任何无用信号。噪声代表通信系统传输容量的基本限制,同时噪声也是 ITU 和国家无线电管理机构的研究重点。无线电管理的关键问题是制定指标,规定现有系统和新建系统的辐射级别。在多系统环境中,针对通信系统之间干扰的管控非常重要。如果不采取限制,则几乎不可能设计出一个可靠的通信系统。通常来说,管理机构在制定目的地理区域内的频谱分配及允许的辐射级别的同时,还给存在竞争的业务和系统提出了如何抗干扰的指导方针。通信系统以外的噪声源包括:

1. 宇宙辐射,包括来自太阳的辐射;
2. 人为(由人类造成的)噪声,如电力线、电子机械、消费电子及其他地面噪声源;
3. 来自其他通信系统的干扰。

对于宇宙噪声来说,几乎没有任何办法避免,只能确保在系统设计时多加考虑。通常,人为噪声发生在低频率,对于工作在 1 GHz 以上的通信系统根本不是问题,而来自其他通信系统的干扰将受到 ITU 和国家无线电管理机构的严格控制。通常需要控制的包括发射机功率、天线辐射方向图,以及分配频谱之外的频率分量的产生和抑制。管理条例确保无用辐射源保持在极低的水平,并远远低于通信系统设计中自身的噪声。通信系统中的主要噪声源包括:

- 来自邻近同极化信道的干扰;
- 来自邻近交叉极化信道的干扰;
- 多路径干扰;
- 热噪声;
- 互调(InterModulation,IM)噪声;
- 由于非理想信道造成的噪声。

下面将具体分析各种噪声源。

1.5.1　邻近同极化信道干扰

所有通信系统的共同点是频谱信道化。信道化能提高多业务需求的灵活性,同时使系统通信容量最大化。后面的章节将详细介绍远距离传输采用的调制方案。最常用的调制方案是频率调制(Frequency Modulation,FM,简称为调频)。调频的一个特性是边带的幅度特性以渐降的方式,直至趋于无穷大。因此,就不会有能量泄漏到邻近信道而导致失真。在某种程度上讲,使用信道滤波器可以控制能量的泄漏,从而突出了通信系统中滤波器网络的重要性。邻近信道干扰如图 1.9 所示。

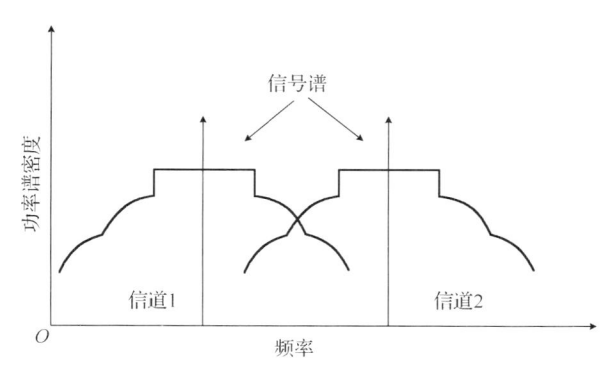

图 1.9 邻道干扰

1.5.2 邻近交叉极化信道干扰

电磁辐射的一个基本特点是允许能量在指定方向上以极化的形式传播。在通信系统中，天线波束的正交极化充分利用了这一特性。它允许频率重复使用，从而扩展一倍的可用带宽。极化可以是线性的或全向的。在实际应用中，对于天线网络的最主要的限制是交叉极化隔离度。因此，这种干扰完全可以通过天线的设计来控制。在实际系统中，典型的交叉极化隔离度为 27～30 dB。需要注意的是，当电磁波辐射通过大气层传播时，极化将发生变化。在设计中也需要考虑到这一点。

1.5.3 多路径干扰

这种干扰是信号在能量传输过程中被传输路径上的障碍物阻挡产生反射而导致的。障碍物可以是城市中的高层建筑物、大树或植物。同时，干扰也可以来自崎岖的地形或者大气层的反射。当各种不同反射波也被接收器接收时，就产生了干扰。从时间上讲，这些干扰信号对于原始传输在时域上是不同的。图 1.10 描述了多路径干扰。

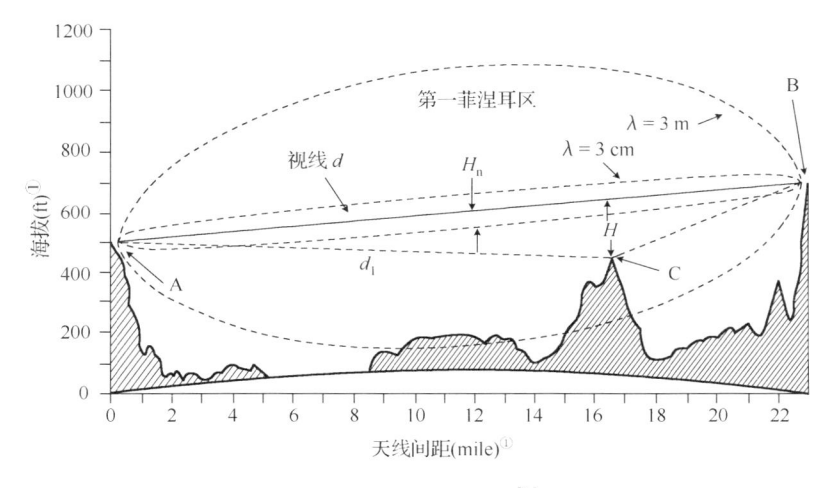

图 1.10 多路径干扰[1]

---

① 1 英尺(ft)=0.3048 m。1 英里(mile)=1.609 344 km。——编者注

在一个固定视距系统环境中，无线路径可以通过考察干扰物的位置来得到优化。对于移动通信，情况就完全不同了。移动终端可以是固定的，也可以是移动的。而且，手持移动终端会有轻微移动。当一个终端移动时，路径特征是一直改变的，多路径传播成为限制系统性能的主要因素。射频信号由于邻近建筑物的阻挡而经历多路径的散射、反射和衍射。虽然有用的或有害的衰落会变得很复杂，但这种问题是可以解决的，如采用频率和空间分集，前向纠错等。虽然系统采用了这些补偿技术，但多路径干扰仍是掉话、衰落或通信中断的首要原因。而可用带宽资源的限制更加重了这一问题。关于此问题和其他与无线传播有关问题的介绍参见 Freeman 的文献[7]。

1.5.4 热噪声

热噪声存在于所有通信系统中，最终限制了通信系统的性能。因此本书将更深入地讨论热噪声。热噪声是指由于导体中的分子不断地扰动而产生的电噪声，且任何物质中都存在原子级的扰动。原子是由原子核和围绕原子核的一系列电子组成的，原子核是由中子和质子组成的，而质子和电子的数量是一样的。电子和带正电的离子在一个导体中均匀分布，导体中的电子在分子热平衡条件下是随机运动的。这个运动产生随温度升高而变大的动能。由于每个电子携带一个单位负电荷，分子之间碰撞时每个电子的逃逸会产生一个短脉冲电流。大量电子随机扰动造成具有统计特性的起伏，从中性状态转化为电噪声。电子的均方速度和绝对温度是成正比的。根据玻尔兹曼和麦克斯韦（及约翰逊和奈奎斯特的研究结果）提出的均分定理，对于一个热噪声源，1 Hz 带宽内对应的噪声功率为

$$p_n(f) = kT \quad \text{W/Hz} \tag{1.13}$$

其中 k 为玻尔兹曼常数，$k = 1.3805 \times 10^{-23}$ J/K，T 是热噪声源的绝对温度（热力学温度 K）。当室温为 17℃ 或 290 K 时，噪声功率为 $p_n(f) = 4.0 \times 10^{-21}$ W/Hz 或 -174.0 dBm/Hz。这就是根据均分定理得出的频域内的噪声功率谱密度。这种具有常数特性的功率谱密度的热噪声源称为白噪声，类似于白光光谱中包含各种可见光的光谱。所有测量结果表明，热噪声的总功率在一定范围内与带宽成正比，这个范围从直流一直到目前最高的微波频率。如果带宽是无穷大的，根据均分定理，热噪声总功率也就应该是无穷大的。很明显，这是不可能的。原因是均分定理基于经典力学理论，当接近极高频率时，这个理论就不再适用了。如果在这个问题上运用量子力学理论，则必须用 $hf/[\exp(hf/kT) - 1]$ 来代替 kT，其中 h 为普朗克常数（$h = 6.626 \times 10^{-34}$ J·s）。将这个结果代入热噪声的表达式中，可得

$$p_n(f) = \frac{hf}{\exp(hf/kT) - 1} \quad \text{W/Hz} \tag{1.14}$$

这个关系式表明，在任一较高频率下，热噪声最终降为零。但是，这并不意味着可以在这些频率下构造出无噪声器件。此时，在式(1.14)中需要引入量子噪声 hf。图 1.11 给出了噪声功率密度与频率的关系，过渡区对应的频率分别为 40 GHz（$T = 3$ K），400 GHz（$T = 30$ K）和 4000 GHz（室温下）。实际上，对于大多数系统，可认为噪声源的噪声功率与系统或检波器的工作带宽和噪声源绝对温度的乘积是成正比的。

因此，

$$p_a = kTB \quad \text{W} \tag{1.15a}$$

其中 B 为系统或检波器的噪声带宽（单位为 Hz），p_a 为噪声功率（单位为 W）。假设环境温度为

290 K，用 dBm 表示噪声功率，可得

$$p_a = -174 + 10\lg B \quad \text{dBm} \tag{1.15b}$$

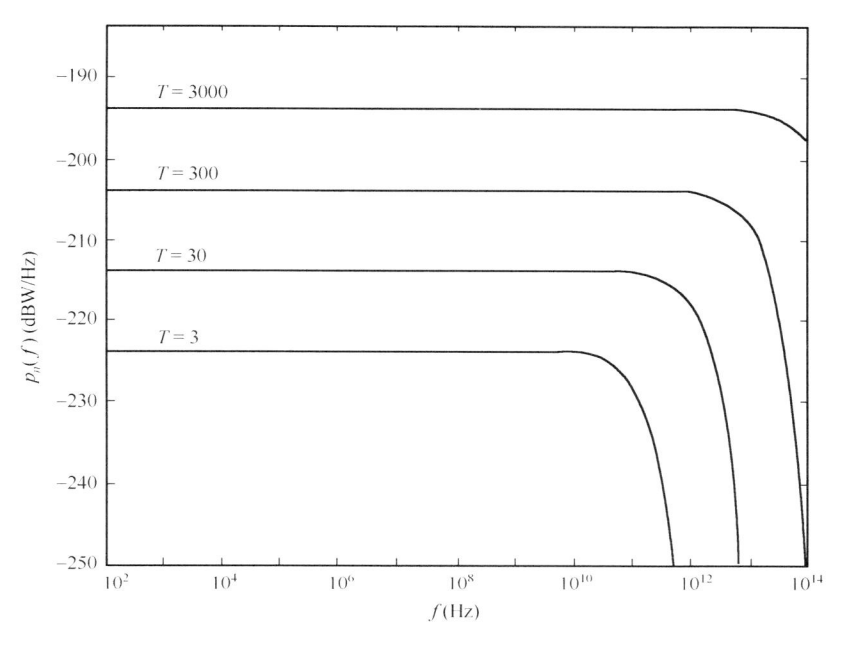

图1.11　热噪声功率密度与频率的关系曲线

式(1.15b)表明，要使噪声功率位于一个极低水平，必须严格限制信号的信噪比。以上关系中仅用平均值来表示，它没有体现出任何关于统计分布的信息。如前所述，热噪声是由于导体中的电子随机运动引起的，因此可以认为热噪声是大量单个电子扰动作用的叠加。在统计领域，众所周知的结论是：具有不同分布形式的大量独立变量之和，其分布函数的极限形式可以用高斯函数表示。这在统计学中称为中心极限定理。因此，热噪声满足高斯分布条件。图1.12(a)给出了零均值的高斯概率密度函数曲线，表示如下：

$$p(V) = \frac{1}{\sigma_n \sqrt{2\pi}} \exp\left(\frac{-V^2}{2\sigma_n^2}\right) \tag{1.16}$$

其中，V 表示瞬时电压，σ_n 表示标准偏差。高斯分布函数如图1.12(b)所示。

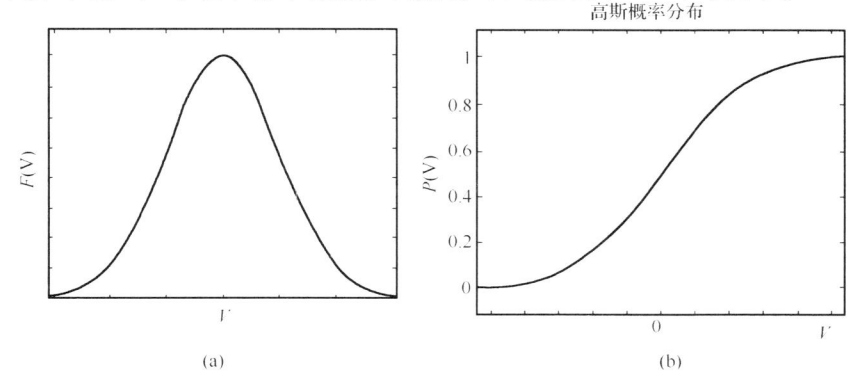

图1.12　(a)高斯概率密度函数；(b)高斯分布函数

式(1.16)用积分的形式表示为

$$P(V) = \frac{1}{\sigma_n \sqrt{2\pi}} \int_{-\infty}^{V} \exp\left(\frac{-x^2}{2\sigma_n^2}\right) dx \tag{1.17}$$

从图 1.12 中很容易看出，均方根电压的平方(V^2)等于方差 σ_n^2。所以，高斯分布的噪声源的均方根(root mean square, rms)电压等于标准偏差 σ_n。

高斯噪声的峰值有可能大于任意正的有限幅值，因此热噪声信号中不存在峰值因数，即峰值和均方根电压的比值。在实际应用中，通常将峰值因数的定义修改为某个时间百分比内超过噪声的值与均方根噪声值之比。这一百分比通常给定为 0.01%。根据正态分布表可以看出，小于 0.01% 时限的信号幅度大于 $3.89\sigma_n$(即 $|V| > 3.89\sigma_n$)。

由于 σ_n 为噪声信号的均方根值，对于热噪声来说，峰值因数为 3.89，即 11.8 dB。如果其峰值增长 0.001%，则峰值因数将增加 1.1 dB，达到 12.9 dB。热噪声是白噪声同时也是高斯分布的，这一事实使许多设计人员错误地认为高斯噪声和白噪声是同义的，其实并不总是这样。例如，高斯噪声通过一个线性网络，如滤波器，输出噪声虽然还是高斯分布的，但频域发生了显著变化。此外，一个单脉冲信号的幅度并不会显示为高斯分布的，但频域却是平坦的，如白噪声频谱。

1.5.4.1 等效输入噪声温度

由于一个热噪声源的噪声功率与其绝对温度成正比，所以噪声功率可以用噪声温度等效[1]。对于电阻元件来说，噪声温度与电阻的物理温度是一样的。如果一个给定噪声源在很窄的频带 df 内产生了功率 p_a，噪声源的噪声温度就是 $T = p_a/(k\,df)$。应该强调的是，噪声温度的概念并不局限于噪声源本身，噪声温度也并不一定等于噪声源的物理温度。例如天线，输出噪声可以简单地认为是天线孔径在其可视角上聚集的噪声。天线的物理温度对噪声温度没有影响，但噪声温度依然可以用来定义来自天线的噪声功率。

考虑一个二端口网络，资用增益为 $g_a(f)$。当它连接到一个噪声温度为 T 的噪声源时，在很窄的频带 df 内，输出端的噪声功率为 $p_{no} = g_a(f)kT\,df + p_{ne}$。这个功率由两部分组成：(1) 由外部噪声源产生的功率 $g_a(f)kT\,df$；(2) 由网络内部噪声源产生的功率 p_{ne}，也就是当网络输入端连接到一个无噪声源时，网络的输出噪声功率。这个噪声网络的内部噪声源的等效噪声温度 T_e 就可以表示如下：

$$T_e = \frac{p_{ne}}{g_a(f) k\,df} \tag{1.18}$$

输出端的有效噪声功率用输入端的等效噪声温度表示为

$$p_{no} = g_a(f) k (T + T_e) df \tag{1.19}$$

等效输入噪声温度 T_e 可以表示为一个与频率有关的函数，它随着 g_a 和 p_{ne} 的不同而变化。当信号源噪声温度和标准温度不同时，等效噪声温度的概念就非常有用。当评估一个完整的通信系统的噪声性能时，它的独特优点就体现出来了。另一个有助于分析通信系统噪声的概念是噪声系数。

1.5.4.2 噪声系数

无线电工程委员会(Institute of Radio Engineers, IRE，为 IEEE 的前身)对一个二端口网络的噪声因子定义如下：一个特定输入频率下的噪声系数(噪声因子)，可以用对应输出频率上每单位带宽的总的噪声功率(当输入的源噪声温度为标准噪声温度 290 K 时的输出)和输入源

在输入频率上产生的输出功率的比值来表示。根据这个定义，

$$\text{噪声系数} n_F = \frac{p_{\text{no}}}{g_a(f)kT_0 df} \tag{1.20}$$

其中 $T_0 = 290$ K，称为标准温度。窄带 df 的噪声系数称为点噪声系数，可用与频率相关的函数表示。噪声系数也可以和等效噪声温度联系起来。在式(1.19)中，如果用 T_0 代替 T，根据噪声系数的定义，输出噪声功率 p_{no} 可表示为 $g_a(f)k(T_0 + T_e)df$。即输出噪声与噪声系数的关系可由式(1.20)给定。将这两个表达式统一起来，就建立了噪声系数和有效噪声温度之间的关系

$$n_F = 1 + \frac{T_e}{T_0} \tag{1.21}$$

和

$$T_e = T_0(n_F - 1) \tag{1.22}$$

当噪声温度接近标准温度时，噪声系数的概念就变得极其有用了。考虑到网络输出端的噪声功率由式(1.20)给定，用 dBm 的形式改写这个公式，可得

$$P_{\text{no}} = N_F + G_a + 10\lg df - 174 \quad \text{dBm} \tag{1.23}$$

其中，各符号定义如下：

$$\begin{aligned} P_{\text{no}} &= \frac{10\lg p_{\text{no}}}{10^{-3}} \\ N_F &= 10\lg n_F \\ G_a &= 10\lg g_a \end{aligned} \tag{1.24}$$

因此，二端口网络的噪声功率(dBm)可以表示为热噪声的噪声功率(dBm)、网络的增益(dB)和网络的噪声系数(dB)的和。这样，一个二端口网络的内部噪声源的作用可以理解为将噪声系数(dB)加到噪声源的噪声功率(dBm)上。

1.5.4.3 有耗元件的噪声

任何一个信号都会被其传播路径上的有耗元件所衰减。有耗元件吸收能量，从而加剧了元件中分子的扰动程度，导致额外的噪声。通过运用前几节类似的论点，一个有耗元件的等效输入噪声温度可以定义为[1]

$$T_e = T(l_a - 1) \tag{1.25}$$

其中 l_a 为元件的损耗，用分贝表示为 $L_a = 10\lg l_a$。这个有耗元件的噪声系数表示为

$$n_F = 1 + \frac{T}{T_0}(l_a - 1) \tag{1.26}$$

如果有耗元件在标准温度 T_0 下，则有

$$n_F = l_a \quad \text{且} \quad N_F = L_a \quad \text{dB} \tag{1.27}$$

例如，在室温下一段 1 dB 损耗的传输线，其等效噪声温度 $T_e = 75$ K，噪声系数为 1 dB。

1.5.4.4 衰减器

在通信系统中，衰减器用来控制不同信道或发射机的功率电平。这种网络可以使用有耗元件或电抗元件，或者两者的结合来构成。如果由理想的全电抗元件构成(意味着零电阻分量)，

则这个衰减器不会产生任何噪声，并且其有效输入噪声温度为零。然而，针对如式(1.29)所述的网络单元链路进行分析时，必须包含由这类衰减器引起的损耗。在实际应用中，电抗元件总是存在电阻分量，不管它有多小，都会在通道中产生噪声。要记住的关键一点是，任何器件相关的电阻损耗，都会转化为系统的噪声温度。

例1.2 在室温为290 K时，带宽为50 MHz的噪声源所辐射的热噪声为多少？在0.01%及0.001%的时隙内，噪声的峰值分别为多少？

解：

利用式(1.14)，热噪声为

$$N_T = kTB$$
$$= -228.6 + 10\lg T + 10\lg B \quad \text{dBW}$$

当 $T = 290$ K 且 $B = 50 \times 10^6$ Hz 时，

$$N_T = -127 \quad \text{dBW}$$
$$= 0.2 \quad \text{pW}$$

因此，天线指向温度为290 K的源时，这个源落在天线的波束内，天线在50 MHz时能够接收到0.2 pW的热噪声功率。正如1.5.4节所述，热噪声在0.01%及0.001%的时隙内的峰值因数分别是11.8 dB和12.9 dB。因此，噪声在0.01%时隙内的峰值高达 -115.2 dBW(3.0 pW)，在0.001%时隙内的峰值高达 -114.1 dBW(3.9 pW)。

例1.3 低噪声放大器的噪声系数为2 dB，带宽为500 MHz，增益为30 dB，其输出噪声功率是多少？低噪声放大器的等效噪声温度为多少？

解： 根据式(1.20)至式(1.22)，

$$N_{\text{LNA}} = N_F + G_a + 10\lg df - 174 \quad \text{dBm}$$
$$= (2 \text{ dB}) + (30 \text{ dB}) + 10\lg(500 \times 10^6) - 174$$
$$= -55 \quad \text{dBm}$$

等效噪声温度为

$$T_{\text{LNA}} = T_0(n_F - 1)$$
$$= 290(1.585 - 1)$$
$$= 169.6 \quad \text{K}$$

1.5.5 级联网络中的噪声

两个级联网络如图1.13所示，其有效输入温度为 T_{e1} 和 T_{e2}，有效增益为 g_1 和 g_2。

假设这两个级联网络连接到一个温度为 T 的噪声源，在很窄的频带 df 内，其输出的噪声仅与噪声源有关，为 $g_1 g_2 kT df$。由噪声源产生的噪声，在第一级网络中输出为 $g_1 g_2 kT_{e1} df$，在第二级网络中输出为 $g_2 kT_{e2} df$。在第二级网络的输出端，总的噪声功率为 $kg_2(g_1 T + g_1 T_{e1} + T_{e2})df$。在这部分噪声中，由两个网络内部噪声源产生的噪声为 $kg_2(g_1 T_{e1} + T_{e2})df$，则两个级联网络的等效输入噪声温度 T_e 为

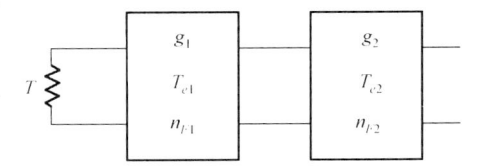

图1.13 级联网络中的噪声

第1章 射频滤波器——无线通信网络系统概论

$$T_e = \frac{kg_2(g_1T_{e1} + T_{e2})\mathrm{d}f}{g_1g_2k\,\mathrm{d}f}$$
$$= T_{e1} + \frac{T_{e1}}{g_1} \tag{1.28}$$

这个结果很容易推广到 n 阶级联网络，有效输入噪声功率为

$$(T_e)_1 = T_{e1} + \frac{T_{e2}}{g_1} + \frac{T_{e3}}{g_1g_2} + \cdots + \frac{T_{en}}{g_1g_2\cdots g_{n-1}} \tag{1.29a}$$

注意，在式(1.29a)中，等效噪声温度的参考点在级联网络的第一个元件的输入端。如果改变参考点，则在计算级联网络中其他元件的输入端的有效噪声温度时，可以将上面的关系式简单变形。例如，如果选择的参考点在元件3(T_{e3})的输入端，那么等效输入噪声功率为

$$(T_e)_3 = T_{e1}g_1g_2 + T_{e2}g_2 + T_{e3} + \frac{T_{e4}}{g_3} + \frac{T_{e5}}{g_3g_4} + \cdots \tag{1.29b}$$

公式(1.29a)称为弗里斯(Friis)公式，是为了纪念H.T.Friis而命名的。

当计算参考点在低噪声放大器网络的输入端时，这个公式是非常有用的。同时，利用这个公式很容易估算出天线增益与噪声温度的比值(G/T)。

根据噪声系数与等效输入噪声温度的关系，很容易证明 n 个网络级联的总噪声系数可以表示为

$$(n_F)_1 = n_{F1} + \frac{n_{F2}-1}{g_1} + \cdots + \frac{n_{Fn}-1}{g_1g_2\cdots g_{n-1}} \tag{1.30}$$

这些关系的重要性基于这样一个事实，即链路中放大器之后贡献的噪声被放大器的增益所降低。典型的放大器增益超过20 dB，这也就意味着链路中放大器之后的元件对噪声的贡献将减少为原值的1%。在设计通信信道和多级放大器时，这是一个重要的考虑因素。例1.4说明了这些关系的重要性。

例1.4 如图1.14所示，计算一个中心频率为6 GHz，带宽为500 MHz的接收机各部分的噪声温度。假设接收天线的噪声温度 T_{ant} 为70 K。

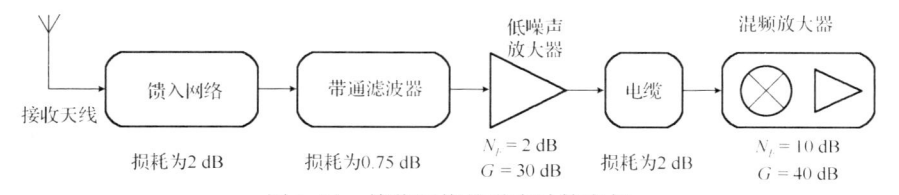

图1.14 接收网络的噪声计算实例

解：接收机中不同器件的增益与插入损耗的比值，以及及噪声温度的计算如下所示。

馈入网络：

$$l_1 = 1.5849$$
$$g_1 = \frac{l}{l_1} = 0.631$$
$$T_{e1} = 290(l_1 - 1) = 169.6 \text{ K}$$

带通滤波器：

$$l_2 = 1.1885$$
$$g_2 = \frac{l}{l_2} = 0.8414$$
$$T_{e2} = 290(l_2 - 1) = 54.7 \quad \text{K}$$

低噪声放大器：
$$n_{F3} = 1.5849$$
$$g_3 = 1000$$
$$T_{e3} = 290(n_{F3} - 1) = 169.6 \quad \text{K}$$

电缆：
$$l_4 = 1.5849$$
$$g_4 = \frac{1}{14} = 0.631$$
$$T_{e4} = 290(l_4 - 1) = 169.6 \quad \text{K}$$

混频放大器：
$$n_{F5} = 10$$
$$g_5 = 10\,000$$
$$T_{e5} = 290(n_{F5} - 1) = 2610 \quad \text{K}$$

以低噪声放大器输入端为参考点的总系统噪声温度为

$$\begin{aligned}(T_e)_{\text{sys}} &= (T_{\text{ant}} + T_{e1})g_1 g_2 + T_{e2}g_2 + T_{e3} + \frac{T_{e4}}{g_3} + \frac{T_{e5}}{g_3 g_4} \\ &= 127.2 + 46.0 + 169.6 + 0.17 + 4.14 \\ &= 347.1 \quad \text{K}\end{aligned}$$

值得注意的是，进入低噪声放大器的噪声对整个系统的噪声温度贡献最大，在低噪声放大器之后的噪声却无关紧要，因为它们对总噪声贡献很小。这个结论对通信系统设计是极其重要的，它说明在通信信道接收部分的低噪声放大器之前应该尽可能减少损耗。

1.5.6 互调噪声

互调（IM）噪声主要由通信系统的非线性产生。与热噪声类似，所有的电气网络在一定程度上存在着非线性。它能够抑制有用的信号电平，因此在系统设计中需要重点考虑。器件的主要互调噪声源是非线性高功率放大器（HPA），它也是通信系统的主要元件。高功率放大器的效率与其线性度成反比。因此，高功率放大器的特性及其工作功率范围也是通信系统设计的重要参数。

考虑一个基本二端口元件的电压传输特性。这个二端口网络可以是一个设备、网络或系统，如图1.15所示。对于无记忆的非线性二端口网络，其传输函数可以用泰勒级数展开为

$$e_0 = a_1 e_i + a_2 e_i^2 + a_3 e_i^3 + \cdots \tag{1.31}$$

对于单个频率的正弦信号 $e_1 = A\cos(ax)$，可以得到

$$\begin{aligned}e_0 &= a_1 A \cos ax + a_2 A^2 \cos^2 ax + a_3 A^3 \cos^3 ax + \cdots \\ &= K_0 + K_1 \cos(ax) + K_2 \cos(2ax) + K_3 \cos(3ax) + \cdots\end{aligned} \tag{1.32}$$

其中 K 为与 a_1，a_2，a_3，…有关的常数。所以，单个正弦输入信号激励的输出信号中包含了基波频率和多次谐波。类似地，如果 $e_i = A\cos\omega_{1i} + B\cos\omega_{2i} + \cos\omega_{3i} + \cdots$，运用三角恒等式可得

$$e_0 = K_0 + K_1 f(\omega_i) + K_2 f(2\omega_i) + K_3 f(3\omega_i) + \cdots \quad (1.33)$$

其中，$f(\omega_i)$ 为包含 ω 的一阶分量的集合；$f(2\omega_i)$ 为二阶分量，如 $2\omega_1$，$\omega_1 + \omega_2$，$\omega_1 - \omega_2$；$f(3\omega_i)$ 为三阶分量，如 $3\omega_1$，$2\omega_1 \pm \omega_2$，$2\omega_2 \pm \omega_3$，$\omega_1 + \omega_2 + \omega_3$，$\omega_1 + \omega_2 - \omega_3$，…；$K$ 为每阶分量对应的常系数。

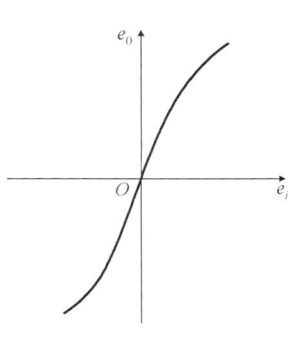

图 1.15 非线性二端口网络的传输特性

因此，输出信号中包含了输入信号的多次谐波，以及输入信号各频率之间所有可能的和差组合。其中直流分量(direct current，dc)因被过滤可以不予考虑。线性相关的理想输出信号由包含 a_1 的一阶产物 K_{1i} 组成。所有其他输出项是杂散信号，且被认为是噪声或干扰信号。当不同频率的输入信号数量增加时，互调频率产物数量也急剧增加。这些互调产物根据其互调阶数和载波频率的间隔，分别落入射频信道或信道外的频段内。一个经典案例是在单载波单信道(Single Channel Per Carrier，SCPC)的频分复用调频(Frequency-Division Multiplex-FM，FDM-FM)系统中，互调产物分布很散且被认为是噪声。因此，多载波射频信道的设计将考虑热噪声和互调噪声之间的折中。虽然当载波数量增加时，每个载波的热噪声会减小，但互调噪声电平将变大。宽带调频发射机的最佳载荷点是令信道内热噪声与互调噪声叠加后的系统总噪声最小化的部分点，如图 1.16 所示，这给放大器最优功率工作点的设定提供了依据。典型情况下，三阶互调产物占据主导地位，通常是系统指标的一个重要部分。放大器的指标要求载波功率超过三阶互调信号功率 20 dB 以上，1.8.3 节和 1.8.4 节将进一步讨论有关内容。

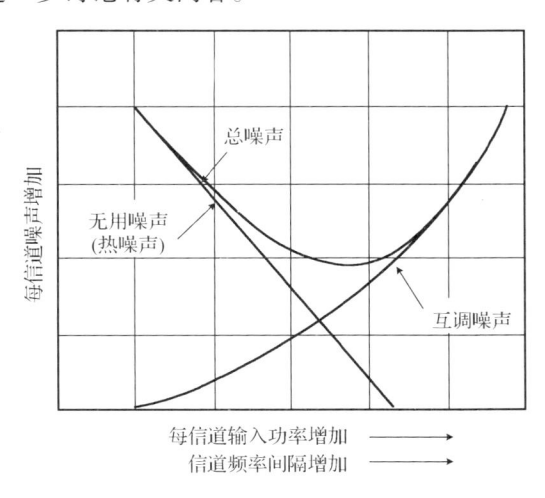

图 1.16 通信信道中的有效载荷和热噪声效应

1.5.7 非理想信道的失真

一个理想的发射信道将在一定带宽内无失真地传输所有带内信号，并将信道外的所有信号完全衰减到零。这种理想信道的特征是通带内具有固定损耗(理想情况下为零损耗)和线性相位(如固定的时延)，通带外衰减为无穷大，如图 1.17(a)和图 1.17(b)所示。理想信道的这种滤波

特性是无法实现的,由于这种性能的滤波器在负时间内存在单位脉冲响应,这违反了因果条件[11]。

虽然理想滤波特性无法实现,但可以尽可能地逼近理想特性。如图1.17(c)和图1.17(d)所示的实际通信系统中的典型窄带信道滤波器特性,需要在与理想滤波特性的逼近程度和实现的复杂性之间进行折中。通信系统中的其他部件,如放大器、变频器、调制器、电缆和波导等,都是宽带器件,它们在窄信道中呈现平坦的幅度和群延迟响应。换句话说,发射信道的幅度和相位响应特性是通过滤波器网络的设计来控制的。这是滤波器研究几十年来不断发展的关键驱动力。

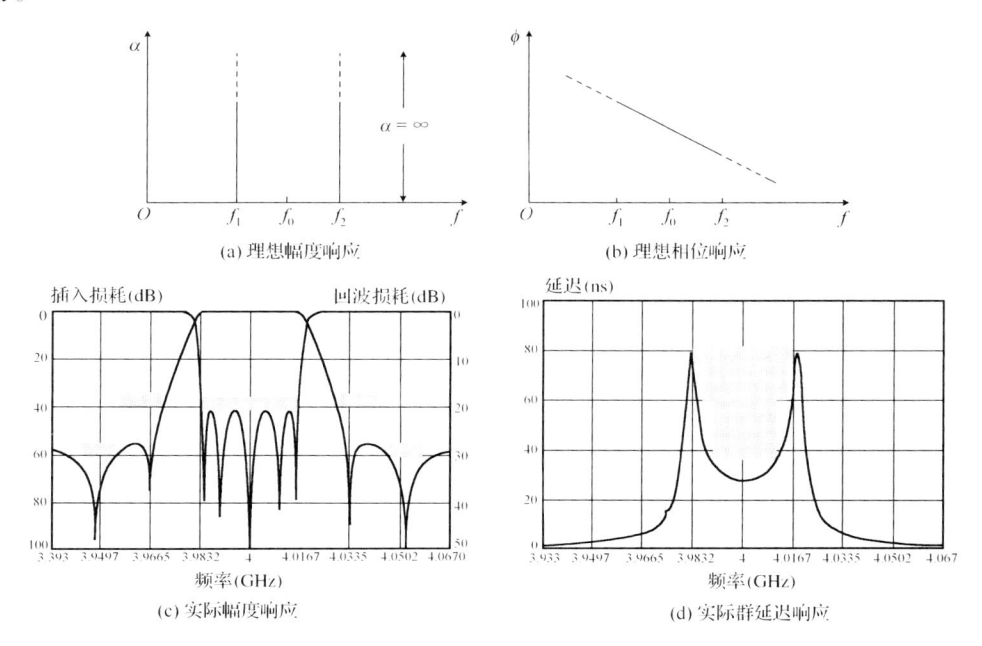

图1.17 发射信道的特性曲线

实际上,所有滤波器的传输特性和理想特性之间都存在偏差。滤波器是无源线性器件,它们的响应是时不变的,而且幅度和相位响应的形状可以用频率的函数来表示。另外,与高功率放大器等非线性器件不同,调频信号通过滤波器不产生新的频率分量。但是,滤波器会改变载波信号及边带的相对幅度和相位,这可以理解为引入了一个额外的调制器,使接收到的信号产生失真。下面更进一步来研究这个调制过程。假设一个多边带调频信号输入理想传输网络中,在某个边带信号上却呈现出非理想特性,即改变了这个边带信号的幅度,等效于在这个多边带调频信号中添加一个额外信号。结果是调制过的输出信号,由与输入调制信号成正比的有用信号和引入的无用信号组成。在多载波工作条件下,调频系统中的传输偏差可理解为输出信号中包含输入信号中没有的基带频率分量。从某种意义上讲,调频系统中滤波器引入的传输偏差与放大器的非线性效应相似。因此,由传输偏差产生的失真通常称为互调噪声。传输偏差会引入多少互调噪声?这个问题没有准确的答案。对于模拟系统,基于以前的研究工作[12~14],参考文献[1]给出的近似方法已证明是成功的。假设信道的发射特性足够平坦,即增益和相位是频率的函数,则有

$$Y_n(\omega) = [1 + g_1(\omega - \omega_c) + g_2(\omega - \omega_c)^2 + g_3(\omega - \omega_c)^3 + g_4(\omega - \omega_c)^4] \times e^{j[b_2(\omega - \omega_c)^2 + b_3(\omega - \omega_c)^3 + b_4(\omega - \omega_c)^4]}$$

(1.34)

其中，ω_c 为载波频率(单位为 rad/s)；g_1、g_2、g_3 和 g_4 分别为线性项、二次项、三次项和四次项的增益系数；b_2、b_3 和 b_4 分别为二次项、三次项和四次项的相位系数。

假定这个频率响应与微波滤波器网络特性保持一致。另一个假设是调频信号有足够小的调制因子，信道带宽远小于载波频率。这个假设在大多数通信系统中都是成立的。根据这两个假设，就可以计算传输偏差引起的失真。另一种相关的失真源是位于滤波器后的高功率放大器。它的非线性使滤波器的幅度变化转化成相位变化，从而造成调频信号的失真。如果一个限幅器能够在信号到达放大器之前成功地消除幅度偏差，这种失真就可以被抑制。这些失真项和噪声功率的总结(包括在附录1A中)详见参考文献[15]。这些参数对于模拟调频发射机的分析是非常有用的。

对于数字系统，除了高速数据传输，这种传输偏差对系统的影响相对较小。高级数字调制方案往往通过先进的仿真工具来计算射频信道中幅度和相位的偏差引起的失真，因此导致在设计中必须考虑带内响应(传输偏差)和带外抑制的折中，这正好与微波滤波器和系统的其他设计参数之间的折中相一致[16]。这种折中方法是射频信道设计的特性。事实上，射频信道滤波器控制着通信信道中的幅度特性和相位特性，即信道滤波器定义了可用信道带宽。

应该注意的是，对于模拟调频发射机，滤波器带内幅度响应的偏差，经过后级非线性放大器产生的调幅-调频转换，造成了调频载波之间的交叉干扰，这种串扰可以理解为是一致的(相干)。对于数字调制系统，这种串扰是不一致的(不相干)，但仍然存在调制转换，引起链路中 E_b/N_0(即每比特能量与噪声密度的比值)的增加。数字传输对群延迟波动相对不敏感，当然高速数字传输(短符号间隔)除外。大多数情况下，群延迟波动对链路中的 E_b/N_0 影响很小。

1.5.8 射频链路设计

一个通信链路的特性可以使用多个射频链路来描述。本节将分析单个链路的载噪比及多个链路级联的影响。

1.5.8.1 载噪比(C/N)

信号的载噪比定义为 C/N，C 为载波功率，N 为指定带宽内的噪声总功率。如果 N_0 为噪声功率谱密度，定义为 1 Hz 带宽内的噪声功率，则根据式(1.15)，可得

$$N_0 = kT_s, \quad N = N_0 B = kT_s B \tag{1.35}$$

其中，k 为玻尔兹曼常数，T_s 为总的有效噪声温度，B 为载波频率的带宽。在通信系统中，总有效温度 T_s 通常是参照接收部分低噪声放大器输入端的噪声温度，包含接收天线的噪声温度、有耗传输线、低噪声放大器之前的带通滤波器，以及低噪声放大器本身的噪声温度。如果 G_R 是接收天线相对同一参考点的增益(也包含低噪声放大器之前的损耗)，则在该参考点的载波功率为[见式(1.12b)]

$$C = \text{EIRP} + G_R - P_L \tag{1.36}$$

其中，$P_L = 20\lg(4\pi r/\lambda)$ 指发射机和接收天线之间的路径损耗。因此，

$$\begin{aligned}\frac{C}{N} &= \text{EIRP} + G_R - P_L + 228.6 - 10\lg T_s - 10\lg B \\ &= \text{EIRP} + \frac{G}{T_s} - P_L + 228.6 - 10\lg B\end{aligned} \tag{1.37}$$

这就是系统热噪声的链路方程。因子 $G_R - 10\lg T_s$ 或 G/T_s 表示接收系统的性能系数。链路方程也可以表示成如下形式：

$$\frac{C}{N_0} = \text{EIRP} + \frac{G}{T_s} - P_L + 228.6 \tag{1.38}$$

$$\frac{C}{T_s} = \text{EIRP} + \frac{G}{T_s} - P_L \tag{1.39}$$

式(1.37)至式(1.39)中所有的项的单位都为 dB。

1.5.8.2 多个射频链路的级联

一个通信信道由多个射频链路组成,如图 1.18 所示。

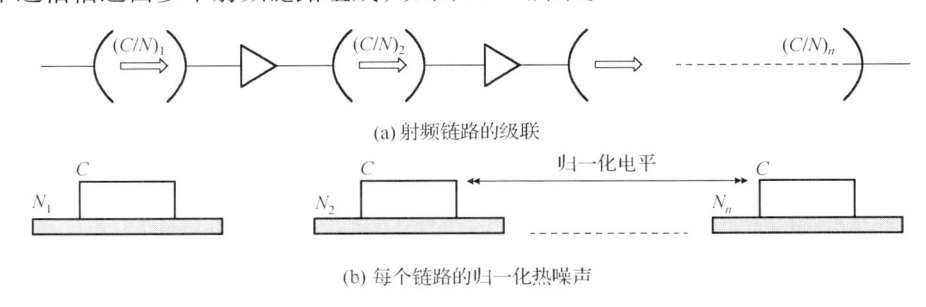

图 1.18 通信信道的描述

由于 n 个完全不同的链路级联,各个链路参数产生的热噪声功率都不相干。所以,所有链路总的噪声功率可看成单个噪声源的噪声功率相加,从而得到端到端总的噪声功率贡献,以及总的 C/N。由于每个链路的噪声功率以归一化的载波电平为参考,因此将所有的噪底(noise floor) N_i 相加,总载噪比 $(C/N)^*$ 给定为

$$\left[\left(\frac{C}{N}\right)_T^*\right]^{-1} = \left[\left(\frac{C}{N}\right)_1^*\right]^{-1} + \left[\left(\frac{C}{N}\right)_2^*\right]^{-1} + \cdots + \left[\left(\frac{C}{N}\right)_n^*\right]^{-1} \tag{1.40}$$

$(C/N)_1^*$ 和 $(C/N)_2^*$ 项表明,C/N 可以表示成比值的形式,与分贝形式相反。

例 1.5 一个输出功率为 1 kW 的地面发射站,其发射天线的增益为 55 dB。放大器和天线之间的传输线及滤波器损耗总共为 2 dB。卫星接收网络可参考例 1.4。

1. 计算等效全向辐射功率(EIRP)、功率通量密度(PFD),以及距地面站 40 000 km 的卫星接收到的 6 GHz 上行信号的 C/N_0。假设卫星上的接收天线增益为 25 dB,因天线指向误差和信号经过大气层产生的损耗为 3 dB。
2. 计算卫星上 36 MHz 射频信道内的载波功率和热噪声之比。
3. 计算上行-下行的总的热噪声,假设卫星发射到地面站的信号为 4 GHz,载噪比为 20 dB。如果上行功率下降 10 dB,那么对总噪声有什么影响?

解:

1. 上行的 EIRP = 30 dBW + ($-$2 dB) + 55
   = 83 dBW

   功率通量密度 PFD = EIRP $-$ 10lg $4\pi r^2$
   = 83 $-$ 163
   = $-$80 dBW/m^2

这说明对地静止轨道上的卫星收到的信号功率密度为 10 nW/m。根据式(1.38)可得

$$\frac{C}{N_0} = \text{EIRP} - 3 - 20\lg\frac{4\pi r}{\lambda} + G_R - L + 228.6 - 10\lg T_s$$

$$= 83 - 3 - 20\lg\frac{4\pi \times 40 \times 10^6}{(3 \times 10^8)/(6 \times 10^9)} + 25 - 2.75 + 228.6 - 10\lg 347.1$$

$$= 83 - 3 - 200 + 25 - 2.75 + 228.6 - 25.4$$

$$= 105.45 \text{ dB/Hz}$$

2. $\dfrac{C}{N} = \dfrac{C}{N_0} - 10\lg(36 \times 10^6) = 29.9 \text{ dB}$

3. 上行和下行总的载波和热噪声之比，可计算如下（下标 UL 代表上行，下标 DL 代表下行）：

$$\left[\left(\frac{C}{N}\right)_T^*\right]^{-1} = \left[\left(\frac{C}{N}\right)_{\text{UL}}^*\right]^{-1} + \left[\left(\frac{C}{N}\right)_{\text{DL}}^*\right]^{-1}$$

$$\left(\frac{C}{N}\right)_{\text{UL}}^* = 10^{2.99} \quad \text{且} \quad \left(\frac{C}{N}\right)_{\text{DL}}^* = 10^2$$

因此，总的热噪声比为

$$\left[\left(\frac{C}{N}\right)_T^*\right]^{-1} = 10^{-2.99} + 10^{-2}$$

$$= 0.001 + 0.01$$

$$\approx 0.01$$

如果表示成分贝形式，可得 $(C/N)_T = 20$ dB。

如果上行功率降低 10 dB，则 $(C/N)_{\text{UL}}$ 降至 19.9 dB，载波功率和总噪声功率之比为

$$\left[\left(\frac{C}{N}\right)_T^*\right]^{-1} = 10^{-1.99} + 10^{-2}$$

$$= 0.0102 + 0.01$$

$$= 0.0202$$

这个载噪比以分贝形式表示为 16.95 dB，表明不能忽略上行发射功率降低对总噪声的影响。

1.6 通信系统中的调制和解调方案

在通信系统中，基带信号由大量的单个消息信号组成，它们通过发射机和接收机之间的通信媒质传输。高效的传输，要求这些信息在传输之前采用某种方式进行处理。基带信号经过调制处理后，载波信号中含有基带信号，以便增加其在媒质中传输的有效性。调制能搬移信号频率，使其易于传输或改变信号的占用带宽；或者通过改变信号形式，来优化其抗噪声或失真的性能。在接收部分，解调方案正好是调制的逆过程。关于这一主题，详见参考文献[2, 3, 6, 11]。

调制技术可分类为线性调制和非线性调制。在线性调制中，被调制的信号呈线性变化，满足叠加原理，而非线性调制的信号将根据消息信号非线性地变化。

调制存在两种形式：幅度调制和角度调制（相位或频率调制）。调制过程可描述如下：

$$M(t) = a(t)\cos[\omega_c t + \phi(t)] \tag{1.41}$$

其中，$a(t)$ 表示正弦载波的幅度，$\omega_c t + \phi(t)$ 为相角。虽然幅度调制和相位调制可以同时采用，但幅度调制系统中的 $\phi(t)$ 为常数，而 $a(t)$ 与调制信号成正比。类似地，在角度调制系统中 $a(t)$ 保持不变，但 $\phi(t)$ 与调制信号成正比。

1.6.1 幅度调制

对于一个幅度调制波，可以得到

$$M(t) = a(t)\cos\omega_c t \tag{1.42}$$

其中，载波频率为 f_c，$a(t)$ 为调制时间函数。如果 $a(t)$ 为单音正弦信号，幅度为 1，频率为 f_m，则 $a(t) = \cos\omega_m t$，被调制后的信号为

$$M(t) = \cos\omega_m t \cos\omega_c t$$

可以将其展开为

$$M(t) = \frac{1}{2}\cos(\omega_c - \omega_m)t + \frac{1}{2}\cos(\omega_c + \omega_m)t \tag{1.43}$$

调制波不包含原载波的频率，只含有在载波频率任意左侧或右侧间隔 f_m（单位为 Hz）的频率处的一个边带信号，如图 1.19 所示。

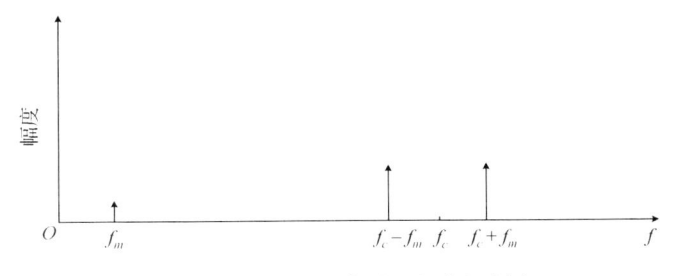

图 1.19 单音正弦信号的幅度调制波

调制效应可描述为在频域上变换 $a(t)$，也就是关于 f_c 对称分布，这一点对于复波形也是成立的。如果一个边带信号被滤波器抑制，结果就是一个单边带信号（Single-SideBand，SSB），这可看成一个纯粹的频率搬移过程。更通用的幅度调制的表达式如下：

$$M(t) = [1 + ma(t)]\cos\omega_c t \tag{1.44}$$

这个表达式等效于加入一个单位幅度的直流项，而且必须满足如下条件：

$$|ma(t)| < 1 \tag{1.45}$$

这样才能确保调制波的包络不会失真，如图 1.20 所示。这里，m 定义为调制指数，最大值为 1，表示 100% 的调制。调制指数是调制信号 $a(t)$ 的幅度相对于单位幅度载波的幅度比。调制后的信号可推导为

$$M(t) = \cos\omega_c t + \frac{m}{2}\cos(\omega_c - \omega_m)t + \frac{m}{2}\cos(\omega_c + \omega_m)t \tag{1.46}$$

每个边带的平均功率为 $m^2/4$，或双边带的总功率为 $m^2/2$（单位为 W）。经过 100% 的调制后，携带信息的一个边带仅占调制前总载波功率的三分之一。对于复信号，边带的功率非常小，仅占载波总功率的百分之几。幅度调制的第二个缺点是对传输路径中的幅度变化非常敏感。幅度变化将引起信号的失真。而且，对于幅度信号，必须使用线性高功率放大器才能避免信号出现严重失真。由于线性功率放大器获得足够多的增益和功率比较困难，从而限制了幅度调制在远距离传输系统中的应用。但是，幅度调制具有节省带宽的优点，因此在单个消息信道复用系统将频率搬移到更高频率这一过程中可以发现它的应用价值。例如，当基带信号由大量语音信道组成时，幅度调制是一个很好的选择。

(a) 调制信号   (b) 已调制的载波

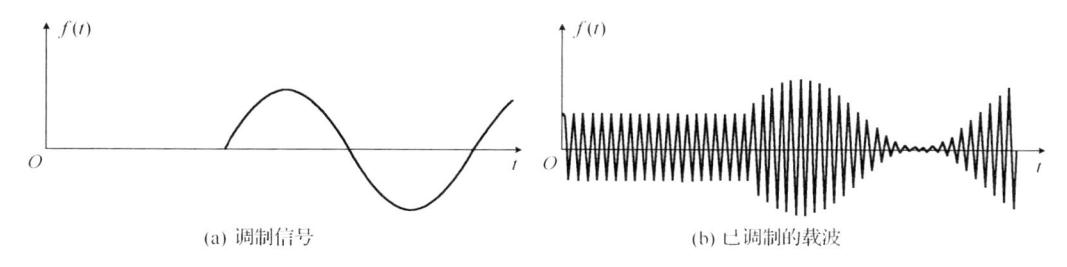

图 1.20　单载波的幅度调制

1.6.2　基带信号的组成

一个消息信道由若干独立信号合并而成。这个合成信号占用的连续的频率范围称为信号的带宽。在北美地区，采用了一个分级架构来对电话通信系统的带宽等参数进行标准化。基本消息信道最初设计用于传输语音，其实也可以用来传输数据业务。基本信道组由 12 个信道组成，每个信道 4 kHz，可扩展至 60 ~ 108 kHz 带宽。图 1.21 所示的系统可看成由多个不同载波频率的调制器连接到各自的带通滤波器，再经过多工器后构成一个复合信号。

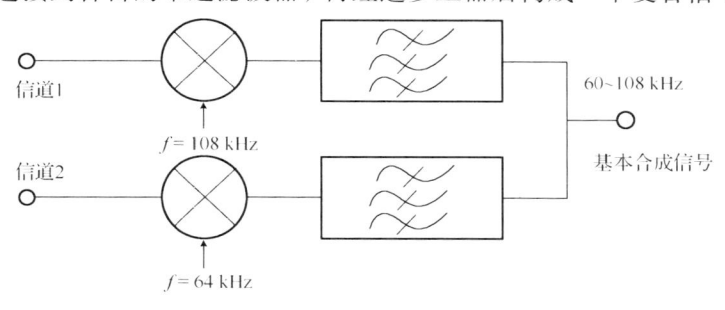

图 1.21　消息信号的构成

这里采用的调制方案是幅度调制，一个单边带信号从带通滤波器中提取出来。幅度调制属于线性调制，尽管用于调制载波频率的混频器是一个固有非线性器件。混频器工作于准线性(quasi-linear)状态，将调制信号简单搬移到关于载波频率对称分布的频率上。这 12 个信道组成的信道组占用了 48 kHz 的带宽，这在贝尔远距离传输系统中属于一个基本架构。接下来的频分多路复用(Frequency-Division Multiplex, FDM)架构是由 5 个基本信道组组成的共 60 个信道的超级组(supergroup)，每个超级组的带宽为 240 kHz，占用频带为 312 ~ 552 kHz。现代宽带传输系统的容量极大，可容纳的信道更多，甚至达到 3600 个信道。虽然上述信道分组方法在贝尔远距离传输系统中广泛应用，但并没有作为一个通用标准。与话音信道一起工作的电视信道占用了 4 ~ 6 MHz 带宽，而数据信道或互联网络业务占用带宽从几千比特每秒到几兆比特每秒。因此，一个典型的合成信号通常指基带信号。它可以由一个基本信道组组成，也可以由话音、视频和数据信道等信道组合并而成。信号的组成取决于系统的业务需求。针对数据速率的分级架构在通信领域无处不在，其至光纤通信的速率可达 40 Gbps(吉比特每秒)。

1.6.3　角调制信号

一个角调制的信号可表示成

$$M(t) = A\cos[\omega_c t + \phi(t)] \tag{1.47}$$

相位调制(Phase Modulation，PM)简称为调相，定义为即时相位差 $\phi(t)$ 正比于调制信号电压的角调制。频率调制(即调频)定义为载波根据调制信号的积分而变化。一个相位调制或频率调制波的平均功率正比于电压的平方，即

$$P(t) = A_c^2 \cos^2[\omega_c t + \phi(t)] = A_c^2 \left[\frac{1}{2} + \frac{1}{2}\cos(2\omega_c t + 2\phi(t))\right] \quad (1.48)$$

其中，$\cos^2[\omega_c t + \phi(t)]$ 由大量零均值的载波频率 $2f_c$ 的正弦波组成，并且

$$P_{av} = \frac{A_c^2}{2} \quad (1.49)$$

因此，一个频率调制波的平均功率和调制前的载波功率相同。这一点优于幅度调制，其承载信息的边带功率只有载波功率的三分之一或更小。但是，有利就有弊，这种功率优势是通过牺牲信号带宽换来的。频率调制信号的频域分析极其复杂且超出了本书的范围，这里只简要描述它的关键作用及假设条件。

1.6.3.1 模拟角调制信号的频谱

窄带频率调制 相位和频率调制是角调制的特例，从其中一种调制形式很容易推导出另一种形式。接下来仅详细讨论频率调制，因为它在模拟和数字通信中都有广泛应用。图1.22是一个频率调制的载波波形。

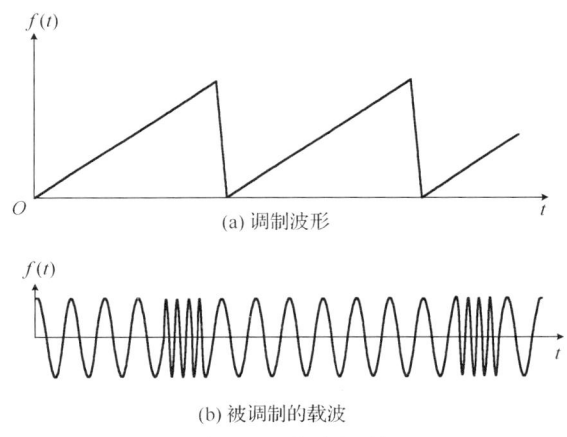

图1.22 频率调制

调制信号是一个周期为 T 的锯齿波，其中 $(2\pi/T) \ll \omega_c$。当锯齿波的幅度增加时，频率调制信号的振荡频率也随着增加，频谱也越宽。但需要注意的是，载波的幅度并没有变化。

分析频率调制过程比分析幅度调制更加复杂，因为它是一个非线性的调制过程。假设调制信号是一个频率为 $v(t)$ 的正弦波 f_m，则有

$$v(t) = a\cos\omega_m t \quad (1.50)$$

则即时角频率为

$$\omega_i = \omega_c + \Delta\omega \cos\omega_m t, \quad \Delta\omega \leqslant \omega_c \quad (1.51)$$

其中，$\Delta\omega$ 为由幅度 a 确定的常数。即时角频率在载波频率 ω_c 上下波动，变化的速率为调制信号的频率 ω_m，最大变化范围为 $\Delta\omega$。相应地，$\theta(t)$ 的相位变化为

$$\theta(t) = \int \omega_i \, dt = \omega_c t + \frac{\Delta\omega}{\omega_m} \sin\omega_m t + \theta_0 \quad (1.52)$$

其中 θ_0 为常数，代表参考相位。如果参考相位为零，则频率调制后的载波为

$$M(t) = \cos(\omega_c t + m \sin \omega_m t) \qquad (1.53)$$

且

$$m = \frac{\Delta \omega}{\omega_m} = \frac{\Delta f}{f_m}$$

其中 m 为调制指数，可以用频率偏差与基带信号带宽的比值来表示。调制后的载波频率，展开成表达式的形式为 $M(t) = \cos \omega_c t \cos(m \sin \omega_m t) - \sin \omega_c t \sin(m \sin \omega_m t)$。如果 $m \ll \pi/2$，则可得

$$\begin{aligned} M(t) &\approx \cos \omega_c t - m \sin \omega_m t \sin \omega_c t \\ &\approx \cos \omega_c t - \frac{m}{2}[\cos(\omega_c - \omega_m)t - \cos(\omega_c + \omega_m)t] \end{aligned} \qquad (1.54)$$

在这种情况下，系统称为窄带频率调制，与幅度调制载波类似。它包含调制之前的载波信号，以及与 ω_c 相距 $\pm \omega_m$ 的两个边带频率。窄带频率调制信号的带宽为 $2f_m$，与幅度调制信号类似。即使存在相似性，窄带频率调制信号和幅度调制信号仍具有明显不同之处。频率调制信号的载波幅度为常数，而幅度调制信号的载波幅度随着调制信号而变化。此外，幅度调制信号的载波及边带信号是同相位的，但窄带频率调制信号的边带信号的相位和载波呈积分关系。

宽带频率调制 当调制指数 $m > \pi/2$ 时，系统称为宽带频率调制，可以由式(1.53)给定的表达式 $M(t)$ 来展开分析。式中，$\cos(m \sin \omega_m t)$ 和 $\sin(m \sin \omega_m t)$ 两项是 ω_m 的周期函数，可以展开成周期为 $2\pi/\omega_m$ 的傅里叶级数。展开后，表示成贝塞尔函数形式[3]如下：

$$\begin{aligned} M(t) = &J_0(m) \cos \omega_c t - J_1(m)[\cos(\omega_c - \omega_m)t - \cos(\omega_c + \omega_m)t] \\ &+ J_2(m)[\cos(\omega_c - 2\omega_m)t + \cos(\omega_c + 2\omega_m)t] \\ &- J_3(m)[\cos(\omega_c - 3\omega_m)t - \cos(\omega_c + 3\omega_m)t] \\ &+ \cdots \end{aligned} \qquad (1.55)$$

式(1.55)是一个时间函数，由载波信号和无穷多个边带信号组成，边带的频率间隔为 $\omega_c \pm \omega_m$，$\omega_c \pm 2\omega_m$，等等。

这些连续的边带集合称为一阶边带、二阶边带等，各自的幅度分别由系数 $J_1(m)$、$J_2(m)$ 等决定。

当调制信号存在两个或更多正弦信号时，调制后的信号不仅包含单个调制信号频率的各倍频，还包含这些单个频率成分的各倍频的所有和差组合。当调制信号的频率成分增加时，求解的复杂性会急剧增加。最后，假设基带信号是随机噪声，功率谱密度在 0 和 f_m 之间均匀分布，则频率调制信号的频谱将出现连续边带。调制指数 m 由合适的贝塞尔函数表示，其决定了载波及边带的幅度。理论上，要得到 100% 的信号能量，带宽必须是无穷大的。对于实际系统，仅需要考虑的是主要边带，因为这些边带的幅度至少占未调制载波的 1%。主要边带的数目根据调制指数 m 的不同而改变，其值可以通过查阅贝塞尔函数系数表来获取。对于较大的 m 值（大于 10），最小带宽由 $2\Delta f$ 给出，其中 Δf 为峰值偏差。在 1939 年，J. R. Carson 为频率调制信号的最小带宽提出了一条通用规则：

$$B_T \approx 2[f_m + \Delta f] \qquad (1.56)$$

这是一条近似规则，适合于大多数实际应用。实际要求的带宽在某种程度上是调制信号波形和理想传输质量的函数。从这个公式可以看出，当 $m < 1$ 时，最小带宽给定为 $2f_m$；当 $m > 10$ 时，最小带宽为 $2\Delta f$。对于给定的调制指数，可以通过计算贝塞尔函数的系数，令其逼近任意理想的幅值以更准确地评估带宽。对于调制指数在 $1 \sim 10$ 之间的情况，式(1.56)给出的带宽

至少包含未调制载波频率幅度 10% 的边带。当 m 较大 ($m>10$) 时，调频波的有效边带数等于 m。与幅度调制系统相比，宽带频率调制系统需要更大的带宽，而带宽需求程度由调制指数确定。

1.6.4 频率调制系统和幅度调制系统的对比

到目前为止，我们只讨论过理想幅度调制系统和频率调制系统。显然，幅度调制系统是个线性过程而且节省带宽，但是调制过程仅将三分之一的输入功率搬移至携带信息的边带上，剩余功率存留在载波频率中。频率调制则是个非线性过程，它调制产生新的频率，调制信号需要更大的带宽。从理论角度讲，频率调制信号的能量可以分散在无限带宽中。但是，大多数能量包含在最初的几条边带里。

对于大多数频率调制信号来说，99% 的能量包含在 $2(f_m+\Delta f)$ 的带宽中，其中 Δf 为峰值偏差，f_m 为基带频率。频率调制系统的优势在于将所有输入功率搬移至携带信息的边带上。经过调制后，载波频率的平均功率为零。另一个优势在于频率调制包络的幅度近乎恒定，因此实际非线性放大器放大的信号只有极小的失真。所以，任意调制方案的关键参数是不同话务量情况下的 S/N 值。对于幅度调制系统来说，该比值表示如下[3]：

$$\frac{S}{N}=\frac{A_c^4}{8N^2+8NA_c^2} \tag{1.57}$$

其中 A_c 为非调制载波的电压幅度，N 为平均噪声功率。载噪比 (Carrier-to-Noise Ratio, CNR) 为

$$\frac{C}{N}=\frac{A_c^2}{2N} \tag{1.58}$$

因此

$$\frac{S}{N}=\frac{1}{2}\frac{(C/N)^2}{1+2(C/N)} \tag{1.59}$$

当 $C/N\ll 1$ 时，输出信噪比随着载噪比的平方下降。这也是包络检波的抑制特性。而对于 $C/N\gg 1$ 则有

$$\frac{S}{N}=\frac{1}{4}\frac{C}{N} \tag{1.60}$$

因此，输出信噪比的线性度依赖于 C/N，这是包络检波器的另一项特性。此外，这个关系表明，对于幅度调制系统来说，改善信噪比是不可能的。传递幅度调制信号时增加传输带宽 $2f_m$，仅对噪声 N 的增加产生贡献，而输出信噪比会降低。

对于频率调制系统来说，信噪比由参考文献[3]给定为

$$\frac{S}{N}=3\left(\frac{\Delta f}{B}\right)^2\frac{C}{2N_0B} \tag{1.61}$$

其中，C 为频率调制载波的平均功率，且 $\Delta f/B$ 为调制指数 m。边带中的平均噪声功率用 $N=2N_0B$ 表示，可得

$$\frac{S}{N}=3m^2\frac{C}{N} \tag{1.62}$$

假设频率调制和幅度调制系统具有相同的未调制载波功率和噪声功率谱密度 N_0，下面来比较它们之间的特性。对于 100% 的频率调制信号，其 C/N 值和式 (1.49) 所示幅度调制系统的载噪比有关，即 $(S/N)_{AM}=C/N$。式 (1.62) 可改为

$$\left(\frac{S}{N}\right)_{\text{FM}} = 3m^2 \left(\frac{S}{N}\right)_{\text{AM}} \tag{1.63}$$

对于大调制指数(即 $m \gg 1$，也就是传输带宽极宽)，整个幅度调制系统的信噪比会明显增加。例如，如果 $m=5$，则频率调制系统的输出信噪比为同等幅度调制系统的 75 倍。另外，当两个接收机输出端的信噪比相同时，频率调制系统的载波功率可以降低为原值的 1/75，但是传输带宽需要从 $2B$(幅度调制)增至 $16B$(频率调制)。频率调制是以增加带宽的方式提高信噪比的。当然，这也是所有噪声改善系统的特性。

这样就引出了一个问题，通过增加频率偏移及相应带宽，有可能无限制地连续增加输出信噪比吗？如果传输功率固定，那么增加频率偏移就会相应增加所需带宽，导致更多噪声。最终限幅器的噪声功率会变得与信号功率相当，即噪声"接管"了系统。相对于输入载噪比，输出信噪比下降得更为剧烈。这种效应称为阈值效应，如图 1.23 所示。为保证频率调制系统的正常运行，载噪比必须保持在阈值以上，通常大于 13 dB。

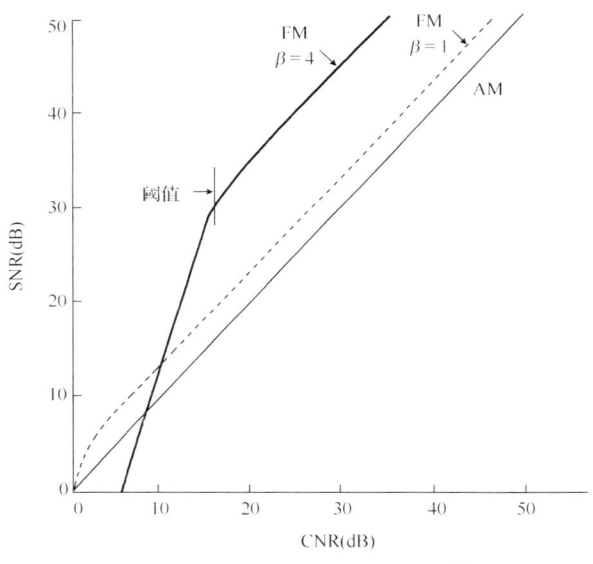

图 1.23 频率调制的阈值效应[3]

1.7 数字传输

数字通信系统的广泛应用是多种因素共同作用的结果，这些因素包括：数字电路的设计相对简单，集成电路技术已能轻易地应用于数字电路，以及数字信号处理(Digital Signal Processing, DSP)技术的迅猛发展。数字形式的信息内容由离散状态组成，如电压的存在或不存在，其特征为 1 或 0。这意味着一个简单的判别电路可用作再生器，即一个损坏的数字信号从一边进入，一个干净的完美信号从另一边出来。受损信号的累积噪声被再生器阻止，在信号通过通信信道不同阶段时不会累积。使用编码技术(牺牲少许带宽)在再生站(中继站)以适当间隔检测 1 和 0 时，尽可能地将噪声的影响最小化，就能实现几乎无差错的远距离数字传输。数字技术允许通过消除统计冗余，消除不必要的信息(如语音通信中的停顿)，或消除图像中的小部分不可见内容和视频传输中图像之间的冗余，以开发出高效的压缩技术。压缩技术能够增加传输容量，更有效地利用频谱(节约带宽)。然而，信息压缩意味着硬件的增加，以及信号出现延迟。压缩技术已经非常成熟，以至于数字系统比模拟系统需要的带宽更小。在早期的卫星通信系统中，一个 36 MHz 的发射机只能承载一个模拟电视信道，而现在同一个发射机可以承载 10 个数字压缩信道。不仅如此，10 个数字通道还可以合并成一路信号，使发射机工作于饱和状态。显然，数字通信系统需要使用大量的电子电路。这种电路过去非常昂贵，但如今超大规模集成电路(Very-Large-Scale Integrated Circuit，VLSI)的发展，使得电子电路的成本已经变得相当低廉。虽然成本是过去选择模拟通信而不是数字通信的主要因素，但今非昔比。如今，数字网络已成为通信系统的首选。

1.7.1 抽样

众所周知的奈奎斯特准则提出："对一个时间量级的消息周期性地连续抽样，其抽样速率至少为信号最高频率的两倍，抽样过的信号就包含了原消息的所有信息。"

这个令人十分惊讶的结论是模拟信号无损数字化的理论基础。例如，一个带宽为 f_m(单位为 Hz)的信息可由间隔为 T(单位为 s)的离散幅度点完全表征，其中 $T = f_m/2$，如图 1.24 所示。结果表明，把模拟信号转换成数字信号所需的最小带宽至少为信号最高频率的两倍。于是，幅度调制的脉冲信号可以按照任意合适的发射形式传输到接收端。在接收端，会执行反向操作来恢复原来的脉冲幅度调制信号。为了恢复原始信号，需要将此脉冲信号经过一个理想截止频率为 f_m 的低通滤波器滤波，其输出即为原始信号的复制，只是在时间上有延迟。信号可以数字化而不会有任何信息丢失，因此主要的挑战是找到发掘通信系统中数字信号处理潜力的方法，该方法的第一步就是抽样信号的量化。

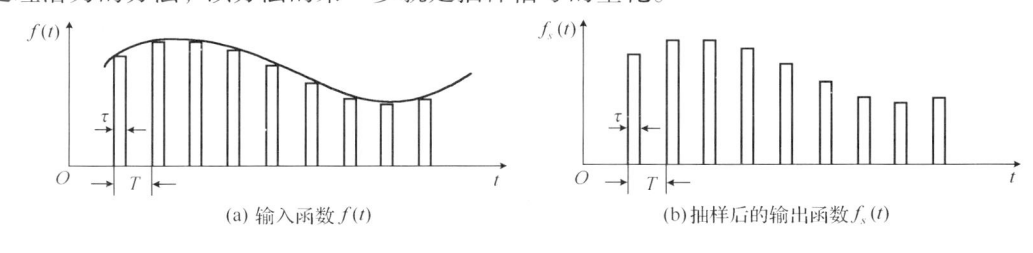

图 1.24 抽样过程(τ 为抽样时间；$T = f_c/2$，为抽样间隔)

(a) 输入函数 $f(t)$　　　(b) 抽样后的输出函数 $f_s(t)$

1.7.2 量化

量化过程将信号的幅度分成特定量级的离散幅度电平。信号被脉冲幅度调制(Pulse-Amplitude-Modulated，PAM)系统抽样后，这些接近实际幅值的离散幅度电平被发送出去。因此，量化过程在处理表征抽样信号的幅度时会引入误差，这种误差是不可逆的。但是，这种人为引入的信号失真，可以控制在发射端和接收端引入的噪声以下。其实，这种由基本热噪声，以及由非理想电路和器件引入的噪声而产生的不确定性，限制了所有可接受的幅度电平之间的分辨能力，从而使量化成为可能。量化的优点在于，一旦建立了一定量级的离散幅度电平，每个幅度电平都可以用任意编码形式传输。因此，量化使得通过发掘数字信号处理技术的全部潜力来优化通信系统中的信息流成为可能。

1.7.3 脉冲编码调制系统

通常，采用数字化编码信号传输的系统称为脉冲编码调制(Pulse-Code-Modulated，PCM)系统。大多数常用的脉冲编码调制系统是一个二进制数字系统。一个量化抽样的过程可以看成一个具有一定离散幅度电平的简单脉冲传输。然而，如果需要传输多个离散样本，电路设计将会非常复杂且成本极高。反之，如果将多个脉冲组成一个编码组以表征抽样幅度电平，每个脉冲就只存在两种状态。在二进制系统中，m 个开脉冲或关脉冲组成的编码组可以用来表征 2^m 种幅度电平。例如，8 个脉冲产生 2^8（即 256）种幅度电平。这 m 个脉冲在抽样量化时必须按基本的抽样间隔传输出去，在这个限制条件下需要将带宽增加 m 倍。

假设一个 4 kHz 的语音信道进行数字化传输，当采用 256 级的二进制编码量化时，所需带宽为 $4 \times 2 \times 8$，即 64 kHz，相当于模拟系统带宽的 16 倍。还可以用较少的抽样幅度电平来抽样，或采用一种编码来降低所需带宽，这种编码是用多于两种幅度电平的脉冲来表征的。信号抽样量化后将 m 个脉冲编码成一组，每组都有 n 种可能的幅度电平。因此，如果信号量化成 M 种可能的幅度电平，则有 $M = n^m$。n^m 种中的每个组合必须与 M 种电平之一相对应。例如，用 4 种幅度电平（$n = 4$）来表征一个脉冲，对于上一个例子中抽样信号的 256 种幅度电平，每个抽样可由 4 个脉冲来表征（$m = 4$），所需带宽为模拟系统的 $2 \times n$，即 8 倍。类似地，如果选择小一些的 M，则带宽会进一步降低。对于所有这样的方案，要权衡考虑系统的噪声和信号功率。通过编码和信号处理来折中处理带宽和信噪比的能力，是所有脉冲编码调制系统的特性。

1.7.4 脉冲编码调制系统的量化噪声

在发射端，量化过程会引入噪声。这种噪声取决于表征信号的幅度电平数量。对于一个采用均匀量化的信号来说，峰值信号与均方根噪声的比值如下所示[2,3]：

$$\left(\frac{S}{N}\right)^* = 3M^2$$
$$= 3n^{2m}$$

对于二进制情况，$n = 2$，信噪比以 dB 的形式表示如下：

$$\left(\frac{S}{N}\right) = 4.8 + 6m \quad \text{dB} \tag{1.64}$$

这个公式给出了信噪比和相应带宽之间的关系，其总结如表 1.1 所示。

在可用区间内，采用均匀量化噪声的频谱在本质上是平坦的。但量化也可以是非均匀的。事实上，几乎没有任何信号能表现出均匀的幅度分布，其大部分具有很宽的动态范围。为了消除这种局限性，在一个宽的动态范围内，量化通常具有非均匀间隔，并且可以被优化，以获得相对均匀的信号失真比。这种非均匀的量化称为压缩扩展（companding）。通过增加量化级数的精度，可以使量化

表 1.1 二进制传输系统的信噪比与相应带宽的关系

量化电平数	二进制编码	相应带宽	信噪比峰值（dB）
8	3	6	22.8
16	4	8	28.8
32	5	10	34.8
64	6	12	40.8
128	7	14	46.8
256	8	16	52.8
512	9	18	58.8
1024	10	20	64.8

噪声降低到任意想要的水平。然而，量化级数越多，所需的带宽就越大。因此，需要选择尽可能少的级数来满足传输的目标带宽。显然，许多针对话音、视频和数据信号的具体实验已经得出了可接受的量化级数。高质量的话音传输可以很容易地通过 128 级或 7 比特脉冲编码调制来获得，而高质量的电视需要 9 或 10 比特的脉冲编码调制。

1.7.5 二进制传输中的误码率

脉冲编码调制信号由于人为量化而引入的误差或噪声是信号受损的主要原因，而且只发生在系统的发射(编码)端。通过增加使用带宽可以任意降低噪声。另一种经常出现的噪声是热噪声，源自信号通道内的器件损耗，以及有源器件产生的噪声。这些噪声是随机的，且符合高斯分布函数，而且还会进入接收机的脉冲组中。其噪声密度和分布函数与式(1.19)和式(1.20)给出的函数一样。

为了能够检测二进制系统中脉冲的出现和消失，必须保证数字线路中的信噪比最小。与噪声功率相比，如果脉冲功率过低，检波器就会出现误差，因而有时能够检测到脉冲，有时检测不到。然而，如果增加信号功率，那么可以把误差控制在极低的水平。为了定量地得出误码率，假设一个脉冲出现时其幅度为 V_p，不出现时其幅度为零，分别用 1 和 0 表示，二进制符号表示的复合序列和接收到的噪声，按每隔一个二进制间隔抽样一次，则一定会做出 1 或 0 的判定。一个简单而直接的方法是根据电压脉冲的抽样是否超过 $V_p/2$ 来判定，若超过则判定为 1，不超过则判定为 0。当脉冲出现而复合电压抽样却低于 $V_p/2$，或当脉冲不出现而噪声自身超过了 $V_p/2$ 时，就会出现错误。为计算出误码率，假设发射的是 0 信号，误码率代表噪声超过 $V_p/2$ 且判定错误表示为 1 的概率。因此，误码率也就是电压出现在 $V_p/2$ 和无穷大之间的可能性。假设噪声是高斯分布的，其均方根值为 σ，则误码率如下所示[3]：

$$P_{e0} = \frac{1}{\sqrt{2\pi\sigma^2}} \int_{V_p/2}^{\infty} e^{-v^2/2\sigma^2} dv \tag{1.65}$$

运用同样的方法，可以得出发射一个脉冲而判定为 0 的误码率为

$$P_{e1} = \frac{1}{\sqrt{2\pi\sigma^2}} \int_{\infty}^{V_p/2} e^{-(v-V_p)^2/2\sigma^2} dv \tag{1.66}$$

这两种类型的错误是相互独立且相等的。如果进一步假设这两种二进制信号有相同的概率，则系统概率 P_e 与 P_{e0} 或 P_{e1} 相等，即 $P_e = P_{e0} = P_{e1}$。

众所周知，P_e 的概率公式可以在各类数学表中查到。图 1.25 以分贝(dB)为单位给出了 V_p/σ 的曲线图。需要指出的是，P_e 仅取决于 V_p/σ，即峰值信号和均方根噪声的比值。有趣的是，P_e 的最大值为 1/2，因此即使信号完全损失在噪声中，接收错误的时间也不可能超过平均时间的一半。

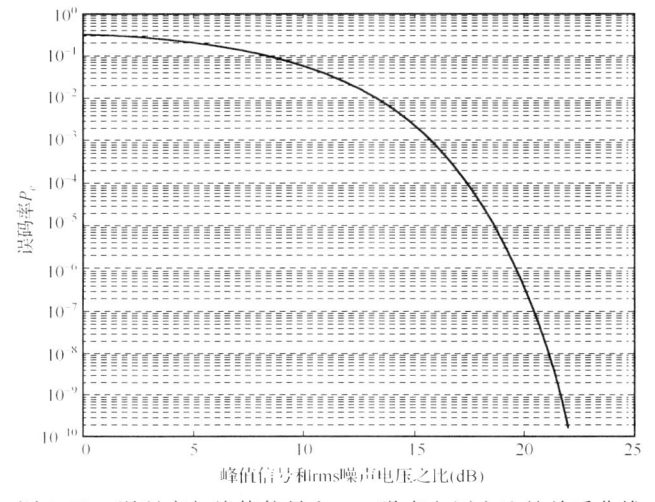

图 1.25 误码率与峰值信号和 rms 噪声电压之比的关系曲线

在图 1.25 中，概率曲线在大约 16 dB 处出现陡峭下降，低于这个水平时，误码率会急剧上升，称为阈值效应。因此，对于数字二进制的传输，阈值大概选择在 16～18 dB 之间。

这种概率曲线暗含着两种假设：(1)接收信号和噪声是满足高斯统计分布的；(2)传输系统具有透明性，在检测前不会对信号的统计分布或噪声有任何影响。基于这些假设，就可以选择脉冲幅度的中间值为判定阈值。

1.7.6 数字调制和解调方案

数据压缩、数字调制和编码技术的发展及数字电路成本的大大降低，使越来越多的业务转移到数字领域。同时，绝大多数业务转移到数字通信系统中只是时间问题。本节将简要地概述数字调制方案，介绍如何努力获得更高的功率和带宽效率，以及如何努力挑战香农极限。不同调制方案的频谱对理想滤波器特性产生怎样的影响，才能满足提取和处理通信信道中信息的需要。

通过调制幅度、频率和相位这 3 个基本参数中的一个或更多，可将数字基带信号调制到正弦载波上。与之对应的有 3 种基本的调制方案：幅移键控、移频键控和相移键控。

1.7.6.1 幅移键控

幅移键控(Amplitude Shift Keying, ASK)的调制特性是，载波的幅度在零(关状态)和某种预先设定的幅度电平(开状态)之间切换。因此，基于幅度调制的 ASK 信号给定为

$$M(t) = Af(t)\cos\omega_c t \tag{1.67}$$

其中 $f(t)$ 为 1 或 0，周期为 T(单位为 s)。这和模拟系统中的幅度调制类似。针对 ASK 信号的傅里叶变换为

$$F(\omega) = \frac{A}{2}[F(\omega - \omega_c) + F(\omega + \omega_c)] \tag{1.68}$$

二进制信号简单地把频谱搬移到载波频率 f_c，能量分布在上边带和下边带之间，所需的传输带宽是基带信号带宽的两倍。对于一个幅度为 A 且宽度为 T(二进制周期)的脉冲，其频谱为

$$A\frac{T}{2}\left[\frac{\sin(\omega - \omega_c)T/2}{(\omega - \omega_c)T/2} + \frac{\sin(\omega + \omega_c)T/2}{(\omega + \omega_c)T/2}\right] \tag{1.69}$$

这就是众所周知的有限带宽下的脉冲响应 $\sin(x)/x$，如图 1.26 所示。

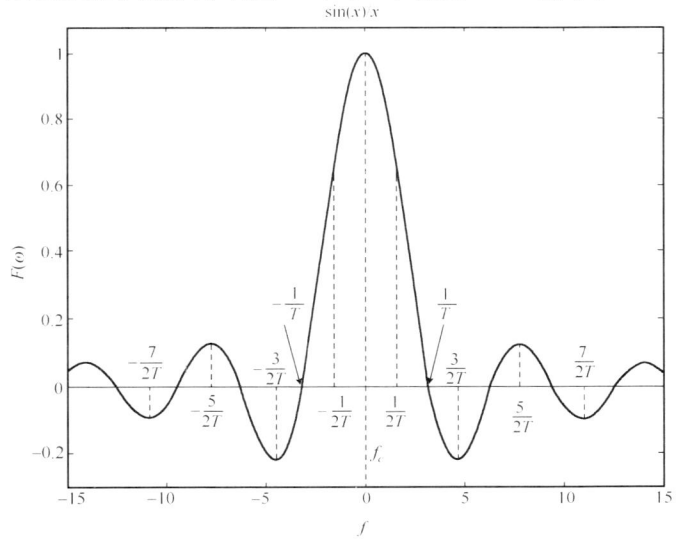

图 1.26 周期幅移键控信号的频谱

1.7.6.2 频移键控

二进制脉冲的频率调制信号表示如下：
$$M(t) = A\cos\omega_1 t \quad 或 \quad M(t) = A\cos\omega_2 t \tag{1.70}$$

其中 $-T/2 \leq t \leq T/2$。

对于频移键控（Frequency Shift Keying，FSK）调制方案，第一个频率记为 f_1，代表 1；另一个频率记为 f_2，代表 0。还有另一种可替代的频移键控方案，令 $f_1 = f_c - \Delta f$ 且 $f_2 = f_c + \Delta f$，则有

$$M(t) = A\cos(\omega_c \pm \Delta\omega)t \tag{1.71}$$

基于 f_c，频率偏移了 $\pm\Delta f$，Δf 代表频率的偏移。频移键控的频谱比较复杂，其形式与模拟频率调制类似。

1.7.6.3 相移键控

相移键控（Phase Shift Keying，PSK）调制方案的特性是改变载波频率的相位。由于基带信号的二进制特性，这种调制方案可以简单地通过改变极性来实现。相移键控信号在形式上与幅移键控信号类似：

$$M(t) = f(t)\cos\omega_c t, \quad \frac{-T}{2} < t < \frac{T}{2} \tag{1.72}$$

其中 $f(t) = \pm 1$，基带二进制数据流中的 1 对应正极性，0 对应负极性。相移键控信号和幅移键控信号具有相同的双边带特性，这个结果与低指数调制的模拟相位调制系统类似。基本的幅移键控、频移键控和相移键控调制方案的比较如图 1.27 所示。

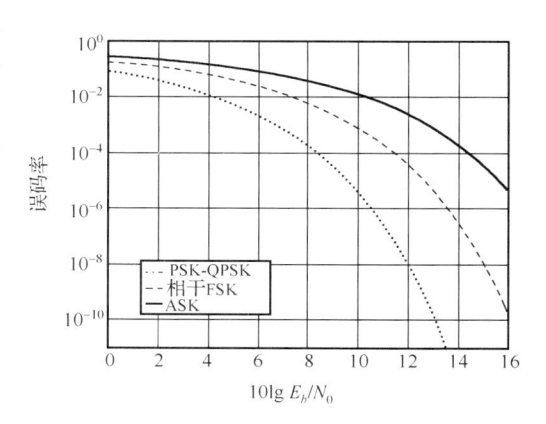

图 1.27 幅移键控、频移键控和相移键控调制方案的比较[3]

1.7.7 高级调制方案

如 1.4 节所述，通信系统中的两个最重要的资源是信号功率和可用传输带宽。因此，需要开发高级的调制方案，从而为其中之一或两种资源获得更高的效率。在进一步讨论之前，先研究数字系统的带宽效率和功率效率的关系。

1.7.7.1 带宽效率

如 1.3 节所述，香农定理如下所示：
$$C = B\log_2\left(1 + \frac{S}{N}\right)$$

如果信息速率 R 和 C 相等，则有
$$\frac{R}{B} = \log_2\left(1 + \frac{S}{N}\right) \tag{1.73}$$

上式定义了带宽效率的极限值，也称为香农极限。如 1.7.3 节所述，信号量化状态可由幅度或相位变化的脉冲来表征。信号抽样的每种状态可由下式表述[17]：

$$M = 2^m, \quad m = \log_2 M \tag{1.74}$$

M 的每种状态可称为一个符号，由 m 比特组成。每个符号以某种电压或电流波形的形式发射，

若符号的发射周期为 T_s,则数据速率 R 为

$$R = \frac{m}{T_s} = \frac{\log_2 M}{T_s} \tag{1.75}$$

若 T_b 代表 1 比特的周期($T_b = T_s/m$),B 为所分配的带宽,那么传输带宽效率表示为

$$\frac{R}{B} = \frac{\log_2 M}{BT_s} = \frac{1}{BT_b} \tag{1.76}$$

BT_b 越小,通信系统的带宽效率就越高。假设经过理想的奈奎斯特滤波器滤波,带宽 B 可以简单地用 $1/T_s$ 表示,于是有

$$\frac{R}{B} = \log_2 M \quad \text{bps/Hz} \tag{1.77}$$

其中 bps 代表比特/秒。这就是带宽效率的香农极限。随着 M 的增加,R/B 也会增加。然而,这需要以提高 E_b/N_0 为代价。图 1.28 表述了多相位或多进制(MPSK)调制方案如何在带宽和所需 E_b/N_0 之间进行折中。与预想的一样,每种调制方案都有自己的特有频谱形式。例如,图 1.29 展示了二进制相移键控、正交相移键控和偏移正交相移键控调制方案的频谱密度图。在卫星通信系统中,正交相移键控和偏移正交相移键控是应用最广泛的调制方案。

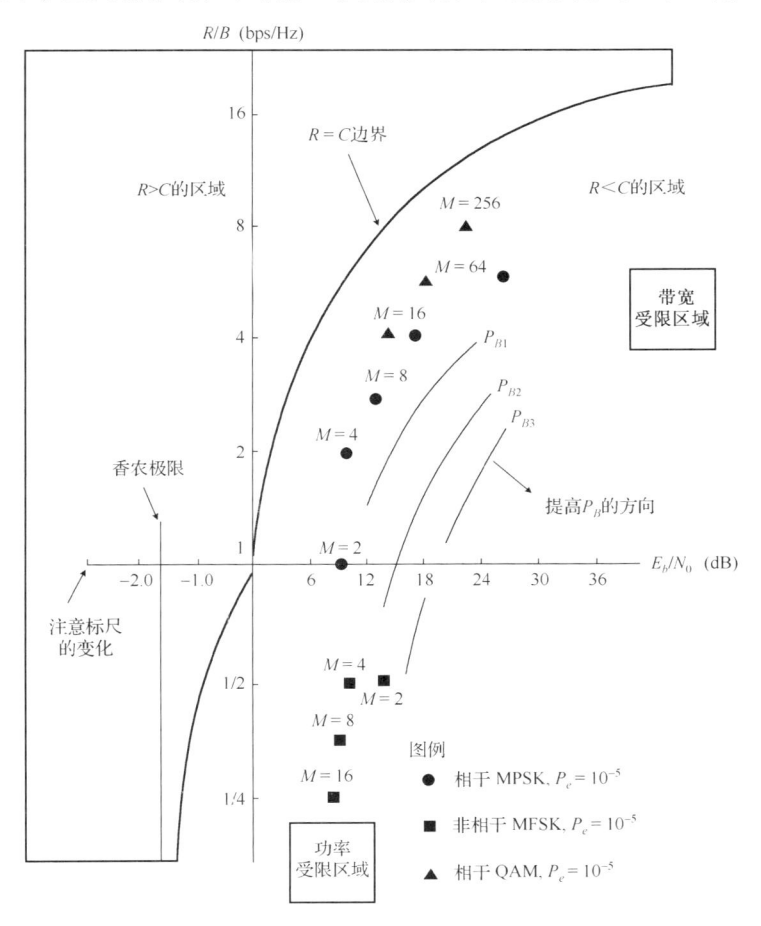

图 1.28 数字调制方案的带宽效率[18]

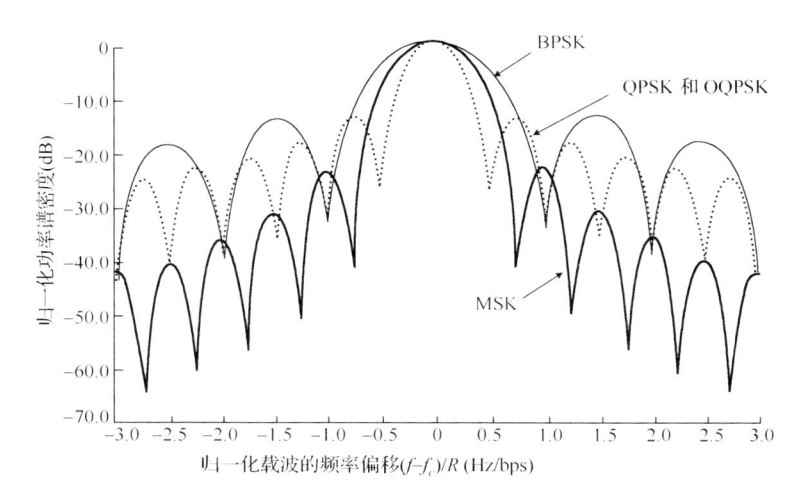

图1.29 PSK调制方案的归一化功率谱密度[18]

1.7.7.2 功率效率

功率效率调制方案最适合于频移键控调制系统。对于二进制频移键控调制方案，所需带宽是符号速率的两倍，其带宽效率为0.5 bps/Hz，这与窄带模拟调频系统中所需带宽是基带信号带宽的两倍是类似的。另外，与宽带模拟调频系统类似，功率效率可以通过调整带宽来提高。基于奈奎斯特准则，多进制频移键控调制方案所需的最小带宽如下所示[17]：

$$B = \frac{M}{T_s} = MR_s \tag{1.78}$$

其中R_s为符号速率（$R_s = 1/T_s$）。

使用M个不同的正交波形，其中每个所需带宽为$1/T_s$，经过奈奎斯特滤波器滤波后，离散正交多进制频移键控信号的带宽效率如下所示：

$$\frac{R}{B} = \frac{\log_2 M}{M} \quad \text{bps/Hz} \tag{1.79}$$

多进制频移键控调制方案的带宽和功率之间的关系如图1.28所示。此图表明，可以通过增加带宽来降低E_b/N_0的值。

1.7.7.3 带宽效率和功率效率的调制方案

表1.2列出了各种高级数字调制方案[8]。它们可以分为两大类：恒包络调制和非恒包络调制。通常，恒包络调制方案适用范围最广，因为高功率放大器的非线性放大效应是一个非常重要的系统因素。

相移键控调制方案（详见图1.29）是一种恒包络的方案，但符号与符号的相位转换是非连续的。传统的相移键控技术包括二进制相移键控和正交相移键控方案。通常，对于多进制相移键控（MPSK）和多进制频移键控（MFSK）信号，可以依据其功率和带宽效率的不同，灵活地选择使用。

连续相位调制（CPM）方案不仅具有恒包络特性，而且符号之间的相位转换也是连续的。与相移键控方案相比，边带频谱上的能量更低。通过改变调制方案和脉冲频率，可以获得各种不同的连续相位调制方案[8]。

表 1.2 高级数字调制方案

缩写	可替代缩写	定义	英文全称
ASK	—	幅移键控	Amplitude Shift Keying
FSK	—	频移键控(通称)	Frequency Shift Keying
BFSK	FSK	二进制频移键控	Binary Frequency Shift Keying
MFSK	—	M 进制频移键控	M-ary Frequency Shift Keying
PSK	—	相移键控(通称)	Phase Shift Keying
BPSK	2PSK	二进制相移键控	Binary Phase Shift Keying
DBPSK	—	差分相移键控	Differential PSK
QPSK	4PSK	正交相移键控	Quadrature Phase Shift Keying
DQPSK	—	差分正交相移键控(差分调制)	Differential QPSK (with differential demodulation)
DEQPSK	—	差分正交相移键控(相干调制)	Differential QPSK (with coherent demodulation)
OQPSK	SQPSK	交错正交相移键控	Offset QPSK, Staggered QPSK
π/4-QPSK	—	四分之一波长正交相移键控	π/4-Quadrature Phase Shift Keying
π/4-DQPSK	—	四分之一波长交错正交相移键控	π/4-Differential QPSK
π/4-CTPSK	—	可控转移相移键控	π/4-Controlled Transition PSK
MPSK	—	M 进制相移键控	M-ary Phase Shift Keying
CPM	—	连续相位调制	Continuous Phase Modulation
SHPM	—	单指数相位调制	Single-h (modulation index) Phase Modulation
MHPM	—	多指数相位调制	Multi-h Phase Modulation
LREC	—	长度为 L 的矩形脉冲	RECtangular pulse of length L
CPFSK	—	连续相位频移键控	Continuous Phase Frequency Shift Keying
MSK	FFSK	最小频移键控	Minimum Shift Keying, Fast Frequency Shift Keying
DMSK	—	差分最小频移键控	Differential MSK
GMSK	—	高斯最小频移键控	Gaussian MSK
SMSK	—	串行最小频移键控	Serial MSK
TFSK	—	时间频移键控	Timed Frequency Shift Keying
CORPSK	—	相关相移键控	CORrelative PSK
QAM	—	正交幅度调制	Quadrature Amplitude Modulation
SQAM	—	叠加正交幅度调制	Superposed QAM
Q^2PSK	—	正交-正交相移键控	Quadrature-Quadrature Phase Shift Keying
DQ^2PSK	—	差分正交-正交相移键控	Differential Q^2PSK
IJF OQPSK	—	无码间干扰和抖动-交错正交相移键控	Intersymbol-interference Jitter-Free OQPSK
SQORC	—	交叉正交重叠升余弦调制	Staggered Quadrature-Overlapped Raised-Cosine modulation

1.7.8 服务质量和信噪比

无线通信的链路质量不仅取决于它的设计,还取决于传播环境的随机效应。例如,由雨水造成的衰减、对流层和电离层的散射、法拉第旋转、多普勒效应和天线指向误差。因此,传输质量是根据某一时间上特定的信号质量随机确定的。在这一问题上,人们提出了各种标准,一些已达成一致,还有一些有待讨论[8]。通常,模拟传输系统的信号质量由信噪比(SNR)来表征,而数字传输系统的信号质量由误比特率(Bit Error Rate, BER)来表征。在大多数应用中,在一年中分别达 99% 和 99.9% 的平均时间内,信噪比的指标在一个特定值以上,而误比特率在一个特定值以下。在这些时间周期内,模拟电视的信噪比分别为 53 dB 和 45 dB。目前,尽管出现了越来越多的业务需求,但在数字通信的标准上还没有达成统一意见。随着编码技术的广泛应用和发展,对数字信号实现真正的无差错传输成为可能。对数字电视来说,工作频段为 14/11 GHz 的卫星系统性能实现的目标是每传输一小时只有一个未纠正的错误。具体来说,误比特率需要小于或等于 10^{-10}(或 10^{-11}),这取决于用户的比特率[8]。

需要注意的是,信噪比取决于两个因素,即载噪比和信号调制方案。载噪比用来表征射频无线传输的效率,而调制则实现了载噪比到信噪比的转换。各种调制和编码技术为载噪比和信噪比提供了很好的折中。系统设计要始终保证载噪比水平远远大于数字解调的调频阈值。

第三部分　系统设计对滤波器网络需求的影响

1.8　卫星系统的通信信道

通信卫星(见图 1.30)是太空中的无线中继站,它的功能和在居民区常见的微波塔几乎一样。卫星通信在 20 世纪 70 年代开始投入使用,现在已经成熟应用在了电信领域[5~8,19]。

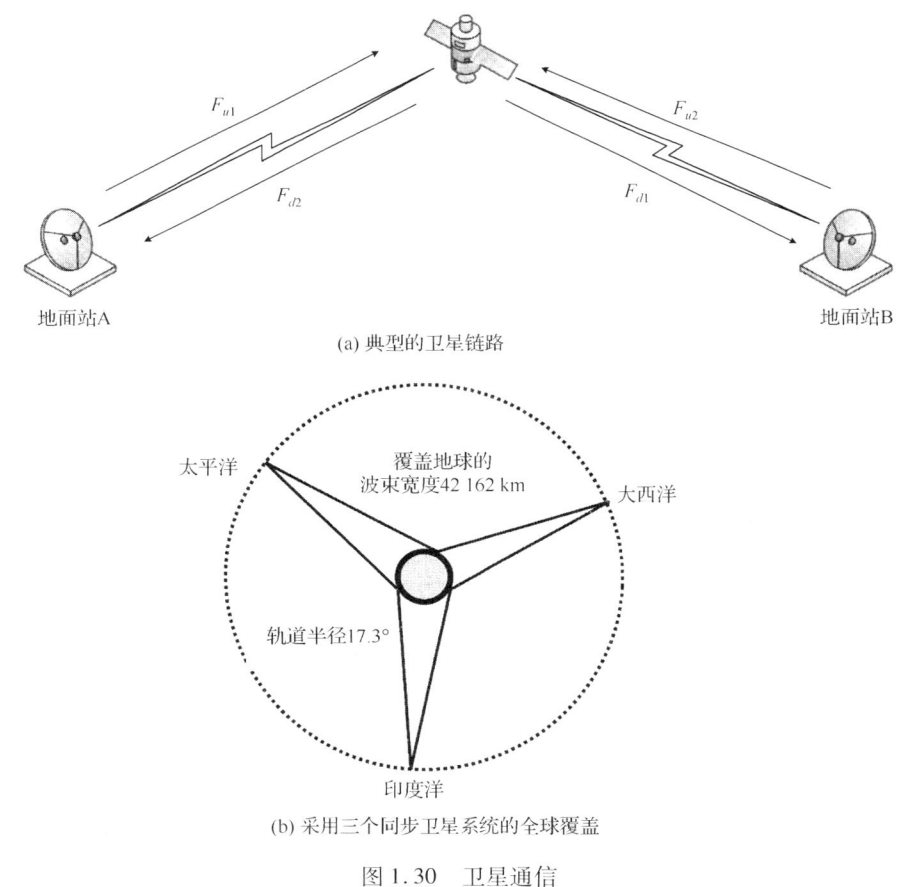

(a) 典型的卫星链路

(b) 采用三个同步卫星系统的全球覆盖

图 1.30　卫星通信

卫星接收到地面发射的无线信号并放大，调制到某一频率上，然后发送回地面。由于卫星位于高空中，在接近三分之一的地球表面上，它都能探测到地面所有的微波发射机和接收机。因此，它可以连接任意对的通信站，提供点到多点的服务，例如电视。通过卫星之间的连接和远距离光纤网络的互连，可以覆盖地球的任何区域，而与距离远近无关，从而造就了卫星系统的固有优势。并且，卫星在提供全球化的、无缝的及无所不在的覆盖方面，具有独一无二的优势，如通过手持设备实现的移动服务系统。表1.3和表1.4列出了商业卫星系统的频率规划。

表1.3 卫星系统频率分配

频率范围(GHz)	字 母	典型用途
1.5～1.6	L	移动卫星业务(Mobile Satellite Service，MSS)
2.0～2.7	S	广播卫星业务(Broadcasting Satellite Service，BSS)
3.7～7.25	C	固定卫星业务(Fixed Satellite Service，FSS)
7.25～8.4	X	政府卫星
10.7～18	Ku	固定卫星业务
18～31	Ka	固定卫星业务
44	Q	政府卫星

表1.4 卫星之间的频率分配

频率划分(GHz)	总带宽(MHz)	卫星业务
22.55～23.55	1000	固定、移动和广播
59～64	5000	固定、移动和无线电定位
126～134	8000	固定、移动和无线电定位

值得注意的是，国内和国际的相关机构需要定期制定、调整和修改频率分配，以满足新服务的需求。为了确定通信信道的特性，我们来研究一种卫星中继器通信子系统的框图，如图1.31所示。大部分商用卫星系统都采用双正交极化方式（直线的或圆形的），可以成倍地增加可用带宽。先进的卫星系统采用多波束形式，使可用带宽进一步重复利用。然而，这类高级架构会增加航空器的复杂度。

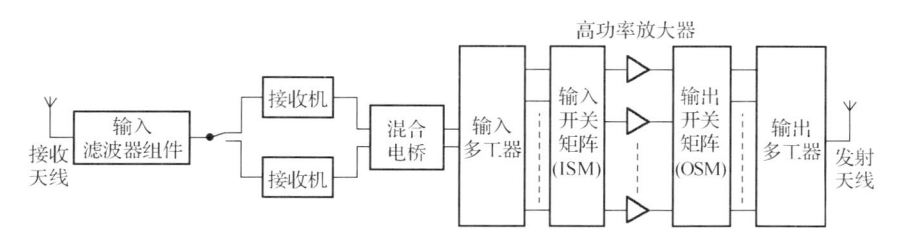

图1.31 通信子系统框图

不考虑卫星的架构，基于所给出的波束和极化方式的转发器框图，与图1.31所示的框图在本质上是一样的。接收天线连接到一个宽带滤波器，后面是一个低噪声接收机，然后信号通过输入多工网络被送到不同的收发信机中。分配的频段在卫星系统中划分为若干射频信道，通常称为转发器。在Ku波段和C波段的卫星系统中，典型的信道分配和带宽情况列于表1.5。

每个射频信道的信号被分别放大后，由输出多工器(Output MUltipleXer，OMUX)网络重新合路为一个合成宽带信号，然后馈送到发射天线。输入开关矩阵(Input Switch Matrix，ISM)和输出开关矩阵(Output Switch Matrix，OSM)用来重新配置各种情况的业务流，包括转发器之间的业务流、不同波束之间的业务流及其各种组合。通常，输入开关矩阵和输出开关矩阵由机械开关组成。对输入开关矩阵来说，损耗不是一个关键问题，因而晶体管开关被大量采用。而对于输出开关矩阵，损耗非常关键，所以具有极低损耗的机械开关不可替代。从滤波要求来看，图1.31所示的这类框图可以分成三个不同的部分：前端的接收部分、信道器部分和高功率放大电路输出部分。这是大部分通信中继器的典型分类。下面分别分析这三个子部分。

表1.5 针对C波段和Ku波段固定卫星业务划分的典型信道和带宽

信道划分(MHz)	可用带宽(MHz)
27	24
40	36
61	54
80	72

1.8.1 接收部分

接收部分由宽带输入接收滤波器、低噪声放大器、下变频器和驱动放大器组成，如图1.32所示。为了达到高可靠性要求，卫星总会采用一个冗余接收机，这就需要在接收机前面增加一个开关。在接收天线端，由于信号的强度极低，因此必须保证低噪声放大器前的能量损耗最小化。通过宽带接收滤波器后，可以确保只有500 MHz带宽的信号能输入低噪声放大器中，频带外的其他信号则被衰减掉了。对于低噪声放大器之前的滤波器和传输线，在通带内必须确保低插入损耗的设计要求。典型的插入损耗指标一般不超过零点几分贝。

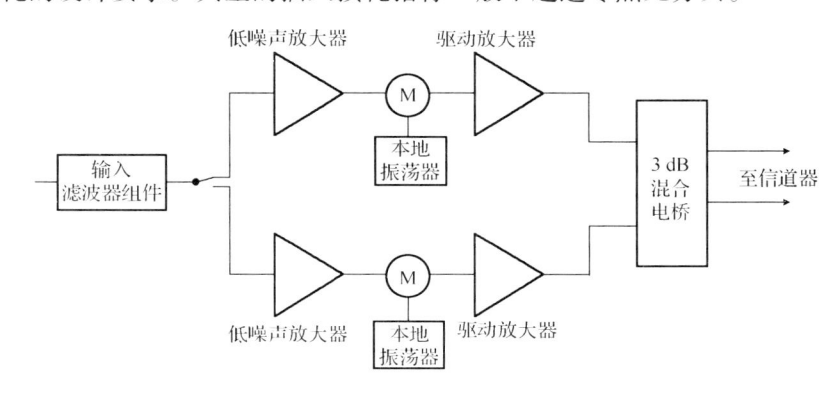

图1.32 卫星接收机框图(M代表混频器)

下变频器由混频器和本地振荡器(Local Oscillator, LO)组成。发射和接收频率之间要保证足够的隔离，以降低它们之间的干扰。信号在信道化和末级放大之前通过驱动放大器(Driver Amplifer, DAMP)，以获得足够的功率水平，还可以使低噪声放大器以尽可能低的噪声系数，在相当低的功率水平上稳定工作。这里的混合电桥是一种3 dB的功率分配器，可以把信号分成两路，送入转发器的信道处理单元。

1.8.2 信道器部分

信道器或输入多工器(Input MUltipleXer, IMUX)的详细框图如图1.33所示。

一旦信号经过低噪声放大器放大，后续部分的损耗就已经不再是关键了，这是由于低噪声放大器的增益降低了接收系统的噪声温度。因此，低噪声放大器之后的损耗影响不大(见1.5.5节)。相反，器件设计主要是将合成信号有效地信道化，再分配到各种射频信道或转发器中。信道化的标准是信号在通带中产生最小的失真，同时提供足够的隔离(通常大于20 dB)来抑制来自其他信道的干扰。这意味着滤波器特性需要与理想响应接近,如图 1.17(a)和图 1.17(b)所示。任何偏离理想响应的信号都会出现失真,特别是振幅与群延迟偏离平坦响应的频带边缘时。信道之间划分出一个保护带(通常为信道带宽的 10%),以允许实际滤波器的非理想特性留出裕量。从本质上讲,信道滤波器在很大程度上决定了每个射频信道的有效可用带宽和最小保护带,对于通信信道,典型的带宽要求从 0.3% 到 2% 不等。这种窄带滤波器会产生较大的传输偏差,通常需要在相位和群延迟指标上进行一定程度的折中。但是,这样会增加额外的硬件需求。以一个 6/4 GHz 的卫星系统为例,信道滤波器的典型指标如表 1.6 所示。

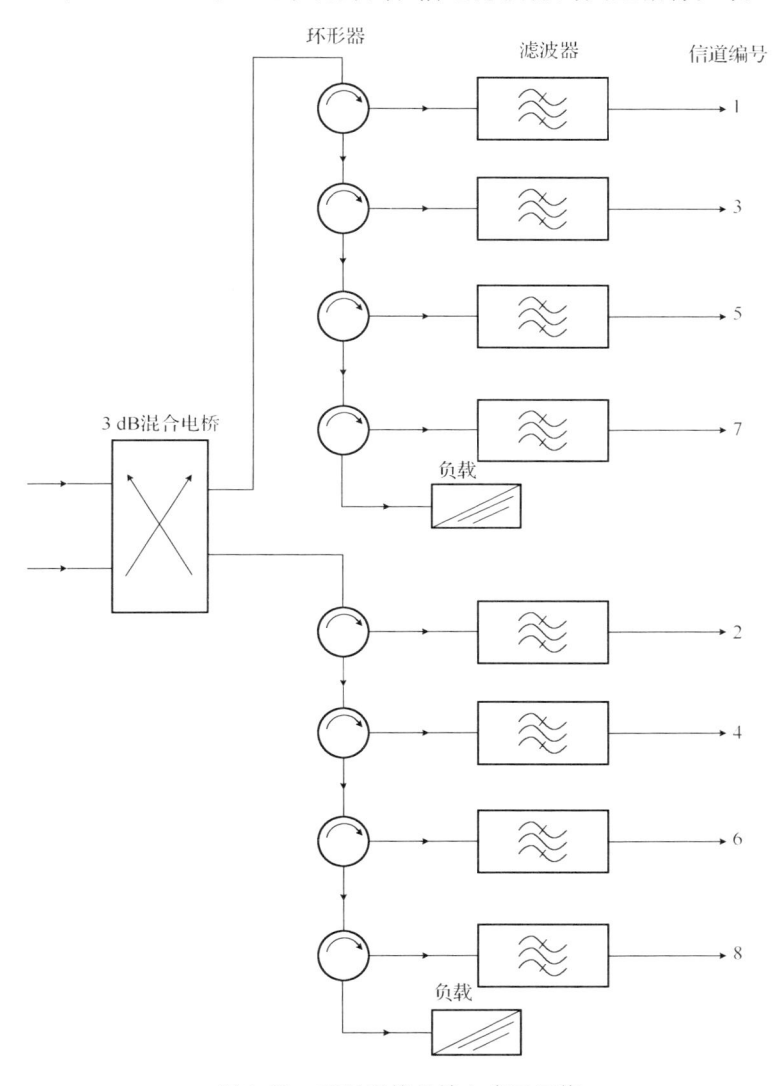

图 1.33 卫星系统的输入多工网络

非常严格的带外抑制要求是信道滤波器的一项指标,必要时可以利用带外传输零点来实现陡峭的隔离响应。尽管在通带内的插入损耗不是很关键,但通带内的幅度变化很重要,只有采用高 Q 值的滤波器才能实现最小波动。一种有用的信道方案是采用同轴电缆连接信道分离铁氧体环形器和 3 dB 功率分配器,从而使部件之间连接灵活。环形器是一个三端口非互易器件,由外部加偏置磁场的铁氧体材料构成,从而实现能量理想且定向传播。该器件使用同轴或平面结构实现时，损耗只有零点几分贝，而利用波导实现时则可将损耗控制在 0.1 dB 内，且反向隔离可达到 30~40 dB。环形器本身是一种宽带部件，其带宽范围是 10%~20%，使得在更窄的带宽范围优化其性能成为可能。环形器广泛应用在雷达和通信系统中。如图 1.33 所示，采用 3 dB 混合电桥和信道分离环形器可以简化多工网络结构设计，并且具有很大的灵活性。然而，简化设计带来的是损耗的增加，正如前面所述，这也是此网络的缺点之一。因此，窄带信道滤波器需要高 Q 值的结构。然而，作为网络构成部分的这些宽带器件，如环形器或隔离器及混合电桥，使用的不仅是低 Q 值的结构，而且体积更紧凑。

表 1.6 6/4 GHz 卫星系统的信道滤波器的典型指标

频段	3.7~4.2 GHz
射频信道数	12
信道中心频率间隔	40 MHz
通带带宽	36 MHz
窄带抑制	
同极化邻接信道的带边	10~15 dB
超出通带带宽 10%~15%（2~3 MHz）的信道带宽	30~40 dB
宽带抑制	
接收通带(5.925~6.425 GHz)	40~50 dB
通带插入损耗	不重要
通带损耗波纹	小于 1 dB
通带相对群延迟	
关于中心频率对称的 70% 通带带宽	1~2 ns
通带带边	20~30 ns
工作温度范围	0℃~50℃

窄带滤波器会导致通带内相对高的群延迟波动。群延迟不仅与绝对带宽成反比，还决定了滤波器所需幅度响应的陡峭性。群延迟可以采用两种方式来补偿，一种方式是采用外部均衡器全通网络，另一种方式是采用更高阶的自均衡线性相位滤波器。对于任何一种方式，群延迟均衡都会增加设计的复杂度和成本。大多数卫星系统都会采用一定程度的均衡处理。群延迟均衡带来的一个优点是，可以降低通带内的幅度波动，而代价是中心频率处损耗会略增加。设计带通滤波器时，关键因素在于如何合理地选择通带的可用带宽，从而高效地利用频谱。

1.8.3 高功率放大器

射频信号发送回地球之前，需要经过高功率放大器（HPA）放大来提高功率水平。高功率放大器的增益和最大射频功率经过系统级折中，确保了所需转发器的通信传输能力。在卫星通信系统的功率放大器中，尽管一部分采用了固态功率放大器（Solid-State Power Amplifier，SSPA），但行波管放大器（Traveling Wave Tube Amplifier，TWTA）仍占主导地位。多年以来，由于行波管放大器的可用功率、可靠性和效率已经得到了极大提高，因而能够继续占领大部分卫星系统市场。然而，对于 C 波段和 Ku 波段的卫星系统，固态功率放大器在中等功率水平逐渐表现出更好的非线性特性。总之，对于特定的系统，需要基于系统级的要求来选择合适的高功率放大器。高功率放大器需要消耗大量的功率，所以需要工作在高效率状态。本质上，高功率放大器为非线性器件，而且需要在效率、输出功率水平及非线性水平之间进行折中，满足其特性要求。行波管放大器的典型特性如图 1.34 所示。

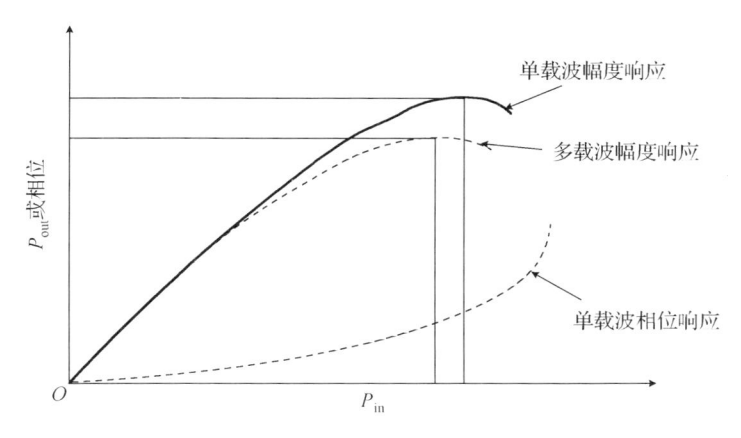

图 1.34 典型高功率放大器的特性

为了获得最大射频功率,放大器必须工作在饱和条件下。然而,此功率下工作的放大器也会工作于极高的非线性区域,即仅适用于放大单载波信号。对于多载波应用,必须使行波管放大器工作于回退模式,以保证载互调比(Carrier-to-IM,C/IM)处于一个可接受的水平。如1.5.6节所示,随着射频信道中载波数量的增加,互调产物的数量也会急剧增加,这些分量既会落在射频信道带内,也会落在带外。通常,通过定义某个理论输出功率上的截获点($\overline{IP}$)来表征互调性能,其中通过外推得到的线性单载波输出功率等于外推得到的双载波互调功率,如图 1.35 所示。载波分量与三阶($2f_1 \pm f_2$ 或 $2f_2 \pm f_1$)互调(IM_3)的关系如下式所示[8,19]:

$$\frac{C}{IM_3} = 2(\overline{IP} - P_0) \quad dB$$

其中 P_0 为单个载波的输出功率,截获点参数通常由晶体管制造商给定。

以上关系表明,高功率放大器的功率每回退 1 dB,三阶互调就会降低 2 dB。此外,互调截获点越大,比值 C/IM 就越大。截获点是衡量放大器线性度的一个重要指标。因此,有充分的理由来指定高功率放大器在双载波工作时的性能,它代表着产生互调产物的最少载波数。另外,所有互调分量中三阶互调产物的功率最高,且对 C/IM 性能的影响最大。每增加一个阶数,奇数阶互调产物会减小 10 ~ 20 dB。而落在射频信道内的互调产物只能通过功率能量和高功率放大器的线性度来控制,因此需要在高功率放大器的效率和线性度之间进行折中。高功率放大器的线性度越高,其效率就越低,反之亦然。

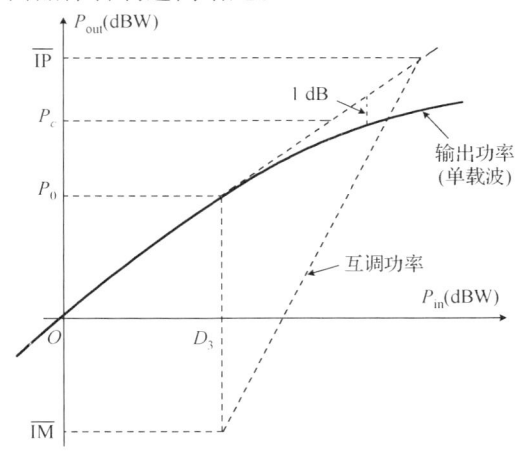

图 1.35 放大器的三阶互调截获点[8]

控制互调的常用方法是使放大器工作在线性区域,通常其功率比饱和功率水平低 2 ~ 3 dB。在双载波模式工作下,高功率放大器需回退至比饱和功率水平低 2 ~ 3 dB。而对于多载波模式而言,回退量要达到 10 ~ 12 dB 才能获得可接受的性能。这样操作以牺牲输出功率的极大代价来获得可接受的互调性能。显然,放大器的线性度因素至关重要。通常,可以采用一个"线性化器"来提高放大器的线性度,不过这样会带来额外的硬件和成本支出。需要注意的是,对于多载波模式,高功率放大器工作于回退模式主要是为了控制落在射频信道内的互调产物;而那些射频信道外的分量却无关紧要,除非它们落在发射或接收频带内。落在发射频带内的互调产物,被高功率放大器随后的高功率输出滤波器或多工网络衰减掉。只有在考虑更高阶的分量时,互调产物才可能落在接收频带内。这是由于我们只针对单信道的载波进行分析,而不是针对整个传输频段的。这类高阶的互调通常不会在高功率放大器中产生,即使产生了,其功率也可以忽略不计。然而,包含所有信道的高功率多工器和天线设备会产生低阶的互调产物,即无源互调(Passive InterModulation,PIM)将落在接收带内。这个主题后续将在关于无源互调的内容中详细讨论。其他需要关注的是高功率放大器产生的二次和三次谐波频率,如果不加以抑制则会干扰地面系统,以及以军事应用和科学应用为目的的太空系统。因此,必须在发射天线之前对谐波进行抑制。谐波抑制也是输出多工子系统功能的一部分。

1.8.4 发射机部分的架构

卫星的发射机部分将不同的高功率信道放大器的输出信号通过一个输出多工网络合路,再通过公用天线发射出去。一旦信号被末级放大器放大了,功率的保护就变得非常重要。因此,设计挑战在于如何使每个射频信道的损耗最小,从而保护可用带宽,并且还要确保多工器和天线子系统的设计简化。因此,卫星系统需要在两个可选的多工器方案之间进行折中。

早期的卫星系统采用的是非邻接信道的多工网络方式,如图 1.36(a)所示。

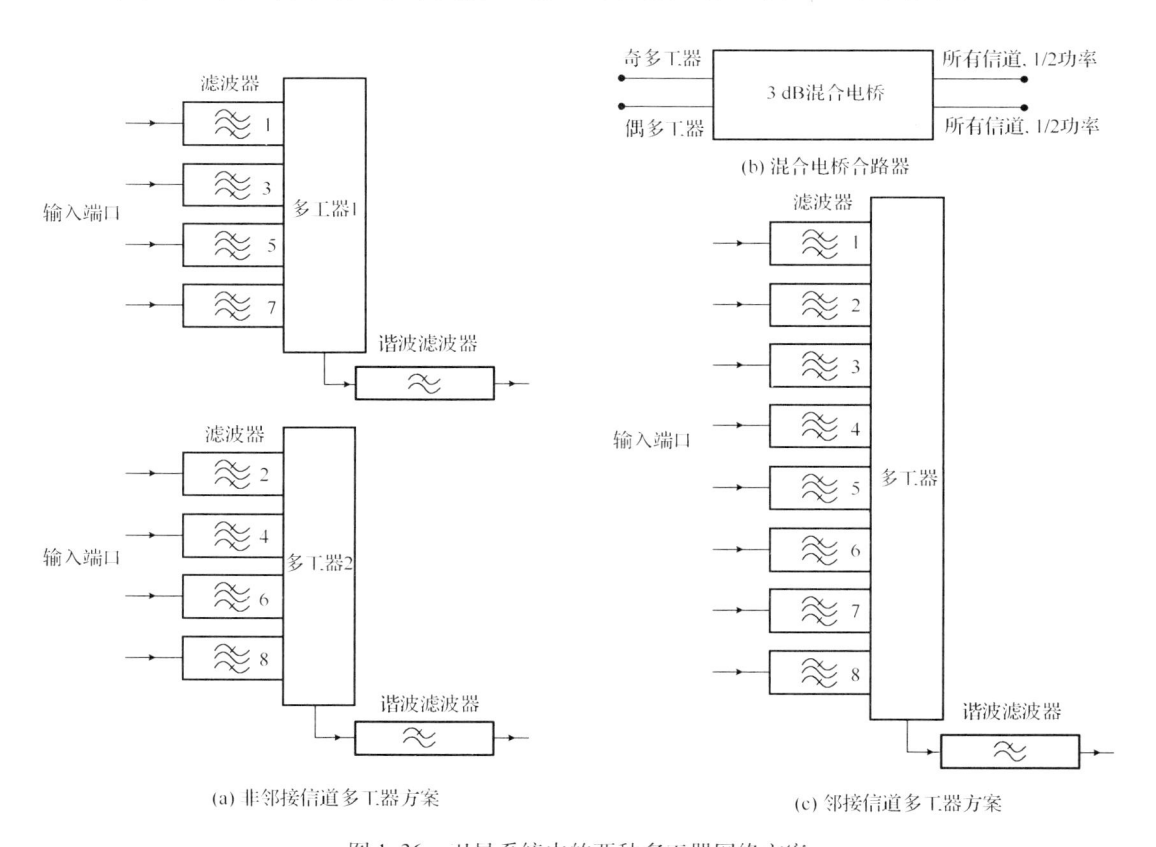

图 1.36 卫星系统中的两种多工器网络方案

在这种架构中,交替的信道合成到一起,称为非邻接信道多工器。然后,每个非邻接信道多工器的输出功率通过一个 3 dB 混合电桥合路传输,如图 1.36(b)所示。来自混合电桥的每个输入端口的功率被平分成相位差为 90°的两路输出。因此,混合电桥的每个输出端口都含有射频信道总信号的一半功率。这种方案需要使用一个双输入端口的天线馈电网络,称为双模馈电网络。在 20 世纪 70 年代和 80 年代,卫星系统广泛采用了这种结构。其优势是可以简化多工网络的设计,缺点是此架构需要更多的波束成形网络,使得天线可实现的增益受到约束,因此导致了等效全向辐射功率(EIRP)损耗。所有发射机功率合路的另一种方式,是在单一器件上利用特定的极化器,这种信道邻接的多工器如图 1.36(c)所示。它的主要优势在于,有相对简单的波束成形网络,而且容易优化得到最佳的天线增益。另外,由于其固有的陡峭幅度特性,因此能够降低卫星的多径效应,提高射频信道特性[16]。但其缺点是,设计这样的一个多工器非常复杂,而且会引起射频信道通带内的损耗和群延迟波动的轻微恶化。近年来,技术发展已弥补了设计复杂这一缺点。这种方案可得到更高的天线增益,极大地补偿了多工器的损耗略微增加的不足。因此,大多数现代卫星系统采用了邻接信道的多工方案,因为它具有全信道特性,并且在等效全向辐射功率方面有更好的性能。而在一些应用中,尤其是窄带转发器系统中(约为 20 MHz),非邻接信道的方案可以提供更好的设计。参考文献[16]中详细介绍了卫星架构采用不同的多工器网络方案的比较。

1.8.4.1 输出多工器

输出多工器(OMUX)起到了与信道器部分相反的功能。它把各个射频信道的功率合并为单路合成信号,通过公用天线发送回地球。输出多工器由许多带通滤波器组成,输出连接到一个公共多枝节上。每个滤波器对应着特定的转发器信道,通过优化,使信道带宽内的放大信号能够通过,同时抑制其他转发器信道的频率信号。另外,信道合路滤波器的性能和多工器总体设计需要进一步优化,从而降低损耗和抑制接收带宽内的信号。行波管放大器不仅可以产生需要的放大信号,而且还能抑制互调和谐波分量,而输出多工器仅提供部分抑制作用。在一个 6/4 GHz 的卫星系统的输出多工器上,针对单信道的典型要求如表 1.7 所示。

表 1.7 6/4 GHz 卫星系统中高功率合路网络的信道典型指标

频段	3.7 ~ 4.2 GHz
射频信道数	12
信道中心频率间隔	40 MHz
通带带宽	36 MHz
通带插入损耗	越小越好(典型值小于 0.2 ~ 0.3 dB)
窄带抑制[1]	
同极化邻接信道的带边	5 ~ 10 dB
超出通带带宽 15% ~ 20%(3 ~ 4 MHz)的信道带宽	20 ~ 30 dB
宽带抑制	
接收通带(5.925 ~ 6.425 GHz)	30 ~ 35 dB
通带相对群延迟	
关于中心频率对称的 70% 通带带宽	1 ~ 2 ns
通带带边	10 ~ 20 ns
功率容量	10 ~ 100 W(每信道)
工作温度范围	0℃ ~ 50℃

① 隔离度取决于滤波器和多工器技术,及低损耗和高功率容量指标要求。

1.8.4.2 谐波抑制滤波器

此滤波器的功能是对二次和三次谐波提供足够的抑制,以及使转发器的通带内的损耗保持最小。它可以利用低损耗的低通滤波器来实现,功率容量是这种滤波器的关键要求。满足功率限制要求的两种不同的滤波器方案设计,如图 1.37 所示。一种方法是将单个谐波滤波器连接在多工器后面,如图 1.37(a)所示。此方法的优点是只采用了单个滤波器,重量轻且体积小。不过,它的主要缺点是,滤波器必须具有足够的功率容量,以承受多工器所有射频信道的合成功率。另一种方法是在每个信道的输入端采用谐波滤波器,如图 1.37(b)所示。对于这种方案,谐波滤波器只要求处理单信道的功率,而不是所有信道的合成功率。缺点是系统中需要更多的谐波滤波器。

(a) 采用单个谐波滤波器　　(b) 单信道采用谐波滤波器

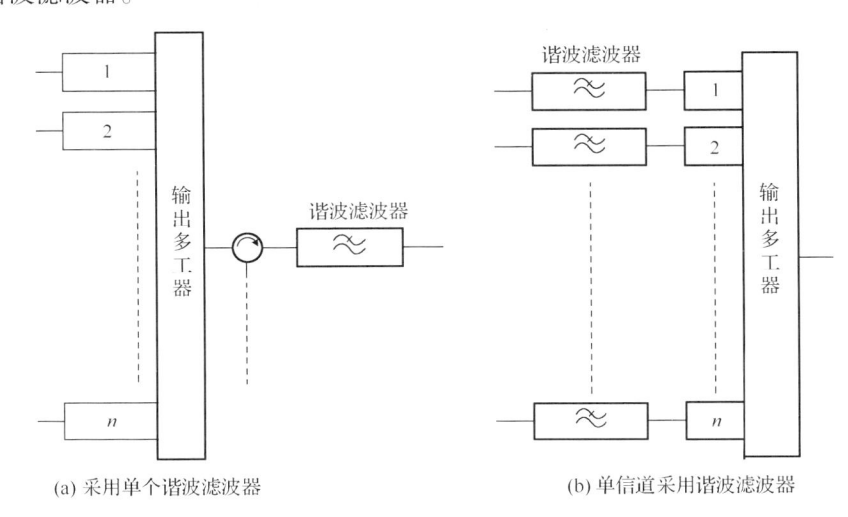

图 1.37　卫星系统中的高功率输出多工器网络

早期,卫星系统的输出多工器中采用的是单个谐波滤波器。而随着卫星系统功率的增加,似乎需要转变为单个信道采用谐波滤波器的方式。这种特定的选择视系统的具体情况而定。

1.8.4.3 高功率输出电路的无源互调要求

所有的有源器件本质上都是非线性的,因此会产生互调。而令人无法理解的是,所有无源器件,例如滤波器、多工器和天线也具有一定的非线性,也会产生互调[20]。这种互调称为无源互调(PIM),这主要是由材料结构的非理想性造成的。对于大多数应用,无源互调的水平已经足够低了,因此对于系统设计的影响都可以忽略不计。但是,如果在一个通信系统中,信号的发射和接收公用一根天线,就会出现问题。如果高功率的发射机和低功率的接收机靠得足够近,就会在收发之间产生耦合,从而带来无源互调问题。例如,卫星中继器的发射和接收部分的功率差异高达 130 ~ 140 dB,这就意味着无源互调水平应该低于发射机功率 160 dB 或更低,才能确保低功率的接收信号不受干扰。这不仅影响到系统的设计,同时还影响到高功率设备的材料质量和工作标准。对系统设计影响最大的因素是如何分配发射和接收频段。因此,发射和接收频段的间隔应该至少避免三阶互调产物落在接收频段内,考虑五阶的情况则效果更好。如果 F_1 和 F_2 分别代表发射通带的下边沿频率和上边沿频率,则有互调产物的频点位置为 $|mF_2 \pm nF_1|$,互调阶数为 $m + n$,其中 m 和 n 为整数。由两个载波产生的互调产物的频谱如图 1.38 所示。

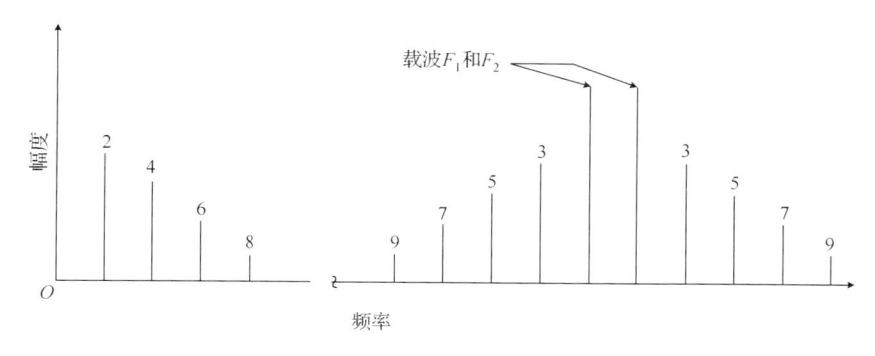

图1.38 两个载波产生的互调频谱

显然，偶数阶的互调产物可以不用考虑，因为它们落在可用带宽外。另外，由于选择的接收频段总是高于发射频段的，落在低于 F_1 的频段范围内的奇数阶互调产物也无须考虑。并且，由于发射信号位于更低的频段，因此设备的效率更高。需要考虑的是那些高于 F_2 的频段范围内的互调产物。对于奇数阶互调产物，落在通带上边沿外的三阶频点为 $2F_2 - F_1$，五阶频点为 $3F_2 - 2F_1$，以此类推。例如，6/4 GHz 的卫星系统的发射和接收频段分别为 3.7~4.2 GHz 和 5.925~6.425 GHz。在这种情况下，能够落在接收带宽内的最小奇数阶互调产物是九阶的，表明这种发射和接收频段的间隔是相对安全的。在早期的一些军用卫星系统中，其频率间隔极小，且允许三阶无源互调产物落在接收频段内，后来证明这是有问题的。在那个时候，系统设计者只意识到了无源互调现象。

通常，高功率输出电路要满足无源互调指标要求，这取决于通信系统的天线设计。如果发射和接收公用一根天线，那么任何产生在接收频段内的无源互调产物都可能通过天线的馈电网络耦合到接收部分，从而干扰接收信号。对于发射天线和接收天线独立的系统，如果它们距离很近，那么也会出现这种问题。最保守的无源互调指标定义为，假设发射和接收的隔离度为零，则认为无源互调水平等同于三阶互调产物，而不考虑落入接收带宽内的其他阶数的无源互调产物。这种指标会极度限制硬件设计人员，极少有人有足够信心来满足此要求或实现其设计。在公用天线系统中，发射和接收的隔离度约为 20~30 dB 水平。如果发射天线和接收天线独立，则其隔离度会更高(60~100 dB)。如果允许落入接收带宽内的无源互调是五阶的，则其隔离度值通常会比三阶的低 10~20 dB。随着每增加一阶，高阶无源互调值将会降低 10~20 dB，这种现象已经由多个卫星系统的实验人员所证实[21]。对于公用一根天线的 6/4 GHz 卫星系统，其三阶互调产物的典型无源互调值为 -120 dBm。

1.9 蜂窝系统中的射频滤波器

蜂窝无线系统由移动通信系统发展而来。最早的移动无线通信系统应用在远洋测量船上，接着这种无线服务应用到航空器上，后来又应用到陆地上的公共安全服务方面，例如警察、消防部门和医院的救护车。然而，直到20世纪90年代早期，移动通信才应用到个人通信，把固定电话网络几乎扩展到了任何地方，例如庭院、汽车、市区和边远地区。这种使地球上任何开放区域能够相互连接的方法，确实成为了可能。蜂窝无线系统概念的规划如图1.39所示。

蜂窝系统服务的地理区域可以分成各个小的地域蜂窝，理想情况下，每个蜂窝是一个六边形区域。通常，各个蜂窝间距为 6~12 km，这取决于地形和当地的气候。此系统由蜂窝单元、交换中心和移动台组成。每个蜂窝代表着一个微波无线中继站。无线设备放在建筑物或掩体内，能够连接并控制其范围内的任何一个移动台。交换设备称为移动电话交换局（Mobile Telephone Switching Office，MTSO），为一组蜂窝站提供交换和控制功能。另外，移动电话交换局也能够和公共交换电话网络（Public Switched Telecommunication Network，PSTN）相连接，使移动用户连接到远处的公共电话网络。

自20世纪90年代以来，蜂窝系统经历了爆炸式增长，在可预见的未来，这种指数级的增长方式还会持续下去。为了满足这一高要求，国际电信联盟（International Telecommunication Union，ITU）与国际各大通信机构（美国联邦通信委员会、欧洲电信联盟等）合作，为移动通信系统和固定通信系统开放了越来越多的频谱。表1.8总结了当前已分配的频段。

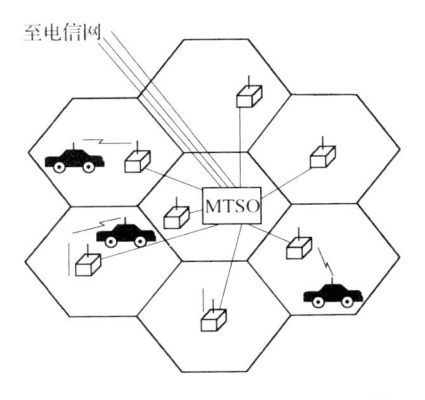

图1.39 蜂窝系统概念的规划图[7]

表1.8 ITU 2区300 MHz~30 GHz频段分配一览表

300~1000 MHz	1000~3000 MHz	3.0~6.0 GHz	6.0~30.0 GHz
300~328.6(M,F,O)	1427~1525(M,F,S)	3.3~3.4(O,M,F)	6.0~7.075(S,M,F)
335.4~399.9(M,F)	1700~2690(M,F,S)	3.4~4.2(S,M,F)	7.075~7.25(M,F)
406~430(M,F,O)		4.4~4.5(M,F)	7.25~7.85(S,M,F)
440~470(M,F,S)		4.5~5(S,M,F)	7.85~7.9(M,F)
470~608(B,M,F)		5.15~5.35(S,M)	7.9~8.5(S,M,F)
614~790(B,M,F)		5.47~5.725(O,M)	10~10.6(O,M,F)
790~960(M,F,B)		5.85~6.0(S,M,F)	10.7~13.25(S,M,F)
			14.3~15.35(S,M,F)
			17.3~19.7(S,M,F)
			21.4~23.6(S,M,F)
			24.25~24.64(O,S,M)
			24.65~29.5(S,M,F)

注1：关于括号内的字母，M代表移动通信；F代表固定通信；S代表卫生通信；B代表广播；O代表其他。第一个字母表示当前的服务提供商，按优先级顺序排列。其他包括无线电定位、无线电天文学和无线电导航服务。

注2：与现有的或新建的服务共享频率分配，需要ITU-R（R代表无线电通信部门）与现有服务商针对特定频段划分。

注3：ITU 1区（欧洲）和3区（亚洲）的频谱划分与2区（美洲）的频谱划分类似。

参考文献：ITU-R M.2024（2000），"Summary of spectrum usage survey results."

此外，国际电信联盟的无线电部门、移动通信行业参与者、监管机构、政府、制造商和现有运营商之间，正在进行对话和会议，以进一步分配频谱。频谱划分是每个国家面临的一个困难过程，不仅需要与本国境内的其他系统和服务协调，还需要与频谱的国际使用者协调。频谱可用并不意味着可以轻易获得使用许可，运营商必须与该频谱的所有用户、其他申请人、国内监管机构以及ITU-R谈判成功，才能获得许可证。有时需要数年时间才能获得频谱许可证。频谱分配情况还需要定期审查。对于移动业务，需求最大的频段是400~1000 MHz。由于其传播特性，这个较低的频段适合低成本的覆盖。如果频谱在1 GHz以下不可用，则L波段是个不错的选择，频段越高则带宽容量越大。

蜂窝系统架构需要考虑很多因素，特别是要考虑到小区的大小（覆盖区域），分配给每个小区的信道数、小区站的布局和话务量[7]。总的可用（单方向）带宽分成N个信道组，然后再将这些信道分配给小区，每个小区的信道以规则图案复用。随着N的增加，信道组（D）之间的距离也会增加，同时会降低干扰水平；信道组的数量(N)增加了，每个小区的信道数量则会减少，从而降低了系统容量。选择最优化的信道组数量时，要考虑到容量和质量之间的折中。需要注意的是，仅在特定数量 N 下才会有规则的无间隔复用模式，N 可为 3、4、7、9、12 或它们的倍数。

定向天线的使用可以提高性能，允许更小的站点和工作容量。无论天线的架构如何，每个蜂窝基站都需要高效的射频滤波器，以确保最大限度地利用可用频谱。图 1.40 显示了使用空间分集[22]技术的基站的常用射频子网络框图，其中只有一台发射机连通，另一台作为冗余备份单元。在接收端，使用了双天线提供空间分集。空间分集技术已成为蜂窝系统的应用标准。因此，每个链路上需要 1 根天线发射信号，2 根天线接收信号，整个子网络需要 4 根天线。通过环形器连接的发射滤波器和接收滤波器，可以用 18.5 节[1]所述的双工器代替。环形器耦合网络最简单，通过环形器的每条路径会产生 0.1 dB 或更小的损耗。而双工器为了实现最低损耗，结构设计会变得更加复杂。

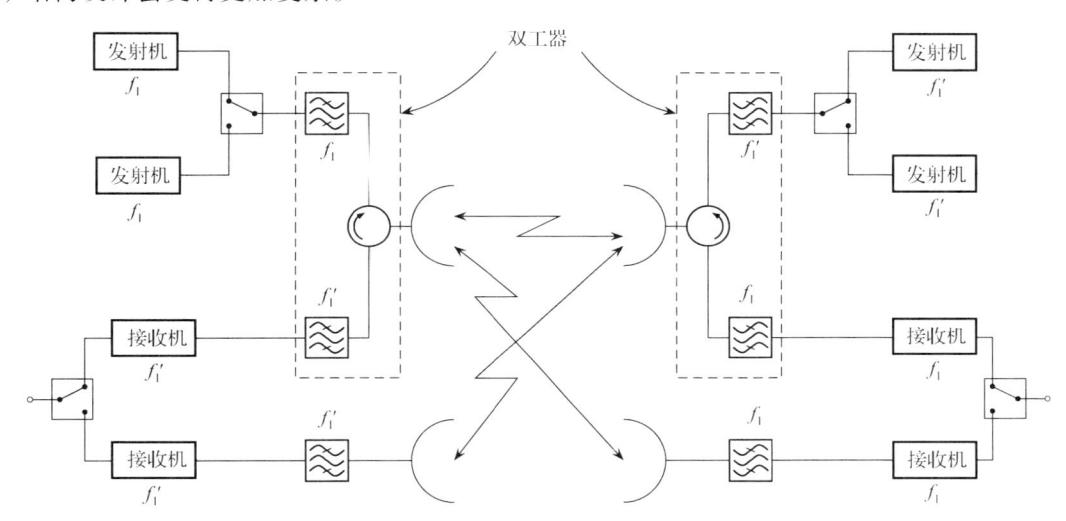

图 1.40　使用空间分集的射频子网络框图

蜂窝基站集成了微波中继站和开关网络的功能。因此，对滤波器的要求和限制与卫星中继站所面临的问题类似，接收和发射滤波器必须具有低损耗，在其他地方，损耗则不受限制。由于大多数蜂窝基站分布在城市地区，占用空间成本高昂，因此设备尺寸也是一个限制因素。对于特别的高可靠系统，同时会用到频率分集和空间分集两种技术。如图 1.41[22]所示，它可以在每个方向上实现频率分集和空间分集。

蜂窝系统通常为基站分配单一频段或信道，用来覆盖需要这个单频段的特定地理区域，如图 1.40 和图 1.41 所示。由于对更大容量和服务的需求日益增长，需要提供更多的频段以满足这一需求。图 1.42 所示为使用环形器实现的双通带和三通带滤波器网络的简单结构，这种结构可以很容易地扩展到任意数量的通带。它的主要优点是：(1) 简单；(2) 模块化；(3) 单个滤波器易于制造以达到预期性能。其缺点是环形器(商业中广泛应用)的使用增加了额外的硬件成本，每增加一个通带，所引入的插入损耗约为 0.3 dB(最坏情况)，且占用空间略大。这类结构与第 18 章[1]描述的环形器耦合多工器类似。这个增加的损耗可以通过提高发射机相应的

---

① 原著的第 18 章在中译本《通信系统微波滤波器——设计与应用篇(第二版)》中。——编者注

功率来解决。例如,为了弥补 0.3 dB 损耗,功率需要增加 7%。这对发射机来说不是问题,但是这确实增加了耗电量,在基站的总体设计中必须考虑到这一点。如图 1.42(c)所示,在牺牲模块化的前提下,用多工器代替输入环形器,可以使插入损耗减少 50%。

图 1.41 使用频率分集和空间分集的射频子网络框图

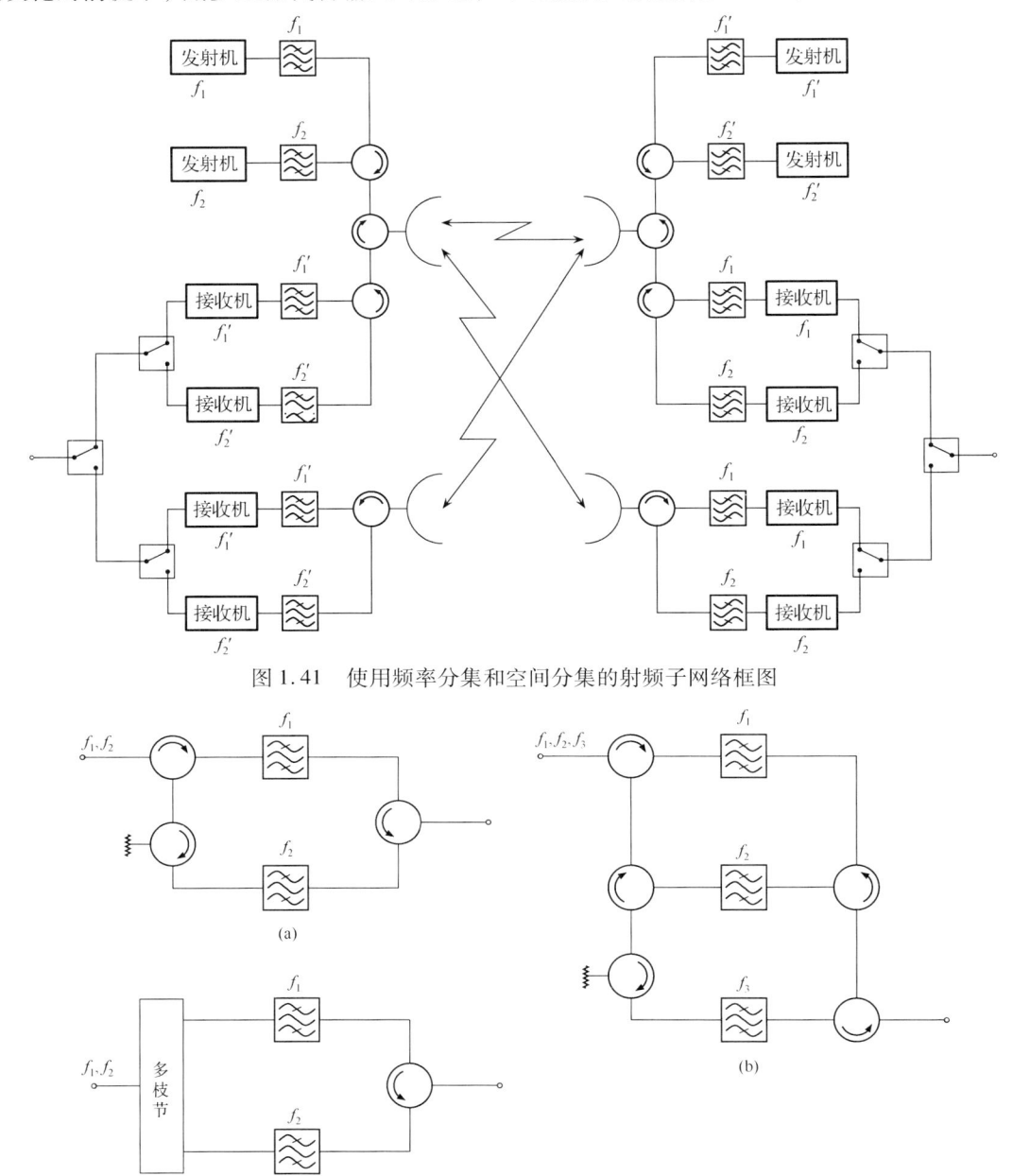

图 1.42 (a)双通带环形器耦合滤波器框图;(b)三通带环形器耦合滤波器框图。
(c)一端接多枝节耦合且另一端接环形器耦合的双通带滤波器框图

基站合并更多的频段促进了多通带滤波器的发展,这正是第 21 章的主题[①]。这类滤波器

---

① 原著的第 21 章在中译本《通信系统微波滤波器——设计与应用篇(第二版)》中。——编者注

在射电天文学和军事方面都有应用，可以抑制窄带干扰信号，或抑制在更宽的可用通带范围内可能发生的干扰信号。

1.10 超宽带无线通信

超宽带(Ultra WideBand，UWB)技术起源于扩频技术的发展，用于军事应用中的安全通信。超宽带业务占用非常宽的带宽，与许多现有业务共享频谱。UWB 技术是一种数字脉冲无线技术，可以在宽频谱、短距离、极低的功耗下传输大量数字数据[23~26]。在 20 世纪 60 年代至 90 年代，UWB 技术被限制在高度安全通信的保密国防应用中。自 2000 年以来，超宽带频谱已逐步在全球范围内用于短程无线通信。推动短距离无线技术，特别是 UWB 技术的主要因素包括[24]：

- 便携式设备对无线数据能力日益增长的需求；
- 频谱稀缺，已被监管机构分配和发放许可；
- 企业、家庭和公共场所对互联网的高速有线接入的增长；
- 微处理器和信号处理技术的成本降低。

利用 UWB 技术可以在短距离无线连接上实现高速数据传输，也可以在低速率雷达和成像系统中应用 UWB 技术。高速微处理器和高速交换技术的发展，使得 UWB 技术在短距离、低成本的消费通信中具有商业可行性。UWB 的主要优势总结如下[26]：

- 能够与许多用户共享频谱；
- 大通信容量，是高数据速率无线应用的理想选择；
- 低功率密度(通常低于环境噪声)保证了通信的安全性；
- 对多径效应的灵敏度较低，能够携带信号穿过门和其他障碍物(这些障碍物往往在更有限的带宽内反射信号)；
- 无载波的 UWB 传输简化了收发器架构，从而减少了成本和实现时间。

2002 年，FCC 允许在 3.1~10.6 GHz 频段范围的 UWB 通信用于未经许可的操作，其 -10 dB 带宽大于 500 MHz，最大 EIRP 谱密度为 -41.3 dBm/MHz 或 75 nW/MHz。FCC 将 UWB 定义为在 3.1~10.6 GHz 频段范围占用超过 500 MHz 带宽的信号。此外，FCC 和随后的欧洲电子通信委员会(Electronic Communications Committee in Europe，ECC)发布了 UWB 设备的辐射功率标准，如表 1.9 和表 1.10 所示[25,26]。

表 1.9　室内和室外 UWB 设备的 FCC 辐射功率标准

频率范围 (MHz)	室内 EIRP (dBm/MHz)	室外 EIRP (dBm/MHz)
960~1610	-75.3	-75.3
1610~1990	-53.3	-63.3
1990~3100	-51.3	-61.3
3100~10600	-41.3	-41.3
10 600 以上	-51.3	-51.3

表 1.10　欧洲 UWB 设备的 ECC 辐射功率标准[26]

频率范围(MHz)	EIRP (dBm/MHz)
低于 1600	-90
1600~2700	-85
2700~3400	-70
3400~3800	-80
3800~6000	-70
6000~8500	-41.3
8500~10600	-65
10 600 以上	-85

UWB 是一种覆盖技术，容易受到现有窄带通信频段的干扰。使用 UWB 技术的设备可以同时在所有频率上传输超低功率的无线电信号，信号带有皮秒级的短电脉冲。UWB 功率电平要求低于电子设备允许的噪声排放。由于传输功率低、带宽大，UWB 系统容易受到其他现有系统的干扰。另一方面，UWB 系统由于其传输功率低，对其他通信系统无害。

带通滤波器是去除 UWB 传输系统中不需要的信号和噪声的关键部件。它必须确保来自 UWB 杂散模板之外的任何干扰都保持在远低于规定的 UWB 传输功率水平。现有的通信系统采用窄带信道（通常小于 2% 带宽）。对于这类信道，在过去的 40 年里，宽带微波滤波器的设计和技术已经得到了发展。对于 UWB 应用，我们需要超过 100% 带宽的滤波器，这是一个具有挑战性的命题。这种宽带滤波器可以用耦合传输线结构来实现，参考文献[26]中描述了许多宽带滤波器的设计方法。

1.11 系统需求对射频滤波器指标的影响

无线通信系统的出现和广泛应用促进了组成此系统的所有器件和子系统性能的发展，并且无线通信可用频谱资源的不足对信号处理和滤波提出了新的要求，以获得最大的频率利用效率。影响射频滤波器的指标因素可分为如下几种：

- 频率规划；
- 干扰环境；
- 调制-解调方案；
- 工作环境；
- 通信链路中的滤波器位置；
- 高功率放大器特性；
- 微波滤波器技术的限制。

这些因素中的每一种都会影响系统设计的相应领域。

1.11.1 频率规划

如 1.2 节所述，商业无线通信可用的频谱为有限的自然资源，通信系统必须最有效地利用可用带宽。射频滤波器起到了保护可用频段不受外界干扰的作用，通过将可用频段合理地划分为不同转发器的有效信道，来满足话务量的需求；并且，有效的功率合路构成了公共的馈电网络，使天线的成本最小化。因此，实际滤波器所能达到的性能极大地决定了所分配频率的带宽利用率。频率越高，滤波器设计更复杂，对制造公差也就越敏感。如果选择更窄的信道带宽，则会带来高损耗、传输偏差大，以及过于敏感等缺点。射频信道的典型过渡带宽是 10%，这就意味着可用频段的使用效率为 90%。然而，分配 10% 的过渡带宽是任意的，它只是提供了一种参考，以便在通带边沿和邻接信道之间提供最小隔离度的约束条件下，在通带性能方面进行折中。针对实际系统性能进行优化时，在提供邻接信道 20~30 dB（或更大）的抑制条件下，幅度变化不超过 1 dB，相对群延迟在 70%~80% 的带宽内按 2~3 ns 范围变化。这意味着占通带中间 80% 的信号失真最小，而余下的边沿信号失真变大。因此，针对滤波器的优化设计，在可用带宽的最大化和信道效率之间进行系统级折中是至关重要的[16,22]。对于可实现带宽的限制，是由微波滤波器技术的现状和成本决定的。

1.11.2 干扰环境

通信系统中的射频信道的干扰环境如1.3节所述。射频滤波器的主要功能就是利用最小的保护带宽来信道化(或合成)所分配的频段,同时要保证良好的通带性能。对邻接信道的隔离要求几乎完全取决于邻接信道(共极的)的干扰,而干扰水平取决于邻接信道的频谱能量。因此,可以根据频谱被干扰的波形来指定相邻信道之间的隔离度,对信道滤波器提出最严格的指标要求(见1.8.2节和1.8.4节),在带外幅度响应、带内和群延迟波动等因素之间进行折中。这种波动的水平取决于滤波器的技术、设计复杂度和成本。而来源于其他部分的干扰信号,如交叉极化信道、雨衰落、多径效应和电离层散射,会落在射频信道内,可以通过系统设计来控制。由非线性高功率放大器(见1.5.6节和1.8.3节)引起的互调干扰,可以通过高功率放大器的功率等级来控制。

1.11.3 调制方案

对于不同的话务量需求,调制方案在射频信道的通信容量最大化方面扮演着非常重要的角色,使得可以在信号传输所需的功率和带宽之间进行折中。大多数系统都需要极高的灵活性,以便能够在一个信道内处理不同类型的调制方案和不同数量的载波。采用具有等波纹通带和阻带的微波滤波器,可以极佳地获得这种信道特性。这种响应代表着接近"矩形"的幅度响应。如果有需要,则还可以通过采用相位和群延迟均衡来提高通带特性。

1.11.4 高功率放大器特性

从本质上讲,高功率放大器是宽带的非线性器件。除了能够放大射频功率,高功率放大器还会产生基波的谐波和宽带的热噪声。非线性特性的另一个后果就是产生互调噪声。因此,高功率放大器决定了谐波抑制性能和宽的带外抑制响应,如1.8.2节和1.8.4节所述。

1.11.5 通信链路中射频滤波器的位置

一个通信链路由发射机和接收机级联而成。射频滤波器位于高功率放大器之后、低噪声放大器之前,以及低噪声放大器和高功率放大器之间,如1.5节所示。在通信链路的不同部分,滤波器的指标要求是不同的,如下所示:

在低噪声放大器之前的滤波器	低损耗
在高功率放大器之后的滤波器	低损耗和高功率容量
在低噪声放大器和高功率放大器之间的滤波器	高选择性

除了电气性能的要求,滤波器在尺寸、质量和成本方面也需要进行限制。低损耗和高功率容量需要更大的体积。但是,如果不限定损耗,则可以通过增加损耗以获得更小的体积。

1.11.6 工作环境

无线通信系统中的两种工作环境分别为太空和地面。

1.11.6.1 太空环境

太空应用主要取决于器件的质量、尺寸、可靠性和性能。另外，设备还必须能够承受发射环境、太空辐射，以及更高的温度范围。在过去的30年里，这些因素成为许多滤波器人员创新设计的驱动力。通常，用于太空的微波滤波器由空气或介质加载的金属结构组成，不受辐射环境的影响。然而，如果采用高温超导（High-Temperature Superconductor，HTS）材料实现这种滤波器，环境辐射就会成为一种威胁。但是，通过在滤波器网络表面添加适当厚度的金属膜，就可以消除这种威胁。这种环境中的另一种特别的现象是二次电子倍增击穿效应，它发生在太空的高度真空的环境中。第20章将会论述有关内容。

1.11.6.2 地面环境

对于地面系统，成本是主要因素。另外还有大量的滤波器需求，需要在大规模生产方面有所创新。

1.11.7 微波滤波器技术的限制

所有电子元件都会耗散能量，使这种能量损耗最小化始终是一个关键的设计参数。在通信系统中，大量的滤波器应用需要利用窄带宽滤波器。滤波器的能量损耗取决于两个因素：（1）金属结构的电导率和用于实现微波滤波器的介质材料的损耗正切值（无载 Q 值的倒数）；（2）滤波器的百分比带宽。信道带宽越窄，则滤波器的损耗越大。带宽要求是一个系统对指标的限制条件，也是使用滤波器网络的理由。银在金属中具有最高的导电性，用作微波结构的电镀材料，以达到最低的损耗。在不镀银也能满足规格要求的情况下，也经常采用未电镀的铝或铜结构。对于高功率应用，必须传导或辐射散热，以保持所需的温度环境，这意味着材料也必须具有可接受的导热性。所有通信设备的通用工作温度范围为0℃～50℃。对于微波频段的窄带滤波器，这是至关重要的，因为它们的性能对于中心频率的任何偏移都非常敏感。这意味着材料还必须表现出优异的热稳定性，这往往与高导电性和导热性的要求相冲突。换句话说，用于微波滤波器的材料必须具有低损耗（高无载 Q 值）、良好的导热性和优异的热稳定性。

对于任何微波结构，特别是窄带器件（如滤波器），总是会在体积（和质量）与能量耗散之间进行折中。结构越大，则损耗越低，反之亦然。另一个决定滤波器尺寸的关键因素是材料的介电常数。近几十年来，介质材料的先进性，即具有高介电常数、低损耗（高 Q 值）和优异的热稳定性，使介质加载滤波器成为许多应用的首选。材料的进步，是在更紧凑的结构中实现性能改善的关键。第11章和第21章[①]将更详细地讨论这些折中方法。

微波滤波器是分布式结构的。如第9章至第14章[①]所述，有多种拓扑结构可以用于实现微波滤波器。虽然大多数滤波器都采用了主模，但也可以采用高阶的传播模式来实现更高的 Q 值，代价是体积更大。这些特性非常适合大功率应用。微波滤波器的设计提供了许多选择和折中方法，并在其实现方面开发了一系列的技术，表1.11着重介绍了这一点。

---

① 原著的第11章、第14章、第20章和第21章在中译本《通信系统微波滤波器——设计与应用篇（第二版）》中。
——编者注

表 1.11 通信系统中的微波滤波器方案

应用	频段	关键特性	早期的滤波器方案	竞争技术
宏蜂窝通信系统中的中频滤波器	100~600 MHz	应用广，小尺寸，低功率	集总元件，微带	声表面波，有源单片微波集成电路
民用蜂窝系统和手持终端	800~900 MHz	易于批量制造，成本敏感	同轴介质，谐振器可调，介质	声表面波，单片微波集成电路，有源可调滤波器，基片集成波导
民用个人通信系统、分布式通信系统，以及手持终端	2~5 GHz	易于批量制造，成本敏感	同轴，单片微波集成电路	介质，单片微波集成电路，基片集成波导，有源可调滤波器
卫星系统和特高频系统	300~1000 MHz，1~2 GHz, 2~4 GHz	低损耗，功率覆盖范围广，尺寸和体积敏感	增压同轴	介质
移动通信系统	700 MHz~5 GHz	低损耗，功率覆盖范围广，尺寸和体积敏感	同轴，介质	鳍线，悬置带线，单片微波集成电路，声表面波
固定卫星业务	4/6 GHz, 7/8 GHz, 12/14 GHz, 11/17 GHz	低损耗，功率覆盖范围广，尺寸和体积敏感	同轴，波导，介质	
多媒体	20/30 GHz, 40/60 GHz	低损耗，功率覆盖范围广，尺寸和体积敏感	波导，介质	
本地多点传输服务系统	28 GHz, 38 GHz, 42 GHz	应用广，尺寸和体积敏感	同轴，波导	鳍线

1.12 卫星和蜂窝通信对滤波器技术的影响

在20世纪70年代和80年代，卫星通信的出现是微波滤波器网络研发的关键驱动力[27]。对于太空应用，所携带设备的尺寸和质量对成本有巨大的影响。另外，在太空中功率的产生成本是高昂的，因此高功率设备的低损耗指标非常关键。最后，设备必须能在太空中非常可靠地工作，在整个航空器的生命周期内都不能出现故障。为了解决以上问题，在滤波器和多工网络领域内出现了很多进步和创新，包括具有任意幅度、相位响应的双模和三模的波导滤波器及介质谐振滤波器，具有邻接和非邻接信道的多工网络、声表面波(Surface Acoustic Wave, SAW)滤波器、高温超导滤波器，以及各种同轴、鳍线和微带线滤波器。对于基于地面系统的滤波器，在20世纪90年代起广泛应用的无线蜂窝通信系统的发展促进了这一领域的研发，并且进一步促进了材料，以及大规模、低成本的生产技术的发展。

基于电磁的计算机辅助设计与调试技术在这一领域扮演了很重要的角色。一个有趣的现象是，不断提高的生产技术正在被空间微波设备逐渐采用，以降低成本。这些技术推动了新时代由大量(成百上千)低轨道地球(Low Earth Orbiting, LEO)卫星组成的通信系统应用。此外，包括毫米波在内的新频段应用成为可能，以适应越来越多的无线通信业务的持续需求(无论是基于卫星的还是基于地面的蜂窝系统)。这种需求和新的频段将持续推动微波滤波器的研发，以及一些有前景的技术领域，如介质材料、可调滤波器技术和三维制造技术的不断进步。

1.13 小结

本章对通信系统进行了概述，特别介绍了通信信道和其他单元之间的关系。目的是提供充分的背景信息，让读者能够理解通信系统中射频滤波器的重要角色和要求。

从介绍通信系统的模型入手，本章所讨论的主要问题包括无线电频谱、信息概念、噪声和干扰环境，以及通信信道设计中的系统考虑因素。

通过回顾香农信息论的开创性工作，本章研究了基于某种媒介传输的信息概念，突出了信号功率、系统噪声和可用带宽之间的基本折中方法。这就引发了关于部署无线链路所需的功率、带宽、噪声最小化和天线性能之间的折中讨论。关于噪声，需要重点考虑的是热噪声，以及如何针对通信信道设置基本的噪声系数指标。接下来，本章还简要介绍了模拟调制和数字调制。最后，本章概述了典型蜂窝和卫星通信系统对滤波器的需求，以及不同的系统要求是如何影响滤波器网络指标的。

1.14 参考文献

1. Members of Technical Staff (1971) *Transmission Systems for Communications*, 4th edn (revised), Bell Telephone Laboratories, Inc.
2. Taub, H. and Schilling, D. L. (1980) *Principles of Communications Systems*, 3rd edn, McGraw-Hill, New York.
3. Schwartz, M. (1980) *Information, Transmission, Modulation, and Noise*, 3rd edn, McGraw-Hill, New York.
4. Meyers, R. A. (ed.) (1989) *Encyclopedia of Telecommunications*, Academic Press, San Diego.
5. Gordon, G. D. and Morgan, W. L. (1993) *Principles of Communications Satellites*, Wiley, New York.
6. Haykin, S. (2001) *Communication Systems*, 4th edn, Wiley, New York.
7. Freeman, R. L. (1997) *Radio System Design for Telecommunications*, 2nd edn, Wiley, New York.
8. ITU (2002) *Handbook on Satellite Communications*, 3rd edn, Wiley, New York.
9. a Shannon, C. E. (1948) A mathematical theory of communications. *Bell System Technical Journal*, **27** (3), 379-623 and issue 4, 623-656, 1948; b Shannon, C. E. (1949) Communication in the presence of noise. *Proceedings of the IRE*, **37**, 10-21.
10. Krauss, J. N. D. (1950) *Antennas*, McGraw-Hill, New York.
11. Lathi, B. P. (1965) *Signals, Systems and Communication*, Wiley, New York.
12. Cross, T. G. (1966) Intermodulation noise in FM systems due to transmission deviations and AM/FM conversion. *Bell System Technical Journal*, **45**, 1749-1773.
13. Bennett, W. R., Curtis, H. E., and Rice, S. O. (1955) Interchannel interference in FM and PM systems under noise loading conditions. *Bell System Technical Journal*, **34**, 601-636.
14. Garrison, G. J. (1968) Intermodulation distortion in frequency-division multiplex FM systems—a tutorial summary. *IEEE Transactions on Communication Technology*, **16** (2), 289-303.
15. Kudsia, C. M. and O'Donovan, M. V. (1974) *Microwave Filters for Communications Systems*, Artech House, Norwood, MA.
16. Tong, R. and Kudsia, C. (1984) Enhanced performance and increased EIRP in communications satellites using contiguous multiplexers. Proceedings of the 10th AIAA Communication Satellite Systems Conference, Orlando, FL, March 19-22.
17. Sklar, B. (1993) Defining, designing, and evaluating digital communication systems. *IEEE Communications Magazine*, **11**, 91-101.
18. Xiong, F. (1994) Modem technologies in satellite communications. *IEEE Communications Magazine*, **8**, 84-98.
19. Maral, G. and Bousquet, M. (2002) *Satellite Communications Systems*, 4th edn, Wiley, New York.
20. Chapman, R. C., *et al.* (1976) Hidden threat: multicarrier passive component IM generation. Paper 76-296, AIAA/CASI 6th Communications Satellite Systems Conference, Montreal, April 5-8, 1976.
21. Kudsia, C. and Fiedzuisko, J. (1989) High power passive equipment for satellite applications. IEEE MTT-S

Workshop Proceedings, Long Beach, CA, June 13-15, 1989.
22. Manning, T. (1999) *Microwave Radio Transmission Design Guide*, Artech House.
23. Roberto Aiello, G. and Rogerson, G. D. (2003) Ultra-wideband wireless systems. *IEEE Microwave Magazine*, **2**, 36-47.
24. Bedell, P. (2005) *Wireless Crash Course*, 2nd edn, McGraw Hill.
25. Wentzloff, D. D. et al. (2005) System design considerations for ultra-wideband communication. *IEEE Communication Magazine*, **8**, 114-121.
26. Zhu, L., Sun, S., and Li, R. (2012) *Microwave Bandpass Filters for Wideband Communications*, Wiley.
27. Kudsia, C., Cameron, R., and Tang, W. C. (1992) Innovations in microwave filters and multiplexing networks for communications satellite systems. *IEEE Transactions on Microwave Theory and Techniques*, **40**, 1133-1149.

附录1A 互调失真小结

表1A.1 直接传输偏差分类

传输偏差类别	失真阶数	高调制频率的NPR(无预加重)
二次增益,A_2(dB/MHz^2)	三阶	$\dfrac{1.72 \times 10^4}{A_2^4 \sigma^4 f_m^4}$
三次增益,A_3(dB/MHz^3)	二阶	$\dfrac{33.6}{A_3^2 \sigma^2 f_m^4}$
四次增益,A_4(dB/MHz^4)	三阶	$\dfrac{6.32}{A_4^2 \sigma^2 f_m^8}$
线性时延,B_1(ns/MHz)	二阶	$\dfrac{10^6}{\pi^2 B_1^2 \sigma^2 f_m^2}$
	三阶	$\dfrac{7.5 \times 10^5}{\pi^4 B_1^4 \sigma^4 f_m^4}$
二次增益,B_2(ns/MHz^2)	三阶	$\dfrac{7.5 \times 10^5}{\pi^2 B_2^2 \sigma^4 f_m^2}$
三次增益,B_3(ns/MHz^3)	二阶	$\dfrac{1.19 \times 10^6}{\pi^2 B_3^2 \sigma^2 f_m^6}$

关键词:σ 为多信道 RMS 频率偏差(单位为 MHz);f_m 为高调制频率;A_n 为 N 阶幅度系数;B_n 为 N 阶群延迟系数;NPR 为噪声功率比;测量得到的互调噪声由通信信道中的白噪声功率谱密度与互调噪声功率谱密度的比值表示。

表1A.2 耦合传输类别

传输偏差类别	失真阶数	高调制频率的NPR(无预加重)
线性增益+线性AM/PM, A_1(dB/MHz)+K_{P1}(°/dB/MHz)	二阶	$\dfrac{3.28 \times 10^3}{K_{P1}^2 A_1^2 \sigma^2 f_m^2}$
二次增益+恒定AM/PM, A_2(dB/MHz^2)+K_{P0}(°/dB)	二阶	$\dfrac{3.28 \times 10^3}{K_{P0}^2 A_2^2 \sigma_m^2 f_m^2}$
四次增益+恒定AM/PM, A_4(dB/MHz^4)+K_{P0}(°/dB)	二阶	$\dfrac{9.75 \times 10^2}{K_{P0}^2 A_4^2 \sigma^2 f_m^6}$
线性时延+线性AM/PM, B_1(ns/MHz)+K_{P1}(°/dB/MHz)	二阶	$\dfrac{1.73 \times 10^3}{\pi^2 K_{P1}^2 B_1^2 \sigma^2 f_m^2}$
二次增益+恒定AM/PM, B_2(ns/MHz^2)+K_{P0}(°/dB)	二阶	$\dfrac{4.33 \times 10^7}{\pi^2 K_{P0}^2 B_2^2 \sigma^2 f_m^4}$

第 2 章 电路理论基础——近似法

工程问题一般使用近似的方法来求解，就如同使用近似法来分析物理现象一样。在物理现象的最底层，量子力学以概率的形式描述了物质的内在特性。但对于工程问题，权衡法的求解无处不在，无论是对系统内在还是外在的描述。理解了这一点，就可以在系统的约束条件范围内对参数进行优化，从而实现近似法求解。本章将描述通信理论及电路理论近似法的基本原理，并将重点阐述电路网络分析中的基本假设条件及频域分析方法。

2.1 线性系统

在自然界里，大多数系统都是非线性系统，这些系统非常复杂，并不服从普通求解方法。每个问题对于不同的边界条件都有不同的解。幸运的是，大多数工程问题可以在一定的工作区间内近似成线性系统。从而引出了第一个假设，系统近似为线性的。这意味着必须保证通信系统中的所有设备都工作在可近似为线性的范围内，从而满足如上假设。线性系统分析方法已经非常成熟，可以参考文献[1]。

2.1.1 线性的概念

如图 2.1 所示，任何系统都可以描述成一个黑盒，接收输入信号(驱动函数)，处理输入信号，并产生输出信号(或响应函数)。

线性系统的输出和输入成比例关系。这并不需要响应信号线性正比于驱动信号，那只是线性的一个特例而已。如果 $r(t)$ 是 $f(t)$ 的响应，则 $kr(t)$ 是 $kf(t)$ 的响应，其中 k 是任意常数，如下所示：

$$f(t) \to r(t), \quad kf(t) \to kr(t) \tag{2.1}$$

以上只是线性系统的特性之一。线性系统遵循叠加原理，即如果多个激励同时作用于线性系统，则总的响应可以用如下方法计算：让每一个激励单独作用于系统，并将其他激励设为零，求出单个激励的响应，然后将所有的单个激励的响应相加，即可得出总响应。可以用数学公式表达如下：

图 2.1 电路系统结构图

$$\begin{aligned} f_1(t) &\to r_1(t) \\ f_2(t) &\to r_2(t) \\ f_1(t) + f_2(t) &\to r_1(t) + r_2(t) \end{aligned} \tag{2.2}$$

更通用的公式可以描述如下：

$$a_1 f_1(t) + a_2 f_2(t) \to a_1 r_1(t) + a_2 r_2(t) \tag{2.3}$$

以上条件必须对任意 a_1，f_1，a_2 和 f_2 等都成立。根据式(2.3)可以判断系统是否为线性系统。

目前的讨论只针对单输入单输出系统，但以上结论可以推广到多输入多输出系统。

2.2 系统的分类

线性和非线性系统可以分类如下：
- 时变系统和时不变系统；
- 集总参数系统和分布参数系统；
- 即时系统（无记忆系统）和动态系统（记忆系统）；
- 模拟系统和数字系统。

2.2.1 时变系统和时不变系统

系统参数不随时间变化的系统称为定常系统或时不变系统。线性时不变系统可以用定常系数的线性方程来表示。系统参数随时间变化的系统称为变参数系统或时变系统。线性时变系统可以通过时变系数的线性方程来表示。严格来说，对于所有的物理对象或系统，如果长时间对其进行观测，就会发现它们都是时变的。但是，在有限的时间段内，如几十年或几百年的观测，系统更多地属于时不变系统范畴。本书的所有研究对象都将是这种系统。

2.2.2 集总参数系统和分布参数系统

任何系统都可以看成一些独立的元件以某种特定方式相互连接在一起。如果系统中的所有元件由集总参数元件组成，则认为系统是集总参数系统。在集总参数模型中，系统的能量存储在单个孤立的元件中，如电路系统中的电感和电容，以及机械系统中的弹簧。同时，假定其能量由一个节点扰动瞬时传到系统的其他节点。对于电路系统，集总参数系统意味着元件的尺寸和信号波长相比非常小。集总电器件两端的电压或流过的电流与集总参数相对应。

与集总参数系统相比，分布参数系统的特点是能量沿着物理元件的长度方向传输。在这些系统中，电压和电流分布在物理元件的表面。这意味着不仅要处理时间变量，还要处理空间变量。而且，能量由一个节点传输到系统的另一个节点不再是瞬时的，而是需要有限的时间。集总参数系统用微分方程来描述，而分布参数系统用偏微分方程来描述。

2.2.3 即时系统和动态系统

系统在任一给定时刻的输出由该时刻之前的输入决定。但是，对于很多系统，响应（输出）并不受之前输入的影响。这些系统称为即时系统或无记忆系统。更准确地说，即时系统的输出仅由当前时刻的输入决定，与过去和将来的输入无关。输出由过去时刻的输入决定的系统称为记忆系统或动态系统。本书将着重讨论即时系统。

2.2.4 模拟系统和数字系统

在连续区间内幅度可以任意取值的信号是模拟信号。处理模拟信号的系统称为模拟系统。幅度由有限个数值来表示的信号，无论是连续或离散的，都是数字信号。处理数字信号的系统称为数字系统。

2.3 电路理论的历史演化

1800年，伏特(Volta)发表了一篇文章，第一次描述了浸泡在盐水或弱酸电解液中的不同金属导体之间的导线中存在连续的电流[2]。这一重大发现标志着电子电路和电路理论的开始。戴维、安培、库仑、欧姆及其他学者扩充了电路理论的概念及直流电的应用。这些电路的特性可表示为电流、电压和电动势，所有这些参量都是不随时间变化的常数。

迈克尔·法拉第(Michael Faraday)和詹姆斯·克拉克·麦克斯韦(James Clerk Maxwell)给出了两个重大发现：时变电流理论和电磁场理论。法拉第的发现是实验性的，他的实验表明，变化的磁场产生电场。麦克斯韦的发现是凭直觉的，是想象力的飞跃，他类推地假定，变化的电场产生磁场。而且，他引入了位移电流的概念，认为时变电场和导体电流起着同样的作用，并表明它们可以合并成一个连续的总电流。显然，这个概念指出了电磁扰动可在介质(包括空气和自由空间)中传播。提出这个概念之前，大家都认为电磁扰动只能在导体中传播。麦克斯韦更进一步计算了这种电磁扰动的速率，发现它和光速非常接近，正如希波利特·斐索(Hippolyte Fizeau)于1849年所测量的那样。麦克斯韦得出了这两种现象相同的结论，即光波也可以用电磁扰动来描述。这个关于深奥物理现象的直觉假定是想象力的飞跃，文献[3]也证实了这一点：

应该记住，那个时候从来没有人有意识地产生或探测到电磁波。与位移电流的概念一样，电磁波的概念是全新的。将这些现象与光联系在一起，是科学史上少有的闪光点，直到麦克斯韦去世8年以后，这些现象才通过赫兹的实验得到证实。

麦克斯韦将所有电气、力学的基本关系合并成4个简练完美的方程，即麦克斯韦方程组。这些方程是整个电气工程领域的基础。

2.3.1 电路元件

无源集总参数电路由3个基本的元件组成：电容(C)、电感(L)和电阻(R)。电磁能在电感中的磁场和电容中的电场之间来回传递，并在电阻中以热能的形式逐渐消耗。网络中的电气变量为电压或电动势v，以及电流i，其中v和i分别为瞬时电压和电流。元件R，L和C根据图2.2中两个变量v和i的关系来定义。这些元件假定是线性的、集总的、有限的、无源的、双边对称的(Linear，Lumped，Finite，Passive，Bilateral，LLFPB)，并且是时不变的。由这些元件组成的系统可表示成常系数的线性方程组。

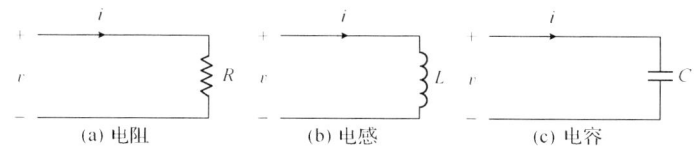

图2.2 电路网络中理想元件的关系
(a) 电阻　(b) 电感　(c) 电容

当变量v和i的值与元件值有关时，时间就成为一个重要参数。电流和电压必须表示成时间的函数$i(t)$和$v(t)$。因此，输入信号也是时间的函数，通常是电压。电路网络对这些信号的响应是该网络中某元件的电压或电流。应当注意的是，这里仍处理的是时不变系统，即R，C和L的值与时间无关。

2.4 线性系统在时域中的网络方程

在电路网络分析中，可以写出所有回路方程来获得整个网络参数之间的相互关系。图2.3描述了一个简单的网络，输入信号为$v(t)$，要求的输出是流过电路的电流。

系统方程为

$$iR + L\frac{\mathrm{d}i}{\mathrm{d}t} + \frac{1}{C}\int i\,\mathrm{d}t = v(t) \quad (2.4)$$

对上式进行求导，可得

$$L\frac{\mathrm{d}^2 i}{\mathrm{d}t^2} + R\frac{\mathrm{d}i}{\mathrm{d}t} + \frac{1}{C}i(t) = \frac{\mathrm{d}v(t)}{\mathrm{d}t} \quad (2.5)$$

式(2.5)表明了集总、线性时不变系统的微分方程特性。对于有更多元件、分支和回路的系统，微分方程的通用形式为

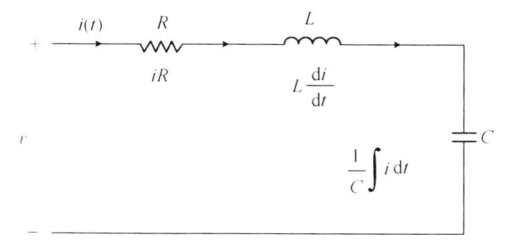

图2.3 串联 RLC 电路的时域分析

$$\begin{aligned}
& a_m\frac{\mathrm{d}^m i}{\mathrm{d}t^m} + a_{m-1}\frac{\mathrm{d}^{m-1} i}{\mathrm{d}t^{m-1}} + \cdots + a_1\frac{\mathrm{d}i}{\mathrm{d}t} + a_0 i(t) \\
& = b_n\frac{\mathrm{d}^n f}{\mathrm{d}t^n} + b_{n-1}\frac{\mathrm{d}^{n-1} f}{\mathrm{d}t^{n-1}} + \cdots + b_1\frac{\mathrm{d}f}{\mathrm{d}t} + b_0 f(t)
\end{aligned} \quad (2.6)$$

为方便起见，可以用代数运算符 p 来替换微分运算符 $\mathrm{d}/\mathrm{d}t$。因此，关于 t 的积分运算可替换为 $1/p$，即

$$p \equiv \frac{\mathrm{d}}{\mathrm{d}t}, \quad pf(t) = \frac{\mathrm{d}f(t)}{\mathrm{d}t}, \quad \cdots, \quad p^m f(t) = \frac{\mathrm{d}^m f}{\mathrm{d}t^m}$$

$$\frac{1}{p}f(t) = \int f(t)\,\mathrm{d}t, \quad \cdots$$

使用这种符号表示的系统方程为

$$(a_m p^m + a_{m-1} p^{m-1} + \cdots + a_1 p + a_0)i(t) = (b_n p^n + b_{n-1} p^{n-1} + \cdots + b_1 p + b_0)f(t) \quad (2.7)$$

这是常系数线性微分方程，可以用经典方法求解。它的解包含两部分：与激励源无关的部分和与激励源有关的部分。对于一个稳定的系统，与激励源无关的部分总是随时间衰落，因此被指定为暂态分量，与激励源有关的部分被指定为稳态分量。通过将驱动函数设置为零，可以得到与激励源无关的部分的解或响应。这个响应与驱动函数无关，而仅取决于系统固有的性质，这个表征系统的响应又称为系统的自然响应。我们所关心的是，没有暂态分量时基于稳态源系统的电路响应。对于大多数应用，暂态响应很快就消失了，它不是稳态源电路分析中需要考虑的因素。

有几种方法可用于获得基于激励源的线性微分方程的解。假设驱动函数 $f(t)$ 仅存在有限个导数，则与激励源有关的解可以用函数 $f(t)$ 及其所有高阶导数的线性叠加来表示[1]：

$$i(t) = h_1 f(t) + h_2\frac{\mathrm{d}f}{\mathrm{d}t} + \cdots + h_{r+1}\frac{\mathrm{d}^r f}{\mathrm{d}t^r} \quad (2.8)$$

其中仅 $f(t)$ 的前 r 阶导数是独立的，系数 $h_1, h_2, \cdots, h_r$ 可以通过将式(2.8)代入式(2.7)，并令

两边同类项的系数相等获得。求解这样一组微分方程非常耗时,而且相当困难。但是,通过将问题限制为存在简单微分关系的简化时间函数,可以克服微分方程的求解问题。因此可以将问题引入频域,简化求解。

2.5 频域指数驱动函数的线性系统网络方程

如果驱动函数 $f(t)$ 是指数时间函数,就可以简化电路的分析。由于指数函数所有阶的导数仍然具有相同的指数函数形式,并且是相关联的,因此微分方程与激励源有关的解一定与驱动函数的形式相同。如果驱动函数 $f(t)$ 是指数函数,则响应函数 $i(t)$ 给定为

$$
\begin{aligned}
i(t) &= hf(t) \\
f(t) &= e^{st} \\
i(t) &= he^{st}
\end{aligned}
\tag{2.9}
$$

其中 s 为复频率变量 $\sigma + j\omega$。h 的值可以通过将式 (2.9) 代入式 (2.7) 求解如下:

$$(a_m p^m + a_{m-1} p^{m-1} + \cdots + a_1 p + a_0) h e^{st} = (b_n p^n + b_{n-1} p^{n-1} + \cdots + b_1 p + b_0) e^{st} \tag{2.10}$$

因为

$$p e^{st} = \frac{d}{dt} e^{st} = s e^{st}, \qquad p^r e^{st} = s^r e^{st}$$

式(2.10)可简化为

$$(a_m s^m + a_{m-1} s^{m-1} + \cdots + a_1 s + a_0) h = (b_n s^n + b_{n-1} s^{n-1} + \cdots + b_1 s + b_0)$$

所以,

$$h = \frac{b_n s^n + b_{n-1} s^{n-1} + \cdots + b_1 s + b_0}{a_m s^m + a_{m-1} s^{m-1} + \cdots + a_1 s + a_0} \tag{2.11}$$

变量 h 为系统的传输函数,通常表示为 $H(s)$,它表征系统的频域特性。此结论构成了频域分析法的基础。

2.5.1 复频率变量

现在来描述复频率变量在电路分析中的重要性。复频率变量用 $s = \sigma + j\omega$ 表示,则信号 $f(t)$ 可以表示为

$$\begin{aligned}
f(t) &= e^{st} \\
&= e^{\sigma t}(\cos \omega t + j \sin \omega t)
\end{aligned}$$

因此,当 s 是复数时,函数 e^{st} 含有实部和虚部。进一步,$e^{\sigma t}\cos \omega t$ 和 $e^{\sigma t}\sin \omega t$ 表示函数以角频率 ω 振荡,并且幅度以指数形式增长或减小。幅度是增长还是减小取决于 σ 的正负。图2.4 在坐标轴上表示复频率变量,水平轴表示实轴 σ,纵轴表示虚轴 $j\omega$。

这样,虚轴对应着实际频率。需要注意的是,左半平面表示指数递减函数($\sigma < 0$),右半平面表示指数递增函数($\sigma > 0$)。复频率平面上的每个点对应一个确定的指数函数模式。这样引出了一个有趣的问题,$j\omega$ 轴上负值对应频率的意义,即负频率是什么? 根据定义,频率肯定是正数。出现混淆,主要是因为这里频率的定义不是特定波形 1 s 内有多少个周期,而是指数

函数的幂指数。所以负频率只和负指数相关。负频率和正频率的信号可以合并为如下实函数：
$e^{j\omega t} + e^{-j\omega t} = 2\cos\omega t$。

类似地，一对复共轭频率的信号可以构成实信号。实际上，任何一个与时间有关的实函数都可以表示为多个成对出现的复共轭频率指数函数的连续和。因此，指数函数中复变量的运用是分析电路系统最完善和最有效的方法。

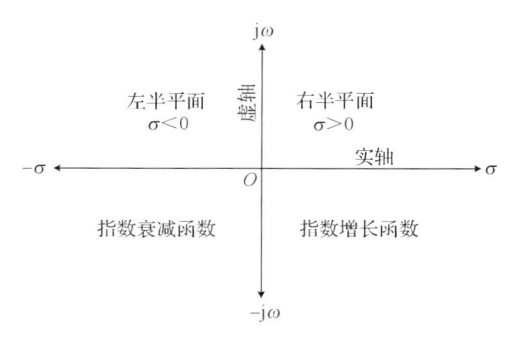

图 2.4 复频率平面

2.5.2 传输函数

图 2.5 是一个指数函数输入的系统。

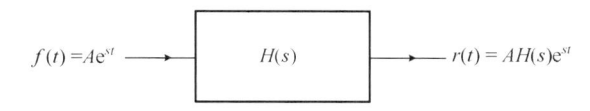

图 2.5 指数函数输入的电路网络

在频域分析法中，系统的响应由它的传输函数表征，即

$$H(s) = \frac{响应函数}{驱动函数} \tag{2.12}$$

对于一个指数驱动函数，线性时不变系统的响应是 $H(s)e^{st}$。根据定义，系统的传输函数可用指数驱动函数来表示。类似地，必须牢记传输函数的概念只对线性系统有意义。进一步讲，一个系统或电路网络可由单端口、二端口或多端口网络组成。这样就能有多个位置来施加驱动函数和观测响应。传输函数不再只有唯一一个变量，除非输入和输出终端已经确定。滤波器网络是典型的二端口网络，$H(s)$ 通常用来表示输出和输入电压之比。利用常用符号表示为

$$H(s) = \frac{b_n s^n + b_{n-1} s^{n-1} + \cdots + b_1 s + b_0}{a_m s^m + a_{m-1} s^{m-1} + \cdots + a_1 s + a_0} = \frac{n(s)}{d(s)} \tag{2.13}$$

其中 $n(s)$ 和 $d(s)$ 分别是传输函数的分子和分母多项式。另外，它建立了时域系统和频域系统表达式之间的联系。用来表征系统的微分方程(2.10)中，$H(s)$ 是 s 的有理函数，还是实系数多项式的商。这个结果非常重要，可以在很大程度上简化电路的分析。换言之，对于一个指数驱动函数，与激励源有关的响应也是与驱动函数形式相同的指数函数。而且，在一个系统中传输函数并不是唯一的，除非激励和响应的位置是确定的。

2.5.3 连续指数的信号表示

为了简化式(2.13)来分析现实生活中的系统，必须满足如下两个条件：

1. 任何信号都可以用指数波形表示。
2. 单个指数函数响应能叠加在一起获得总响应。

如果满足这两个条件，利用传输函数 $H(s)$ 的简化表达式就能求出任何信号系统的频域响应。

第二个条件是线性系统的叠加原理。前面提到过，网络分析的基本前提是它必须是一个线性系统。系统保持线性，就需要将那些不可避免出现的非线性(比如失真)控制在

一定范围内。所以对于线性系统，频域分析方法的成功与否，取决于能否用一组不同的指数函数之和来表示一个给定的时间函数，即满足条件1。实际上几乎所有的信号或波形都可以归类为周期的或非周期的。一个周期函数可以通过傅里叶变换，用一组离散指数函数之和来表示。同样，一个非周期函数可以运用傅里叶变换和拉普拉斯变换，用一系列连续指数函数之和来表示。因此，任何函数，周期的或者非周期的，都可以表示为一组指数函数之和。更详尽的关于信号和系统的分析可参考 Lathi 的文献[1]。可以肯定地说，频域分析法的基础基于这样的假设：系统是线性的，并且指数函数可以用来表述现实中的信号和波形。

2.5.4 电路网络的传输函数

集总电路网络由单个电阻、电容和电感组成。由于这些元件具有线性和时不变特性，一个指数电压通过这些元件就会产生一个指数响应(比如电流)。这样，如果通过元件的电流是 $i(t) = e^{st}$，那么通过该元件的电压就是 $v(t) = Z(s)e^{st}$，其中 $Z(s) = \mathcal{F}(v(t)/i(t))$ 定义为元件的阻抗，$\mathcal{F}(\cdot)$ 代表傅里叶变换；如果指数电压是驱动函数，且电流是流过元件产生的最终响应，则有 $v(t) = e^{st}$ 且 $i(t) = Y(s)e^{st}$，其中 $Y(s) = \mathcal{F}(i(t)/v(t))$ 定义为元件的导纳，显然 $Y(s) = 1/Z(s)$。所有这些函数称为导抗函数，并且可以简单计算如下：

$$Z(s) = Y^{-1}(s) = R, \quad \text{对于单个电阻}$$
$$= sL, \quad \text{对于单个电感} \quad (2.14)$$
$$= \frac{1}{sC}, \quad \text{对于单个电容}$$

系统的传输函数可表示为通过一对特定终端激励的指数响应之比，它由单个元件电阻、电容和电感的各种组合而成，并通过含有复频率变量 s 的多项式商的形式来表示。由于电阻、电感和电容是物理元件，它们的值都是实数，所以多项式的系数都是实数。因此，电路网络的传输函数与式(2.11)的形式相同。是否所有多项式的商都能表示为一个物理网络？从直觉上讲，答案是否定的。物理网络必须满足能量守恒定律，并且必须都是实响应对应着一个实激励。这种描述物理网络的函数称为正实函数。如图2.3所示，任何网络的输入阻抗或驱动点阻抗的函数，显然是正实函数。这种函数在很多书籍中都分析过[4]。下面列出了正实函数的性质：

1. 一个阻抗函数或导纳函数可用 $Z(s)$ 或 $Y(s)$ 来表示，且 $Z(s) = n(s)/d(s)$，其中分子和分母多项式中的系数是有理数且是正实的，因此 s 是实数时 $Z(s)$ 是实数，$Z(s)$ 的复数零点和复极点都呈共轭对出现。
2. $Z(s)$ 的零点和极点的实部或者是负值，或者是零。
3. $Z(s)$ 在虚轴上的极点必须是单阶的，且它们的留数必须为正实数。
4. $Z(s)$ 的分子和分母多项式的阶数最多相差1，这样 $Z(s)$ 的有限零点数和极点数也最多相差1；同时在原点处 $Z(s)$ 既不能有多个极点，也不能有多个零点。

2.6 线性系统对正弦激励的稳态响应

一个系统对指数激励函数 e^{st} 的稳态响应为 $H(s)e^{st}$。由此可知，这样一个系统对函数 $e^{j\omega t}$

的稳态响应为 $H(j\omega)e^{j\omega t}$。由于 $\cos\omega t + j\sin\omega t = e^{j\omega t}$ 且根据线性系统的叠加原理，可以得出这样的结论：系统对激励函数 $\cos\omega t$ 和 $\sin\omega t$ 的稳态响应分别为 $\text{Re}[H(j\omega)e^{j\omega t}]$ 和 $\text{Im}[H(j\omega)e^{j\omega t}]$。$H(j\omega)$ 通常是复函数，其极坐标形式表示如下：

$$H(j\omega) = |H(j\omega)|e^{j\theta(\omega)}$$

而且

$$H(j\omega)e^{j\omega t} = |H(j\omega)|e^{j(\omega t+\theta)} \tag{2.15}$$

所以

$$\text{Re}[H(j\omega)e^{j\omega t}] = |H(j\omega)|\cos(\omega t+\theta)$$

同时

$$\text{Im}[H(j\omega)e^{j\omega t}] = |H(j\omega)|\sin(\omega t+\theta) \tag{2.16}$$

$|H(j\omega)|$ 项表示对单位正弦函数响应的幅值。响应函数相对于驱动函数在相位上旋转 θ 度，角度 θ 是 $H(j\omega)$ 的相位角，$\angle H(j\omega) = \theta$。

2.7 电路理论近似法

在电路理论[5]中含有 3 个基本的假设条件：

1. 系统在物理尺寸上足够小，以至于可以忽略传播效应，即电子效应在整个系统中瞬时出现。忽略空间尺寸的影响，就可以认为元件和系统是集总参数的。
2. 在系统中每一个元件的净电荷都始终是零。这样没有一个元件可以聚积更多的净电荷，虽然一些元件上存在的电荷等幅反向。
3. 系统中元件之间没有耦合。

假设条件 1 表明信号波长比电子元件尺寸大得多。当频率比较低的时候，在自由空间中 1 MHz 信号的波长是 300 m。通常情况下元件尺寸假设在厘米范围内。当频率在微波波段，比如 1 GHz，信号波长是 0.3 m。在这个尺寸范围内，电路尺寸和信号波长尺寸相当。当这个假设条件 1 不成立时，如何修改基于集总参数的电路理论，使之能应用于微波波段？答案是通过基于集总元件的微波电路的模型来准确预测电路形式。实际上，在一定频率范围内，电路属于分布式微波结构，因此电路理论近似法被广泛应用于微波滤波器的分析和综合过程中。

假设条件 2 反映了电路系统中电荷或者电流的守恒定律。对于时变信号，当电路包含电容时，置换电流的概念使守恒定律仍然成立。古斯塔夫·基尔霍夫（Gustav Kirchhoff）归纳了这些概念，现在称其为基尔霍夫定律：

1. 在电路中任何一个节点的所有电流代数和为零。
2. 在电路中任何一个闭合回路的所有电压代数和为零。

假设条件 3 是指电路理论中每一个元件在网络中都是独立的。但是，它允许两个电感互相耦合形成变压器。这种互相耦合直接与形成变压器的两个独立电感的元件值相关。

总之，电路理论基于 5 种理想元件：

- 理想电压源在端口之间保持的预定电压与元件无关。
- 理想电流源在端口之间保持的预定电流与端口的电压无关。

- 理想电阻是线性时不变的双边集总元件，遵循欧姆定律。
- 理想电感是线性时不变集总元件，电路参数与电流导致的时变磁场产生的电压有关。
- 理想电容是线性时不变集总元件，电路参数与电压导致的时变电场产生的电流有关。

集总元件电路理论在微波频率只是一种近似应用，它在一定频率范围内是适用的。重要的是，必须理解大多数电磁理论都可以用集总电路方法来近似表示。因此，一种可能的应用是同时使用集总电路近似法和电磁理论来解决一个给定的问题。这时，可以先根据电路理论求出一个很好的近似解，必要时再利用电磁技术进一步精确这个近似解，尤其是在宽频带应用中。实际上，大多数微波工程应用都使用这种先近似再精确的方法。

电路理论的优势如下：

1. 它能针对问题给出一个简单解（相当精确），如果直接使用电磁场理论，则问题将变得复杂且无法解出。我们可以运用电路理论来分析和搭建实际电路。
2. 对于许多实用电子系统，通过把它们划分为若干子系统（称为元件），可以使分析与设计简化。然后，通过各元件的端测响应来预知元件互连而成的系统的性能。由于可以给各个物理元件赋予电路模型，所以电路理论成为元件设计的有效方法而受到关注。
3. 在电路分析中，引入了在工程技术中非常普及的大型线性网络微分方程的求解方法。这也是其他工程学科中共有的分析方法。
4. 电路理论本身是一个很有意义的研究领域。许多电路系统的卓越发展，归功于将电路理论作为一个单独学科来发展研究。

2.8 小结

本章描述了通信理论和电路理论近似法的基本原理，着重指出通信系统在指定带宽范围内必须是线性的。当一组由时变函数组成的信号应用于一个线性系统时，它会遵循叠加原理，总响应表示为单个函数响应之和。众所周知，线性系统的一个特征是，任何周期或非周期函数都可以通过傅里叶级数或拉普拉斯变换表示为一组指数函数的和。因此，一个通信信道可以看成一个指数驱动函数，在通信系统分析中进一步简化。这种方法称为频率分析法或频域分析法。

下一步针对通信信道的分析简化过程基于电路理论近似法。假设一些基本分立、集总无源电子元件，如电阻、电感及电容都是线性元件。此模型电路的传输函数，使用指数驱动函数表示为实系数有理多项式的商的形式。这样就极大地简化了滤波器网络的综合与分析。本章主要突出介绍了在这些基本假设前提下，频率分析法在电路网络分析中的成功应用。

2.9 参考文献

1. Lathi, B. P. (1965) *Signals, Systems and Communications*, Wiley, New York.
2. Volta, A. (1800) On the electricity excited by the mere contact of conducting substances of different kinds. *Philosophical Transactions of the Royal Society (London)*, **90**, 403-431.
3. Elliot, R. S. (1993) *Electromagnetics—History, Theory, and Applications*, IEEE Press.
4. Van Valkenburg, M. E. (1960) *Modern Network Synthesis*, Wiley, New York.
5. Nilsson, J. W. (1993) *Electric Circuits*, 4th edn, Addison-Wesley, Reading, MA.

第3章 无耗低通原型滤波器函数特性

本章介绍了几种经典的理想原型滤波器,包括最大平坦滤波器、切比雪夫滤波器、椭圆函数滤波器,描述了各自特征多项式的综合过程。本章也讨论了关于中心频率不对称响应的滤波器,这种滤波器将会产生包含复系数的传输函数多项式(某些限制条件下),这与大家最熟悉的有理数或实系数特征多项式有着显著区别。本章将作为最常用的低通原型滤波器函数类型的分析基础,包括对称或不对称频率响应的最小相位滤波器和非最小相位滤波器。

3.1 理想滤波器

在通信系统中,滤波器网络用于在特定频段传输和衰减信号。理想情况下,滤波器必须满足传输信号的失真最小,且能量损耗最小。

3.1.1 无失真传输

信号由其频率分量的幅度与相位特性(又称为信号的波形)表示。无失真传输时必须保持波形不失真,也就是说,输出信号必须为输入信号的精确复制。这只有当滤波器网络通带内的所有频率上都为恒定的幅度和相位时才能实现。恒定时延意味着相移与频率成正比,其相移量为 $-\omega t$。在通带外,滤波器网络需要抑制掉所有的频率分量,这意味着存在陡峭的幅度响应,带外无限衰减,以及存在零过渡带。理想的陡峭型滤波器的单位脉冲响应,在时间为负值时响应值不为零,这与因果条件[1]是相违背的。因果函数的时间定义域开始在一个有限时间点 $t=0$,在 $t<0$ 时函数值应为零。因果条件表明,一个物理系统是无法预测其驱动函数的。由此可知,滤波器函数必须满足两个基本限制条件:(1)滤波器的幅度函数,其值可以在某些离散的频率点上为零,但不能在一段连续的有限带宽内为零;(2)幅度函数值下降到零的速度不能超过任何指数函数。这也就意味着,不可能存在零过渡带。但是,滤波器函数可以根据要求尽可能地接近理想特性,只是由于现实条件的制约,可实现的性能有限,不可能达到理想状态。图3.1 给出了低通原型滤波器的幅度响应。

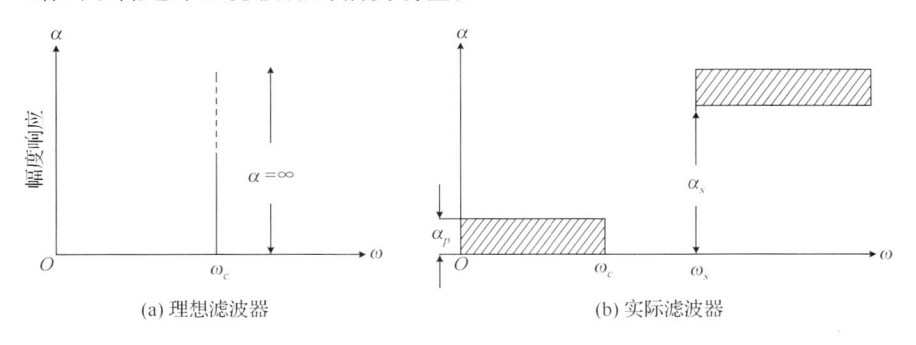

图 3.1 低通原型滤波器的幅度响应。注意,这里的 ω_c 表示通带截止频率,ω_s 表示阻带的最低端频率;α_p 和 α_s 分别表示通带最大损耗和阻带最小衰减

3.1.2 二端口网络的最大传输功率

通信系统往往是由若干二端口网络元件级联而成的。能量通过放大器、调制器、滤波器、电缆等线性元件，从源端向负载端传输。可以这样理解，虽然放大器、调制器等本质上是非线性元件，但是当非线性度最小化到可接受的程度时，可以认为它们是线性工作的。实际系统中很重要的一点是，资用功率在每一级电路内都应该达到最大传输，从而使系统信噪比达到最高。为了满足以上条件，先研究一个端接源和负载的理想无耗网络，如图3.2所示。

信号源的资用功率定义为信号源能够输出的最大功率。当源端接的负载阻抗与源内阻 Z_S 共轭匹配时，输出功率最大。因此，如果源内阻 $Z_S = R_S + jX_S$，则对应于最大功率传输的负载阻抗 $Z_L = R_S - jX_S$。

因此，源端的资用功率为 $E^2/4R_S$。如果二端口网络的输出阻抗与负载阻抗 Z_L 共轭，则功率可以最大限度地传输到负载。必须注意，资用功率仅取决于信号源内阻的实部。类似地，能够传输到负载的最大功率也仅取决于负载阻抗的实部。由此可知，源和负载都端接相同电阻的二端口无耗网络，是通信系统理想的滤波器网络。这样的滤波器网络也称为双终端滤波器。

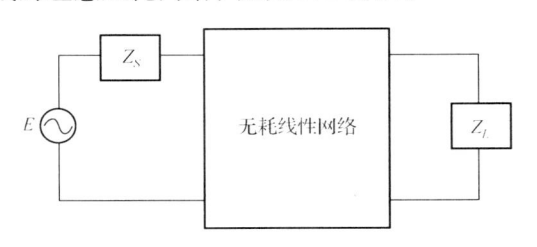

图3.2 二端口网络中的功率传输

3.2 双终端无耗低通原型滤波器网络的多项式函数特性

对滤波器网络进行综合时，首先对端接相同阻抗的无耗集总低通滤波器的频率和阻抗进行归一化，然后通过频率和幅度的变换，获得特定频率范围和阻抗水平的滤波器网络。此方法简化了实际滤波器的设计，与其频率范围和物理实现形式无关。其中低通原型滤波器的终端电阻归一化为1 Ω，且截止频率归一化为 1 rad/s，即表示其通带范围为 $\omega = 0$ 到 $\omega = 1$。

正如3.1节所述，即便是理想滤波器，也不可能在整个通带范围内实现零损耗，否则将违背因果条件。但是，在有限个频率上可能存在零损耗。这些频率点称为反射零点，即反射功率为零，信号无损耗传输。显然，所有滤波器函数的反射零点都限定在通带范围内，而且通带内反射功率的最大值为滤波器原型网络的设计参量。无耗元件的使用可以简化综合过程。滤波器损耗的影响可以在无耗网络综合后引入，当损耗很小时其综合的准确性更高。对于各种应用情况，基于无耗原型网络的滤波器设计方法是完全适用的。本章主要论述的是无耗低通原型滤波器函数的电路理论近似法。

图3.3给出了包含电阻终端的一个无耗二端口网络。这是具有最大传输功率的双终端滤波器网络的常用表示形式。

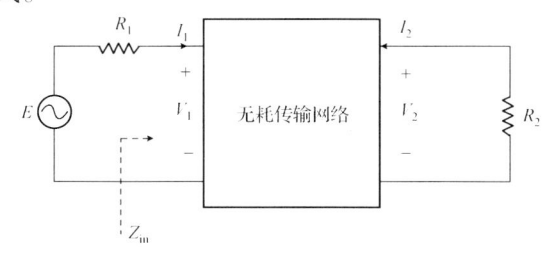

图3.3 双终端无耗传输网络

理想电压源 E 输出的最大资用功率 P_{max} 为 $E^2/4R_1$。传输到负载 R_2 上的功率 $P_2 = |V_2|^2/R_2$。因此，当 $R_1 = R_2$ 时有

$$\frac{P_{max}}{P_2} = \left|\frac{1}{2}\sqrt{\frac{R_2}{R_1}}\frac{E}{V_2}\right|^2 = \frac{1}{4}\left|\frac{E}{V_2}\right|^2 \tag{3.1}$$

对于无源无耗的二端口网络，只能有 $P_{max} \geqslant P_2$。其特征函数 $K(s)$ 的最常用形式定义为[2,3]

$$\frac{P_{max}}{P_2} = 1 + |K(s)|^2\big|_{s=j\omega} \tag{3.2}$$

对于线性时不变的集总参数电路形式，$K(s)$ 为关于 s 的实系数有理函数，比值 P_{max}/P_2 可以由传输函数 $H(s)$ 来定义：

$$|H(s)|^2\big|_{s=j\omega} = 1 + |K(s)|^2\big|_{s=j\omega} \tag{3.3}$$

同时，$H(s)$ 又称为传递函数[3]。由于所有关于 s 的网络函数包含实系数且为有理函数，则其另一种形式为

$$H(s)H(-s) = 1 + K(s)K(-s) \tag{3.4}$$

为了了解多项式 $K(s)$ 的特性，下面来研究原型网络的反射系数和传输系数。

3.2.1 反射系数和传输系数

根据传输线理论，反射系数 ρ 定义为

$$\rho(s) = \pm \frac{反射波}{入射波} \tag{3.5}$$

当比值定义为电压反射系数时，ρ 的符号为正；而当比值定义为电流反射系数时，ρ 的符号为负。负号的出现是因为反射波的电流方向与入射波相反。反射系数符号 ρ 常用于二端口网络及其功率的关联分析。符号 Γ 用来表示复反射系数，通常在电路分析中用散射参数形式来表示。对于图 3.3 中的无耗网络，P_{max} 作为最大资用功率或参考功率，则用功率表示的反射系数为

$$|\rho(j\omega)|^2 = \frac{反射功率}{资用功率} = \frac{P_r}{P_{max}} \tag{3.6}$$

其中 P_r 表示反射功率。由于反射功率与传输给负载电阻 R_2 的功率之和必须等于资用功率，则有

$$\frac{反射功率}{资用功率} + \frac{传输功率}{资用功率} = 1$$

或

$$|\rho(j\omega)|^2 + |t(j\omega)|^2 = 1 \tag{3.7}$$

其中，定义 $t(s)$ 为传输系数，即传输波与入射波的比值。因此，

$$|t(j\omega)|^2 = \frac{传输功率}{资用功率} = \frac{P_2}{P_{max}} = 1 - |\rho(j\omega)|^2 \tag{3.8}$$

用对数形式表示的功率的传输损耗和反射损耗(通常称为回波损耗)为

$$A = 10\lg\frac{1}{|t(j\omega)|^2} = -10\lg|t(j\omega)|^2 \quad dB$$

$$R = 10\lg\frac{1}{|\rho(j\omega)|^2} = -10\lg|\rho(j\omega)|^2 \quad dB \tag{3.9}$$

运用式(3.7)，建立传输损耗与回波损耗之间的关系如下：

$$A = -10\lg[1 - 10^{-R/10}] \quad \text{dB}$$
$$R = -10\lg[1 - 10^{-A/10}] \quad \text{dB} \tag{3.10}$$

根据传输线理论[2],二端口网络的反射系数 ρ 为

$$\rho(s) = \frac{Z_{\text{in}}(s) - R_1}{Z_{\text{in}}(s) + R_1} = \frac{z_{\text{in}}(s) - 1}{z_{\text{in}}(s) + 1}, \quad \text{其中 } z_{\text{in}}(s) = \frac{Z_{\text{in}}(s)}{R_1} \tag{3.11}$$

由于负载终端网络的输入阻抗为正实函数(见2.5节),则其归一化阻抗 z 可以表示为

$$z(s) = \frac{n(s)}{d(s)} \tag{3.12}$$

其中 $n(s)$ 和 $d(s)$ 表示分子多项式和分母多项式,$z(s)$ 为正实函数[2],因此有

$$\rho(s) = \frac{z(s) - 1}{z(s) + 1} = \frac{n(s) - d(s)}{n(s) + d(s)} = \frac{F(s)}{E(s)} \tag{3.13}$$

因为 $z(s)$ 为正实函数,可以获得以下结论:

1. 分母多项式 $n(s) + d(s) = E(s)$ 必须为赫尔维茨(Hurwitz)多项式,其所有的根位于 s 的左半平面。
2. 分子多项式 $n(s) - d(s) = F(s)$ 不一定是赫尔维茨多项式,但是多项式的系数必须为实数。因此,它的根必须是实数,或者位于原点,或者以共轭复数对形式出现。

沿着 s 平面的虚轴,ρ 的模可以写成

$$|\rho(j\omega)|^2 = \frac{F(s)F^*(s)}{E(s)E^*(s)} \tag{3.14}$$

其中星号表示各函数的复共轭,且当 $s = j\omega$ 时有 $F^*(s) = F(-s)$ 和 $E^*(s) = E(-s)$,因此

$$|\rho(j\omega)|^2 = \frac{F(s)F(-s)}{E(s)E(-s)}$$
$$|t(j\omega)|^2 = \frac{E(s)E(-s) - F(s)F(-s)}{E(s)E(-s)} = \frac{P(s)P(-s)}{E(s)E(-s)} \tag{3.15}$$

其中,只有假定式(3.15)中的表达式 $P(s)P(-s)$ 为完全平方式,$P(s)P(-s) = E(s)E(-s) - F(s)F(-s)$ 才能成立。而事实上,由于其根关于象限对称,且在虚轴上的根也是按偶倍数成对出现的,因此式(3.15)称为 Feldtkeller 方程,适用于对称特性的滤波器。对包含全规范原型、不对称特性或反射零点不在虚轴上的广义形式,以及更基本的仿共轭形式,将在第6章中介绍。

这三个多项式称为特征多项式。对于低通原型滤波器网络,其特性总结如下[3]:

1. $F(s)$ 为实系数多项式,其根在虚轴上以共轭对形式出现。$F(s)$ 仅有可能在原点存在多重根,这些根所对应的频率点处的反射功率为零,这些频率点通常称为反射零点;滤波器在这些频率处的损耗为零,且 $F(s)$ 为纯奇或纯偶的函数多项式。
2. $P(s)$ 为实系数的纯偶函数多项式。其根在虚轴上以共轭对形式出现。这些根所对应的频率点处的传输功率为零,即滤波器的损耗为无穷大。这些频率点通常称为传输零点或衰减极点。$P(s)$ 的根也可能在实轴上以共轭对形式出现,或在 s 平面的四个象限内对称分布。这类根可用于设计线性相位(非最小相位)滤波器。$P(s)$ 的最高阶系数为1。
3. $E(s)$ 为严格的赫尔维茨多项式,所有的根都分布在 s 的左半平面。

根据以上多项式特性，可得

$$\rho(s) = \frac{F(s)}{E(s)}, \quad t(s) = \frac{P(s)}{E(s)} \tag{3.16}$$

传输功率和反射功率的另一个有意义的关系是

$$|K(s)|^2_{s=j\omega} = \frac{|\rho(j\omega)|^2}{|t(j\omega)|^2} = \frac{P_r}{P_t} \tag{3.17}$$

其中 P_r 为反射功率，而 P_t 为传输功率。

传输函数和特征函数用多项式比值的形式表示为

$$t(s) = \frac{P(s)}{E(s)} \tag{3.18}$$

$$K(s) = \frac{F(s)}{P(s)} \tag{3.19}$$

需要注意的是，在以后的章节中描述的散射参数，其反射系数和传输系数分别与 S_{11} 和 S_{21} 完全等同，表示如下：

$$\rho(s) \equiv \Gamma(s) \equiv S_{11}(s)$$

$$t(s) \equiv S_{21}(s)$$

3.2.2 传输函数和特征多项式的归一化

无耗原型滤波器的传输函数定义为发射功率与可用功率的比值[见式(3.2)和式(3.8)]，可以表示为

$$|t(s)|^2_{s=j\omega} = \frac{1}{1 + |K(s)|^2_{s=j\omega}}$$

为不失一般性，引入了一个任意实常数因子 ε，将上式重写成

$$|t(s)|^2_{s=j\omega} = \frac{1}{1 + \varepsilon^2 |K(s)|^2_{s=j\omega}} \tag{3.20}$$

通常，ε 称为波纹因子或波纹常数。波纹因子用于将滤波器的传输函数归一化，使通带内允许的最大振幅值限制在一个指定的范围内。如果 ω_1 为通带内最大纹波对应的频率，则有

$$\varepsilon = \sqrt{\frac{|t(j\omega_1)|^{-2} - 1}{|K(j\omega_1)|^2}} = \sqrt{\frac{1}{[|\rho(j\omega_1)|^{-2} - 1]|K(j\omega_1)|^2}} \tag{3.21}$$

在低通原型网络中，ω_1 称为截止频率，通常选取为 1。ε 的值用 dB 形式的传输损耗和反射损耗[见式(3.9)]表示为

$$\varepsilon = \sqrt{\frac{10^{-A_1/10} - 1}{|K(s)|^2_{s=j}}} = \sqrt{\frac{[10^{R_1/10} - 1]^{-1}}{|K(s)|^2_{s=j}}} \tag{3.22}$$

由于用多项式 $F(s)$ 和多项式 $P(s)$ 的比值来表示多项式 $K(s)$，因此更合适的表示形式为

$$K(s) = \varepsilon \frac{F(s)}{P(s)} = \frac{F(s)}{P(s)/\varepsilon} \tag{3.23}$$

多项式 $F(s)$ 和多项式 $P(s)$ 分别通过反射零点和传输零点来构成，且假定它们的最高阶项的系数都为 1。根据式(3.15)和式(3.23)，多项式 $E(s)$ 可以确定为

$$E(s)E(-s) = \frac{1}{\varepsilon^2}P(s)P(-s) + F(s)F(-s) \tag{3.24}$$

因此，多项式 $E(s)$ 的最高阶项的系数给定为 $\sqrt{\dfrac{1}{\varepsilon^2}+1}$。

对于全规范型滤波器的最普遍的形式，多项式 $P(s)$ 的阶数与多项式 $F(s)$ 和多项式 $E(s)$ 的相同，即都为滤波器的阶数 N。如果 $P(s)$ 的阶数小于 N，则 $E(s)$ 的最高阶项的系数与 $F(s)$ 的一样都为 1。

在综合过程中，包括 $E(s)$ 在内的所有多项式的最高阶项的系数都为 1 时更方便。波纹因子可以用两个常数的比值表示，也就是 $\varepsilon = \dfrac{\varepsilon}{\varepsilon_R}$。假定 ε 为归一化 $P(s)$ 的常数，ε_R 为归一化 $F(s)$ 的常数，则 $E(s)$ 的最高阶项的系数可计算为 $\sqrt{\dfrac{1}{\varepsilon^2}+\dfrac{1}{\varepsilon_R^2}}$。要使这个系数为 1，则两个常数必须关联如下：

$$\frac{1}{\varepsilon^2} + \frac{1}{\varepsilon_R^2} = 1, \qquad \varepsilon = \frac{\varepsilon}{\varepsilon_R} \tag{3.25}$$

与之前一样，ε 的值根据式（3.22）确定，因此 ε 和 ε_R 的值计算为

$$\varepsilon = \sqrt{1+\varepsilon^2}, \qquad \varepsilon_R = \frac{\sqrt{1+\varepsilon^2}}{\varepsilon} \tag{3.26}$$

此关系式只能在滤波器是全规范型时应用，其中 $P(s)$ 的阶数与 $F(s)$ 的阶数相等。全规范型滤波器具有极高的敏感性（相关主题在后面章节中详细介绍），因此在实际应用中受到限制。对于大多数实际滤波网络来说，$P(s) < N$（意味着 $\varepsilon_R = 1$），需要用一个常数归一化所有多项式，使得它们的最高阶项的系数为 1。6.1.1 节将更严谨地讨论它们之间的关系。注意，ε 为用于归一化传输函数的常数，而标准的 ε 为用于归一化 $P(s)$ 的常数，它们并不相同。这里使用的表示法与第 6 章的表示法一致。

3.3 理想低通原型网络的特征多项式

滤波器通常需要通带内低损耗而通带外高衰减。当 $F(s)$ 的零点都在 $j\omega$ 轴上的通带范围内，而 $P(s)$ 的所有零点都在 $j\omega$ 轴上的通带之外区域时，可以实现性能最大化。在一些应用中，$P(s)$ 的零点不在 $j\omega$ 轴上，这时牺牲了滤波器的带外衰减，但是改善了通带的相位和时延响应特性，此折中设计有时对整个系统指标是有利的。对于截止频率归一化为 1 的无耗低通原型网络，为了确保特征多项式系数都为正实函数（见 2.5 节），其零-极点位置必须满足如下条件：

1. $K(s)$ 的所有零点在 $j\omega$ 轴上的滤波器通带范围内对称分布；
2. $K(s)$ 的所有极点在 s 平面的实轴或虚轴上对称分布，或者沿着实轴和虚轴对称分布，在复平面象限内呈共轭对形式。

$F(s)$ 和 $P(s)$ 的零点分布如图 3.4 所示。

包含反射零点的多项式 $F(s)$ 可以写成如下形式：

$$\begin{aligned} F(s) &= s(s^2+a_1^2)(s^2+a_2^2)\cdots \quad \text{奇数阶滤波器} \\ &= (s^2+a_1^2)(s^2+a_2^2)\cdots \quad \text{偶数阶滤波器} \end{aligned} \tag{3.27}$$

多项式 $P(s)$ 可以写成因子 $(s^2 \pm b_i^2)$ 或 $(s^4 \pm c_i s^2 + d_i)$，或任意因子的组合形式。因此，奇数阶

网络下 $K(s)$ 可以写成如下形式：

$$K(s) = \varepsilon \frac{F(s)}{P(s)} = \varepsilon \frac{s(s^2+a_1^2)(s^2+a_2^2)\cdots}{(s^2\pm b_1^2)(s^2\pm b_2^2)\cdots(s^4\pm c_1 s^2+d_1)\cdots} \quad (3.28)$$

对于偶数阶网络，则有

$$K(s) = \varepsilon \frac{F(s)}{P(s)} = \varepsilon \frac{(s^2+a_1^2)(s^2+a_2^2)(s^2+a_3^2)\cdots}{(s^2\pm b_1^2)(s^2\pm b_2^2)\cdots(s^4\pm c_1 s^2+d_1)\cdots} \quad (3.29)$$

参数 a 的约束条件为 $|a_1|,|a_2|,\cdots<1$；参数 b 的约束条件为 $|b_1|,|b_2|,\cdots>1$，仅针对 $j\omega$ 轴上的零点，实轴上的零点不受此限制；$c_1,c_2,\cdots,d_1,d_2,\cdots>0$。

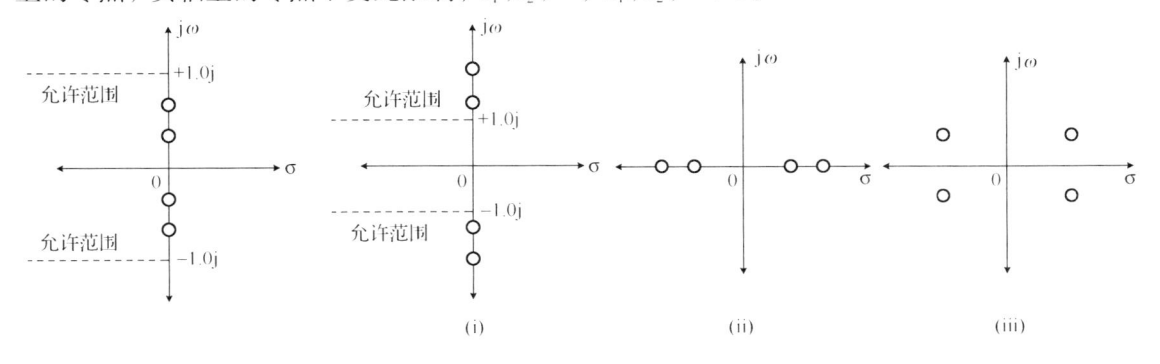

(a) $F(s)$ 的零点位置　　　　　　　(b) $P(s)$ 的零点分别在 $j\omega$ 轴、实轴及复平面象限内分布

图 3.4　低通原型特征多项式允许的零点位置

以上这些关系式表明，所有的多项式都包含有理实系数，或者是纯偶函数，或者是纯奇函数，反映了低通原型滤波器网络函数是正实函数的特性。由式(3.28)和式(3.29)很明显可以看出，频率点 $\pm ja_1, \pm ja_2,\cdots$ 是反射零点，在这些频率点上功率完全传输而反射为零，因此也称其为衰减零点；类似地，频率点 $\pm jb_1, \pm jb_2,\cdots$ 处的传输功率为零，所有功率都被反射，因此也称其为衰减极点或传输零点。其中，a 和 b 称为关键频率。位于实轴上的零点或位于复平面上以共轭对形式对称出现的零点，可通过牺牲幅度性能来改善相位和时延响应，这类滤波器也称为线性相位滤波器。$E(s)$ 为严格的赫尔维茨多项式，其零点必须分布于 s 的左半平面。

3.4　低通原型滤波器的特性

滤波器的具体指标包括幅度、相位和群延迟响应，本节将给出其定量的分析。

3.4.1　幅度响应

用 dB 表示的插入损耗定义为

$$A(\text{dB}) = 10\lg\frac{P_{\max}}{P_2} = 20\lg|H(j\omega)| = 20\lg\left|\varepsilon\frac{E(s)}{P(s)}\right| \quad (3.30)$$

如果将赫尔维茨多项式 $E(s)$ 的根记为 $s_1,s_2,\cdots,s_n$，且多项式 $P(s)$ 的根记为 $p_1,p_2,\cdots,p_m$，则有

$$|H(\mathrm{j}\omega)| = \varepsilon \frac{|(s-s_1)(s-s_2)\cdots(s-s_n)|}{|(s-p_1)(s-p_2)\cdots(s-p_m)|} \tag{3.31}$$

其中 ε 为归一化幅度响应的任意常数,当 $\omega=0$ 时,计算 $|H|$ 的值即为 ε。在零频率处,$|H|$ 的值可能为 1,或比 1 略大,由通带允许的最大波纹确定。

因此,计算插入损耗可得

$$A(\mathrm{dB}) = 20(\lg \mathrm{e})[\ln|(s-s_1)| + \ln|(s-s_2)| + \cdots - \ln|(s-p_1)| - \ln|(s-p_2)| - \cdots] + 20(\lg \mathrm{e})\ln\varepsilon \tag{3.32}$$

在实频率 $s = \mathrm{j}\omega$ 处,插入损耗可表示为

$$|s-s_k|_{s=\mathrm{j}\omega} = |s - \sigma_k \mp \mathrm{j}\omega_k|_{s=\mathrm{j}\omega} = \sqrt{\sigma_k^2 + (\omega \mp \omega_k)^2} \tag{3.33}$$

其中 $s_k = \sigma_k + \mathrm{j}\omega_k$ 对应着多项式的第 k 个根。

3.4.2 相位响应

滤波器网络的相位响应计算如下:

$$\beta(\omega) = -\mathrm{Arg}\, H(\mathrm{j}\omega) = -\arctan\frac{\mathrm{Im}\, H(\mathrm{j}\omega)}{\mathrm{Re}\, H(\mathrm{j}\omega)}$$

$$= \sum_{\text{极点}} \arctan\left(\frac{\omega - \omega_k}{\sigma_k}\right) - \sum_{\text{零点}} \arctan\left(\frac{\omega - \omega_k}{\sigma_k}\right) \tag{3.34}$$

滤波器的群延迟 τ 可由下式计算:

$$\tau = -\frac{\mathrm{d}\beta}{\mathrm{d}\omega} = \sum_{\text{零点}} \left(\frac{\sigma_k}{\sigma_k^2 + (\omega-\omega_k)^2}\right) \tag{3.35}$$

由于 $P(s)$ 的零点不是分布在虚轴上,就是关于虚轴对称分布,因此它们对相位变化毫无贡献(π 的整倍数相位值除外)。由于群延迟为相位的导数,完全取决于 $E(s)$ 的根,因此其斜率为

$$\frac{\mathrm{d}^2\beta}{\mathrm{d}\omega^2} = \sum_{\text{极点}} 2\tau_k^2 \tan\beta_k - \sum_{\text{零点}} 2\tau_k^2 \tan\beta_k \tag{3.36}$$

其中 τ_k 为第 k 个极点(或零点)的群延迟因子,即

$$\tau_k = -\frac{\mathrm{d}\beta_k}{\mathrm{d}\omega} = \frac{\sigma_k}{\sigma_k^2 + (\omega-\omega_k)^2} \tag{3.37}$$

3.4.3 相位线性度

特定频段内的相位响应与理想线性相位响应的偏差定义为相位线性度。通常,理想的相位曲线根据低通原型滤波器在零频率处的斜率来设定。但是,还可以任意选择所在频段内的频率作为参考频率,通过其斜率来确定相位线性度。

令 ω_{ref} 为参考频率,则频率 ω 处的线性相位 ϕ_L 表示为

$$\phi_L(\omega) = \left(\frac{\mathrm{d}\beta}{\mathrm{d}\omega}\right)_{\omega=\omega_{\mathrm{ref}}} (\omega - \omega_{\mathrm{ref}}) = \tau_{\mathrm{ref}}(\omega - \omega_{\mathrm{ref}}) \tag{3.38}$$

其中，τ_{ref} 为参考频率处的绝对群延迟，则给定频率 $\Delta\phi$ 处的相位线性度 ω 为

$$\Delta\phi = \beta(\omega) - \phi_L \tag{3.39}$$

其中，$\beta(\omega)$ 为频率 ω 的实际相位。如果参考频率选取为零，则有

$$\Delta\phi = \beta(\omega) - \tau_0\omega, \quad 其中 \ \tau_0 = \left.\frac{\mathrm{d}\beta}{\mathrm{d}\omega}\right|_{\omega=0} \tag{3.40}$$

从实际角度来看，求解相位线性度最理想的方法是通过一条直线来逼近所在频段内的相位，并计算其最小相位偏差。这意味着可以通过直线拟合来近似整个相位响应，从而获得一个关于此直线的等波纹相位响应。

3.5 不同响应波形的特征多项式

本节将讨论双终端低通原型滤波器网络的几种特征函数及其对应的响应波形。

3.5.1 全极点原型滤波器函数

全极点原型滤波器函数可以写为

$$t(s) = \frac{1}{E(s)} \tag{3.41}$$

其中 $P(s) \equiv 1$。该滤波器函数不存在有限传输零点，且通带外衰减曲线呈单调上升。所有的衰减极点都分布在无穷远处。其波形主要由多项式 $F(s)$ 决定。$F(s)$ 的两种基本形式分别为

$$\begin{aligned} F(s) &\to s^n \\ F(s) &\to s^m(s^2+a_1^2)(s^2+a_2^2)\cdots \end{aligned} \tag{3.42}$$

第一种形式中，所有的反射零点都位于原点处，其通带传输响应表现为最大平坦响应特性，也就是大家熟知的巴特沃思响应。

$F(s)$ 的第二种更通用的表达形式的特点是部分零点位于原点处，其他零点位于有限频率 a_1，a_2，$\cdots$ 处。图 3.5 给出了这种形式的任意响应波形。如果合理地选择 $a_1, a_2, \cdots$ 的值，就可以获得等波纹的响应曲线。一种等波纹响应特例是通带内存在最大数量的等波纹峰值。例如，如果滤波器是奇数阶的，则 $m=1$；如果滤波器是偶数阶的，则 $m=0$。其关键频率 a_i 根据切比雪夫多项式来选取，以确保最大数量的等波纹峰值。因此，这种滤波器称为切比雪夫滤波器。

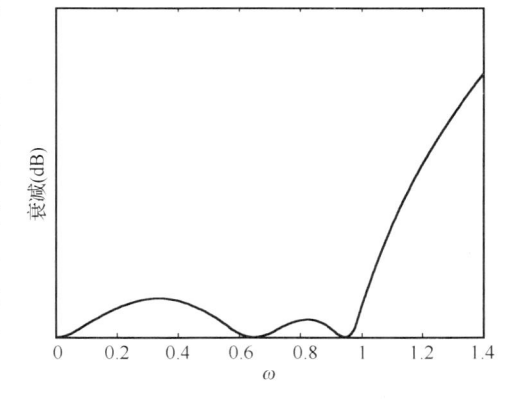

图 3.5 任意反射零点分布的全极点低通滤波器的幅度响应波形

3.5.2 包含有限传输零点的原型滤波器函数

这种滤波器函数的特性可以表示为

$$\begin{aligned} P(s) &= (s^2+b_1^2)(s^2+b_2^2)\cdots \\ F(s) &= s^m(s^2+a_1^2)(s^2+a_2^2)\cdots \end{aligned} \tag{3.43}$$

以上多项式与全极点滤波器函数的差别在于前者引入了传输零点,这将有利于提高幅度响应的频率选择性。图 3.6 给出了一个有限传输零点与全极点情况下四阶等波纹滤波器的响应比较。当引入了传输零点时,虽然增加了阻带近端选择性,但稍远处的幅度响应会变差。

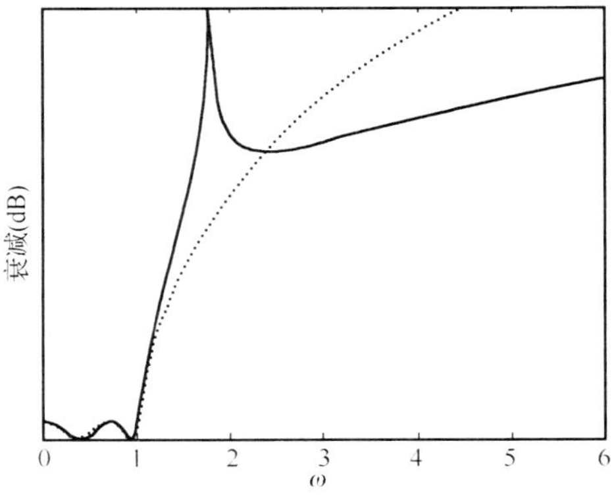

图 3.6 一个有限传输零点与全极点情况下四阶等波纹滤波器的响应比较

3.6 经典原型滤波器

本节将介绍几种经典滤波器的特征多项式的推导过程。

3.6.1 最大平坦滤波器

下面研究满足下列条件的 n 阶多项式 $K_n(\omega)$:

1. $K_n(\omega)$ 为一个 n 阶多项式;
2. $K_n(0) = 0$;
3. $K_n(\omega)$ 在坐标原点处的平坦度最大;
4. $K_n(1) = \varepsilon$。

条件 1 表示多项式可以写为

$$\varepsilon K_n(\omega) = c_0 + c_1\omega + c_2\omega^2 + \cdots + c_n\omega^n \tag{3.44}$$

满足条件 2,则 $c_0 = 0$。"坐标原点处的平坦度最大"是指在原点处多项式的无穷阶导数为零,因此若在 $\omega = 0$ 处有

$$\varepsilon \frac{dK_n}{d\omega} = c_1 + 2c_2\omega + \cdots + nc_n\omega^{n-1} = 0 \tag{3.45}$$

则 $c_1 = 0$。类似地,将更高阶项的系数设为零可以使高阶导数都为零。因此,由条件 3 可得

$$K_n(\omega) = c_n\omega^n \tag{3.46}$$

最后由条件 4 可得 $c_n = \varepsilon$。经过总结,上式可写为

$$K_n(\omega) = \varepsilon\omega^n \tag{3.47}$$

其中 ε 为波纹因子,它定义了通带内的最大幅度响应。如果选取 ε 为 1,则表示半功率点处的截止频率归一化为 1。根据特征多项式,由于滤波器的所有极点都位于无穷远处,即 $P(s) = 1$,因此,根据式(3.46),多项式 $F(s)$ 为

$$F(s) = s^n \tag{3.48}$$

赫尔维茨多项式 $E(s)$ 可由下面的推导获得。对于归一化(半功率点)的 n 阶巴特沃思低通原型滤波器,有

$$|K(j\omega)|^2 = \omega^{2n}$$
$$|H(j\omega)|^2 = 1 + \omega^{2n} = |E(j\omega)|^2 \tag{3.49}$$

经过解析延拓,用 $-s^2$ 代替 ω^2,可得

$$E(s)E(-s) = 1 + (-s^2)^n \tag{3.50}$$

函数的 $2n$ 个零点将位于单位圆上。它们的位置可由下式给出[8]：

$$s_k = \begin{cases} \exp\left[\dfrac{j\pi}{2n}(2k-1)\right], & n\text{为偶数} \\ \exp\left(\dfrac{j\pi k}{n}\right), & n\text{为奇数} \end{cases} \quad (3.51)$$

其中 $k=1,2,\cdots,2n$。由于 $E(s)$ 为赫尔维茨多项式，在根据式(3.46)求得的零点中，位于左半平面的零点属于 $E(s)$ 的零点。图 3.7 所示为三阶最大平坦滤波器的幅度响应，利用式(3.51)可得传输函数的极点分别为 $s_1 = -0.5+0.8660j$，$s_2 = -1.0$ 和 $s_3 = -0.5-0.8660j$。

3.6.2 切比雪夫滤波器

如果定义特征函数如下：

$$|K(j\omega)|^2 = \varepsilon^2 T_n^2\left(\dfrac{\omega}{\omega_c}\right) \quad (3.52)$$

则多项式 $T_n(x)$ 为 n 阶多项式，并且满足下列特性：

1. 若 n 为偶数，则 $T_n(x)$ 是偶函数；若 n 为奇数，则 $T_n(x)$ 是奇函数；
2. $T_n(x)$ 的所有零点都分布在 $-1<x<1$ 区间内；
3. 在 $-1 \leq x \leq 1$ 区间内，$T_n(x)$ 的值在 ± 1 之间振荡；
4. $T_n(1) = +1$。

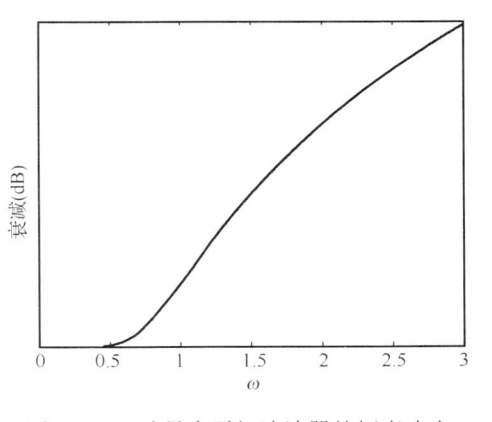

图 3.7 三阶最大平坦滤波器的幅度响应

此函数的幅度响应如图 3.8 所示，T_n 经过推导可得[5]

$$T_n(x) = \cos(n\arccos x) \quad (3.53)$$

这个超越函数就是著名的切比雪夫多项式。由此多项式推导出的滤波器称为切比雪夫滤波器。式(3.53)的递归关系为

$$T_{n+1}(x) = 2xT_n(x) - T_{n-1}(x) \quad (3.54)$$

由于 $T_0(x) = 1$ 且 $T_1(x) = x$，因此可以产生任意阶的切比雪夫多项式。例如，一个三阶切比雪夫多项式经过推导可得

$$T_3(x) = 4x^3 - 3x \quad (3.55)$$

在复频域($x \to s/j$)中，此式可以表示为 $T_3(s) = 4s^3 + 3s$。多项式的根为 0 和 $\pm j0.8660$。由于特征多项式 $P(s) = 1$ 且根据式(3.52)，多项式 $F(s)$ 给定为

$$F(s) = T_n\left(\dfrac{s}{j}\right) \quad (3.56)$$

赫尔维茨多项式由下式给出：

$$H(s)H(-s) = 1 + \left[\varepsilon T_n\left(\dfrac{s}{j}\right)\right]^2 = E(s)E(-s) \quad (3.57)$$

根 s_k 的求解公式为

$$T_n\left(\frac{s_k}{j}\right) = \pm \frac{j}{\varepsilon} \tag{3.58}$$

简单求解上式,可得[2]

$$\sigma_k = \pm \sinh\left(\frac{1}{n}\operatorname{arsinh}\frac{1}{\varepsilon}\right)\sin\frac{\pi}{2}\frac{2k-1}{n}$$
$$\omega_k = \cosh\left(\frac{1}{n}\operatorname{arsinh}\frac{1}{\varepsilon}\right)\cos\frac{\pi}{2}\frac{2k-1}{n} \tag{3.59}$$

其中 $k = 1, 2, \cdots, 2n$。赫尔维茨多项式 $E(s)$ 由式(3.54)求得的分布在 s 左半平面的根构成。例如,回波损耗为 20 dB 时,有 $\rho = 0.1$ 和 $\varepsilon = 0.1005$,由此得到相应的通带波纹为 0.0436 dB。利用式(3.54),计算得到赫尔维茨多项式的根为 -1.1714,-0.5857 和 ±j1.3368。需要注意的是,这个公式中多项式 $F(s)$ 是用切比雪夫多项式 $T_n(s)$ 来表示的,其最大系数为 4。将 $F(s)$ 的最高阶项的系数归一化为 1 后可得

$$F(s) = s\left(s^2 + \frac{3}{4}s\right)$$

使用归一化后的 $F(s)$,计算得 $\varepsilon = 0.4020$。与预期一致的是,该结果是归一化前的 $F(s)$ 的 4 倍。$F(s)$ 的这种表示形式对各种多项式的零点和极点的位置不会产生任何影响。图 3.9 展示了一个三阶切比雪夫滤波器的幅度响应。

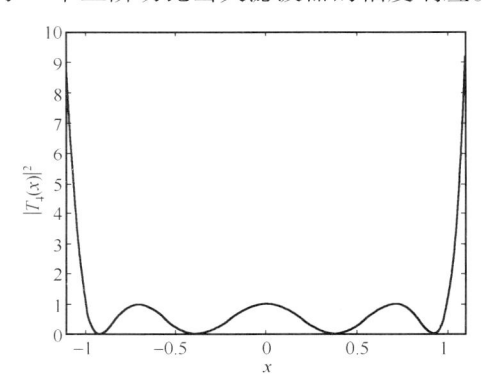

图 3.8 四阶切比雪夫多项式的波形

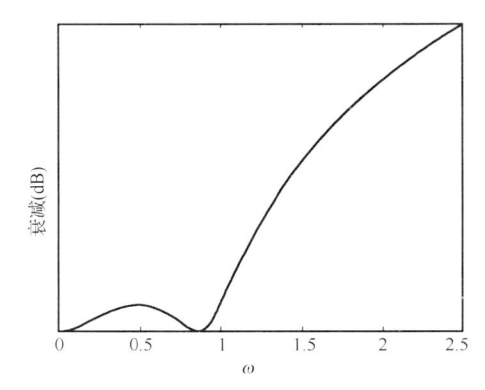

图 3.9 三阶切比雪夫低通滤波器的幅度响应

3.6.3 椭圆函数滤波器

下面来看另一类滤波器函数,其通带内 $|K(j\omega)| \leq \varepsilon$,且阻带有 $|K(j\omega)| \geq K_{\min}$,则通带衰减极大值和阻带衰减极小值分别为

$$A_{\max} = 10\lg(1 + \varepsilon^2) \tag{3.60}$$

$$A_{\min} = 10\lg(1 + K_{\min}^2) \tag{3.61}$$

这类近似问题存在无数个解,但最令人感兴趣的是,滤波器响应在通带和阻带都呈等波纹变化。而且,过渡带之间的衰减曲线形状极其陡峭。由于其解是根据雅可比椭圆函数计算得出的,所以称其为椭圆函数响应。为了研究这些近似问题,将其特征函数表示为[5]

$$|K(j\omega)|^2 = [\varepsilon R_n(\omega/\omega_p, L)]^2 \tag{3.62}$$

其中 $R_n(\omega/\omega_p, L)$ 为有理函数。由于滤波器的通带和阻带为等波纹的,这个函数必须具有以下性质:

1. 若 n 为奇数，则 R_n 为奇函数，若 n 为偶数，则 R_n 为偶函数；
2. R_n 的 n 个零点都分布在 $-1<(\omega/\omega_p)<1$ 区间内，而其 n 个极点都位于该区间之外；
3. 在 $-1<(\omega/\omega_p)<1$ 区间内，R_n 的值在 ± 1 之间振荡；
4. $R_n(1,L) = +1$；
5. 在 $|\omega|>\omega_s$ 区间内，$1/R_n$ 的值在 $\pm 1/L$ 内振荡。

现在问题简化为满足以上特性的有理函数 $R_n(x,L)$ 的求解。也就是说，在 $|x|<1$ 区间内满足 $|R_n(x,L)|=1$ 的点都必须是局部最大点，而在 $|x|>x_L$ 区间内满足 $|R_n(x,L)|=L$ 的点都必须是局部最小点。因此，

$$\left.\frac{\mathrm{d}R_n(x,L)}{\mathrm{d}x}\right|_{|R_n(x,L)|=1} = 0. \quad |x|=1 \text{ 除外}$$
$$\left.\frac{\mathrm{d}R_n(x,L)}{\mathrm{d}x}\right|_{|R_n(x,L)|=L} = 0. \quad |x|=x_L \text{ 除外} \tag{3.63}$$

其中 $x=(\omega/\omega_p)$，且 $x_L=(\omega_s/\omega_p)$。所以，下列微分方程可以用来求解 $R_n(x,L)$：

$$\left(\frac{\mathrm{d}R_n}{\mathrm{d}x}\right)^2 = M^2 \frac{(R_n^2-1)(R_n^2-L^2)}{(1-x^2)(x^2-x_L^2)}$$

或

$$\frac{C\mathrm{d}R_n}{\sqrt{(1-R_n^2)(L^2-R_n^2)}} = \frac{M\mathrm{d}x}{\sqrt{(1-x^2)(x_L^2-x^2)}} \tag{3.64}$$

其中 C 和 M 为常数。这是一个关于切比雪夫有理函数的微分方程，其解包含了椭圆积分。推导出的有理函数表达如下[3]：

$$R_n(x,L) = C_1 x \prod_{v=1}^{(n-1)/2} \frac{x^2 - \mathrm{sn}^2(2vK/n)}{x^2 - [x_L/\mathrm{sn}(2vK/n)]^2}, \quad n \text{ 为奇数} \tag{3.65}$$

$$R_n(x,L) = C_2 x \prod_{v=1}^{(n/2)} \frac{x^2 - \mathrm{sn}^2[(2v-1)K/n]}{x^2 - \{[x_L/\mathrm{sn}(2v-1)K/n]\}^2}, \quad n \text{ 为偶数} \tag{3.66}$$

这里 $\mathrm{sn}[2vK/n]$ 为雅可比椭圆函数，且第一类完全椭圆函数积分 K[不能与特征函数 $K(\mathrm{j}\omega)$ 混淆]定义为[6]

$$K = \int_0^{\pi/2} \frac{\mathrm{d}\xi}{\sqrt{1-k^2\sin^2\xi}} \tag{3.67}$$

其中 k 是椭圆函数积分的模数。为了使 K 为实数，模数 k 必须小于 1，因此模数 k 也可以写成另一种定义形式：

$$k = \sin\theta = \frac{\omega_p}{\omega_s} \tag{3.68}$$

其中 θ 为模角。当 n 为奇数时，由于 $\sin\theta = \omega_p/\omega_s$，再替换式中的 x 和 x_L，则特征函数可以写成[7]

$$|K(\mathrm{j}\omega)| = \varepsilon C_1 \frac{\omega}{\omega_p} \prod_{v=1}^{(n-1)/2} \mathrm{sn}^2\left(\frac{2vK}{n}\right) \frac{\omega^2 - \mathrm{sn}^2\left(\frac{2vK}{n}\right)\omega_s^2\sin^2\theta}{\omega^2\mathrm{sn}^2\left(\frac{2vK}{n}\right) - \omega_s^2} \tag{3.69}$$

如果取 ω_p 和 ω_s 的几何平均值，将频率归一化为 1，则

$$\sqrt{\omega_p \cdot \omega_s} = 1 \quad \text{或} \quad \omega_p = \frac{1}{\omega_s} = \sqrt{\sin\theta} \tag{3.70}$$

由于特征函数 $|K(j\omega)|$ 表现为对称的,则其分子和分母的零点互为倒数:

$$|K(j\omega)| = \varepsilon\omega \prod_{v=1}^{(n-1)/2} \left[\frac{\omega^2 - \left\{\sqrt{\sin\theta}\,\text{sn}\left(\frac{2vK}{n}\right)\right\}^2}{\omega^2\left\{\sqrt{\sin\theta}\,\text{sn}\left(\frac{2vK}{n}\right)\right\}^2 - 1} \right] \tag{3.71}$$

同理,当 n 为偶数时,其形式也是对称的。特征函数的对称形式表示如下[7]:

$$K(s) = \varepsilon s \prod_{v=1}^{(n-1)/2} \frac{(s^2 + a_{2v}^2)}{(s^2 a_{2v}^2 + 1)}, \quad n \text{ 为奇数} \tag{3.72}$$

$$K(s) = \varepsilon \prod_{v=1}^{n/2} \frac{(s^2 + a_{2v-1}^2)}{(s^2 a_{2v-1}^2 + 1)}, \quad n \text{ 为偶数} \tag{3.73}$$

其中 $a_v = \sqrt{\sin\theta}\,[\text{sn}(vK/n)]$,$v = 1, 2, \cdots, n$。显然,这个表达式意味着截止频率 ω_p 归一化为 $\sqrt{\sin\theta}$。原型滤波器中 ω_p 通常选取为 1,只要将所有的关键频率值都除以 $\sqrt{\sin\theta}$,截止频率 ω_p 就可以归一化为 1。根据给定的 n 和 θ,可以确定关键频率值,因此特征函数 $K_n(\omega)$ 也就确定下来了。赫尔维茨多项式 $E(s)$ 的零点可以运用解析延拓求得:

$$1 + \varepsilon^2 K_n^2(s) = 0$$

或

$$P(s)P(-s) + \varepsilon^2 F(s)F(-s) = 0 \tag{3.74}$$

当 n 为奇数时,$F(s)$ 为奇数阶多项式,且

$$[P(s) + \varepsilon F(s)][P(s) - \varepsilon F(s)] = 0 \tag{3.75}$$

当 n 为偶数时,$F(s)$ 和 $P(s)$ 都为偶数阶多项式,且

$$P^2(s) + \varepsilon^2 F^2(s) = 0 \tag{3.76}$$

求解方程的根可以得到 s 平面上的所有极点。然而,只有左半平面的极点才能用于构成多项式 $E(s)$,从而完成了椭圆函数滤波器传输函数的推导过程。

3.6.4 奇数阶椭圆函数滤波器

奇数阶椭圆函数滤波器的特征函数可以利用式(3.72)来表示。图 3.10 所示为一个三阶椭圆函数滤波器的幅度响应曲线。在 $\omega = 0$ 处,其衰减为零;在 $\omega = \infty$ 处,其衰减为无穷大。下面来看一个三阶滤波器的例子,它的关键频率点计算如下。

假设模角 $\theta = 40°$,运用式(3.65)计算对应通带和阻带的等波纹频率,可得

$$\omega_p = \sqrt{\sin\theta} = 0.801\,470$$
$$\omega_s = \frac{1}{\omega_p} = 1.247\,287$$

运用式(3.62)计算可得完全椭圆积分 $K = 1.786\,5769$,依此计算可得雅可比椭圆函数 $\text{sn}(vK/3)$[6]。接下来,根据式(3.70)计算关键频率,可得

$$a_v = \sqrt{\sin\theta}\,\text{sn}\left(\frac{vK}{3}\right)$$

关键频率点为 $a_1=0.4407$，$a_2=0.7159$ 和 $a_3=0.8017$。

如式(3.67)所述，a_2 为衰减零点，而 $1/a_2$ 为衰减极点。通带内的衰减极大值由 a_1 给出，而 a_3 表示为归一化频率 ω_p，其值为 $\sqrt{\sin\theta}$。a_3 的倒数为 ω_s，对应阻带内衰减最小的频率点。通常，原型滤波器的通带在其截止频率处归一化为 1。它可以通过所有关键频率都除以 $\sqrt{\sin\theta}$ 来实现。此时，所有的衰减零点和衰减极点关于截止频率归一化为 1，表示如下：归一化衰减零点为 0.8929；归一化衰减极点为 1.7423；归一化 ω_s 为 1.5557。

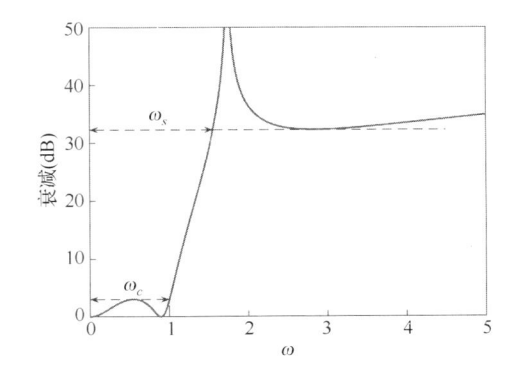

图 3.10 三阶椭圆函数低通滤波器的幅度响应

3.6.5 偶数阶椭圆函数滤波器

3.6.5.1 A 类椭圆函数滤波器

偶数阶 A 类椭圆函数滤波器的特征函数可以用式(3.71)的对称形式表示。一个四阶滤波器的衰减响应曲线如图 3.11(a)所示，其在 $\omega=0$ 处和 $\omega=\infty$ 处的衰减为有限值。并且，在过渡带处，曲线急剧衰减变化。其关键频率点由 $a_v=\sqrt{\sin\theta}\,\mathrm{sn}[(vK/4)]$ 给定，且被 $\omega_p=\sqrt{\sin\theta}$ 归一化。将所有关键频率都除以 $\sqrt{\sin\theta}$，则滤波器截止频率归一化为 1。运用与三阶滤波器示例相同的计算过程，假定模角 $\theta=40°$，则完全椭圆积分 $K=1.7865769$，滤波器的截止频率归一化为 1 的关键频率点可计算如下：归一化衰减零点为 0.4267 和 0.9405；归一化衰减极点为 1.6542 和 3.6461；归一化 ω_s 为 1.5557。

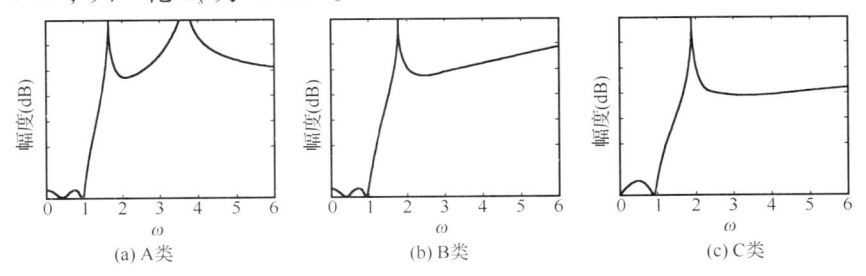

图 3.11 四阶椭圆函数滤波器的低通响应

3.6.5.2 B 类椭圆函数滤波器

偶数阶 B 类椭圆函数滤波器主要用于表示最高位置的衰减极点频率移至无穷远处时，用无互感的梯形电路实现的形式。这类滤波器的关键频率点可以根据文献[7]给定的频率变换公式推导得到，其中

$$b_\gamma=\sqrt{\frac{w}{a_\gamma^{-2}-a_1^2}}$$
$$b_v'=\sqrt{\frac{w}{a_\gamma^2-a_1^2}} \qquad (3.77)$$
$$w=\sqrt{(1-a_1^2 a_n^2)\left(1-\frac{a_1^2}{a_n^2}\right)}$$

其中 a_γ 由式(3.73)推导得到。

此类滤波器相应的特征函数为

$$|K(j\omega)| = \frac{(b_1^2 - \omega^2)(b_3^2 - \omega^2)\cdots(b_{n-1}^2 - \omega^2)}{(b_3'^2 - \omega^2)(b_5'^2 - \omega^2)\cdots(b_{n-1}'^2 - \omega^2)} \tag{3.78}$$

且新的截止频率为

$$\omega_p = b_n = \sqrt{a_n a_{n-1}} < a_n \tag{3.79}$$

这类椭圆滤波器的响应如图 3.11(b) 所示。从图中可以看出，这类椭圆函数滤波器的衰减极点被移到了无穷远处，且衰减曲线的陡峭程度仅次于 A 类椭圆函数滤波器。这类滤波器的优点是其输入端和输出端之间无须存在耦合。因此，B 类偶数阶椭圆函数滤波器应用得最为广泛。

应用与 A 类四阶椭圆滤波器示例相同的做法，B 类滤波器的关键频率由式(3.77)给出如下：

$$w = 0.8697$$
$$b_1 = 0.3212$$
$$b_3 = 0.7281$$
$$b_3' = 1.3879$$

截止频率为 $\omega_p = \sqrt{a_4 a_3} = 0.7775$，截止频率归一化为 1 时，所有关键频率都要除以 $\sqrt{a_4 a_3}$，因此归一化衰减零点为 0.4131 和 0.9361；归一化衰减极点为 1.7851；归一化 ω_s 为 1.6542。

3.6.5.3 C 类椭圆函数滤波器

偶数阶 C 类椭圆函数滤波器的特点是在 $\omega = 0$ 处衰减为零，且在 $\omega = \infty$ 处衰减为无限大。这类滤波器函数可以通过频率变换直接获得[7]：

$$c_\gamma = \sqrt{\frac{a_\gamma^2 - a_1^2}{1 - a_\gamma^2 a_1^2}} = \sqrt{a_{\gamma-1} \cdot a_{\gamma+1}} \tag{3.80}$$

相应的特征函数为

$$|K(j\omega)| = \frac{\omega^2(c_3^2 - \omega^2)(c_5^2 - \omega^2)\cdots(c_{n-1}^2 - \omega^2)}{(1 - c_3^2 \omega^2)(1 - c_5^2 \omega^2)\cdots(1 - c_{n-1}^2 \omega^2)} \tag{3.81}$$

且新的截止频率给定为 $\omega_p = a_{n-1} < b_n < a_n$。

由式(3.68)、式(3.74)和式(3.76)可以看出，滤波器截止频率处的衰减值从 A 类到 B 类再到 C 类逐渐变小，这意味着阻带衰减的陡度下降明显变得缓慢了。经过变换后，四阶滤波器的响应曲线如图 3.11(c) 所示。与 A 类和 B 类的求解过程类似，C 类滤波器的关键频率点可由式(3.75)给出：归一化衰减零点为 0.9223；归一化衰减极点为 1.9069。

3.6.6 包含传输零点和最大平坦通带的滤波器

这类滤波器的特点是所有的衰减零点位于原点，而所有的衰减极点任意分布。其特征函数 $K(s)$ 可以写成下面的形式：

$$K(s) = \varepsilon \frac{F(s)}{P(s)} = \varepsilon \frac{s^n}{(s^2 + b_1^2)(s^2 + b_2^2)\cdots(s^2 + b_m^2)} \tag{3.82}$$

其中 n 为滤波器的阶数，且 $m(m \leq n)$ 为传输零点数。这种等波纹形式的滤波器通常称为反切比雪夫滤波器。

3.6.7 线性相位滤波器

线性相位滤波器至少包含一对实轴零点，或复平面象限内分布的零点，或以上任意组合形式。任意类型的最小相位滤波器都可以通过这类零点对，改善通带的群延迟响应，虽然它将导致幅度响应变差。包含一对实轴零点的四阶切比雪夫线性相位滤波器的特征函数形式为

$$K(s) = \varepsilon \frac{(s^2 + a_1^2)(s^2 + a_2^2)}{(s^2 - b_1^2)} \tag{3.83}$$

其中 b_1 为实轴零点。在第 4 章和第 13 章①中，将深入讨论这类线性相位滤波器。

3.6.8 最大平坦滤波器、切比雪夫滤波器和椭圆函数(B 类)滤波器的比较

四阶最大平坦滤波器、切比雪夫滤波器和椭圆函数(B 类)滤波器的幅度响应曲线比较如图 3.12 所示。其截止频率都归一化为 1。对于椭圆函数滤波器，归一化的传输零点频率为 1.8。最大平坦滤波器衰减斜率呈单调上升变化。在接近通带边缘的阻带区域，其衰减要小于同阶数的切比雪夫和椭圆函数滤波器。并且，在远离通带的阻带区域，最大平坦滤波器衰减最高且渐近斜率最陡。

切比雪夫滤波器具有等波纹通带和单调上升的过渡衰减带，它在接近通带边缘的阻带区域比最大平坦滤波器的衰减更高。椭圆函数滤波器的特性是通带和阻带都是等波纹的，在接近通带边缘的阻带区域的衰减最高，但是在远离通带的阻带区域，其衰减比最大平坦滤波器或切比雪夫滤波器更低。

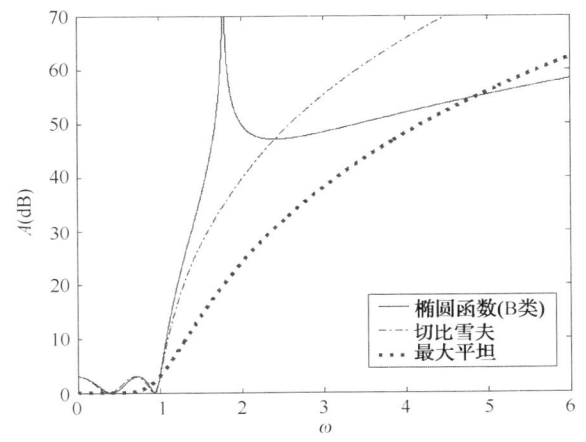

图 3.12 四阶最大平坦滤波器、切比雪夫滤波器和椭圆函数滤波器的幅度响应比较

结果表明，经典滤波器函数类型需要根据不同的应用来选取。在大多数应用中，切比雪夫滤波器和椭圆函数滤波器在通带响应与带外衰减之间给出了最好的折中方案。通常情况下，必须根据特定指标折中分析并确定最佳设计。

3.7 通用设计表

特征函数 $K(s)$ 可以写为

$$|K(s)|^2_{s=j\omega} = \frac{P_r}{P_t} = \frac{\text{反射功率}}{\text{传输功率}} \tag{3.84}$$

如果选取 ω_1 为通带最大波纹对应的带宽，且 ω_3 为阻带最小衰减对应的带宽，则

$$\left(\frac{P_r}{P_t}\right)_{s=j\omega_1} \left(\frac{P_t}{P_r}\right)_{s=j\omega_3} = \frac{|K(s)|^2_{s=j\omega_1}}{|K(s)|^2_{s=j\omega_3}} = \text{FF}(\omega_1, \omega_3) \tag{3.85}$$

---

① 原著的第 13 章在中译本《通信系统微波滤波器——设计与应用篇(第二版)》中。——编者注

其中 FF(ω_1, ω_3)表示为频率点 ω_1 和 ω_3 的反射功率与传输功率之比。用 dB 表示插入损耗和回波损耗，有

$$(R_1 - A_1) + (A_3 - R_3) = 10\lg FF(\omega_1, \omega_3)$$

或

$$(R_1 + A_3) - (A_1 + R_3) = F \qquad (3.86)$$

其中 F 代表 FF(ω_1, ω_3)的值，如下所示：

R_1, A_1　　对应通带最大波纹的回波损耗和传输损耗（用 dB 表示）；
R_3, A_3　　对应阻带最小衰减的回波损耗和传输损耗（用 dB 表示）；
F　　　　单位为 dB 的无量纲值，称为"特征因子"。

巴特沃思滤波器、切比雪夫滤波器和准椭圆函数滤波器的通用设计表（Unified Design Chart, UDC）的定义如图 3A.1 和图 3A.3 所示。巴特沃思滤波器函数 F 的值为 $20n\lg(\omega_3/\omega_1)$；切比雪夫滤波器函数 F 的值为 $20\lg T_n(\omega_3/\omega_1)$，其中 T_n 为切比雪夫多项式。对于椭圆函数滤波器，F 的值为 $20\lg R_n(\omega/\omega_p, L)$。特征因子 F 与 (ω_1/ω_3)之间的关系曲线可以根据通用设计表查询[8]，根据式(3.86)可得到特征多项式 $K(s)$ 关于频率对的比值的函数。波纹因子 ε 在这个关系式中抵消了，所以通用设计表与其无关。另一方面，给定 F 的情况下，ε 的选取决定着通带内回波损耗和阻带内衰减的折中。当 F 限制为常数时，ε 的取值会改变 $R_1(A_1)$ 和 $A_3(R_3)$ 的值。换句话说，对于给定的 F，dB 形式表示的通带回波损耗和阻带衰减之间的折中仍保持着（由波纹因子的取值决定）。对于大多数实际应用，如果通带回波损耗选择为大于 20 dB，则 R_1 = 20 dB，A_1 = 0.0436 dB；如果阻带衰减的典型值大于 20 dB，则 A_3 = 20 dB，R_3 = 0.0436 dB，因此一般有 $F > 40$ dB。由于 A_1 和 R_3 相对于 F 都可以忽略不计，因此

$$(R_1 + A_3) \approx F \qquad (3.87)$$

由上式可以看出，单位同为 dB 的通带回波损耗和阻带传输损耗之间是此消彼长的关系。应该注意的是，$F = (R_1 + A_3) - (A_1 + R_3)$ 是一个精确的关系式。同时，关系式中只含有两个独立变量，其中 dB 为单位的回波损耗和传输损耗的关系如下式所示：

$$A = -10\lg[1 - 10^{-R/10}] \qquad (3.88)$$

在设计中，通用设计表首先提供了实现给定幅度限制的滤波器所需的阶数。另外，通用设计表提供了给定阶数和幅度限制的滤波器的通带回波损耗和阻带衰减之间，或者通带带宽和阻带带宽之间的折中关系。附录 3A 包含了最大平坦滤波器、切比雪夫滤波器、椭圆函数滤波器和准椭圆函数滤波器的通用设计表。对于给定幅度参数的滤波器，这些表提供了准确而快速的初始设计数据。

3.8　低通原型滤波器的电路结构

无耗低通原型滤波器的特征多项式是基于集总电路元件的。图 3.13(a)为全极点无耗低通原型滤波器梯形电路并联输入结构，图 3.13(b)为其串联输入结构。原型滤波器电路模型是实现滤波器网络物理结构的基础。

接下来的设计过程是根据理想低通原型滤波器的特征多项式来确定元件值 g_k。第 6 章至

第8章将详细介绍如何运用综合方法，从任意类型的滤波器函数的特征多项式中提取出所需的元件值。对于经典的最大平坦滤波器和切比雪夫滤波器的计算，参考文献[4]中列出了详尽的公式。图3.13所示原型滤波器梯形电路的所有传输零点都位于无穷远处。所以仅有全极点滤波器，如最大平坦滤波器和切比雪夫滤波器才能综合出这种电路结构。对于包含有限零点的滤波器，需要在原型网络中引入谐振电路，如图3.14所示。

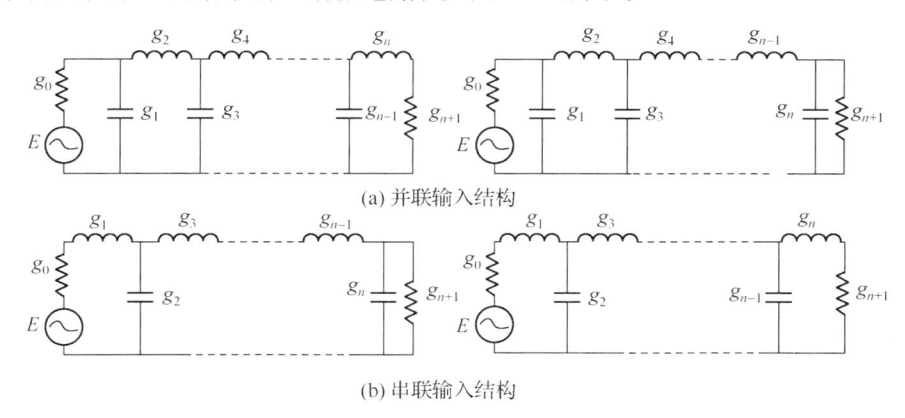

图3.13 全极点无耗低通原型滤波器的常用梯形电路形式

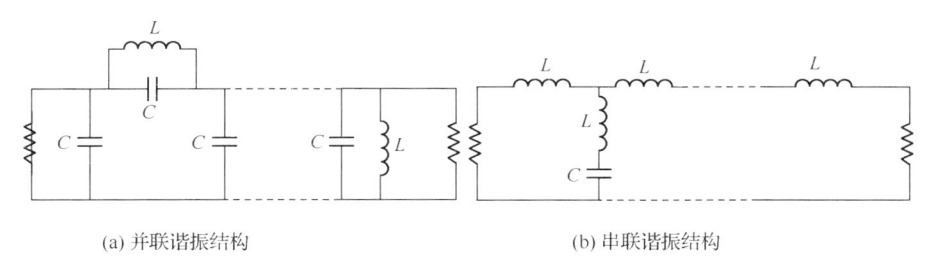

图3.14 包含传输零点的无损耗低通原型滤波器的常用梯形电路形式

在这种网络中，多项式$P(s)$的部分零点分布在$j\omega$轴上，且表示其频率的传输功率为零。针对经典椭圆函数滤波器，运用解析方法可以综合出集总电路的元件值[7]。对于$P(s)$的零点任意分布的广义滤波器电路，其综合方法将在第7章和第8章中详细介绍。

3.8.1 原型网络的变换

推导低通原型滤波器电路的主要目的是为了得到一个基本模型，从这个基本模型出发，可以在任意频率、任意带宽和任意阻抗水平上推导出实际的滤波器电路。经过适当变换，原型滤波器可以应用到其他阻抗和频带。下面来看图3.15所示的两个网络，一个是变换前的原型滤波器网络，另一个是变换后的滤波器网络。

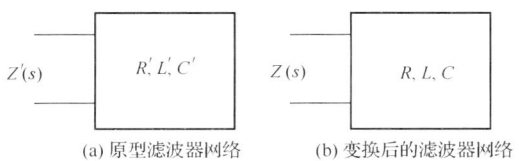

图3.15 原型滤波器网络的变换

假如需要变换的原型网络的驱动点阻抗 $Z'(s)$ 为

$$Z(s) = bZ'\left(\frac{s}{a}\right) \qquad (3.89)$$

其中 $Z(s)$ 为网络变换后的等效阻抗，且 a 和 b 分别为用于频率和阻抗变换的无量纲的正实常数。阻抗和频率的变换应用是相互独立的。如果两个网络在结构（拓扑）上完全一致，那么这两个网络的元件值之间存在如下简单的对应关系[2]：

$$R = bR', \qquad L = \frac{b}{a}L', \qquad C = \frac{1}{ab}C' \qquad (3.90)$$

这些关系式仅限于将低通原型网络变换成低通滤波器。必须考虑一种更实用的频率变换方法，来实现高通、带通和带阻滤波器。

下面来看一个常用变换参数 $\phi(\omega)$，其定义为多项式的商的形式。当频率作为一个常数比例因子时，式(3.89)所示为 $\phi(\omega)$ 的一个特例。最重要一点是 $\phi(\omega)$ 为电抗函数[9]，在这个例子中所有的电容和电感都可以由网络中的电容和电感（没有电阻元件）来代替。这一点在很多书籍里都有提及[10, 11]。表 3.1 和表 3.2 列出了几种电抗频率的变换及其等效元件值。

表 3.1 频率变量和变换公式

ω'	低通原型滤波器的归一化频率变量（$\omega'_c = 1$）
ω	未归一化的频率变量
ω_c	未归一化的截止频率
ω_0	通带中心频率（通带边缘频率 ω_1 和 ω_2 的几何平均值）
$\omega_2 - \omega_1 = \Delta\omega$	通带/阻带的带宽
等效的频率转换公式	
低通滤波器：	$\omega' = \dfrac{\omega}{\omega_c}$
高通滤波器：	$\omega' = \dfrac{\omega_c}{\omega}$
带通滤波器：	$\omega' = \dfrac{\omega_0}{\Delta\omega}\left(\dfrac{\omega}{\omega_0} - \dfrac{\omega_0}{\omega}\right)$
带阻滤波器：	$\omega' = \dfrac{1}{\dfrac{\omega_0}{\Delta\omega}\left(\dfrac{\omega}{\omega_0} - \dfrac{\omega_0}{\omega}\right)}$

表 3.2 集总电路变换

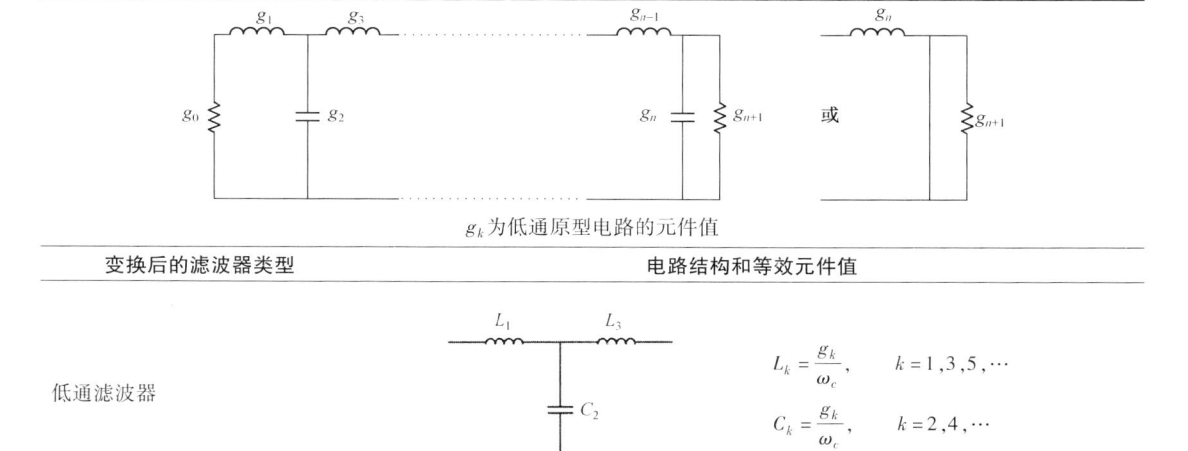

g_k 为低通原型电路的元件值

变换后的滤波器类型	电路结构和等效元件值
低通滤波器	$L_k = \dfrac{g_k}{\omega_c}, \quad k = 1, 3, 5, \cdots$ $C_k = \dfrac{g_k}{\omega_c}, \quad k = 2, 4, \cdots$

(续表)

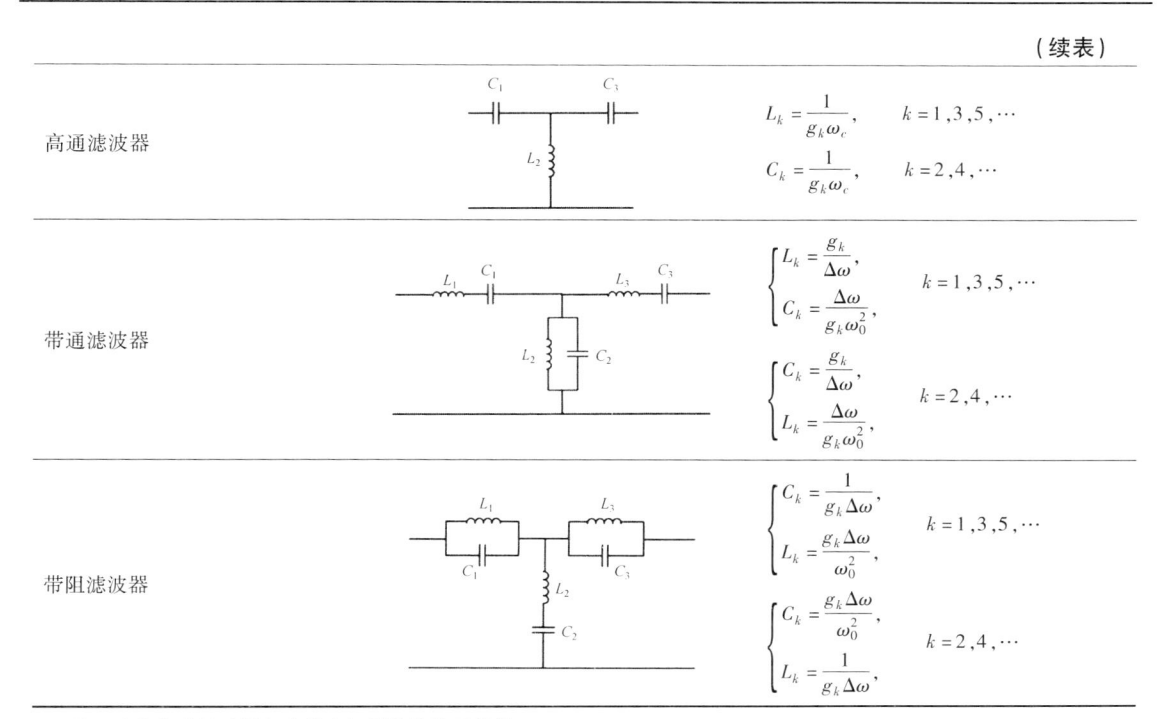

高通滤波器	[电路图: C_1, C_3 串联, L_2 并联]	$L_k = \dfrac{1}{g_k \omega_c}, \quad k = 1, 3, 5, \cdots$ $C_k = \dfrac{1}{g_k \omega_c}, \quad k = 2, 4, \cdots$
带通滤波器	[电路图: L_1, C_1 和 L_3, C_3 串联, L_2, C_2 并联]	$\begin{cases} L_k = \dfrac{g_k}{\Delta \omega}, \\ C_k = \dfrac{\Delta \omega}{g_k \omega_0^2}, \end{cases} k = 1, 3, 5, \cdots$ $\begin{cases} C_k = \dfrac{g_k}{\Delta \omega}, \\ L_k = \dfrac{\Delta \omega}{g_k \omega_0^2}, \end{cases} k = 2, 4, \cdots$
带阻滤波器	[电路图: $L_1 \parallel C_1$ 和 $L_3 \parallel C_3$ 串联, L_2, C_2 串联支路并联]	$\begin{cases} C_k = \dfrac{1}{g_k \Delta \omega}, \\ L_k = \dfrac{g_k \Delta \omega}{\omega_0^2}, \end{cases} k = 1, 3, 5, \cdots$ $\begin{cases} C_k = \dfrac{g_k \Delta \omega}{\omega_0^2}, \\ L_k = \dfrac{1}{g_k \Delta \omega}, \end{cases} k = 2, 4, \cdots$

注：这些电路的对偶电路具有相同的等效元件值。

3.8.2 变换后的滤波器频率响应

3.8.2.1 幅度响应

经过频率变换后，原型网络与其导出的实际网络的幅度和相位之间直接为一一对应的关系。换句话说，这两个网络在同一个关联频率上，其幅度和相位是相等的。例如，原型滤波器在频率 $\omega' = 0, 1$ 处的幅度和相位响应，与低通滤波器在频率 $\omega = 0, \omega_c$ 处的响应是相同的。而与其对应的带通滤波器，在通带中心和通带边缘的幅度响应分别与原型滤波器在 $\omega = 0, 1$ 处的响应是相同的。

3.8.2.2 群延迟响应

群延迟表示为相位响应的导数。因此，网络变换后的群延迟响应取决于实际滤波器的绝对带宽。下面来研究低通和带通滤波器的群延迟特性。

3.8.2.3 低通滤波器的群延迟

经过频率变换 $\omega' = \omega/\omega_c$，低通原型网络变换为实际低通滤波器，且低通滤波器的群延迟为

$$\tau = -\frac{\mathrm{d}\beta}{\mathrm{d}\omega} = -\frac{\mathrm{d}\beta}{\mathrm{d}\omega'} \frac{\mathrm{d}\omega'}{\mathrm{d}\omega} = \frac{1}{\omega_c} \tau' \tag{3.91}$$

其中 τ' 为原型网络的群延迟。因此，如果一个低通滤波器的截止频率为 1 GHz，则其群延迟简单计算为 $0.16 \tau'$（单位为 ns）。即低通滤波器的群延迟利用其截止频率 ω_c 进行了变换。

带通滤波器的群延迟　下面的过程和低通滤波器的情况类似，带通滤波器的群延迟 τ_{BPF} 简单推导如下：

$$\omega' = \frac{\omega_0}{\Delta\omega}\left(\frac{\omega}{\omega_0} - \frac{\omega_0}{\omega}\right)$$

和

$$\tau_{\text{BPF}} = -\frac{\mathrm{d}\beta}{\mathrm{d}\omega} = \frac{\mathrm{d}\beta}{\mathrm{d}\omega'}\frac{\mathrm{d}\omega'}{\mathrm{d}\omega} = \frac{\omega_0}{\Delta\omega}\left(\frac{1}{\omega_0} + \frac{\omega_0}{\omega^2}\right)\tau' \approx \frac{2}{\Delta\omega}\tau' \quad (3.92)$$

在通带中心 $\omega = \omega_0$，则有

$$\tau_0 = \frac{2}{\Delta\omega}\tau'_0 \quad (3.93)$$

τ'_0 为原型滤波器在 $\omega' = 0$ 处的时延。这个关系表明，带通滤波器的群延迟曲线和相对值与原型滤波器和实际滤波器的带宽选择有关。值得一提的是，带通滤波器中心频率的选取与群延迟无关，通常该点可以忽略。

3.9 滤波器的损耗影响

在滤波器网络的物理实现过程中，材料的有限电导率会引起能量的损耗。因此，需要修正基于无耗元件的传输函数响应。

电感上产生的损耗，其近似效应相当于在电感上串联一个电阻；而电容元件的损耗，等效于在电容上并联电导。为了研究损耗对传输函数的影响，可以用复频率变量 $s + \delta$ 代替 s 来进行分析，其中 δ 为正数，即

$$\begin{aligned} s &\to s + \delta \\ sL_k &\to sL_k + \delta L_k \\ sC_k &\to sC_k + \delta C_k \end{aligned} \quad (3.94)$$

其中下标 k 表示第 k 个元件。经过以上变换，每个电感将串联一个比例电阻 δL_k，且每个电容并联一个比例电导 δC_k。如果用 r 和 r' 分别表示串联电阻和并联电导，则

$$\delta L_k = r \quad \text{或} \quad \delta = \frac{r}{L_k}$$

类似地，有

$$\delta = \frac{r'}{C_k}$$

公共比值 δ 称为损耗比或损耗因子。在第 k 个零点或极点处，由于 $s + \delta = s_k$，可以将 s 写成

$$s = s_k - \delta \quad (3.95)$$

因此，传输函数的所有零点和极点都沿实轴平移了 δ 个单位，这里假设电感或电容的损耗因子相等。如果将传输函数的零点和极点的实部都减去 δ，就可以获得有限无载 Q 值条件下的网络响应。在式(3.32)中的极点/零点结构中纳入位移 δ 且运用式(3.37)，插入损耗 A_0 位于 $\omega = 0$ 处的值可计算得到：

$$A_0 \approx 20(\lg e)\delta\tau_0 \quad (3.96)$$

其中 τ_0 为当 $\omega = 0$ 时的绝对群延迟。这个近似公式假定损耗忽略不计，即 $\delta \ll 1$ 且 $\sigma \gg \delta$。这表示当损耗很小时，在频率 $\omega = 0$（或带通滤波器的中心频率）处的插入损耗与绝对群延迟成正比。

3.9.1 损耗因子 δ 与品质因数 Q_0 的关系

损耗因子 δ 代表复频率平面上的零点和极点在实(σ)轴上的位移量。δ 与角频率有相同的量纲。

无载 $Q(Q_0)$ 值表示为角频率周期内存储能量与周期能量损耗的比值：

$$Q_0 = \omega\left(\frac{存储能量}{平均功率损耗}\right) = 2\pi\left(\frac{存储能量}{每周期能量损耗}\right) \tag{3.97}$$

其中 Q_0 为无量纲值，其值反映了电路损耗的大小。假定组成滤波器网络的所有电感和电容都是均匀耗散的，耗散因子的评估如下。

低通滤波器和高通滤波器的等效 δ 为

$$\delta = \frac{1}{Q_0} \tag{3.98}$$

其中，Q_0 为实际低通滤波器和高通滤波器位于截止频率的无载 Q 值。带通滤波器和带阻滤波器的等效 δ 为

$$\delta = \frac{f_0}{\Delta f}\frac{1}{Q_0} \tag{3.99}$$

其中，f_0 和 Δf 分别为滤波器通带中心频率和宽度，Q_0 为谐振结构位于通带中心的平均无载 Q 值。

下面来看一个回波损耗为 26 dB 的八阶切比雪夫滤波器示例。在频率 $\omega = 0$ 处，计算可得原型网络的群延迟 $\tau' = 5.73$ s。假设滤波器使用同轴结构实现，其无载 Q 值为 1000，低通和带通滤波器的损耗因子和损耗分别计算如下。

低通滤波器 假设损耗因子 $\delta = (1/1000) = 0.001$，在频率 $\omega = \omega_c$ 处的损耗为 $\alpha = 20(\lg e)\delta\tau' = 8.686 \times 10^{-3} \times 5.73 = 0.05$ dB。

需要注意的是，损耗与低通滤波器截止频率的选取无关，它仅取决于低通原型使用实际结构的无载 Q 值(定义于截止频率处)。

带通滤波器 假设同轴腔结构实现的滤波器带宽为 1%，无载 Q 值为 1000，其损耗因子为

$$\delta = \frac{f_0}{\Delta f}\frac{1}{Q_0} = \frac{100}{Q_0} = 0.1$$

用 $\delta = 0.1$ 代入损耗公式，可得带通滤波器在 $\omega = \omega_0$ 处的损耗为 5.0 dB。这个损耗为低通滤波器损耗的 100 倍，因此带通滤波器和带阻滤波器的损耗取决于低通原型选择的百分比带宽及实际滤波器结构的品质因数，而与中心频率无关(尽管给定结构的 Q_0 值随中心频率的选取而变化)。带通滤波器的损耗因子在窄带情况下将会非常高，因此在大多数实际应用中需要使用高 Q 值结构。

3.10 不对称响应滤波器

在一些应用中，需要滤波器具有不对称的幅度和相位响应，从而给滤波器网络设计带来了挑战。原型滤波器网络由端接匹配电阻的无耗电容和无耗电感组成，其最终响应实质上相对于零频率点对称，且频率变换后得到的带通滤波器响应也必然相对于中心频率点对称。因此，只要原型网络中的元件值(L，C，R)为实数，就不可能得到不对称的响应。但是，在带通滤波器电路中，可以引入谐振电路来产生不对称的频率响应。因此，问题的关键在于如何设计一种等

效低通原型网络,当经过频率变换成为带通滤波器时,能够产生合适的不对称响应。因此,众多完善的对称低通原型滤波器的综合方法,同样可用于不对称低通原型网络的综合。

Baum[12]首先在滤波器网络设计中提出了一种假定不随频率变化的电抗(Frequency-Invariant Reactance, FIR)元件。这种元件作为一种数学工具,在低通原型滤波器的设计公式中得到应用。这种假想的元件仅在由低通滤波器变换成带通或带阻滤波器时才可能在物理上实现。在低通域中,引入这种假想元件能产生关于零频率不对称的低通响应,再经过低通到带通的频率变换,这种原型网络就可以实现不对称的带通响应。在这个过程中,随着谐振电路的频率偏移,FIR 元件也就消失了。

问题在于如何在综合过程中吸收此假想元件,而不违反电路理论规律。Baum 在几种基本综合方法中提出了 FIR 元件概念。由于缺乏实际应用,以及问题本身的复杂性,利用 Baum 引入的假想 FIR 元件概念进行网络综合的研究进展非常缓慢。一些教材中指出此方法非常难以应用[13,14]。但是,经历了很长一段时间之后,这个概念又被其他人重新提出并完全融入大多数常用的网络综合方法中[15~18]。

3.10.1 正函数

经典滤波器理论的建立基于正实函数的概念。L、C 和 R 元件构建的网络可以通过两个包含复频率变量 s 和正实系数的多项式比值来描述。所有的正实函数都具有这样的特性,多项式的根为复共轭零点,使得其幅度和相位响应关于零频率点呈偶对称或者奇对称。引入不随频率变化的电抗(FIR)元件,使得传输函数多项式包含复系数,其结果是零点和极点呈不对称分布,导致频率响应不再关于零频率点对称。这种函数称为正函数[14]。

Ernst[19]介绍了包含假想 FIR 元件的广义二端口网络。用于描述 FIR 元件的术语有

不随频率变化的电感元件: $\quad X \geq 0, \quad V(s) = jXI(s)$

不随频率变化的电容元件: $\quad B \geq 0, \quad I(s) = jBV(s)$

X 和 B 分别表示与频率无关的电感和电容。假设初始条件为零,对电压和电流运用拉普拉斯变换,则关于复变量 $s = \sigma + j\omega$ 的复阻抗 $Z(s)$ 定义为

$$Z(s) = \frac{V(s)}{I(s)}$$

因此,FIR 元件的复阻抗为

$$\begin{aligned} &\text{FIR 电感元件:} & X \geq 0, & \quad Z(s) = jX \\ &\text{FIR 电容元件:} & B \geq 0, & \quad Z(s) = \frac{1}{jB} \end{aligned} \quad (3.100)$$

FIR 元件在电路中常使用圆形、矩形或一组首尾相连的平行线来表示。这几种符号表示方法如图 3.16 所示。

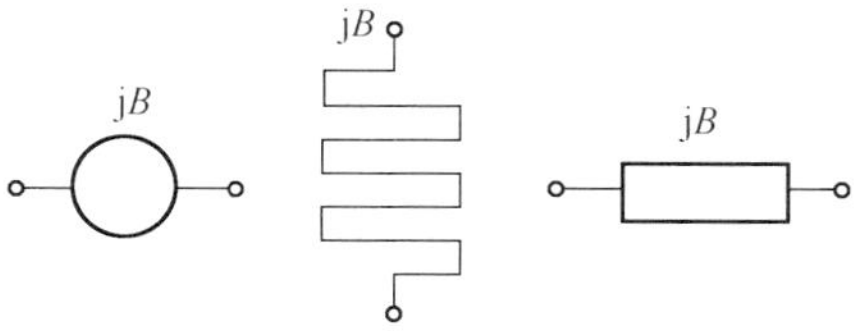

图 3.16 不随频率变化的电抗(FIR)元件的不同符号表示方法

一个包含 R, L, C 及 FIR 元件的普通网络的环或支路阻抗函数为

$$Z(s) = R + sL + \frac{1}{sC} + jX + \frac{1}{jB} \tag{3.101}$$

此网络的驱动点阻抗为

$$Z(s) = \frac{V(s)}{I(s)} = \frac{a_0 + a_1 s + a_2 s^2 + \cdots + a_n s^n}{b_0 + b_1 s^2 + b_2 s^2 \cdots + b_m s^m} \tag{3.102}$$

其中，a_i 和 b_i 为复系数。这种函数又称为正函数。如果网络中不包含 FIR 元件（$X = B = 0$），则所有的 a_i 和 b_i 都为实数，且 $Z(s)$ 变成一个正实函数。现在的问题是，必须给正实函数施加哪些限制条件，才能确保低通原型滤波器函数变换为一个实际的不对称带通滤波器，并且其物理结构是可以实现的？正函数与正实函数的限制条件相同，都必须满足能量守恒定理。在此限制条件下，通过研究错综复杂的复数功率关系[14]，可以发现正函数具有以下特性：

1. 如果 $f(s)$ 为关于复变量 $s = \sigma + j\omega$ 的复有理函数，当 $\text{Re}\{s\} \geqslant 0$ 时满足 $\text{Re}\{f(s)\} \geqslant 0$，则 $f(s)$ 为正函数。此外，如果 s 为实数（即 $j\omega = 0$），$f(s)$ 也为实数，则 $f(s)$ 一定为正实函数。
2. $f(s)$ 的右半平面没有零点或极点。
3. 在 $j\omega$ 轴上 $f(s)$ 的零点和极点是单阶的，且其留数为正实数。
4. 分子和分母多项式的阶数最多相差 1，因此有限零点数和有限极点数也最多相差 1。
5. 如果 $f(s)$ 为正函数，那么 $1/f(s)$ 也一定为正函数。
6. 正函数之间的线性叠加也是正函数。

这些特性和正实函数的特性非常相似，主要的区别在于：

1. 正实函数中的 $Z(s)$ 或 $Y(s)$ 的分子多项式和分母多项式的系数都为正实数，而正函数中的都为复数。
2. 正实函数中的 $Z(s)$ 和 $Y(s)$ 的零点和极点都是以复共轭对的形式出现的，而正函数中的没有此限制。

接下来的重要问题是，如何表示这些与低通原型特征多项式有关的正函数。根据能量守恒定理可知，$P(s)$ 的零点必定分布在虚轴上，或成对地关于虚轴对称分布。推导详见第 6 章。对于正函数而言，并不一定要求这些零点是复共轭对。因此，多项式 $P(s)$ 具有复系数。而对于多项式 $F(s)$，所有的零点必须位于虚轴上，但是它们无须关于零频率点对称分布，使得 $F(s)$ 的系数也是复数。当然，这也导致了 $E(s)$ 的系数同样为复数。因此，无论低通原型滤波器响应是对称的还是不对称的，特征多项式普遍具有以下特性：

1. $P(s)$ 的根位于虚轴上，或以零点对形式关于虚轴对称分布。根的数量小于或等于滤波器的阶数 n。
2. $F(s)$ 的根分布在虚轴上，其阶数为 n。
3. $E(s)$ 是 n 阶赫尔维茨多项式，其所有的根位于 s 的左半平面。

所以，$P(s)$ 可以由下列任意因子或任意因子的组合来构成：

$$s \pm jb_i, \quad |b_i| > 1, \quad s^2 - \sigma_i^2, \quad (s - \sigma_i + j\omega_i)(s + \sigma_i + j\omega_i) \tag{3.103}$$

多项式 $P(s)$ 的形式为

$$P(s) = s^m + jb_{m-1}s^{m-1} + b_{m-2}s^{m-2} + jb_{m-3}s^{m-3} + \cdots + b_0 \quad (3.104)$$

其中 m 为多项式 $P(s)$ 的有限零点数。

多项式 $F(s)$ 由因子 $(s+ja_i)$ 构成，其中 $|a_i|<1$。$F(s)$ 的形式为

$$F(s) = s^n + ja_{n-1}s^{n-1} + a_{n-2}s^{n-2} + ja_{n-3}s^{n-3} + \cdots + a_0 \quad (3.105)$$

其中 n 为滤波器的阶数。在截止频率归一化为 1 的低通原型滤波器中，$P(s)$ 的零点的几种可能分布形式如图 3.17 所示。图 3.18 为四阶不对称滤波器的响应曲线，它具有等波纹切比雪夫通带，且在通带上边沿外的阻带部分，响应曲线也是等波纹的。第 4 章、第 6 章和第 7 章将针对不对称滤波器进行更深入的讨论。

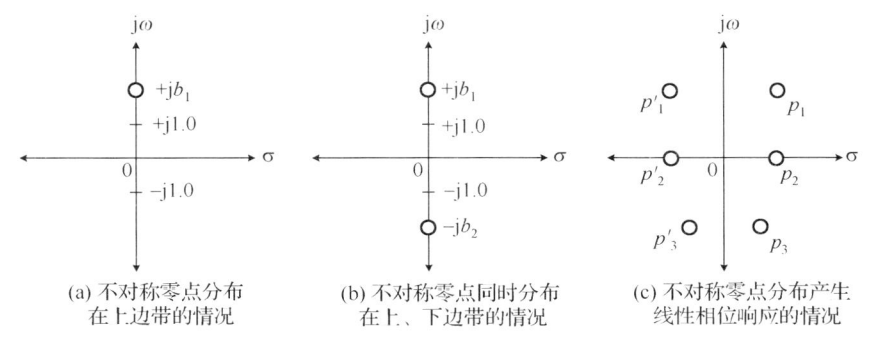

(a) 不对称零点分布在上边带的情况

(b) 不对称零点同时分布在上、下边带的情况

(c) 不对称零点分布产生线性相位响应的情况

图 3.17　不对称响应滤波器的多项式 $P(s)$ 的零点分布

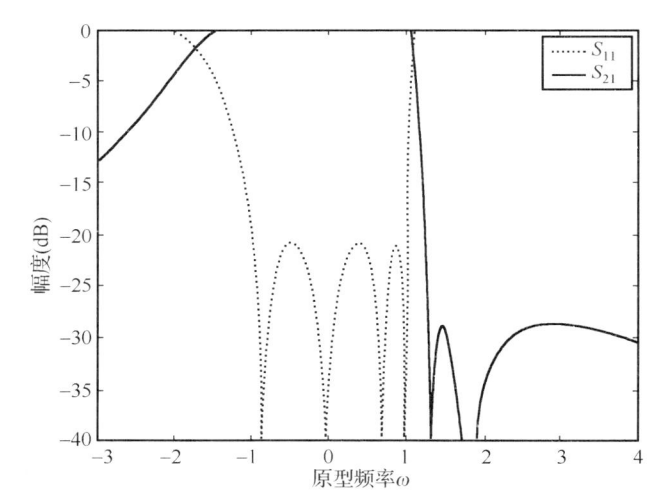

图 3.18　四阶不对称低通滤波器的幅度响应

3.11　小结

本章介绍了理想经典原型滤波器特征多项式的综合方法。这些经典滤波器包括最大平坦滤波器、切比雪夫滤波器和椭圆函数滤波器。实际滤波器元件的损耗影响，主要表现为实际滤波器传输函数的零点和极点位移而产生的损耗因子。根据不同的滤波器结构的品质因数（无载 Q 值）和带宽要求，可以推导出损耗因子。本章也简要描述了通过原型网络的频率和阻抗变换实现实际滤波器网络的方法。

本章最后讨论的一种滤波器响应是关于中心频率不对称的,这种带通或带阻滤波器又称为不对称滤波器。在低通原型域,通过引入两种假想的恒正或恒负的电抗网络元件(称为"不随频率变化的电抗"元件,即 FIR 元件),实现了不对称滤波器的综合。最终产生的传输函数多项式包含复系数,这表示特征多项式的根不再以复共轭对形式出现。但是,由于必须满足能量守恒定律,这些根必须关于虚轴对称,才能确保其物理可实现性。不对称的低通原型滤波器可以利用现有的综合方法,在频率变换过程中,通过带通和带阻滤波器谐振电路的频率偏移,FIR 元件就消失了。因此,通常低通原型网络的传输函数包含复系数,其根只能关于虚轴对称。

通过本章描述的函数之间的关系,针对广泛应用的通信信道滤波器的指标要求,可以进行正确的取舍,而无关滤波器网络物理结构实现的形式。也就是说,本章提供了一种高效的工具,帮助系统和滤波器设计人员来确定实际应用中的滤波器需求。

3.12 参考文献

1. Lathi, B. P. (1965) *Signals, Systems and Communications*, Wiley, New York.
2. Van Valkenburg, M. E. (1960) *Modern Network Synthesis*, Wiley, New York.
3. Temes, G. C. and Mitra, S. (1973) *Modern Filter Theory and Design*, Wiley, New York.
4. Weinberg, L. (1957) Explicit formulas for Tschebyshev and Butterworth ladder networks. *Journal of Applied Physics*, **28**, 1155-1160.
5. Daniels, R. W. (1974) *Approximation Methods for Electronic Filter Design*, McGraw-Hill, New York.
6. Abramowitz, M. and Stegun, I. A. (1972) *Handbook of Mathematical Functions*, Dover Publications, New York.
7. Saal, R. and Ulbrich, E. (1958) On the design of filters by synthesis. *IRE Transactions on Circuit Theory*, **1958**.
8. Kudsia, C. M. and O'Donovan, V. (1974) *Microwave Filters for Communications Systems*, Artech House, Norwood, MA.
9. Papoulis, A. (1956) Frequency transformations in filter design. *IRE Transactions on Circuit Theory*, **CT-3**, 140-144.
10. Matthaei, G., Young, L., and Jones, E. M. T. (1980) *Microwave Filters, Impedance Matching Networks and Coupling Structures*, Artech House, Norwood, MA.
11. Hunter, I. (2001) *Theory and Design of Microwave Filters*, IEE.
12. Baum, R. F. (1957) Design of unsymmetrical bandpass filters. *IRE Transactions on Circuit Theory*, **1957**, 33-40.
13. Rhodes, J. D. (1976) *Theory of Electrical Filters*, Wiley, New York.
14. Belevitch, V. (1968) *Classical Network Theory*, Holden-Day, San Francisco.
15. Cameron, R. J. (1982) Fast generation of Chebyshev filter prototypes with asymmetrically-prescribed zeros. *ESA Journal*, **6**, 83-95.
16. Cameron, R. J. (1982) General prototype network synthesis methods for microwave filters. *ESA Journal*, **6**, 193-207.
17. Cameron, R. J. and Rhodes, J. D. (1981) Asymmetrical realizations for dual-mode bandpass filters. *IEEE Transactions on Microwave Theory and Techniques*, **MTT-29**, 51-58.
18. Bell, H. C. (1982) Canonical asymmetric coupled-resonator filters. *IEEE Transactions on Microwave Theory and Techniques*, **MTT-30**, 1335-1340.
19. Ernst, C. (2000) Energy storage in microwave cavity filter networks, Ph. D. thesis, Univ. Leeds, Aug. 2000.

附录 3A 通用设计表

本附录包含巴特沃思、切比雪夫和含有一对传输零点的准椭圆函数滤波器的通用设计表，在上通带外包含单个传输零点的不对称滤波器的通用设计表，以及准椭圆函数滤波器和不对称滤波器的关键频率。为了说明这些图表在给定指标的滤波器折中设计中的诸多用处，本附录给出了一个卫星转发器的信道滤波器设计示例。

例 3A.1 一个 6/4 GHz 通信卫星系统中的信道滤波器，其信道带宽为 36 MHz，信道中心间隔为 40 MHz。利用通用设计表来确定滤波器的阶数，以及 $f_0 \pm 25$ MHz 外隔离度大于或等于 30 dB 的可用带宽。

解：本例中，通常对于这种应用我们假设滤波器通带内的最小回波损耗为 20 dB，考虑到实际使用环境和制造公差，比较合理的是假设与中心频率偏差裕量为 ±0.25 MHz，即通带带宽不超过 39.5 MHz。根据通用设计表的定义，选取滤波器的标准特征因子 $F \geqslant 20$ dB + 30 dB 即 $F \geqslant 50$ dB，并有

且

$$\frac{\omega_3}{\omega_1} \leqslant \frac{50}{36} \quad (即 1.39)$$

$$\frac{\omega_3}{\omega_1} \geqslant \frac{50}{39.5} \quad (即 1.265)$$

由此，运用通用设计表对切比雪夫和准椭圆（单对传输零点）滤波器指标进行选取和推导后，其指标选取总结于表 3A.1 中。

表 3A.1 运用通用设计表产生的滤波器指标比较一览表

N	ω_3/ω_1	切比雪夫响应		准椭圆响应（单对传输零点）		
		带宽(MHz)	F(dB)	ω_3/ω_1	带宽(MHz)	F(dB)
6		不可用		1.39	36	58
				1.26	39.7	50
7		不可用		1.39	36	67
				1.18	42.4	50
8	1.39	36	54	1.39	36	77
	1.34	37.3	50	1.125	44.45	50
9	1.39	36	62	不需要		
	1.265	39.5	50			

提示：n 为滤波器的阶数；F 为特征因子（单位为 dB）；ω_3/ω_1 为隔离度带宽与通带带宽之比；$F \geqslant 50$ dB 时有 $1.265 \leqslant \omega_3/\omega_1 \leqslant 1.39$。

表 3A.2 滤波器指标比较一览表

滤波器设计	通带带宽(MHz)	通带回波损耗	在 $f_0 \pm 25$ MHz 外的隔离度(dB)
九阶切比雪夫滤波器	38	22	33
六阶准椭圆滤波器	37.7	22	33
七阶准椭圆滤波器	39	23	37

第 3 章　无耗低通原型滤波器函数特性

表 3A.3　包含单对传输零点的准椭圆函数滤波器的关键频率

N	F(dB)	关键频率				
		衰减零点				衰减极点
4	40	0.4285	0.9419			1.5169
	50	0.4085	0.9343			1.9139
	60	0.3973	0.9268			2.4692
5	40	0.6567	0.9672			1.2763
	50	0.6321	0.9615			1.4921
	60	0.6161	0.9577			1.7870
6	40	0.3054	0.7785	0.9794		1.1695
	50	0.2917	0.7568	0.9752		1.3042
	60	0.2818	0.7415	0.9723		1.4869
7	40	0.5037	0.8476	0.9860		1.1137
	50	0.4863	0.8301	0.9807		1.2052
	60	0.4728	0.8170	0.9807		1.3293
8	40	0.2299	0.6327	0.8896	0.9899	1.0812
	50	0.2227	0.6158	0.8757	0.9876	1.1472
	60	0.2168	0.6021	0.8649	0.9859	1.2367

表 3A.4　通带外包含单个零点的不对称滤波器的关键频率

N	F(dB)	关键频率				衰减极点
		衰减零点				
4	40	−0.8943	−0.1994			1.3378
		0.5829	0.9600			
	50	−0.9008	−0.2415			1.6321
		0.5336	0.9509			
	60	−0.9060	−0.2748			2.0587
		0.4961	0.9440			
5	40	−0.9340	−0.4631			1.1925
		0.2145	0.7488	0.9766		
	50	−0.9367	−0.4843			1.3578
		0.1743	0.7151	0.9709		
	60	−0.9392	−0.5028			1.5918
		0.1406	0.6881	0.9665		
6	40	−0.9554	−0.6246	−0.0871		1.124
		0.4593	0.8339	0.9847		
	50	−0.9568	−0.6354	−0.1115		1.2297
		0.4267	0.8101	0.9809		
	60	−0.9580	−0.6454	−0.1337		1.3776
		0.3985	0.7907	0.9779		
7	40	−0.9681	−0.7259	−0.3059		1.0864
		0.1809	0.6090	0.8825	0.9893	
	50	−0.9688	−0.7318	−0.3203		1.198
		0.1582	0.5834	0.8651	0.9866	
	60	−0.9695	−0.7374	−0.3339		1.2618
		0.1372	0.5608	0.8507	0.9844	
8	40	−0.9761	−0.7923	−0.4610	−0.474	1.0636
		0.3677	0.7056	0.9127	0.9921	
	50	−0.9765	−0.7958	−0.4967	−0.0622	1.1176
		0.3480	0.6853	0.8995	0.9900	
	60	−0.9769	−0.7991	−0.4782	−0.0764	1.1922
		0.3296	0.6672	0.8885	0.9884	

(a) 巴特沃思滤波器

(b) 切比雪夫滤波器

图 3A.1　不同滤波器的通用设计表的定义

(a)

(b)

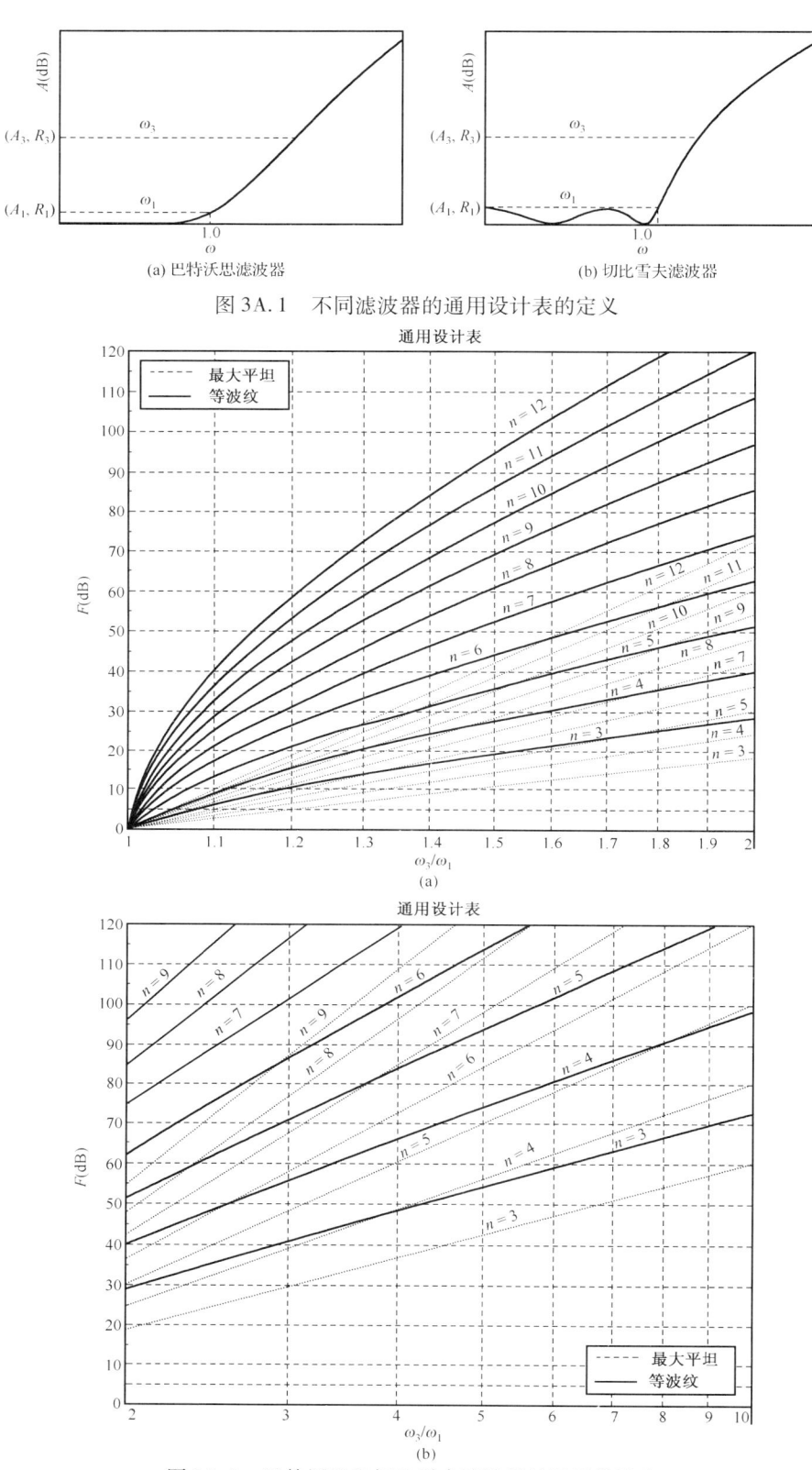

图 3A.2　巴特沃思和切比雪夫滤波器的通用设计表

对于切比雪夫响应的滤波器,满足这种指标的最低阶数为 8(见表 3A.2 至表 3A.4)。但是,当工作环境变化时(主要是温度),这种滤波器的裕量很小。因此,实际设计中需要选取九阶切比雪夫滤波器,设计带宽分别选取为 36 MHz 和 39.5 MHz,而对应的 F 值在 62 dB 和 50 dB 之间变化,通常需要在带宽和隔离度、回波损耗或它们的组合之间折中。带宽越宽则通带响应越好,而隔离度越高则会减少信道之间的干扰。选择 $F = 55$ dB,则给回波损耗和隔离度留有 5 dB 设计裕量,即理论上回波损耗为 22 dB,隔离度为 33 dB。这样,ω_3/ω_1 的值为 1.32,通带带宽接近 38 MHz,从而给出了合理折中后的初始设计。

类似的推理方法还可用于准椭圆函数滤波器,它只需要六阶就可以满足指标要求。类似地,选择 $F = 55$ dB,和上述例子相同,ω_3/ω_1 值为 1.325,产生通带带宽为 37.7 MHz。因此,包含单对零点的六阶准椭圆函数滤波器可以满足此需求。更进一步讲,如果在六阶基础上增加一阶,也就是七阶准椭圆函数滤波器,则可以实现更大的设计裕量。例如,通带带宽为 39 MHz 则表示 ω_3/ω_1 值为 1.38,对应的值 $F = 60$ dB,也就是给回波损耗和隔离度贡献了 10 dB 裕量。而更好的选择方案是回波损耗为 23 dB,隔离度为 37 dB。这三种设计的选取曲线列于表 3A.2 中。

利用回波损耗与隔离度之间的对应(dB-dB)关系,还可以再次折中设计,此例说明了通用设计表对于滤波器指标折中设计的简易性。通过对初始设计的幅度和相位/群延迟响应进行仿真优化并进行微调,可以获得极佳的设计结果。对于大多数的实际应用,单独运用通用设计表进行设计足以胜任。

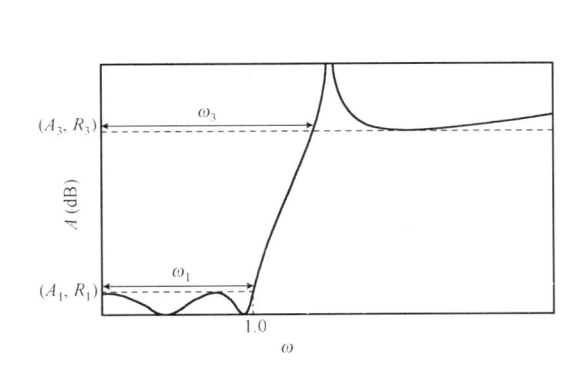

图 3A.3 包含单对传输零点的准椭圆函数滤波器示意图

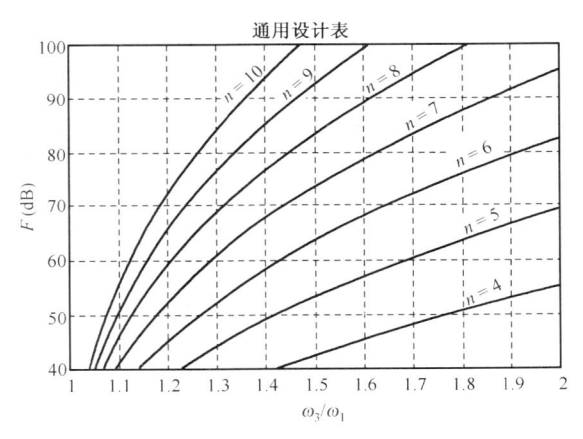

图 3A.4 包含单对传输零点的准椭圆函数滤波器的通用设计表

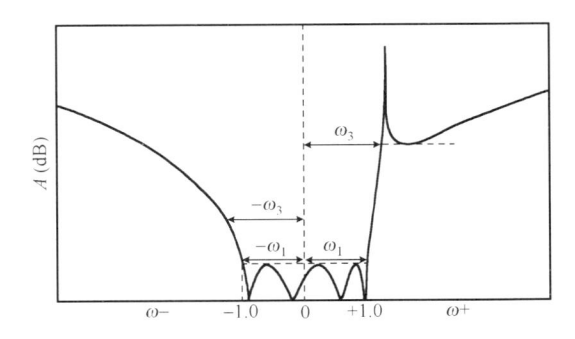

图 3A.5 通带上边沿外包含单个传输零点的不对称滤波器示意图

通用设计表

(a) 通带下边沿外

通用设计表

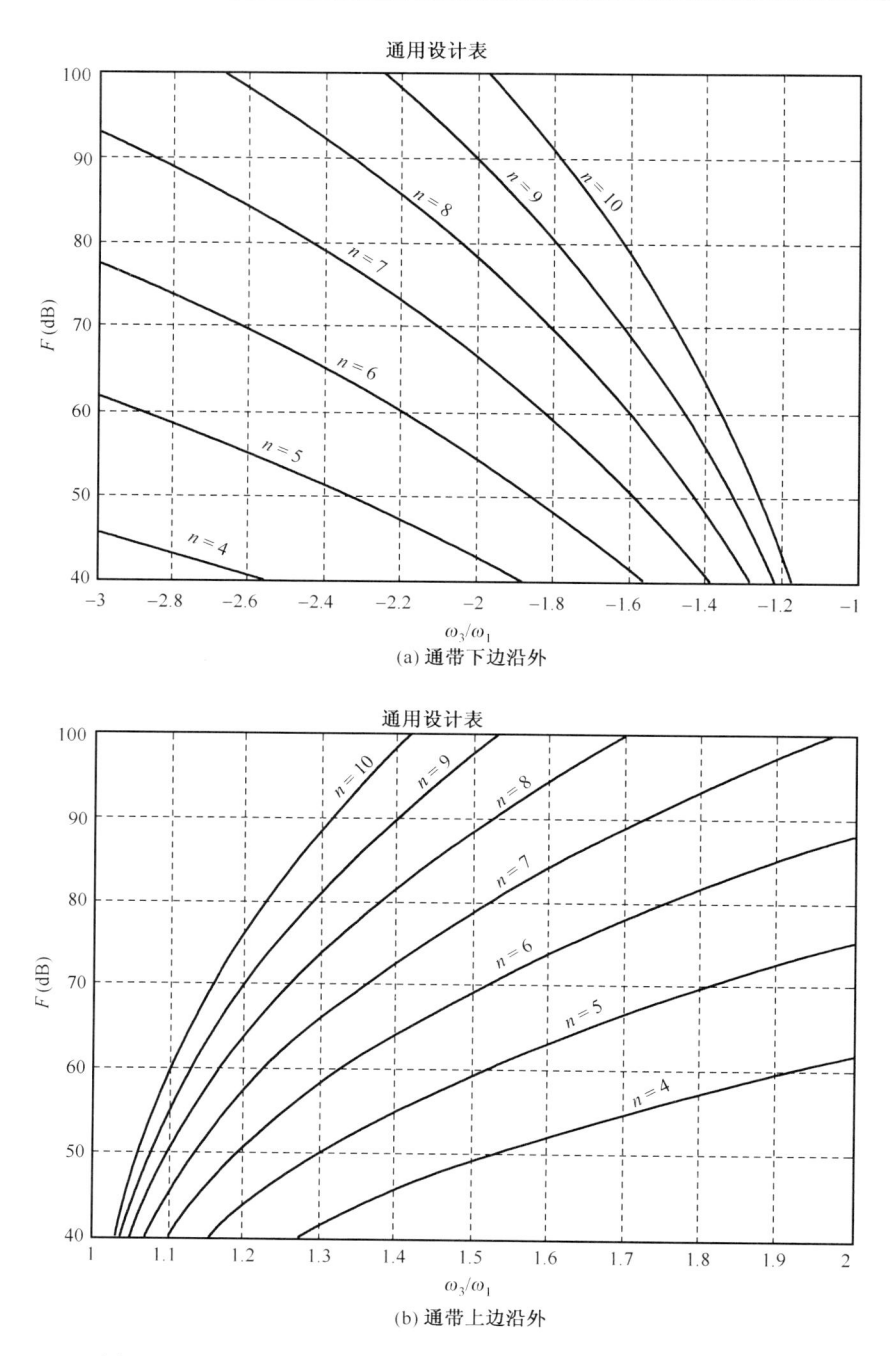

(b) 通带上边沿外

图 3A.6　通带外包含单个传输零点的不对称滤波器的通用设计表

第4章　特征多项式的计算机辅助综合

一个低通原型滤波器的关键频率点，即传输函数的零点和极点，可以完整地描述该滤波器的特性。利用计算机辅助优化技术，很容易产生这些所需响应波形的关键频率值。对于大多数类型的实际滤波器，虽然解析方法可以用于计算这些关键频率点，但是它只限于某些特定的滤波器函数应用，比如等波纹切比雪夫函数、椭圆函数或单调上升的最大平坦函数。任意有别于这些滤波器函数的其他形式的函数，则必须使用计算机辅助优化技术。

本章着重于利用高效率的计算机辅助优化技术来综合低通原型滤波器的特征多项式。这里包含了对称或不对称响应的最小相位滤波器和线性相位滤波器。本技术具有普适性，适用于任意响应的特征函数多项式的综合。几种经典滤波器，例如切比雪夫函数和椭圆函数等，可以作为最广义特征多项式的几种特例来推导。

4.1　对称低通原型滤波器网络的目标函数和约束条件

一个对称的最小相位低通原型滤波器网络的传输系数可以写为（见 3.3 节）

$$|t(s)|^2_{s=j\omega} = \frac{1}{1+\varepsilon^2|K(s)|^2_{s=j\omega}}$$

对于奇数阶滤波器，有

$$K(s) = \varepsilon \frac{s(s^2+a_1^2)(s^2+a_2^2)\cdots(s^2+a_i^2)\cdots}{(s^2+b_1^2)(s^2+b_2^2)\cdots(s^2+b_i^2)\cdots}$$

对于偶数阶滤波器，有

$$K(s) = \varepsilon \frac{(s^2+a_1^2)(s^2+a_2^2)\cdots(s^2+a_i^2)\cdots}{(s^2+b_1^2)(s^2+b_2^2)\cdots(s^2+b_i^2)\cdots} \tag{4.1}$$

a 和 b 项分别为衰减零点和极点（也称为关键频率），ε 为波纹因子。其中，独立变量的数量取决于有限关键频率的数量。位于坐标原点的衰减零点及位于无穷远处的极点都是固定频率参数，不是独立变量。而对于给定的特征因子 F（见 3.7 节），ε 的大小决定了通带与阻带响应之间的变化，同样也不能作为独立变量。如果赋值给 F，则可以把 F 当成一个等式约束。或者换种方式，把 F 当成产生关键频率的一个参数，这样在优化过程中省去了等式约束条件，能够高效地产生通用设计表（见 3.7 节）。

接下来的问题是，在实际设计中滤波器的哪些性能参数是关键的。实际应用中，所有的滤波器都需要一个可接受的最大通带波纹和一个最小的阻带隔离度。对于最小相位滤波器，运用希尔伯特变换，通带内和通带外的相位和群延迟响应仅与幅度响应紧密相关。对于这类滤波器，只需要优化幅度响应就足够了，对应的相位响应结果是可接受的。虽然接下来的分析具有普适性，完全可以用于非最小相位滤波器的分析和优化，但我们主要关注的还是最小相位滤波器。

为了限制通带和阻带的幅度波纹，必须确定通带衰减极大值和阻带衰减极小值所在的频率点位置。通过对特征函数 $K(s)$ 求导，并令导数值为零，可得

$$\frac{\partial}{\partial s}|K(s)|^2 = 0, \quad \frac{\partial}{\partial s}\left|\frac{F(s)}{P(s)}\right| = 0, \quad \text{或} \quad |\dot{F}(s)P(s)| - |F(s)\dot{P}(s)| = 0 \quad (4.2)$$

其中 $\dot{F}(s)$ 和 $\dot{P}(s)$ 表示关于复数变量 s 的导数。对于任意给定的波纹因子 ε，该式决定了通带损耗极大值对应的频率及阻带衰减极小值对应的频率。利用 3.4 节给出的有关公式，可以计算出传输系数和反射系数（如果以 dB 为单位，则为传输损耗和回波损耗）。对应通带内最大波纹的通带截止频率 ω_c，可以通过求解通带 $t(s)$ 等于通带波纹的极大值时的最高频率得到。另外，也可以在优化过程中将 $\omega_c = 1$ 作为约束条件，其他所有频率关于 $\omega_c = 1$ 进行归一化。

在实际应用中，表示幅度响应最常用的参数是通带回波损耗和阻带传输损耗，它们都是以分贝（dB）为单位的。

如果把第 i 个衰减极大值（通带内）和第 i 个衰减极小值（阻带内）分别写成 $R(i)$ 和 $T(i)$，则目标函数 U 由以下三部分组成：

$$U = U_1 + U_2 + U_3$$

其中，

$$\begin{aligned} U_1 &= \mathrm{ABS}[|R(i) \sim R(j)| + A_{ij}] \\ U_2 &= \mathrm{ABS}[|T(i) \sim T(j)| + B_{ij}] \\ U_3 &= \mathrm{ABS}[|R(i) \sim T(j)| + C_{ij}] \end{aligned} \quad (4.3)$$

A_{ij}、B_{ij} 和 C_{ij} 表示极大与极小幅度衰减的差之间的任意常数。对于通带等波纹情况有 $A_{ij} = 0$，对于阻带等波纹情况有 $B_{ij} = 0$。

U_3 代表特征因子 F，最好通过一个等式约束条件来实现。目标函数 U 的广义形式为

$$U = \sum_{i \neq j} \mathrm{ABS}[|R(i) - R(j)| - A_{ij}] + \sum_{k \neq \ell} \mathrm{ABS}[|T(k) - T(\ell)| - B_{k\ell}] + U_3 \quad (4.4)$$

其中第一项的和包含了通带的所有极大衰减点，而第二项则包含了阻带的所有极小衰减点。回波损耗和传输损耗计算如下：

$$\begin{aligned} T &= -10\lg|t(s)|^2_{s=j\omega} \quad \mathrm{dB} \\ R &= -10\lg\left[1 - |t(s)|^2_{s=j\omega}\right] \quad \mathrm{dB} \end{aligned} \quad (4.5)$$

对于截止频率归一化为 1 的原型滤波器，独立变量（关键频率点）值的约束条件为

$$\begin{aligned} 0 \leqslant a_1, a_2, \cdots, &< 1 \\ b_1, b_2, \cdots, &> 1 \end{aligned} \quad (4.6)$$

这个约束条件仅表示，所有的衰减零点都在通带内，而所有的传输零点都在阻带内。

4.2 目标函数的解析梯度

在优化过程中，需要定义一个无约束的人工函数。它既包含了目标函数，又包含了不等式和等式约束条件。此人工函数给定为[1,2]

$$U_{\mathrm{art}} = U + \frac{r}{\sum_i |\phi_i|} + \frac{\sum_k |\psi_k|^2}{\sqrt{r}} \quad (4.7)$$

其中，r 为控制约束条件的优化变量（通常是范围为 $10^{-4} \sim 1$ 的一个正数）；U 为无约束条件的

目标函数；ϕ_i 为第 i 个不等式约束条件；ψ_k 为第 k 个等式约束条件。

当优化得到最佳值时，$U_{\text{art}}=0$。这意味着组成 U_{art} 的每个单独项的值必须为零，因此无约束函数 U 在最佳值时也趋于零。为了确保所有约束项收敛于零，r 的取值应越小越好，令

$$\frac{r}{\sum_i |\phi_i|} \to 0, \quad 且 \quad \frac{\sum_k |\psi_k|^2}{\sqrt{r}} \to 0, \quad 当 r \to 0$$

这样可以保证 U_{art} 平滑地收敛到理想的精度水平。U_{art} 关于衰减零点 a_i 的梯度为

$$\begin{aligned} g_i &= \frac{\partial U_{\text{art}}}{\partial a_i} = \frac{\partial U}{\partial a_i} + r \frac{\partial}{\partial a_i} \frac{1}{\sum_i |\phi_i|} + \frac{1}{\sqrt{r}} \frac{\partial}{\partial a_i} \sum_k |\psi_k|^2 \\ &= \frac{\partial U}{\partial a_i} + \Phi + \Psi \end{aligned} \tag{4.8}$$

同样的方法也适用于衰减极点。接下来将单独推导等式右边的每一项。

4.2.1 无约束目标函数的梯度

无约束函数 U 的通用形式为

$$U = |R(1) - R(2)| + |R(2) - R(3)| + \cdots + |T(4) - T(5)| + |T(5) - T(6)| + \cdots \tag{4.9}$$

其中，$R(k)$ 和 $T(k)$ 分别为通带内第 k 个衰减极大值或阻带内第 k 个衰减极小值处的回波损耗与传输损耗(单位为 dB)。作为一个通用项，可以写为

$$\begin{aligned} U_{ik} = |R(i) - R(k)| &= R(i) - R(k), \quad R(i) \geqslant R(k) \\ &= -(R(i) - R(k)), \quad R(i) \leqslant R(k) \end{aligned} \tag{4.10}$$

所以

$$\frac{\partial U_{ik}}{\partial a_i} = \pm \left[\frac{\partial R(i)}{\partial a_i} - \frac{\partial R(k)}{\partial a_i}\right] \tag{4.11}$$

当 $R(i) \geqslant R(k)$ 时，符号为正，反之为负。为了求解偏导数 $\partial R/\partial a_i$，必须首先考虑传输函数：

$$|t|^2 = \frac{1}{1+|K(s)|^2} = 1 - |\rho|^2 \tag{4.12}$$

其中 ρ 为反射系数。关键频率与波纹因子的选取无关。因此，为了便于计算，通常假定波纹因子为 1。根据式(4.1)，可得

$$\frac{\partial |t|^2}{\partial a_i} = -\frac{1}{[1+|K(s)|^2]^2} 2K(s) \frac{\partial |K(s)|}{\partial a_i} = -4 \frac{a_i}{(s^2+a_i^2)} \frac{K^2(s)}{[1+K^2(s)]^2} \tag{4.13}$$

根据式(4.5)，可得以 dB 为单位的传输损耗和回波损耗的梯度为[3]

$$\frac{\partial T}{\partial a_i} = 40(\lg e) \frac{K^2(s)}{1+K^2(s)} \frac{a_i}{(s^2+a_i^2)} = 40(\lg e)|\rho|^2 \frac{a_i}{(s^2+a_i^2)} \tag{4.14}$$

和

$$\frac{\partial R}{\partial a_i} = -40(\lg e) \frac{1}{1+K^2(s)} \frac{a_i}{(s^2+a_i^2)} = -40(\lg e)|t|^2 \frac{a_i}{(s^2+a_i^2)} \tag{4.15}$$

同样的方式可以证明，关于衰减极点 b_i 的梯度可计算为

$$\frac{\partial T}{\partial b_i} = -40(\lg e)|\rho|^2 \frac{b_i}{(s^2+b_i^2)} \tag{4.16}$$

和
$$\frac{\partial R}{\partial b_i} = 40(\lg e)|t|^2 \frac{b_i}{(s^2 + b_i^2)} \qquad (4.17)$$

因此,在任意频率求解以 dB 为单位的传输损耗和回波损耗关于独立变量的偏导数,可以获得无约束函数 U 的梯度。

4.2.2 不等式约束条件的梯度

不等式约束条件 Φ 可以写成下面的形式:
$$\Phi = \frac{r}{|\phi_1|} + \frac{r}{|\phi_2|} + \cdots \qquad (4.18)$$

其中 r 为正数,而 Φ 项具有以下形式:
$$\phi_k = \begin{cases} a_i \\ 1 - a_i \\ b_i - 1 \\ N - b_i, \quad N\text{为正整数}(N>1) \end{cases} \qquad (4.19)$$

所以
$$\begin{aligned} \frac{\partial}{\partial a_i} \frac{1}{|\phi_k|} &= -\frac{1}{\phi_k^2} \frac{\partial \phi_k}{\partial a_i}, \quad \phi_k > 0 \\ &= +\frac{1}{\phi_k^2} \frac{\partial \phi_k}{\partial a_i}, \quad \phi_k < 0 \end{aligned} \qquad (4.20)$$

其中 a_i 表示第 i 个独立变量。对于各种形式的 Φ 项,其梯度形式见表 4.1[3]。

表 4.1 不等式约束条件的梯度

Φ 项的形式	Φ 项的梯度形式	约束条件
a_i	$\mp \dfrac{1}{a_i^2}$	$a_i \gtreqless 0$
$1 - a_i$	$\pm \dfrac{1}{(1.0 - a_i)^2}$	$(1.0 - a_i) \gtreqless 0$
$b_i - 1$	$\mp \dfrac{1}{(b_i - 1)^2}$	$(b_i - 1) \gtreqless 0$
$N - b_i$	$\pm \dfrac{1}{(N - b_i)^2}$	$(N - b_i) \gtreqless 0$

因此,Φ 项的梯度具有以下形式:
$$\begin{aligned} \frac{\partial \Phi}{\partial a_i} + \frac{\partial \Phi}{\partial b_i} = r \cdot &\left[\sum \left(\mp \frac{1}{a_i^2} \right) + \sum \pm \left[\frac{1}{(1 - a_i)^2} \right] + \right. \\ &\left. \sum \left(\mp \frac{1}{(b_i - 1)^2} \right) + \sum \left(\pm \frac{1}{(N - b_i)} \right) \right] \end{aligned} \qquad (4.21)$$

这里包含了关于衰减零点和极点的不等式。

4.2.3 等式约束条件的梯度

等式约束条件的梯度可以由下式计算得出:

$$\Psi = \frac{1}{\sqrt{r}} \frac{\partial}{\partial a_i} \sum |\psi_k|^2$$

其中 ψ_k 的形式为

$$\psi_k = A + R(1) + T(2) - T(1) - R(2) + \cdots \quad (4.22)$$

其中 A 为常数。$R(\cdot)$ 和 $T(\cdot)$ 分别表示通带内极大值和阻带内极小值处的回波损耗和传输损耗。其梯度可以计算如下:

$$\frac{\partial}{\partial a_i} |\psi_k|^2 = 2\psi_k \cdot \frac{\partial \psi_k}{\partial a_i} \quad (4.23)$$

$$\Psi = \frac{2}{\sqrt{r}} \sum_k \psi_k \left[\frac{\partial R(1)}{\partial a_i} + \frac{\partial T(2)}{\partial a_i} - \frac{\partial T(1)}{\partial a_i} - \frac{\partial R(2)}{\partial a_i} + \cdots + \frac{\partial R(1)}{\partial b_i} + \frac{\partial T(1)}{\partial b_i} + \cdots \right] \quad (4.24)$$

$R(\cdot)$ 和 $T(\cdot)$ 的值及其偏导数可由式(4.14)至式(4.17)推导得出,因此无约束目标函数 U_{art} 的梯度可以通过解析方法获得。

4.3 经典滤波器的优化准则

本节给出了几种合适的目标函数,用于几种已知类型滤波器的目标函数的优化。

4.3.1 切比雪夫滤波器

这种滤波器具有通带内等波纹,阻带内单调上升的特性。其目标函数和约束条件可以写成

$$\begin{aligned} U &= |R(1) - R(2)| + |R(2) - R(3)| + \cdots \\ 0 &< a_1, a_2, \cdots, < 1 \end{aligned} \quad (4.25)$$

其中,$R(k)$ 为第 k 个衰减极大值处的回波损耗,a_i 为关键频率点。例如,一个六阶切比雪夫滤波器的目标函数为

$$U = |R(1) - R(2)| + |R(2) - R(3)| + |R(3) - R(4)| \quad (4.26)$$

如图4.1所示,其中 $R(4)$ 对应着 $s = j$ 的值,此项用于将通带的关键频率相对于截止频率归一化为1。在优化过程中,运用式(4.21)和式(4.24)来解析梯度,可以确定关键频率点为 0.2588,0.7071 和 0.9659。

4.3.2 反切比雪夫滤波器

这种滤波器具有通带内单调上升(最大平坦),阻带内等波纹的特性:

$$K(s) = \frac{s^6}{(s^2 + b_1^2)(s^2 + a_2^2)}$$

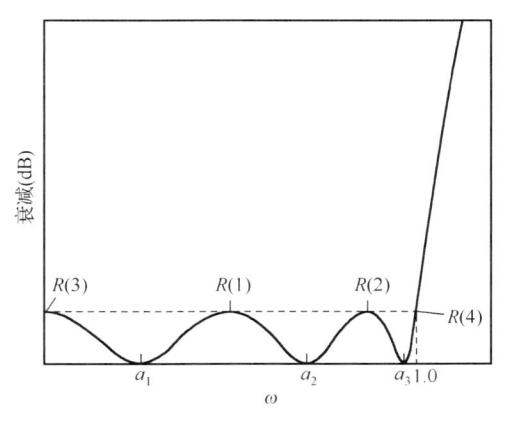

图4.1 六阶切比雪夫滤波器的衰减零点和衰减极大值

图4.2给出了一个衰减极点任意分布的六阶反切比雪夫滤波器的响应。等波纹阻带相对于滤波器的截止频率归一化后的目标函数为

$$U = |T(1) - T(2)| + |T(2) - T(3)|, \quad b_1, b_2 > 1 \quad (4.27)$$

简单计算关键频率可得 1.0379 和 1.4679。

4.3.3 椭圆函数滤波器

这种滤波器的通带和阻带都具有等波纹特性。图 4.3 所示六阶 C 类椭圆函数滤波器的特征函数的形式为

$$K(s) = \frac{s^2(s^2 + a_1^2)(s^2 + a_2^2)}{(s^2 + b_1^2)(s^2 + b_2^2)}$$

目标函数可写成

$$U = |R(1) - R(2)| + |R(2) - R(5)| + |T(3) - T(4)| \quad (4.28)$$

其中，$R(5)$ 用 $s=j$ 表示，代表归一化的截止频率点。对于包含传输零点的滤波器，其特征因子 F 必须增加约束条件（见 3.7 节）。例如，以下等式约束条件

$$F = |R(2) + T(3)| - |T(2) + R(3)| \quad (4.29)$$

设 $F = A$，则可以写成

$$\Psi = A - |R(2) + T(3)| + |T(2) + R(3)| \quad (4.30)$$

通常，加入等式约束条件将明显增加计算时间。而避开等式约束条件的同时，需要减少相应的独立变量数。一种方法是固定其中一个衰减极点频率，这将自动对特征因子 F 进行约束。从实际角度来看，通过选择相邻的极点频率的方法来达到指定的高隔离度是非常有用的，且效率更高。例如，固定 b_1 为 1.2995，则其余的关键频率点确定为 $a_1 = 0.7583$，$a_2 = 0.9768$ 和 $b_2 = 1.6742$。

4.4 新型滤波器函数的生成

给出了经典滤波器函数的生成过程之后，下面研究一个特殊的八阶低通原型滤波器的特征多项式：

$$K(s) = \frac{s^4(s^2 + a_1^2)(s^2 + a_2^2)}{(s^2 + b_1^2)(s^2 + b_2^2)} \quad (4.31)$$

如图 4.4 所示，此函数响应中包含一对衰减极点、一对原坐标零点及其他两个非原坐标的反射零点。下面将介绍上述三种情况下函数的优化过程。

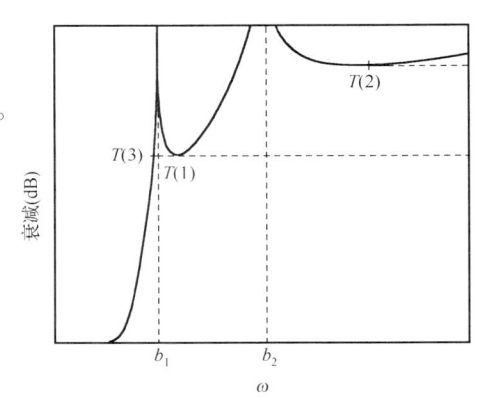

图 4.2　六阶反切比雪夫滤波器的衰减零点和衰减极大值

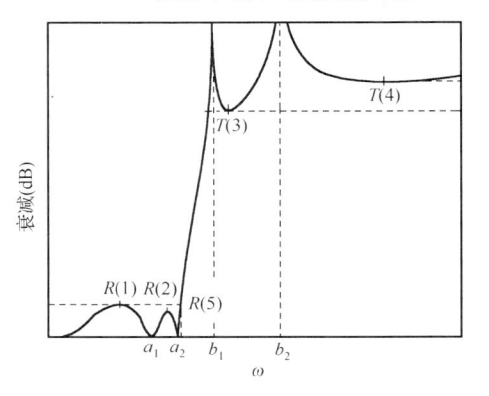

图 4.3　六阶 C 类椭圆函数低通原型滤波器的衰减极大值和极小值

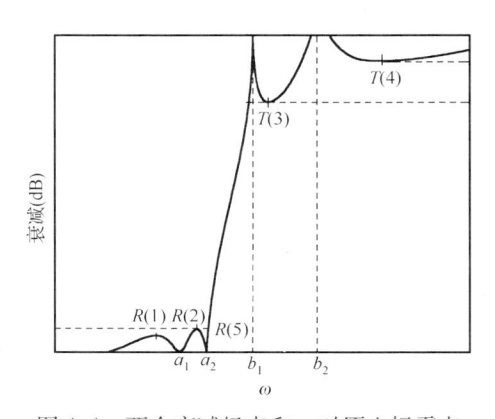

图 4.4　两个衰减极点和一对坐标零点的八阶低通原型滤波器的响应

4.4.1 等波纹通带和等波纹阻带

假如固定衰减极点为 $b_1 = 1.25$，目标函数和约束条件可以表示为

$$U = |R(1) - R(2)| + |R(2) - R(5)| + |T(3) - T(4)|$$
$$0 < a_1, a_2, \cdots < 1, \quad b_2 > 1 \tag{4.32}$$

其中 $R(5)$ 用于约束截止频率为 1。

计算得到的关键频率值列于表 4.2 中。

表 4.2 两个衰减极点（固定其中一个值为 $b_1 = 1.25$）和一对原
坐标零点的八阶低通原型滤波器优化后的关键频率值

B_{34} (dB)	关键频率			特征因子 F (dB)
	a_1	a_2	b_2	
0	0.8388	0.9845	1.4671	67.4
10	0.8340	0.9839	1.6211	63.1
-10	0.8636	0.9878	1.1541	63.25

4.4.2 非等波纹阻带和等波纹通带

这里考虑通带等波纹而阻带不是等波纹的情况。与前面的情况类似，固定第一个衰减极点为 $b_1 = 1.25$，则目标函数和约束条件为

$$U = |R(1) - R(2)| + |R(2) - R(5)| + |T(3) - T(4) - B_{34}|$$
$$0 < a_1, a_2, \cdots, < 1, \quad b_2 > 1 \tag{4.33}$$

B_{34} 项是一个任意常数，它表示为衰减极小值 $T(3)$ 和 $T(4)$ 之间的差（单位为 dB）。根据 $B_{34} = \pm 10$ dB 计算的关键频率点列于表 4.2 中。$B_{34} = 10$ dB 表示阻带的第二极小值比第一极小值大 10 dB，而 $B_{34} = -10$ dB 则与之情况相反。

图 4.5 分别给出了 $B_{34} = 0$ dB 和 $B_{34} = 10$ dB 时的频率响应。

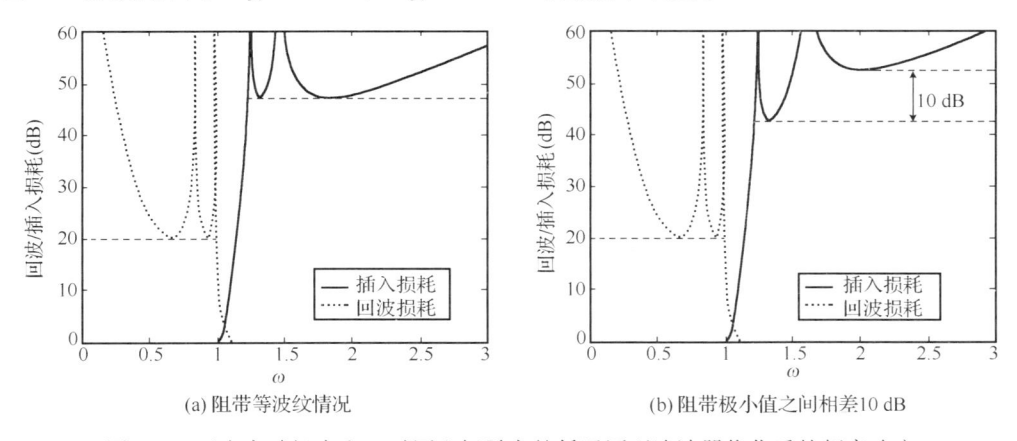

图 4.5 两个衰减极点和一对原坐标零点的低通原型滤波器优化后的频率响应

4.5 不对称滤波器

3.10 节介绍了不对称滤波器的特征多项式。为了简单起见，首先来研究最小相位滤波器，其多项式 $P(s)$ 的零点都被限定分布在虚轴上。此滤波器的多项式 $K(s)$ 可以表示为

$$K(s) = \frac{(s+ja_1)(s+ja_2)\cdots(s+ja_n)}{(s+jb_1)(s+jb_2)\cdots(s+jb_m)} \tag{4.34}$$

其中 $|a_i|<1$，$|b_i|>1$ 且 $m\leq n$，n 为滤波器网络的阶数。由于波纹因子 ε 不会改变关键频率，因此在式 $K(s)$ 中可以假设 $\varepsilon=1$。传输系数关于反射零点或传输零点的梯度可由式(4.13)计算得到。以此为例，计算传输系数关于 b_i 的梯度为

$$|K(s)| = \frac{|s+ja_1||s+ja_2|\cdots}{|s+jb_1||s+jb_2|\cdots} \tag{4.35}$$

$$\ln|K(s)| = -\ln|s+jb_i| + 其他项$$

所以

$$\frac{1}{|K(s)|}\frac{\partial}{\partial b_i}|K(s)| = -\frac{1}{|s+jb_i|}\cdot\frac{\partial}{\partial b_i}|s+jb_i| + \cdots \tag{4.36}$$

由于 $|s+jb_i| = (s^2+b_i^2)^{1/2}$，计算梯度可得

$$\frac{\partial}{\partial b_i}|K(s)| = -|K(s)|\frac{b_i}{s^2+b_i^2} \tag{4.37}$$

同理，

$$\frac{\partial}{\partial a_i}|K(s)| = |K(s)|\frac{a_i}{s^2+a_i^2} \tag{4.38}$$

将 $\frac{\partial}{\partial a_i}|K(s)|$ 或 $\frac{\partial}{\partial b_i}|K(s)|$ 代入式(4.13)，则有

$$\frac{\partial|t|^2}{\partial a_i} = -2\frac{a_i}{(s^2+a_i^2)}\frac{|K(s)|^2}{[1+|K(s)|^2]^2} \tag{4.39}$$

$$\frac{\partial|t|^2}{\partial b_i} = 2\frac{b_i}{(s^2+b_i^2)}\frac{|K(s)|^2}{[1+|K(s)|^2]^2} \tag{4.40}$$

使用以 dB 为单位的传输和反射损耗来表示以上关系，将式(4.14)和式(4.15)紧凑地写为

$$\frac{\partial T}{\partial a_i} = 20(\lg e)|\rho|^2\frac{a_i}{s^2+a_i^2} \tag{4.41}$$

$$\frac{\partial R}{\partial a_i} = -20(\lg e)|t|^2\frac{a_i}{s^2+a_i^2} \tag{4.42}$$

同理，

$$\frac{\partial T}{\partial b_i} = -20(\lg e)|\rho|^2\frac{b_i}{s^2+b_i^2} \tag{4.43}$$

$$\frac{\partial R}{\partial b_i} = 20(\lg e)|t|^2\frac{b_i}{s^2+b_i^2} \tag{4.44}$$

与对称滤波器相比，不对称滤波器的梯度公式少了一个乘积因子2。其原因主要是不对称情况下使用的是单零点，而对称情况下使用的是零点对。

4.5.1 切比雪夫通带的不对称滤波器

下面来研究一个四阶滤波器，其通带内包含四个有限衰减零点，而通带上边沿外的阻带部分包含两个衰减极点，如图4.6所示。

对于切比雪夫通带和任意形式的阻带，其目标函数为

$$U = |R(1) - R(2)| + |R(2) - R(3)| + |T(4) - T(5) - B_{45}| \tag{4.45}$$

其中 B_{45} 为任意常数，表示 $T(4)$ 和 $T(5)$ 的衰减极小值之差。当阻带为等波纹的时，有 $B_{45}=0$。当滤波器需要 B_{45} 为任意值时，理想情况是选择首个衰减极小点作为关键指标来产生通用设计表（见 3.7 节）。这里是选择通带最近的衰减极点频率来实现的，如同 4.4 节中将任意 B_{34} 值作为产生通用设计表的参数，其优点在于减少了一个优化变量。有时还必须固定两个衰减极点的频率，此情况下的目标函数可以简写为

$$U = |R(1) - R(2)| + |R(2) - R(3)| \tag{4.46}$$

这个目标函数的优化过程非常简单。对 B_{45} 赋值后，也就是给目标函数的优化提供了极好的初值。本例中，b_1 和 b_2 的值分别选择为 1.25 和 1.5。经过优化，等波纹切比雪夫通带的截止频率为 ±1，可以确定其他的关键频率为 −0.8466、0.0255、0.7270 和 0.9757，图 4.7 为其滤波器响应。

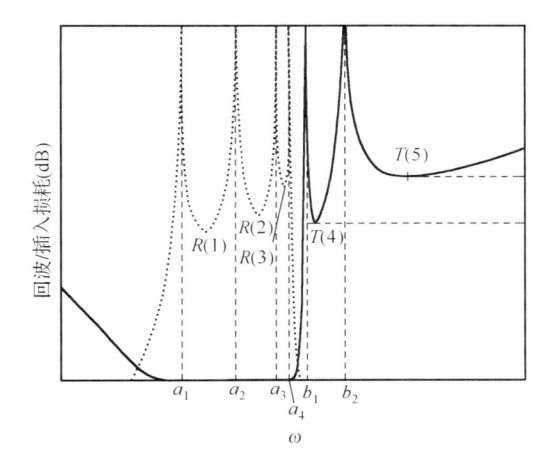

图 4.6　通带外包含两个衰减极点的四阶不对称低通原型滤波器的响应

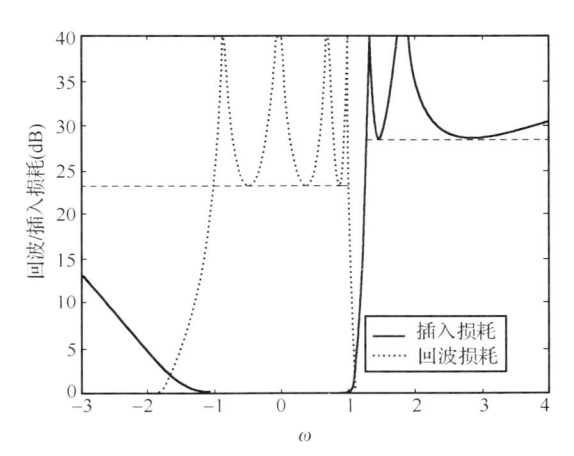

图 4.7　通带外包含两个衰减极点的四阶不对称低通原型滤波器优化的等波纹响应

4.5.2　任意响应的不对称滤波器

为了验证优化方法的灵活性，下面来研究一个包含一对原坐标零点和通带外两个衰减极点的不对称滤波器，如图 4.8 所示。其特征多项式为

$$K(s) = \frac{s^2(s+\mathrm{j}a_1)(s+\mathrm{j}a_2)}{(s+\mathrm{j}b_1)(s+\mathrm{j}b_2)} \tag{4.47}$$

这类滤波器的目标函数可以写为

$$U = |R(1) - R(2) + A_{12}| + |T(3) - T(4) + B_{34}| \tag{4.48}$$

其中，A_{12} 和 B_{34} 为常数，分别用来定义等波纹响应中通带和阻带的差值。$A_{12}=0$ 表示通带为等波纹的，而 $B_{34}=0$ 表示阻带为等波纹的。本例中选择 A_{12} 和 B_{34} 的值为零，并对目标函数进行优化。优化后的频率响应如图 4.9 所示，且表 4.3 列出了优化后的特征多项式系数、衰减极大值和极小值。值得关注的是，此不对称滤波器的截止频率不再关于原型滤波器的零频率点对称，而且通带中心频率必须根据等波纹通带的几何平均值来计算得到。最后，滤波器响应由新的通带中心频率和带宽再次归一化。

表4.3 通带内三个等波纹峰值和通带外两个传输零点的四阶
不对称原型滤波器优化后的关键频率和特征多项式

a_i	b_i	$E(s)$的根	通带内极大衰减值	阻带极小衰减值
−0.745	1.2	−0.8881 − 1.6837j	—	—
0	1.865	−1.4003 − 0.1067j	−0.4963	1.3944
0	∞	−0.6811 + 0.7139j	0.3764	3.2005
0.5	∞	−0.1689 + 0.8315j	—	—

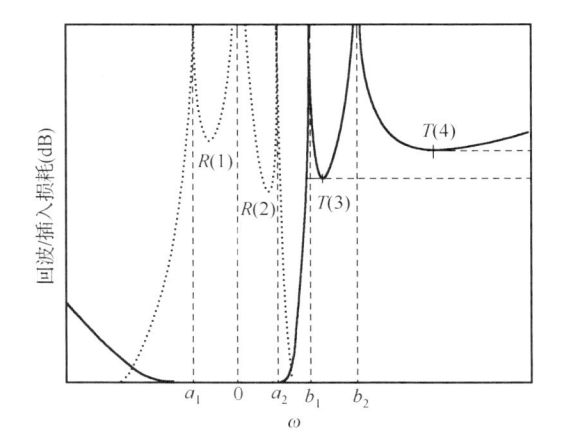

图4.8 通带外包含一对原坐标零点和两个衰减极点的四阶不对称低通原型滤波器响应

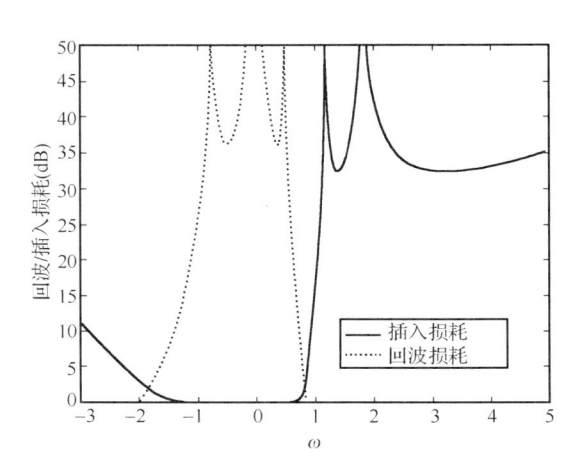

图4.9 通带外包含一对原坐标零点和两个衰减极点的四阶不对称低通原型滤波器优化后的等波纹响应

4.6 线性相位滤波器

用于最小相位滤波器的特征多项式的计算机辅助优化方法,同样也适用于线性相位滤波器,无论是对称的还是不对称的。当线性相位滤波器多项式 $P(s)$ 的零点位置关于实轴对称时,运用式(4.17)很容易将其推导出来。其梯度方程可修改如下:

$$\frac{\partial T}{\partial b_i} = -40(\lg e)|\rho|^2 \frac{b_i}{(s^2 \pm b_i^2)} \tag{4.49}$$

和

$$\frac{\partial R}{\partial b_i} = 40(\lg e)|t|^2 \frac{b_i}{(s^2 \pm b_i^2)} \tag{4.50}$$

式中的负号仅在该线性相位滤波器的零点位于实轴上的 $\pm b_1$ 位置时出现。如3.10节所述,传输函数的复零点是关于虚轴对称分布的。其中一对复零点定义为

$$Q(s) = (s + \sigma_1 \pm j\omega_1)(s - \sigma_1 \pm j\omega_1) = s^2 \pm j2s\omega_1 - (\sigma_1^2 + \omega_1^2) \tag{4.51}$$

单对的复零点将会产生不对称响应,而由4个零点组成的复零点对将会产生对称响应。根据式(4.51),有

$$|Q(s)|^2 = \{(s^2 + \sigma_1^2 + \omega_1^2)^2 - 4s^2\sigma_1^2\} \tag{4.52}$$

$$\frac{\partial |Q(s)|}{\partial \omega_1} = -\frac{2\omega_1(3s^2 - \sigma_1^2 - \omega_1^2)}{|Q(s)|} \tag{4.53}$$

$$\frac{\partial |Q(s)|}{\partial \sigma_1} = -\frac{2\sigma_1(s^2 - \sigma_1^2 - \omega_1^2)}{|Q(s)|} \tag{4.54}$$

使用特征多项式 $K(s)$ 项来表示,可得

$$\frac{\partial}{\partial \sigma_1}|K(s)| = -\frac{|K(s)|}{|Q(s)|} \cdot \frac{\partial |Q(s)|}{\partial \sigma_1}$$

$$\frac{\partial}{\partial \omega_1}|K(s)| = -\frac{|K(s)|}{|Q(s)|} \cdot \frac{\partial |Q(s)|}{\partial \omega_1}$$

最后,以 dB 为单位的传输损耗和反射损耗的梯度为

$$\frac{\partial T}{\partial \sigma_1} = -40(\lg e)|\rho|^2\sigma_1 \frac{(s^2 - \sigma_1^2 - \omega_1^2)}{|Q(s)|^2} \tag{4.55}$$

$$\frac{\partial T}{\partial \omega_1} = -40(\lg e)|t|^2\omega_1 \frac{(3s^2 - \sigma_1^2 - \omega_1^2)}{|Q(s)|^2} \tag{4.56}$$

由于线性相位滤波器需要同时优化幅度和相位(或群延迟)响应,使得求解过程变得极其复杂。实际应用中,通过指定复零点及 jω 轴上的零点,例如 $P(s)$ 的零点,可以加快等波纹通带的优化过程。合理选择 $P(s)$ 的零点,然后修正其值,就能优化特征多项式,从而同时实现理想的幅度和相位响应。

4.7 滤波器函数的关键频率

利用4.6节介绍的优化方法,可以计算出一个八阶低通原型滤波器函数的关键频率,而解析方法不再适用。特征因子 F 作为计算参数包含在以下滤波器函数中:

1. 两个传输零点的衰减极小值相差 10 dB 的八阶通带等波纹滤波器。
2. 一对原坐标零点和两个传输零点的八阶等波纹通带和阻带滤波器。

附录 4A 中列出了计算得到的关键频率。将这些数据添加到通用设计表之后,这些表可作为任意幅度和相位响应的滤波器特征多项式的综合软件的设计指南。

4.8 小结

无耗集总参数低通原型滤波器的传输函数可以完全由它的极点和零点来表征。这种特性特别适合计算机辅助设计技术的应用,关键在于确保优化过程最高效。通过解析方法获得目标函数的梯度,并将其直接与理想幅度响应波形联系起来,就可以实现优化。本章阐述了运用解析梯度推导最常用低通原型滤波器的关键频率的有关问题,其中包括对称或不对称响应的最小和非最小相位滤波器。通过经典切比雪夫和椭圆函数滤波器的几种特例,验证了这种方

法的有效性。这种方法具有普适性,可以广泛应用于任意滤波器响应的特征多项式综合。本章利用几种特殊滤波器的设计示例,说明了这种方法的灵活性。

4.9 参考文献

1. Kowalik, J. and Osbourne, M. R. (1968) *Methods for Unconstrained Optimization Problems*, Elsevier, New York.
2. Bandler, J. W. (1969) Optimization methods for computer-aided design. *IEEE Transactions on Microwave Theory and Techniques*, **17** (8), 533-552.
3. Kudsia, C. M. and Swamy, M. N. S. (1980) Computer-aided optimization of microwave filter networks for space applications. IEEE MTT-S International Microwave Symposium Digest, May 28-30, Washington, DC.

附录 4A 一个特殊的八阶滤波器的关键频率

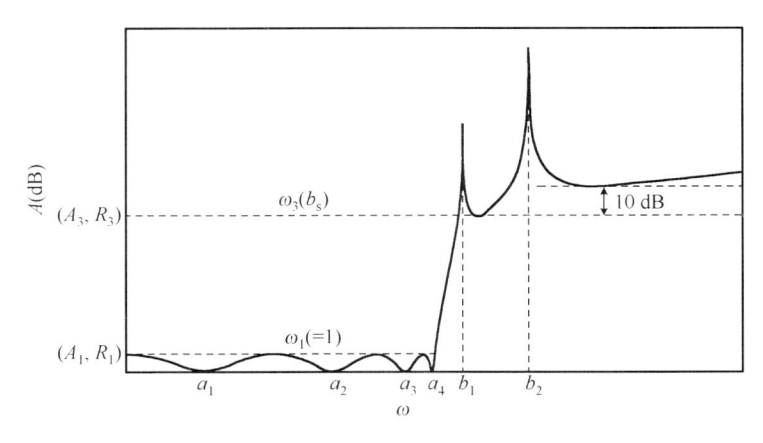

表 4A.1 两个传输零点的衰减极小值相差 10 dB 的八阶通带等波纹滤波器的关键频率和通用设计表

$$K(s) = \frac{(s^2 + a_1^2)(s^2 + a_2^2)(s^2 + a_3^2)(s^2 + a_4^2)}{(s^2 + b_1^2)(s^2 + b_2^2)}$$

a_1	a_2	a_3	a_4	b_1	b_2	b_s	F
0.2702	0.7049	0.9255	0.9938	1.0460	1.2070	1.0384	40
0.2618	0.6885	0.9159	0.9925	1.0664	1.2514	1.0568	45
0.2539	0.6732	0.9067	0.9913	1.0914	1.3037	1.0802	50
0.2403	0.6464	0.8903	0.9891	1.1601	1.4321	1.1437	60
0.2295	0.6250	0.8768	0.9873	1.2520	1.5911	1.2306	70
0.2210	0.6081	0.8660	0.9857	1.3719	1.7876	1.3449	80
0.2147	0.5954	0.8577	0.9846	1.5192	2.0186	1.4860	90
0.2099	0.5857	0.8514	0.9837	1.6972	2.2901	1.6572	100

提示: F 为特征因子(单位为 dB)。 $F = (A_1 + R_3) - (A_3 + R_1) \approx (R_1 + A_3)$。

表 4A.2　一对原坐标零点和两个传输零点的八阶等波纹通带和阻带滤波器的关键频率和通用设计表

$$K(s) = \frac{s^4(s^2+a_1^2)(s^2+a_2^2)}{(s^2+b_1^2)(s^2+b_2^2)}$$

a_1	a_2	b_1	b_2	F
0.9012	0.9926	1.0501	1.1566	40
0.8871	0.9909	1.0734	1.1990	45
0.8742	0.9893	1.1023	1.2473	50
0.8628	0.9878	1.1364	1.3011	55
0.8522	0.9863	1.1774	1.3626	60
0.8429	0.9851	1.2249	1.4315	65
0.8347	0.9839	1.2788	1.5074	70
0.8213	0.9820	1.4057	1.6807	80
0.8109	0.9804	1.5640	1.8911	90
0.8029	0.9793	1.7571	2.1430	100

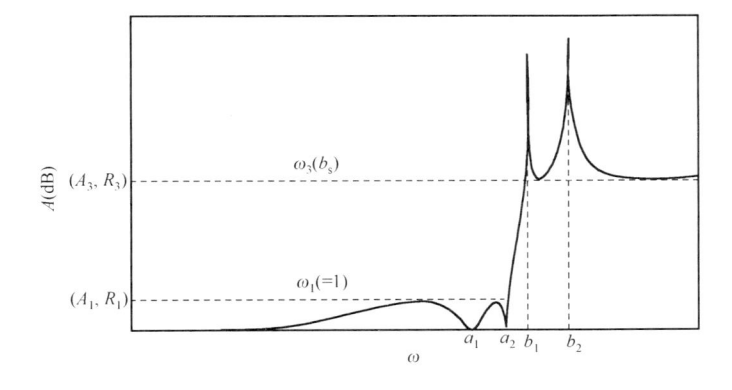

第5章 多端口微波网络的分析

任意滤波器与多工器电路都可以等效为若干多端口子网络的组合。以图 5.1 为例，该电路由一个五端口网络和与之相连的若干二端口网络组成。总电路是一个四信道多工器，其中的五端口网络是连接到 4 个滤波器的公共接头，且每个滤波器又可以看成若干二端口或三端口子网络的级联。本章将讨论各种多端口微波网络矩阵表示法，同时还将给出多种分析线性无源微波电路的方法。这些电路可以表示成任意多端口网络的级联。本章最后通过列举一个三信道多工器示例，一步一步地说明了如何运用这些方法来计算它的总散射矩阵。

网络中最常用的矩阵描述形式包括阻抗矩阵 $[Z]$、导纳矩阵 $[Y]$、$[ABCD]$ 矩阵，以及散射矩阵 $[S]$ 和传输矩阵 $[T]$[1~3]。其中 $[Z]$ 矩阵、$[Y]$ 矩阵和 $[ABCD]$ 矩阵基于集总参数元件来描述网络各端口的电压与电流之间的关系。而散射矩阵 $[S]$ 和传输矩阵 $[T]$ 则描述各端口归一化的入射电压波和反射电压波之间的关系。由于在微波频段，电压与电流无法直接测量，因此 $[Z]$ 矩阵、$[Y]$ 矩阵和 $[ABCD]$ 矩阵通常只能用于描述微波网络等效电路的一些物理特性。然而，$[S]$ 矩阵可以定量测量，在射频设计中它是应用最广泛的参数。无论是基模网络还是高次模网络，均可以轻易地扩展为 $[S]$ 矩阵来描述其特性。此外，不难发现上述各种矩阵参量都是可以相互转换的，可用于描述任意微波网络的特性。因此，熟悉这些矩阵参量的概念，对于理解本书的内容来说至关重要。通过这些矩阵能够更好地理解本章介绍的各种微波滤波器网络分析方法。

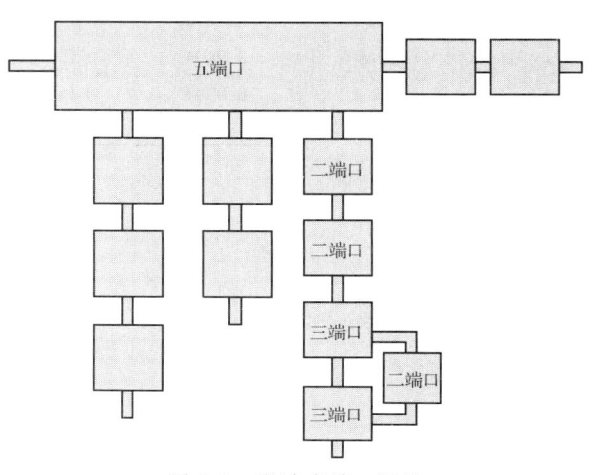

图 5.1 微波多端口网络

5.1 二端口网络的矩阵表示法

5.1.1 阻抗矩阵 $[Z]$ 和导纳矩阵 $[Y]$

下面来看图 5.2 所示的二端口网络。两个端口的电压与电流的关系用 $[Z]$ 矩阵和 $[Y]$ 矩阵表示如下：

$$\begin{bmatrix} V_1 \\ V_2 \end{bmatrix} = \begin{bmatrix} Z_{11} & Z_{12} \\ Z_{21} & Z_{22} \end{bmatrix} \begin{bmatrix} I_1 \\ I_2 \end{bmatrix} \quad (5.1)$$

$$\begin{bmatrix} I_1 \\ I_2 \end{bmatrix} = \begin{bmatrix} Y_{11} & Y_{12} \\ Y_{21} & Y_{22} \end{bmatrix} \begin{bmatrix} V_1 \\ V_2 \end{bmatrix} \quad (5.2)$$

$$[V] = [Z][I] \quad (5.3)$$

图 5.2 二端口微波网络

$$[I] = [Y][V] \tag{5.4}$$

显然，$[Z]$矩阵和$[Y]$矩阵的关系为

$$Z = [Y]^{-1} \tag{5.5}$$

根据以上定义可看出，端口 2 开路时 $I_2 = 0$，端口 1 的输入阻抗为 Z_{11}；当端口 2 短路时 $V_2 = 0$，端口 1 的输入导纳为 Y_{11}。类似地，可以根据式(5.1)和式(5.2)推导出其他参数的物理意义。对于一个无耗的微波网络，

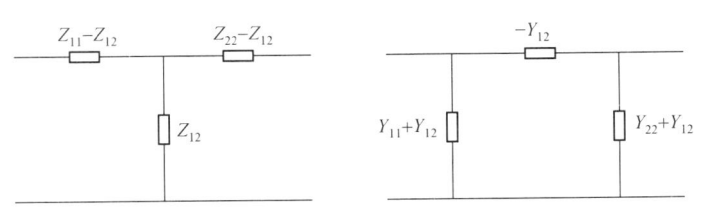

图 5.3 二端口微波网络的等效 T 形网络与等效 π 形网络

$[Z]$矩阵和$[Y]$矩阵的元素为纯虚数。如果一个网络中不含有铁氧体、等离子或有源器件等成分，则该网络是互易的，并满足如下关系：$Z_{12} = Z_{21}$，$Y_{12} = Y_{21}$。

在滤波器设计中，通常使用$[Z]$矩阵和$[Y]$矩阵来描述 T 形或 π 形微波网络的集总参数等效电路，如图 5.3 所示。例如滤波器的耦合膜片，根据其 T 形或 π 形等效电路很容易区分耦合是感性的还是容性的。如第 14 章[①]所述，其等效电路还可以表示邻接谐振器膜片的加载影响。

5.1.2 [ABCD] 矩阵

式(5.6)给定的二端口网络的$[ABCD]$矩阵的示意图，如图 5.4 所示。注意，端口 2 的电流定义为 $-I_2$，表示电流由端口 2 方向流出。根据以上定义可以简单地推导出级联网络的总$[ABCD]$矩阵。对于对称网络，有 $A = D$。且由于网络互易，可知$[ABCD]$矩阵的各参量满足式(5.7)。图 5.5 所示的两个级联网络中，$I_3 = -I_2$，总$[ABCD]$矩阵由两个简单矩阵相乘得到：

$$\begin{bmatrix} V_1 \\ I_1 \end{bmatrix} = \begin{bmatrix} A & B \\ C & D \end{bmatrix} \begin{bmatrix} V_2 \\ -I_2 \end{bmatrix} \tag{5.6}$$

$$AD - CB = 1 \tag{5.7}$$

$$\begin{bmatrix} V_1 \\ I_1 \end{bmatrix} = \begin{bmatrix} A & B \\ C & D \end{bmatrix} \begin{bmatrix} V_2 \\ -I_2 \end{bmatrix}, \quad \begin{bmatrix} V_3 \\ I_3 \end{bmatrix} = \begin{bmatrix} \overline{A} & \overline{B} \\ \overline{C} & \overline{D} \end{bmatrix} \begin{bmatrix} V_4 \\ -I_4 \end{bmatrix} \tag{5.8}$$

则 V_2 和 I_2 与 V_3 和 I_3 关系如下：

$$\begin{bmatrix} V_2 \\ -I_2 \end{bmatrix} = \begin{bmatrix} V_3 \\ I_3 \end{bmatrix} \tag{5.9}$$

将式(5.8)和式(5.9)代入式(5.6)中，可得

$$\begin{bmatrix} V_1 \\ I_1 \end{bmatrix} = \begin{bmatrix} A & B \\ C & D \end{bmatrix} \begin{bmatrix} \overline{A} & \overline{B} \\ \overline{C} & \overline{D} \end{bmatrix} \begin{bmatrix} V_4 \\ -I_4 \end{bmatrix} \tag{5.10}$$

在$[Z]$矩阵与$[ABCD]$矩阵中，令 $I_2 = 0$ 且 $V_2 = 0$，可以求得两者之间的关系如下：

$$\begin{bmatrix} V_1 \\ V_2 \end{bmatrix} = \begin{bmatrix} Z_{11} & Z_{12} \\ Z_{21} & Z_{22} \end{bmatrix} \begin{bmatrix} I_1 \\ I_2 \end{bmatrix} \tag{5.11}$$

[①] 原著的第 14 章在中译本《通信系统微波滤波器——设计与应用篇(第二版)》中。——编者注

$$\begin{bmatrix} V_1 \\ I_1 \end{bmatrix} = \begin{bmatrix} A & B \\ C & D \end{bmatrix} \begin{bmatrix} V_2 \\ -I_2 \end{bmatrix} \tag{5.12}$$

令式(5.11)和式(5.12)中的 $I_2 = 0$,可得

$$V_1 = Z_{11}I_1, \quad V_2 = Z_{21}I_1 \tag{5.13}$$

$$V_1 = AV_2, \quad I_1 = CV_2 \tag{5.14}$$

因此,矩阵中元素 A 和 C 与 $[Z]$ 矩阵中元素的关系如下:

$$C = \frac{I_1}{V_2} = \frac{1}{Z_{21}}, \quad A = \frac{V_1}{V_2} = \frac{Z_{11}}{Z_{21}} \tag{5.15}$$

类似地,令 $V_2 = 0$ 可得

$$B = \frac{Z_{11}Z_{22} - Z_{12}Z_{21}}{Z_{21}}, \quad D = \frac{Z_{22}}{Z_{21}} \tag{5.16}$$

表 5.1 给出了常用微波电路设计中各电路元件的 $[ABCD]$ 矩阵[3]。

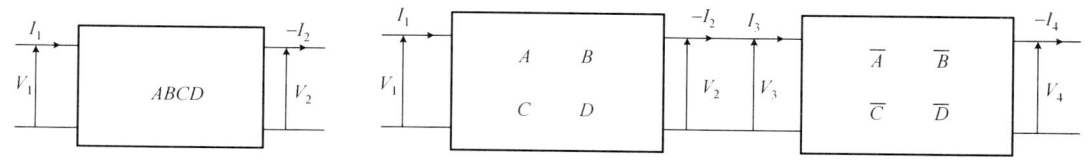

图 5.4 二端口网络的 $[ABCD]$ 示意图   图 5.5 两个级联的二端口网络

表 5.1 常用电路的 $[ABCD]$ 参数

电路元件	ABCD 参数	
Z_0, β	$A = \cos\beta l$ $C = jY_0 \sin\beta l$	$B = jZ_0 \sin\beta l$ $D = \cos\beta l$
Z	$A = 1$ $C = 0$	$B = Z$ $D = 1$
Y	$A = 1$ $C = Y$	$B = 0$ $D = 1$
Y_1, Y_2	$A = 1 + \dfrac{Y_2}{Y_1}$ $C = Y_2$	$B = \dfrac{1}{Y_1}$ $D = 1$
Y_2, Y_1	$A = 1$ $C = Y_1$	$B = \dfrac{1}{Y_2}$ $D = 1 + \dfrac{Y_1}{Y_2}$
Z_1, Z_2, Z_3	$A = 1 + \dfrac{Z_1}{Z_3}$ $C = \dfrac{1}{Z_3}$	$B = Z_1 + Z_2 + \dfrac{Z_1 Z_2}{Z_3}$ $D = 1 + \dfrac{Z_2}{Z_3}$
Y_3, Y_1, Y_2	$A = 1 + \dfrac{Y_2}{Y_3}$ $C = Y_1 + Y_2 + \dfrac{Y_1 Y_2}{Y_3}$	$B = \dfrac{1}{Y_3}$ $D = 1 + \dfrac{Y_1}{Y_3}$
$N:1$	$A = N$ $C = 0$	$B = 0$ $D = \dfrac{1}{N}$

5.1.3 [S]矩阵

矩阵[S]的参数(简称S参数)在微波设计中至关重要,是因为它们的工作频率极高,且易于测量[4~6]。由于S参数的概念简单、分析方便,便于更透彻地理解微波电路理论中射频能量的传输与反射。

图5.6所示二端口网络的散射矩阵[S],其两个端口的归一化入射和反射电压波之间的关系由式(5.17)给出。关于入射(反射)电压波V^+(V^-)与端口的电压V和电流I之间的详细关系可参考其他文献中的介绍[1,4~6]。

$$\begin{bmatrix} V_1^- \\ V_2^- \end{bmatrix} = \begin{bmatrix} S_{11} & S_{12} \\ S_{21} & S_{22} \end{bmatrix} \begin{bmatrix} V_1^+ \\ V_2^+ \end{bmatrix} \quad (5.17)$$

$$V_1^- = S_{11}V_1^+ + S_{12}V_2^+ \quad (5.18)$$

$$V_2^- = S_{21}V_1^+ + S_{22}V_2^+ \quad (5.19)$$

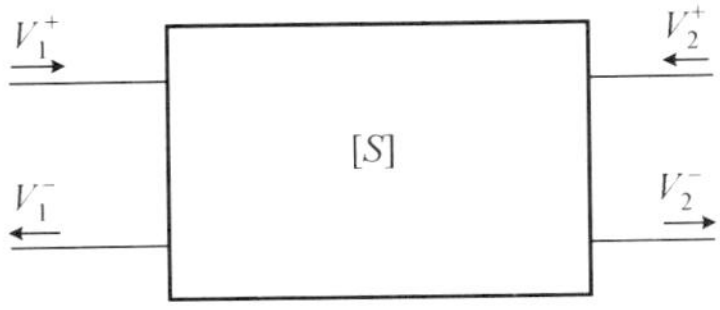

图5.6 二端口网络的[S]矩阵

当端口2接匹配负载时,端口2的入射电压波为零,即$V_2^+ = 0$,

$$V_1^- = S_{11}V_1^+, \quad V_2^- = S_{21}V_1^+ \quad (5.20)$$

由式(5.20)可以看出,端口2接匹配负载时,参数S_{11}表示端口1的反射系数,而S_{21}表示能量从端口1至端口2的传输系数。同理可知,S_{22}表示端口1接匹配负载时端口2的反射系数。也就是说,S参数主要描述了假定所有端口处于匹配的前提下网络自身的特性。当端口失配时,各端口的反射参数也将随之改变。

对于互易网络,有$S_{12} = S_{21}$;且对于无耗网络,矩阵[S]满足幺正条件。令该网络中的平均消耗功率等于零,很容易推导得到此条件。根据能量守恒条件,网络的入射功率与经过该网络的输出功率相等,可写为

$$[V^+]_t[V^+]^* = [V^-]_t[V^-]^* \quad (5.21)$$

其中[V^-]和[V^+]为列向量,[ ]*表示复共轭,且[ ]$_t$表示矩阵的转置:

$$[V^+]_t[V^+]^* = \{[S][V^+]\}_t \cdot \{[S][V^+]\}^* \quad (5.22)$$

$$[V^+]_t[V^+]^* = [V^+]_t[S]_t[S]^*[V^+]^* \quad (5.23)$$

$$0 = [V^+]_t \cdot \{[U] - [S]_t[S]^*\}[V^+]^* \quad (5.24)$$

式(5.24)仅当满足下列条件时成立:

$$[S]_t[S]^* = [U] \quad (5.25)$$

上式称为幺正条件,其中[U]为单位矩阵。式(5.25)表示[S]的转置矩阵与其复共轭的乘积等于单位矩阵[U]。对于一个二端口网络,可以写成如下矩阵形式:

$$\begin{bmatrix} S_{11} & S_{21} \\ S_{12} & S_{22} \end{bmatrix} \begin{bmatrix} S_{11}^* & S_{12}^* \\ S_{21}^* & S_{22}^* \end{bmatrix} = \begin{bmatrix} 1 & 0 \\ 0 & 1 \end{bmatrix} \quad (5.26)$$

$$|S_{11}|^2 + |S_{21}|^2 = 1 \quad (5.27)$$

$$|S_{12}|^2 + |S_{22}|^2 = 1 \quad (5.28)$$

$$S_{11}S_{12}^* + S_{21}S_{22}^* = 0 \quad (5.29)$$

运用式(5.17)来定义S参数[1],需要假定所有端口的特征阻抗相等,这适用于大多数电路。然而,当端口的特征阻抗不相等时,必须使用归一化的入射和反射电压波来定义散射矩阵。其

归一化过程如下：

$$a_1 = \frac{V_1^+}{\sqrt{Z_{01}}}, \quad a_2 = \frac{V_2^+}{\sqrt{Z_{02}}} \tag{5.30}$$

$$b_1 = \frac{V_1^-}{\sqrt{Z_{01}}}, \quad b_2 = \frac{V_2^-}{\sqrt{Z_{02}}} \tag{5.31}$$

则散射矩阵的广义形式可定义为[1,4~6]

$$\begin{bmatrix} b_1 \\ b_2 \end{bmatrix} = \begin{bmatrix} S_{11} & S_{12} \\ S_{21} & S_{22} \end{bmatrix} \begin{bmatrix} a_1 \\ a_2 \end{bmatrix} \tag{5.32}$$

为了说明网络在不同特征阻抗情况下归一化的重要意义，下面通过两个示例来看两个端口之间并联导纳 jB 的网络散射矩阵的计算过程。在第一个示例中，两个端口的特征阻抗相同；在第二个示例中，两个端口的特征阻抗不同。

例 5.1 参考图 5.7。

当端口 2 的负载为特征导纳 Y_0 时，从输入端看进去的负载为 $Y_L = jB + Y_0$，因此输入端的反射系数 Γ 等于 S_{11}，其给定为

$$S_{11} = \Gamma = \frac{Y_0 - Y_L}{Y_0 + Y_L} \tag{5.33}$$

$$S_{11} = \frac{Y_0 - (Y_0 + jB)}{2Y_0 + jB} = \frac{-jB}{2Y_0 + jB} \tag{5.34}$$

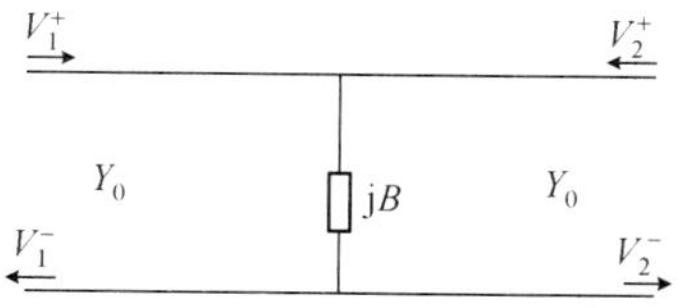

由于并联电路中端口 1 的电压 V_1 等于端口 2 的电压 V_2，因此端口电压 V_1 和 V_2 与入射和反射电压的关系如下：

$$V_1 = V_1^+ + V_1^-, \quad V_2 = V_2^- \tag{5.35}$$

图 5.7 端接相同特征阻抗的二端口并联导纳网络

注意，当端口 2 接匹配负载时，有 $V_2^+ = 0$，因此

$$V_1^+ + V_1^- = V_2^- \tag{5.36}$$

$$[1 + S_{11}]V_1^+ = V_2^- \tag{5.37}$$

$$S_{21} = \frac{V_2^-}{V_1^+} = [1 + S_{11}] = \frac{2Y_0}{2Y_0 + jB} \tag{5.38}$$

类似地，假设端口 1 接匹配负载，则 S 参数可以表示为

$$S_{22} = \frac{-jB}{2Y_0 + jB}, \quad S_{12} = \frac{2Y_0}{2Y_0 + jB} \tag{5.39}$$

注意，网络是互易的，因此 $S_{12} = S_{21}$；网络是对称的，因此 $S_{11} = S_{22}$。

例 5.2 参考图 5.8。

首先假设端口 2 接匹配负载，其导纳为 Y_{02}，因此 S_{11} 由下式给出：

$$S_{11} = \frac{V_1^-}{V_1^+} = \frac{Y_{01} - (jB + Y_{02})}{Y_{01} + (jB + Y_{02})} \tag{5.40}$$

$$S_{11} = \frac{Y_{01} - jB - Y_{02}}{Y_{01} + jB + Y_{02}} \tag{5.41}$$

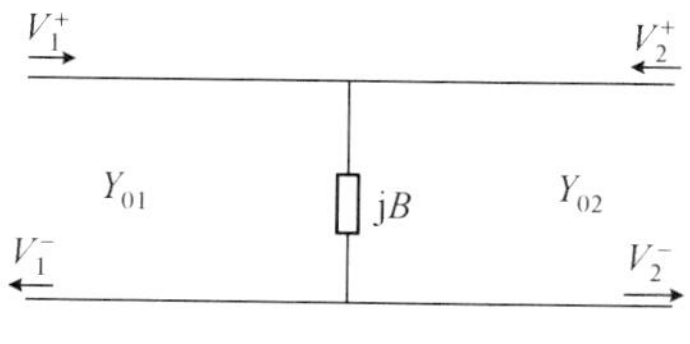

图 5.8 端接不同特征阻抗的二端口并联导纳网络

接下来运用与例 5.1 相同的方法，根据两个端口的电压推导 S 参数如下：

$$V_1^+ + V_1^- = V_2^- \Rightarrow [1 + S_{11}] = S_{21} \tag{5.42}$$

$$S_{21} = \frac{V_2^-}{V_1^+} = 1 + \frac{Y_{01} - jB - Y_{02}}{Y_{01} + jB + Y_{02}} = \frac{2Y_{01}}{Y_{01} + jB + Y_{02}} \tag{5.43}$$

类似地，当端口 1 接匹配负载时，运用相同的方法推导出 S_{22} 和 S_{12} 的表达式如下：

$$S_{22} = \frac{V_2^-}{V_2^+} = \frac{Y_{02} - jB - Y_{01}}{Y_{01} + jB + Y_{02}} \tag{5.44a}$$

$$S_{12} = \frac{V_1^-}{V_2^+} = \frac{2Y_{02}}{Y_{01} + jB + Y_{02}} \tag{5.44b}$$

注意，此时即便是互易电路，倘若使用未归一化的入射和反射电压波求解，其结果将违反互易条件。但是，使用归一化的电压波计算，如下所示，可以获得正确的结果。当端口 2 接匹配负载时，式(5.43)归一化后可修正为

$$S_{21} = \frac{V_2^-/\sqrt{Z_{02}}}{V_1^+/\sqrt{Z_{01}}} = \frac{V_2^-}{V_1^+}\sqrt{\frac{Z_{01}}{Z_{02}}} \tag{5.45}$$

$$S_{21} = \frac{2\sqrt{Y_{01}Y_{02}}}{Y_{01} + jB + Y_{02}} \tag{5.46}$$

类似地，当端口 2 接匹配负载时，式(5.45)可修改为

$$S_{12} = \frac{V_1^-/\sqrt{Z_{01}}}{V_2^+/\sqrt{Z_{02}}} = \frac{V_1^-}{V_2^+}\sqrt{\frac{Z_{02}}{Z_{01}}} \tag{5.47}$$

$$S_{12} = \frac{2\sqrt{Y_{01}Y_{02}}}{Y_{01} + jB + Y_{02}} \tag{5.48}$$

注意，此时由于使用了归一化的入射和反射电压波，所得到的 S 参数满足互易条件。以上示例着重指出，当端口的特征阻抗不同时，端口电压波进行归一化的重要性。

根据端口的电压和电流与入射和反射电压波的关系，可推导出矩阵 $[S]$ 和矩阵 $[Z]$ 的关系：

$$[V^-] = [S][V^+] \tag{5.49}$$

$$[V] = [Z][I] \tag{5.50}$$

运用传输线理论[1,3]，且假设所有端口的特征阻抗为 1，可得

$$[V] = [V^+] + [V^-] \tag{5.51}$$

$$[I] = ([V^+] - [V^-]) \tag{5.52}$$

$$[V^+] = \frac{1}{2}([V] + [I]) \Rightarrow \quad [V^+] = \frac{1}{2}([Z] + [U])[I] \tag{5.53}$$

$$[V^-] = \frac{1}{2}([V] - [I]) \Rightarrow \quad [V^-] = \frac{1}{2}([Z] - [U])[I] \tag{5.54}$$

$$[V^-] = ([Z] - [U])([Z] + [U])^{-1}[V^+] \tag{5.55}$$

$$[S] = ([Z] - [U])([Z] + [U])^{-1} \tag{5.56}$$

类似地，散射矩阵 $[S]$ 与导纳矩阵 $[Y]$ 之间的关系如下：

$$[S] = ([U] - [Y])([U] + [Y])^{-1} \tag{5.57}$$

相反地，阻抗矩阵$[Z]$与导纳矩阵$[Y]$可以用散射矩阵$[S]$来表示

$$[Z] = ([U] + [S])([U] - [S])^{-1} \tag{5.58}$$

$$[Y] = ([U] - [S])([U] + [S])^{-1} \tag{5.59}$$

这些公式仅当所有端口的特征阻抗都相同时才适用。通常情况下，当端口的特征阻抗不相同时，如下关系成立[2]：

$$[S] = [\sqrt{Y_0}]([Z] - [Z_0])([Z] + [Z_0])^{-1}[\sqrt{Z_0}] \tag{5.60}$$

$$[S] = [\sqrt{Z_0}]([Y_0] - [Y])([Y_0] + [Y])^{-1}[\sqrt{Y_0}] \tag{5.61}$$

$$[Z] = [\sqrt{Z_0}]([U] + [S])([U] - [S])^{-1}[\sqrt{Z_0}] \tag{5.62}$$

$$[Y] = [\sqrt{Y_0}]([U] - [S])([U] + [S])^{-1}[\sqrt{Y_0}] \tag{5.63}$$

其中

$$[Z_0] = \begin{bmatrix} Z_{01} & 0 \\ 0 & Z_{02} \end{bmatrix} \tag{5.64}$$

$$[Y_0] = \begin{bmatrix} Y_{01} & 0 \\ 0 & Y_{02} \end{bmatrix} \tag{5.65}$$

$$[\sqrt{Z_0}] = \begin{bmatrix} \sqrt{Z_{01}} & 0 \\ 0 & \sqrt{Z_{02}} \end{bmatrix} \tag{5.66}$$

$$[\sqrt{Y_0}] = \begin{bmatrix} \sqrt{Y_{01}} & 0 \\ 0 & \sqrt{Y_{02}} \end{bmatrix} \tag{5.67}$$

5.1.4 传输矩阵 $[T]$

另一个由端口的入射和反射电压波表示的矩阵称为传输矩阵$[T]$（见图5.9），由下式定义：

$$\begin{bmatrix} V_1^+ \\ V_1^- \end{bmatrix} = \begin{bmatrix} T_{11} & T_{12} \\ T_{21} & T_{22} \end{bmatrix} \begin{bmatrix} V_2^- \\ V_2^+ \end{bmatrix} \tag{5.68}$$

矩阵$[T]$和矩阵$[ABCD]$作用类似，只需将两个矩阵简单相乘，计算得到级联网络总的传输矩阵。对于互易网络，矩阵$[T]$的行列式等于1，即

$$T_{11}T_{22} - T_{12}T_{21} = 1 \tag{5.69}$$

考虑图5.10所示的两个级联的网络，其总矩阵$[T]$给定为

$$\begin{bmatrix} V_1^+ \\ V_1^- \end{bmatrix} = \begin{bmatrix} T_{11} & T_{12} \\ T_{21} & T_{22} \end{bmatrix} \begin{bmatrix} V_2^- \\ V_2^+ \end{bmatrix}, \quad \begin{bmatrix} V_3^+ \\ V_3^- \end{bmatrix} = \begin{bmatrix} \overline{T}_{11} & \overline{T}_{12} \\ \overline{T}_{21} & \overline{T}_{22} \end{bmatrix} \begin{bmatrix} V_4^- \\ V_4^+ \end{bmatrix} \tag{5.70}$$

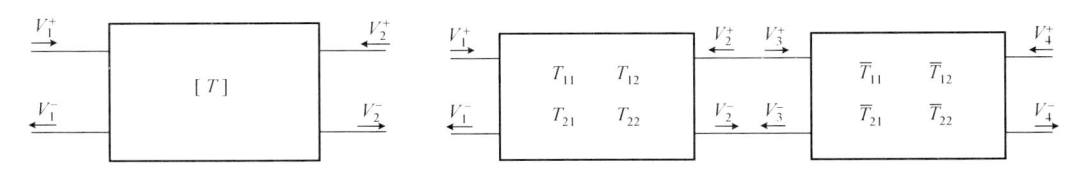

图5.9 二端口网络的$[T]$矩阵   图5.10 两个二端口网络的级联

$$\begin{bmatrix} V_1^+ \\ V_1^- \end{bmatrix} = \begin{bmatrix} T_{11} & T_{12} \\ T_{21} & T_{22} \end{bmatrix} \begin{bmatrix} \overline{T}_{11} & \overline{T}_{12} \\ \overline{T}_{21} & \overline{T}_{22} \end{bmatrix} \begin{bmatrix} V_4^- \\ V_4^+ \end{bmatrix} \tag{5.71}$$

矩阵$[S]$和矩阵$[T]$与电压V_2^+和V_2^-之间的关系表示为

$$\begin{bmatrix} V_1^- \\ V_2^- \end{bmatrix} = \begin{bmatrix} S_{11} & S_{12} \\ S_{21} & S_{22} \end{bmatrix} \begin{bmatrix} V_1^+ \\ V_2^+ \end{bmatrix} \tag{5.72a}$$

$$\begin{bmatrix} V_1^+ \\ V_1^- \end{bmatrix} = \begin{bmatrix} T_{11} & T_{12} \\ T_{21} & T_{22} \end{bmatrix} \begin{bmatrix} V_2^- \\ V_2^+ \end{bmatrix} \tag{5.72b}$$

令$V_2^+ = 0$,由矩阵$[S]$可得

$$V_1^- = S_{11} V_1^+, \quad V_2^- = S_{21} V_1^+ \tag{5.73}$$

由矩阵$[T]$可得

$$V_1^+ = T_{11} V_2^-, \quad V_1^- = T_{21} V_2^- \tag{5.74}$$

利用式(5.73)和式(5.74),可得

$$T_{11} = \frac{1}{S_{21}} \tag{5.75a}$$

$$T_{21} = \frac{S_{11}}{S_{21}} \tag{5.75b}$$

令式(5.72a)和式(5.72b)中的$V_2^- = 0$,因此有

$$V_1^- = S_{11} V_1^+ + S_{12} V_2^+ \tag{5.76}$$

$$0 = S_{21} V_1^+ + S_{22} V_2^+ \tag{5.77}$$

$$V_1^+ = T_{12} V_2^+ \tag{5.78}$$

$$V_1^- = T_{22} V_2^+ \tag{5.79}$$

根据式(5.77)和式(5.78),可得

$$T_{12} = -\frac{S_{22}}{S_{21}} \tag{5.80}$$

将式(5.80)代入式(5.78),并运用式(5.76),可得

$$V_1^- = -\frac{S_{11} S_{22}}{S_{21}} V_2^+ + S_{12} V_2^+ \tag{5.81}$$

$$T_{22} = \frac{V_1^-}{V_2^+} = S_{12} - \frac{S_{11} S_{22}}{S_{21}} \tag{5.82}$$

类似地,还可得

$$S_{11} = \frac{T_{21}}{T_{11}} \tag{5.83}$$

$$S_{12} = T_{22} - \frac{T_{21} T_{12}}{T_{11}} \tag{5.84}$$

$$S_{21} = \frac{1}{T_{11}} \tag{5.85}$$

$$S_{22} = -\frac{T_{12}}{T_{11}} \tag{5.86}$$

表5.2 总结了矩阵$[Z]$、矩阵$[Y]$、矩阵$[ABCD]$与矩阵$[S]$之间的关系[3]。

表5.2 矩阵$[Z]$、矩阵$[Y]$、矩阵$[ABCD]$与矩阵$[S]$之间的关系

	S	Z	Y	ABCD
S_{11}	S_{11}	$\dfrac{(Z_{11}-Z_0)(Z_{22}+Z_0)-Z_{12}Z_{21}}{(Z_{11}+Z_0)(Z_{22}+Z_0)-Z_{12}Z_{21}}$	$-\dfrac{(Y_{11}-Y_0)(Y_{22}+Y_0)-Y_{12}Y_{21}}{(Y_{11}+Y_0)(Y_{22}+Y_0)-Y_{12}Y_{21}}$	$\dfrac{A+B/Z_0-CZ_0-D}{A+B/Z_0+CZ_0+D}$
S_{12}	S_{12}	$\dfrac{2Z_{12}Z_0}{(Z_{11}+Z_0)(Z_{22}+Z_0)-Z_{12}Z_{21}}$	$-\dfrac{2Y_{12}Y_0}{(Y_{11}+Y_0)(Y_{22}+Y_0)-Y_{12}Y_{21}}$	$\dfrac{2(AD-BC)}{A+B/Z_0+CZ_0+D}$
S_{21}	S_{21}	$\dfrac{2Z_{21}Z_0}{(Z_{11}+Z_0)(Z_{22}+Z_0)-Z_{12}Z_{21}}$	$-\dfrac{2Y_{21}Y_0}{(Y_{11}+Y_0)(Y_{22}+Y_0)-Y_{12}Y_{21}}$	$\dfrac{2}{A+B/Z_0+CZ_0+D}$
S_{22}	S_{22}	$\dfrac{(Z_{11}+Z_0)(Z_{22}-Z_0)-Z_{12}Z_{21}}{(Z_{11}+Z_0)(Z_{22}+Z_0)-Z_{12}Z_{21}}$	$-\dfrac{(Y_{11}+Y_0)(Y_{22}-Y_0)-Y_{12}Y_{21}}{(Y_{11}+Y_0)(Y_{22}+Y_0)-Y_{12}Y_{21}}$	$\dfrac{-A+B/Z_0-CZ_0+D}{A+B/Z_0+CZ_0+D}$
Z_{11}	$Z_0\dfrac{(1+S_{11})(1-S_{22})+S_{12}S_{21}}{(1-S_{11})(1-S_{22})-S_{12}S_{21}}$	Z_{11}	$\dfrac{Y_{22}}{Y_{11}Y_{22}-Y_{12}Y_{21}}$	$\dfrac{A}{C}$
Z_{12}	$Z_0\dfrac{2S_{12}}{(1-S_{11})(1-S_{22})-S_{12}S_{21}}$	Z_{12}	$\dfrac{-Y_{12}}{Y_{11}Y_{22}-Y_{12}Y_{21}}$	$\dfrac{AD-BC}{C}$
Z_{21}	$Z_0\dfrac{2S_{21}}{(1-S_{11})(1-S_{22})-S_{12}S_{21}}$	Z_{21}	$\dfrac{-Y_{21}}{Y_{11}Y_{22}-Y_{12}Y_{21}}$	$\dfrac{1}{C}$
Z_{22}	$Z_0\dfrac{(1-S_{11})(1+S_{22})+S_{12}S_{21}}{(1-S_{11})(1-S_{22})-S_{12}S_{21}}$	Z_{22}	$\dfrac{Y_{11}}{Y_{11}Y_{22}-Y_{12}Y_{21}}$	$\dfrac{D}{C}$
Y_{11}	$Y_0\dfrac{(1-S_{11})(1+S_{22})+S_{12}S_{21}}{(1+S_{11})(1+S_{22})-S_{12}S_{21}}$	$\dfrac{Z_{22}}{Z_{11}Z_{22}-Z_{12}Z_{21}}$	Y_{11}	$\dfrac{D}{B}$
Y_{12}	$Y_0\dfrac{-2S_{12}}{(1+S_{11})(1+S_{22})-S_{12}S_{21}}$	$\dfrac{-Z_{12}}{Z_{11}Z_{22}-Z_{12}Z_{21}}$	Y_{12}	$\dfrac{BC-AD}{B}$
Y_{21}	$Y_0\dfrac{-2S_{21}}{(1+S_{11})(1+S_{22})-S_{12}S_{21}}$	$\dfrac{-Z_{21}}{Z_{11}Z_{22}-Z_{12}Z_{21}}$	Y_{21}	$\dfrac{-1}{B}$
Y_{22}	$Y_0\dfrac{(1+S_{11})(1-S_{22})+S_{12}S_{21}}{(1+S_{11})(1+S_{22})-S_{12}S_{21}}$	$\dfrac{Z_{11}}{Z_{11}Z_{22}-Z_{12}Z_{21}}$	Y_{22}	$\dfrac{A}{B}$
A	$\dfrac{(1+S_{11})(1-S_{22})+S_{12}S_{21}}{2S_{21}}$	$\dfrac{Z_{11}}{Z_{21}}$	$-\dfrac{Y_{22}}{Y_{21}}$	A
B	$Z_0\dfrac{(1+S_{11})(1+S_{22})-S_{12}S_{21}}{2S_{21}}$	$\dfrac{Z_{11}Z_{22}-Z_{12}Z_{21}}{Z_{21}}$	$-\dfrac{1}{Y_{21}}$	B
C	$\dfrac{1}{Z_0}\dfrac{(1-S_{11})(1-S_{22})-S_{12}S_{21}}{2S_{21}}$	$\dfrac{1}{Z_{21}}$	$-\dfrac{Y_{11}Y_{22}-Y_{12}Y_{21}}{Y_{21}}$	C
D	$\dfrac{(1-S_{11})(1+S_{22})+S_{12}S_{21}}{2S_{21}}$	$\dfrac{Z_{22}}{Z_{21}}$	$-\dfrac{Y_{11}}{Y_{21}}$	D

$T_{11} = 1/S_{21}$, $T_{12} = -S_{22}/S_{21}$, $T_{21} = S_{11}/S_{21}$, $T_{22} = (S_{12}S_{21} - S_{11}S_{22})/S_{21}$

$S_{11} = T_{21}/T_{11}$, $S_{12} = (T_{11}T_{22} - T_{12}T_{21})/T_{11}$, $S_{21} = 1/T_{11}$, $S_{22} = -T_{12}/T_{11}$

5.1.5 二端口网络的分析

考虑图5.11所示的二端口网络。如果端口2接一个负载,那么该网络就简化成一个单端口网络。此端口的输入阻抗或反射系数,根据二端口网络的散射矩阵及终端负载的反射系数理论,计算可得

$$V_1^- = S_{11}V_1^+ + S_{12}V_2^+ \tag{5.87}$$

$$V_2^- = S_{21}V_1^+ + S_{22}V_2^+ \tag{5.88}$$

输出端的反射系数给定为

$$\Gamma = \frac{Z_L - Z_0}{Z_L + Z_0} = \frac{V_2^+}{V_2^-} \tag{5.89}$$

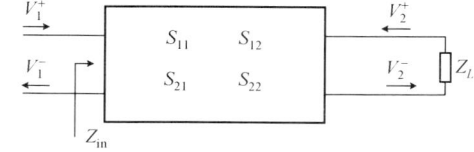

图 5.11 端接负载 Z_L 的二端口网络

将式(5.89)代入式(5.88)，V_2^+ 由 V_1^+ 表示为

$$V_2^+ = \Gamma V_2^- = \Gamma S_{21}V_1^+ + \Gamma S_{22}V_2^+ \tag{5.90}$$

$$(1 - \Gamma S_{22})V_2^+ = \Gamma S_{21}V_1^+ \tag{5.91}$$

$$V_2^+ = \frac{\Gamma S_{21}}{1 - \Gamma S_{22}}V_1^+ \tag{5.92}$$

$$V_1^- = S_{11}V_1^+ + \frac{S_{12}\Gamma S_{21}}{1 - \Gamma S_{22}}V_1^+ \tag{5.93}$$

因此端口 1 的反射系数和输入阻抗可以表示为

$$\Gamma_{in} = \frac{V_1^-}{V_1^+} \tag{5.94}$$

$$\Gamma_{in} = S_{11} + \frac{S_{12}\Gamma S_{21}}{1 - \Gamma S_{22}} \tag{5.95}$$

$$Z_{in} = \frac{1 + \Gamma_{in}}{1 - \Gamma_{in}} \tag{5.96}$$

图 5.12 所示两端外接传输线段的二端口网络(即二端口网络的参考面外移)的散射矩阵计算如下：

$$\begin{bmatrix} V_1^- \\ V_2^- \end{bmatrix} = [S] \begin{bmatrix} V_1^+ \\ V_2^+ \end{bmatrix} \tag{5.97}$$

$$\begin{bmatrix} V_1^- \\ V_2^- \end{bmatrix} = \begin{bmatrix} e^{j\theta_1} & 0 \\ 0 & e^{j\theta_2} \end{bmatrix} \begin{bmatrix} W_1^- \\ W_2^- \end{bmatrix} \tag{5.98}$$

$$\begin{bmatrix} V_1^+ \\ V_2^+ \end{bmatrix} = \begin{bmatrix} e^{-j\theta_1} & 0 \\ 0 & e^{-j\theta_2} \end{bmatrix} \begin{bmatrix} W_1^+ \\ W_2^+ \end{bmatrix} \tag{5.99}$$

将式(5.98)和式(5.99)代入式(5.97)，可得

$$\begin{bmatrix} W_1^- \\ W_2^- \end{bmatrix} = \begin{bmatrix} e^{-j\theta_1} & 0 \\ 0 & e^{-j\theta_2} \end{bmatrix} [S] \begin{bmatrix} e^{-j\theta_1} & 0 \\ 0 & e^{-j\theta_2} \end{bmatrix} \begin{bmatrix} W_1^+ \\ W_2^+ \end{bmatrix} \tag{5.100}$$

因此，图 5.13 所示整个网络的总矩阵 $[S]$ 给定为

$$\begin{bmatrix} e^{-j\theta_1} & 0 \\ 0 & e^{-j\theta_2} \end{bmatrix} [S] \begin{bmatrix} e^{-j\theta_1} & 0 \\ 0 & e^{-j\theta_2} \end{bmatrix} \tag{5.101}$$

图 5.12 参考面外移的二端口网络

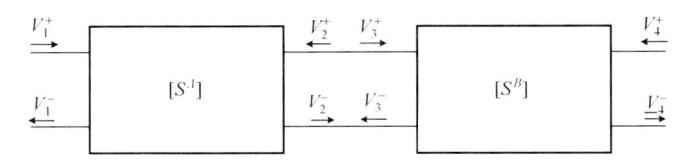

图 5.13 两个级联的二端口网络

5.2 两个网络的级联

可用于级联网络的分析方法有许多，首先来看 S 参量分析方法例子的直接运用。级联网络总的散射矩阵 $[S^{级联}]$ 可以由两个网络的散射矩阵 $[S^A]$ 和 $[S^B]$ 得到：

$$V_1^- = S_{11}^A V_1^+ + S_{12}^A V_2^+ \tag{5.102}$$

$$V_2^- = S_{21}^A V_1^+ + S_{22}^A V_2^+ \tag{5.103}$$

$$V_3^- = S_{11}^B V_3^+ + S_{12}^B V_4^+ \tag{5.104}$$

$$V_4^- = S_{21}^B V_3^+ + S_{22}^B V_4^+ \tag{5.105}$$

从图 5.13 中还可以得到

$$V_2^+ = V_3^- \tag{5.106}$$

$$V_2^- = V_3^+ \tag{5.107}$$

分别对式(5.102)至式(5.107)进行求解，则反射电压波 V_1^- 和 V_4^- 与入射电压波 V_1^+ 和 V_4^+ 的关系表示如下：

$$\begin{bmatrix} V_1^- \\ V_4^- \end{bmatrix} = [S^{级联}] \begin{bmatrix} V_1^+ \\ V_4^+ \end{bmatrix} \tag{5.108}$$

其中，

$$S_{11}^{级联} = S_{11}^A + \frac{S_{12}^A S_{11}^B S_{21}^A}{1 - S_{22}^A S_{11}^B} \tag{5.109}$$

$$S_{12}^{级联} = \frac{S_{12}^A S_{12}^B}{1 - S_{22}^A S_{11}^B} \tag{5.110}$$

$$S_{21}^{级联} = \frac{S_{21}^A S_{21}^B}{1 - S_{22}^A S_{11}^B} \tag{5.111}$$

$$S_{22}^{级联} = S_{22}^B + \frac{S_{21}^B S_{22}^A S_{12}^B}{1 - S_{22}^A S_{11}^B} \tag{5.112}$$

在分析对称网络时，可以利用对称性来简化分析过程。如图 5.14 所示的对称网络，可以等效为一个奇模对称网络与一个偶模对称网络的叠加。因此，通过分别设置理想电壁(即将电路短路)和理想磁壁(即将电路开路)，只需要针对一半电路进行分析，就可以完成对整个网络的分析。

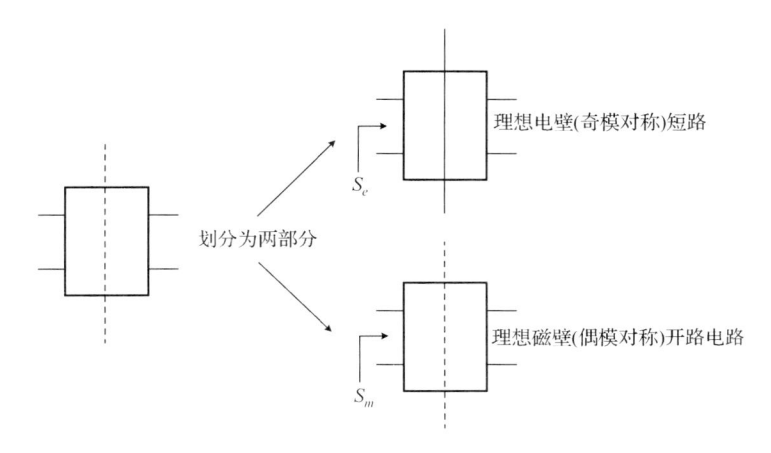

图 5.14　二端口对称网络划分为奇模对称网络和偶模对称网络

通过计算简化电路的两个反射系数 S_e 和 S_m，整个电路的散射矩阵可以写为

$$S_{11} = \frac{1}{2}[S_m + S_e] = S_{22} \tag{5.113}$$

$$S_{12} = \frac{1}{2}[S_m - S_e] = S_{21} \tag{5.114}$$

图 5.15 给出了上面两个公式的推导过程。对称网络可以等效为两个网络的叠加，其中一个为奇模激励：$V_1^+ = V/2$，$V_2^+ = -V/2$；另一个为偶模激励：$V_1^+ = V/2$，$V_2^+ = V/2$。在这两种激励条件下，对称面分别等效为电壁与磁壁。注意，两个网络叠加之后，总的激励与原网络是一致的，即 $V_1^+ = V$，$V_2^+ = 0$。另外，对于两个网络同时激励的反射信号与传输信号，经过叠加后可计算得到总网络信号的 S_{11} 和 S_{21} 如下：

$$V_R = \frac{V}{2}S_e + \frac{V}{2}S_m = \frac{V}{2}(S_e + S_m) \tag{5.115}$$

$$V_T = \frac{V}{2}(S_m - S_e) \tag{5.116}$$

$$S_{11} = \frac{V_R}{V} = \frac{1}{2}[S_e + S_m] \tag{5.117}$$

$$S_{21} = \frac{V_T}{V} = \frac{1}{2}[S_m - S_e] \tag{5.118}$$

例 5.1　考虑图 5.16 所示的四个级联的网络，计算总散射矩阵。假设整个网络由子网络 SX 和 SY 级联而成，其中

$$SX = \begin{pmatrix} \frac{1}{3} + j\frac{2}{3} & j\frac{2}{3} \\ j\frac{2}{3} & \frac{1}{3} - j\frac{2}{3} \end{pmatrix}, \quad SY = \begin{pmatrix} \frac{1}{3} - j\frac{2}{3} & j\frac{2}{3} \\ j\frac{2}{3} & \frac{1}{3} + j\frac{2}{3} \end{pmatrix}$$

解：互连的无耗传输线的矩阵 $[S]$ 可写为

$$S = \begin{pmatrix} 0 & e^{-j\theta} \\ e^{-j\theta} & 0 \end{pmatrix} = \begin{pmatrix} 0 & e^{-j\beta\ell} \\ e^{-j\beta\ell} & 0 \end{pmatrix}$$

对于长度为 0.3λ 的传输线，$\theta = (2\pi/\lambda) \cdot (0.3\lambda) = 0.6\pi$；而对于 0.4λ 的传输线则有

$$\theta = \frac{2\pi}{\lambda} \cdot (0.4\lambda) = 0.8\pi$$

$$S_{0.3\lambda} = \begin{pmatrix} 0 & e^{-j(0.6\pi)} \\ e^{-j(0.6\pi)} & 0 \end{pmatrix}, \quad S_{0.4\lambda} = \begin{pmatrix} 0 & e^{-j(0.8\pi)} \\ e^{-j(0.8\pi)} & 0 \end{pmatrix}$$

本例中的总网络可以运用多种方法来分析,这里将使用四种不同的方法来求解。

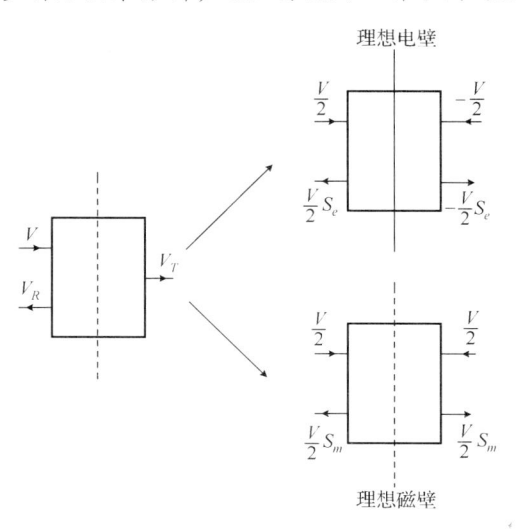

图 5.15 二端口对称网络的叠加原理应用

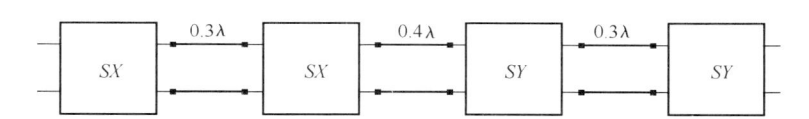

图 5.16 四个级联的二端口网络

方法 1 使用 $[ABCD]$ 矩阵方法进行分析,其过程总结如下:

1. 将 $[S]$ 矩阵转换为相应的 $[ABCD]$ 矩阵;
2. 将各个 $[ABCD]$ 矩阵相乘,得到总的 $[ABCD]$ 矩阵;
3. 再将 $[ABCD]$ 矩阵转换为 $[S]$ 矩阵。

步骤 1 将 $[S]$ 矩阵转换为相应的 $[ABCD]$ 矩阵。
利用表 5.2 中对应的转换公式求解如下:

$$\begin{pmatrix} A & B \\ C & D \end{pmatrix} = \begin{pmatrix} \dfrac{(1+S_{11})(1-S_{22})+S_{12}S_{21}}{2S_{21}} & \dfrac{(1+S_{11})(1+S_{22})-S_{12}S_{21}}{2S_{21}} \\ \dfrac{(1-S_{11})(1-S_{22})-S_{12}S_{21}}{2S_{21}} & \dfrac{(1-S_{11})(1+S_{22})+S_{12}S_{21}}{2S_{21}} \end{pmatrix}$$

因此

$$\begin{pmatrix} A & B \\ C & D \end{pmatrix}_X = \begin{pmatrix} 1 & -j2 \\ -j & -1 \end{pmatrix} \times \begin{pmatrix} A & B \\ C & D \end{pmatrix}_Y = \begin{pmatrix} -1 & -j2 \\ -j & 1 \end{pmatrix}$$

且

$$\begin{pmatrix} A & B \\ C & D \end{pmatrix}_{0.3\lambda} = \begin{pmatrix} -0.309 & j0.951 \\ j0.951 & -0.309 \end{pmatrix}$$

$$\begin{pmatrix} A & B \\ C & D \end{pmatrix}_{0.4\lambda} = \begin{pmatrix} -0.809 & j0.588 \\ j0.588 & -0.809 \end{pmatrix}$$

在进行下一步之前,需要检查[ABCD]矩阵的互易性($AD - BC = 1$),这样可以确保计算过程的准确性。

步骤2 将各个[ABCD]矩阵相乘得到总的[ABCD]矩阵。

$$\begin{pmatrix} A & B \\ C & D \end{pmatrix}_{总矩阵} = \begin{pmatrix} A & B \\ C & D \end{pmatrix}_X \times \begin{pmatrix} A & B \\ C & D \end{pmatrix}_{0.3\lambda} \times \begin{pmatrix} A & B \\ C & D \end{pmatrix}_X \times \begin{pmatrix} A & B \\ C & D \end{pmatrix}_{0.4\lambda}$$

$$\times \begin{pmatrix} A & B \\ C & D \end{pmatrix}_Y \times \begin{pmatrix} A & B \\ C & D \end{pmatrix}_{0.3\lambda} \times \begin{pmatrix} A & B \\ C & D \end{pmatrix}_Y$$

$$= \begin{pmatrix} 10.248 & j16.911 \\ -j6.151 & 10.248 \end{pmatrix}$$

类似地,在进行下一步之前需要再次检查其互易性。

步骤3 运用表5.2的公式将[ABCD]矩阵转换为[S]矩阵。

$$\begin{pmatrix} S_{11} & S_{12} \\ S_{21} & S_{22} \end{pmatrix} = \begin{pmatrix} \dfrac{A+B-C-D}{A+B+C+D} & \dfrac{2(AD-BC)}{A+B+C+D} \\ \dfrac{2}{A+B+C+D} & \dfrac{-A+B-C+D}{A+B+C+D} \end{pmatrix}$$

再次注意到,仅当输入与输出传输线的特征阻抗相同时,才能保证上式的正确性。因此

$$S_{总矩阵} = \begin{pmatrix} 0.996 e^{j1.087} & 0.086 e^{-j0.483} \\ 0.086 e^{-j0.483} & 0.996 e^{j1.087} \end{pmatrix}$$

最终得到的[S]矩阵具有如下性质:

1. $S_{12} = S_{21}$,即矩阵满足$[S] = [S]^T$,这说明电路是互易的。由于构成电路的各个子网络是互易的,从而可以预知整个电路网络的互易性。
2. $[S]_t[S]^* = [U]$(幺正条件)。由于每个网络都是无耗的,因此必然满足幺正条件。

方法2 将[S]矩阵转换为相应的[T]矩阵。如果利用模型直接导出子网络的传输矩阵,则这种方法将会更有意义[7]。计算过程总结如下:

1. 将[S]矩阵转换为相应的[T]矩阵。
2. 将各个[T]矩阵相乘,得到总的[T]矩阵。
3. 再将[T]矩阵转换为[S]矩阵。

步骤1 将[S]矩阵转换为相应的[T]矩阵。

通常,首先对输入与输出端口特征阻抗进行归一化,其转换过程如下:

$$\begin{pmatrix} T_{11} & T_{12} \\ T_{21} & T_{22} \end{pmatrix} = \begin{pmatrix} \dfrac{1}{S_{21}} & \dfrac{-S_{22}}{S_{21}} \\ \dfrac{S_{11}}{S_{21}} & \dfrac{S_{12}S_{21} - S_{11}S_{22}}{S_{21}} \end{pmatrix}$$

因此

$$\begin{pmatrix} T_{11} & T_{12} \\ T_{21} & T_{22} \end{pmatrix}_X = \begin{pmatrix} -\mathrm{j}1.5 & 1+\mathrm{j}0.5 \\ 1-\mathrm{j}0.5 & \mathrm{j}1.5 \end{pmatrix}$$

$$\begin{pmatrix} T_{11} & T_{12} \\ T_{21} & T_{22} \end{pmatrix}_Y = \begin{pmatrix} -\mathrm{j}1.5 & -1+\mathrm{j}0.5 \\ -1-\mathrm{j}0.5 & \mathrm{j}1.5 \end{pmatrix}$$

$$\begin{pmatrix} T_{11} & T_{12} \\ T_{21} & T_{22} \end{pmatrix}_{0.3\lambda} = \begin{pmatrix} \mathrm{e}^{\mathrm{j}0.6\pi} & 0 \\ 0 & \mathrm{e}^{-\mathrm{j}0.6\pi} \end{pmatrix}$$

$$\begin{pmatrix} T_{11} & T_{12} \\ T_{21} & T_{22} \end{pmatrix}_{0.4\lambda} = \begin{pmatrix} \mathrm{e}^{\mathrm{j}0.8\pi} & 0 \\ 0 & \mathrm{e}^{-\mathrm{j}0.8\pi} \end{pmatrix}$$

在进行下一步之前，仍然有必要检查所得$[T]$矩阵是否为互易的（$[T]$矩阵的行列式等于1），以便确保其结果的准确性。

步骤2 将各个$[T]$矩阵相乘，得到总的$[T]$矩阵。

$$T_{总矩阵} = (T)_X \times (T)_{0.3\lambda} \times (T)_X \times (T)_{0.4\lambda} \times (T)_Y \times (T)_{0.3\lambda} \times (T)_Y$$

$$= \begin{pmatrix} 11.577\mathrm{e}^{\mathrm{j}0.483499} & -\mathrm{j}11.534 \\ \mathrm{j}11.534 & 11.577\mathrm{e}^{-\mathrm{j}0.483499} \end{pmatrix}$$

注意矩阵的行列式结果为1。

步骤3 将$[T]$矩阵转换为$[S]$矩阵，转换过程如下：

$$\begin{pmatrix} S_{11} & S_{12} \\ S_{21} & S_{22} \end{pmatrix} = \begin{pmatrix} \dfrac{T_{21}}{T_{11}} & \dfrac{T_{11}T_{22}-T_{12}T_{21}}{T_{11}} \\ \dfrac{1}{T_{11}} & \dfrac{-T_{12}}{T_{11}} \end{pmatrix}$$

$$S_{总矩阵} = \begin{pmatrix} 0.996\mathrm{e}^{\mathrm{j}1.087} & 0.086\mathrm{e}^{-\mathrm{j}0.483} \\ 0.086\mathrm{e}^{-\mathrm{j}0.483} & 0.996\mathrm{e}^{\mathrm{j}1.087} \end{pmatrix}$$

从结果可以清楚地看出，以上两种分析方法得到的结果是完全相同的。

方法3 直接采用5.3节给出的散射矩阵级联公式进行计算。重复式(5.109)至式(5.112)如下：

$$S_{11}^{级联} = S_{11}^A + \frac{S_{12}^A S_{11}^B S_{21}^A}{1 - S_{22}^A S_{11}^B}$$

$$S_{12}^{级联} = \frac{S_{12}^A S_{12}^B}{1 - S_{22}^A S_{11}^B}$$

$$S_{21}^{级联} = \frac{S_{21}^A S_{21}^B}{1 - S_{22}^A S_{11}^B}$$

$$S_{22}^{级联} = S_{22}^B + \frac{S_{21}^B S_{22}^A S_{12}^B}{1 - S_{22}^A S_{11}^B}$$

下面运用这个概念，依次对图5.16中的级联网络进行分析。首先，如图5.17所示，将网络SY视为输出网络B，并将代表0.3λ的传输线网络视为输入网络A，根据以上公式，可以得到

$$S^{\mathrm{cas1}} = \begin{pmatrix} 0.1222+\mathrm{j}0.7353 & 0.6340-\mathrm{j}0.2060 \\ 0.6340-\mathrm{j}0.2060 & 0.3333+\mathrm{j}0.6667 \end{pmatrix}$$

然后，将矩阵S^{cas1}视为输出网络B，而将网络SY视为输入网络A，于是有

$$S^{\text{cas2}} = \begin{pmatrix} 0.3460 - \text{j}0.8893 & 0.0277 + \text{j}0.2979 \\ 0.0277 + \text{j}0.2979 & 0.5038 + \text{j}0.8104 \end{pmatrix}$$

再将矩阵 S^{cas2} 视为输出网络 B，而将代表 0.4λ 传输线的散射矩阵视为输入网络 A，得到

$$S^{\text{cas3}} = \begin{pmatrix} 0.9527 + \text{j}0.0543 & 0.1527 - \text{j}0.2572 \\ 0.1527 - \text{j}0.2572 & 0.5038 + \text{j}0.8104 \end{pmatrix}$$

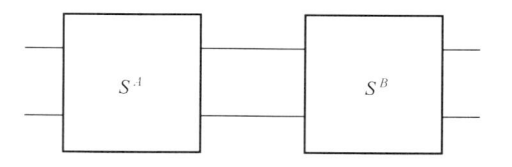

图 5.17　二端口网络 A 和 B 的级联

接下来将矩阵 S^{cas3} 视为输出网络 B，而将散射矩阵 SX 视为输入网络 A，得到

$$S^{\text{cas4}} = \begin{pmatrix} -0.0281 + \text{j}0.9744 & 0.2175 - \text{j}0.0501 \\ 0.2175 - \text{j}0.0501 & 0.4517 + \text{j}0.8638 \end{pmatrix}$$

同理，可得矩阵 S^{cas5}：

$$S^{\text{cas5}} = \begin{pmatrix} -0.5500 - \text{j}0.8048 & -0.1149 - \text{j}0.1914 \\ -0.1149 - \text{j}0.1914 & 0.4517 + \text{j}0.8638 \end{pmatrix}$$

最后，将 S^{cas5} 表示为输出网络 B，将散射矩阵 SX 视为输入网络 A，得到整个 $[S]$ 矩阵如下：

$$S_{\text{总矩阵}} = \begin{pmatrix} 0.4631 + \text{j}0.8821 & 0.0765 - \text{j}0.0402 \\ 0.0765 - \text{j}0.0402 & 0.4631 + \text{j}0.8821 \end{pmatrix}$$

$$= \begin{pmatrix} 0.996\text{e}^{\text{j}1.087} & 0.086\text{e}^{-\text{j}0.483} \\ 0.086\text{e}^{-\text{j}0.483} & 0.996\text{e}^{\text{j}1.087} \end{pmatrix}$$

这个计算结果与方法 1 和方法 2 的结果是完全一样的。运用方法 3 编程很容易解决大规模二端口网络的级联问题。

方法 4　本方法中，将运用网络的对称性来分析级联网络。观察散射矩阵 SX 与 SY，显然网络是对称的。也就是说，它是以 0.4λ 的传输线网络中心的垂直轴线呈镜像对称的（大多数切比雪夫滤波器都是对称网络结构）。因此，问题可以简化为网络中心分别端接电壁与磁壁的一半网络的分析。值得注意的是，对称性的运用可以显著地减少计算时间。首先计算初始网络半边部分的散射矩阵，如图 5.18 和图 5.19 所示，它由网络 SX、0.3λ 的传输线网络、网络 SX 及 0.2λ 的传输线网络级联构成。网络 S^{common} 的 $[S]$ 矩阵的简化，运用上述三种方法中的任意一种计算可得

$$S^{\text{common}} = \begin{pmatrix} 0.5038 + \text{j}0.8104 & 0.2918 + \text{j}0.0657 \\ 0.2918 + \text{j}0.0657 & -0.8026 + \text{j}0.5160 \end{pmatrix}$$

然后，计算图 5.18 和图 5.19 所示的两个简化网络系统的反射系数。

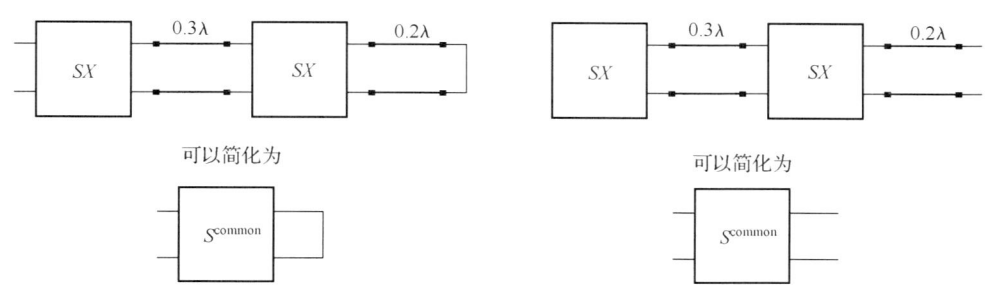

图 5.18　端接电壁的一半网络　　　　图 5.19　端接磁壁的一半网络

端接电壁的情形：网络 S^{common} 输出端口的反射系数为 Γ_L 时，根据式(5.95)，发射系数 Γ_{in} 可写为

$$\Gamma_{\text{in}} = S_{11}^{\text{common}} + \frac{S_{12}^{\text{common}} S_{21}^{\text{common}} \Gamma_L}{1 - S_{22}^{\text{common}} \Gamma_L}$$

如果电路短路，则有 $\Gamma_L = -1$，因此 $S_e = \Gamma_{\text{in}} = 0.3867 + \text{j}0.9222$。

端接磁壁的情形：如果电路开路，则有 $\Gamma_L = 1$，因此 $S_m = \Gamma_{\text{in}} = 0.5396 + \text{j}0.8419$。

因此，得到总的 $[S]$ 矩阵如下：

$$S_{11} = S_{22} = \frac{1}{2}(S_m + S_e) = 0.4631 + \text{j}0.8821$$

$$S_{12} = S_{21} = \frac{1}{2}(S_m - S_e) = 0.0765 + \text{j}0.0402$$

$$S_{\text{总矩阵}} = \begin{pmatrix} 0.4631 + \text{j}0.8821 & 0.0765 - \text{j}0.0402 \\ 0.0765 - \text{j}0.0402 & 0.4631 + \text{j}0.8821 \end{pmatrix}$$

$$= \begin{pmatrix} 0.996\text{e}^{\text{j}1.087} & 0.086\text{e}^{-\text{j}0.483} \\ 0.086\text{e}^{-\text{j}0.483} & 0.996\text{e}^{\text{j}1.087} \end{pmatrix}$$

5.3 多端口网络

考虑图5.20所示的多端口微波网络。其中 N 个端口的入射电压波分别为 $V_1^+, V_2^+, V_3^+, \cdots, V_N^+$，且反射电压波为 $V_1^-, V_2^-, V_3^-, \cdots, V_N^-$。其散射矩阵计算如下：

$$\begin{bmatrix} V_1^- \\ V_2^- \\ \cdot \\ \cdot \\ \cdot \\ V_N^- \end{bmatrix} = \begin{bmatrix} S_{11} & S_{12} & \cdot & \cdot & S_{1N} \\ S_{21} & S_{22} & \cdot & \cdot & S_{2N} \\ \cdot & & & & \cdot \\ \cdot & & & & \cdot \\ \cdot & & & & \cdot \\ S_{N1} & \cdot & \cdot & & S_{NN} \end{bmatrix} \cdot \begin{bmatrix} V_1^+ \\ V_2^+ \\ \cdot \\ \cdot \\ \cdot \\ V_N^+ \end{bmatrix} \quad (5.119)$$

将互易性与无耗幺正条件推广到 N 端口网络。由于互易性，$S_{ij} = S_{ji}$。且根据无耗幺正条件，有 $[S]'[S]^* = [U]$，可以写为

$$\begin{bmatrix} S_{11} & S_{21} & \cdot & \cdot & S_{N1} \\ S_{12} & S_{22} & \cdot & \cdot & S_{N2} \\ \cdot & & & & \cdot \\ \cdot & & & & \cdot \\ \cdot & & & & \cdot \\ S_{1N} & \cdot & \cdot & & S_{NN} \end{bmatrix} \begin{bmatrix} S_{11}^* & S_{12}^* & \cdot & \cdot & S_{1N}^* \\ S_{21}^* & S_{22}^* & \cdot & \cdot & S_{2N}^* \\ \cdot & & & & \cdot \\ \cdot & & & & \cdot \\ \cdot & & & & \cdot \\ S_{N1}^* & \cdot & \cdot & & S_{NN}^* \end{bmatrix} = \begin{bmatrix} 1 & 0 & \cdot & \cdot & 0 \\ 0 & 1 & \cdot & \cdot & \cdot \\ \cdot & & & & \cdot \\ \cdot & & & & \cdot \\ \cdot & & & & \cdot \\ 0 & & \cdot & \cdot & 1 \end{bmatrix} \quad (5.120)$$

如果终端参考面向外移动一段距离 $l_1, l_2, \cdots, l_N$，则相应的散射矩阵 $[S^{\text{T}}]$ 给定为

$$\begin{bmatrix} \text{e}^{-\text{j}\beta_1 l_1} & 0 & \cdot & \cdot & 0 \\ 0 & \text{e}^{-\text{j}\beta_2 l_2} & \cdot & \cdot & 0 \\ \cdot & & & & \cdot \\ \cdot & & & & \cdot \\ \cdot & & & & \cdot \\ 0 & 0 & \cdot & \cdot & \text{e}^{-\text{j}\beta_N l_N} \end{bmatrix} [S] \begin{bmatrix} \text{e}^{-\text{j}\beta_1 l_1} & 0 & \cdot & \cdot & 0 \\ 0 & \text{e}^{-\text{j}\beta_2 l_2} & \cdot & \cdot & 0 \\ \cdot & & & & \cdot \\ \cdot & & & & \cdot \\ \cdot & & & & \cdot \\ 0 & 0 & \cdot & \cdot & \text{e}^{-\text{j}\beta_N l_N} \end{bmatrix} \quad (5.121)$$

一般来说，对于一个 N 端口的网络，当其中 M 个端口都接匹配负载时，网络的端口数量可以减少为 $N-M$ 个，相应的散射矩阵大小为 $(N-M) \times (N-M)$。

类似地，二端口网络应用的对称性概念同样也可以推广到多端口网络。例如，考虑图 5.21(a) 所示的四端口网络。利用对称性，可以将此网络简化为两个二端口网络来分析。这两个二端口网络分别端接电壁和磁壁，如图 5.21(b) 和图 5.21(c) 所示。

$$\begin{bmatrix} V_1^- \\ V_2^- \\ V_3^- \\ V_4^- \end{bmatrix} = \begin{bmatrix} [S_{11}^h] & [S_{12}^h] \\ [S_{21}^h] & [S_{22}^h] \end{bmatrix} \begin{bmatrix} V_1^+ \\ V_2^+ \\ V_3^+ \\ V_4^+ \end{bmatrix} \tag{5.122}$$

$$[S_{11}^h] = [S_{22}^h] = \frac{1}{2}[[S_m] + [S_e]] \tag{5.123}$$

$$[S_{12}^h] = [S_{21}^h] = \frac{1}{2}[[S_m] - [S_e]] \tag{5.124}$$

其中 $[S_m]$ 和 $[S_e]$ 分别表示简化成端接磁壁与电壁的二端口网络的散射矩阵，其大小为 2×2。

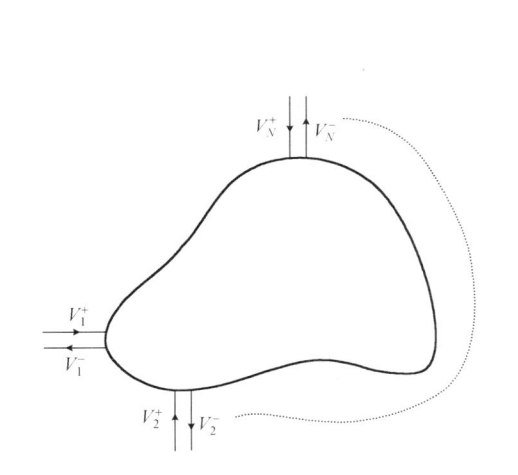

图 5.20 包含 N 个端口的多端口网络

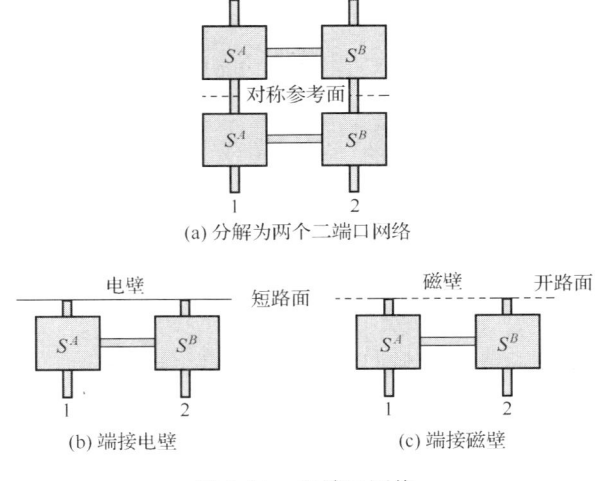

图 5.21 四端口网络

(a) 分解为两个二端口网络

(b) 端接电壁

(c) 端接磁壁

5.4 多端口网络的分析

下面以一个广义多端口网络为例（见图 5.22）。该网络由若干多端口网络互连构成。总的电路含有 P 个外部端口和 C 个内部端口，且一些内部端口端接负载。按照文献 [2] 所述方法可以分析得到最终的散射矩阵，并根据得到的散射矩阵来分析各外部端口之间的关系。主要分析步骤如下。

步骤 1 确定外部端口 P 和内部端口 C 的数目。内部端口包含网络中端接负载的端口，以及网络之间互相连接的端口，外部端口则定

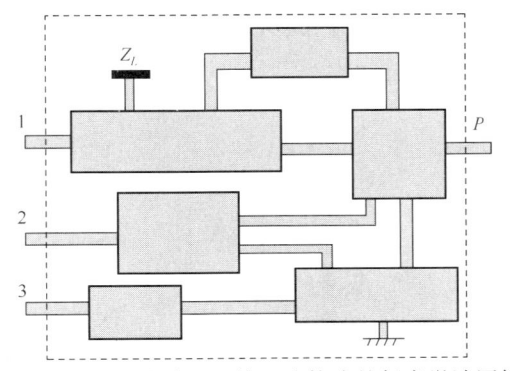

图 5.22 多个多端口网络互连构成的任意微波网络

义了网络合并后整个散射矩阵的端口数。

步骤2 将网络的散射矩阵重新用$(P+C) \times (P+C)$矩阵表示。其中,入射电压波与反射电压波分为两组,一组代表外部端口$P(V_P^+, V_P^-)$,另一组代表内部端口$C(V_C^+, V_C^-)$。整个网络的总矩阵可视为由四个子矩阵组成:$P \times P$矩阵S_{PP},$P \times C$矩阵S_{PC},$C \times P$矩阵S_{CP}和$C \times C$矩阵S_{CC}。

步骤3 求解内部端口的连接矩阵Γ。

为了计算出整个网络的散射矩阵$[S^P]$,需要找出V_P^+与V_P^-的关系。将端口划分为外部端口P和内部端口C,则整个网络的总散射矩阵可以写为

$$\begin{bmatrix} V_P^- \\ V_C^- \end{bmatrix} = \begin{bmatrix} S_{PP} & S_{PC} \\ S_{CP} & S_{CC} \end{bmatrix} \begin{bmatrix} V_P^+ \\ V_C^+ \end{bmatrix} \tag{5.125}$$

其中,反射电压波V_C^-与入射电压波V_C^+及其连接矩阵Γ的关系可表示为

$$V_C^- = \Gamma V_C^+ \tag{5.126}$$

用式(5.126)代替式(5.125)中的V_C^-,可得

$$\Gamma V_C^+ = S_{CP} V_P^+ + S_{CC} V_C^+ \tag{5.127}$$

$$[\Gamma - S_{CC}] V_C^+ = S_{CP} V_P^+ \tag{5.128}$$

$$V_C^+ = [\Gamma - S_{CC}]^{-1} S_{CP} V_P^+ \tag{5.129}$$

$$V_P^- = [S_{PP} V_P^+ + S_{PC} [\Gamma - S_{CC}]^{-1} S_{CP}] V_P^+ \tag{5.130}$$

对应的矩阵$[S^P]$与内部端口P的关系可以写为

$$[S^P] = [S_{PP} + S_{PC}[\Gamma - S_{CC}]^{-1} S_{CP}] \tag{5.131}$$

下面用两个例子来详细说明这种方法。

例5.2 求解图5.23所示网络的散射矩阵。

假设这个四端口网络的散射矩阵给定为

$$\begin{bmatrix} V_1^- \\ V_2^- \\ V_3^- \\ V_4^- \end{bmatrix} = \begin{bmatrix} S_{11} & S_{12} & S_{13} & S_{14} \\ S_{21} & S_{22} & S_{23} & S_{24} \\ S_{31} & S_{32} & S_{33} & S_{34} \\ S_{41} & S_{42} & S_{43} & S_{44} \end{bmatrix} \begin{bmatrix} V_1^+ \\ V_2^+ \\ V_3^+ \\ V_4^+ \end{bmatrix}$$

本例中,端口1和端口2为外部端口,用P表示,而端口3和端口4为内部端口,用C表示,则此四端口网络的散射矩阵可以写为

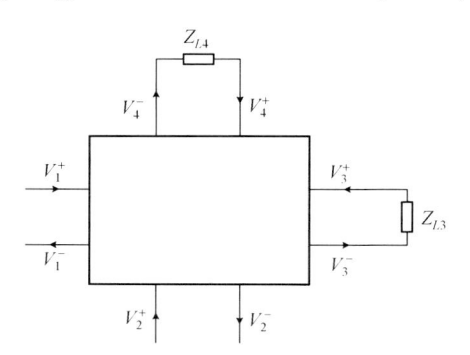

图5.23 四端口网络的示意图

$$\begin{bmatrix} V_P^- \\ V_C^- \end{bmatrix} = \begin{bmatrix} S_{PP} & S_{PC} \\ S_{CP} & S_{CC} \end{bmatrix} \begin{bmatrix} V_P^+ \\ V_C^+ \end{bmatrix}$$

其中

$$S_{PP} = \begin{bmatrix} S_{11} & S_{12} \\ S_{21} & S_{22} \end{bmatrix}, \quad S_{PC} = \begin{bmatrix} S_{13} & S_{14} \\ S_{23} & S_{24} \end{bmatrix}$$

$$S_{CP} = \begin{bmatrix} S_{31} & S_{32} \\ S_{41} & S_{42} \end{bmatrix}, \quad S_{CC} = \begin{bmatrix} S_{33} & S_{34} \\ S_{43} & S_{44} \end{bmatrix}$$

$$V_P^- = S_{PP}V_P^+ + S_{PC}V_C^+ \tag{5.132}$$

$$V_C^- = S_{CP}V_P^+ + S_{CC}V_C^+ \tag{5.133}$$

从图 5.23 中还可以得到

$$V_3^+ = \Gamma_3 V_3^-, \quad \Gamma_3 = \frac{Z_{L3} - Z_{03}}{Z_{L3} + Z_{03}} \tag{5.134}$$

$$V_4^+ = \Gamma_4 V_4^-, \quad \Gamma_4 = \frac{Z_{L4} - Z_{04}}{Z_{L4} + Z_{04}} \tag{5.135}$$

$$[V_C^-] = \begin{bmatrix} \dfrac{1}{\Gamma_3} & 0 \\ 0 & \dfrac{1}{\Gamma_4} \end{bmatrix} [V_C^+] \tag{5.136}$$

$$V_C^- = \Gamma V_C^+ \tag{5.137}$$

将式 (5.137) 代入式 (5.133)，可得

$$\Gamma V_C^+ = S_{CP}V_P^+ + S_{CC}V_C^+ \Rightarrow V_C^+ = [\Gamma - S_{CC}]^{-1}S_{CP}V_P^+ \tag{5.138}$$

再将式 (5.138) 代入式 (5.132)，最终外部端口 1 和端口 2 之间的散射矩阵给定为

$$V_P^- = S_{PP}V_P^+ + S_{PC}[\Gamma - S_{CC}]^{-1}S_{CP}V_P^+ \tag{5.139}$$

$$\begin{bmatrix} V_1^- \\ V_2^- \end{bmatrix} = [S_{PP} + S_{PC}[\Gamma - S_{CC}]^{-1}S_{CP}] \begin{bmatrix} V_1^+ \\ V_2^+ \end{bmatrix} \tag{5.140}$$

例 5.3 计算图 5.24 所示三信道多工器的 S 参数。

该多工器由一个公共接头（多枝节）和三个信道滤波器组成。定义公共接头的 S 矩阵为 $[S^M]$，而三个信道滤波器的 S 矩阵分别为 $[S^A]$、$[S^B]$ 和 $[S^C]$。首要问题是计算多枝节输入端的反射系数，三个信道滤波器输出端的反射系数，以及多枝节输入端与各信道滤波器之间的传输系数。因此，需要推导出端口 1、端口 8 至端口 10 之间的散射矩阵，这些端口是外部端口，用 P 表示。第二个问题是计算用 C 表示的内部端口 2 至端口 7。假设矩阵 $[S^M]$，$[S^A]$，$[S^B]$ 和 $[S^C]$ 给定为

$$\begin{pmatrix} V_1^- \\ V_2^- \\ V_3^- \\ V_4^- \end{pmatrix} = \begin{pmatrix} S_{11}^M & S_{12}^M & S_{13}^M & S_{14}^M \\ S_{21}^M & S_{22}^M & S_{23}^M & S_{24}^M \\ S_{31}^M & S_{32}^M & S_{33}^M & S_{34}^M \\ S_{41}^M & S_{42}^M & S_{43}^M & S_{44}^M \end{pmatrix} \begin{pmatrix} V_1^+ \\ V_2^+ \\ V_3^+ \\ V_4^+ \end{pmatrix} \tag{5.141}$$

$$\begin{pmatrix} V_5^- \\ V_8^- \end{pmatrix} = \begin{pmatrix} S_{11}^A & S_{12}^A \\ S_{21}^A & S_{22}^A \end{pmatrix} \begin{pmatrix} V_5^+ \\ V_8^+ \end{pmatrix}, \quad \begin{pmatrix} V_6^- \\ V_9^- \end{pmatrix} = \begin{pmatrix} S_{11}^B & S_{12}^B \\ S_{21}^B & S_{22}^B \end{pmatrix} \begin{pmatrix} V_6^+ \\ V_9^+ \end{pmatrix} \tag{5.142}$$

$$\begin{pmatrix} V_7^- \\ V_{10}^- \end{pmatrix} = \begin{pmatrix} S_{11}^C & S_{12}^C \\ S_{21}^C & S_{22}^C \end{pmatrix} \begin{pmatrix} V_7^+ \\ V_{10}^+ \end{pmatrix} \tag{5.143}$$

整合式 (5.141) 至式 (5.143) 如下：

$$\begin{bmatrix} V_P^- \\ V_C^- \end{bmatrix} = \begin{bmatrix} S_{PP} & S_{PC} \\ S_{CP} & S_{CC} \end{bmatrix} \begin{bmatrix} V_P^+ \\ V_C^+ \end{bmatrix} \tag{5.144}$$

其中

$$V_P^- = \begin{pmatrix} V_1^- \\ V_8^- \\ V_9^- \\ V_{10}^- \end{pmatrix}, \quad V_P^+ = \begin{pmatrix} V_1^+ \\ V_8^+ \\ V_9^+ \\ V_{10}^+ \end{pmatrix}, \quad V_C^- = \begin{pmatrix} V_2^- \\ V_3^- \\ V_4^- \\ V_5^- \\ V_6^- \\ V_7^- \end{pmatrix}, \quad V_C^+ = \begin{pmatrix} V_2^+ \\ V_3^+ \\ V_4^+ \\ V_5^+ \\ V_6^+ \\ V_7^+ \end{pmatrix} \tag{5.145}$$

因此矩阵 S_{PP}, S_{PC}, S_{CP} 和 S_{CC} 可写为

$$S_{PP} = \begin{pmatrix} S_{11}^M & 0 & 0 & 0 \\ 0 & S_{22}^A & 0 & 0 \\ 0 & 0 & S_{22}^B & 0 \\ 0 & 0 & 0 & S_{22}^C \end{pmatrix} \tag{5.146}$$

$$S_{PC} = \begin{pmatrix} S_{12}^M & S_{13}^M & S_{14}^M & 0 & 0 & 0 \\ 0 & 0 & 0 & S_{21}^A & 0 & 0 \\ 0 & 0 & 0 & 0 & S_{21}^B & 0 \\ 0 & 0 & 0 & 0 & 0 & S_{21}^C \end{pmatrix} \tag{5.147}$$

$$S_{CP} = \begin{pmatrix} S_{21}^M & 0 & 0 & 0 \\ S_{31}^M & 0 & 0 & 0 \\ S_{41}^M & 0 & 0 & 0 \\ 0 & S_{12}^A & 0 & 0 \\ 0 & 0 & S_{12}^B & 0 \\ 0 & 0 & 0 & S_{12}^C \end{pmatrix} \tag{5.148}$$

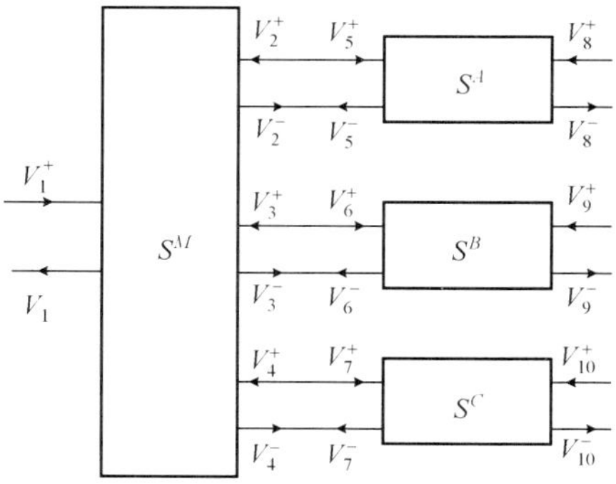

$$S_{CC} = \begin{pmatrix} S_{22}^M & S_{23}^M & S_{24}^M & 0 & 0 & 0 \\ S_{32}^M & S_{33}^M & S_{34}^M & 0 & 0 & 0 \\ S_{42}^M & S_{43}^M & S_{44}^M & 0 & 0 & 0 \\ 0 & 0 & 0 & S_{11}^A & 0 & 0 \\ 0 & 0 & 0 & 0 & S_{11}^B & 0 \\ 0 & 0 & 0 & 0 & 0 & S_{11}^C \end{pmatrix} \tag{5.149}$$

图 5.24 三信道多工器

内部端口之间的关系为

$$V_2^- = V_5^+, \quad V_2^+ = V_5^- \tag{5.150}$$

$$V_3^- = V_6^+, \quad V_3^+ = V_6^- \tag{5.151}$$

$$V_4^- = V_7^+, \quad V_4^+ = V_7^- \tag{5.152}$$

内部端口电压波 V_C^+ 和 V_C^- 与连接矩阵 Γ 之间的关系通过 $V_C^- = \Gamma V_C^+$ 来表示,其中 Γ 给定为

$$\Gamma = \begin{pmatrix} 0 & 0 & 0 & 1 & 0 & 0 \\ 0 & 0 & 0 & 0 & 1 & 0 \\ 0 & 0 & 0 & 0 & 0 & 1 \\ 1 & 0 & 0 & 0 & 0 & 0 \\ 0 & 1 & 0 & 0 & 0 & 0 \\ 0 & 0 & 1 & 0 & 0 & 0 \end{pmatrix} \tag{5.153}$$

最后,这个三信道多工器的散射矩阵可以表示为

$$S^P = S_{PP} + S_{PC}[\Gamma - S_{CC}]^{-1} S_{CP} \tag{5.154}$$

注意，本例中连接矩阵 Γ 的元素由 0 和 1 组成。如果使用一段传输线连接信道滤波器与多枝节部分，则这段传输线可以通过平移参考面的方式合并到各个信道滤波器的散射矩阵 $[S^A]$，$[S^B]$ 和 $[S^C]$ 中。此外，考虑到传输线段的影响，还可以对连接矩阵 Γ 的元素重新赋值。在这种情况下，连接矩阵 Γ 中为 1 的元素可以用指数形式表示为 $e^{\pm j\theta}$。

这里需要指出的是，虽然在例 5.5 中仅分析了三信道的多工器，但是利用编程很容易推导出 N 信道多工器的散射矩阵。

5.5 小结

本章首先回顾了多端口微波网络分析的基本概念。这些基本概念对于滤波器设计人员是相当重要的，因为任意滤波器或者多工器都是由若干小的二端口、三端口或 N 端口网络连接在一起组成的。接着本章给出了微波网络的五种矩阵表示方式，分别是 $[Z]$ 矩阵、$[Y]$ 矩阵、$[ABCD]$ 矩阵、$[S]$ 矩阵和 $[T]$ 矩阵。这五种矩阵之间可以相互转换，其中任意一种矩阵元素都可以利用另外四种矩阵元素来表示。表 5.2 总结了这五种矩阵之间的关系。

$[Z]$ 矩阵、$[Y]$ 矩阵和 $[ABCD]$ 矩阵非常适用于集总参数滤波器的电路模型分析。其中 $[Z]$ 矩阵和 $[Y]$ 矩阵主要有助于了解电路本身的物理含义。例如，通过测量波导之间连接膜片的 S 参数，很难直接确定该耦合的特性。然而，如果将 S 参数转换为 Z 参数或 Y 参数，就很容易区分耦合是感性的（磁耦合）还是容性的（电耦合）。S 参数、Z 参数或 Y 参数之间进行转换前，如果滤波器或多工器的端口阻抗不匹配，则首先必须对各端口阻抗进行归一化。另外，还介绍了大型对称电路中，利用对称性简化电路分析的方法。这些概念在使用商用软件（通常计算量庞大）进行滤波器设计时是非常有帮助的。在接下来的例子中，使用了四种不同的方法来计算级联网络的 S 参数，从而说明了计算的灵活性。这四种方法分别利用了等效的 $[ABCD]$ 矩阵、$[T]$ 矩阵、$[S]$ 矩阵及网络的对称性。

本章接下来计算了一个较为复杂的微波网络的 S 参数，该网络由若干多端口子网络连接而成。这种计算方法具有一定的普适性，可以用于分析任意滤波器电路和多工器电路。最后，针对一个三信道多工器 S 参数的计算，读者很容易将其概念推广到任意阶数信道多工器的散射矩阵运算中。

5.6 参考文献

1. Collin, R. E. (1966) *Foundations for Microwave Engineering*, McGraw-Hill, New York.
2. Gupta, K. C. (1981) *Computer-Aided Design of Microwave Circuits*, Artech House, Dedham, MA.
3. Pozar, D. (1998) *Microwave Engineering*, 2nd edn, Wiley, New York.
4. Carlin, H. J. (1956) The scattering matrix in network theory. *IRE Transactions on Circuit Theory*, **3**, 88-96.
5. Youla, D. C. (1961) On scattering matrices normalized to complex port numbers. *Proceedings of IRE*, **49**, 1221.
6. Kurokawa, K. (March 1965) Power waves and the scattering matrix. *IEEE Transactions on Microwave Theory and Techniques*, **13**, 194-202.
7. Mansour, R. R. and MacPhie, R. H. (1986) An improved transmission matrix formulation of cascaded discontinuities and its application to E-plane circuits. *IEEE Transactions on Microwave Theory and Techniques*, **34**, 1490-1498.

第6章 广义切比雪夫滤波器函数的综合

本章首先讨论了表示原型滤波函数的传输和反射特性多项式的散射参数之间的一些重要关系,特别是二端口网络的幺正条件。接下来,运用递归技术推导出广义切比雪夫滤波特性的基本传输多项式和反射多项式。本章最后还讨论了预失真和双通带滤波函数的特定应用。

6.1 二端口网络传输参数 $S_{21}(s)$ 和反射参数 $S_{11}(s)$ 的多项式形式

对于大多数滤波电路,首先会想到二端口网络,它有一个"源端口"和一个"负载端口"(见图6.1)。

二端口网络的散射矩阵可以用一个 2×2 矩阵表示为

$$\begin{bmatrix} b_1 \\ b_2 \end{bmatrix} = \begin{bmatrix} S_{11} & S_{12} \\ S_{21} & S_{22} \end{bmatrix} \cdot \begin{bmatrix} a_1 \\ a_2 \end{bmatrix} \tag{6.1}$$

其中,b_1 和 b_2 分别是端口1和端口2的反射波的功率,a_1 和 a_2 分别是端口1和端口2的入射波的功率。

如果此无源网络无耗,且互易,则这个 2×2 的 S 参数矩阵可以导出如下两个能量守恒公式:

$$S_{11}(s)S_{11}(s)^* + S_{21}(s)S_{21}(s)^* = 1 \tag{6.2}$$

$$S_{22}(s)S_{22}(s)^* + S_{12}(s)S_{12}(s)^* = 1 \tag{6.3}$$

以及唯一的正交公式[①]

$$S_{11}(s)S_{12}(s)^* + S_{21}(s)S_{22}(s)^* = 0 \tag{6.4}$$

---

① 对于一个 N 阶的多项式 $Q(s)$,其纯虚部变量 $s = j\omega$,复系数为 q_i,$i = 0,1,2,\cdots,N$,$Q(s)^*$ 与 $Q^*(s^*)$ 或 $Q^*(-s)$ 的形式是相同的。为了便于读者了解,推导如下:

若

$$Q(s) = q_0 + q_1 s + q_2 s^2 + \cdots + q_N s^N$$

则

$$Q(s)^* = Q^*(-s) = q_0^* - q_1^* s + q_2^* s^2 - \cdots + q_N^* s^N, \quad N \text{ 为偶数}$$
$$Q(s)^* = Q^*(-s) = q_0^* - q_1^* s + q_2^* s^2 - \cdots - q_N^* s^N, \quad N \text{ 为奇数}$$

这样取共轭的效果(仿共轭)是为了反映出 $Q(s)$ 的复奇点关于虚轴对称分布,与 $Q(s) \to Q(s)^*$(共轭)时关于实轴对称相反。如果 $Q(s)$ 的 N 个复奇点为 s_{0k},$k=1,2,\cdots,N$,则 $Q(s)^*$ 或 $Q^*(-s)$ 的奇点为 $-s_{0k}^*$。修正变量为 s_{0k} 为 $-s_{0k}^*$,由 $Q(s)$ 的奇点生成 $Q(s)^*$ 或 $Q^*(-s)$ 多项式时必须乘以 $(-1)^N$,以保证其新首系数的符号正确:

$$Q(s)^* = Q^*(-s) = (-1)^N \prod_{k=1}^{N}(s + s_{0k}^*) = \prod_{k=1}^{N}(s - s_{0k})^*$$

采用以上形式,能量守恒公式(6.2),即 Feldtkeller 方式可写为

$$E(s)E(s)^* = \frac{F(s)F(s)^*}{\varepsilon_R^2} + \frac{P(s)P(s)^*}{\varepsilon^2}$$

Feldtkeller 方程具有以下特征:全规范型(其中有限传输零点数 $n_{fz} = N$)、对称性且反射零点不位于轴上(如预失真原型,详见6.4节)。

其中 S 参数假定为频率变量 $s(=j\omega)$ 的函数。

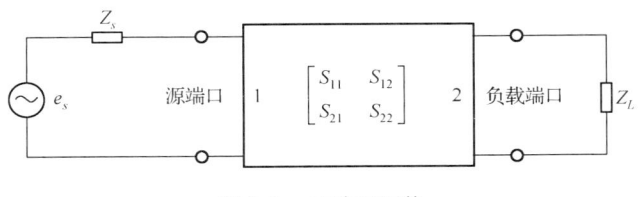

图 6.1 二端口网络

网络端口 1 处的反射参数 $S_{11}(s)$ 可以用两个有限阶的多项式 $E(s)$ 和 $F(s)$，与一个实常数 ε_R 之间的比值来表示：

$$S_{11}(s) = \frac{F(s)/\varepsilon_R}{E(s)} \tag{6.5}$$

其中 $E(s)$ 为 N 阶多项式，其复系数为 $e_0, e_1, e_2, \cdots, e_N$，$N$ 为对应滤波器网络的阶数。同样，$F(s)$ 也是 N 阶多项式，其复系数为 $f_0, f_1, f_2, \cdots, f_N$，$\varepsilon_R$ 用于将 $E(s)$ 与 $F(s)$ 的最高阶项的系数归一化（比如 e_N 和 f_N 都等于 1）。由于此无源网络是无耗的，因此 $E(s)$ 应为严格的赫尔维茨多项式；也就是说，$E(s)$ 的所有根 [即 $S_{11}(s)$ 的极点] 位于复平面的左侧，而无须关于实轴对称。对于低通和带通滤波器，$S_{11}(s)$ 的分子多项式 $F(s)$ 也是 N 阶的；而对于带阻滤波器，$F(s)$ 的阶数可以小于 N。$F(s)$ 的根 [即 $S_{11}(s)$ 的零点] 为零反射功率点 ($b_i = 0$)，或者说最佳传输点。

重新整理式 (6.2) 并替换掉 $S_{11}(s)$，可得

$$S_{21}(s)S_{21}(s)^* = 1 - \frac{F(s)F(s)^*/\varepsilon_R^2}{E(s)E(s)^*} = \frac{P(s)P(s)^*/\varepsilon^2}{E(s)E(s)^*}$$

因此，传输参数 $S_{21}(s)$ 可由两个多项式的比值来表示：

$$S_{21}(s) = \frac{P(s)/\varepsilon}{E(s)} \tag{6.6}$$

其中 $P(s)P(s)^*/\varepsilon^2 = E(s)E(s)^* - F(s)F(s)^*/\varepsilon_R^2$。

由式 (6.5) 和式 (6.6) 可以看出，$S_{11}(s)$ 和 $S_{21}(s)$ 拥有共同的分母多项式 $E(s)$。$S_{21}(s)$ 的分子为多项式 $P(s)/\varepsilon$，此多项式的零点为滤波器函数的传输零点（也可称为发射零点，或简写为 TZ）。多项式 $P(s)$ 的阶数 n_{fz} 与有限传输零点数相对应。由此表明 $n_{fz} \leq N$，否则当 $s \to j\infty$ 时，$S_{21}(s)$ 将超过 1，这对于一个无源网络来说是不可能的。

传输零点可以通过两种形式来实现。第一种形式为 $P(s)$ 的阶数 n_{fz} 小于分母多项式 $E(s)$ 的阶数 N，且 $s \to j\infty$。当 $s = j\infty$ 时，$S_{21}(s) = 0$，这就是通常所说的无限传输零点。当有限位置的零点不存在 ($n_{fz} = 0$) 时，滤波器函数称为全极点响应。当 $0 < n_{fz} < N$ 时，在无限远处传输零点的个数是 $N - n_{fz}$。

第二种形式为频率变量 s 正好与分子多项式 $P(s)$ 的虚轴上的根相同，也就是 $s = s_{0i}$，其中 s_{0i} 是 $P(s)$ 的一个纯虚根。而零点不一定只存在于虚轴上，假如存在复根 s_{0i}，则必然还存在第二个根 $-s_{0i}^*$，组成一对关于虚轴对称的复合零点。以上这些零点的分布位置如图 6.2 所示。这样，随着 s 的幂增大，多项式 $P(s)$ 的系数会在纯实数和纯虚数之间交替出现。如果滤波器使用纯电抗元件实现，则一定满足这个条件（见第 7 章）。

正交归一化条件给出了多项式 $S_{11}(s)$，$S_{22}(s)$ 和 $S_{21}(s)$ 相角之间的重要关系，以及 s 复平面上 $S_{11}(s)$ 和 $S_{22}(s)$ 的零点之间的重要关系。假如将互易条件 $S_{12}(s) = S_{21}(s)$ 代入归一化条件公式 (6.2) 至公式 (6.4) 中，可得

$$S_{11}(s)S_{11}(s)^* + S_{21}(s)S_{21}(s)^* = 1 \qquad (6.7a)$$
$$S_{22}(s)S_{22}(s)^* + S_{21}(s)S_{21}(s)^* = 1 \qquad (6.7b)$$
$$S_{11}(s)S_{21}(s)^* + S_{21}(s)S_{22}(s)^* = 0 \qquad (6.7c)$$

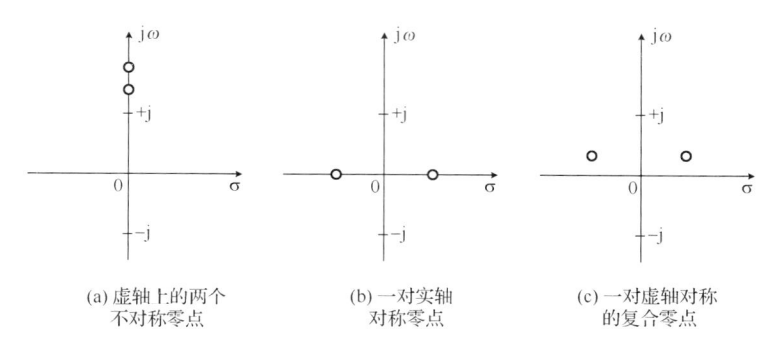

(a) 虚轴上的两个不对称零点　　(b) 一对实轴对称零点　　(c) 一对虚轴对称的复合零点

图 6.2 $S_{21}(s)$ 分子多项式 $P(s)$ 的有限位置的根的分布

若在极坐标下表述这些向量(为描述方便，暂时省略变量 s)[1]，则有 $S_{11} = |S_{11}| \cdot \mathrm{e}^{\mathrm{j}\theta_{11}}$，$S_{22} = |S_{22}| \cdot \mathrm{e}^{\mathrm{j}\theta_{22}}$ 和 $S_{21} = |S_{21}| \cdot \mathrm{e}^{\mathrm{j}\theta_{21}}$。从式(6.7a)和式(6.7b)中可以看出 $|S_{11}| = |S_{22}|$，因此由式(6.7a)可得

$$|S_{21}|^2 = 1 - |S_{11}|^2$$

将式(6.7c)修改为极坐标形式，可得

$$\begin{aligned}|S_{11}|\mathrm{e}^{\mathrm{j}\theta_{11}} \cdot |S_{21}|\mathrm{e}^{-\mathrm{j}\theta_{21}} + |S_{21}|\mathrm{e}^{\mathrm{j}\theta_{21}} \cdot |S_{11}|\mathrm{e}^{-\mathrm{j}\theta_{22}} &= 0 \\ |S_{11}||S_{21}|(\mathrm{e}^{\mathrm{j}(\theta_{11}-\theta_{21})} + \mathrm{e}^{\mathrm{j}(\theta_{21}-\theta_{22})}) &= 0\end{aligned} \qquad (6.8)$$

该公式只能满足以下条件：

$$\mathrm{e}^{\mathrm{j}(\theta_{11}-\theta_{21})} = -\mathrm{e}^{\mathrm{j}(\theta_{21}-\theta_{22})} \qquad (6.9)$$

用 $\mathrm{e}^{\mathrm{j}(2k\pm1)\pi}$ 代替式(6.9)中的负号，其中 k 为一个整数，则有

$$\mathrm{e}^{\mathrm{j}(\theta_{11}-\theta_{21})} = \mathrm{e}^{\mathrm{j}((2k\pm1)\pi+\theta_{21}-\theta_{22})}$$

或

$$\theta_{21} - \frac{\theta_{11} + \theta_{22}}{2} = \frac{\pi}{2}(2k \pm 1) \qquad (6.10)$$

由于向量 $S_{11}(s)$, $S_{22}(s)$ 和 $S_{21}(s)$ 都是以 s 为变量的有理多项式，且拥有公共分母多项式 $E(s)$，则它们的相位分别表示为

$$\begin{aligned}\theta_{21}(s) &= \theta_{n21}(s) - \theta_d(s) \\ \theta_{11}(s) &= \theta_{n11}(s) - \theta_d(s) \\ \theta_{22}(s) &= \theta_{n22}(s) - \theta_d(s)\end{aligned} \qquad (6.11)$$

其中 $\theta_d(s)$ 为公共分母多项式 $E(s)$ 的相角，$\theta_{n21}(s)$, $\theta_{n11}(s)$ 和 $\theta_{n22}(s)$ 分别为分子多项式 $S_{21}(s)$, $S_{11}(s)$ 和 $S_{22}(s)$ 的相角。

将以上独立的相位公式代入式(6.10)，可以消去 $\theta_d(s)$，由此得到如下的重要关系式：

$$-\theta_{n21}(s) + \frac{\theta_{n11}(s) + \theta_{n22}(s)}{2} = \frac{\pi}{2}(2k \pm 1) \qquad (6.12)$$

此式表明，当频率变量 s 为任意值时，$S_{11}(s)$ 和 $S_{22}(s)$ 分子向量的相角的平均值与 $S_{21}(s)$ 分子向量的相角之间的差必须是 $\pi/2$ rad 的奇数倍，也就是正交的。由于式(6.12)的等号右侧项与频率无关，从而可以得到 $\theta_{n21}(s)$, $\theta_{n11}(s)$ 和 $\theta_{n22}(s)$ 的两个非常重要的性质：

- s 复平面上的 $S_{21}(s)$ 分子多项式 $P(s)/\varepsilon$ 的零点不是位于虚轴上,就是关于虚轴呈镜像对称分布。在这种情况下,当 s 在虚轴的 $-j\infty$ 到 $+j\infty$ 范围内的任一位置上时,$\theta_{n21}(s)$[$P(s)$ 的相角] 的值均为 $\pi/2$ rad 的整数倍。
- 同理,当 s 为 $-j\infty$ 到 $+j\infty$ 范围内的任意值时,$S_{11}(s)$ 和 $S_{22}(s)$ 的分子多项式的相角的平均值,即 $(\theta_{n11}(s)+\theta_{n22}(s))/2$ 也是 $\pi/2$ rad 的整数倍。这意味着分子多项式 $S_{11}(s)$ 的零点[即 $F(s)$ 的根①] 和 $S_{22}(s)$ 的零点[即 $F_{22}(s)$ 的根]一定位于虚轴上,或关于虚轴呈镜像对称分布。

图 6.3 描述了这些相角的定义。

(a) 一对传输零点

(b) $s_{11}(s)$ 的零点和与之互补的 $s_{22}(s)$ 的零点

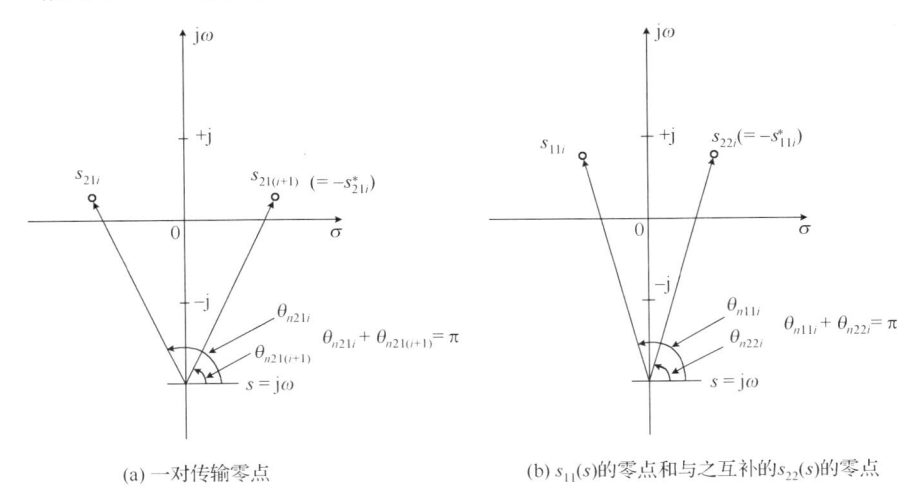

图 6.3 频率变量 s 位于虚轴上的任意位置时,$S_{21}(s)$,$S_{11}(s)$ 和 $S_{22}(s)$ 分子多项式的相角

根据第二个性质,可以分别使用多项式 $F(s)$ 和 $F_{22}(s)$ 来表示 $S_{11}(s)$ 和 $S_{22}(s)$ 的分子。如果它们的零点(根)正好在虚轴上,或者关于虚轴呈对称分布,则 $F_{22}(s)$ 的第 i 个零点 s_{22i} 与 $F(s)$ 的零点 s_{11i} 的对应关系表示如下:

$$s_{22i} = -s_{11i}^* \tag{6.13}$$

其中 $i = 1, 2, \cdots, N$。

使用 s_{22i} 的零点来构造多项式 $F_{22}(s)$,可得

$$\begin{aligned} F_{22}(s) &= \prod_{i=1}^{N}(s - s_{22i}) \\ &= \prod_{i=1}^{N}(s + s_{11i}^*) \end{aligned} \tag{6.14a}$$

$$= (-1)^N \prod_{i=1}^{N}(s - s_{11i})^* \tag{6.14b}$$

由于多项式 $F(s) = \prod_{i=1}^{N}(s - s_{11i})$ 已知,显然有

---

① 从形式上看,如果 $S_{22}(s)$ 的分子多项式是 $F_{22}(s)$,则 $S_{11}(s)$ 的分子多项式应该表示为 $F_{11}(s)$。然而,在本书和其他地方,一般习惯用法为 $F(s) \equiv F_{11}(s)$。

$$F_{22}(s) = (-1)^N F(s)^* \qquad (6.15)$$

这里的$(-1)^N$项有效地保证了$F_{22}(s)$是一个首一多项式,而无论它是偶数阶的还是奇数阶的。由于传输零点不是在虚轴上分布的,就是成对地关于虚轴对称分布的,如图6.2和图6.3(a)所示,因此$P(s)^* = (-1)^{n_{fz}} P(s)$。

根据式(6.15)可以导出正交条件的第一条规则:

如果两个N阶首一多项式$Q_1(s)$和$Q_2(s)$的零点关于虚轴呈仿共轭对的形式分布,或者正好在它的虚轴上分布,那么可以根据关系式$Q_2(s) = (-1)^N Q_1(s)^*$,用其中一个多项式构成另外一个多项式。

当N为奇数时,将式(6.15)乘以-1,得出$F_{22}(s)$的相角表达式为

$$\theta_{n22}(s) = -\theta_{n11}(s) + N\pi \qquad (6.16)$$

将式(6.16)代入式(6.12),有

$$-\theta_{n21}(s) + \frac{N\pi}{2} = \frac{\pi}{2}(2k \pm 1) \qquad (6.17)$$

最后,再考虑$S_{21}(s)$的分子多项式$P(s)$的相角$\theta_{n21}(s)$。传输函数$P(s)$的阶数为n_{fz},其有限传输零点数为n_{fz}。如图6.3(a)所示,由于这些传输零点关于虚轴对称,无论s和n_{fz}取何值,$\theta_{n21}(s)$都是$\pi/2$ rad的整数倍,如下式所示:

$$\theta_{n21}(s) = \frac{n_{fz}\pi}{2} + k_1\pi \qquad (6.18)$$

其中k_1为整数。现在将上式代入式(6.17),可得

$$-\frac{n_{fz}\pi}{2} - k_1\pi + \frac{N\pi}{2} = \frac{\pi}{2}(2k \pm 1)$$
$$(N - n_{fz})\frac{\pi}{2} - k_1\pi = \frac{\pi}{2}(2k \pm 1) \qquad (6.19)$$

式(6.19)表明,为了与其等号右侧相匹配,整数$(N - n_{fz})$必须为奇数。当$N - n_{fz}$为偶数时,为了保持公式的正交特性,式(6.19)的等号左侧必须额外加$\pi/2$ rad,这和式(6.18)的等号左侧$\theta_{n21}(s)$加$\pi/2$ rad的做法是一样的。给$\theta_{n21}(s)$加$\pi/2$ rad也等同于多项式$P(s)$乘以j。表6.1对此进行了总结。

表6.1 满足正交条件时$P(s)$与j相乘的规律

N	n_{fz}	$N - n_{fz}$	$P(s)$需要乘以j
奇数	奇数	偶数	是
奇数	偶数	奇数	否
偶数	奇数	奇数	否
偶数	偶数	偶数	是

满足正交条件的第二条规则表示如下:

当N阶多项式$E(s)$和$F(s)$,以及$n_{fz}(\leq N)$阶多项式$P(s)$的最高阶项的系数归一化(即成为首一多项式)时,如果$N - n_{fz}$为偶数,则$P(s)$多项式必须乘以j。由于$P(s)$的零点位于虚轴上或关于虚轴呈仿共轭对形式分布,有$P(s)^* = (-1)^{n_{fz}} P(s)$,因此当$N - n_{fz}$为偶数或奇数时,可得$P(s)^* = -(-1)^N P(s)$。

在实际应用中,多项式 $E(s)$,$F(s)$ 和 $P(s)$ 通常表示为各自奇点的乘积形式,例如 $F(s) = \prod_{i=1}^{N}(s - s_{11i})$,因此大多数情况下它们的最高阶项的系数自动等于 1。

已知 $P(s)^* = -(-1)^N P(s)$,$F_{22}(s) = (-1)^N F(s)^*$,且假定网络是互易的,即 $S_{21}(s) = S_{12}(s)$,那么能量守恒公式(6.2)和公式(6.3)中的 S 参数可用其有理多项式[见式(6.5)和式(6.6)]的形式表示为

$$F(s)F_{22}(s)/\varepsilon_R^2 - P(s)^2/\varepsilon^2 = (-1)^N E(s)E(s)^* \tag{6.20}$$

当 $N - n_{f_z}$ 为奇数或偶数时,正交条件[见式(6.4)]可以写成

$$F(s)P(s)^* + P(s)F_{22}(s)^* = 0, \quad N - n_{f_z} \text{ 为奇数} \tag{6.21a}$$

$$F(s)[jP(s)]^* + [jP(s)]F_{22}(s)^* = 0 \quad \text{或} \quad F(s)P(s)^* - P(s)F_{22}(s)^* = 0, \quad N - n_{f_z} \text{ 为偶数} \tag{6.21b}$$

幺正条件用[S]矩阵的形式表示为[22]

$$\begin{bmatrix} S_{11} & S_{12} \\ S_{21} & S_{22} \end{bmatrix} = \frac{1}{E(s)} \begin{bmatrix} F(s)/\varepsilon_R & jP(s)/\varepsilon \\ jP(s)/\varepsilon & (-1)^N F(s)^*/\varepsilon_R \end{bmatrix}, \quad N - n_{f_z} \text{ 为偶数} \tag{6.22a}$$

$$\begin{bmatrix} S_{11} & S_{12} \\ S_{21} & S_{22} \end{bmatrix} = \frac{1}{E(s)} \begin{bmatrix} F(s)/\varepsilon_R & P(s)/\varepsilon \\ P(s)/\varepsilon & (-1)^N F(s)^*/\varepsilon_R \end{bmatrix}, \quad N - n_{f_z} \text{ 为奇数} \tag{6.22b}$$

对于巴特沃思或切比雪夫原型,所有的反射零点都位于虚轴上。N 为奇数或偶数时都有 $F_{22}(s) = (-1)^N F(s)^* = F(s)$。

根据幺正条件,得到三个推论如下:

- 实常数 ε 和 ε_R 可以分别用于多项式 $P(s)$ 和 $F(s)$ 的归一化。
- S 参数可以用[ABCD]传输矩阵多项式和短路导纳参数来表示。
- 已知 $E(s)$、$F(s)$ 和 $P(s)$ 这三个多项式的其中两个,运用交替极点法就能准确地确定余下的一个。

6.1.1 ε 和 ε_R 的关系

在前面的章节中,传输函数 $S_{21}(s)$ 和反射函数 $S_{11}(s)$ 的有理多项式形式定义为

$$S_{21}(s) = \frac{P(s)/\varepsilon}{E(s)}, \quad S_{11}(s) = \frac{F(s)/\varepsilon_R}{E(s)} \tag{6.23}$$

其中 $E(s)$ 和 $F(s)$ 分别为 N 阶多项式,$P(s)$ 为 n_{f_z} 阶多项式,n_{f_z} 为有限传输零点数,ε 和 ε_R 为用于归一化 $P(s)$ 和 $F(s)$ 的实常数。因此,无论频率变量 s 取何值,$|S_{21}(s)|$ 和 $|S_{11}(s)|$ 均小于或等于 1。假设这三个多项式已经进行了归一化,它们的最高阶项的系数均为 1。需要补充说明的是,当 $N - n_{f_z}$ 为偶数时,多项式 $P(s)$ 需要乘以 j 来满足式(6.7c)规定的幺正条件,如前所述。

在特定的 s 下,实常数 ε 可以根据 $P(s)/E(s)$ 计算得到。例如,当 $s = \pm j$ 时,假设 $|S_{21}(s)|$ 或 $|S_{11}(s)|$ 已知,切比雪夫滤波器的等波纹回波损耗水平或巴特沃思滤波器 3 dB 点(半功率点)也是已知的,从而确定了 $|S_{21}(s)|$ 的最大值为 1。如果 $n_{f_z} < N$,则无穷大频率 $s = \pm j\infty$ 时 $|S_{21}(s)| = 0$。当 $|S_{21}(s)| = 0$ 时,根据能量守恒条件[见式 6.7(a)]有

$$S_{11}(j\infty) = \frac{1}{\varepsilon_R} \left| \frac{F(j\infty)}{E(j\infty)} \right| = 1 \tag{6.24}$$

由于 $E(s)$ 和 $F(s)$ 的最高阶项的系数(e_N 和 f_N)都分别进行了归一化,显然 $\varepsilon_R = 1$。当 $n_{f_z} = N$ 时,也

就意味着所有 N 个传输零点都位于复平面的有限位置。由于 $P(s)$ 是一个 N 阶多项式(全规范型函数),则在 $s = \pm j\infty$ 处的衰减是有限的。ε_R 可以根据能量守恒条件公式(6.7a)推导如下:

$$S_{11}(j\infty)S_{11}(j\infty)^* + S_{21}(j\infty)S_{21}(j\infty)^* = 1$$

所以

$$\frac{F(j\infty)F(j\infty)^*}{\varepsilon_R^2 E(j\infty)E(j\infty)^*} + \frac{P(j\infty)P(j\infty)^*}{\varepsilon^2 E(j\infty)E(j\infty)^*} = 1 \tag{6.25}$$

对于全规范型函数,$E(s)$,$F(s)$ 和 $P(s)$ 都是最高阶项的系数为 1 的 N 阶多项式。因此,在 $s = \pm j\infty$ 处,可得

$$\frac{1}{\varepsilon_R^2} + \frac{1}{\varepsilon^2} = 1 \quad \text{或} \quad \varepsilon_R = \frac{\varepsilon}{\sqrt{\varepsilon^2 - 1}} \tag{6.26}$$

由于 $\varepsilon > 1$,所以上式中结果也会略大于 1。

显然,对于全规范型函数而言,在 $s = \pm j\infty$ 处的插入损耗为

$$S_{21}(\pm j\infty) = \frac{1}{\varepsilon} = 20\lg\varepsilon \quad \text{dB} \tag{6.27a}$$

回波损耗为

$$S_{11}(\pm j\infty) = \frac{1}{\varepsilon_R} = 20\lg\varepsilon_R \quad \text{dB} \tag{6.27b}$$

虽然全规范型函数在带通滤波器综合中很少使用,但有时它们用于带阻滤波器,这将在第 7 章中讨论。

6.1.2 [ABCD] 传输矩阵多项式与 S 参数的关系

根据表 5.2 中的参数变换公式,可以看出 [ABCD] 传输矩阵的首个元件 $A(s)$ 可用等效 S 参数表示如下:

$$A(s) = \frac{(1 + S_{11}(s))(1 - S_{22}(s)) + S_{12}(s)S_{21}(s)}{2S_{21}(s)} \tag{6.28}$$

反过来,S 参数也可以用多项式 $E(s)$,$F(s)$ 和 $P(s)$ 表示为[见式(6.5)和式(6.6)]:

$$A(s) = \frac{(1 + F_{11}/E)(1 - F_{22}/E) + (P/E)^2}{2P/E} \tag{6.29}$$

其中 F_{11},F_{22},P 和 E 分别是 $F(s)/\varepsilon_R$,$F_{22}(s)/\varepsilon_R$,$P(s)/\varepsilon$ 和 $E(s)$ 的简化符号;E^*,F^* 和 P^* 分别是仿共轭公式 $E(s)^*$,$F(s)^*/\varepsilon_R$ 和 $P(s)^*/\varepsilon$ 的简化符号。当 $N - n_{fz}$ 为偶数时,需要用 $jP(s)$ 替代 $P(s)$。

幺正条件公式(6.7a)和公式(6.7c)也可以用多项式 $E(s)$,$F(s)$ 和 $P(s)$ 表示为

$$F_{11}F_{11}^* + PP^* = EE^* \tag{6.30a}$$

$$F_{11}P^* + PF_{22}^* = 0 \tag{6.30b}$$

使用式(6.30b)替代式(6.29)中的 F_{22},有

$$A(s) = \frac{1}{2P}\left[(E + F_{11}) + \frac{P}{P^*}F_{11}^* + \frac{P}{P^*E}(F_{11}F_{11}^* + PP^*)\right] \tag{6.31}$$

或者,使用式(6.30a)替代式(6.29)中的 F_{22},则有

$$A(s) = \frac{1}{2P}\left[(E + F_{11}) + \frac{P}{P^*}(E + F_{11})^*\right] \tag{6.32}$$

由于构成 S_{21} 的分子多项式 $P(s)$ 的 n_{fz} 个有限传输零点通常位于复平面的虚轴上,或成对地关于虚轴对称出现,如图6.3(a)所示,因此关系式 $P(s)^* = (-1)^{n_{fz}} P(s)$ 成立。6.1节也表明,当 $N - n_{fz}$ 为偶数时,需要用 $jP(s)$ 替代 $P(s)$。因此,当 $N - n_{fz}$ 为奇数或偶数时都有 $P/P^* = -(-1)^N$。

所以,式(6.32)的完整形式可以写成

$$A(s) = \frac{\frac{1}{2}[(E(s) + F(s)/\varepsilon_R) - (-1)^N (E(s) + F(s)/\varepsilon_R)^*]}{P(s)/\varepsilon} = \frac{A_n(s)}{P(s)/\varepsilon} \quad (6.33\text{a})$$

类似地,余下的[ABCD]矩阵参数可以用传输多项式和反射多项式系数表示如下:

$$B(s) = \frac{\frac{1}{2}[(E(s) + F(s)/\varepsilon_R) + (-1)^N (E(s) + F(s)/\varepsilon_R)^*]}{P(s)/\varepsilon} = \frac{B_n(s)}{P(s)/\varepsilon} \quad (6.33\text{b})$$

$$C(s) = \frac{\frac{1}{2}[(E(s) - F(s)/\varepsilon_R) + (-1)^N (E(s) - F(s)/\varepsilon_R)^*]}{P(s)/\varepsilon} = \frac{C_n(s)}{P(s)/\varepsilon} \quad (6.33\text{c})$$

$$D(s) = \frac{\frac{1}{2}[(E(s) - F(s)/\varepsilon_R) - (-1)^N (E(s) - F(s)/\varepsilon_R)^*]}{P(s)/\varepsilon} = \frac{D_n(s)}{P(s)/\varepsilon} \quad (6.33\text{d})$$

通过使用关系式 $z + z^* = 2\text{Re}(z)$ 和式 $z - z^* = 2j\text{Im}(z)$(z 为复数),可以找到代表[ABCD]多项式的另一公式。例如,当 N 为偶数时,$A(s)$ 的分子多项式 $A_n(s)$ 可以表示为

$$A_n(s) = j\text{Im}(e_0 + f_0) + \text{Re}(e_1 + f_1)s + j\text{Im}(e_2 + f_2)s^2 + \cdots + j\text{Im}(e_N + f_N)s^N$$

当 N 为奇数时,

$$A_n(s) = \text{Re}(e_0 + f_0) + j\text{Im}(e_1 + f_1)s + \text{Re}(e_2 + f_2)s^2 + \cdots + j\text{Im}(e_N + f_N)s^N$$

其中 e_i 和 f_i($i = 0, 1, 2, \cdots, N$)分别为 $E(s)$ 和 $F(s)/\varepsilon_R$ 的复系数。完整的表达式见方程组(7.20)。

由于[ABCD]参数都有公共的分母多项式 $P(s)/\varepsilon$,用矩阵的形式表示为

$$[ABCD] = \frac{1}{P(s)/\varepsilon} \begin{bmatrix} A_n(s) & B_n(s) \\ C_n(s) & D_n(s) \end{bmatrix} \quad (6.33\text{e})$$

其中 $A_n(s)$,$B_n(s)$,$C_n(s)$ 和 $D_n(s)$ 是方程组(6.33)的分子,且当 $N - n_{fz}$ 为偶数时需要用 $jP(s)$ 替代 $P(s)$[①]。

6.1.2.1 短路导纳参数

根据传输多项式和反射多项式得到[ABCD]传输矩阵后,短路导纳参数矩阵[Y]的各元件的有理多项式也可以用 $E(s)$,$F(s)$ 和 $P(s)$ 表示为

---

① 如果网络端接的源阻抗和负载阻抗为复阻抗 Z_S 和 Z_L,则式(6.33)可以修改如下(见附录6A):

$$A_n(s) = \frac{1}{2}[(Z_S^* E(s) + Z_S F(s)/\varepsilon_R) - (-1)^N (Z_S^* E(s) + Z_S F(s)/\varepsilon_R)^*]$$

$$B_n(s) = \frac{1}{2}[Z_L^*(Z_S^* E(s) + Z_S F(s)/\varepsilon_R) + (-1)^N Z_L(Z_S^* E(s) + Z_S F(s)/\varepsilon_R)^*]$$

$C_n(s)$ 用式(6.33c)表示

$$D_n(s) = \frac{1}{2}[Z_L^*(E(s) - F(s)/\varepsilon_R) - (-1)^N Z_L(E(s) - F(s)/\varepsilon_R)^*]$$

$P(s)$ 用 $\sqrt{\text{Re}(Z_S)\text{Re}(Z_L)} \cdot P(s)$ 表示

$$[Y] = \begin{bmatrix} y_{11}(s) & y_{12}(s) \\ y_{21}(s) & y_{22}(s) \end{bmatrix} = \frac{1}{y_d(s)} \begin{bmatrix} y_{11n}(s) & y_{12n}(s) \\ y_{21n}(s) & y_{22n}(s) \end{bmatrix} \quad (6.34)$$

其中$y_{11n}(s)$,$y_{12n}(s)$,$y_{21n}(s)$和$y_{22n}(s)$分别是有理多项式$y_{11}(s)$,$y_{12}(s)$,$y_{21}(s)$和$y_{22}(s)$的分子多项式,且$y_d(s)$是它们的公共分母多项式。[Y]矩阵参数与[$ABCD$]矩阵参数的关系通过转换公式(见表5.2)表示为

$$\begin{aligned}[Y] = \frac{1}{y_d(s)} \begin{bmatrix} y_{11n}(s) & y_{12n}(s) \\ y_{21n}(s) & y_{22n}(s) \end{bmatrix} &= \begin{bmatrix} D(s)/B(s) & -\Delta_{ABCD}/B(s) \\ -1/B(s) & A(s)/B(s) \end{bmatrix} \\ &= \frac{1}{B_n(s)} \begin{bmatrix} D_n(s) & -\Delta_{ABCD} P(s)/\varepsilon \\ -P(s)/\varepsilon & A_n(s) \end{bmatrix} \end{aligned} \quad (6.35)$$

其中Δ_{ABCD}为矩阵[$ABCD$]矩阵的行列式。对于一个互易的无源网络,有$\Delta_{ABCD} = 1$,所以

$$\begin{aligned} y_{11n}(s) &= D_n(s) \\ y_{22n}(s) &= A_n(s) \\ y_{12n}(s) &= y_{21n}(s) = -P(s)/\varepsilon \\ y_d(s) &= B_n(s) \end{aligned} \quad (6.36)$$

现在,将方程组(6.33)代入上式,替换掉$A_n(s)$,$B_n(s)$和$D_n(s)$,就能得到短路导纳参数与传输函数和反射函数中$E(s)$,$F(s)/\varepsilon_R$和$P(s)/\varepsilon$多项式之间的关系。这些关系式将应用第7章将要讲解的电路网络综合和第8章将要讲解的耦合矩阵,从而展示如何成功地实现表示滤波器响应的电路网络和耦合矩阵的综合。多项式$B_n(s)$,即导纳矩阵分母多项式$y_d(s)$[见式(6.36)]必须与滤波函数的阶数一致,都为N阶。上述过程保证了多项式$B_n(s)$总是N阶的。

6.2 确定分母多项式 $E(s)$ 的交替极点方法

对于后面将要讨论的多项式综合方法,$S_{21}(s)$的分子多项式$P(s)$由复平面的传输零点定义,而$S_{11}(s)$的分子多项式$F(s)$的系数通过解析或递归方法得到。最后,通过求解$S_{11}(s)$和$S_{21}(s)$的分母多项式$E(s)$,完成对滤波器函数的设计。

如果已知这三个多项式的其中两个,则余下的那个可用能量守恒公式(6.7a)推导如下:

$$S_{11}(s)S_{11}(s)^* + S_{21}(s)S_{21}(s)^* = 1 \quad \text{或} \quad F(s)F(s)^*/\varepsilon_R^2 + P(s)P(s)^*/\varepsilon^2 = E(s)E(s)^* \quad (6.37)$$

式(6.37)的左侧使用多项式的乘积形式来构造多项式$E(s)E(s)^*$,其值一定为标量(见图6.4)。这就意味着$E(s)E(s)^*$的$2N$个根必须关于复平面上的虚轴对称分布,从而使任意频率s下得到的$E(s)E(s)^*$都是标量。

已知$E(s)$的根必须满足严格赫尔维茨条件,因此$E(s)E(s)^*$左半平面的根一定属于$E(s)$,而其右半平面的根一定属于$E(s)^*$。这样通过选择左半平面的N个根,可以构造出多项式$E(s)$。

虽然求解二倍阶多项式是最常用的方法,但是当滤波器函数阶数很高时,$E(s)E(s)^*$的根将聚集在$s = \pm j$附近,导致求解的根不太准确。下面介绍由Rhodes和Alseyab[3]提出的交替极点方法,无须求解$2N$阶多项式而直接得到$E(s)$的根。

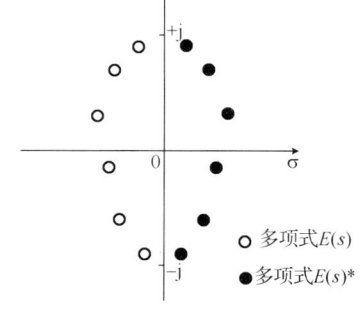

图6.4 $E(s)E(s)^*$的根在复平面的分布(关于虚轴对称分布)

当 $N-n_{fz}$ 为奇数时, 展开式(6.37)可得

$$\varepsilon^2\varepsilon_R^2 E(s)E(s)^* = [\varepsilon_R P(s)+\varepsilon F(s)][\varepsilon_R P(s)^*+\varepsilon F(s)^*] - \varepsilon\varepsilon_R[F(s)P(s)^*+P(s)F(s)^*] \quad (6.38\text{a})$$

根据正交幺正条件公式(6.21a), 当 $N-n_{fz}$ 为奇数时, $F(s)P(s)^* + P(s)F(s)_{22}^* = 0$。因此, 当 $F(s) = F_{22}(s)$ 时, $F(s)P(s)^* + P(s)F(s)^* = 0$。只有当 $F(s)$ 的所有零点都位于虚轴上并且与 $F_{22}(s)$ 的零点完全重合时, 才会发生这种情况。

类似地, 当 $N-n_{fz}$ 为偶数时, 展开式(6.37)可得

$$\varepsilon^2\varepsilon_R^2 E(s)E(s)^* = [\varepsilon_R(jP(s))+\varepsilon F(s)][\varepsilon_R(jP(s))^*+\varepsilon F(s)^*] + j\varepsilon\varepsilon_R[F(s)P(s)^* - P(s)F(s)^*] \quad (6.38\text{b})$$

令上式中的 $F(s)P(s)^* - P(s)F(s)^*$ 为零, 则当 $N-n_{fz}$ 为偶数时, 再次运用正交幺正条件公式(6.21b), 可得

$$F(s)P(s)^* - P(s)F_{22}(s)^* = 0$$

可以再次发现, 式(6.31)只在 $F(s) = F_{22}(s)$ 条件下成立, 而且 $F(s)$ 的所有零点都必须位于虚轴上, 并与 $F_{22}(s)$ 的零点重合。如果 $F(s)$ 和 $F_{22}(s)$ 的零点完全满足此条件, 则当 $N-n_{fz}$ 为奇数时, 式(6.38a)可以简化为

$$\varepsilon^2\varepsilon_R^2 E(s)E(s)^* = [\varepsilon_R P(s)+\varepsilon F(s)][\varepsilon_R P(s)+\varepsilon F(s)]^* \quad (6.39\text{a})$$

当 $N-n_{fz}$ 为偶数时, 式(6.38b)可以简化为

$$\varepsilon^2\varepsilon_R^2 E(s)E(s)^* = [\varepsilon_R(jP(s))+\varepsilon F(s)][\varepsilon_R(jP(s))+\varepsilon F(s)]^* \quad (6.39\text{b})$$

在 ω 平面上, 多项式 $P(\omega)$ 和 $F(\omega)$ 都有纯实系数。由于必须满足正交条件[见式(6.12)], 当 $N-n_{fz}$ 为奇数或偶数时, 为了求解出 ω 平面上的奇点, 将式(6.39b)修正如下:

$$\varepsilon^2\varepsilon_R^2 E(\omega)E(\omega)^* = [\varepsilon_R P(\omega) - j\varepsilon F(\omega)][\varepsilon_R P(\omega) + j\varepsilon F(\omega)] \quad (6.40)$$

求解式(6.39a)或式(6.39b)右侧两乘积项其中一项的根, 可以得到在左半平面和右半平面交替分布的奇点, 如图6.5所示。

(a) $[\varepsilon_R(jP(s))+\varepsilon F(s)]$ (b) $[\varepsilon_R(jP(s))+\varepsilon F(s)]^*$

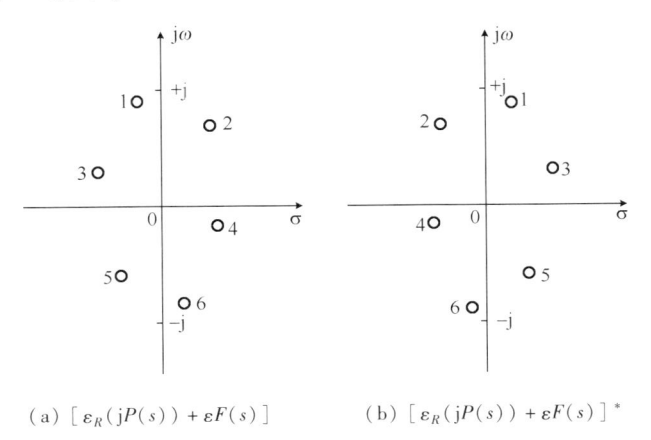

图6.5 当 $N-n_{fz}$ 为偶数时的六阶多项式的奇点 [见式(6.39b)]

求解另一项的根, 则可以得到一组关于虚轴对称分布的互补奇点, 从而确保求解式(6.39a)和式(6.39b)的右侧第一个乘积项的根所得的奇点与求解第二个乘积项的根所得的奇点一样, 都为标量。

因此，有必要根据已知的 N 阶复系数多项式 $P(s)$ 和 $F(s)$ 构造出式(6.39a)和式(6.39b)右侧两乘积项其中一项，然后求解该项的根来获得奇点。已知多项式 $E(s)$ 必须满足严格的赫尔维茨条件，任意右半平面的奇点可以关于虚轴镜像反射到左半平面上。现在左半平面的 N 个奇点位置已知，就可以构造出多项式 $E(s)$。以上构造 $E(s)$ 的过程中，只需要求解 N 阶多项式；而且，交替奇点在 $s = \pm j$ 附近聚集较少，因此可以保证更高的求解精度。

在实际应用中，对于绝大多数的滤波器函数，比如巴特沃思或切比雪夫滤波器函数，反射零点均位于虚轴上，可以运用交替奇点方法来求解 $E(s)$。而对于某些特殊形式，比如预失真滤波器，它的部分或全部反射零点均分布在复平面内，而不是位于虚轴上，这就必须运用能量守恒方法来构造 $E(s)$ [见式(6.37)]。

6.3 广义切比雪夫滤波器函数多项式的综合方法

本节所介绍的原型滤波器网络综合方法，主要是针对广义切比雪夫滤波器的传输函数来设计的，其包含以下特点：

- 奇数阶或偶数阶
- 给定传输零点和/或群延迟均衡零点
- 不对称或对称特性
- 单终端或双终端网络

这一节将介绍一种有效的递归技术[4,5]，通过任意给定的传输零点，生成切比雪夫传输多项式和反射多项式。下一章将继续讨论根据这些多项式生成的相应电路，以及 $N \times N$ 矩阵和 $N+2$ 耦合矩阵的综合方法。

6.3.1 多项式的综合

为了简化数学表达形式，本章将在 ω 平面上展开讨论。其中 ω 是与我们更熟悉的复频率 $s(s = j\omega)$ 相关的实频变量。

二端口无耗滤波器网络由一系列 N 阶互耦合谐振器构成，其传输和反射函数可由两个 N 阶多项式的比值来表示：

$$S_{11}(\omega) = \frac{F(\omega)/\varepsilon_R}{E(\omega)}, \qquad S_{21}(\omega) = \frac{P(\omega)/\varepsilon}{E(\omega)} \tag{6.41}$$

$$\varepsilon = \frac{1}{\sqrt{10^{RL/10} - 1}} \left| \frac{P(\omega)}{F(\omega)/\varepsilon_R} \right|_{\omega \pm 1} \tag{6.42}$$

其中 RL 为 $\omega = \pm 1$ 处的回波损耗 dB 值。假设多项式 $P(\omega)$、$F(\omega)$ 和 $E(\omega)$ 已经进行了归一化，其最高阶项的系数都为 1。$S_{11}(\omega)$ 和 $S_{21}(\omega)$ 拥有公共分母多项式 $E(\omega)$，且多项式 $P(\omega) = \prod_{n=1}^{n_{fz}} (\omega - \omega_n)$ 为包含 n_{fz} 个有限传输零点的传输函数[①]。切比雪夫滤波器函数中的 ε 是用于归一化 $S_{21}(\omega)$ 的常数，其在 $\omega = \pm 1$ 之间呈等波纹变化。

因此，根据如上定义，切比雪夫函数的所有反射零点均位于 ω 平面的实轴上。由式(6.40)

---

① 当 $n_{fz} = 0$ 时，$P(\omega) = 1$。

给出无耗网络的交替极点公式如下:

$$S_{21}(\omega)S_{21}(\omega)^* = \frac{P(\omega)P(\omega)^*}{\varepsilon^2 E(\omega)E(\omega)^*} = \frac{1}{\left[1 - j\frac{\varepsilon}{\varepsilon_R}kC_N(\omega)\right]\left[1 + j\frac{\varepsilon}{\varepsilon_R}kC_N(\omega)^*\right]} \quad (6.43)$$

其中 $kC_N(\omega) = \frac{F(\omega)}{P(\omega)}$, k 为常数[①]。

已知 $C_N(\omega)$ 为 N 阶滤波器函数, 它的极点和零点分别为 $P(\omega)$ 和 $F(\omega)$ 的根, 其广义切比雪夫特性形式为[4]

$$C_N(\omega) = \cosh\left[\sum_{n=1}^{N} \operatorname{arcosh}(x_n(\omega))\right] \quad (6.44a)$$

或应用恒等式 $\cosh\theta = \cos j\theta$, $C_N(\omega)$ 的另一种表达式给定为

$$C_N(\omega) = \cos\left[\sum_{n=1}^{N} \arccos(x_n(\omega))\right] \quad (6.44b)$$

其中 $x_n(\omega)$ 是频率变量 ω 的函数。通过分析 $C_N(\omega)$ 可知, 当 $|\omega| \geq 1$ 时, 可以应用式(6.44a); 而当 $|\omega| \leq 1$ 时, 可以应用式(6.44b)。

为了合理地表述一个切比雪夫函数, $x_n(\omega)$ 需要满足下面的条件:

- 当 $\omega = \omega_n$ 时, ω_n 位于有限传输零点位置, 或无穷大频率处($\omega_n = \pm\infty$)时, $x_n(\omega) = \pm\infty$。
- 当 $\omega = \pm 1$ 时, $x_n(\omega) = \pm 1$。
- 当 $-1 \leq \omega \leq 1$ 时(带内), $-1 \leq x_n(\omega) \leq 1$。

假如 $x_n(\omega)$ 的分母为 $\omega - \omega_n$, 且其为有理函数, 则满足第一个条件:

$$x_n(\omega) = \frac{f(\omega)}{\omega - \omega_n} \quad (6.45)$$

第二个条件规定, 当 $\omega = \pm 1$ 时,

$$x_n(\omega)|_{\omega=\pm 1} = \frac{f(\omega)}{\omega - \omega_n}\bigg|_{\omega=\pm 1} = \pm 1 \quad (6.46)$$

如果当 $f(1) = 1 - \omega_n$ 且 $f(-1) = 1 + \omega_n$ 时, 可得 $f(\omega) = 1 - \omega\omega_n$, 则这个条件成立。因此

$$x_n(\omega) = \frac{1 - \omega\omega_n}{\omega - \omega_n} \quad (6.47)$$

求解 $x_n(\omega)$ 关于 ω 的微分, 可以发现函数在 $-1 \leq \omega \leq 1$ 时不存在转向点或拐点。如果在 $\omega = -1$ 处 $x_n(\omega) = -1$, 且在 $\omega = +1$ 处 $x_n(\omega) = +1$, 则当 $|\omega| \leq 1$ 时, $|x_n(\omega)| \leq 1$, 从而满足了第三个条件。图 6.6 给出了有限传输零点 $\omega_n = \pm 1.3$ 时 $x_n(\omega)$ 的特性。

将 $\omega_n = \pm\infty$ 之间所有的传输零点除以 ω_n, 可以获得 $x_n(\omega)$ 的最终形式为

$$x_n(\omega) = \frac{\omega - 1/\omega_n}{1 - \omega/\omega_n} \quad (6.48)$$

在式(6.48)中, $\omega_n = s_n/j$ 是复频率平面的第 n 个传输零点, 利用式(6.44)和式(6.48)很容易验证 $C_N(\omega)|_{\omega=\pm 1} = 1$。当 $|\omega| < 1$ 时, $C_N(\omega) \leq 1$; 而当 $|\omega| > 1$ 时, $C_N(\omega) > 1$。这些条件

---

① k 为无关紧要的归一化常数, 这里使用它是考虑到实际应用中通常多项式 $C_N(\omega)$ 的最高阶项的系数并不为 1, 而在本书中多项式 $P(\omega)$ 和 $F(\omega)$ 被假定为首一的。

都是切比雪夫响应的必要条件。类似地,当所有 N 个给定的传输零点趋于无穷远处时,$C_N(\omega)$ 退化为常见的一般切比雪夫函数:

$$C_N(\omega)|_{\omega_n \to \infty} = \cosh[N \operatorname{arcosh}(\omega)] \quad (6.49)$$

显然,给定传输零点遵循的原则是:必须保证传输零点在复平面 s 上关于虚轴($j\omega$)对称,以满足归一化条件。类似地,对于将要讨论的多项式综合方法,s 平面上的有限传输零点数 n_{fz} 一定小于或等于 N。如果 $n_{fz} < N$,则非有限传输零点必定趋于无穷远处。尽管 $N+2$ 耦合矩阵(见第 8 章)可以实现全规范型滤波器函数(即有限传输零点数 n_{fz} 等于滤波器的阶数 N),但是 $N \times N$ 矩阵最多只能实现 $N-2$ 个有限传输零点(最短路径原理①)。所以,$N \times N$ 耦合矩阵的多项式综合中,至少有两个传输零点趋于无穷远处。

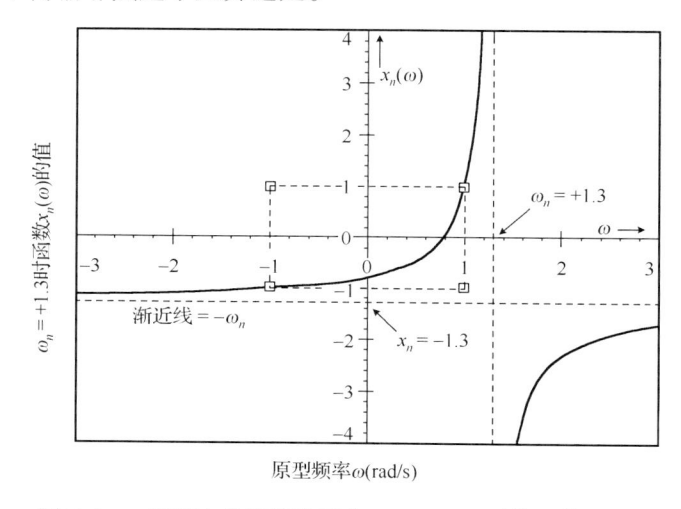

图 6.6 ω 平面上给定传输零点 $\omega_n = \pm 1.3$ 时的函数 $x_n(\omega)$

接下来通过求解式(6.44a)来确定 $C_N(\omega)$ 的分子多项式的系数,并将多项式最高阶项的系数归一化为 1,生成多项式 $F(\omega)$。已知可根据式(6.42)和给定的多项式 $P(\omega) = \prod_{n=1}^{n_{fz}} (\omega - \omega_n)$ 求解得到 ε 和 ε_R(对于非规范型网络有 $\varepsilon_R = 1$),则 $S_{21}(\omega)$ 和 $S_{11}(\omega)$ 的公共分母多项式,即赫尔维茨多项式 $E(\omega)$,可以根据式(6.43)计算得到。然后进一步综合原型网络,构造出具有传输特性 $S_{21}(\omega)$ 和反射特性 $S_{11}(\omega)$ 的实际电路网络。

多项式的综合过程的第一步,采用恒等式替换式(6.44a)中的 arcosh 项:

$$C_N(\omega) = \cosh\left[\sum_{n=1}^{N} \ln(a_n + b_n)\right]$$

其中

$$a_n = x_n(\omega), \qquad b_n = (x_n^2(\omega) - 1)^{\frac{1}{2}} \quad (6.50)$$

因此

---

① 最短路径原理是用来计算 N 阶直接耦合的谐振网络可实现的有限传输零点数(即不位于 $\omega = \pm\infty$ 处)的简单公式。如果在网络输入端(源)和输出端(负载)之间的最短路径(沿着非零的谐振器间耦合)的谐振器数为 $n_{\min}$,则这个网络可实现的最大有限传输零点数为 $n_{fz} = N - n_{\min}$。

第 6 章 广义切比雪夫滤波器函数的综合

$$C_N(\omega) = \frac{1}{2}\left[e^{\sum \ln(a_n+b_n)} + e^{-\sum \ln(a_n+b_n)}\right] = \frac{1}{2}\left[\prod_{n=1}^{N}(a_n+b_n) + \frac{1}{\prod_{n=1}^{N}(a_n+b_n)}\right] \quad (6.51)$$

式(6.51)中第二项的分子和分母同时乘以因子 $\prod_{n=1}^{N}(a_n-b_n)$，可得 $\prod_{n=1}^{N}(a_n+b_n)\cdot\prod_{n=1}^{N}(a_n-b_n) = \prod_{n=1}^{N}(a_n^2-b_n^2) = 1$，则

$$C_N(\omega) = \frac{1}{2}\left[\prod_{n=1}^{N}(a_n+b_n) + \prod_{n=1}^{N}(a_n-b_n)\right] \quad (6.52)$$

式(6.52)为 $C_N(\omega)$ 的最终表示形式。用式(6.48)来代替 a_n 和 b_n 中的 $x_n(\omega)$，则式(6.50)可表示为

$$\begin{aligned}a_n &= \frac{\omega - 1/\omega_n}{1 - \omega/\omega_n} \\ b_n &= \frac{\sqrt{(\omega - 1/\omega_n)^2 - (1 - \omega/\omega_n)^2}}{1 - \omega/\omega_n} = \frac{\sqrt{(\omega^2-1)(1-1/\omega_n^2)}}{1 - \omega/\omega_n} = \frac{\omega'\sqrt{(1-1/\omega_n^2)}}{1 - \omega/\omega_n}\end{aligned} \quad (6.53)$$

其中 $\omega' = \sqrt{(\omega^2-1)}$ 为频率转换变量。

因此，式(6.52)可表示为

$$\begin{aligned}C_N(\omega) &= \frac{1}{2}\left[\frac{\prod_{n=1}^{N}\left[(\omega-1/\omega_n)+\omega'\sqrt{(1-1/\omega_n^2)}\right] + \prod_{n=1}^{N}\left[(\omega-1/\omega_n)-\omega'\sqrt{(1-1/\omega_n^2)}\right]}{\prod_{n=1}^{N}(1-\omega/\omega_n)}\right] \\ &= \frac{1}{2}\left[\frac{\prod_{n=1}^{N}(c_n+d_n)+\prod_{n=1}^{N}(c_n-d_n)}{\prod_{n=1}^{N}(1-\omega/\omega_n)}\right]\end{aligned} \quad (6.54)$$

其中，

$$c_n = (\omega - 1/\omega_n), \qquad d_n = \omega'\sqrt{(1-1/\omega_n^2)}$$

现在，与式(6.43)相比，显然 $C_N(\omega)$ 的分母与由给定传输零点 ω_n 产生的 $S_{21}(\omega)$ 的分子多项式 $P(\omega)$ 有着相同的零点。由式(6.43)和式(6.54)还可以发现，$C_N(\omega)$ 的分子的零点与 $S_{11}(\omega)$ 的分子 $F(\omega)$ 的零点也是相同的。起初看上去是两个有限阶多项式的合并，其中一个多项式只存在变量 ω，而另一个多项式的每个系数都与转换变量 ω' 相乘。

然而，当式(6.54)展开后，就会发现与 ω' 相乘的系数相互抵消了。这一点可以通过设 N 为较小的值，展开式(6.54)第二个等号右侧分子式包含的两个乘积项来证明如下：

当 $N=1$ 时，$\text{Num}\left[C_1(\omega)\right] = \frac{1}{2}\left[\prod_{n=1}^{1}(c_n+d_n) + \prod_{n=1}^{1}(c_n-d_n)\right] = c_1$

当 $N=2$ 时，$\text{Num}\left[C_2(\omega)\right] = c_1c_2 + d_1d_2$

当 $N=3$ 时，$\text{Num}\left[C_3(\omega)\right] = (c_1c_2+d_1d_2)c_3 + (c_2d_1+c_1d_2)d_3$

⋮

对每一步而言，其结果都可以展开为包含 c_n 和 d_n 的各项因子之和的形式。在式(6.54)的连乘

项 $\prod_{n=1}^{N}(c_n + d_n)$ 中，c_n 与 d_n 之前的符号都为正，因此该项展开后所得含有 c_n 和 d_n 的因子之前的符号始终为正；而展开式(6.54)的连乘项 $\prod_{n=1}^{N}(c_n - d_n)$ 时，由于 d_n 之前的符号为负，使得展开后含有奇次元素 d_n 的因子之前的符号也为负。因此，这两个连乘项展开后，含有奇次元素 d_n 的具有相同因子且符号相反的项会相互抵消。

现在，剩下的因子中仅包含偶次元素 d_n。因此，所有元素 d_n 的公共乘数 $\omega' = \sqrt{(\omega^2 - 1)}$ [见式(6.54)]只存在偶次幂，形成的子多项式均以 ω 为变量。最终，$C_N(\omega)$ 的分子为只含有变量 ω 的多项式。

运用以上关系，经过简单的运算可以确定 $C_N(\omega)$ 分子多项式的系数，归一化后使得最高阶项的系数为 1，从而得到 $S_{11}(\omega)$ 的分子 $F(\omega)$。

6.3.2 递归技术

式(6.54)的分子可写为如下形式：

$$\text{Num}[C_N(\omega)] = \frac{1}{2}[G_N(\omega) + G'_N(\omega)] \tag{6.55}$$

其中，

$$G_N(\omega) = \prod_{n=1}^{N}[c_n + d_n] = \prod_{n=1}^{N}\left[\left(\omega - \frac{1}{\omega_n}\right) + \omega'\sqrt{\left(1 - \frac{1}{\omega_n^2}\right)}\right] \tag{6.56a}$$

$$G'_N(\omega) = \prod_{n=1}^{N}[c_n - d_n] = \prod_{n=1}^{N}\left[\left(\omega - \frac{1}{\omega_n}\right) - \omega'\sqrt{\left(1 - \frac{1}{\omega_n^2}\right)}\right] \tag{6.56b}$$

求解 $C_N(\omega)$ 分子多项式系数的方法是一个递归的过程。其中，对第 n 阶的求解建立在第 $n-1$ 阶计算结果的基础上。首先来看多项式 $G_N(\omega)$ [见式(6.56a)]。它可以重新组合为两个多项式 $U_N(\omega)$ 与 $V_N(\omega)$ 的和，其中主多项式 $U_N(\omega)$ 只含有以 ω 为变量的系数，而副多项式 $V_N(\omega)$ 的每个系数都与频率转换变量 ω' 相乘。

$$G_N(\omega) = U_N(\omega) + V_N(\omega)$$

其中，

$$\begin{aligned} U_N(\omega) &= u_0 + u_1\omega + u_2\omega^2 + \cdots + u_N\omega^N \\ V_N(\omega) &= \omega'(v_0 + v_1\omega + v_2\omega^2 + \cdots + v_N\omega^N) \end{aligned} \tag{6.57}$$

从给定的第一个传输零点 ω_1 对应的项开始递归循环，即令式(6.56a)和式(6.57)中 $N=1$，则有

$$G_1(\omega) = [c_1 + d_1] = \left(\omega - \frac{1}{\omega_1}\right) + \omega'\sqrt{\left(1 - \frac{1}{\omega_1^2}\right)} = U_1(\omega) + V_1(\omega) \tag{6.58}$$

在第一个循环过程中，$G_1(\omega)$ 必须与第二个给定的零点 ω_2 对应的项相乘[见式(6.56a)]，给定为

$$\begin{aligned} G_2(\omega) &= G_1(\omega) \cdot [c_2 + d_2] \\ &= [U_1(\omega) + V_1(\omega)] \cdot \left[\left(\omega - \frac{1}{\omega_2}\right) + \omega'\sqrt{\left(1 - \frac{1}{\omega_2^2}\right)}\right] \\ &= U_2(\omega) + V_2(\omega) \end{aligned} \tag{6.59}$$

展开表达式 $G_2(\omega)$,并且再次把只含有 ω 的项归入 $U_2(\omega)$,与 ω' 相乘的项则归入 $V_2(\omega)$。显然,多项式 $\omega'V_N(\omega)$ 的结果为 $(\omega^2-1)\cdot(v_0+v_1\omega+v_2\omega^2+\cdots+v_n\omega^n)$ [见式(6.57)],由于式中只含有 ω 项,应归入 $U_n(\omega)$:

$$U_2(\omega) = \omega U_1(\omega) - \frac{U_1(\omega)}{\omega_2} + \omega'\sqrt{\left(1-\frac{1}{\omega_2^2}\right)} V_1(\omega) \tag{6.60a}$$

$$V_2(\omega) = \omega V_1(\omega) - \frac{V_1(\omega)}{\omega_2} + \omega'\sqrt{\left(1-\frac{1}{\omega_2^2}\right)} U_1(\omega) \tag{6.60b}$$

获得新的多项式 $U_2(\omega)$ 和 $V_2(\omega)$ 之后,继续对第三个给定零点重复循环,直到所有 N 个给定零点(包括 $\omega_n=\infty$)被采用,共计 $N-1$ 次循环过程结束为止。

这个循环过程很容易编程实现。下面给出了一段简短的 FORTRAN 子程序,其中复数数组 XP 包含了 ω 平面的 N 个传输零点(包括那些趋于无穷远处的零点)。

```
        X = 1.0/XP(1)                   由第一个给定零点 ω₁ 进行初始化
        Y = CDSQRT(1.0 - X**2)
        U(1) = -X
        U(2) = 1.0
        V(1) = Y
        V(2) = 0.0
C
        DO 10 K = 3, N+1                乘以第二个零点,以及后续的给定零点
        X = 1.0/XP(K-1)
        Y = CDSQRT(1.0 - X**2)
        U2(K) = 0.0
        V2(K) = 0.0
        DO 11 J = 1, K                  乘以常数项
        U2(J) = -U(J)*X - Y*V(J)
11      V2(J) = -V(J)*X + Y*U(J)
        DO 12 J = 2, K                  乘以 ω 的项
        U2(J) = U2(J) + U(J-1)
12      V2(J) = V2(J) + V(J-1)
        DO 13 J = 3, K                  乘以 ω² 的项
13      U2(J) = U2(J) + Y*V(J-2)
        DO 14 J = 1, K                  更新 Uₙ 和 Vₙ
        u(J) = U2(J)
14      V(J) = V2(J)
10      CONTINUE                        循环处理第 3 个,第 4 个,……,第 N 个给定零点
```

如果对 $G'_N(\omega) = U'_N(\omega) + V'_N(\omega)$ [见式(6.56b)]重复以上过程,则有 $U'_N(\omega) = U_N(\omega)$ 和 $V'_N(\omega) = -V_N(\omega)$。因此根据式(6.55)和式(6.57),可得

$$\begin{aligned}\text{num}[C_N(\omega)] &= \frac{1}{2}[G_N(\omega) + G'_N(\omega)] \\ &= \frac{1}{2}((U_N(\omega)+V_N(\omega))+(U'_N(\omega)+V'_N(\omega))) = U_N(\omega)\end{aligned} \tag{6.61}$$

式(6.61)表明,经过 $N-1$ 次递归循环之后,$C_N(\omega)$ 的分子[与 $F(\omega)$ 包含相同的零点]等于 $U_N(\omega)$。现在,$F(\omega)$ 的零点可以通过求解 $U_N(\omega)$ 的根得到,再结合给定零点的多项式 $P(\omega)/\varepsilon$,运用交替极点法构造出分母多项式 $E(\omega)$。其过程如下:

- 已知 $F(\omega)$ 和 $P(\omega)$，可以构造复合多项式 $P(\omega)/\varepsilon - jF(\omega)/\varepsilon_R = 0$ [见式(6.40)]，并求解其零点(这些零点在 ω 的上半平面和下半平面交替出现)。给定回波损耗后，根据式(6.42)计算出 $\varepsilon/\varepsilon_R$ 的值。
- 对 ω 下半平面的任意零点取共轭(等价于映射成 s 平面上虚轴右半平面的反射零点，从而满足赫尔维茨条件)。
- 重构多项式，得到 $E(\omega)$。

为了说明整个过程，下面应用一个四阶例子，其等波纹回波损耗为 22 dB，给定零点为 $+j1.3217$ 和 $+j1.8082$，在通带右侧产生两个 30 dB 以上的衰减波瓣。

当 $\omega_1 = 1.3217$ 时，初始化式(6.58)可得

$$U_1(\omega) = -0.7566 + \omega$$
$$V_1(\omega) = \omega'(0.6539)$$

第一轮循环过后，当 $\omega_2 = 1.8082$ 时，可得

$$U_2(\omega) = -0.1264 - 1.3096\omega + 1.5448\omega^2$$
$$V_2(\omega) = \omega'(-0.9920 + 1.4871\omega)$$

第二轮循环过后，当 $\omega_3 = \infty$ 时，可得

$$U_3(\omega) = 0.9920 - 1.6134\omega - 2.3016\omega^2 + 3.0319\omega^3$$
$$V_3(\omega) = \omega'(-0.1264 - 2.3016\omega + 3.0319\omega^2)$$

第三轮循环过后，当 $\omega_4 = \infty$ 时，可得

$$U_4(\omega) = 0.1264 + 3.2936\omega - 4.7717\omega^2 - 4.6032\omega^3 + 6.0637\omega^4$$
$$V_4(\omega) = \omega'(0.9920 - 1.7398\omega - 4.6032\omega^2 + 6.0637\omega^3)$$

此时，多项式 $U_4(\omega)$ 是未归一化的反射函数 $S_{11}(\omega)$ 的分子多项式[即多项式 $F_4(\omega)$]，求解它的根可以得到 N 个带内反射零点。求解 $V_4(\omega)$ 的根则可以得到 $N-1$ 个带内反射极大点(见6.3.4节)。表6.2(b)中列出了 s 平面坐标上的零点及对应的传输极点，其传输和反射特性曲线如图6.7所示。

表6.2　给定两个传输零点的(4-2)不对称切比雪夫滤波器函数

(a) 归一化的传输和反射函数多项式			
$s^i, i=$	$P(s)$	$F(s)(=U_4(s))$	$E_4(s)$
0	$-j2.3899$	$+0.0208$	$-0.1268 - j2.0658$
1	$+3.1299$	$-j0.5432$	$+2.4874 - j3.6225$
2	$j1.0$	$+0.7869$	$+3.6706 - j2.1950$
3		$-j0.7591$	$+2.4015 - j0.7591$
4		$+1.0$	$+1.0$
	$\varepsilon = 1.1548$	$\varepsilon_R = 1.0$	

(b) 传输和反射函数的奇点				
传输零点(给定的)	反射零点 $[U_4(s)=F_4(s)$ 的根$]$	传输/反射极点 $[E_4(s)$ 的根$]$	带内反射极大值 $[V_4(s)$ 的根$]$	带外抑制波瓣位置
1	$+j1.3217$	$-j0.8593$	$-0.7437 - j.4178$	$-j0.4936$	$+j1.4587$
2	$+j1.8082$	$-j0.0365$	$-1.1031 + j0.1267$	$+j0.3796$	$+j2.8566$
3	$j\infty$	$+j0.6845$	$-0.4571 + j0.9526$	$+j0.8732$	—
4	$j\infty$	$+j0.9705$	$-0.0977 + j1.0976$		—

第6章 广义切比雪夫滤波器函数的综合   153

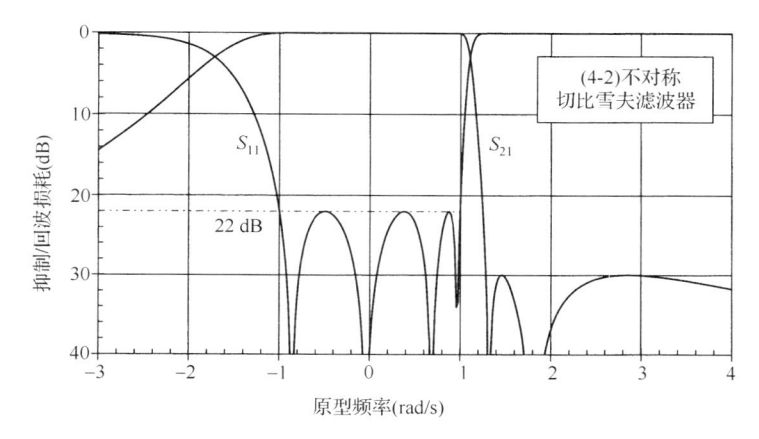

图6.7 给定两个传输零点的(4-2)不对称切比雪夫滤波器的低通
原型的传输和反射特性($s_1 = +j1.3217$和$s_2 = +j1.8082$)

6.3.3 对称与不对称滤波器函数的多项式形式

表6.2(a)列出了根据表6.2(b)中的奇点构成的多项式$E(s)$、$F(s)$和$P(s)$的系数,分别进行归一化后,使其最高阶项的系数为1。另外,由于本例中$N - n_{fz} = 2$为偶数,为了满足归一化条件,$P(s)$的系数需要乘以j(见6.1节)。根据这些多项式,现在就可以开始原型电路网络的综合。经过分析,可以准确地得到与初始多项式相同的特性。

此时,有必要对上述四阶不对称滤波器的多项式构成再进行研究,这样有助于理解由其综合得到的电路网络的独有特性:

- 由于$E(s)$的零点(滤波器函数的极点)关于实轴和虚轴都呈不对称分布,$E(s)$的系数除了首项都是复数。
- $F(s)$的零点[即反射函数$S_{11}(s)$的零点]关于虚轴不对称分布。这表示随着s的幂的增加,$F(s)$的系数在纯实数和纯虚数之间交替变化。
- 同理,由于$P(s)$的零点[即传输函数$S_{21}(s)$的零点]全都位于虚轴上(或关于虚轴对称分布),随着s的幂的增加,$P(s)$的系数同样也在纯实数和纯虚数之间交替变化。

通过针对$-j\infty$到$+j\infty$范围内包含频率变量s的多项式的分析,其不对称传输和反射特性如图6.7所示。

第7章将研究各种网络综合方法。通过$E(s)$和$F(s)$的系数构造出[$ABCD$]传输矩阵的多项式后,再综合得到电路网络。随着网络中各单元一步步地建立,相应多项式的阶次也逐次递减。此过程被称为从多项式中"提取"元件的过程。当电路网络充分综合后,在最后一个综合循环过程中,多项式的系数除了一个或两个为常数,其余都为零。

在逐步建立网络和多项式系数递减至零的过程中,如果多项式的系数为复数,则从多项式提取的元件除了电容和电感,还需要提取不随频率变化的电抗(Frequency-Invariant Reactance, FIR)元件。最终得到不对称的带通滤波器特性后,FIR元件转换为归一化中心频率的偏移("异步调谐")。

如果滤波器函数的给定零点关于实轴对称分布,则根据这些传输零点产生的多项式$E(s)$和$F(s)$的奇点也是关于实轴对称分布的。关于实轴或虚轴对称分布也就意味着这些多项式由纯实系数构成:

- $E(s)$ 为 N 阶实系数多项式。
- $P(s)$ 为 n_{fz} 阶偶次实系数多项式，其中 n_{fz} 为零（"全极点"型函数）到 N（"全规范"型函数）之间给定的有限传输零点数。
- 若 N 为偶数，则 $F(s)$ 为 N 阶偶次纯实系数多项式；若 N 为奇数，则 $F(s)$ 为 N 阶奇次纯实系数多项式。

纯实系数预示着综合提取得到的 FIR 元件在数值上为零，滤波器中所有谐振器是同步调谐于中心频率处的。

6.3.4 广义切比雪夫原型带内反射最大值和带外传输最大值的位置求解

在某些优化过程中，了解 S_{21} 的带内回波损耗最大值和带外传输最大值（抑制波瓣峰值）的原型频率的位置非常有用。如第 18 章所述[①]，使用带内回波损耗最大值的位置来优化多枝节多工器。针对单个滤波器的设计，通常会在特定的频带上指定一个最小的带外抑制水平，可以是对称的，也可以是不对称的。这个抑制还可以预先指定，通过优化传输零点位于虚轴上的位置来实现。最低抑制的位置会出现在传输零点的位置（抑制波瓣峰值）之间，且为了满足指标要求，需要已知这个对应的抑制。

接下来，提出一种计算广义切比雪夫原型关键频率的解析方法。该方法首先对本章前面式（6.44a）介绍的广义切比雪夫滤波函数 $C_N(\omega)$ 进行微分，并使其为零：

$$\frac{d}{d\omega}[C_N(\omega)] = \frac{d}{d\omega}\cosh\left[\sum_{n=1}^{N} \text{arcosh}\, x_n(\omega)\right]$$
$$= \sinh\left[\sum_{n=1}^{N} \text{arcosh}\, x_n(\omega)\right] \cdot \sum_{n=1}^{N} \frac{x'_n}{\sqrt{x_n^2(\omega) - 1}} = 0 \quad (6.62)$$

其中 $x_n(\omega) = \dfrac{\omega - 1/\omega_n}{1 - \omega/\omega_n}$[见式（6.48）]，且 $x'_n = \dfrac{d}{d\omega}[x_n(\omega)]$。

式（6.62）的零点是滤波器函数的拐点。将式（6.62）用两个表达式 $T_1(\omega)$ 和 $T_2(\omega)$ 的乘积形式表示为

$$\frac{d}{d\omega}[C_N(\omega)] = T_1(\omega) \cdot T_2(\omega) = 0$$

其中，

$$T_1(\omega) = \sinh\left[\sum_{n=1}^{N} \text{arcosh}\, x_n(\omega)\right] \quad (6.63)$$

$$T_2(\omega) = \sum_{n=1}^{N} \frac{x'_n}{\sqrt{x_n^2 - 1}} \quad (6.64)$$

只有当 $|x_n| > 1$ 时，$T_2(\omega)$ 才是实数，所以它的零点代表带外拐点的频率位置，这也是传输最大值（见图 6.6）。切比雪夫滤波函数 $C_N(\omega)$ 的其余 $N-1$ 个带内拐点的频率位置为 $T_1(\omega)$ 的

---

① 原著的第 18 章在中译本《通信系统微波滤波器——设计与应用篇（第二版）》中。——编者注

零点，对应着 $N-1$ 个带内回波损耗最大值。下面，运用这两个表达式来计算带内反射最大值和带外传输最大值。

6.3.4.1 带内反射最大值

这里使用 6.3.2 节的递归方法来求解副多项式 $V_N(\omega)$ 的根。它是表达式 $T_1(\omega)$ 的零点，因此也是拐点或回波损耗最大值，位于滤波器函数的 $\omega \pm 1$ 的区间内。求解过程按照与 $C_N(\omega)$ 相同的步骤来实现，从式(6.50)开始，首先用到的表达式是 $T_1(\omega)$ [见式(6.63)]。

比较式(6.44a)与式(6.63)，唯一的区别是用"sinh"替换了"cosh"。由于 $\cosh(x) = \frac{1}{2}(e^x + e^{-x})$ 且 $\sinh(x) = \frac{1}{2}(e^x - e^{-x})$，这相当于在方程组(6.51)~(6.61)中引入了一个负号。例如，式(6.52)可以等效为

$$T_1(\omega) = \frac{1}{2}\left[\prod_{n=1}^{N}(a_n + b_n) - \prod_{n=1}^{N}(a_n - b_n)\right]$$

现在可以看出，在两个乘积项之间用一个负号取代了加号。这个负号在整个过程中会持续出现，直到最后构造出 $T_1(\omega)$ 的分子：

$$\text{Num}[T_1(\omega)] = \frac{1}{2}[G_N(\omega) - G'_N(\omega)] = \frac{1}{2}((U_N(\omega) + V_N(\omega)) - (U'_N(\omega) + V'_N(\omega))) \\ = V_N(\omega) \tag{6.65}$$

与式(6.61)相比可以看出，现在 U_N 和 U'_N ($= U_N$) 多项式抵消了，保留了 V_N 和 V'_N ($= -V_N$)。因此，$V_N(\omega)$ 的零点将是 $T_1(\omega)$ 的零点，同时也是带内回波损耗的拐点。对于 6.3.2 节中的(4-2)型示例，多项式 $V_N(\omega)$ 的零点为 $N-1$ 个带内反射最大值的位置：$\omega_{r1} = -0.4936$，$\omega_{r2} = +0.3796$，$\omega_{r3} = +0.8732$。

6.3.4.2 带外传输最大值

带外传输最大值的位置（"抑制波瓣"或"衰减最小值"）可以通过求解多项式 $T_2(\omega)$ 分子的零点得到。根据式(6.64)，有

$$T_2(\omega) = \sum_{n=1}^{N}\frac{x'_n}{\sqrt{x_n^2 - 1}} \tag{6.66}$$

将式中 x_n 和 x'_n 分别用下式替换：

$$x_n(\omega) = \frac{\omega - 1/\omega_n}{1 - \omega/\omega_n}, \quad x'_n(\omega) = \frac{\mathrm{d}x_n(\omega)}{\mathrm{d}\omega} = \frac{1 - 1/\omega_n^2}{(1 - \omega/\omega_n)^2}$$

$T_2(\omega)$ 用给定的传输零点频率 ω_n（包含无穷远处的频率）表示如下：

$$T_2(\omega) = \sum_{n=1}^{N}\frac{x'_n}{\sqrt{x_n^2 - 1}} = \frac{1}{\omega'}\sum_{n=1}^{N}\frac{-\omega_n\sqrt{1 - 1/\omega_n^2}}{\omega - \omega_n} = \frac{1}{\omega'}\sum_{n=1}^{N}\frac{r_n}{\omega - \omega_n} \tag{6.67}$$

其中 $\omega' = \sqrt{\omega^2 - 1}$ 为频率转换变量，且 $r_n = -\omega_n\sqrt{1 - 1/\omega_n^2}$ 为部分分式展开的留数。取传输最大值时，$T_2(\omega) = 0$ 且 ω' 项消失。如果有限传输零点数为 n_{fz}，那么无限频率零点数为 $N - n_{fz}$。因此，对应 $\omega_n = \infty$ 的项的总和为 1。现在，表达式 $T_2(\omega)$ 可写为

$$T_2(\omega) = (N - n_{fz}) + \sum_{n=1}^{n_{fz}} \frac{r_n}{\omega - \omega_n} = 0 \qquad (6.68)$$

运用标准方法，$T_2(\omega)$ 可由部分分式展开后重写为两个多项式的商的形式，其分母多项式 $P(\omega)$ 为

$$T_2(\omega) = (N - n_{fz}) + \sum_{n=1}^{n_{fz}} \frac{r_n}{\omega - \omega_n} = \frac{A(\omega)}{P(\omega)} = 0 \qquad (6.69)$$

求解分子多项式 $A(\omega)$ 的根，可以得到带外传输最大值 ω_t 的位置。由此得到如下几条结论：

- 虚轴上传输零点对应的波瓣将出现在实频率处，即 ω_t 为实数。如果在原型特性中存在复零点对（例如群延迟均衡器的应用），则最大值 ω_t 将出现在复频率处，所以很容易识别，可以忽略。
- 如果 $N - n_{fz} > 0$，那么 $A(\omega)$ 的阶数为 n_{fz}。假设所有 ω_t 都为实数，则将有 n_{fz} 个传输最大值与带外抑制波瓣的位置相对应。
- 如果 $N - n_{fz} = 0$（全规范原型），那么 $A(\omega)$ 的阶数为 $N-1$。在这种情况下，如果所有 ω_t 都为实数，则会出现 $n_{fz} - 1$ 个抑制波瓣[①]。如果这个全规范原型是对称偶数阶的，则其中一个波瓣将位于 $\omega = \infty$ 处。

这个求解带外抑制波瓣位置的方法可以用于优化过程中，其中带外抑制预设为特定的最小值。一旦确定了这个波瓣的位置，与其对应的抑制水平可以很容易地根据传输函数 $S_{21}(\omega_t) = P(\omega_t)/\varepsilon E(\omega_t)$ 计算出来。对 6.3.2 节中的 (4-2) 不对称切比雪夫滤波器应用该方法，可计算出两个带外抑制波瓣的位置，其结果为 $\omega_{t1} = +1.4587$ 和 $\omega_{t2} = +2.8566$。

该方法的优点在于，只需已知用于构成多项式 $P(\omega)$ 的 n_{fz} 个指定传输零点频率 ω_n 的位置和原型的阶数 N，就可以确定抑制波瓣的位置。所以，仅求解 N_{fz} 阶多项式，就可以保证较高的精度。由此表明，这里指定的回波损耗值不是必需的。也就是说，即使有些原型中指定的回波损耗值发生了改变，求解得到的波瓣的位置也是相同的（但与其对应的抑制水平不同）。因此，可以将回波损耗值与抑制波瓣水平 x 的和近似为一个常数。也就是说，将设计的回波损耗值增加 x dB，将减少约 x dB 的抑制波瓣水平。在滤波器的调谐过程中，这是一个非常重要的考虑因素。当调谐过程中回波损耗值高于初始原型设计的值时，会降低带外衰减水平。

6.4 预失真滤波器特性

到目前为止涉及的所有滤波器传输多项式和反射多项式的综合方法，都假定最终实现滤波器响应的滤波器网络是由纯无耗（非耗散）元件组成的。如果在一个特定的频率，一个二端口网络的传输系数小于 1，即 $S_{21}(s) < 1$，能量就不会传输到输出终端，而是全部反射回输入

[①] 在全规范原型中，尽管含有 N 个传输零点，但是只有 $N-1$ 个抑制波瓣。在优化过程中，当优化这些传输零点的位置，令其对应的波瓣值为给定值时，只有 $N-1$ 个零点被用到。因此，优化过程中固定其中一个零点的位置将带来更多的灵活性，这个约束条件有时在一段窄带内需要高抑制时极其有用。

端，这样的网络满足能量守恒定理，没有功率被耗散，不会被内部元件吸收。

在实际应用中，滤波器元件并不是完全无耗的，正如综合方法中的假定条件。特别是在微波滤波器中，制造谐振器的材料（例如银或铜）的导电特性包含一个非零的损耗正切，所以一些能量在谐振器腔体内部被吸收，能量守恒公式不再成立。同样的道理也适用于平面和分布参数元件，它们的关键组成是传输线。

经过分析后，相对于无耗原型滤波器，包含耗散元件的滤波器响应的选择性更差、曲线呈现更大的圆弧状。而且，带通滤波器响应曲线中传输和反射零点的位置也不太清晰，其"肩部"（接近通带边沿的地方）更圆滑一些。图 6.8 给出了中心频率为 12 GHz 且带宽为 40 MHz 的(4-2)不对称带通滤波器在不同无载 Q 值下的幅度响应曲线，且包括基于无耗元件（Q_u 为无穷大）的滤波器响应，从图中可以很明显地看出 Q_u 逐渐恶化的影响。

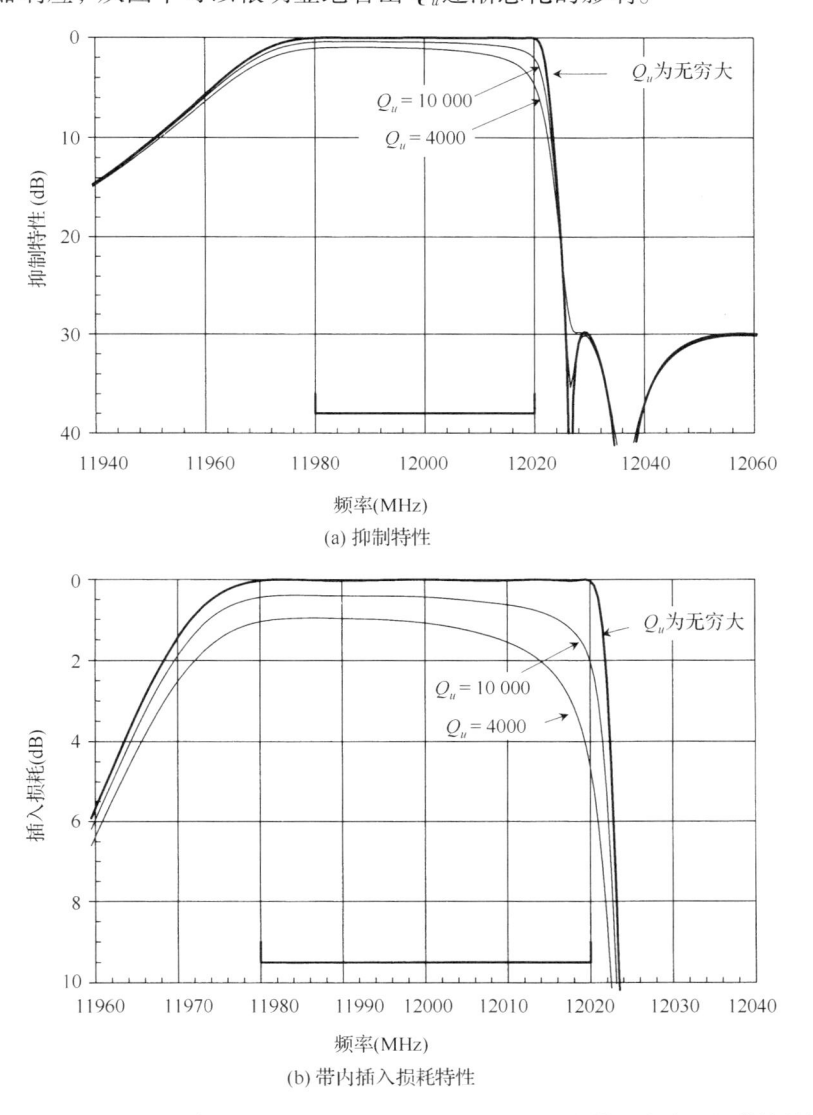

(a) 抑制特性

(b) 带内插入损耗特性

图 6.8　Q_u 分别为无穷大、10 000 和 4000 时，(4-2)不对称带通滤波器的传输特性

为了分析有限 Q 值滤波器的传输和反射响应，在纯虚频率变量 $s = \mathrm{j}\omega$ 中引入一个正实因子 σ，例如 $s = \sigma + \mathrm{j}\omega$（见图 6.9）。如 3.9 节所述，$\sigma$ 由下式计算得到：

$$\sigma = \frac{f_0}{\mathrm{BW}} \cdot \frac{1}{Q_u} \tag{6.70}$$

其中 Q_u 为谐振器的无载 Q 值，f_0 和 BW 分别为带通滤波器的中心频率和设计带宽。加入 σ 后，将改变 $\mathrm{j}\omega$ 轴右侧的频率变量 s 在 $-\mathrm{j}\infty$ 到 $+\mathrm{j}\infty$ 范围内的移动轨迹。

将所有基于无耗原型滤波器的传输/反射奇点均向右侧移动 σ 个单位后，频率变量与滤波器函数零极点的位置之间，向量移动的幅值和相位并没有发生变化，这与无耗情况下的分析结果是一致的。现在，我们可以针对无耗电路进行有效分析，但是奇点向右偏移后得到的结果与有耗情况下的分析响应是相同的。

预失真综合包含了理想传输函数（如切比雪夫函数）的综合，所有滤波器函数的极点[即多项式 $E(s)$ 的零点]向右侧移动了 σ 个单位，σ 值由滤波器结构的无载 Q 值计算得到[6,7]。根据这些新位置的极点，通过无耗分析得到预失真响应。在实际滤波器中谐振器的有限 Q_u 值影响下，频率变量 $s = \sigma + \mathrm{j}\infty$ 向虚轴右侧移动了 σ 个单位。相对于 s 的位置，由于极点预先被右移了相同数量的单位并位于正确的位置，使得该理想无耗响应得以复原，图 6.10 展示了该过程。

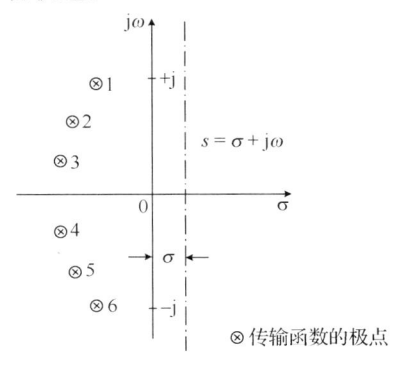

图 6.9　有限 Q_u 值作用下复平面上频率变量 s 的轨迹

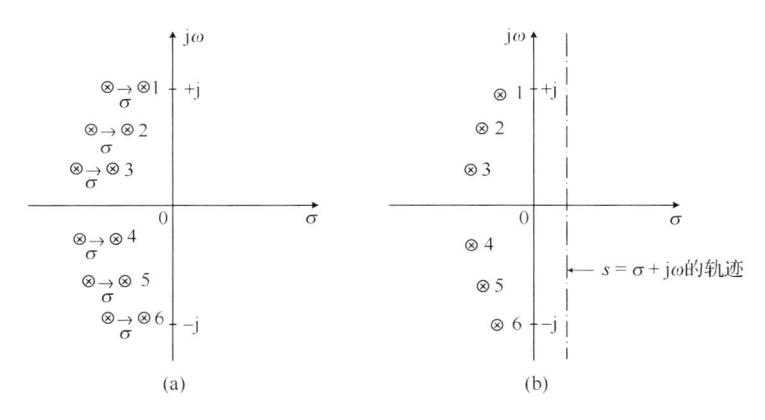

图 6.10　预失真类型综合。(a)综合前向右移动了 σ 个单位的极点；(b)经过分析后，与无耗响应等价且包含损耗的频率变量轨迹的极点位于正确的位置（$s = \sigma + \mathrm{j}\infty$）

对于包含有限传输零点的滤波器函数，当使用有耗元件实现时很难达到理想响应。这是因为，对于一个可实现网络的综合，传输零点必须关于虚轴对称，它们不可能单向移动 σ 个单位。但是带内响应由极点控制，若传输零点离开其初始位置，则传输特性 $S_{21}(s)$ 与理想响应的偏差不会太大。

因此，一个预失真网络的综合过程如下：

- 导出理想响应 $S_{21}(s)$ 的 $E(s)$ 和 $P(s)$ 多项式。
- 已知实际带通滤波器的中心频率和设计带宽，由式(6.70)计算出损耗因子 σ。

- 极点位置移动 $+\sigma$ 个实数单位，用 $p_k + \sigma$ 替代 p_k，其中 $k = 1, 2, \cdots, N$，也就是说极点向右移动了 σ 个单位。为了满足赫尔维茨条件，p_k 的实部必须始终为负。
- 根据初始多项式 $P(s)$，重新计算 ε。这可以根据式 $S_{21}(s) = (P(s)/\varepsilon)/E(s) \leq 1$ 在任意 s 处的取值得到，通常选择其最大值 $S_{21}(s) = 1$。
- 运用能量守恒公式(6.2)或式(6.37)重新计算反射函数 $S_{11}(s)$ 的分子多项式 $F(s)$。由于 6.3 节曾提到，一般情况下 $S_{11}(s)$ 和 $S_{22}(s)$ 的零点并不是分布在坐标轴上的，所以不能使用交替奇点方法。

总之，通过牺牲插入损耗为代价，可以有效地补偿有限 Q_u 值，还原至无穷大。在实际应用中，通常只对有限 Q_u 值进行部分补偿，比如将 Q_u 值从 4000 补偿到 10 000（即 Q_{eff}）。用于部分补偿的 σ 的公式[见式(6.71)]为

$$\sigma = \frac{f_0}{\text{BW}} \left(\frac{1}{Q_{act}} - \frac{1}{Q_{eff}} \right) \tag{6.71}$$

如果理想滤波器带内的线性性能没有严重恶化，部分补偿可以减小插入损耗，并改善其回波损耗。于明等人[7]介绍了一种对极点移动量进行加权的方法。例如，正弦曲线上接近虚轴的极点（通常为通带边缘）的移动量比那些接近通带中心的极点的移动量要小，这也有利于减小插入损耗和改善回波损耗（易于调谐）。

图 6.11 反映了采用 Q_u 值为 4000 的矩形波导谐振器实现(4-2)滤波器的影响。其中图 6.11(a) 描述了 Q_u 值无穷大时预失真网络的响应，其显现出类似"猫耳朵"形状的预失真特性。图 6.11(b) 则显示了实际滤波器腔体 Q_u 值约为 4000 时的滤波响应，以及谐振器 Q_u = 10 000 时得到有效改善的带内线性幅度。然而，其固定插入损耗却接近 5 dB。该损耗一部分为有限 Q_u 值带来的内部耗散，但绝大部分是由于有限 Q_u 值补偿带边圆角而引起的射频能量反射（回波损耗）所致，如图 6.11(b) 所示。由于滤波器带内插入损耗过大，意味着预失真技术只能应用于低功率（输入）子系统，且其射频增益足够弥补其不足的情形。而且，输入和输出端需要安装隔离器来吸收反射能量。

如果滤波器的 Q_u 值可以有效改善，则意味着可以使用更小、更轻的腔体来获得与高 Q_u 值时相同的带内性能。图 6.12 给出了两个 C 波段(10-4-4)滤波器例子，其中一个由介质谐振器制成，另一个具有相同带内性能的滤波器由更小、更简单的同轴谐振腔制成。图 6.12(b) 和图 6.12(c) 同时也给出了这个预失真滤波器的带内幅值和抑制性能。

6.4.1 预失真滤波器网络综合

现在已知，预失真滤波器的反射函数 $S_{11}(s)$ 和 $S_{22}(s)$ 的零点[$F(s)$ 和 $F_{22}(s)$ 的根]并不在虚轴上。对于一个可综合的网络而言，$F(s)$ 和 $F_{22}(s)$ 的零点必须以镜像对的形式完全关于虚轴对称分布。与传输和反射函数的极点不同的是，反射零点无须满足赫尔维茨条件，而且构成多项式 $F(s)$ 的零点可以从每对零点的左侧或右侧中任意选取。$F_{22}(s)$ 则由每对零点中剩余的零点组成，与 $F(s)$ 形成互补函数。

所以，构造 $F(s)$ 和 $F_{22}(s)$ 存在 2^N 种零点组合，其中一半零点不是 $F(s)$ 和 $F_{22}(s)$ 简单交换得到的，即反转网络。每种组合下 $F(s)$ 的系数都不相同，且综合得到的网络元件值也不相同。

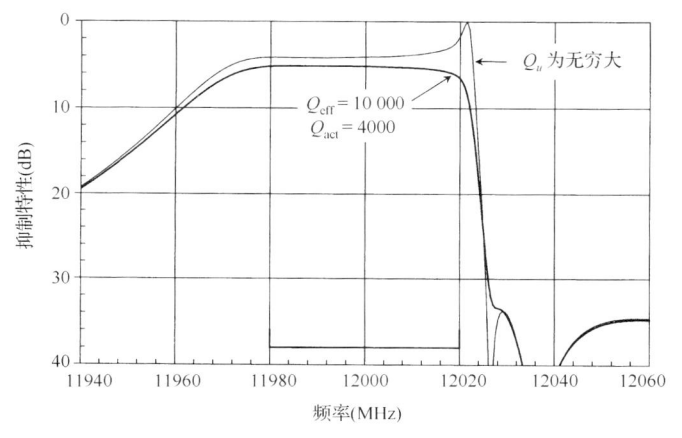

(a) Q_u 为无穷大且 $Q_{act}=4000$(相当于 $Q_{eff}=10\,000$)时引入预失真的抑制特性

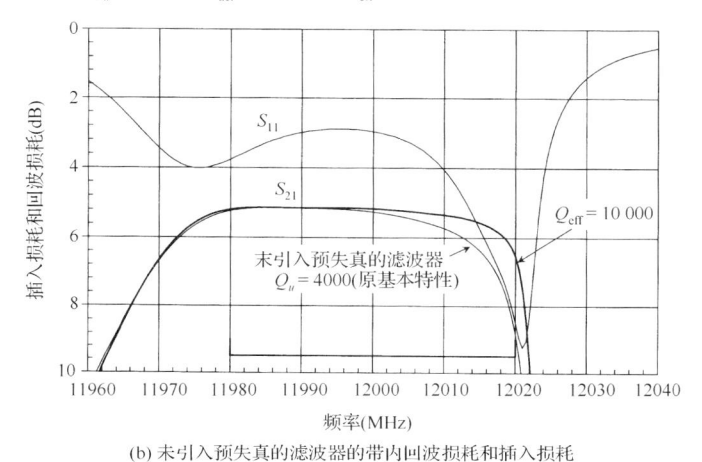

(b) 未引入预失真的滤波器的带内回波损耗和插入损耗

图 6.11 $Q_{act}=4000$ 且 $Q_{eff}=10\,000$ 的 (4-2) 预失真滤波器

使用参数 μ 来对这些解进行分类，其定义为

$$\mu = \left| \sum_{k=1}^{N} \text{Re}(s_k) \right| \tag{6.72}$$

s_k 包含构造 $F(s)$ 的 N 个零点，它们是从每对零点的左侧或右侧选取的。可以证明，如果选择的零点使得 μ 最小化，则折叠形拓扑网络的元件值可以最大程度地关于网络的物理中心对称。但是，网络更需要异步调谐。如果 μ 最大化，则反之也是成立的。此时，$F(s)$ 的零点只从每对镜像对称的零点的左侧或右侧选取。网络尽可能地同步调谐，网络的元件值则完全关于网络中心不对称。

尽管这个原则对于任意滤波器特性都是成立的(无论其对称或不对称)，但偶数阶滤波器的对称特性最有说服力。以一个六阶 23 dB 的切比雪夫滤波器为例，它有一对传输零点位于 $\pm j1.5522$，在通带两边各产生一个 40 dB 的抑制波瓣。腔体的实际 Q_u 值为 4000，但是采用预失真技术将有效 Q_u 值提高到了 20 000。

$S_{11}(s)$ 的零点排列存在三种可能性，其中一种可能性是 μ 值最大，另外两种可能性是 $\mu=0$。μ 值最大的情形只存在一种排列，即 $F(s)$ 的零点 s_k 全部位于复平面的左半平面，如图 6.13(a) 所示。图6.13(b)和图6.13(c)描述了 $\mu=0$ 时两种可能的解。其中一种可能性是零点 s_k 随着 $j\omega$ 增大，在左半平面和右半平面交替出现；而另一种可能性是包含正虚部的零点均位于左半平面，包含负虚部的零点均位于右半平面。将所有参数进行归一化后，其中有两个零点正好位于虚轴上。需要注意的是，$F_{22}(s)$ 的零点假定关于虚轴镜像位置完全对称分布。

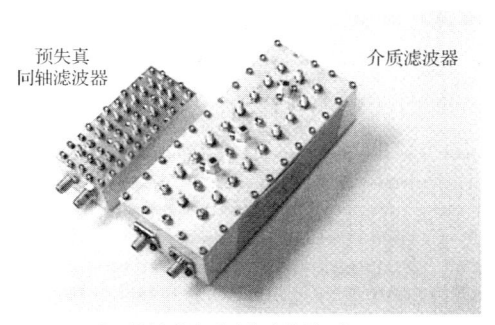

(a) 与无预失真介质腔体滤波器比较

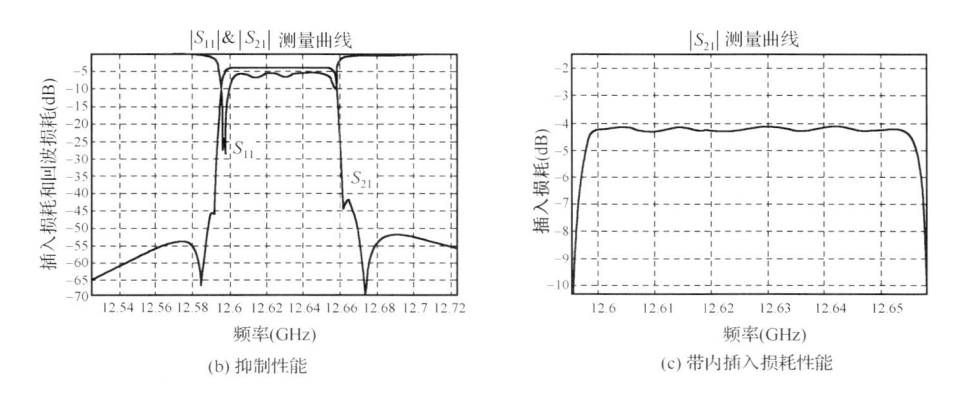

(b) 抑制性能

(c) 带内插入损耗性能

图 6.12　C 波段(10-4-4) 预失真同轴滤波器

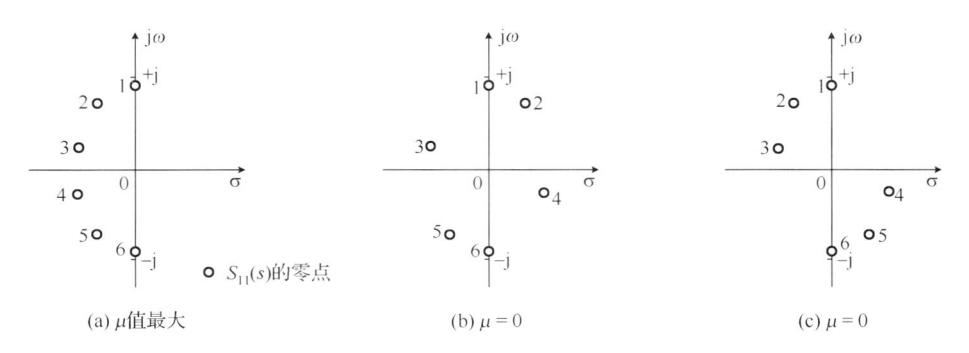

(a) μ 值最大

(b) $\mu = 0$

(c) $\mu = 0$

图 6.13　(6-2) 对称准椭圆滤波器多项式 $F(s)$ 的零点 s_k 排列

下面在滤波器函数中采用预失真技术将最大有效 Q_u 值增加到 20 000。运用第 8 章介绍的方法，对三种情况下的 $N+2$ 耦合矩阵进行综合，数值结果如表 6.3 所示。对于第一种情形(μ 值最大)，很明显滤波器是同步调谐的。也就是说，表示每个谐振节点处谐振频率偏移的耦合矩阵的对角线元素值全部为零。但是，在本例中矩阵的耦合元件关于滤波器中心不对称，即关于交叉对角线不对称。$\mu=0$ 的另外两种情形则表现出耦合元件关于矩阵交叉对角线的对称性，其关于滤波器中心是异步调谐的。

表6.3 μ值最大和两种μ=0情形下的折叠形耦合矩阵值

耦合	情形A(μ值最大) 如图6.13(a)所示	情形B(μ=0) 如图6.13(b)所示	情形C(μ=0) 如图6.13(c)所示
M_{S1}	0.3537	0.9678	0.9677
M_{12}	0.8417	0.7890	0.6457
M_{23}	0.5351	0.4567	0.7284
M_{34}	0.6671	0.7223	0.5299
M_{45}	0.6642	$=M_{23}$	$=M_{23}$
M_{56}	1.1532	$=M_{12}$	$=M_{12}$
M_{6L}	1.3221	$=M_{S1}$	$=M_{S1}$
M_{25}	-0.1207	-0.0940	-0.1403
调谐偏移量			
M_{11}	0.0	-0.0859	0.4616
M_{22}	0.0	-0.2869	0.1824
M_{33}	0.0	0.5334	-0.3541
M_{44}	0.0	$=-M_{33}$	$=-M_{33}$
M_{55}	0.0	$=-M_{22}$	$=-M_{22}$
M_{66}	0.0	$=-M_{11}$	$=-M_{11}$

就滤波器的电气性能而言，在实际应用中(μ值最大或μ值最小)可以任意选择其中之一，因为对于所有情形$S_{21}(s)$都是相同的。有趣的是，当μ值最小时，在有限Q_u值条件下，$S_{11}(s)$和$S_{22}(s)$参数表现为关于滤波器通带中心共轭对称。根据损耗可以表示为s的轨迹在$-j\infty$到$+j\infty$范围内向$j\omega$轴右侧的偏移这一点所想到的，原因就非常清楚了。从实际应用角度考虑，选取μ值最小时构造物理对称结构更容易，例如表6.3中的情形B和情形C。在这些情形中，可能更倾向于情形C，因为其中M_{25}的值比较大。但是，所有这些情形与常规切比雪夫滤波器相比，由于回波损耗很小且波形无规律，普遍认为调谐难度更大。文献[8]提出了一种针对集总元件滤波器的"有耗综合"方法，其中包括在其阻抗分量中加入电阻元件。这类预失真网络主要通过吸收(而不是反射)来实现幅度特性，而且网络更易于调谐。

6.5 双通带滤波器变换

在实际应用中，一般常规单通带滤波器有时在界定带宽内呈现两个通带。这种双通带特性是运用对称映射公式，由常规单通带的低通原型(LPP)滤波器特性产生的。通过对称映射，将具有初始等波纹的单通带(如果初始低通滤波特性为切比雪夫形式)变换为两个子通带。低通带的频带范围从初始通带的上边带$s=-j$到$s=-jx_1$，而高通带的频带范围从$s=+jx_1$到$s=+j$，其中分段参数$\pm jx_1$为在主通带内给定的频率点，定义为两个子通带的内带边频率(见图6.14)。

虽然应用变换可以产生两倍的滤波器阶数和传输零点数(用$2N$替代N，用$2n_{fz}$替代n_{fz})，但是初始等波纹和任意波瓣的抑制水平(除了中心频带内的波瓣值)仍保持不变。即使滤波器函数的初始低通原型为不对称的，双通带特性还是关于零频率点对称。

双通带特性可以运用对称频率变换来得到：

$$s = as'^2 + b \tag{6.73}$$

其中s'是从原型s平面映射来的频率变量。常数a和b包含在以下边界条件中：

当$s' = \pm j$时，$\quad s = -a + b = +j$

当$s' = \pm jx_1$时，$\quad s = -ax_1^2 + b = -j$

可得

$$a = \frac{-2\mathrm{j}}{1-x_1^2} \quad \text{和} \quad b = \frac{-\mathrm{j}(1+x_1^2)}{1-x_1^2} \qquad (6.74)$$

将式(6.74)回代入式(6.73),得到变换公式为

$$s_i' = \mathrm{j}\sqrt{\frac{1}{2}[(1+x_1^2) - \mathrm{j}s_i(1-x_1^2)]}$$

且

$$s_{N+i}' = s_i'^{*} \qquad (6.75)$$

其中 $i = 1,2,\cdots,N$。经过变换后,低通原型滤波器的多项式 $E(s)$ 和 $F(s)$ 在 s 平面的 N 个奇点和多项式 $P(s)$ 的 n_{fz} 个奇点,将被分别映射为具有双通带特性的 $2N$ 个和 $2n_{fz}$ 个奇点。然后运用常用的网络综合方法处理这些两倍阶多项式,实现双通带滤波器。

(a) (4-2)不对称低通原型滤波器

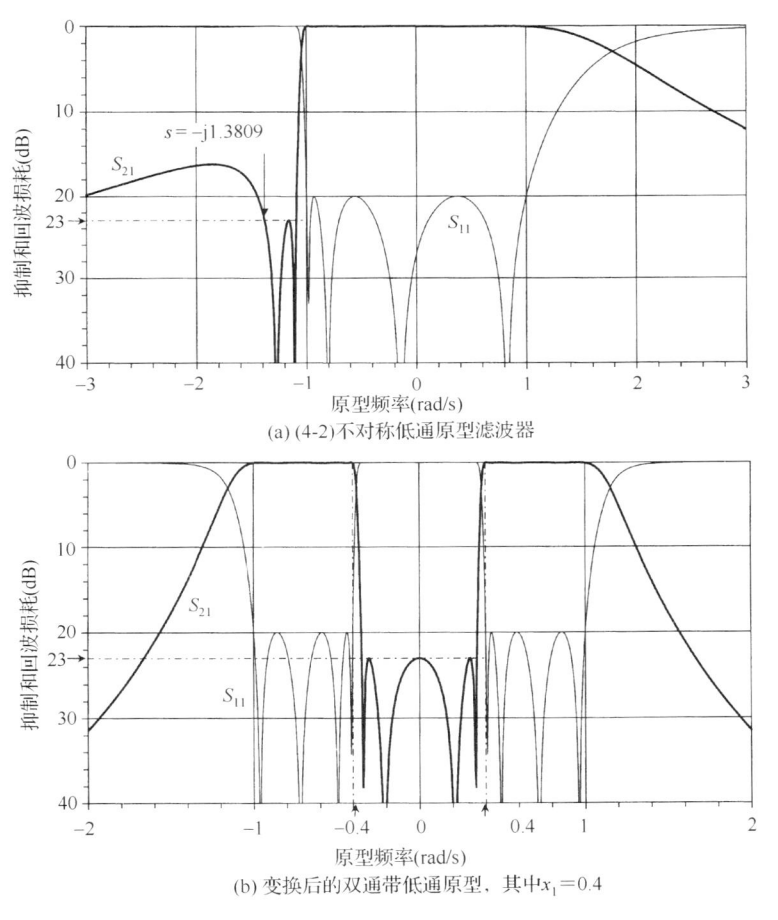

(b) 变换后的双通带低通原型,其中 $x_1 = 0.4$

图 6.14 双通带滤波器

低通原型滤波器主通带以下的任意传输零点,都可以映射为双通带滤波器两个通带之间的频率。由式(6.75)可知,$s = -\mathrm{j}(1+x_1^2)/(1-x_1^2)$ 处的传输零点被映射到 $s' = 0$ 处。也就意味着低通原型中接近通带边沿的传输零点可以映射为双通带特性中一对限定位置的传输零点。例如,当 $x_1 = 0.4$ 时,在低通原型中比 $s_{\max} = -\mathrm{j}1.3809$ 位置更低的传输零点可以映

射为双通带响应中的一对位于实轴上的零点。

图 6.14(b) 给出了 $x_1 = \pm 0.4$ 时包含四个传输零点的八阶双通带滤波器,它由一个 20 dB 回波损耗的 (4-2) 不对称滤波器变换而成,距离通带最近的点 $s = -j1.3809$(变换到 $s' = 0$)与通带之间的最佳抑制为 23 dB,如图 6.14(a) 所示。经过变换之后,在通带之间获得了 23 dB 的等波纹抑制水平。

表 6.4 列出了初始 (4-2) 不对称滤波器函数在 s 平面上的位置,以及变换为 (8-4) 对称双通带滤波器之后的位置。图 6.15 给出了采用第 7 章和第 8 章介绍的方法,通过变换奇点综合得到的耦合矩阵(这里使用的是折叠形拓扑结构)。需要注意的是,尽管初始原型是不对称的,但双通带耦合矩阵是同步调谐的。此外,还可以运用相似变换法(旋转)将矩阵变换为其他结构,例如级联四角元件。

更多推导多通带滤波器的高级方法将在第 21 章中介绍[①]。

表 6.4 传输多项式和反射多项式的奇点

	反射零点	传输零点	传输/反射极点
	(a) (4-2) 不对称低通原型,回波损耗为 20 dB		
1	$-j0.9849$	$-j1.2743$	$-0.0405 - j1.0419$
2	$-j0.8056$	$-j1.1090$	$-0.2504 - j1.0228$
3	$-j0.1453$	$j\infty$	$-1.0858 - j0.4581$
4	$+j0.8218$	$j\infty$	$-0.8759 + j1.4087$
	$\varepsilon_R = 1.0$	$\varepsilon = 0.6590$	
	(b) 变换为 (8-4) 双通带滤波器后,$x_1 = 0.4$		
	$\pm j0.9619$	$\pm j0.3380$	$-0.1679 \pm j1.0954$
	$\pm j0.7204$	$\pm j0.2117$	$-0.3247 \pm j0.7022$
	$\pm j0.4916$	$\pm j\infty$	$-0.1287 \pm j0.4086$
	$\pm j0.4078$	$\pm j\infty$	$-0.0225 \pm j0.3780$
	$\varepsilon_R = 1.0$	$\varepsilon = 3.7360$	

	S	1	2	3	4	5	6	7	8	L
S	0	0.8024	0	0	0	0	0	0	0	0
1	0.8024	0	0.8467	0	0	0	0	0	0	0
2	0	0.8467	0	0.4142	0	0	0	-0.2900	0	0
3	0	0	0.4142	0	0.2754	0	-0.4170	0	0	0
4	0	0	0	0.2754	0	0.2832	0	0	0	0
5	0	0	0	0	0.2832	0	0.2754	0	0	0
6	0	0	0	-0.4170	0	0.2754	0	0.4142	0	0
7	0	0	-0.2900	0	0	0	0.4142	0	0.8467	0
8	0	0	0	0	0	0	0	0.8467	0	0.8024
L	0	0	0	0	0	0	0	0	0.8024	0

图 6.15 (8-4) 双通带滤波器的耦合矩阵(折叠形拓扑结构)

6.6 小结

第 3 章描述了经典滤波器,包括巴特沃思、切比雪夫和椭圆函数滤波器。第 4 章介绍了采用计算机辅助设计技术来产生任意滤波器函数的过程。尽管这种方法很有效,但仍需结合优

---

① 原著的第 21 章在中译本《通信系统微波滤波器——设计与应用篇(第二版)》中。——编者注

化方法来设计所需的滤波器函数。本章描述了如何运用准解析方法来得到这类重要的等波纹滤波器函数。

本章首先回顾了一些散射参数之间的重要关系(尤其是归一化条件),为后续章节中介绍的综合过程做准备。接下来讨论了广义切比雪夫多项式及其在滤波器设计中的应用。第3章描述的经典切比雪夫滤波器源自第一类切比雪夫多项式,一些书籍和文献中使用的"切比雪夫多项式"特指第一类切比雪夫多项式 $T_n(x)$,由该多项式得到的滤波器传输零点都位于无穷远处。本章介绍的广义切比雪夫多项式可以用于实现任意零点分布的传输函数,其滤波器函数的通带内具有最大数量的等波纹幅度峰值。由于归一化条件的限制,传输函数的零点必须关于虚轴对称分布以确保物理实现。为了证实这一点,本章介绍了一种递归技术,以推导出这类滤波器的传输多项式和反射多项式。这种方法常用于设计对称或不对称滤波器响应,本章通过示例阐述了设计过程。

本章最后部分简要概括了在某些特定应用的滤波器设计中引入预失真技术的优势,并在结尾处给出了预失真滤波器和双通带滤波器的设计示例。

6.7 参考文献

1. Collin, R. E. (1966) *Foundations for Microwave Engineering*, McGraw-Hill, New York.
2. Helszajn, J. (1990) *Synthesis of Lumped Element, Distributed and Planar Filters*, McGraw-Hill Book Company, United Kingdom.
3. J. D. Rhodes and S. A. Alseyab, The generalized Chebyshev low-pass prototype filter, *IEEE Transactions on Circuit Theory*, vol. **8**, pp. 113-125, 1980.
4. R. J. Cameron, "Fast generation of Chebyshev filter prototypes with asymmetrically prescribed transmission zeros," *ESA Journal*, vol. **6**, pp. 83-95, 1982.
5. R. J. Cameron, General coupling matrix synthesis methods for Chebyshev filtering functions, *IEEE Transactions on Microwave Theory and Techniques*, vol. **MTT-47**, pp. 433-442, 1999.
6. A. E. Williams, W. G. Bush and R. R. Bonetti, Predistortion technique for multicoupled resonator filters methods for Chebyshev filtering functions, *IEEE Transactions on Microwave Theory and Techniques*, vol. **33**, pp. 402-407, 1985.
7. M. Yu, W.-C. Tang, A. Malarky, V. Dokas, R. J. Cameron and Y. Wang, Predistortion technique for cross-coupled filters and its application to satellite communication systems, *IEEE Transactions and Microwave Theory and Techniques*, vol. **51**, pp. 2505-2515, 2003.
8. Hunter, I. C. (2001) *Theory and Design of Microwave Filters*, Electromagnetic Waves Series 48, IEE, London.

附录6A 多端口网络复终端阻抗

前面提到的 S 参数及其综合和分析方法基于以下假设条件:(1)网络是二端口的,(2)归一化的源阻抗和负载阻抗。根据 Kurokawa[A1] 的工作成果,可以推广到具有复端口阻抗的多端口网络分析。该过程从经典的功率波方程开始:

$$a_i = \frac{V_i + Z_i I_i}{2\sqrt{|\text{Re}(Z_i)|}}, \qquad b_i = \frac{V_i - Z_i^* I_i}{2\sqrt{|\text{Re}(Z_i)|}} \qquad (6A.1)$$

其中，a_i 和 b_i 分别为 N_p 端口网络中第 i 个端口的入射功率波和反射功率波，V_i 和 I_i 为流向这个网络第 i 个端口的电压和电流，且 Z_i 为连接第 i 个端口电路的阻抗。根据式(6A.1)，可以看出 $|a_i|^2 - |b_i|^2 = a_i a_i^* - b_i b_i^* = \text{Re}(V_i I_i^*)$，即端口 i 的前向功率减去反射功率等于传输到网络中第 i 个端口的功率，其中第 i 个端口与源阻抗 Z_i 相连。同时，运用式(6A.1)和关系式 $V_i = I_i Z_{INi}$（Z_{INi} 为从第 i 个端口看进去的阻抗），第 i 个端口的反射系数为 $S_{ii} = \dfrac{b_i}{a_i} = \dfrac{Z_{INi} - Z_i^*}{Z_{INi} + Z_i}$。以上关系式表明，当源共轭阻抗 Z_i 等于第 i 个端口的输入阻抗 Z_{INi}，且 $b_i = 0$ 时，从网络源端传输到这个端口的功率为最大功率（共轭匹配）。

将式(6A.1)写成 N_p 端口网络矩阵的形式为

$$a = F(v + Gi), \qquad b = F(v - G^*i) \tag{6A.2}$$

其中，"$*$"代表复共轭转置矩阵；a、b、v 和 i 为列向量，其第 i 个分量分别为 a_i、b_i、V_i 和 I_i；F 和 G 为 $N_p \times N_p$ 对角矩阵，其第 i 个对角元件分别为 $f_i = 1/(2\sqrt{|\text{Re}(Z_i)|})$ 和 $g_i = Z_i$，且 Z_i 为 N_p 端口网络中第 i 个端口的复阻抗，$i = 1, 2, \cdots, N_p$。

每个端口的电压和电流与 $N_p \times N_p$ 矩阵 Z 的线性关系为 $v = Zi$，同时 a 和 b 与功率波散射矩阵 S 的关系为 $b = Sa$。利用这些关系式，从式(6A.2)中消去 a、b 和 v，可得

$$F(Z - G^*)i = SF(Z + G)i \tag{6A.3}$$

由此可得 S 的表达式如下：

$$S = F(Z - G^*)(Z + G)^{-1} F^{-1} \tag{6A.4}$$

重写式(6A.4)，N_p 端口导纳矩阵 $Y(= Z^{-1})$ 使用矩阵 S、F、G 和 I（单位矩阵）表示如下：

$$Y = F^{-1}(SG + G^*)^{-1}(I - S)F \tag{6A.5}$$

对于一个二端口网络（$N_p = 2$），这些矩阵可以表示如下：

$$S = \begin{bmatrix} S_{11}(s) & S_{12}(s) \\ S_{21}(s) & S_{22}(s) \end{bmatrix}, \quad F = \frac{1}{2}\begin{bmatrix} 1/\sqrt{|\text{Re}(Z_S)|} & 0 \\ 0 & 1/\sqrt{|\text{Re}(Z_L)|} \end{bmatrix}, \quad G = \begin{bmatrix} Z_S & 0 \\ 0 & Z_L \end{bmatrix} \tag{6A.6}$$

其中，Z_S 和 Z_L 分别为源和负载阻抗，$y_{11n}(s)$、$y_{12n}(s)$［等于 $y_{21n}(s)$］和 $y_{22n}(s)$ 分别为 $y_{11}(s)$、$y_{12}(s)$［等于 $y_{21}(s)$］和 $y_{22}(s)$ 的分子多项式，且 $y_d(s)$ 为它们的公共公母多项式。

式(6A.5)中的二端口 S 参数矩阵 S 可以用它们等效的 N 阶有理多项式替代：

$$S_{11}(s) = \frac{F(s)/\varepsilon_R}{E(s)}, \quad S_{22}(s) = \frac{F_{22}(s)/\varepsilon_R}{E(s)} = \frac{(-1)^N F(s)^*/\varepsilon_R}{E(s)}, \quad S_{12}(s) = S_{21}(s) = \frac{P(s)/\varepsilon}{E(s)} \tag{6A.7}$$

根据式(6A.6)，$y_{11n}(s)$、$y_{12n}(s)$［等于 $y_{21n}(s)$］、$y_{22n}(s)$ 和 $y_d(s)$ 可以用已知的终端阻抗与多项式 $E(s)$、$F(s)$ 和 $P(s)$ 的系数来表示[A2]。

针对 S 参数多项式表示的二端口网络，其短路 y 参数多项式的推导首先要乘以 Y 的组成矩阵。这里的简写 F_{11}、F_{22}、P 和 E 分别表示 $F(s)/\varepsilon_R$、$F_{22}(s)/\varepsilon_R$、$P(s)/\varepsilon$ 和 $E(s)$，且 E^*、F^* 和 P^* 分别表示 $E(s)^*$、$F(s)^*/\varepsilon_R$ 和 $P(s)^*/\varepsilon$ 的仿共轭形式。当 $N - n_{fz}$ 为偶数时，需要用 $jP(s)$ 替代 $P(s)$。

首先将 $A = (SG + G^*)^{-1}(I - S)$ 代入式(6A.5)中，则有

$$Y = F^{-1} \cdot A \cdot F = 2\begin{bmatrix} \sqrt{\text{Re}(Z_1)} & 0 \\ 0 & \sqrt{\text{Re}(Z_2)} \end{bmatrix}\begin{bmatrix} a_{11} & a_{12} \\ a_{21} & a_{22} \end{bmatrix}\begin{bmatrix} 1/\sqrt{\text{Re}(Z_1)} & 0 \\ 0 & 1/\sqrt{\text{Re}(Z_2)} \end{bmatrix}\frac{1}{2}$$

$$= \begin{bmatrix} a_{11} & a_{12}\sqrt{\text{Re}(Z_1)/\text{Re}(Z_2)} \\ a_{21}\sqrt{\text{Re}(Z_2)/\text{Re}(Z_1)} & a_{22} \end{bmatrix} \quad (6A.8)$$

由此可见，只有 $y_{12}(s)$ 和 $y_{21}(s)$ 受到 $\boldsymbol{F}^{-1}$ 和 $\boldsymbol{F}$ 的影响。

$y_d(s)$ 的推导

首先考虑 $y_d(s)$ 的推导。从式(6A.5)中可以看出，$\boldsymbol{Y}$ 的分母 $y_d(s)$ 是逆矩阵 $(\boldsymbol{SG}+\boldsymbol{G}^*)^{-1}$ 的分母，也是 $(\boldsymbol{SG}+\boldsymbol{G}^*)$ 的行列式：

$$(\boldsymbol{SG}+\boldsymbol{G}^*) = \begin{bmatrix} S_{11} & S_{12} \\ S_{21} & S_{22} \end{bmatrix}\begin{bmatrix} Z_1 & 0 \\ 0 & Z_2 \end{bmatrix}+\begin{bmatrix} Z_1^* & 0 \\ 0 & Z_2^* \end{bmatrix} = \begin{bmatrix} S_{11}Z_1+Z_1^* & S_{12}Z_2 \\ S_{21}Z_1 & S_{22}Z_2+Z_2^* \end{bmatrix}$$

$$y_d(s) = \text{denom}(\boldsymbol{SG}+\boldsymbol{G}^*)^{-1} = \det(\boldsymbol{SG}+\boldsymbol{G}^*) = (S_{11}Z_1+Z_1^*)(S_{22}Z_2+Z_2^*) - S_{12}S_{21}Z_1Z_2$$

$$= Z_1^*Z_2^* + Z_1Z_2^*\frac{F_{11}}{E} + Z_1^*Z_2\frac{F_{22}}{E} + Z_1Z_2\left(\frac{F_{11}F_{22}}{E^2} - \frac{P^2}{E^2}\right)$$

由于 $F_{22}=(-1)^N F_{11}^*$ 且 $(F_{11}F_{22}-P^2)=(-1)^N EE^*$ [见式(6.20)]，所以有

$$y_d(s) = \left(Z_2^*(Z_1^*E+Z_1F_{11}) + (-1)^N Z_2(Z_1^*E+Z_1F_{11})^*\right)/E \quad (6A.9)$$

$y_{11n}(s)$ 和 $y_{22n}(s)$ 的推导

首先展开 $(\boldsymbol{SG}+\boldsymbol{G}^*)^{-1}(\boldsymbol{I}-\boldsymbol{S})$ 的分子：

$$\text{num}(\boldsymbol{SG}+\boldsymbol{G}^*)^{-1}(\boldsymbol{I}-\boldsymbol{S})$$
$$= \begin{bmatrix} (S_{22}Z_2+Z_2^*)(1-S_{11})+S_{12}S_{21}Z_2 & -S_{12}(S_{22}Z_2+Z_2^*)-S_{12}Z_2(1-S_{22}) \\ -S_{21}(S_{11}Z_1+Z_1^*)-S_{21}Z_1(1-S_{11}) & (S_{11}Z_1+Z_1^*)(1-S_{22})-S_{12}S_{21}Z_1 \end{bmatrix} \quad (6A.10)$$

因此有

$$y_{11n}(s) = (S_{22}Z_2+Z_2^*)(1-S_{11}) + S_{12}S_{21}Z_2$$
$$= \left((-1)^N F_{11}^* Z_2 + EZ_2^* - F_{11}Z_2^* - Z_2(F_{11}F_{22}-P^2)/E\right)/E$$

再次用 $(-1)^N EE^*$ 替换 $(F_{11}F_{22}-P^2)$ [见式(6.20)]，所以有

$$y_{11n}(s) = \left(Z_2^*(E-F_{11}) - (-1)^N Z_2(E-F_{11})^*\right)/E \quad (6A.11a)$$

类似地有

$$y_{22n}(s) = \left((Z_1^*E+Z_1F_{11}) - (-1)^N (Z_1^*E+Z_1F_{11})^*\right)/E \quad (6A.11b)$$

$y_{12n}(s)$ 和 $y_{21n}(s)$ 的推导

根据式(6A.8)和式(6A.10)有

$$y_{12n}(s) = \left(-S_{12}(S_{22}Z_2+Z_2^*) - S_{12}Z_2(1-S_{22})\right)\sqrt{\text{Re}(Z_1)/\text{Re}(Z_2)}$$
$$= \left(-S_{12}(Z_2+Z_2^*)\right)\sqrt{\text{Re}(Z_1)/\text{Re}(Z_2)} \quad (6A.12a)$$
$$= -2\sqrt{\text{Re}(Z_1)\text{Re}(Z_2)}\, P/E$$

类似地有

$$y_{21n}(s) = -2\sqrt{\text{Re}(Z_1)\text{Re}(Z_2)}\, P/E = y_{12n}(s) \tag{6A.12b}$$

综上所述(现在写出完整表达式),将 Z_1 和 Z_2 分别替换为 Z_S 和 Z_L(注意 y 参数分母中的多项式 E 将抵消),则有

$$\begin{aligned}
y_{11n}(s) &= \left[Z_L^* \left(E(s) - F(s)/\varepsilon_R \right) - (-1)^N Z_L \left(E(s) - F(s)/\varepsilon_R \right)^* \right] \\
y_{22n}(s) &= \left[\left(Z_S^* E(s) + Z_S F(s)/\varepsilon_R \right) - (-1)^N \left(Z_S^* E(s) + Z_S F(s)/\varepsilon_R \right)^* \right] \\
y_{12n}(s) &= y_{21n}(s) = -2\sqrt{\text{Re}(Z_S)\text{Re}(Z_L)}\, P(s)/\varepsilon \\
y_d(s) &= \left[Z_L^* \left(Z_S^* E(s) + Z_S F(s)/\varepsilon_R \right) + (-1)^N Z_L \left(Z_S^* E(s) + Z_S F(s)/\varepsilon_R \right)^* \right]
\end{aligned} \tag{6A.13}$$

需要注意的是,即使源阻抗和负载阻抗 Z_S 和 Z_L 可能为复数,随着频率变量 s 幂的增大,y 参数的系数仍将在纯实数和纯虚数之间交替变化,因此可以实现纯电抗分量。

然后,这些导纳参数可以用于包含复终端阻抗的耦合矩阵的综合过程(将在 8.4.4 节讨论)。一旦确定了 $N+2$ 型耦合矩阵 M,二端口网络的传输和反射特性就可以通过下列方程组推导得到:

$$\begin{aligned}
S_{11}(s) &= 1 - 2\sqrt{\text{Re}(1/Z_S)} \cdot [Y]_{1,1}^{-1} \\
S_{22}(s) &= 1 - 2\sqrt{\text{Re}(1/Z_L)} \cdot [Y]_{N+2,N+2}^{-1} \\
S_{12}(s) &= S_{21}(s) = 2\sqrt{\text{Re}(1/Z_S)\text{Re}(1/Z_L)} \cdot [Y]_{N+2,1}^{-1}
\end{aligned} \tag{6A.14}$$

其中,$[Y] = [R + I's + jM]$,R 是除 $R_{1,1} = 1/Z_S$ 和 $R_{N+2,N+2} = 1/Z_L$ 以外所有元件值全部为零的 $N+2$ 型耦合矩阵,且 I' 是修改后的单位矩阵,其中 $I'_{1,1} = I'_{N+2,N+2} = 0$。

[ABCD] 参数与 y 参数之间的关系

6.1.2 节介绍了基于单位源和负载阻抗的二端口网络的 $[ABCD]$ 矩阵多项式的推导过程,且 143 页的脚注中给出了修正过的复阻抗的 $[ABCD]$ 矩阵公式。由此可见,分子多项式 $A_n(s)$、$B_n(s)$、$C_n(s)$、$D_n(s)$ 和修正后的分母多项式 $P(s)$ 与 y 参数多项式的关系如下:

$$[ABCD] = \frac{1}{P'(s)/\varepsilon} \begin{bmatrix} A_n(s) & B_n(s) \\ C_n(s) & D_n(s) \end{bmatrix} = \frac{-1}{y_{21n}(s)} \begin{bmatrix} y_{22n}(s) & y_d(s) \\ \Delta_{yn}/y_d(s) & y_{11n}(s) \end{bmatrix}$$

其中 $\Delta_{yn} = y_{11n}(s) y_{22n}(s) - y_{12n}(s) y_{21n}(s)$,因此有

$$\begin{aligned}
A_n(s) &= y_{22n}(s) \\
B_n(s) &= y_d(s) \\
C_n(s) &= \Delta_{yn}/y_d(s) = \left(E(s) - F(s)/\varepsilon_R \right) + (-1)^N \left(E(s) - F(s)/\varepsilon_R \right)^* \\
D_n(s) &= y_{11n}(s) \\
P'(s)/\varepsilon &= -y_{21n}(s) = -y_{12n}(s) = 2\sqrt{\text{Re}(Z_S)\text{Re}(Z_L)}\, P(s)/\varepsilon
\end{aligned} \tag{6A.15}$$

其中 y 参数由式(6A.13)定义。Frickey 在文献[A4]中给出了二端口网络的各种电路参数之间的转换公式。

从参考文献[A1]中还可以推导出两个更有用的复阻抗二端口网络公式。从网络的驱动点

和负载端口看进去的阻抗 Z_{IN1} 和 Z_{IN2} 分别为

$$Z_{IN1} = (Z_S^* + S_{11}Z_S)/(1 - S_{11}), \qquad Z_{IN2} = (Z_L^* + S_{22}Z_L)/(1 - S_{22}) \tag{6A.16}$$

终端阻抗的变化

对于一个 N_p 端口网络来说，端口传输系数 S_{ij} 和反射系数 S_{ii} 取决于归一化这个端口的阻抗。绝大多数情况下，终端阻抗都是归一化的。但是，在某些多工器应用中，将一组包含特定终端阻抗的 S 参数重新归一化到另一组可能包含复终端的阻抗是极其有用的。

为了将一组定义为终端阻抗 Z_i 的多端口 S 参数矩阵 $\boldsymbol{S}$ 转换为一组新终端阻抗 Z_i' 的新 S 参数矩阵 $\boldsymbol{S'}$，其推导过程通过改写式(6A.4)来开始[A1, A3]：

$$\boldsymbol{S'} = \boldsymbol{F'}(\boldsymbol{Z} - \boldsymbol{G'}^*)(\boldsymbol{Z} + \boldsymbol{G'})^{-1}\boldsymbol{F'}^{-1} \tag{6A.17}$$

其中，对角矩阵 $\boldsymbol{F'}$ 和 $\boldsymbol{G'}$ 分别表示 $\boldsymbol{F}$ 和 $\boldsymbol{G}$ 中所有 Z_i 被替换为 Z_i' 时的矩阵。如上所述，$\boldsymbol{F}$ 和 $\boldsymbol{G}$ 为 $N_p \times N_p$ 对角矩阵，其第 i 个对角元件分别给定为 $f_i = 1/(2\sqrt{|\mathrm{Re}(Z_i)|})$ 和 $g_i = Z_i$。此外，还可以对式(6A.5)求逆，用阻抗矩阵 $\boldsymbol{Z}$ 来表示 N_p 端口导纳矩阵 $\boldsymbol{Y}$：

$$\boldsymbol{Z} = \boldsymbol{Y}^{-1} = \boldsymbol{F}^{-1}(\boldsymbol{I} - \boldsymbol{S})^{-1}(\boldsymbol{S}\boldsymbol{G} + \boldsymbol{G}^*)\boldsymbol{F} \tag{6A.18}$$

此外，另一个对角矩阵 $\boldsymbol{\Gamma}$ 可以定义为

$$\boldsymbol{\Gamma} = (\boldsymbol{G'} - \boldsymbol{G})(\boldsymbol{G'} + \boldsymbol{G}^*)^{-1} \tag{6A.19a}$$

式(6A.19a)可以重写为

$$(\boldsymbol{G'} + \boldsymbol{G}^*) = \boldsymbol{\Gamma}^{-1}(\boldsymbol{G'} - \boldsymbol{G}) \tag{6A.19b}$$

构建矩阵 $(\boldsymbol{I} - \boldsymbol{\Gamma})$，且

$$\begin{aligned}(\boldsymbol{I} - \boldsymbol{\Gamma}) &= \boldsymbol{I} - (\boldsymbol{G'} - \boldsymbol{G})(\boldsymbol{G'} + \boldsymbol{G}^*)^{-1} = (\boldsymbol{G}^* + \boldsymbol{G})(\boldsymbol{G'} + \boldsymbol{G}^*)^{-1} \\ &= 2\mathrm{Re}(\boldsymbol{G})(\boldsymbol{G'} + \boldsymbol{G}^*)^{-1}\end{aligned} \tag{6A.19c}$$

首先处理式(6A.17)的第二项 $(\boldsymbol{Z} + \boldsymbol{G'})^{-1}$。用式(6A.18)替换 $\boldsymbol{Z}$，则有

$$\begin{aligned}(\boldsymbol{Z} + \boldsymbol{G'}) &= \boldsymbol{F}^{-1}(\boldsymbol{I} - \boldsymbol{S})^{-1}(\boldsymbol{S}\boldsymbol{G} + \boldsymbol{G}^*)\boldsymbol{F} + \boldsymbol{G'} \\ &= \boldsymbol{F}^{-1}(\boldsymbol{I} - \boldsymbol{S})^{-1}(\boldsymbol{S}(\boldsymbol{G}\boldsymbol{F} - \boldsymbol{F}\boldsymbol{G'}) + (\boldsymbol{G}^* + \boldsymbol{G'})\boldsymbol{F})\end{aligned}$$

使用式(6A.19a)替换 $(\boldsymbol{G}^* + \boldsymbol{G'})$：

$$\begin{aligned}(\boldsymbol{Z} + \boldsymbol{G'}) &= \boldsymbol{F}^{-1}(\boldsymbol{I} - \boldsymbol{S})^{-1}(\boldsymbol{S}(\boldsymbol{G} - \boldsymbol{G'})\boldsymbol{F} + \boldsymbol{\Gamma}^{-1}(\boldsymbol{G'} - \boldsymbol{G})\boldsymbol{F}) \\ &= \boldsymbol{F}^{-1}(\boldsymbol{I} - \boldsymbol{S})^{-1}(\boldsymbol{S} - \boldsymbol{\Gamma}^{-1})(\boldsymbol{G} - \boldsymbol{G'})\boldsymbol{F}\end{aligned}$$

现在使用式(6A.19b)替换 $(\boldsymbol{G} - \boldsymbol{G'})$，并使用式(6A.19c)替换 $(\boldsymbol{G'} + \boldsymbol{G}^*)$：

$$\begin{aligned}(\boldsymbol{Z} + \boldsymbol{G'}) &= \boldsymbol{F}^{-1}(\boldsymbol{I} - \boldsymbol{S})^{-1}(\boldsymbol{S} - \boldsymbol{\Gamma}^{-1})(-\boldsymbol{\Gamma})(\boldsymbol{G'} + \boldsymbol{G}^*)\boldsymbol{F} \\ &= \boldsymbol{F}^{-1}(\boldsymbol{I} - \boldsymbol{S})^{-1}(\boldsymbol{I} - \boldsymbol{S}\boldsymbol{\Gamma})(\boldsymbol{I} - \boldsymbol{\Gamma})^{-1}2\mathrm{Re}(\boldsymbol{G})\boldsymbol{F}\end{aligned}$$

求逆可得

$$(\boldsymbol{Z} + \boldsymbol{G'})^{-1} = (2\boldsymbol{F}\mathrm{Re}(\boldsymbol{G}))^{-1}(\boldsymbol{I} - \boldsymbol{\Gamma})(\boldsymbol{I} - \boldsymbol{S}\boldsymbol{\Gamma})^{-1}(\boldsymbol{I} - \boldsymbol{S})\boldsymbol{F} \tag{6A.20}$$

这里可以证明式(6A.20)的乘积顺序可以调换，以便对最后的公式进行简化：

$$(\boldsymbol{I} - \boldsymbol{\Gamma})(\boldsymbol{I} - \boldsymbol{S}\boldsymbol{\Gamma})^{-1}(\boldsymbol{I} - \boldsymbol{S}) = (\boldsymbol{I} - \boldsymbol{S})(\boldsymbol{I} - \boldsymbol{\Gamma}\boldsymbol{S})^{-1}(\boldsymbol{I} - \boldsymbol{\Gamma}) \tag{6A.21}$$

重新排列各项：

$$(\boldsymbol{I} - \boldsymbol{S})\boldsymbol{R}(\boldsymbol{I} - \boldsymbol{\Gamma}\boldsymbol{S}) = (\boldsymbol{I} - \boldsymbol{S}\boldsymbol{\Gamma})\boldsymbol{R}(\boldsymbol{I} - \boldsymbol{S}), \qquad 其中 \boldsymbol{R} = (\boldsymbol{I} - \boldsymbol{\Gamma})^{-1}$$

对应项相乘后抵消,则有

$$IRS - IR\Gamma S = SRI - S\Gamma RI$$

$$IR(I - \Gamma)S = S(I - \Gamma)RI$$

由于 $\boldsymbol{R} = (\boldsymbol{I} - \boldsymbol{\Gamma})^{-1}$,显然式(6A.21)是正确的。因此,式(6A.20)最后可以改写为

$$(Z + G')^{-1} = (2F\operatorname{Re}(G))^{-1}(I - S)(I - \Gamma S)^{-1}(I - \Gamma)F \tag{6A.22}$$

式(6A.17)的首项 $(\boldsymbol{Z} - \boldsymbol{G}'^*)$ 可以使用类似方法来处理,结果为

$$(Z - G'^*) = F^{-1}(I - \Gamma^*)^{-1}(S - \Gamma^*)(I - S)^{-1}2F\operatorname{Re}(G) \tag{6A.23}$$

现在,式(6A.17)可以用式(6A.17)和式(6A.23)重组为

$$\begin{aligned}S' &= F'(Z - G'^*)(Z + G')^{-1}F'^{-1} \\ &= F'F^{-1}(I - \Gamma^*)^{-1}(S - \Gamma^*)(I - \Gamma S)^{-1}(I - \Gamma)FF'^{-1}\end{aligned} \tag{6A.24}$$

该公式可以通过定义一个对角矩阵 $\boldsymbol{A}$ 来稍加简化,其中 $\boldsymbol{A} = \boldsymbol{F}'^{-1}\boldsymbol{F}(\boldsymbol{I} - \boldsymbol{\Gamma}^*)$。因此

$$S' = A^{-1}(S - \Gamma^*)(I - \Gamma S)^{-1}A^* \tag{6A.25}$$

其中, $a_{ii} = 2\sqrt{\operatorname{Re}(Z_i)\operatorname{Re}(Z_i')}/(Z_i + Z_i'^*)$ 为对角矩阵 $\boldsymbol{A}$ 的第 i 个元件,且 $\boldsymbol{\Gamma}$ 为对角矩阵,其中元件值 $\Gamma_{ii} = (Z_i' - Z_i)/(Z_i' + Z_i^*)$, $i = 1, 2, \cdots, N_p$。Z_i 为网络第 i 个端口的初始阻抗, Z_i' 为新阻抗,且 $\boldsymbol{A}^*$ 和 $\boldsymbol{\Gamma}^*$ 分别为对角矩阵 $\boldsymbol{A}$ 和 $\boldsymbol{\Gamma}$ 的复共轭矩阵。

参考文献

A1. Kurokawa, K.(1965) Power waves and the scattering matrix. *IEEE Transactions on Microwave Theory and Techniques*, 194-202, March 1965.

A2. Ge, C., Zhu, X.-W., Jiang, X., and Xu, X.-J.(2016) A general synthesis approach of coupling matrix with arbitrary reference impedances. *IEEE Microwave and Wireless Components Letters*, **25**(6), 349-351.

A3. Bodway, G. E.(1968) Circuit design and characterization of transistors by means of three-port scattering parameters. *Microwave Journal*, **11**(5), 7-1-7-11.

A4. Frickey, D. A.(1994) Conversions between S, Z, Y, H, ABCD, and T parameters which are valid for complex source and load impedances. *IEEE Transactions on Microwave Theory and Techniques*, **42**(2), 205-211.

第7章 电路网络综合方法

第6章介绍了建立传输多项式和反射多项式的方法,这些方法被广泛运用于各种低通原型滤波器函数的分析中。接下来第6章还介绍了如何将这些多项式转换为原型电路,完成实际滤波器的设计。实现这种转换有两种方法:一种是经典的电路综合方法,另一种是直接耦合矩阵综合方法。本章主要讲述基于[$ABCD$]传输矩阵,有时也称为"链式"矩阵的电路综合方法。

文献[1~6]已经对电路综合的相关内容做了全面而详尽的叙述。本章并不想重复这些工作,而是想利用这些理论来建立一套普适的微波滤波器综合方法。本章所描述的方法既包括对称的,也包括不对称的低通原型滤波器。如3.10节和6.1节所述,这些原型网络都要求假定一些电抗元件不随频率变化,简称FIR元件[7]。如果电路中包含了这类元件,则传输和反射多项式将会出现复系数。在带通或带阻滤波器中,FIR元件使得谐振电路产生频率偏移。通常网络综合过程中需要用到的元件有如下几种。

- 随频率变化的电抗元件、集总电容和集总电感。这些元件的数量决定了低通滤波器原型网络的级数或阶数①。在梯形网络中,运用对偶定理,电容和电感之间可以互换。
- 不随频率变化的电抗元件或FIR②元件。经典的网络综合理论主要基于以下概念:驱动点导抗函数$Z(s)$或$Y(s)$是满足正实条件的。即对于实际网络而言,当$\mathrm{Re}(s) > 0$时,$\mathrm{Re}(Z(s)) > 0$或$\mathrm{Re}(Y(s)) > 0$;且当s为实数时,$Z(s)$或$Y(s)$也为实数[17]。如果将FIR元件引入网络,则无须满足第二个条件(说明频率响应是对称的),此时驱动点函数变成一个正函数[11]。FIR表示谐振器的谐振频率与标称谐振频率之间的偏移量(低通谐振器的标称谐振频率为零,而带通谐振器的标称谐振频率为中心频率),如图7.1所示。对于不对称滤波器,驱动点多项式的系数虽然不能提取出电容和电感值,但是可以提取出FIR元件,然后利用相对于滤波器标称中心频率偏移的微波谐振单元来实现(比如一个波导谐振器,或一个介质谐振器),此时滤波器是异步调谐的。

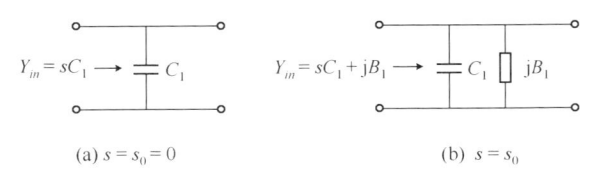

(a) $s = s_0 = 0$ $Y_{in} = sC_1 \rightarrow C_1$

(b) $s = s_0$ $Y_{in} = sC_1 + jB_1 \rightarrow C_1 \quad jB_1$

图7.1 (a) 当$s = s_0 = 0$时$Y_{in} = 0$,表示低通谐振器的谐振频率为零;(b) 当$s = s_0$时$Y_{in} = sC_1 + jB_1 = 0$,表示低通滤波器的谐振频率$s_0 = j\omega_0 = -jB_1/C_1$,即与标称中心频率之间的偏移量$\omega_0 = -B_1/C_1$

- 不随频率变化的传输线相移元件。其特例是四分之一波长(90°)阻抗或导纳变换器(也称为导抗变换器)。在微波电路中,这些元件可以作为90°相移变换器,在许多微波结构中利用感性膜片和耦合探针来近似实现。在微波频段,这些变换器的运用极大地简化了滤波器的设计。

---

① 为便于全文统一,本书将全部使用"阶"来表示。——译者注
② 通常情况下,不随频率变化的阻抗和导纳都可以简称为"FIR"。

- 微波滤波器网络节点之间的耦合元件，以及耦合变换器。其中，按谐振器顺序依次连接的耦合称为主耦合，没有按谐振器顺序依次连接的耦合称为交叉耦合，源或负载与谐振器之间连接的耦合称为输入/输出耦合。对于全规范型滤波器，从源或负载到谐振器的耦合不止一个，且存在直接的源-负载耦合。

7.1 电路综合方法

对于源和负载阻抗为 1 的二端口网络，可以运用 $[ABCD]$ 矩阵表示如下[9]：

$$[ABCD] = \frac{1}{jP(s)/\varepsilon} \cdot \begin{bmatrix} A(s) & B(s) \\ C(s) & D(s) \end{bmatrix} \tag{7.1a}$$

其中，

$$S_{12}(s) = S_{21}(s) = \frac{P(s)/\varepsilon}{E(s)} = \frac{2P(s)/\varepsilon}{A(s) + B(s) + C(s) + D(s)} \tag{7.1b}$$

$$S_{11}(s) = \frac{F(s)/\varepsilon_R}{E(s)} = \frac{A(s) + B(s) - C(s) - D(s)}{A(s) + B(s) + C(s) + D(s)} \tag{7.1c}$$

$$S_{22}(s) = \frac{(-1)^N F(s)^*/\varepsilon_R}{E(s)} = \frac{D(s) + B(s) - C(s) - A(s)}{A(s) + B(s) + C(s) + D(s)} \tag{7.1d}$$

为了提取出交叉耦合变换器，式(7.1)的分母 $P(s)$ 必须乘以 j；另外，当 $N - n_{fz}$ 为偶数时，$P(s)$ 乘以 j 还可以满足正交归一化条件(见 6.2 节)。对于值不为 1 的源阻抗 R_S 和负载阻抗 R_L，其 $[ABCD]$ 矩阵可以变换为

$$[ABCD] = \frac{1}{jP(s)/\varepsilon} \cdot \begin{bmatrix} \sqrt{\frac{R_L}{R_S}} A(s) & \frac{B(s)}{\sqrt{R_S R_L}} \\ \sqrt{R_S R_L} C(s) & \sqrt{\frac{R_S}{R_L}} D(s) \end{bmatrix} \tag{7.2}$$

根据式(7.1)，显然多项式 $A(s)$、$B(s)$、$C(s)$ 和 $D(s)$ 都拥有共同的分母 $P(s)/\varepsilon$。并且，通过验证可以得出如下结论，实际滤波器电路元件构建的 $E(s)$、$F(s)/\varepsilon_R$ 及 $P(s)/\varepsilon$ 多项式，其系数之间的关系可以分别用理想滤波器的传输和反射特性来表示。

因此，首要任务是建立 $A(s)$、$B(s)$、$C(s)$ 和 $D(s)$ 多项式与代表滤波器函数传输和反射特性的 S 参数之间的对应关系。一个实际的滤波器电路可以通过构建一个简单三阶梯形网络的 $[ABCD]$ 矩阵来表示，然后将 $A(s)$、$B(s)$、$C(s)$ 和 $D(s)$ 及 $P(s)$ 多项式与构成 $S_{21}(s)$ 和 $S_{11}(s)$ 的多项式系数直接进行比较，来研究这些合成的多项式之间的构造关系。同时，为了普及本方法的应用，下面还将针对一些高级电路的 $[ABCD]$ 矩阵形式进行分析，包括不对称交叉耦合及单终端型电路。

图 7.2 所示的一个无耗的三阶梯形网络构成了一个低通滤波器。该电路的三个传输零点均位于 $s = j\infty$ 处，即为全极点滤波器。下面来说明网络的综合过程。首先，建立与这个三阶低通原型梯形网络相对应的 $A(s)$、$B(s)$、$C(s)$ 和 $D(s)$ 多项式，该网络由元件 C_1、L_1 和 C_2 组成(有时也用 g_1、g_2 和 g_3 来表示[11])；然后，运用综合方法来说明如何从 $A(s)$、$B(s)$、$C(s)$ 和 $D(s)$ 的多项式中，提取出初始网络元件 C_1、L_1 和 C_2 的值。

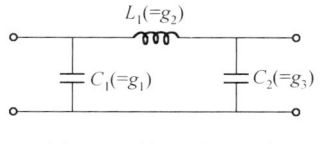

图 7.2 低通原型电路

7.1.1 三阶网络的[ABCD]矩阵构造

该三阶低通网络如图 7.2 所示。

步骤 A 并联 C_1 和串联 L_1 的级联

$$\begin{bmatrix} A & B \\ C & D \end{bmatrix} = \begin{bmatrix} 1 & 0 \\ sC_1 & 1 \end{bmatrix} \cdot \begin{bmatrix} 1 & sL_1 \\ 0 & 1 \end{bmatrix}$$

$$= \begin{bmatrix} 1 & sL_1 \\ sC_1 & 1 + s^2 L_1 C_1 \end{bmatrix}$$

二阶网络 ($N = 2$)
多项式的阶数：
$A(s)$: $N - 2$
$B(s)$: $N - 1$
$C(s)$: $N - 1$
$D(s)$: N

$$\begin{bmatrix} A & B \\ C & D \end{bmatrix} = \begin{bmatrix} 1 & sL_1 \\ sC_1 & 1 + s^2 C_1 L_1 \end{bmatrix} \cdot \begin{bmatrix} 1 & 0 \\ sC_2 & 1 \end{bmatrix}$$

$$= \begin{bmatrix} 1 + s^2 L_1 C_2 & sL_1 \\ s(C_1 + C_2) + s^3 C_1 C_2 L_1 & 1 + s^2 C_1 L_1 \end{bmatrix}$$

三阶网络 ($N = 3$)
多项式的阶数：
$A(s)$: $N - 1$
$B(s)$: $N - 2$
$C(s)$: N
$D(s)$: $N - 1$

观察以上 $A(s)$、$B(s)$、$C(s)$ 和 $D(s)$ 多项式的形式可以发现，低通原型网络的阶数 N 为偶数时，$B(s)$ 和 $C(s)$ 的阶数为 $N-1$，$D(s)$ 的阶数为 N，$A(s)$ 的阶数为 $N-2$。并且，当 N 为奇数时，$A(s)$ 和 $D(s)$ 的阶数为 $N-1$，$C(s)$ 的阶数为 N，$B(s)$ 的阶数为 $N-2$。因此，无论 N 为何值，$A(s)$ 和 $D(s)$ 多项式总是偶数阶的，$B(s)$ 和 $C(s)$ 多项式总是奇数阶的。

7.1.2 网络综合

现在来进行反向综合。已知 $A(s)$、$B(s)$、$C(s)$ 和 $D(s)$ 多项式的系数，需要依次从多项式中提取出 C_1、L_1 和 C_2。

通过计算 $s = \mathrm{j}\infty$ 时网络的短路导纳参数(y) 或开路阻抗参数(z)，可以得到距离输入端口最近的元件值。然后将[ABCD]矩阵左乘一个与该元件相对应的逆矩阵，从而提取出这个元件，余下一个单位矩阵与剩余[ABCD]矩阵级联。

步骤 A.1 求解元件 C_1。根据短路导纳参数 y_{11} 或开路阻抗参数 z_{11} 推导出元件 C_1 的值。首先求解网络左边的参数 y_{11} 或 z_{11}，然后再计算 $s = \mathrm{j}\infty$ 时 C_1 的值。对于一个基本的[ABCD]矩阵，可得

$$v_1 = A(s)v_2 + B(s)i_2$$
$$i_1 = C(s)v_2 + D(s)i_2$$

短路

其中，

当 $v_2 = 0$ 时，$y_{11} = \dfrac{i_1}{v_1} = \dfrac{D(s)}{B(s)}$

当 $i_2 = 0$ 时，$z_{11} = \dfrac{v_1}{i_1} = \dfrac{A(s)}{C(s)}$

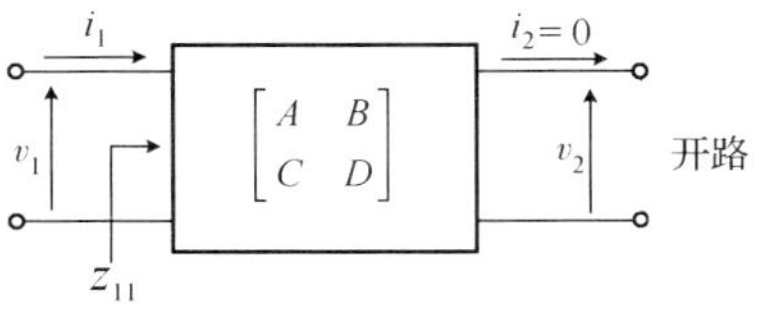

总的 $[ABCD]$ 矩阵为

$$\begin{bmatrix} A & B \\ C & D \end{bmatrix} = \begin{bmatrix} 1 + s^2 L_1 C_2 & sL_1 \\ s(C_1 + C_2) + s^3 C_1 C_2 L_1 & 1 + s^2 C_1 L_1 \end{bmatrix}$$

$$z_{11} = \dfrac{A(s)}{C(s)} = \dfrac{1 + s^2 L_1 C_2}{s(C_1 + C_2) + s^3 C_1 C_2 L_1}$$

$$sz_{11}\big|_{s \to \infty} = \dfrac{sA(s)}{C(s)}\bigg|_{s \to \infty} = \dfrac{1}{C_1}$$

或

$$y_{11} = \dfrac{D(s)}{B(s)} = \dfrac{1 + s^2 L_1 C_1}{sL_1}$$

$$\dfrac{y_{11}}{s}\bigg|_{s \to \infty} = \bigg|\dfrac{D(s)}{sB(s)}\bigg|_{s \to \infty} = C_1$$

步骤 A.2 提取出元件 C_1。元件提取过程如下。

$[ABCD]$ 矩阵的表示形式为

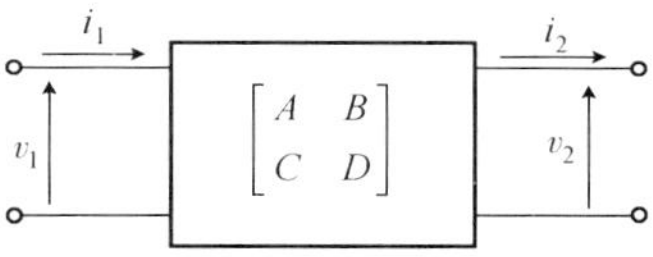

它由含有并联元件 C_1 的矩阵与剩余 $[ABCD]$ 矩阵级联而成，即

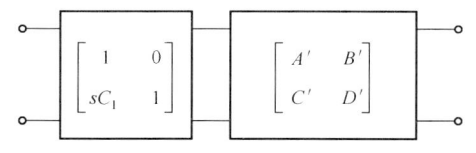

为了提取出 C_1，需要左乘 C_1 矩阵的逆，即

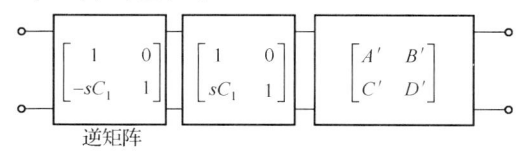

余下的矩阵形式为一个单位矩阵（可忽略）与剩余 $[ABCD]$ 矩阵的级联，即

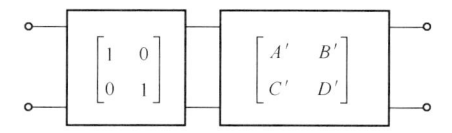

则总的 $[ABCD]$ 矩阵为

$$\begin{bmatrix} A & B \\ C & D \end{bmatrix} = \begin{bmatrix} 1 + s^2 L_1 C_2 & sL_1 \\ s(C_1 + C_2) + s^3 C_1 C_2 L_1 & 1 + s^2 C_1 L_1 \end{bmatrix} \tag{7.3}$$

左乘并联元件 C_1 的逆矩阵后，结果表示如下：

$$\begin{bmatrix} A & B \\ C & D \end{bmatrix} = \begin{bmatrix} 1 & 0 \\ -sC_1 & 1 \end{bmatrix} \cdot \begin{bmatrix} 1+s^2L_1C_2 & sL_1 \\ s(C_1+C_2)+s^3C_1C_2L_1 & 1+s^2C_1L_1 \end{bmatrix} = \begin{bmatrix} A' & B' \\ C' & D' \end{bmatrix}$$

所以

$$A'(s) = A(s)$$
$$B'(s) = B(s)$$
$$C'(s) = C(s) - sC_1A(s)$$
$$D'(s) = D(s) - sC_1B(s)$$

因此，提取元件 C_1 后的剩余矩阵为

$$\begin{bmatrix} A' & B' \\ C' & D' \end{bmatrix} = \begin{bmatrix} 1+s^2L_1C_2 & sL_1 \\ sC_2 & 1 \end{bmatrix} \tag{7.4}$$

步骤 B　利用步骤 A.2 得到的剩余矩阵提取串联元件 L_1

$$z_{11} = \frac{A(s)}{C(s)} = \frac{1+s^2L_1C_2}{sC_2} \tag{7.5}$$

所以

$$L_1 = \left.\frac{z_{11}}{s}\right|_{s\to\infty} = \left.\frac{A(s)}{sC(s)}\right|_{s\to\infty}$$

此外，还可以得到

$$y_{11} = \frac{D(s)}{B(s)} = \frac{1}{sL_1} \tag{7.6}$$

所以

$$\frac{1}{L_1} = \left.\frac{sD(s)}{B(s)}\right|_{s\to\infty}$$

步骤 B.1　提取元件 L_1　将上一步（步骤 A.2）求出的剩余矩阵左乘串联元件 L_1 的逆矩阵：

$$\begin{bmatrix} 1 & -sL_1 \\ 0 & 1 \end{bmatrix} \cdot \begin{bmatrix} 1+s^2L_1C_2 & sL_1 \\ sC_2 & 1 \end{bmatrix} = \begin{bmatrix} A' & B' \\ C' & D' \end{bmatrix} \tag{7.7}$$

所以

$$A'(s) = A(s) - sL_1C(s)$$
$$B'(s) = B(s) - sL_1D(s)$$
$$C'(s) = C(s)$$
$$D'(s) = D(s)$$

提取元件 L_1 后的剩余矩阵为

$$\begin{bmatrix} A' & B' \\ C' & D' \end{bmatrix} = \begin{bmatrix} 1 & 0 \\ sC_2 & 1 \end{bmatrix} \tag{7.8}$$

其中包含并联元件 C_2。通过左乘 C_2 的逆矩阵并消去单位矩阵 $\begin{bmatrix} 1 & 0 \\ 0 & 1 \end{bmatrix}$，就完成了元件 C_1，L_1 和 C_2 的提取，至此整个网络综合过程结束。

在上述综合的每个步骤中，可以提取得到 C_1，L_1 和 C_2 的两组元件值。一组根据多项式 $B(s)$ 和 $D(s)$ 推导得到，另一组根据多项式 $A(s)$ 和 $C(s)$ 得到。通常情况下，这两种方法得到的结果是相同的，但是对于高阶网络，累积误差会导致两种方法得到的结果差异很大。有许多方法可以减小这些误差。比如利用网络的对称性，或改变定义域（变量转换到 z 平面）进行综合[9, 12, 13]。对于一些中等复杂网络，比如十二阶网络的计算，如果使用 32 位的计算机，那么元件值的精度可以精确到小数点后 6 位，而不必采用其他改进手段。然而在网络提取过程中，一般只使用 $A(s)$ 和 $C(s)$ 多项式，或 $B(s)$ 和 $D(s)$ 多项式。有时，在提取第一个元件时使用 $A(s)$ 和 $C(s)$ 多项式，而提取其他元件时使用 $B(s)$ 和 $D(s)$ 多项式，会得到较好的结果。当采用两种方法提取出的元件值在小数点后 6 位出现较大差异时，说明累积误差的影响开始变得严重。

7.2 耦合谐振微波带通滤波器的低通原型电路

图 7.3 所示的两个双终端低通原型电路，其终端分别端接特定的阻抗或导纳[11]。网络中的元件值用"g 参数"表示[11]，视为并联电容或串联电感元件。若 g_1 是电容，则源终端 g_0 表示电阻；而若 g_1 是电感，则 g_0 表示电导。这个结论对于负载终端 g_{N+1} 也是一样的。从而，网络变换可以沿着梯形网络从左到右，阻抗-导纳-阻抗（反之亦然）交替进行。无论采用何种形式，电路所得到的响应都是相同的。

(a) 起始元件为并联电容

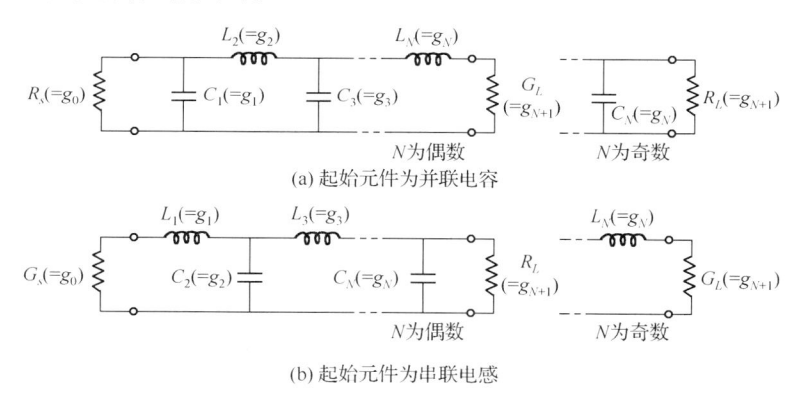

(b) 起始元件为串联电感

图 7.3 低通原型梯形网络

接下来运用对偶定理，通过加入单位变换器的形式将串联元件（电感）变换为并联电容。图 7.4 给出了三阶网络中串联电感 L_2 变为并联电容的过程，其变换后的电容值不变，仍为 g_2。类似地，通过加入单位变换器 M_{S1} 和 M_{3L}，输入和输出端阻抗变换成为导纳。这时该网络就转换成了只含有导纳（导抗）的并联谐振低通原型电路。且这些变换器与实际滤波器的耦合元件是一一对应的。

耦合腔微波带通滤波器可以根据图 7.4 所示的低通原型电路直接变换得到。在加入串联和并联的谐振元件构成带通原型（BandPass Prototype，BPP）之后，合理变换到带通滤波器的中心频率和带宽上，显然利用微波结构可以直接实现带通谐振电路元件的设计。实际滤波器的谐振器由微波结构（比如同轴谐振器）构成，图 7.5 利用一个四阶全极点同轴带通滤波器说明了这一过程。

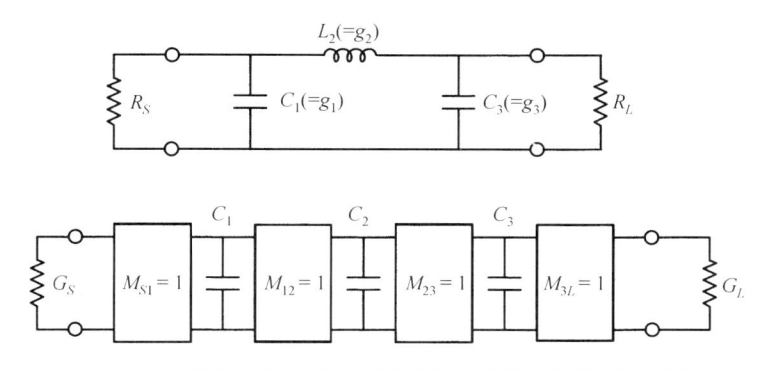

图 7.4 三阶低通原型梯形网络及加入单位变换器后的形式

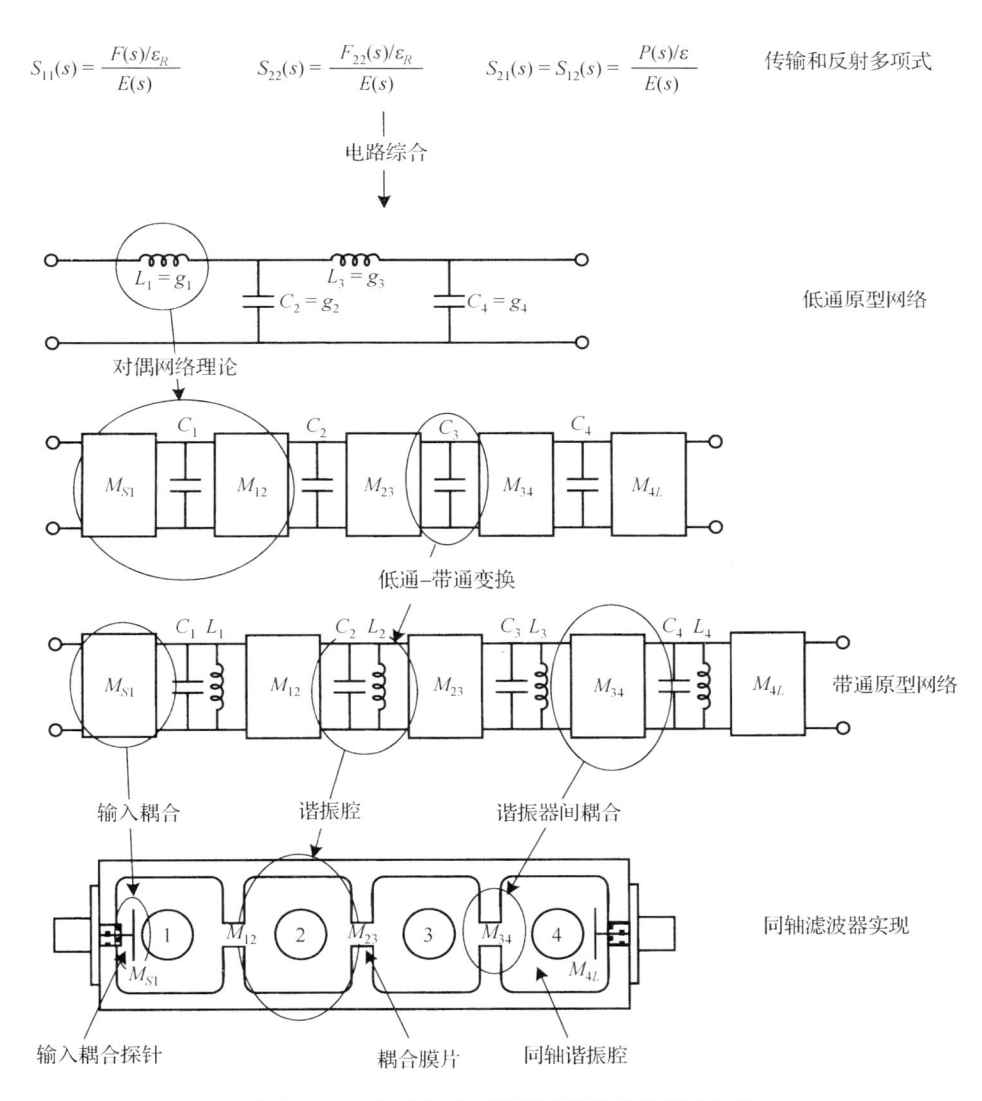

$$S_{11}(s) = \frac{F(s)/\varepsilon_R}{E(s)} \quad S_{22}(s) = \frac{F_{22}(s)/\varepsilon_R}{E(s)} \quad S_{21}(s) = S_{12}(s) = \frac{P(s)/\varepsilon}{E(s)}$$ 传输和反射多项式

电路综合

低通原型网络

对偶网络理论

低通–带通变换

带通原型网络

输入耦合　谐振腔　谐振器间耦合

同轴滤波器实现

输入耦合探针　耦合膜片　同轴谐振腔

图 7.5 四阶全极点同轴带通滤波器的综合过程

本章主要关注开路形式的并联元件,这是由于许多波导和同轴元件都是依据并联元件来建模的，包括矩形波导中的电感或电容膜片[14]。如果需要串联元件，则可以运用对偶定理，将并联电容变换为值相同的串联电感来表示，或者将导纳变换器(J)变换为阻抗变换器(K)[15~17]。

7.2.1 变换器电路的[$ABCD$]多项式综合

下面利用图7.4所示的三阶网络来推导并联耦合变换器谐振网络的基本多项式形式。

第一个变换器M_{S1}和第一个并联电容C_1级联后的[$ABCD$]矩阵为

$$\begin{bmatrix} 0 & j \\ j & 0 \end{bmatrix} \cdot \begin{bmatrix} 1 & 0 \\ sC_1 & 1 \end{bmatrix} = j \begin{bmatrix} 0 & 1 \\ 1 & 0 \end{bmatrix} \cdot \begin{bmatrix} 1 & 0 \\ sC_1 & 1 \end{bmatrix} = j \begin{bmatrix} sC_1 & 1 \\ 1 & 0 \end{bmatrix} \quad (7.9)$$

与第二个变换器M_{12}级联后的矩阵为

$$j \begin{bmatrix} sC_1 & 1 \\ 1 & 0 \end{bmatrix} \cdot j \begin{bmatrix} 0 & 1 \\ 1 & 0 \end{bmatrix} = -\begin{bmatrix} 1 & sC_1 \\ 0 & 1 \end{bmatrix} \quad (7.10)$$

与第二个并联电容C_2级联后的矩阵为

$$-\begin{bmatrix} 1 & sC_1 \\ 0 & 1 \end{bmatrix} \begin{bmatrix} 1 & 0 \\ sC_2 & 1 \end{bmatrix} = -\begin{bmatrix} 1+s^2C_1C_2 & sC_1 \\ sC_2 & 1 \end{bmatrix} \quad (7.11)$$

与第三个变换器M_{23}级联后的矩阵为

$$-\begin{bmatrix} 1+s^2C_1C_2 & sC_1 \\ sC_2 & 1 \end{bmatrix} \cdot j \begin{bmatrix} 0 & 1 \\ 1 & 0 \end{bmatrix} = -j \begin{bmatrix} sC_1 & 1+s^2C_1C_2 \\ 1 & sC_2 \end{bmatrix} \quad (7.12)$$

在这一步，已经获得了一个二阶滤波器网络($N=2$)，该网络中包含了两个随频率变化的元件C_1和C_2。观察这些多项式的构成，其具有如下特点：

- $A(s)$和$D(s)$为奇数阶多项式，阶数为$N-1$
- $B(s)$为偶数阶多项式，阶数为N
- $C(s)$为偶数阶多项式，阶数为$N-2$

与第三个并联电容C_3级联后的矩阵为

$$-j \begin{bmatrix} sC_1 & 1+s^2C_1C_2 \\ 1 & sC_2 \end{bmatrix} \cdot \begin{bmatrix} 1 & 0 \\ sC_3 & 1 \end{bmatrix} = -j \begin{bmatrix} s(C_1+C_3)+s^3C_1C_2C_3 & 1+s^2C_1C_2 \\ 1+s^2C_2C_3 & sC_2 \end{bmatrix} \quad (7.13)$$

与第四个变换器M_{3L}级联后的矩阵为

$$-j \begin{bmatrix} s(C_1+C_3)+s^3C_1C_2C_3 & 1+s^2C_1C_2 \\ 1+s^2C_2C_3 & sC_2 \end{bmatrix} \cdot j \begin{bmatrix} 0 & 1 \\ 1 & 0 \end{bmatrix}$$
$$= \begin{bmatrix} 1+s^2C_1C_2 & s(C_1+C_3)+s^3C_1C_2C_3 \\ sC_2 & 1+s^2C_2C_3 \end{bmatrix} \quad (7.14)$$

再次观察这个三阶电路的多项式($N=3$)，其特点如下：

- $A(s)$和$D(s)$为偶数阶多项式，阶数为$N-1$
- $B(s)$为奇数阶多项式，阶数为N
- $C(s)$为奇数阶多项式，阶数为$N-2$

根据这些级联矩阵的运算过程，可以得到关于滤波器梯形网络的多项式$A(s)$、$B(s)$、$C(s)$和$D(s)$的一些重要特性。所有多项式均是以s为变量的实系数多项式，其阶数的奇偶性取决于滤波器阶数N。无论N是奇数还是偶数，多项式$B(s)$的阶数为N且始终最高；多项式$A(s)$和$D(s)$的阶数为$N-1$，而多项式$C(s)$的阶数为$N-2$(最低)。

下面建立多项式 $A(s)$、$B(s)$、$C(s)$ 和 $D(s)$ 与传输多项式 $S_{21}(s)$ 和反射多项式 $S_{11}(s)$ [多项式 $E(s)$、$P(s)/\varepsilon$ 和 $F(s)/\varepsilon_R$] 之间的对应关系。一般情况下，$E(s)$ 和 $F(s)$ 的系数为复数（见3.10节）。考虑一般性，需要增加一个不随频率变化的电抗（Frequency-Independent Reactance，FIR）元件 B_i 与一个随频率变化的并联元件 C_i（电容）并联，则该节点导纳从 sC_i 变为 $sC_i + jB_i$（见图7.1）。

在并联节点加入 FIR 元件，将使梯形网络的多项式 $A(s)$、$B(s)$、$C(s)$ 和 $D(s)$ 改为复奇数或复偶数形式。也就是说，随着 s 的幂的增加，其系数在纯实数和纯虚数之间交替出现。下面来举例说明。对于一个二阶 $[ABCD]$ 矩阵 [见式(7.12)]，在加入 FIR 元件之前，其多项式 $B(s)$ 为

$$B(s) = -j(1 + s^2 C_1 C_2)$$

用 $sC_1 + jB_1$ 替代 sC_1，并用 $sC_2 + jB_2$ 替代 sC_2，可得

$$\begin{aligned} B(s) &= -j[(1 - B_1 B_2) + j(B_1 C_2 + B_2 C_1)s + C_1 C_2 s^2] \\ &= j[b_0 + jb_1 s + b_2 s^2] \end{aligned} \tag{7.15}$$

其中系数 b_i 为纯实数。类似地，对于 $D(s)$ 有

$$\begin{aligned} D(s) &= -j[sC_2], & \text{无FIR元件} \\ D(s) &= -j[jB_2 + sC_2] = j[jd_0 + d_1 s], & \text{有FIR元件 } jB_2 \end{aligned} \tag{7.16}$$

其中，多项式 $D(s)$ 的系数 d_i 为纯实数。

运用类似的方法还可以推导出多项式 $A(s)$ 和 $C(s)$ 的系数。对于偶数阶的情况有

$$\begin{aligned} A(s) &= j[ja_0 + a_1 s + ja_2 s^2 + a_3 s^3 + \cdots + a_{N-1} s^{N-1}] \\ B(s) &= j[b_0 + jb_1 s + b_2 s^2 + jb_3 s^3 + \cdots + jb_{N-1} s^{N-1} + b_N s^N] \\ C(s) &= j[c_0 + jc_1 s + c_2 s^2 + jc_3 s^3 + \cdots + c_{N-2} s^{N-2}] \\ D(s) &= j[jd_0 + d_1 s + jd_2 s^2 + d_3 s^3 + \cdots + d_{N-1} s^{N-1}] \end{aligned} \tag{7.17}$$

其中，系数 a_i、b_i、c_i、$d_i (i = 0, 1, 2, \cdots, N)$ 为实数。类似地，根据式(7.14)，奇数阶（三阶）矩阵的多项式推导如下：

$$\begin{aligned} A(s) &= a_0 + ja_1 s + a_2 s^2 \\ B(s) &= jb_0 + b_1 s + jb_2 s^2 + b_3 s^3 \\ C(s) &= jc_0 + c_1 s \\ D(s) &= d_0 + jd_1 s + d_2 s^2 \end{aligned} \tag{7.18}$$

一般情况下，对于奇数阶 N 有

$$\begin{aligned} A(s) &= a_0 + ja_1 s + a_2 s^2 + ja_3 s^3 + \cdots + a_{N-1} s^{N-1} \\ B(s) &= jb_0 + b_1 s + jb_2 s^2 + b_3 s^3 + \cdots + jb_{N-1} s^{N-1} + b_N s^N \\ C(s) &= jc_0 + c_1 s + jc_2 s^2 + c_3 s^3 + \cdots + c_{N-2} s^{N-2} \\ D(s) &= d_0 + jd_1 s + d_2 s^2 + jd_3 s^3 + \cdots + d_{N-1} s^{N-1} \end{aligned} \tag{7.19}$$

注意，式(7.17)括号外多乘以一个 j，这是由于使用了变换器作为耦合元件，每个变换器表示为不随频率变化的 90° 相移。对于偶数阶的情况，信号的主路径上有奇数个变换器，则会产生奇数倍的 90° 相移，因此多项式总要多乘以一个 j。在下一步将要介绍的综合方法中，j 可以省略。

加入 FIR 元件是为了在多项式 $A(s)$、$B(s)$、$C(s)$ 和 $D(s)$ 的纯实系数中引入纯虚系数 ja_i 和 jb_i。这些纯虚系数可以保证多项式 $A(s)$、$B(s)$、$C(s)$ 和 $D(s)$ 与后面将要讨论的不对称传

输函数中对应的 $E(s)$ 和 $F(s)$ 多项式完全匹配。在这种情况下，由于 $E(s)$ 和 $F(s)$ 多项式具有复系数，且包含 FIR 元件，因此可以建立多项式 $A(s)$、$B(s)$、$C(s)$ 和 $D(s)$ 与传输多项式和反射多项式 $E(s)$、$F(s)$ 和 $P(s)$ 之间的对应关系。

现在，由于构造 $S_{11}(s)$ 和 $S_{21}(s)$ [多项式 $E(s)$、$P(s)/\varepsilon$ 及 $F(s)/\varepsilon_R$] 的 $A(s)$、$B(s)$、$C(s)$ 和 $D(s)$ 多项式的形式已知，且掌握了它们之间的对应关系[见式(7.1)]，因此多项式 $A(s)$、$B(s)$、$C(s)$ 和 $D(s)$ 的系数可由 $E(s)$ 和 $F(s)/\varepsilon_R$ 的系数直接表示。这些多项式可以根据方程组(6.33)推导得到，且运用的关系式为 $z+z^*=2\text{Re}(z)$ 及 $z-z^*=2j\text{Im}(z)$，其中 z 为复系数。

根据式(7.1)有

$$[ABCD] = \frac{1}{jP(s)/\varepsilon} \cdot \begin{bmatrix} A(s) & B(s) \\ C(s) & D(s) \end{bmatrix}$$

其中，当 N 为偶数时，可得

$$\begin{aligned} A(s) &= j\text{Im}(e_0+f_0) + \text{Re}(e_1+f_1)s + j\text{Im}(e_2+f_2)s^2 + \cdots + j\text{Im}(e_N+f_N)s^N \\ B(s) &= \text{Re}(e_0+f_0) + j\text{Im}(e_1+f_1)s + \text{Re}(e_2+f_2)s^2 + \cdots + \text{Re}(e_N+f_N)s^N \\ C(s) &= \text{Re}(e_0-f_0) + j\text{Im}(e_1-f_1)s + \text{Re}(e_2-f_2)s^2 + \cdots + \text{Re}(e_N-f_N)s^N \\ D(s) &= j\text{Im}(e_0-f_0) + \text{Re}(e_1-f_1)s + j\text{Im}(e_2-f_2)s^2 + \cdots + j\text{Im}(e_N-f_N)s^N \end{aligned} \quad (7.20\text{a})$$

当 N 为奇数时，则有

$$\begin{aligned} A(s) &= \text{Re}(e_0+f_0) + j\text{Im}(e_1+f_1)s + \text{Re}(e_2+f_2)s^2 + \cdots + j\text{Im}(e_N+f_N)s^N \\ B(s) &= j\text{Im}(e_0+f_0) + \text{Re}(e_1+f_1)s + j\text{Im}(e_2+f_2)s^2 + \cdots + \text{Re}(e_N+f_N)s^N \\ C(s) &= j\text{Im}(e_0-f_0) + \text{Re}(e_1-f_1)s + j\text{Im}(e_2-f_2)s^2 + \cdots + \text{Re}(e_N-f_N)s^N \\ D(s) &= \text{Re}(e_0-f_0) + j\text{Im}(e_1-f_1)s + \text{Re}(e_2-f_2)s^2 + \cdots + j\text{Im}(e_N-f_N)s^N \end{aligned} \quad (7.20\text{b})$$

这里，e_i 和 $f_i (i=0,1,2,\cdots,N)$ 分别为多项式 $E(s)$ 和 $F(s)/\varepsilon_R$ 的复系数。

不难证明，这些多项式不仅满足式(7.1)，而且还精确地反映了无源微波电路的无耗互易性。

7.2.1.1 构成

- 多项式 $A(s)$、$B(s)$、$C(s)$ 和 $D(s)$ 的系数随着 s 的幂增加，在纯实数和纯虚数之间交替变化。
- 对于非全规范型网络，$\varepsilon_R=1$，则 $E(s)$ 和 $F(s)/\varepsilon_R$ 的最高阶项的系数 e_N 和 f_N 分别为1。因此，除了多项式 $B(s)$ 的最高阶项的系数 b_N 不为零[$b_N=\text{Re}(e_N+f_N)=2$]，其他多项式 $A(s)$、$C(s)$ 和 $D(s)$ 的最高阶项的系数 a_N、c_N 和 d_N 均为零[$a_N=j\text{Im}(e_N+f_N)=0$；$c_N=\text{Re}(e_N-f_N)=0$；$d_N=j\text{Im}(e_N-f_N)=0$]，$e_N$ 和 f_N 为实数且都等于1。另外，由于 $n_{fz}<N$，根据多项式 $F(s)$ 和 $P(s)$ 构建多项式 $E(s)$，结果使 $\text{Im}(e_{N-1})=\text{Im}(f_{N-1})$，则 $c_{N-1}=j\text{Im}(e_{N-1}-f_{N-1})=0$。因此，当 $B(s)$ 的阶数为 N 时，$A(s)$ 和 $D(s)$ 的阶数为 $N-1$，$C(s)$ 的阶数为 $N-2$。这与式(7.17)和式(7.19)推导得到的结论是一致的。不同的是，对于全规范型传输函数，$n_{fz}=N$，即 $\varepsilon_R\neq1$。此时多项式 $C(s)$ 的阶数仍为 N。

7.2.1.2 公式

针对式(7.20)进行一些简单的加减运算，可以推导得出如下关系：

$$\begin{aligned} A(s)+B(s)+C(s)+D(s) &= 2E(s) \\ A(s)+B(s)-C(s)-D(s) &= 2F(s)/\varepsilon_R \\ -A(s)+B(s)-C(s)+D(s) &= 2F(s)^*/\varepsilon_R = 2F_{22}(s)/\varepsilon_R, \quad N\text{为偶数} \\ -A(s)+B(s)-C(s)+D(s) &= -2F(s)^*/\varepsilon_R = 2F_{22}(s)/\varepsilon_R, \quad N\text{为奇数} \end{aligned} \quad (7.21)$$

为方便起见，将式(7.1)重列如下：

$$[ABCD] = \frac{1}{\mathrm{j}P(s)/\varepsilon} \begin{bmatrix} A(s) & B(s) \\ C(s) & D(s) \end{bmatrix}$$

其中，

$$S_{11}(s) = \frac{F(s)/\varepsilon_R}{E(s)} = \frac{A(s) + B(s) - C(s) - D(s)}{A(s) + B(s) + C(s) + D(s)}$$

$$S_{22}(s) = \frac{(-1)^N F(s)^*/\varepsilon_R}{E(s)} = \frac{D(s) + B(s) - C(s) - A(s)}{A(s) + B(s) + C(s) + D(s)}$$

$$S_{12}(s) = S_{21}(s) = \frac{P(s)/\varepsilon}{E(s)} = \frac{2P(s)/\varepsilon}{A(s) + B(s) + C(s) + D(s)}$$

综上所述，根据式(7.20)推导多项式 $A(s)$、$B(s)$、$C(s)$ 和 $D(s)$，可以直接使用常数 ε。如果使用多项式 $B(s)$ 的最高阶项的系数 b_N 对所有多项式进行归一化，则需要根据"在任何频率处，$[ABCD]$ 矩阵的行列式为 1"这一性质重新推导常数 ε 如下：

$$A(s)D(s) - B(s)C(s) = -\left[\frac{P(s)}{\varepsilon}\right]^2 \tag{7.22}$$

如果在零频率处计算式(7.22)，则只需要采用多项式的常数项来表示 ε：

$$a_0 d_0 - b_0 c_0 = \left[\frac{p_0}{\varepsilon}\right]^2 \quad 或 \quad \varepsilon = \left|\frac{p_0}{\sqrt{a_0 d_0 - b_0 c_0}}\right| \tag{7.23}$$

正如第 8 章将要介绍的，短路导纳参数(y 参数)可直接应用于滤波器耦合矩阵的综合。这里，运用 $[ABCD] \to [y]$ 参数变换公式[11]求解 y 参数矩阵 $[y]$ 如下：

$$\frac{1}{\mathrm{j}P(s)/\varepsilon} \begin{bmatrix} A(s) & B(s) \\ C(s) & D(s) \end{bmatrix} \Rightarrow \begin{bmatrix} y_{11}(s) & y_{12}(s) \\ y_{21}(s) & y_{22}(s) \end{bmatrix}$$

$$\begin{bmatrix} y_{11}(s) & y_{12}(s) \\ y_{21}(s) & y_{22}(s) \end{bmatrix} = \frac{1}{y_d(s)} \begin{bmatrix} y_{11n}(s) & y_{12n}(s) \\ y_{21n}(s) & y_{22n}(s) \end{bmatrix} = \frac{1}{B(s)} \begin{bmatrix} D(s) & \dfrac{-\Delta_{ABCD}\,\mathrm{j}P(s)}{\varepsilon} \\ \dfrac{-\mathrm{j}P(s)}{\varepsilon} & A(s) \end{bmatrix} \tag{7.24}$$

其中 $y_{ijn}(s)$，$i, j = 1, 2, \cdots$ 为 $y_{ij}(s)$ 的分子多项式，$y_d(s)$ 为它们的公共分母多项式，且 Δ_{ABCD} 为矩阵 $[ABCD]$ 的行列式。对于互易网络，$\Delta_{ABCD} = 1$，因此

$$\begin{aligned} y_d(s) &= B(s) \\ y_{11n}(s) &= D(s) \\ y_{22n}(s) &= A(s) \\ y_{21n}(s) &= y_{12n}(s) = \frac{-\mathrm{j}P(s)}{\varepsilon} \end{aligned} \tag{7.25}$$

以上说明，可根据 $S_{11}(s)$ 和 $S_{21}(s)$ 的系数构建短路导纳参数，这与运用式(7.20)推导得到 $[ABCD]$ 多项式的方法相同(见附录 6A)。同理，运用同样的方法还可以构建开路阻抗参数 z_{ij}。

与 $[ABCD]$ 多项式的形式一样，$y(s)$ 多项式的系数也随着 s 的幂增加，在纯实数和纯虚数之间交替变化，且 $y_d(s)$ 的阶数为 N，$y_{11n}(s)$ 和 $y_{22n}(s)$ 的阶数为 $N-1$，$y_{21n}(s)$ 和 $y_{12n}(s)$ 的阶数为 n_{fz}(有限传输零点数)。下一章将介绍如何利用这些短路导纳参数直接进行耦合矩阵的综合。

7.2.2 单终端滤波器原型的[ABCD]多项式综合

单终端滤波器网络主要是基于极高或极低的源阻抗来设计的。这种滤波器曾用来连接一些具有很高输出阻抗(可以等效为电流源)的电子管放大器,以及一些晶体管放大器。这里讨论的单终端滤波器,其输入端的导纳特性特别有利于第18章[①]将要介绍的邻接多枝节多工器的设计。

图7.6显示了戴维南等效网络的推导过程。该网络的源阻抗为零,负载阻抗为Z_L,负载上的电压v_L[8,18]可以写为

$$v_L = \frac{-y_{12}v_S}{y_{22}} \cdot \frac{Z_L}{(Z_L + 1/y_{22})} \quad (7.26)$$

因此,该网络的电压增益为

$$S_{21}(s) = \frac{P(s)/\varepsilon}{E(s)} = \frac{v_L}{v_S} = \frac{-y_{12}Z_L}{1 + Z_L y_{22}} \quad (7.27)$$

令终端阻抗$Z_L = 1\ \Omega$,并用$y_{12n}(s)/y_d(s)$替代y_{12},用$y_{22n}(s)/y_d(s)$替代y_{22},可以得到

$$\frac{P(s)/\varepsilon}{E(s)} = \frac{-y_{12n}(s)}{y_d(s) + y_{22n}(s)} \quad (7.28)$$

图7.6 单终端滤波器网络

将$E(s)$分解为复奇分量和复偶分量,可以得到

$$E(s) = m_1 + n_1$$

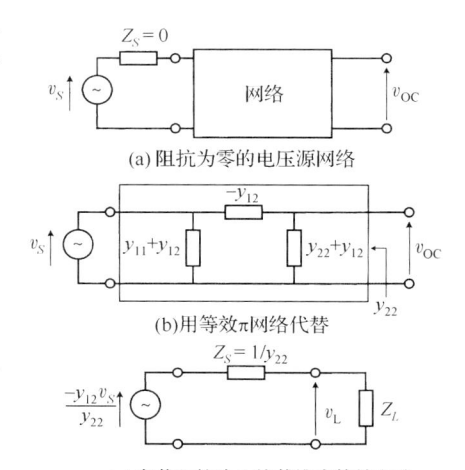

其中,

$$\begin{aligned}
m_1 &= \mathrm{Re}(e_0) + \mathrm{j\,Im}(e_1)s + \mathrm{Re}(e_2)s^2 + \cdots + \mathrm{Re}(e_N)s^N \\
n_1 &= \mathrm{j\,Im}(e_0) + \mathrm{Re}(e_1)s + \mathrm{j\,Im}(e_2)s^2 + \cdots + \mathrm{j\,Im}(e_N)s^N
\end{aligned} \quad (7.29)$$

将式(7.29)代入式(7.28),可得

$$\frac{P(s)/\varepsilon}{m_1 + n_1} = \frac{-y_{12n}(s)}{y_d(s) + y_{22n}(s)} \quad (7.30)$$

将多项式$E(s)$归一化,即其最高阶项的系数$e_N = 1$。同时,已知$y_{12n}(s)$、$y_{22n}(s)$和$y_d(s)$多项式的系数随着s的幂增加,必定在纯实数和纯虚数之间交替变化;并且,多项式$y_d(s)$的阶数比多项式$y_{22n}(s)$的阶数大1。因此有

$$\begin{aligned}
y_d(s) &= m_1, \quad y_{22n}(s) = n_1, \qquad N\text{为偶数} \\
y_d(s) &= n_1, \quad y_{22n}(s) = m_1, \qquad N\text{为奇数} \\
y_{12n}(s) &= y_{21n}(s) = \frac{-\mathrm{j}P(s)}{\varepsilon}, \qquad N\text{为偶数或奇数}
\end{aligned} \quad (7.31)$$

---

① 原著的第18章在中译本《通信系统微波滤波器——设计与应用篇(第二版)》中。——编者注

第 7 章 电路网络综合方法 183

现在，可以根据理想传输函数来表示单终端滤波器网络的多项式 $y_{12n}(s)$、$y_{22n}(s)$ 和 $y_d(s)$。此外，由于 $A(s)=y_{22n}(s)$ 且 $B(s)=y_d(s)$，从而可以导出 $[ABCD]$ 矩阵的多项式 $A(s)$ 和 $B(s)$。

因此，与双终端网络的综合方法类似，多项式 $A(s)$ 和 $B(s)$ 同样可以根据 $E(s)$ 多项式的系数简单地得到。然而，要进行下一步网络的综合，还需要求得多项式 $C(s)$ 和 $D(s)$，这里采用 Levy[13] 提出的方法很容易实现。该方法运用了无源网络的互易性，即对于任意频率变量 s，$[ABCD]$ 矩阵的行列式始终为 1，从而可得

$$A(s)D(s) - B(s)C(s) = -\left(\frac{P(s)}{\varepsilon}\right)^2 \quad (7.32)$$

下面以一个四阶网络为例来说明式(7.32)描述的矩阵多项式的阶数。

在四阶情况下，$P(s)/\varepsilon$ 的阶数为 n_{fz}，等于传输零点数；$A(s)$ 和 $D(s)$ 的阶数为 $N-1=3$；$B(s)$ 的阶数为 $N=4$；$C(s)$ 的阶数为 $N-2=2$。

当 $N=4$ 时，对于全规范型网络 ($n_{fz}=N$)，有矩阵

$$\begin{bmatrix} a_0 & 0 & 0 & 0 & b_0 & 0 & 0 & 0 & 0 \\ a_1 & a_0 & 0 & 0 & b_1 & b_0 & 0 & 0 & 0 \\ a_2 & a_1 & a_0 & 0 & b_2 & b_1 & b_0 & 0 & 0 \\ a_3 & a_2 & a_1 & a_0 & b_3 & b_2 & b_1 & b_0 & 0 \\ 0 & a_3 & a_2 & a_1 & b_4 & b_3 & b_2 & b_1 & b_0 \\ 0 & 0 & a_3 & a_2 & 0 & b_4 & b_3 & b_2 & b_1 \\ 0 & 0 & 0 & a_3 & 0 & 0 & b_4 & b_3 & b_2 \\ 0 & 0 & 0 & 0 & 0 & 0 & 0 & b_4 & b_3 \\ 0 & 0 & 0 & 0 & 0 & 0 & 0 & 0 & b_4 \end{bmatrix} \cdot \begin{bmatrix} d_0 \\ d_1 \\ d_2 \\ d_3 \\ -c_0 \\ -c_1 \\ -c_2 \\ -c_3 \\ -c_4 \end{bmatrix} = \frac{1}{\varepsilon^2} \begin{bmatrix} p_0 \\ p_1 \\ p_2 \\ p_3 \\ \cdots \\ \cdots \\ p_{2n_{fz}} \\ 0 \\ 0 \end{bmatrix} \quad (7.33)$$

其中 $p_i(i=0,1,2,\cdots,2n_{fz})$ 为多项式 $P(s)^2$ 的系数，其个数为 $2n_{fz}+1$。将式(7.33)两边同时右乘最左边含有系数 a_i 和 b_i 的方阵的逆，可以求得多项式 $C(s)$ 和 $D(s)$ 的系数。由于 $y_{11n}(s) = D(s)$，且根据式(7.31)，多项式 $y_{21n}(s)$、$y_{22n}(s)$ 和 $y_d(s)$ 已知，则滤波器网络的导纳矩阵 $[y]$ 也就完全可以确定了。

实际上，全规范型单终端滤波器在设计中极少用到。对于非全规范型网络 ($n_{fz}<N$)，在计算矩阵式(7.33)之前，方阵的最后两行和最后两列，以及两个列向量的最后两行都可以省略。

7.3 梯形网络的综合

7.2 节描述了如何应用理想滤波器函数的特征多项式，推导出 $[ABCD]$ 矩阵和等效导纳矩阵 $[y]$ 的方法。接下来再根据这些矩阵综合出特定的拓扑网络结构，其过程与 7.1 节的类似。

根据式(7.1)，传输函数的 $[ABCD]$ 矩阵表示为

$$[ABCD] = \frac{1}{jP(s)/\varepsilon} \cdot \begin{bmatrix} A(s) & B(s) \\ C(s) & D(s) \end{bmatrix}$$

其中关于频率变量 s 的多项式 $A(s)$、$B(s)$、$C(s)$、$D(s)$ 和 $P(s)$，其系数随着 s 的幂增加，在纯实数和纯虚数之间交替变化。对于传输零点数为 n_{fz} 的 N 阶网络，多项式 $A(s)$ 和 $D(s)$ 的阶数为 $N-1$，$B(s)$ 的阶数为 N，$C(s)$ 的阶数为 $N-2$ [在全规范型网络中，$B(s)$ 和 $C(s)$ 的阶数为

N],$P(s)$的阶数为n_{fz}。当$n_{fz}=0$(全极点网络)时,$p(s)/\varepsilon$的阶数为零(即多项式仅有常数$1/\varepsilon$),这时网络可以当成一个不含交叉耦合的普通梯形网络来综合。若$n_{fz}>0$,则表明存在有限频率位置的传输零点,因此综合得到的网络必定包含交叉耦合(非邻接谐振器之间的耦合),或作用类似的提取极点型耦合。

为了说明网络的综合方法,下面由一个二阶网络开始综合过程(见图7.7)。它不存在交叉耦合,但包含FIR元件。通常,对应着网络中交叉耦合的FIR元件可以实现不对称的滤波器响应曲线。但是,网络在不存在交叉耦合的情况下仍然可以异步调谐或对称共轭调谐,比如第6章介绍的反射零点位于轴外的预失真滤波器示例。总结出的并联耦合变换器的提取方法,还可以用于综合更高级的滤波器网络,实现不对称和线性相位的滤波器特性。

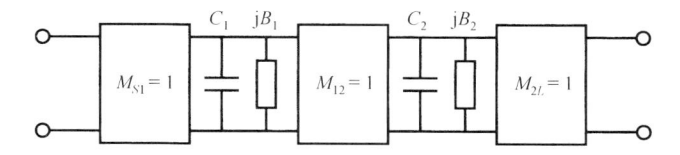

图7.7 包含FIR元件和变换器的二阶梯形网络

根据式(7.15)和式(7.16),构造得到图7.7所示网络的$[ABCD]$矩阵如下:

$$[ABCD] = -\mathrm{j}\begin{bmatrix}(\mathrm{j}B_1+sC_1) & (1-B_1B_2)+\mathrm{j}(B_1C_2+B_2C_1)s+C_1C_2s^2 \\ 1 & (\mathrm{j}B_2+sC_2)\end{bmatrix} \quad (7.34)$$

元件的提取过程与使用单个梯形网络元件构建$[ABCD]$矩阵的过程正好相反,需要预先给定元件的类型和阶数。每个基本元件的提取,都需要将整个$[ABCD]$矩阵左乘这个被提取元件的$[ABCD]$逆矩阵,余下的矩阵由一个剩余矩阵与一个可忽略的单位矩阵级联构成。随频率变化的串联和并联元件的提取过程参见7.1节。

在本例中,首先提取的元件为不随频率变化的导纳变换器,其值为$J=M_{S1}=1$(见图7.8)。

$$[ABCD] = \begin{bmatrix}0 & \mathrm{j}/J \\ \mathrm{j}J & 0\end{bmatrix}$$

$$\text{逆矩阵:}\quad \begin{bmatrix}0 & -\mathrm{j}/J \\ -\mathrm{j}J & 0\end{bmatrix} = -\mathrm{j}\begin{bmatrix}0 & 1/J \\ J & 0\end{bmatrix} \quad (7.35)$$

将整个$[ABCD]$矩阵[见式(7.34)]左乘一个单位变换器$J=1$,可得

$$\begin{bmatrix}A(s) & B(s) \\ C(s) & D(s)\end{bmatrix}_{\text{rem}} = -\mathrm{j}\begin{bmatrix}0 & 1 \\ 1 & 0\end{bmatrix}\cdot(-\mathrm{j})\begin{bmatrix}A(s) & B(s) \\ C(s) & D(s)\end{bmatrix} = -\begin{bmatrix}C(s) & D(s) \\ A(s) & B(s)\end{bmatrix}$$

$$= -\begin{bmatrix}1 & (\mathrm{j}B_2+sC_2) \\ (\mathrm{j}B_1+sC_1) & (1-B_1B_2)+\mathrm{j}(B_1C_2+B_2C_1)s+C_1C_2s^2\end{bmatrix} \quad (7.36)$$

提取单位变换器的影响相当于将$[ABCD]$矩阵的上下两行元素互换。若终端阻抗为1,则网络的输入导纳给定为

$$Y_{\text{in}} = \frac{C(s)+D(s)}{A(s)+B(s)} \quad (7.37)$$

提取变换器实际上也就是求输入导纳的倒数:

$$Y_{\text{in(rem)}} = \frac{1}{Y_{\text{in}}} \tag{7.38}$$

接下来提取的元件是网络中的并联电容 C_1。首先提取随频率变化的元件，然后提取不随频率变化的元件。此时多项式 $D(s)$ 的阶数比多项式 $B(s)$ 的阶数大 1，且 $C(s)$ 的阶数比 $A(s)$ 的阶数大 1。

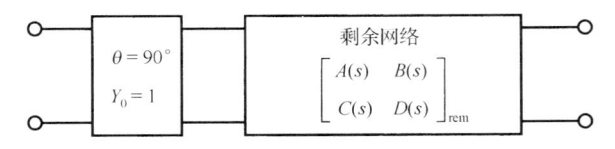

图 7.8 导纳变换器的提取

短路导纳参数 y_{11} 计算如下：

$$y_{11} = \frac{D(s)}{B(s)} = \frac{(1 - B_1 B_2) + \text{j}(B_1 C_2 + B_2 C_1)s + C_1 C_2 s^2}{(\text{j}B_2 + sC_2)} \tag{7.39}$$

其中，分子多项式的阶数比分母多项式的阶数大 1，表明下一个需要提取的元件必定是随频率变化的。在确定元件值之前，需要在式(7.39)的两边同时除以 s，且当 $s \to \text{j}\infty$ 时计算可得

$$\left.\frac{y_{11}}{s}\right|_{s\to\text{j}\infty} = \left.\frac{D(s)}{sB(s)}\right|_{s\to\text{j}\infty} = C_1 \tag{7.40a}$$

所以，$y_{11} = sC_1$，表明 C_1 是随频率变化的导纳元件。另外，用开路导纳 z_{11} 可表示为

$$z_{11} = \frac{A(s)}{C(s)} = \frac{1}{(\text{j}B_1 + sC_1)}$$

在等式两边同时乘以 s，且令 $s = \text{j}\infty$，可得

$$sz_{11}|_{s\to\text{j}\infty} = \left.\frac{sA(s)}{C(s)}\right|_{s\to\text{j}\infty} = \frac{1}{C_1}, \quad \text{或} z_{11} = 1/sC_1 \tag{7.40b}$$

并联电容值 C_1 确定以后，现在可以从矩阵式(7.36)中提取元件如下：

$$\begin{bmatrix} A(s) & B(s) \\ C(s) & D(s) \end{bmatrix}_{\text{rem}} = -\begin{bmatrix} 1 & 0 \\ -sC_1 & 1 \end{bmatrix} \cdot \begin{bmatrix} 1 & (\text{j}B_2 + sC_2) \\ (\text{j}B_1 + sC_1) & (1 - B_1 B_2) + \text{j}(B_1 C_2 + B_2 C_1)s + C_1 C_2 s^2 \end{bmatrix}$$

$$\begin{bmatrix} A(s) & B(s) \\ C(s) & D(s) \end{bmatrix}_{\text{rem}} = -\begin{bmatrix} 1 & (\text{j}B_2 + sC_2) \\ \text{j}B_1 & (1 - B_1 B_2) + \text{j}sB_1 C_2 \end{bmatrix} \tag{7.41}$$

注意，在剩余矩阵中，$C(s)$ 和 $D(s)$ 的阶数都减少了 1，而 $A(s)$ 和 $B(s)$ 的阶数没有变化，表明下一个提取的元件是不随频率变化的。此外，剩余矩阵中不包含元件 C_1，表明并联电容 C_1 已成功提取。

此时，不随频率变化的元件在提取过程中无须乘以或除以 s，只需再次令 $s = \text{j}\infty$，可得

$$\begin{aligned} y_{11}|_{s\to\text{j}\infty} &= \left.\frac{D(s)}{B(s)}\right|_{s\to\text{j}\infty} = \left.\frac{(1 - B_1 B_2) + \text{j}sB_1 C_2}{(\text{j}B_2 + sC_2)}\right|_{s\to\text{j}\infty} = \text{j}B_1 \\ z_{11}|_{s\to\text{j}\infty} &= \left.\frac{A(s)}{C(s)}\right|_{s\to\text{j}\infty} = \frac{1}{\text{j}B_1} \end{aligned} \tag{7.42}$$

现在，从式(7.40)的矩阵中提取出不随频率变化的并联电纳元件为

$$\begin{bmatrix} A(s) & B(s) \\ C(s) & D(s) \end{bmatrix}_{\text{rem}} = -\begin{bmatrix} 1 & 0 \\ -jB_1 & 1 \end{bmatrix} \cdot \begin{bmatrix} 1 & (jB_2 + sC_2) \\ jB_1 & (1-B_1B_2) + jsB_1C_2 \end{bmatrix} = -\begin{bmatrix} 1 & (jB_2 + sC_2) \\ 0 & 1 \end{bmatrix} \quad (7.43)$$

类似地，$C(s)$和$D(s)$的阶数又减了1，且剩余矩阵中不再包含元件jB_1，表明元件提取成功。

下一个需要提取的元件为另一个网络中级联的单位导纳变换器，其提取过程如上所示。余下的剩余矩阵为

$$\begin{bmatrix} A(s) & B(s) \\ C(s) & D(s) \end{bmatrix}_{\text{rem}} = j\begin{bmatrix} 0 & 1 \\ 1 & (jB_2 + sC_2) \end{bmatrix} \quad (7.44)$$

此时，可以运用与C_1和jB_1相同的提取方法来得到元件C_2和jB_2。由于多项式$C(s)$和$D(s)$的阶数分别比$A(s)$和$B(s)$大1，则表明下一个需要提取的是随频率变化的元件C_2，紧接着是不随频率变化的电纳元件jB_2。依照与前面一样的提取方法，元件C_2和jB_2提取后的剩余矩阵为

$$\begin{bmatrix} A(s) & B(s) \\ C(s) & D(s) \end{bmatrix}_{\text{rem}} = j\begin{bmatrix} 1 & 0 \\ -jB_2 - sC_2 & 1 \end{bmatrix}\begin{bmatrix} 0 & 1 \\ 1 & (jB_2 + sC_2) \end{bmatrix} = j\begin{bmatrix} 0 & 1 \\ 1 & 0 \end{bmatrix} \quad (7.45)$$

即网络最后简化成一个变换器。

至此整个电路的综合过程结束，且多项式$A(s)$、$B(s)$、$C(s)$和$D(s)$退化为零或常数。在综合过程中，随着多项式阶数的递减，梯形网络的元件依次构建得到。

但是，上述综合过程并没有考虑到多项式$P(s)$的影响。在[$ABCD$]矩阵中，$P(s)$为公共分母。对于全极点传输函数，$P(s)$多项式为常数(等于$1/\varepsilon$)，表明在复平面内不存在有限频率位置的传输零点，因此也就不存在交叉耦合(非邻接谐振器之间的耦合)。当复平面内的有限频率位置处(一般位于虚轴上，或关于虚轴对称且成对出现)出现传输零点时，多项式$P(s)$的阶数不为零，且等于传输零点数n_{fz}。为了将多项式$P(s)$[与$A(s)$、$B(s)$、$C(s)$和$D(s)$多项式一起]化简为常数，需要在综合的适当过程中提取出并联耦合变换器(Parallel Coupled Inverter，PCI)。下面以一个四阶(4-2)不对称滤波器为例说明该综合过程，该例在第6章中曾用于切比雪夫传输函数多项式$S_{21}(s)$和$S_{11}(s)$的综合。由于提取多项式电路元件的顺序非常重要，所以在提取过程中必须遵循提取次序规则。

7.3.1 并联耦合变换器的提取过程

如图7.9所示，需要提取的并联耦合变换器位于二端口网络的输入端和输出端之间，提取后的剩余矩阵还可以进行其他并联耦合变换器的提取。

初始[$ABCD$]矩阵形式如式(7.1)所示。其中，多项式$P(s)$的阶数不为零(即包含传输零点)。如果$P(s)$的阶数比初始网络或变换器提取后的剩余网络的阶数少，则提取出的并联耦合变换器的特征导纳$J=0$。注意，多项式$P(s)$也乘以了j，从而使得交叉耦合元件可以当成90°变换器(变压器)来提取。当$N-n_{fz}$为偶数时，$P(s)$需要再次乘以j。

7.3.2 并联导纳变换的提取过程

初始[$ABCD$]矩阵为

$$[ABCD] = \frac{1}{jP(s)/\varepsilon} \cdot \begin{bmatrix} A(s) & B(s) \\ C(s) & D(s) \end{bmatrix} \quad (7.46)$$

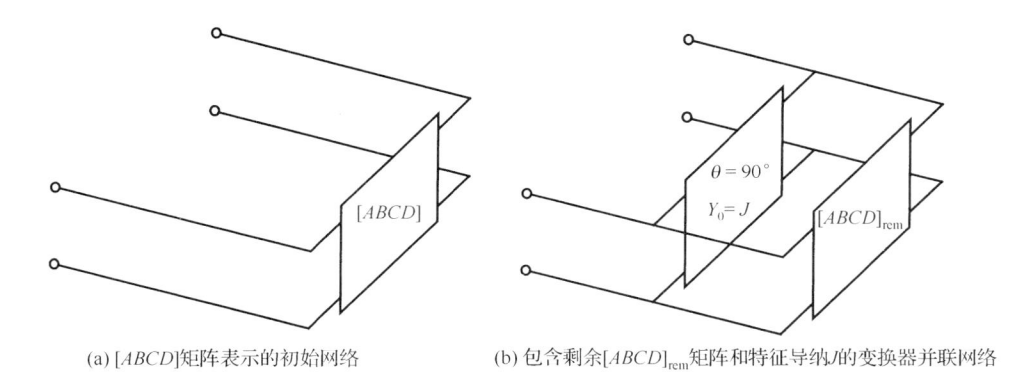

(a) [ABCD]矩阵表示的初始网络　　　　(b) 包含剩余[ABCD]$_{\text{rem}}$矩阵和特征导纳J的变换器并联网络

图 7.9　并联耦合变换器的提取

其等效 y 矩阵为

$$[y] = \begin{bmatrix} y_{11} & y_{12} \\ y_{21} & y_{22} \end{bmatrix} = \frac{1}{B(s)} \cdot \begin{bmatrix} D(s) & \dfrac{-\mathrm{j}P(s)}{\varepsilon} \\ \dfrac{-\mathrm{j}P(s)}{\varepsilon} & A(s) \end{bmatrix} \quad (7.47)$$

并联导纳变换器 J 的 $[ABCD]$ 矩阵为

$$[ABCD]_{\text{inv}} = \begin{bmatrix} 0 & \dfrac{\mathrm{j}}{J} \\ \mathrm{j}J & 0 \end{bmatrix} \quad (7.48)$$

其等效 y 矩阵为

$$[y]_{\text{inv}} = \begin{bmatrix} 0 & \mathrm{j}J \\ \mathrm{j}J & 0 \end{bmatrix} \quad (7.49)$$

总矩阵 $[y]$ 可视为变换器的导纳矩阵与变换器提取后的网络剩余导纳矩阵 $[y]_{\text{rem}}$ 之和：

$$[y] = [y]_{\text{inv}} + [y]_{\text{rem}} \quad (7.50)$$

因此

$$\begin{aligned} [y]_{\text{rem}} &= [y] - [y]_{\text{inv}} = \frac{1}{B(s)} \cdot \begin{bmatrix} D(s) & \dfrac{-\mathrm{j}P(s)}{\varepsilon} \\ \dfrac{-\mathrm{j}P(s)}{\varepsilon} & A(s) \end{bmatrix} - \begin{bmatrix} 0 & \mathrm{j}J \\ \mathrm{j}J & 0 \end{bmatrix} \\ &= \frac{1}{B(s)} \cdot \begin{bmatrix} D(s) & -\mathrm{j}\left(\dfrac{P(s)}{\varepsilon} + JB(s)\right) \\ -\mathrm{j}\left(\dfrac{P(s)}{\varepsilon} + JB(s)\right) & A(s) \end{bmatrix} \end{aligned} \quad (7.51)$$

重新变换为 $[ABCD]$ 矩阵，可得

$$[ABCD]_{\text{rem}} = \frac{1}{\mathrm{j}P_{\text{rem}}(s)} \cdot \begin{bmatrix} A_{\text{rem}}(s) & B_{\text{rem}}(s) \\ C_{\text{rem}}(s) & D_{\text{rem}}(s) \end{bmatrix} = \frac{-1}{y_{21\text{rem}}} \cdot \begin{bmatrix} y_{22\text{rem}} & 1 \\ \Delta_{y\text{rem}} & y_{11\text{rem}} \end{bmatrix} \quad (7.52)$$

所以

$$A_{\text{rem}}(s) = \frac{-y_{22\text{rem}}}{y_{21\text{rem}}} = \frac{A(s)}{\mathrm{j}(P(s)/\varepsilon + JB(s))} \quad (7.53\text{a})$$

$$B_{\text{rem}}(s) = \frac{-1}{y_{21\text{rem}}} = \frac{B(s)}{\text{j}(P(s)/\varepsilon + JB(s))}$$

$$C_{\text{rem}}(s) = \frac{-\Delta_{\text{yrem}}}{y_{21\text{rem}}} = \frac{1}{B(s)} \cdot \frac{(A(s)D(s) + (P(s)/\varepsilon + JB(s))^2)}{\text{j}(P(s)/\varepsilon + JB(s))} \quad (7.53\text{b})$$

$$= \frac{A(s)D(s) + (P(s)/\varepsilon)^2 + 2JB(s)P(s)/\varepsilon + (JB(s))^2}{\text{j}B(s)(P(s)/\varepsilon + JB(s))}$$

由于 $A(s)D(s) - B(s)C(s) = -(P(s)/\varepsilon)^2$，使得

$$C_{\text{rem}}(s) = \frac{B(s)C(s) + 2JB(s)P(s)/\varepsilon + (JB(s))^2}{\text{j}B(s)(P(s)/\varepsilon + JB(s))} = \frac{C(s) + 2JP(s)/\varepsilon + J^2B(s)}{\text{j}(P(s)/\varepsilon + JB(s))} \quad (7.53\text{c})$$

最后

$$D_{\text{rem}}(s) = \frac{-y_{11\text{rem}}}{y_{21\text{rem}}} = \frac{D(s)}{\text{j}(P(s)/\varepsilon + JB(s))} \quad (7.53\text{d})$$

因此，剩余 $[ABCD]$ 矩阵可以写成如下形式：

$$[ABCD]_{\text{rem}} = \frac{1}{\text{j}P_{\text{rem}}(s)/\varepsilon} \cdot \begin{bmatrix} A_{\text{rem}}(s) & B_{\text{rem}}(s) \\ C_{\text{rem}}(s) & D_{\text{rem}}(s) \end{bmatrix}$$

$$= \frac{1}{\text{j}(P(s)/\varepsilon + JB(s))} \cdot \begin{bmatrix} A(s) & B(s) \\ C(s) + 2JP(s)/\varepsilon + J^2B(s) & D(s) \end{bmatrix} \quad (7.54)$$

此时，剩余 $[ABCD]$ 矩阵，即 $[ABCD]_{\text{rem}}$ 包含初始矩阵元件和并联变换器 J 的参数。由于提取变换器后 J 的值已知，则剩余矩阵 $[ABCD]_{\text{rem}}$ 的分母多项式 $P_{\text{rem}}(s)$ 的阶数必须比初始 $[ABCD]$ 矩阵多项式 $P(s)/\varepsilon$ 的阶数少 1。

为了使提取的变换器的值不为零，多项式 $P(s)$ 和 $B(s)$ 都应为 N 阶，其系数展开如下：

$$\frac{P(s)}{\varepsilon} = p_0 + p_1 s + p_2 s^2 + \cdots + p_n s^n \quad (7.55\text{a})$$

$$B(s) = b_0 + b_1 s + b_2 s^2 + \cdots + b_n s^n \quad (7.55\text{b})$$

所以 $\text{j}P_{\text{rem}}(s)/\varepsilon = \text{j}(P(s)/\varepsilon + JB(s))$，则 $P_{\text{rem}}(s)/\varepsilon$ 的最高阶项的系数计算如下：

$$\text{j}p_{n\text{rem}} = \text{j}(p_n + Jb_n) = 0, \quad 若(p_n + Jb_n) = 0, \quad 即 J = \frac{-p_n}{b_n} \quad (7.56)$$

由于变换器 J 的值已知，剩余矩阵的多项式可以确定为

$$A_{\text{rem}}(s) = A(s), \qquad C_{\text{rem}}(s) = C(s) + \frac{2JP(s)}{\varepsilon} + J^2 B(s)$$

$$B_{\text{rem}}(s) = B(s), \qquad D_{\text{rem}}(s) = D(s) \quad (7.57)$$

$$\frac{P_{\text{rem}}(s)}{\varepsilon} = \frac{P(s)}{\varepsilon} + JB(s)$$

显然，只有多项式 $P(s)$（阶数少 1）和多项式 $C(s)$ 在提取之后产生了变化。当综合过程结束后，$P(s)$ 多项式的阶数将退化为零，即多项式为一个常数。

7.3.3 原型网络的主要元件汇总

图 7.10 总结了综合并联谐振器交叉耦合网络用到的主要元件，以及根据多项式 $A(s)$、$B(s)$、$C(s)$、$D(s)$ 和 $P(s)$ 准确确定元件值，利用这些多项式获得剩余多项式的运算公式。

$$A_{\text{rem}}(s) = A(s)\cos\phi - jC(s)\sin\phi/Y_0$$
$$B_{\text{rem}}(s) = B(s)\cos\phi - jD(s)\sin\phi/Y_0$$
$$C_{\text{rem}}(s) = C(s)\cos\phi - jA(s)Y_0\sin\phi$$
$$D_{\text{rem}}(s) = D(s)\cos\phi - jB(s)Y_0\sin\phi$$
$$P_{\text{rem}}(s) = P(s)$$

当 $\phi = \pi/2$ 且 $Y_0 = 1$ 时（一个单位变换器）可简化为

$$A_{\text{rem}}(s) = -jC(s)$$
$$B_{\text{rem}}(s) = -jD(s)$$
$$C_{\text{rem}}(s) = -jA(s)$$
$$D_{\text{rem}}(s) = -jB(s)$$
$$P_{\text{rem}}(s) = P(s)$$

(a) 传输线网络及单位变换器特例 ($Y_0 = 1$, $\phi = \pi/2$)

$$C_i = \left.\frac{D(s)}{sB(s)}\right|_{s=j\infty} = \left.\frac{C(s)}{sA(s)}\right|_{s=j\infty}$$
$$A_{\text{rem}}(s) = A(s)$$
$$B_{\text{rem}}(s) = B(s)$$
$$C_{\text{rem}}(s) = C(s) - sC_i A(s)$$
$$D_{\text{rem}}(s) = D(s) - sC_i B(s)$$
$$P_{\text{rem}}(s) = P(s)$$

(b) 随频率变化的并联电容

$$B_i = \left.\frac{D(s)}{B(s)}\right|_{s=j\infty} = \left.\frac{C(s)}{A(s)}\right|_{s=j\infty}$$
$$A_{\text{rem}}(s) = A(s)$$
$$B_{\text{rem}}(s) = B(s)$$
$$C_{\text{rem}}(s) = C(s) - B_i A(s)$$
$$D_{\text{rem}}(s) = D(s) - B_i B(s)$$
$$P_{\text{rem}}(s) = P(s)$$

(c) 不随频率变化的并联电容

$$M_{ij} = -\left.\frac{P(s)}{B(s)}\right|_{s=j\infty}$$
$$A_{\text{rem}}(s) = A(s)$$
$$B_{\text{rem}}(s) = B(s)$$
$$P_{\text{rem}}(s)/\varepsilon = P(s)/\varepsilon + M_{ij}B(s)$$
$$C_{\text{rem}}(s) = C(s) + 2M_{ij}P(s)/\varepsilon + M_{ij}^2 B(s)$$
$$D_{\text{rem}}(s) = D(s)$$

(d) 并联交叉耦合变换器

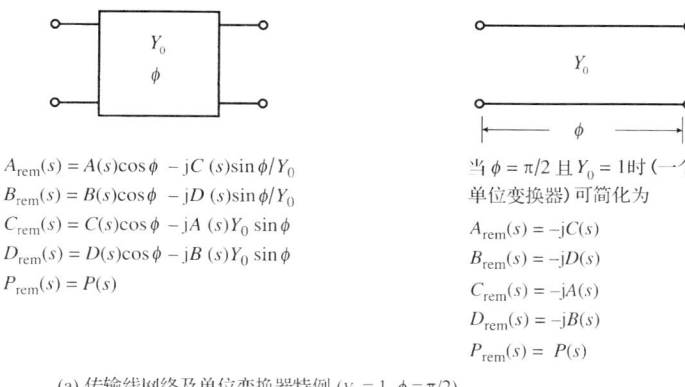

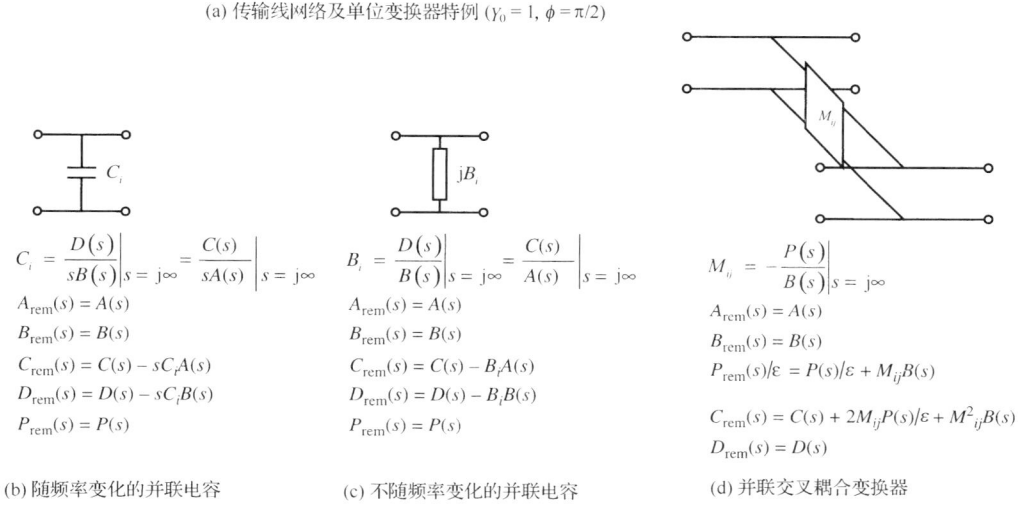

图 7.10 交叉耦合矩阵元件的提取公式

7.4 (4-2)不对称滤波器网络综合示例

下面的示例主要用于阐明网络综合过程中需要遵循的一些规则[19]：

- 提取过程只能从源或负载终端开始；
- 提取过程是由初始矩阵开始的，根据前一步产生的剩余[ABCD]矩阵展开进行；
- 当存在交叉耦合时，只能使用 $D(s)/B(s)$ 形式计算出并联元件对 $sC + jB$ 的值；
- 提取并联元件对 $sC + jB$ 时，首先提取 C；
- 提取并联变换器（交叉耦合）时，首先提取端接的 $sC + jB$；
- 全规范型网络中首先提取源和负载之间的并联变换器；
- 最后提取的元件必定是并联变换器。

当提取过程结束后，多项式 $A(s)$、$C(s)$、$D(s)$ 和 $P(s)$ 均为零，而 $B(s)$ 为常数。

下面将以一个(4-2)不对称原型滤波器为例来说明整个电路的综合过程(见图 7.11)，该例在第 6 章中用于函数 $S_{21}(s)$ 和 $S_{11}(s)$ 的推导。该网络为折叠形拓扑结构，包含两个交叉耦合：一个是对角耦合的，一个是直线耦合的。由于原型响应的不对称，网络中的并联 FIR 元件不为零。

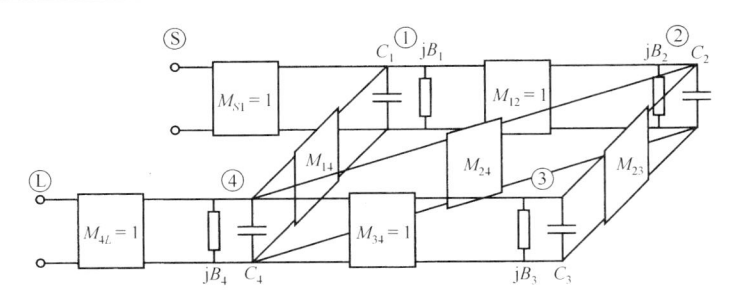

图 7.11　(4-2)不对称原型折叠形交叉耦合网络

第 6 章已推导出这个(4-2)不对称原型滤波器与有理函数 $S_{21}(s)$ 和 $S_{11}(s)$ 的零点对应的多项式 $E(s)$、$F(s)$ 和 $P(s)$，其系数如下所示。

$s^i, i =$	$E(s)$	$F(s)/\varepsilon_R$	$P(s)$
0	$-0.1268 - j2.0658$	$+0.0208$	$+2.3899$
1	$+2.4874 - j3.6255$	$-j0.5432$	$+j3.1299$
2	$+3.6706 - j2.1950$	$+0.7869$	-1.0
3	$+2.4015 - j0.7591$	-0.7591	—
4	$+1.0$	$+1.0$	—
		$\varepsilon_R = 1.0$	$\varepsilon = 1.1548$

注意，这里多项式 $P(s)$ 乘以了 j 两次，一次是由于 $N - n_{fz}$ 为偶数，另一次是为了提取出交叉耦合变换器。由于多项式 $E(s)$、$F(s)$ 和 $P(s)$ 的系数已知，可以运用式(7.20)、式(7.29)和式(7.31)来构建多项式 $A(s)$、$B(s)$、$C(s)$ 和 $D(s)$，如下所示。

$s^i, i =$	$A(s)$	$B(s)$	$C(s)$	$D(s)$	$P(s)/\varepsilon$
0	$-j2.0658$	-0.1059	-0.1476	$-j2.0658$	$+2.0696$
1	$+2.4874$	$-j4.1687$	$-j3.0823$	$+2.4874$	$+j2.7104$
2	$-j2.1950$	$+4.4575$	$+2.8836$	$-j2.1950$	-0.8660
3	$+2.4015$	$-j1.5183$	—	$+2.4015$	—
4	—	$+2.0$	—	—	—

首先从提取源端的输入耦合变换器开始网络综合：

提取次序	提取元件	工作节点
1	串联单位变换器 M_{S1}	S

提取单位变换器等效于将矩阵中的多项式 $B(s)$ 和 $D(s)$ 互换，将 $A(s)$ 和 $C(s)$ 互换，并且都需要与 $-j$ 相乘[见图 7.10(a)]，如下所示。

$s^i, i =$	$A(s)$	$B(s)$	$C(s)$	$D(s)$	$P(s)/\varepsilon$
0	$+j0.1476$	-2.0658	-2.0658	$+j0.1059$	$+2.0696$
1	-3.0823	$-j2.4874$	$-j2.4874$	-4.1687	$+j2.7104$
2	$-j2.8836$	-2.1950	-2.1950	$-j4.4575$	-0.8660
3	—	$-j2.4015$	$-j2.4015$	-1.5183	—
4	—	—	—	$-j2.0$	—

现在，可以依次提取出节点 1 处随频率变化的电容 C_1 和 FIR 元件 jB_1：

提取次序	提取元件	工作节点
2	电容 C_1	1
3	电抗 jB_1	1

根据下式计算 C_1：

$$C_1 = \frac{D(s)}{sB(s)}\bigg|_{s=j\infty} = 0.8328$$

提取出 C_1 后的矩阵系数如下所示。

$s^i, i=$	$A(s)$	$B(s)$	$C(s)$	$D(s)$	$P(s)/\varepsilon$
0	+j0.1476	-2.0658	-2.0658	+j0.1059	+2.0696
1	-3.0823	-j2.4874	-j2.6103	-2.4482	+j2.7104
2	-j2.8836	-2.1950	+0.3720	-j2.3860	-0.8660
3	—	-j2.4015	—	+0.3098	—
4	—	—	—	—	—

根据下式计算 jB_1：

$$B_1 = \frac{D(s)}{B(s)}\bigg|_{s=j\infty} = j0.1290$$

提取出 jB_1 后的矩阵系数如下所示。

$s^i, i=$	$A(s)$	$B(s)$	$C(s)$	$D(s)$	$P(s)/\varepsilon$
0	+j0.1476	-2.0658	-2.0468	+j0.3724	+2.0696
1	-3.0823	-j2.4874	-j2.2127	-2.7691	+j2.7104
2	-j2.8836	-2.1950	—	-j2.1028	-0.8660
3	—	-j2.4015	—	—	—
4	—	—	—	—	—

完成了节点 1 位置的元件 C_1 和 jB_1 提取后（见图 7.10），在两个终端之间出现了一个交叉耦合变换器 M_{14}。为了便于从网络另一端开始提取，需要将网络反向［多项式 $A(s)$ 和 $D(s)$ 互换］。然后，提取出串联单位变换器 M_{4L}，接着再提取出电容-电抗对 C_4+jB_4。与提取次序 1~3 过程相同，可以得出 $C_4=0.8328$ 且 $B_4=0.1290$（与 C_1 和 B_1 的值相同）。

提取次序	提取元件	工作节点
网络反向	—	—
4	串联单位变换器 M_{4L}	L
5	电容 C_4	L
6	电抗 jB_4	L

完成以上元件提取后，剩余多项式的系数如下所示。

$s^i, i=$	$A(s)$	$B(s)$	$C(s)$	$D(s)$	$P(s)/\varepsilon$
0	+j2.0468	+0.1476	+0.6364	+j2.0468	+2.0696
1	-2.2127	+j3.0823	+j1.3499	-2.2127	+j2.7104
2	—	-2.8836	-0.2601	—	-0.8660
3	—	—	—	—	—
4	—	—	—	—	—

由上表可以看出，现在多项式 $P(s)$ 与 $B(s)$ 的阶数相同，这表示可以针对交叉耦合变换器 M_{14} 进行提取，如下所示。

提取次序	提取元件	工作节点
7	并联变换器 M_{14}	1, 4

根据式(7.56)计算 M_{14}，可得

$$M_{14} = \left.\frac{-P(s)}{\varepsilon B(s)}\right|_{s=j\infty} = -0.3003$$

然后运用式(7.57)进行提取，得到的剩余多项式如下表所示。注意，在交叉耦合变换器提取过程中，只有多项式 $C(s)$ 和 $P(s)$ 发生了变化。

s^i, $i=$	$A(s)$	$B(s)$	$C(s)$	$D(s)$	$P(s)/\varepsilon$
0	+j2.0468	+0.1476	-0.5933	+j2.0468	+2.0253
1	-2.2127	+j3.0823	—	-2.2127	+j1.7848
2	—	-2.8836	—	—	—
3	—	—	—	—	—
4	—	—	—	—	—

接下来，将提取对角线上的交叉耦合变换器 M_{24}。在此之前，先要完成与节点 2 连接的其他元件的提取。将网络反向并提取出串联单位变换器 M_{12}，然后再提取出电容/电抗对 $C_2 + jB_2$。与上面提取 M_{14} 的过程一样，现在可以对 M_{24} 进行提取，如下所示。

提取次序	提取元件	工作节点
网络反向	—	
8	串联单位变换器 M_{12}	1
9	电容 C_2	2
10	电抗 jB_2	2
11	并联变换器 M_{24}	2, 4

由此可得 $C_2 = 1.3032$ 和 $B_2 = -0.1875$，随即可计算出 $M_{24} = -0.8066$。提取后的多项式的系数如下所示。

s^i, $i=$	$A(s)$	$B(s)$	$C(s)$	$D(s)$	$P(s)/\varepsilon$
0	+j0.5933	+2.0468	—	+j0.2362	+0.3744
1	—	+j2.2127	—	—	—
2	—	—	—	—	—
3	—	—	—	—	—
4	—	—	—	—	—

最后，提取与节点 2 连接的交叉耦合变换器 M_{23}（实际上 M_{23} 为主耦合变换器，但由于这是最后一个变换器，可视为交叉耦合）。与提取次序 8~11 相似，将网络反向，提取出与节点 3 连接的单位变换器 M_{34} 和电容/电抗对 $C_3 + jB_3$。因此，我们只需要在与节点 3 相连的其他节点开始提取过程。

提取次序	提取元件	工作节点
网络反向	—	
12	串联单位变换器 M_{34}	4
13	电容 C_3	3
14	电抗 jB_3	3
15	并联变换器 M_{23}	2, 3

由此得到 $C_3 = 3.7296$，$B_3 = -3.4499$ 且 $M_{23} = -0.6310$。完成以上元件提取后，在剩余多项式中，除了 $B(s) = 0.5933$ 为常数，其他的多项式系数都为零。至此整个综合过程结束，提取得到的所有 15 个元件值如下：

$$C_1 + \mathrm{j}B_1 = 0.8328 + \mathrm{j}0.1290, \quad M_{S1} = 1.0000, \quad M_{14} = -0.3003$$
$$C_2 + \mathrm{j}B_2 = 1.3032 - \mathrm{j}0.1875, \quad M_{12} = 1.0000, \quad M_{24} = -0.8066$$
$$C_3 + \mathrm{j}B_3 = 3.7296 - \mathrm{j}3.4499, \quad M_{34} = 1.0000, \quad M_{23} = -0.6310$$
$$C_4 + \mathrm{j}B_4 = 0.8328 + \mathrm{j}0.1290, \quad M_{4L} = 1.0000$$

7.4.1 谐振器节点变换

对于一般全规范低通原型网络，运用电路元件提取方法综合后，网络主要由 N 个并联电容组成。每个电容与一个 FIR 元件并联组成一个节点，各个节点之间按数字次序排列的电容/FIR 节点通过 90°变换器（主线耦合）耦合连接。如果滤波器的传输函数包含有限传输零点，则会出现非相邻节点之间的交叉耦合。另外，在输入端（源）与第一个节点，及最后一个节点与输出端（负载）之间会存在两个以上的变换器。在某些情况下，其他的内部节点也可能与源和负载端产生耦合。对于全规范型传输函数（有限零点数与阶数相同），源和负载端之间将产生直接变换器耦合。在实际的带通滤波器结构中，电容/FIR 对将变成谐振器。如果 FIR 元件不为零，则其谐振频率相对于带通滤波器的中心频率产生偏移（或异步调谐），而变换器将变为输入和输出端或谐振器之间的耦合元件，比如膜片、探针和耦合环。

当谐振节点被变换器包围时，可以通过改变变换器的特征阻抗，对该谐振节点的阻抗进行任意比例的调整。实质上，这与利用变压器对网络进行阻抗匹配的原理是一样的。

对图 7.10 所示的网络，经过每个变换器的能量使用耦合系数 k_{ij} 可以表示为

$$k_{ij} = \frac{M_{ij}}{\sqrt{C_i \cdot C_j}} \tag{7.58}$$

其中 M_{ij} 为第 i 个节点和第 j 个节点之间耦合变换器的特征阻抗。对于给定的传输函数，k_{ij} 在电路中必须为常数。因此，M_{ij} 及 C_i 和 C_j 可以变换为新的值 M'_{ij} 及 C'_i 和 C'_j，并满足如下关系：

$$k_{ij} = \frac{M_{ij}}{\sqrt{C_i \cdot C_j}} = \frac{M'_{ij}}{\sqrt{C'_i \cdot C'_j}} \tag{7.59}$$

因此，对于给定拓扑结构的网络，将有无穷个 M'_{ij} 及 C'_i 和 C'_j 可供选择。根据式(7.59)不难发现，不同的组合将会产生与初值 M_{ij} 及 C_i 和 C_j 相同的电气性能。

本章运用了以下两条准则：

- 所有的主耦合变换器 M_{ij} 变换为 1，而相应的并联电容 C_i（大多数情况下还包括终端导纳 G_L）不为 1。利用这种形式直接导出的梯形网络低通原型，常用于经典的滤波器电路设计。
- 所有谐振器节点上的并联电容变换为 1，而耦合变换器不为 1。这种形式主要有利于构造耦合矩阵，下一章将对此进行讨论。针对 7.3 节推导出的(4-2)型不对称示例的元件值应用变换公式，得到的变换器元件值不为 1。注意，C'_i 的值变换为 1。由于终端导纳 G'_S 和 G'_L 也变换为 1，因此这时的变换器元件值可以直接用于耦合矩阵中。

$$C_1' = 1.0, \qquad B_1' = M_{11}' = B_1/C_1 = +0.1549, \qquad M_{12}' = 0.9599, \qquad G_S' = 1.0$$
$$C_2' = 1.0, \qquad B_2' = M_{22}' = B_2/C_2 = -0.1439, \qquad M_{23}' = 0.2862, \qquad G_L' = 1.0$$
$$C_3' = 1.0, \qquad B_3' = M_{33}' = B_3/C_3 = -0.9250, \qquad M_{34}' = 0.5674,$$
$$C_4' = 1.0, \qquad B_4' = M_{44}' = B_4/C_4 = +0.1549, \qquad M_{14}' = 0.3606, \qquad M_{S1}' = 1.0958$$
$$\qquad\qquad\qquad\qquad\qquad\qquad\qquad\qquad\qquad\qquad\qquad M_{24}' = 0.7742, \qquad M_{4L}' = 1.0958$$

7.4.2 变换器归一化

图 7.12 描述了一个典型的低通原型网络(不含交叉耦合),该网络包含源和负载导纳、并联电容 C_i,以及主耦合变换器 M_{ij}。一般情况下,这些元件的值都不为 1。为了将变换器归一化,需要从源端开始进行变换。运用式(7.59)将源端的第一个变换器 M_{S1} 变换为 1,即 $M_{S1}' = 1$,则有

$$\frac{M_{S1}}{\sqrt{G_S C_1}} = \frac{1}{\sqrt{G_S' C_1'}} \tag{7.60}$$

因此,新的电容值 C_1' 为

$$C_1' = \frac{G_S C_1}{G_S' M_{S1}^2} \tag{7.61}$$

如果保持源端的导纳值不变($G_S' = G_S$),则可得

$$C_1' = \frac{C_1}{M_{S1}^2} \tag{7.62}$$

运用式(7.59)对第二个变换器进行变换,可得

$$\frac{M_{12}}{\sqrt{C_1 C_2}} = \frac{M_{12}'}{\sqrt{C_1' C_2'}}$$

如果令 M_{12}' 为 1,则有

$$C_2' = \frac{C_1 C_2}{C_1' M_{12}^2} \tag{7.63}$$

重复这一过程,直到最后一个变换器 M_{NL} 完成变换:

$$\frac{M_{NL}}{\sqrt{C_N' G_L}} = \frac{1}{\sqrt{C_N' G_L'}}, \qquad 即 \; G_L' = \frac{G_L}{M_{NL}^2} \tag{7.64}$$

一般情况下,新的终端导纳 G_L' 是不为 1 的。然而,对于反射零点(理想传输点)位于零频率位置的滤波器函数,G_L' 为 1。图 7.12 所示的第二个网络表示变换后所有变换器为 1 的网络。

一旦主耦合变换为 1,且新的电容值 C_i' 已知,则任意交叉耦合变换器 M_{ik} 必须随着新的电容值进行如下变换:

$$M_{ik}' = M_{ik} \sqrt{\frac{C_i' C_k'}{C_i C_k}} \tag{7.65}$$

如果在谐振节点处存在非零的 FIR 元件(jB_i),则它们也必须按相同的电容比值变换为

$$B_i' = B_i \frac{C_i'}{C_i} \tag{7.66}$$

最后,如果要求两个终端的导纳都为 1(这种情况经常会用到),则变换过程可以同时从两个终端开始,向中心靠拢,并在内部的变换器上结束变换。此时,该变换器不为 1。这是前面

所描述的运用元件提取方法进行网络综合的基本形式。以 7.3.1 节的(4-2)型不对称滤波器为例，除了中心主耦合变换器 M_{23} 不为 1($M_{23}=0.6310$)，其他所有主耦合变换器的值和终端值都为 1。

图 7.12 进一步说明了如何运用对偶定理将 C'_i 和单位变换器转换为串联电感(其值为 C'_i)的过程。这时的网络变成为经典形式[11]，其中 $C'_i=g_i$，$G_S=g_0$，G_L(或 R_L) $=g_{N+1}$。从图中不难发现，对于对称的奇数阶滤波器函数，G'_L(或 R'_L)为 1，而一般情况下 G'_L(或 R'_L)不为 1。

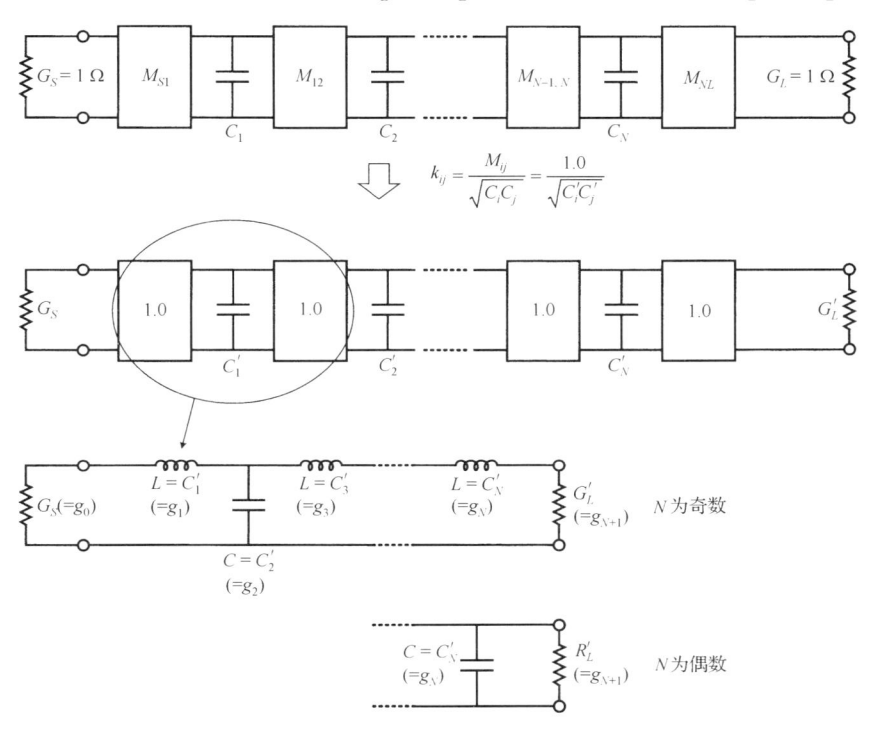

图 7.12　集总参数的低通原型梯形网络

7.5　小结

第 6 章介绍了各种滤波器函数的传输多项式和反射多项式的综合方法。接下来的设计过程需要将这些多项式转变为实际滤波器的原型电路。有两种方法可以实现：一种是经典的电路综合方法，另一种是直接耦合矩阵综合法。本章主要介绍了基于 [$ABCD$] 传输矩阵(又称链式矩阵)的电路综合方法。

用于经典滤波器综合的电路元件包括无耗的电感、电容及终端电阻。基于这些元件的低通原型滤波器具有对称的频率响应特性。在 3.10 节和 6.1 节中引入不随频率变化的电抗元件(FIR 元件)，不仅可以使原型网络具有不对称的频率响应特性，而且网络更具一般性。同时，这种器件的引入还使得传输多项式和反射多项式的系数变为复数。在实际带通或带阻滤波器中，FIR 元件表示为谐振电路频率的偏移量。另一个在滤波器综合中需要用到的元件是不随频率变化的阻抗或导纳变换器，一般统称为导抗变换器。这种变换器的运用明显地简化了分布式微波滤波器结构的物理实现。在窄带微波电路应用中，导抗变换器可以采用各种形式的微波结构来近似，比如感性膜片和耦合探针。

本章首先建立了滤波器函数的传输多项式和反射多项式的[ABCD]参数和散射矩阵参数之间的对应关系。随后介绍了利用单个元件级联的[ABCD]参数构建整个网络[ABCD]的过程。其逆过程，即从总的[ABCD]矩阵中提取单个元件，是最基本的电路综合方法。本章中所介绍的综合方法同时包括了对称的和不对称的低通原型滤波器。

综合过程的第一步是根据最优的低通原型滤波器多项式计算出[ABCD]矩阵，接下来从[ABCD]矩阵中提取各个元件的值。综合过程分为两个阶段，第一个阶段包括集总的无耗电感、电容和FIR元件的综合，第二个阶段则是导抗变换器的综合。使用这些变换器有利于原型电路中微波谐振器之间耦合的实现。本综合方法可用于对称的和不对称的梯形低通原型滤波器，以及交叉耦合滤波器的综合。另外，本章还介绍了单终端滤波器的综合过程，这类滤波器常用于第18章①介绍的邻接多工器设计。运用本章提供的综合方法，可以简单推导出众所周知的参数 g_k。最后，本章通过一个不对称的滤波器示例展示了整个综合过程。

7.6 参考文献

1. Darlington, S.(1939) Synthesis of reactance 4-poles which produce insertion loss characteristics. *Journal of Mathematical Physics*, **18**, 257-353.
2. Cauer, W.(1958) *Synthesis of Linear Communication Networks*, McGraw-Hill, New York.
3. Guillemin, E. A.(1957) *Synthesis of Passive Networks*, Wiley, New York.
4. Bode, H. W.(1945) *Network Analysis and Feedback Amplifier Design*, Van Nostrand, Princeton, NJ.
5. van Valkenburg, M. E.(1955) *Network Analysis*, Prentice-Hall, Englewood Cliffs, NJ.
6. Rhodes, J. D.(1976) *Theory of Electrical Filters*, Wiley, New York.
7. Baum, R. F.(1957) Design of unsymmetrical band-pass filters. *IRE Transactions on Circuit Theory*, **4**, 33-40.
8. van Valkenburg, M. E.(1960) *Introduction to Modern Network Synthesis*, Wiley, New York.
9. Bell, H. C.(1979) Transformed-variable synthesis of narrow-bandpass filters. *IEEE Transactions on Circuits and Systems*, **26**, 389-394.
10. Carlin, H. J.(1956) The scattering matrix in network theory. *IRE Transactions on Circuit Theory*, **3**, 88-96.
11. Matthaei, G., Young, L., and Jones, E.M.T.(1980) *Microwave Filters, Impedance Matching Networks and Coupling Structures*, Artech House, Norwood, MA.
12. Orchard, H. J. and Temes, G. C.(1968) Filter design using transformed variables. *IEEE Transactions on Circuit Theory*, **15**, 385-408.
13. Levy, R.(1994) Synthesis of general asymmetric singly- and doubly-terminated cross-coupled filters. *IEEE Transactions on Microwave Theory and Techniques*, **42**, 2468-2471.
14. Marcuvitz, N.(1986) *Waveguide Handbook*, vol. Electromagnetic Waves Series 21, IEE, London.
15. Cohn, S. B.(1957) Direct coupled cavity filters. *Proceedings of IRE*, **45**, 187-196.
16. Young, L.(1963) Direct coupled cavity filters for wide and narrow bandwidths. *IEEE Transactions on Microwave Theory and Techniques*, **11**, 162-178.
17. Levy, R.(1963) Theory of direct coupled cavity filters. *IEEE Transactions on Microwave Theory and Techniques*, **11**, 162-178.
18. Chen, M. H.(1977) Singly terminated pseudo-elliptic function filter. *COMSAT Technical Reviews*, **7**, 527-541.
19. Cameron, R. J. (1982) General prototype network synthesis methods for microwave filters. *ESA Journal*, **6**, 193-206.

---

① 原著的第18章在中译本《通信系统微波滤波器——设计与应用篇(第二版)》中。——编者注

第8章 滤波器网络的耦合矩阵综合

本章将研究微波滤波器电路的耦合矩阵表示形式。构造矩阵形式的电路非常实用，因为它可以进行一些矩阵的操作，如求逆、相似变换和分解。这些操作简化了复杂电路的综合、拓扑重构和性能仿真。而且，耦合矩阵中含有滤波器元件的一些真实特性，即矩阵中的每个元素都可以与实际微波滤波器的元件唯一地对应。这样就能评估每个元件对电气特性的贡献，如每个谐振器的无载 Q_u 值，不同主耦合和交叉耦合的色散特性等。而这些特性，运用滤波器的特征多项式形式表述时，是很难或者说不可能分析得到的。

本章首先回顾了第 7 章介绍的表示耦合矩阵的基本电路形式，以及根据低通原型电路直接构造耦合矩阵的综合方法；接下来论述了直接从滤波器的传输多项式和反射多项式综合耦合矩阵的三种表示方法：$N \times N$ 矩阵，$N+2$ 矩阵和折叠网格形矩阵。

8.1 耦合矩阵

早在 20 世纪 70 年代，Atia 和 Williams 在对称波导双模滤波器应用中[1~4]引入了耦合矩阵的概念。他们主要研究的模型是一个带通原型（BandPass Prototype，BPP），如图 8.1(a)所示。

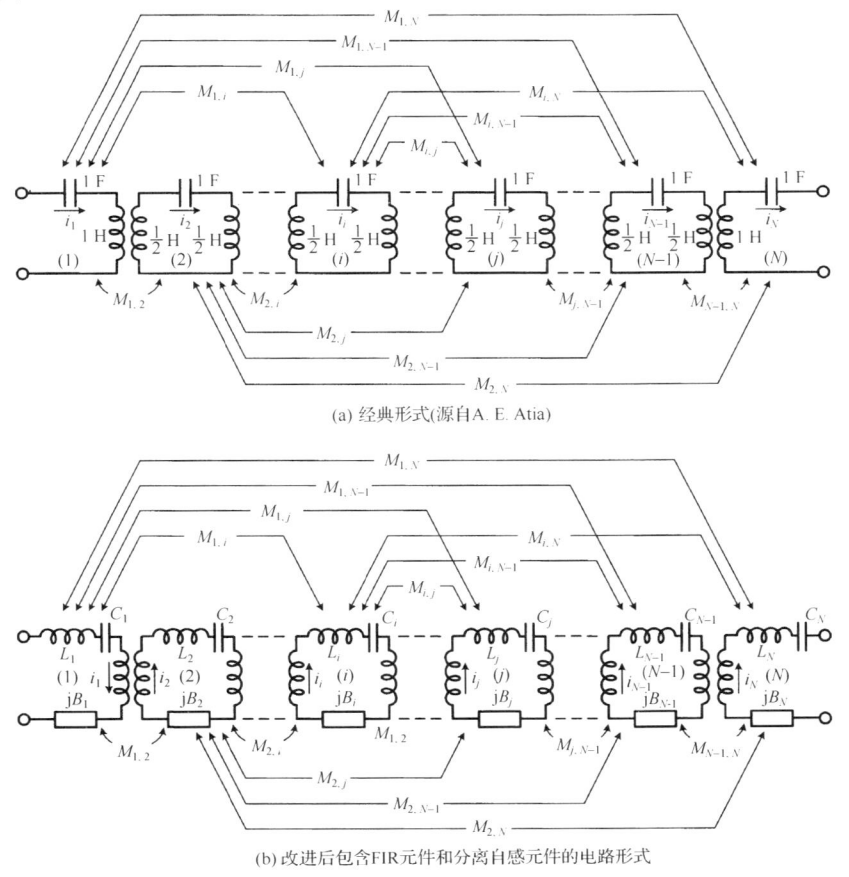

(a) 经典形式（源自 A. E. Atia）

(b) 改进后包含 FIR 元件和分离自感元件的电路形式

图 8.1 多重耦合串联谐振器带通原型网络

此电路模型由变压器内耦合的集总串联谐振器级联构成，而每个谐振器由 1 F 的电容与主变压器的自感串联而成，回路总电感为 1 H。电路模型的中心角频率是 1 rad/s，耦合系数相对于其带宽进行归一化。除此之外，理论上，每个回路的主变压器之间采用交叉耦合的方式，与主回路中其他回路进行耦合。

该电路目前只支持对称滤波器特性。但是，回路中加入串联不随频率变化的电抗（Frequency-Invariant Reactance，FIR）元件之后，这个电路也可以扩展到不对称应用中。如图 8.1(b)所示，主线变压器的自感也被分离出来，并在每个回路中表示为一个单独的电感。

8.1.1 低通和带通原型

带通原型（BandPass Prototype，BPP）电路的正频率特性可以运用 3.8.1 节介绍的低通原型（LowPass Prototype，LPP）特性映射得到。集总元件的带通到低通的变换关系如下：

$$s = j\frac{\omega_0}{\omega_2 - \omega_1}\left[\frac{\omega_B}{\omega_0} - \frac{\omega_0}{\omega_B}\right] \tag{8.1}$$

其中，$\omega_0 = \sqrt{\omega_1 \omega_2}$ 是带通原型的中心频率（1 rad/s），ω_1 和 ω_2 分别为通带下边沿频率和上边沿频率（例如，对于正频率带通原型，$\omega_2 = 1.618$ rad/s 且 $\omega_1 = 0.618$ rad/s，即"带宽"[①]为 $\omega_2 - \omega_1 = 1$ rad/s），ω_B 是带通频率变量。此映射公式的运用确保了负频率 BPP 与正频率 BPP 的特性是一样的，可以准确映射到同一个低通原型的位置，即使是不对称特性也同样适用。对于负频率 BPP，由式(8.1)表示的所有频率项为负值，以至于在负频率 BPP 曲线中 $-\omega_B$ 处的衰减与正频率 BPP 曲线中 ω_B 处的衰减一样，也可以映射到低通域中 LPP 曲线相同位置处的频率点上（见图 8.2）。

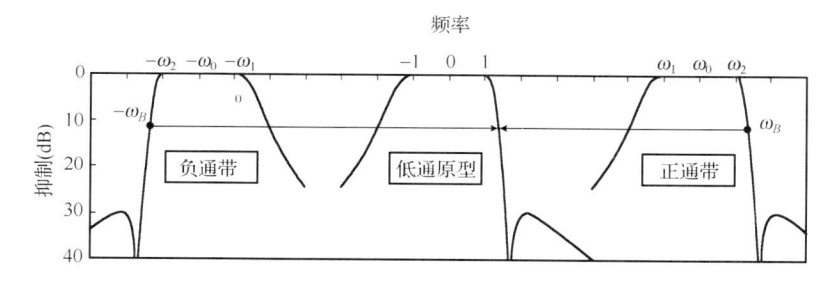

图 8.2 带通-低通频率映射

由于耦合元件不随频率变化，其串联谐振电路变换到低通域的过程如下：

1. 将所有变压器产生的互感耦合替换为大小相等的变换器互耦合。因此与变压器作用一样，变换器在谐振器节点之间产生相同的耦合能量，且同样呈现 90°相移变化（见图 8.3）。
2. 带通网络变换到低通原型网络，需要将通带边沿频率 $\omega = \pm 1$ 处的串联电容设为无穷大（零串联阻抗）。

现在的这种电路形式也就是第 7 章中根据滤波器函数多项式 $S_{21}(s)$ 和 $S_{11}(s)$ 综合得到的低通原型电路。由于耦合元件假定不随频率变化，在低通域和带通域中将会产生同样大小的

[①] 对于负频率带通原型，$\omega_2 - \omega_1 = -(-\omega_2) - (-\omega_1) = -1$ rad/s，即此时实际带宽为负值。

电路元件值;经过分析后,插入损耗与回波损耗的幅值也是相同的。而且,低通与带通频率变量可以运用集总元件的频率映射公式(8.1)进行相互变换。

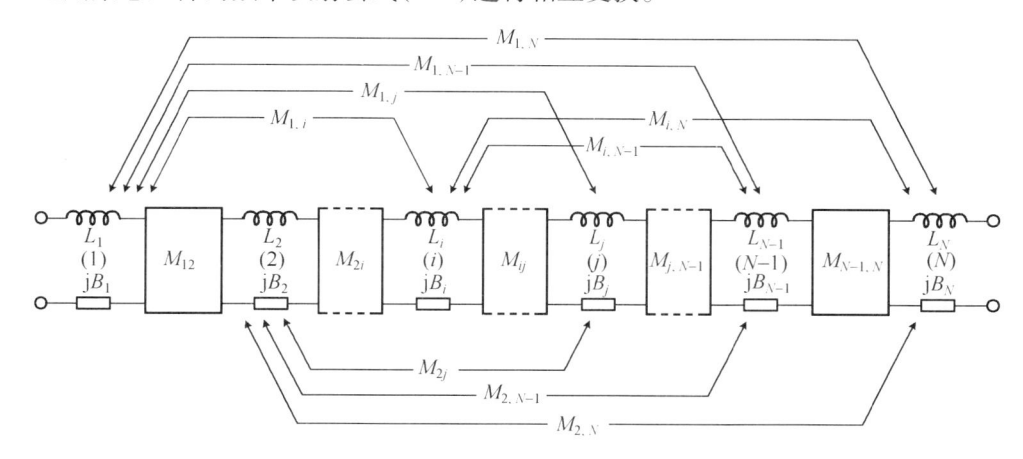

图 8.3 图 8.1(b)所示通过变换器耦合的带通网络的低通原型等效电路

8.1.2 一般 N×N 耦合矩阵形式的电路分析

如图 8.1(b)所示的二端口网络(其为 BPP 或 LPP 形式),激励电压为 e_g(单位为 V),内阻抗为 R_S(单位为 Ω),负载为 R_L(单位为 Ω)。在含有回路电流的串联谐振电路中,源和负载的阻抗可以利用图 8.4 的阻抗矩阵 $[z']$ 来表示。

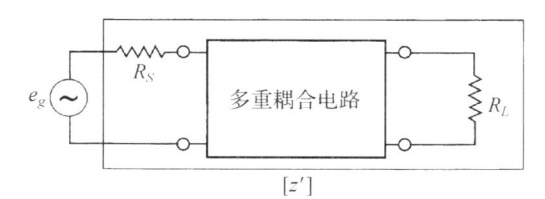

图 8.4 图 8.3 所示串联谐振电路中的源阻抗 R_S 和负载阻抗 R_L 之间的总的阻抗矩阵 $[z']$

应用基尔霍夫节点电流定理(流入同一节点的电流代数和为零)分析图 8.1(a)所示的谐振电路的回路电流,推导得到的一系列等式可用矩阵形式表示如下[1~4]:

$$[e_g] = [z'][i] \tag{8.2}$$

其中 $[z']$ 是包含终端在内的 N 个回路网络的阻抗矩阵,式(8.2)展开如下:

$$e_g[1,0,0,\cdots,0]^T = [\boldsymbol{R} + s\boldsymbol{I} + \mathrm{j}\boldsymbol{M}] \cdot [i_1, i_2, i_3, \cdots, i_N]^T \tag{8.3}$$

其中 $[\cdot]^T$ 表示矩阵转置,$\boldsymbol{I}$ 为单位矩阵,e_g 是源电压,$i_1, i_2, \cdots, i_N$ 分别为 N 个回路网络中的电流。

显然,阻抗矩阵 $[z']$ 可以用如下 3 个 $N \times N$ 矩阵的和来表示。

主耦合矩阵 jM 这是一个 $N \times N$ 矩阵,包含不同网络节点之间的耦合值(图 8.1 中变压器产生的,且与图 8.3 中低通原型导抗变换器相等的值)。节点之间按数字顺序排列的耦合 $M_{i,i+1}$ 称为主耦合,主对角线元素 $M_{i,i}(\equiv B_i$,即每个节点的 FIR 元件)称为自耦合,而其他节点之间的不按数字顺序排列的耦合称为交叉耦合。

$$\mathrm{j}\boldsymbol{M} = \mathrm{j}\begin{bmatrix} B_1 & M_{12} & M_{13} & \cdots & M_{1N} \\ M_{12} & B_2 & & & \\ M_{13} & & \ddots & & \\ \vdots & & & \ddots & M_{N-1,N} \\ M_{1N} & & & M_{N-1,N} & B_N \end{bmatrix} \tag{8.4}$$

由于无源网络的互易性，$M_{ij} = M_{ji}$，且通常其所有元素的值不为零。在这种情况下，射频频域内矩阵的耦合值可以随频率任意变化。

频率变量矩阵 $s\boldsymbol{I}$ 由于对角矩阵包含了每个回路阻抗的频率变量部分（低通或带通原型），则如下 $N \times N$ 矩阵除了对角线元素为 $s = \mathrm{j}\omega$，其他元素均为零：

$$s\boldsymbol{I} = \begin{bmatrix} s & 0 & 0 & \cdots & 0 \\ 0 & s & & & \\ 0 & & \ddots & & \\ \vdots & & & \ddots & 0 \\ 0 & & & 0 & s \end{bmatrix} \tag{8.5}$$

对于带通滤波器而言，谐振器的有限无载 Q_u 值（品质因数）影响可以通过 s 偏移 δ 个正实数单位（即 $s \to \delta + s$）来表示。其中 $\delta = f_0/(\mathrm{BW} \cdot Q_u)$，$f_0$ 为通带中心频率，BW 为设计带宽。

终端阻抗矩阵 $\boldsymbol{R}$ 这个 $N \times N$ 矩阵包含了源阻抗和负载阻抗，它们分别位于 R_{11} 和 R_{NN} 的位置，且矩阵中其他元素均为零：

$$\boldsymbol{R} = \begin{bmatrix} R_S & 0 & 0 & \cdots & 0 \\ 0 & 0 & & & \\ 0 & & \ddots & & \\ \vdots & & & \ddots & 0 \\ 0 & & & 0 & R_L \end{bmatrix} \tag{8.6}$$

8.1.2.1 $N \times N$ 和 $N+2$ 耦合矩阵

串联谐振网络的 $N \times N$ 阻抗矩阵 $[z']$ 可以分离为纯电阻部分和纯电抗部分的矩阵形式[见式(8.3)]

$$[z'] = \boldsymbol{R} + [s\boldsymbol{I} + \mathrm{j}\boldsymbol{M}] = \boldsymbol{R} + [z] \tag{8.7}$$

此时，阻抗矩阵 $[z]$ 代表图 8.5(a)中源阻抗 R_S 和负载阻抗 R_L 之间的纯电抗网络。

通常，源与负载的阻抗值不为零。因此，需要通过在源和负载端分别插入阻抗值为 $\sqrt{R_S}$ 和 $\sqrt{R_L}$ 的阻抗变换器 M_{S1} 和 M_{NL}，对它们进行归一化[见图 8.5(b)]。如图 8.5(a)和图 8.5(b)中的两个示例所示，R_S 和 R_L 为从网络分别向源和负载端看进去的阻抗。

$N \times N$ 阻抗矩阵两端加入两个阻抗变换器之后，其影响表现为以下两点：

1. 终端阻抗变成终端导纳。$G_S = 1/R_S$ 且 $G_L = 1/R_L$（同时，电压源 e_g 变成为电流源 $i_g = e_g/R_S$）[1]。

---

[1] 通常网络源的终端导纳 G_S 对应着零导纳的电流源，而其阻抗 R_S 对应着零阻抗的电压源。运用诺顿和戴维南等效电路互换后，表示如下：

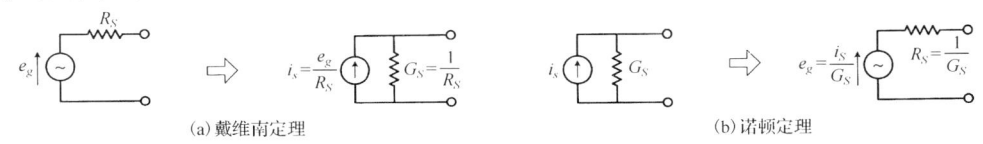

(a) 戴维南定理 (b) 诺顿定理

2. 两个变换器之间的阻抗矩阵[z]可以利用其对偶网络,即导纳矩阵[y]来代替。通常将 $N×N$ 矩阵的最外层分别同时增加一行和一列,产生包含输入和输出变换器值的新 $(N+2)×(N+2)$ 矩阵[y],并将其称为 $N+2$ 矩阵[见图8.5(c)]。如图8.5(d)所示,此网络的对偶网络由串联谐振器和阻抗变换器组成。无论是阻抗形式的还是导纳形式的,$N+2$ 矩阵的主耦合变换器和交叉耦合变换器的值是相同的。

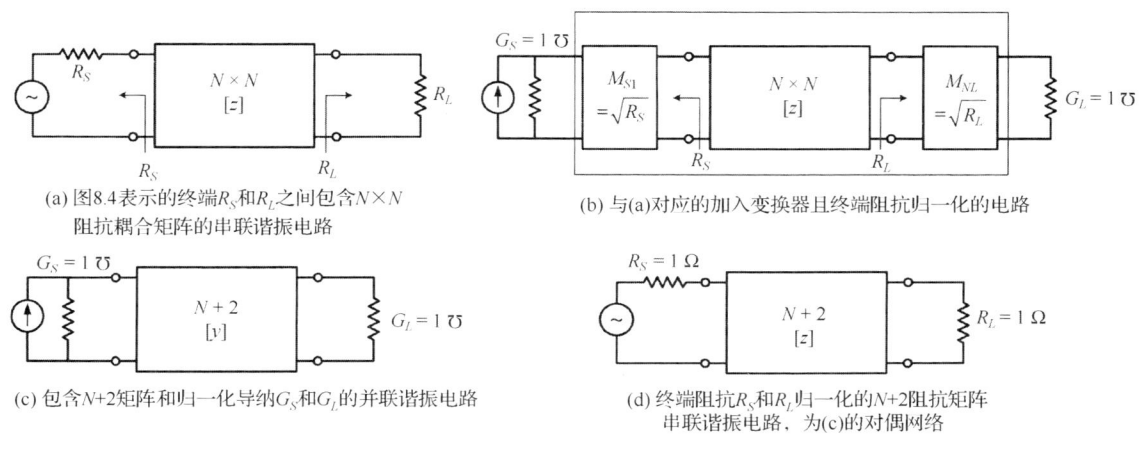

(a) 图8.4表示的终端R_S和R_L之间包含$N×N$阻抗耦合矩阵的串联谐振电路

(b) 与(a)对应的加入变换器且终端阻抗归一化的电路

(c) 包含N+2矩阵和归一化导纳G_S和G_L的并联谐振电路

(d) 终端阻抗R_S和R_L归一化的N+2阻抗矩阵串联谐振电路,为(c)的对偶网络

图 8.5 $N×N$ 和 $N+2$ 耦合矩阵的输入和输出电路结构

整个 $N+2$ 网络和对应的耦合矩阵如图8.6和图8.7所示。可以看出,除了主通道上的输入耦合 M_{S1} 和输出耦合 M_{NL},在源与负载端,以及中央 $N×N$ 矩阵内部的谐振器节点之间,还可能包含其他耦合。当然,也可能包含源-负载的直接耦合 M_{SL},从而实现全规范型滤波器函数。对导纳矩阵而言,其谐振器为并联形式,且耦合元件为导纳变换器。

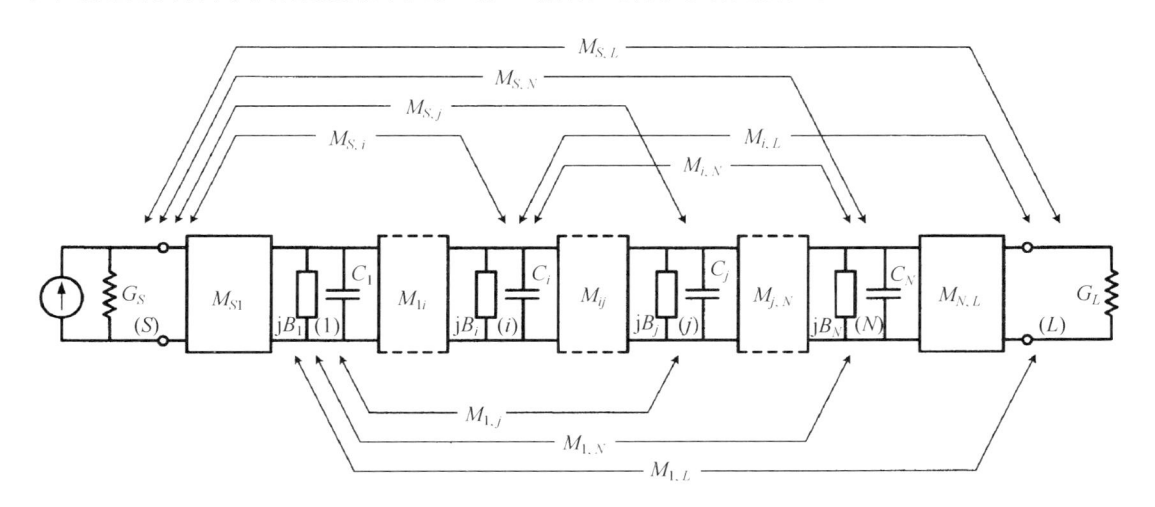

图 8.6 并联低通谐振器的 $N+2$ 多重耦合网络

8.1.3 低通原型电路的耦合矩阵构成

前面的章节介绍了由理想滤波器响应多项式得到折叠形交叉耦合网络的方法。最终,网

络由并联节点结构(并联电容 C_i 和 FIR 元件 jB_i)与变换器的主耦合和交叉耦合互连构成,可以直接根据这些元件值构建耦合矩阵。但是,电路中不随频率变化的元件(节点电容 C_i)必须首先归一化为 1,以使最终得到的耦合矩阵与图 8.1 中的电路完全对应。

一旦原型电路的元件值一一对应地填入耦合矩阵中不为零的元件位置,就可以直接对耦合矩阵进行变换。图 8.7 所示为一个四阶网络的广义 $N+2$ 耦合矩阵,包含了所有的可能耦合,且关于主对角线对称。由于电路综合的最终结果包含并联低通谐振器(节点中的并联对

	S	1	2	3	4	L
S	M_{SS}	M_{S1}	M_{S2}	M_{S3}	M_{S4}	M_{SL}
1	M_{S1}	M_{11}	M_{12}	M_{13}	M_{14}	M_{1L}
2	M_{S2}	M_{12}	M_{22}	M_{23}	M_{24}	M_{2L}
3	M_{S3}	M_{13}	M_{23}	M_{33}	M_{34}	M_{3L}
4	M_{S4}	M_{14}	M_{24}	M_{34}	M_{44}	M_{4L}
L	M_{SL}	M_{1L}	M_{2L}	M_{3L}	M_{4L}	M_{LL}

图 8.7　包含所有可能耦合的四阶 $N+2$ 耦合矩阵。双线圈内表示为中央 $N \times N$ 耦合矩阵,且矩阵关于主对角线对称,即 $M_{ij} = M_{ji}$

$sC_i + jB_i$),因此这种矩阵形式为导纳矩阵,其中源与负载的导纳分别为 $G_S = 1/R_S$ 和 $G_L = 1/R_L$。现在对矩阵运用标准变换过程。通过在第 i 行和第 i 列分别乘以 $[\sqrt{C_i}]^{-1}$,将位于 $M_{i,i}$ 节点处的电容 C_i 变换为 1,其中 $i = 1,2,3,\cdots,N$:

$$\begin{array}{c}
\times(\sqrt{G_S})^{-1} \quad \times(\sqrt{C_1})^{-1} \quad \times(\sqrt{C_2})^{-1} \quad \times(\sqrt{C_3})^{-1} \quad \times(\sqrt{C_4})^{-1} \quad \times(\sqrt{G_L})^{-1} \\
\downarrow \qquad\qquad \downarrow \qquad\qquad \downarrow \qquad\qquad \downarrow \qquad\qquad \downarrow \qquad\qquad \downarrow \\
\begin{array}{c}
\times(\sqrt{G_S})^{-1} \rightarrow \\
\times(\sqrt{C_1})^{-1} \rightarrow \\
\times(\sqrt{C_2})^{-1} \rightarrow \\
\times(\sqrt{C_3})^{-1} \rightarrow \\
\times(\sqrt{C_4})^{-1} \rightarrow \\
\times(\sqrt{G_L})^{-1} \rightarrow
\end{array}
\begin{bmatrix}
G_S + jB_S & jM_{S1} & jM_{S2} & jM_{S3} & jM_{S4} & jM_{SL} \\
jM_{S1} & sC_1 + jB_1 & jM_{12} & jM_{13} & jM_{14} & jM_{1L} \\
jM_{S2} & jM_{12} & sC_2 + jB_2 & jM_{23} & jM_{24} & jM_{2L} \\
jM_{S3} & jM_{13} & jM_{23} & sC_3 + jB_3 & jM_{34} & jM_{3L} \\
jM_{S4} & jM_{14} & jM_{24} & jM_{34} & sC_4 + jB_4 & jM_{4L} \\
jM_{SL} & jM_{1L} & jM_{2L} & jM_{3L} & jM_{4L} & G_L + jB_L
\end{bmatrix}
\end{array} \quad (8.8)$$

经过变换后,矩阵的所有对角线元素乘以了 C_i^{-1}。其中随频率变化的电容和 FIR 元件变换为 $sC_i \rightarrow s$ 和 $jB_i(\equiv M_{ii}) \rightarrow jB_i/C_i$,同时非对角线元素 M_{ij} 变换为

$$M_{ij} \rightarrow \frac{M_{ij}}{\sqrt{C_i \cdot C_j}}, \qquad i, j = 1,2,3,\cdots,N, \quad i \neq j \tag{8.9a}$$

此外,在第一行和第一列同时乘以 $1/\sqrt{G_S}(=\sqrt{R_S})$,可将输入和输出终端变换为 1。然后,元素 M_{SS} 变换为 $M_{SS} = G_S + jB_S \rightarrow 1 + jB_S/G_S$,且源与第 1 个谐振节点的主耦合 M_{S1} 变换为

$$M_{S1} \rightarrow \frac{M_{S1}}{\sqrt{G_S C_1}} = M_{S1}\sqrt{\frac{R_S}{C_1}} \tag{8.9b}$$

类似地,将最后一行和最后一列同时乘以 $1/\sqrt{G_L}(=\sqrt{R_L})$,可将元素 M_{LL} 变换为 $M_{LL} = G_L + jB_L \rightarrow 1 + jB_L/G_L$。并且,最后一个谐振器节点与负载终端的主耦合 M_{NL} 变换为

$$M_{NL} \rightarrow \frac{M_{NL}}{\sqrt{C_N G_L}} = M_{NL}\sqrt{\frac{R_L}{C_N}} \tag{8.9c}$$

再次运用原型网络的综合方法,以(4-2)型不对称滤波器函数为例,阐述耦合矩阵的变换过程。首先提取出 C_i、B_i 和 M_{ij} 的值,再根据方程组(8.9)将所有的 C_i 归一化为 1,并计算出新的 B_i 值

和 M_{ij} 值(分别用 B_i' 和 M_{ij}' 表示)。提取得到的 C_i、B_i 和 M_{ij} 的值汇总如下:

$$C_1 = 0.8328, \quad B_1 = \text{j}0.1290, \quad M_{12} = 1.0, \quad G_S = 1.0$$
$$C_2 = 1.3032, \quad B_2 = -\text{j}0.1875, \quad M_{23} = 0.6310, \quad G_L = 1.0$$
$$C_3 = 3.7296, \quad B_3 = -\text{j}3.4499, \quad M_{34} = 1.0,$$
$$C_4 = 0.8328, \quad B_4 = \text{j}0.1290, \quad M_{14} = 0.3003, \quad M_{S1} = 1.0$$
$$\quad\quad M_{24} = 0.8066, \quad M_{4L} = 1.0$$

运用式(8.9)对 C_i 进行归一化,分别得到新的 B_i 和 M_{ij} 值为

$$C_1' = 1.0, \quad B_1' = \text{j}0.1549, \quad M_{12}' = 0.9599, \quad G_S' = 1.0$$
$$C_2' = 1.0, \quad B_2' = -\text{j}0.1439, \quad M_{23}' = 0.2862, \quad G_L' = 1.0$$
$$C_3' = 1.0, \quad B_3' = -\text{j}0.9250, \quad M_{34}' = 0.5674,$$
$$C_4' = 1.0, \quad B_4' = \text{j}0.1549, \quad M_{14}' = 0.3606, \quad M_{S1}' = 1.0958$$
$$\quad\quad M_{24}' = 0.7742, \quad M_{4L}' = 1.0958$$

现在可以构造出(4-2)型网络的耦合矩阵形式。将乘积因子设为 -1,并使用相同的变换过程,必要时可将主对角线上的负元素变换为正的,然后可得

$$M = \begin{array}{c} \\ S \\ 1 \\ 2 \\ 3 \\ 4 \\ L \end{array} \begin{array}{cccccc} S & 1 & 2 & 3 & 4 & L \end{array} \\ \left[\begin{array}{cccccc} 0.0 & 1.0958 & 0 & 0 & 0 & 0 \\ 1.0958 & 0.1549 & 0.9599 & 0 & 0.3606 & 0 \\ 0 & 0.9599 & -0.1439 & 0.2862 & 0.7742 & 0 \\ 0 & 0 & 0.2862 & -0.9250 & 0.5674 & 0 \\ 0 & 0.3606 & 0.7742 & 0.5674 & 0.1549 & 1.0958 \\ 0 & 0 & 0 & 0 & 1.0958 & 0.0 \end{array} \right] \quad (8.10)$$

由于所有的电容 C_i 都归一化为 1,且对角线上的频率矩阵 $s\boldsymbol{I}$[见矩阵式(8.5)]也已经确定,终端矩阵 $\boldsymbol{R}$ 的元件值除 $R_{SS} = G_S = 1$ 且 $R_{LL} = G_L = 1$ 以外都为零[见矩阵式(8.6)]。现在这个(4-2)型不对称网络的 $N+2$ 导纳矩阵构造如下:

$$[\boldsymbol{y}'](\text{或 } [\boldsymbol{z}']) = \boldsymbol{R} + s\boldsymbol{I} + \text{j}\boldsymbol{M} \quad (8.11)$$

8.1.4 耦合矩阵形式的网络分析

耦合矩阵形式的网络分析有如下两种形式:

1. 一个[$ABCD$]矩阵和其他元件的[$ABCD$]矩阵级联构成的复合网络,如多枝节型多工器,其不同信道的滤波器矩阵由传输线段、波导和同轴线等相互连接而成。
2. 包含终端阻抗 R_S 和 R_L 的独立网络。

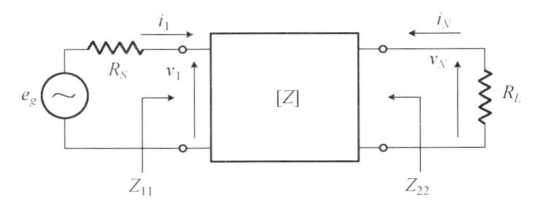

图 8.8 源阻抗 R_S 与负载阻抗 R_L 之间的网络

图 8.8 所示为第一种网络形式,其中 R_S 和 R_L 从主网络中分离出来。式(8.3)的矩阵形式($N \times N$ 矩阵)可写为[①]

---

① $N+2$ 矩阵的左上角与右下角元素为非谐振节点,因此不包含频率变量 s。

$$\begin{bmatrix} e_g \\ 0 \\ \vdots \\ \vdots \\ 0 \end{bmatrix} = \begin{bmatrix} R_S & 0 & 0 & \cdots & 0 \\ 0 & 0 & & & \\ 0 & & \ddots & & \\ \vdots & & & \ddots & 0 \\ 0 & & & 0 & R_L \end{bmatrix} \begin{bmatrix} i_1 \\ i_2 \\ \vdots \\ \vdots \\ i_N \end{bmatrix} + \begin{bmatrix} s+jM_{11} & jM_{12} & jM_{13} & \cdots & jM_{1N} \\ jM_{12} & s+jM_{22} & & & \\ jM_{13} & & \ddots & & \\ \vdots & & & \ddots & jM_{N-1,N} \\ jM_{1N} & & & jM_{N-1,N} & s+jM_{NN} \end{bmatrix} \begin{bmatrix} i_1 \\ i_2 \\ \vdots \\ \vdots \\ i_N \end{bmatrix} \quad (8.12)$$

$$\begin{bmatrix} e_g - R_S i_1 \\ 0 \\ \vdots \\ -R_L i_N \end{bmatrix} = \begin{bmatrix} s+jM_{11} & jM_{12} & jM_{13} & \cdots & jM_{1N} \\ jM_{12} & s+jM_{22} & & & \\ jM_{13} & & \ddots & & \\ \vdots & & & \ddots & jM_{N-1,N} \\ jM_{1N} & & & jM_{N-1,N} & s+jM_{NN} \end{bmatrix} \begin{bmatrix} i_1 \\ i_2 \\ \vdots \\ i_N \end{bmatrix} \quad (8.13)$$

由 $e_g - R_S i_1 = v_1$ 且 $-R_L i_N = v_N$（见图8.8）可知，此时耦合矩阵为开路阻抗矩阵$[z]$的形式[5]：

$$\begin{bmatrix} v_1 \\ 0 \\ \vdots \\ v_N \end{bmatrix} = \begin{bmatrix} & & \\ & [z] & \\ & & \end{bmatrix} \begin{bmatrix} i_1 \\ i_2 \\ \vdots \\ i_N \end{bmatrix} \quad (8.14)$$

对$[z]$求逆，得到短路导纳矩阵$[y]$的形式为

$$\begin{bmatrix} i_1 \\ i_2 \\ i_3 \\ \vdots \\ i_N \end{bmatrix} = \begin{bmatrix} & & \\ & [y] & \\ & (=[z]^{-1}) & \\ & & \end{bmatrix} \begin{bmatrix} v_1 \\ 0 \\ 0 \\ \vdots \\ v_N \end{bmatrix} \quad (8.15)$$

由于只需要考虑终端的电流和电压，矩阵式(8.15)可重新写成

$$\begin{bmatrix} i_1 \\ i_N \end{bmatrix} = \begin{bmatrix} y_{11} & y_{1N} \\ y_{N1} & y_{NN} \end{bmatrix} \cdot \begin{bmatrix} v_1 \\ v_N \end{bmatrix} \quad (8.16)$$

其中，$[y]_{11}$和$[y]_{1N}$是导纳矩阵$[y]$的对角线元素。运用标准$[y] \to [ABCD]$参数变换，将$[y]$矩阵参数变换为$[ABCD]$矩阵参数[5]，其中包含归一化的源和负载的阻抗值：

$$\begin{bmatrix} A & B \\ C & D \end{bmatrix} = \frac{-1}{y_{N1}} \begin{bmatrix} \sqrt{\dfrac{R_L}{R_S}} y_{NN} & \dfrac{1}{\sqrt{R_S R_L}} \\ \Delta_{[y]} \sqrt{R_S R_L} & \sqrt{\dfrac{R_S}{R_L}} y_{11} \end{bmatrix} \quad (8.17)$$

其中 $\Delta_{[y]}$ 是式(8.16)中的子矩阵行列式的值，且 $\Delta_{[y]} = y_{11} y_{NN} - y_{1N} y_{N1}$。如果需要进行快速分析，例如在优化耦合矩阵得到测量响应这个实时的参数提取过程中，运用高斯消元法[6]求解矩阵式(8.14)就比对$[z]$矩阵求逆更有效。在这种情况下，使用开路z参数z_{11}、z_{1N}、zz_{N1}和z_{NN}表示的等效$[ABCD]$矩阵给定为

$$\begin{bmatrix} A & B \\ C & D \end{bmatrix} = \frac{1}{z_{N1}} \begin{bmatrix} \sqrt{\frac{R_L}{R_S}} z_{11} & \frac{\Delta_{[z]}}{\sqrt{R_S R_L}} \\ \sqrt{R_S R_L} & \sqrt{\frac{R_S}{R_L}} z_{NN} \end{bmatrix} \qquad (8.18)$$

其中 $\Delta_{[z]} = z_{11} z_{NN} - z_{1N} z_{N1}$。如果在上式中使用输入/输出的耦合变换器代替归一化的源与负载的阻抗值,即 $M_{S1} = \sqrt{R_S}$,$M_{NL} = \sqrt{R_L}$,则有

$$\begin{bmatrix} A & B \\ C & D \end{bmatrix} = \frac{1}{z_{N1}} \begin{bmatrix} \frac{M_{NL}}{M_{S1}} z_{11} & \frac{\Delta_{[z]}}{M_{S1} M_{NL}} \\ M_{S1} M_{NL} & \frac{M_{S1}}{M_{NL}} z_{NN} \end{bmatrix} \qquad (8.19)$$

现在这个网络可以和其他[$ABCD$]矩阵形式的网络(如传输线段)级联。

8.1.5 直接分析

第二种网络形式使用了包含源和负载的全耦合矩阵,重写式(8.2)如下:

$$[e_g] = [z'] \cdot [i], \quad 或 \quad [i] = [z']^{-1}[e_g] = [y'][e_g] \qquad (8.20)$$

其中[z']和[y']分别为包含源和负载的网络开路阻抗和短路导纳矩阵。参照图 8.8 和式(8.20),可得

$$i_1 = [y']_{11} e_g \qquad (8.21a)$$

$$i_N = [y']_{N1} e_g = \frac{v_N}{R_L} \qquad (8.21b)$$

将式(8.21b)代入传输系数 S_{21} 公式[5],可得

$$S_{21} = 2\sqrt{\frac{R_S}{R_L}} \cdot \frac{v_N}{e_g} = 2\sqrt{\frac{R_S}{R_L}} \cdot R_L [y']_{N1} = 2\sqrt{R_S R_L} \cdot [y']_{N1} \qquad (8.22)$$

计算输入端的反射系数如下:

$$S_{11} = \frac{Z_{11} - R_S}{Z_{11} + R_S} = \frac{Z_{11} + R_S - 2R_S}{Z_{11} + R_S} = 1 - \frac{2R_S}{Z_{11} + R_S} \qquad (8.23)$$

其中 $Z_{11} = v_1/i_1$ 是从输入端看进去的阻抗(见图 8.8)。给定输入端口的电压为 v_1,运用式(8.21a)求得电流 i_1,因此 Z_{11} 可以表示如下:

$$\frac{1}{Z_{11} + R_S} = [y']_{11} \qquad (8.24)$$

将式(8.24)代入式(8.23),得到网络输入端口的反射系数为

$$S_{11} = 1 - 2R_S [y']_{11} \qquad (8.25a)$$

同理,对于输出端的反射系数,可得

$$S_{22} = 1 - 2R_L [y']_{NN} \qquad (8.25b)$$

于是,运用式(8.25a)和式(8.21a),得到网络输入电压 v_1 与源电压 e_g 的关系如下(见图 8.8):

$$v_1 = (e_g - R_S i_1) = e_g (1 + S_{11})/2 \qquad (8.26a)$$

上式表明,对于理想传输点($S_{11} = 0$)有 $v_1 = e_g/2$,这意味着输入阻抗 Z_{11} 与 R_S 相等。此时,

源传递给负载的资用功率最大。如果令源电压 e_g 为 2 V,且源阻抗为 $R_s = 1\ \Omega$,则输入端的入射功率 $P_i = 1$ W。用式(8.22)替换式(8.26a)中的 e_g,则 v_N 与 v_1 的关系可以直接用网络的 S 参数表示为

$$\frac{v_N}{v_1} = \sqrt{\frac{R_L}{R_S}} \cdot \frac{S_{21}}{(1+S_{11})} \tag{8.26b}$$

8.2 耦合矩阵的直接综合

本节将介绍两种耦合矩阵形式的直接综合方法,第一种为 $N \times N$ 矩阵,第二种为 $N+2$ 矩阵。针对这两种情形,运用的分析方法在本质上是相同的。计算二端口短路导纳参数有两种方式:

1. 根据多项式 $F(s)/\varepsilon_R$、$P(s)/\varepsilon$ 和 $E(s)$ 系数构造的理想传输特性 $S_{21}(s)$ 和反射特性 $S_{11}(s)$;
2. 根据其耦合矩阵元件。

令推导耦合矩阵元件与传输多项式和反射多项式的两个公式相等,可以建立它们之间的关系。

尽管运用 $N+2$ 耦合矩阵方法比 $N \times N$ 耦合矩阵更灵活,且更容易综合,但是 $N \times N$ 耦合矩阵综合方法有助于对综合原理的深入分析。因此,介绍 $N+2$ 耦合矩阵综合方法之前,先研究 $N \times N$ 矩阵综合方法。

8.2.1 $N \times N$ 耦合矩阵的直接综合

由式(8.16)定义整个二端口网络的短路导纳矩阵为[4]

$$\begin{bmatrix} i_1 \\ i_2 \end{bmatrix} = \begin{bmatrix} y_{11} & y_{12} \\ y_{21} & y_{22} \end{bmatrix} \cdot \begin{bmatrix} v_1 \\ v_2 \end{bmatrix} = \frac{1}{y_d} \begin{bmatrix} y_{11n} & y_{12n} \\ y_{21n} & y_{22n} \end{bmatrix} \cdot \begin{bmatrix} v_1 \\ v_2 \end{bmatrix} \tag{8.27}$$

其中 y_{11}、y_{12}、y_{21} 和 y_{22},以及 y_{11n}、y_{12n}、y_{21n} 和 y_{22n} 都为导纳矩阵 $[y]$ 中的元素,$[y]$ 矩阵也是阻抗矩阵 $[z] = s\mathbf{I} + j\mathbf{M}$ 的逆矩阵[见式(8.7)]。根据图 8.8 和 $[y]$ 矩阵元素的标准定义[5],二端口 y 参数可以用耦合矩阵 $\mathbf{M}$ 和频率变量 $s = j\omega$ 表示如下:

$$y_{11}(s) = \frac{y_{11n}(s)}{y_d(s)} = [z]^{-1}_{11} = \left.\frac{i_1}{v_1}\right|_{v_N=0} = [s\mathbf{I}+j\mathbf{M}]^{-1}_{11} = -j[\omega\mathbf{I}+\mathbf{M}]^{-1}_{11} \tag{8.28a}$$

$$y_{22}(s) = \frac{y_{22n}(s)}{y_d(s)} = [z]^{-1}_{NN} = \left.\frac{i_N}{v_N}\right|_{v_1=0} = [s\mathbf{I}+j\mathbf{M}]^{-1}_{NN} = -j[\omega\mathbf{I}+\mathbf{M}]^{-1}_{NN} \tag{8.28b}$$

$$y_{12}(s) = y_{21}(s) = \frac{y_{21n}(s)}{y_d(s)} = [z]^{-1}_{N1} = \left.\frac{i_N}{v_1}\right|_{v_N=0} = [s\mathbf{I}+j\mathbf{M}]^{-1}_{N1} = -j[\omega\mathbf{I}+\mathbf{M}]^{-1}_{N1} \tag{8.28c}$$

这在网络综合过程中是非常重要的一步,它将纯数学形式表示的传输函数与[如有理多项式 $S_{11}(s)$ 和 $y_{21}(s)$ 等]实际耦合矩阵关联起来,且耦合矩阵中的每个元素与实际滤波器的物理耦合唯一对应。

从式(8.28)可以看出,与矩阵 $-\mathbf{M}$ 对应的特征多项式为导纳矩阵 $[y]$[6]中的公共分母多项式 $y_d(s)$。同时,由于矩阵 $\mathbf{M}$ 中元素为实数且关于主对角线对称,则它所有的本征值都是实数[1]。因此,包含行正交向量的 $N \times N$ 矩阵 $\mathbf{T}$ 满足下式:

$$-\mathbf{M} = \mathbf{T} \cdot \mathbf{\Lambda} \cdot \mathbf{T}^\mathrm{T} \tag{8.29}$$

其中 $\mathbf{\Lambda} = \mathrm{diag}[\lambda_1, \lambda_2, \lambda_3, \cdots, \lambda_N]$,$\lambda_i$ 为 $-\mathbf{M}$ 的本征值。并且,$\mathbf{T}^\mathrm{T}$ 为矩阵 $\mathbf{T}$ 的转置矩阵。因此

$T \cdot T^T = I^{[6]}$。对于单终端和双终端情况，多项式 $y_{ij}(s)$ 的分子和分母多项式可以根据表述网络传输和反射特性的多项式 $F(s)/\varepsilon_R$、$P(s)/\varepsilon$ 和 $E(s)$ 的系数推导得到[见式(7.20)、式(7.25)和式(7.31)]。实际上，求解过程中仅需要两个 y 参数，为了避免符号混淆，这里选择 $y_{21}(s)$ 和 $y_{22}(s)$。由于 $y_{22}(s)$ 可以由单终端网络的多项式 $A(s)$ 和 $B(s)$ 直接得到[而无须使用 $C(s)$ 和 $D(s)$ 多项式]，将式(8.29)代入式(8.28b)和式(8.28c)，可得

$$y_{21}(s) = -j[\omega I - T \cdot \Lambda \cdot T^T]^{-1}_{N1} \tag{8.30a}$$

$$y_{22}(s) = -j[\omega I - T \cdot \Lambda \cdot T^T]^{-1}_{NN} \tag{8.30b}$$

已知 $T \cdot T^T = I$，式(8.30)的等号右边可以推导如下[7]：

$$\begin{aligned}[\omega I - T \cdot \Lambda \cdot T^T]^{-1} &= [T \cdot (T^T \cdot (\omega I) \cdot T - \Lambda) \cdot T^T]^{-1} \\ &= (T^T)^{-1} \cdot (T^T \cdot (\omega I) \cdot T - \Lambda)^{-1} \cdot T^{-1} \\ &= T \cdot (\omega I - \Lambda)^{-1} \cdot T^T \\ &= T \cdot \mathrm{diag}\left(\frac{1}{\omega - \lambda_1}, \frac{1}{\omega - \lambda_2}, \cdots, \frac{1}{\omega - \lambda_N}\right) \cdot T^T\end{aligned}$$

对式(8.30)的右边本征矩阵中 i 和 j 位置元素求逆的通解为

$$[\omega I - T \cdot \Lambda \cdot T^T]^{-1}_{ij} = \sum_{k=1}^{N} \frac{T_{ik} T_{jk}}{\omega - \lambda_k}, \qquad i, j = 1, 2, 3, \cdots, N \tag{8.31}$$

因此，根据式(8.30)可得

$$y_{21}(s) = \frac{y_{21n}(s)}{y_d(s)} = -j \sum_{k=1}^{N} \frac{T_{Nk} T_{1k}}{\omega - \lambda_k} \tag{8.32a}$$

$$y_{22}(s) = \frac{y_{22n}(s)}{y_d(s)} = -j \sum_{k=1}^{N} \frac{T_{Nk}^2}{\omega - \lambda_k} \tag{8.32b}$$

式(8.32)表明，$-M$ 的本征值 λ_k 乘以了 j，同时它也是导纳函数 $y_{21}(s)$ 和 $y_{22}(s)$ 的公共分母多项式 $y_d(s)$ 的根。因此，可以令与本征值 λ_k 对应的 $y_{21}(s)$ 和 $y_{22}(s)$ 的留数分别与 $T_{1k}T_{Nk}$ 和 T_{NK}^2 相等，从而确定正交矩阵 T 的第一行元素 T_{1k} 和最后一行元素 T_{Nk}。已知 $y_{21}(s)$ 和 $y_{22}(s)$ 的分子和分母多项式[即双终端网络中的式(7.20)和式(7.25)，以及单终端网络中的式(7.29)和式(7.31)]，可以运用部分分式展开①，确定留数 r_{21k} 和 r_{22k} 如下[4]：

$$y_{21}(s) = \frac{y_{21n}(s)}{y_d(s)} = -j \sum_{k=1}^{N} \frac{r_{21k}}{\omega - \lambda_k}, \quad y_{22}(s) = \frac{y_{22n}(s)}{y_d(s)} = -j \sum_{k=1}^{N} \frac{r_{22k}}{\omega - \lambda_k}$$

假设

$$\begin{aligned} T_{Nk} &= \sqrt{r_{22k}} \\ T_{1k} &= \frac{r_{21k}}{T_{Nk}} = \frac{r_{21k}}{\sqrt{r_{22k}}}, \quad k = 1, 2, 3, \cdots, N \end{aligned} \tag{8.33}$$

从式(8.28a)开始，采用同样的步骤可得 $T_{1k} = \sqrt{r_{11k}}$，其中 r_{11k} 是 $y_{11}(s)$ 的留数。结合式(8.33)，

---

① 有理多项式的留数可以计算如下[6]：

$$r_{21k} = \left.\frac{y_{21n}(s)}{y_d'(s)}\right|_{s=j\lambda_k}, \qquad r_{22k} = \left.\frac{y_{22n}(s)}{y_d'(s)}\right|_{s=j\lambda_k}, \qquad k = 1, 2, 3, \cdots, N$$

其中 $j\lambda_k$ 为 $y_d(s)$ 的根，而 $y_d'(s)$ 代表多项式 $y_d(s)$ 对 s 的微分。

可以得出 $T_{1k} = \sqrt{r_{11k}} = r_{21k}/\sqrt{r_{22k}}$，因此网络可实现条件 $r_{21k}^2 = r_{11k}r_{22k}$ 成立[8]。根据 $y_{21}(s)$ 和 $y_{22}(s)$ 推导出 T_{1k}[见式(8.33)]，从而可以构造出多项式 $y_{11}(s) = y_{11n}(s)/y_d(s)$ 的分子。

通常，与网络直接连接的终端阻抗 R_S 和 R_L 没有归一化。为了归一化终端阻抗值为 1 Ω，需要根据图8.5(b)中的"内"网络，通过变换其行向量 T_{1k} 和 T_{Nk} 的幅度，求解得到输入/输出变换器值 M_{S1} 和 M_{NL} 如下：

$$M_{S1}^2 = R_S = \sum_{k=1}^{N} T_{1k}^2, \quad M_{NL}^2 = R_L = \sum_{k=1}^{N} T_{Nk}^2 \tag{8.34}$$

因此 $T_{1k} \to T_{1k}/M_{S1}$ 且 $T_{Nk} \to T_{Nk}/M_{NL}$，其中 M_{S1} 和 M_{NL} 分别等于网络的源和负载两个变压器的匝数比 n_1 和 n_2，使得终端阻抗与内部网络匹配[4]。

已知矩阵 T 的第一行元素和最后一行元素，接下来运用格拉姆-施密特正交法或类似方法[9]构造出其余的正交向量。最后，利用式(8.29)综合得到耦合矩阵 M。

8.3 耦合矩阵的简化

利用8.2节介绍的综合方法得到的矩阵 M，其所有非零元素如图8.7所示。代表不对称网络的耦合矩阵，其主对角线上的非零元素表示每个谐振器（异步调谐）相对于中心频率的偏移，而其他元素表示为网络中各个谐振器、源与负载，以及源或负载与每个谐振器之间的耦合系数。由于这样的耦合矩阵形式不适合应用，通常需要经过一系列相似变换（有时也称为"旋转"）[10~12]，获得便于实现且包含最少耦合数量的矩阵形式。由于相似变换不会改变原来耦合矩阵 M 的本征值和本征向量，所以经过变换后，可以准确得到与初始矩阵完全相同的传输和反射特性。

对于变换后的耦合矩阵 M 而言，有许多比较实用的规范形式。众所周知的包括箭形[13]和更实用的折叠形[14,15]，如图8.9所示。任意一种便于实现耦合的规范形式都可以直接应用。另外，还可以将它们作为初始矩阵，经过进一步变换，得到更有利于滤波器的物理实现和电气特性受到限制的拓扑结构[16,17]。下面将要介绍的是耦合矩阵简化为折叠形矩阵的方法，箭形矩阵也可以运用类似方法推导。

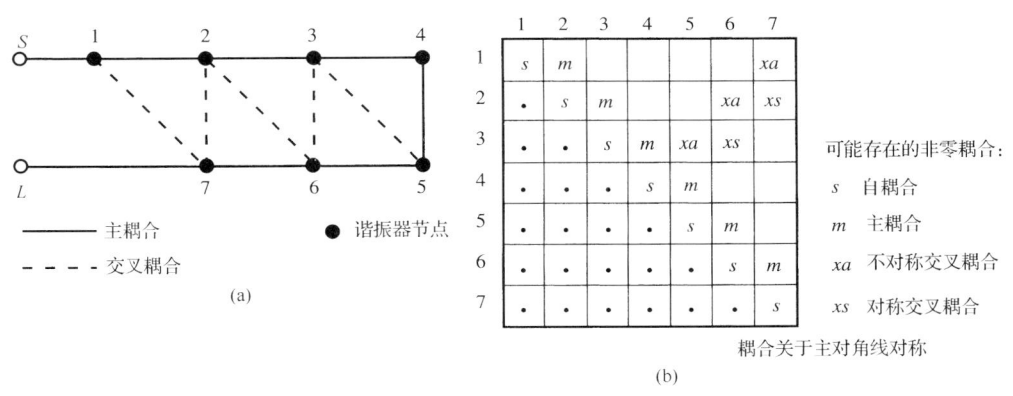

图8.9 七阶 $N \times N$ 规范折叠形耦合矩阵网络，在对称情况下，s 和 xa 为零

8.3.1 相似变换和矩阵元素消元

一个 $N \times N$ 耦合矩阵 $\boldsymbol{M}_0$ 的相似变换(或旋转),是通过在 $\boldsymbol{M}_0$ 的左端和右端分别乘以 $N \times N$ 旋转矩阵 $\boldsymbol{R}$,及其转置矩阵 $\boldsymbol{R}^\mathrm{T}$ 来实现的[10,11]:

$$\boldsymbol{M}_1 = \boldsymbol{R}_1 \cdot \boldsymbol{M}_0 \cdot \boldsymbol{R}_1^\mathrm{T} \tag{8.35}$$

其中 $\boldsymbol{M}_0$ 为初始矩阵,$\boldsymbol{M}_1$ 是相似变换后的矩阵,旋转矩阵 $\boldsymbol{R}$ 的定义如图 8.10 所示。矩阵 $\boldsymbol{R}_r$ 中支点 $[i,j]$ ($i \neq j$) 位置的元素 $R_{ii} = R_{jj} = \cos \theta_r$,$R_{ji} = -R_{ij} = \sin \theta_r$ ($i,j \neq 1$ 或 N),且 θ_r 为旋转角度。其余主对角线上的元素为 1,而其他非对角线上的元素为 0。

经过相似变换之后,矩阵 $\boldsymbol{M}_1$ 的本征值与初始矩阵 $\boldsymbol{M}_0$ 仍是一致的。其中变换以 $\boldsymbol{M}_0$ 为开始矩阵,过程中应用了任意定义的支点和旋转角度,并经过任意次数的变换。每次变换过程中的矩阵形式如下:

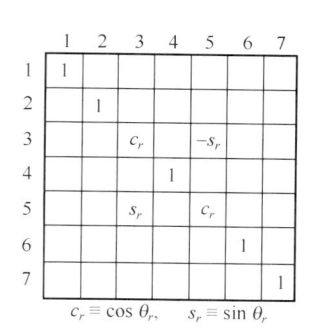

图 8.10 七阶旋转矩阵 $\boldsymbol{R}_r$。支点为 $[3,5]$,角度为 θ_r

$$\boldsymbol{M}_r = \boldsymbol{R}_r \cdot \boldsymbol{M}_{r-1} \cdot \boldsymbol{R}_r^\mathrm{T}, \qquad r = 1, 2, 3, \cdots, R \tag{8.36}$$

经过分析后可知,变换后得到的矩阵 $\boldsymbol{M}_R$ 与初始矩阵 $\boldsymbol{M}_0$ 的响应保持一致。

利用支点 $[i,j]$ 和角度 θ_r ($\neq 0$),对矩阵 $\boldsymbol{M}_{r-1}$ 进行相似变换后,产生的新矩阵 $\boldsymbol{M}_r$ 的元素与 $\boldsymbol{M}_{r-1}$ 的相比,仅有第 i 行和第 j 行与第 i 列和第 j 列的元素发生了变化。因此,矩阵 $\boldsymbol{M}_r$ 的第 i 行或第 j 行,以及第 i 列或第 j 列的第 k 个元素 ($k \neq i,j$),以及支点位置以外的元素,可以根据如下公式计算得到:

$$\begin{aligned}
M'_{ik} &= c_r M_{ik} - s_r M_{jk}, \quad \text{第} i \text{行元素} \\
M'_{jk} &= s_r M_{ik} + c_r M_{jk}, \quad \text{第} j \text{行元素} \\
M'_{ki} &= c_r M_{ki} - s_r M_{kj}, \quad \text{第} i \text{列元素} \\
M'_{kj} &= s_r M_{ki} + c_r M_{kj}, \quad \text{第} j \text{列元素}
\end{aligned} \tag{8.37a}$$

其中 $k (\neq i,j) = 1, 2, 3, \cdots, N$,且 $c_r = \cos \theta_r$ 和 $s_r = \sin \theta_r$。不含撇号(′)的元素属于矩阵 $\boldsymbol{M}_{r-1}$,而包含撇号的元素属于矩阵 $\boldsymbol{M}_r$。对于支点位置的元素 M_{ii},M_{jj} 和 M_{ij} ($= M_{ji}$),有

$$\begin{aligned}
M'_{ii} &= c_r^2 M_{ii} - 2 s_r c_r M_{ij} + s_r^2 M_{jj} \\
M'_{jj} &= s_r^2 M_{ii} + 2 s_r c_r M_{ij} + c_r^2 M_{jj} \\
M'_{ij} &= M_{ij}(c_r^2 - s_r^2) + s_r c_r (M_{ii} - M_{jj})
\end{aligned} \tag{8.37b}$$

矩阵简化过程中推导出相似变换的两个性质如下:

1. 对于支点 $[i,j]$ 的变换而言,只有第 i 行和第 j 行,以及第 i 列与第 j 列的所有元素受到影响(其角度 $\theta_r \neq 0$),而矩阵中的其他元素保持不变。
2. 如果变换前支点的行与列交叉位置的元素均为零,则变换后它们依然为零。例如,图 8.11 中支点 $[3,5]$ 位置的元素 M_{13} 和 M_{15},在变换前后的值均为零,与变换角度 θ_r 无关。

式(8.37)可以应用于耦合矩阵中指定位置元素的消元(变换为零)。例如,对于图 8.11 所示的七阶耦合矩阵,为了消去不为零的元素 M_{15}(也包含 M_{51}),耦合矩阵中的支点为 $[3,5]$,旋转角度为 $\theta_1 = -\arctan(M_{15}/M_{13})$ [见式(8.37a)中的最后一个公式,其中 $k = 1$,$i = 3$,$j = 5$]。

经过变换后，矩阵中的 M'_{15} 和 M'_{51} 为零，而第 3 行和第 5 行，以及第 3 列和第 5 列的所有元素都发生了变化（见图 8.11 的阴影部分）。式（8.38）总结了利用支点 $[i,j]$，针对耦合矩阵中特定位置的元素进行旋转消元的角度公式如下：

$$\theta_r = \arctan(M_{ik}/M_{jk}), \qquad \text{第 } i \text{ 行的第 } k \text{ 个元素 } M_{ik} \qquad (8.38\text{a})$$

$$\theta_r = -\arctan(M_{jk}/M_{ik}), \qquad \text{第 } j \text{ 行的第 } k \text{ 个元素 } M_{jk} \qquad (8.38\text{b})$$

$$\theta_r = \arctan(M_{ki}/M_{kj}), \qquad \text{第 } i \text{ 列的第 } k \text{ 个元素 } M_{ki} \qquad (8.38\text{c})$$

$$\theta_r = -\arctan(M_{kj}/M_{ki}), \qquad \text{第 } j \text{ 列的第 } k \text{ 个元素 } M_{kj} \qquad (8.38\text{d})$$

$$\theta_r = \arctan\left(\frac{M_{ij} \pm \sqrt{M_{ij}^2 - M_{ii}M_{jj}}}{M_{jj}}\right), \qquad \text{支点交叉位置的元素 } M_{ii} \qquad (8.38\text{e})$$

$$\theta_r = \arctan\left(\frac{-M_{ij} \pm \sqrt{M_{ij}^2 - M_{ii}M_{jj}}}{M_{ii}}\right), \qquad \text{支点交叉位置的元素 } M_{jj} \qquad (8.38\text{f})$$

$$\theta_r = \frac{1}{2}\arctan\left(\frac{2M_{ij}}{(M_{jj} - M_{ii})}\right), \qquad \text{支点交叉位置的元素 } M_{ij} \qquad (8.38\text{g})$$

运用 8.2 节介绍的综合方法，可将得到的全耦合矩阵 $\boldsymbol{M}_0$ 经过一系列相似变换，对矩阵中无须或不便于实现的耦合元素依次进行消元，一步步地将矩阵简化为图 8.9 所示的折叠形拓扑。针对某些特定次序的变换应用，以上两条性质同样满足，从而在连续变换过程中，可以确保已经消元为零的元素，在随后变换中依然为零。

	1	2	3	4	5	6	7
1	s	m	④	③	②	①	xa
2	·	s	m	⑨	⑧	xa	xs
3	·	·	s	m	xa	xs	⑤
4	·	·	·	s	m	⑩	⑥
5	·	·	·	·	s	m	⑦
6	·	·	·	·	·	s	m
7	·	·	·	·	·	·	s

图 8.11 七阶耦合矩阵到规范折叠形拓扑的简化次序。支点为 $[3,5]$ 且旋转角度为 $\theta_r(\neq 0)$，相似变换后，其中阴影部分的元素发生了变化，而其他元素不变

8.3.1.1 全耦合矩阵到规范折叠形矩阵的简化过程

全耦合矩阵简化为折叠形，需要依次对矩阵进行若干次变换。其中包含从每行的右边到左边，以及从每列的上端到下端，依次对矩阵元素消元的过程。在图 8.11 所示的七阶滤波器中，首先从第 1 行第 $N-1$ 列的元素 M_{16} 开始消元。

在支点 $[5,6]$ 和角度 $\theta_1 = -\arctan(M_{16}/M_{15})$ 对矩阵进行相似变换，可以消去元素 M_{16}。接下来，在支点 $[4,5]$ 和角度 $\theta_2 = -\arctan(M_{15}/M_{14})$ 的变换可以消去元素 M_{15}。由于前面消去的元素 M_{16} 位于与其最近的支点位置的行与列的外围，因此变换过程中不受影响，依然保持为零。在第三次和第四次消元过程中，依次在支点位置 $[3,4]$ 和 $[2,3]$，使用角度 $\theta_3 = -\arctan(M_{14}/M_{13})$ 和 $\theta_4 = -\arctan(M_{13}/M_{12})$ 进行变换，进一步消去元素 M_{14} 和 M_{13}，而之前消去的元素一直保持为零。

经过上述四次变换之后,矩阵第 1 行中的主耦合 M_{12} 与末耦合 M_{17} 之间的元素均为零。由于矩阵关于主对角线对称,其第 1 列中的 M_{21} 与 M_{71} 之间的元素也同时为零。

继续消元过程,对于支点[3,4],[4,5]和[5,6],使用角度 $\arctan(M_{37}/M_{47})$,$\arctan(M_{47}/M_{57})$ 和 $\arctan(M_{57}/M_{67})$ 进行变换,可分别消去第 7 列中的 M_{37},M_{47} 和 M_{57} 这三个元素[见式(8.38a)]。由于第一轮消元过程中,第 1 行每一个主耦合与最后一列之间的元素 M_{13},M_{14},M_{15} 和 M_{16} 同时消去为零,且在第二轮变换过程中它们彼此与旋转支点的列交叉,因此保持不变。

继续第三轮,沿着第 2 行依次可以消去 M_{25} 和 M_{24},且最后一轮消去第 6 列中的 M_{46}。显然,此时已经实现了规范折叠形耦合矩阵形式(见图8.9),其包含两个对角耦合,包括对称和不对称的交叉耦合。表 8.1 总结了整个矩阵消元过程。

表 8.1 七阶全耦合矩阵连续相似变换(旋转)简化为折叠形拓扑[①]

变换次序 r	消去的元素	支点$[i,j]$	$\theta_r = \arctan(cM_{kl}/M_{mn})$				
			k	l	m	n	c
1	M_{16},在第 1 行	[5,6]	1	6	1	5	-1
2	M_{15},在第 1 行	[4,5]	1	5	1	4	-1
3	M_{14},在第 1 行	[3,4]	1	4	1	3	-1
4	M_{13},在第 1 行	[2,3]	1	3	1	2	-1
5	M_{37},在第 7 列	[3,4]	3	7	4	7	$+1$
6	M_{47},在第 7 列	[4,5]	4	7	5	7	$+1$
7	M_{57},在第 7 列	[5,6]	5	7	6	7	$+1$
8	M_{25},在第 2 行	[4,5]	2	5	2	4	-1
9	M_{24},在第 2 行	[3,4]	2	4	2	3	-1
10	M_{46},在第 6 列	[4,5]	4	6	5	6	$+1$

① 总变换次数为 $R = \sum_{n=1}^{N-3} n = 10$。

最终矩阵中对角线位置的元素值可以自动确定,无须进行特别的消元处理。由于 $N \times N$ 矩阵的传输函数可实现的预设有限传输零点数为 $1 \sim (N-2)$,因此从靠近主对角线的不对称元素开始(如七阶滤波器矩阵中的 M_{35}),与对角线交叉的元素将逐个变得都不为零。假如,初始滤波器函数是对称的,则产生不对称特性的交叉耦合元素 M_{35},M_{26} 和 M_{17} 都应为零(大多数情况下,主对角线的自耦合 M_{11} 至 M_{77} 同时为零)。

对于变换次序具有规律性的任意阶耦合矩阵的消元过程,通过编制计算机程序很容易实现。

8.3.1.2 实用范例

下面以一个七阶单终端不对称滤波器为例说明简化过程。其回波损耗为 23 dB,s 平面内一对共轭传输零点为 $\pm 0.9218 - j0.1546$,可以实现接近 60% 的群延迟均衡带宽,且虚轴上的零点为 $+j1.2576$,在通带外可实现 30 dB 抑制水平。

已知 3 个有限传输零点的位置,$S_{11}(s)$ 的分子多项式 $F(s)$ 可以运用 6.4 节的迭代算法来构造。然后,根据已知的回波损耗和常数 ε,可以确定 $S_{11}(s)$ 和 $S_{21}(s)$ 的公共分母多项式 $E(s)$,其 s 平面内多项式的系数参见表 8.2。注意,由于 $N - n_{fz} = 4$ 为偶数,多项式 $P(s)$ 需要乘以 j。

根据这些多项式的系数,运用式(7.29)和式(7.31),可以确定这个单终端滤波器多项式 y_{21} 和 y_{22} 的分子和分母;然后将 y_{21} 和 y_{22} 运用部分分式展开,将求解得到的留数组成正交

矩阵 T [见式(8.33)]的第一行和最后一行。经过式(8.34)变换后,运用正交化过程[9]可以确定矩阵 T 中的其他元素。最后,运用式(8.29)求解得到耦合矩阵 M。矩阵 M 中的元素列于图8.12中。

表8.2 (7-1-2)不对称单终端滤波器的传输多项式和反射多项式的系数

s^n ($n=1$)	多项式系数		
	$P(s)$	$F(s)$	$E(s)$
0	-1.0987	$-j0.0081$	$+0.1378 - j0.1197$
1	$-j0.4827$	$+0.0793$	$+0.8102 - j0.5922$
2	$+0.9483$	$-j0.1861$	$+2.2507 - j1.3316$
3	$+j1.0$	$+0.7435$	$+3.9742 - j1.7853$
4		$-j0.5566$	$+4.6752 - j1.6517$
5		$+1.6401$	$+4.1387 - j0.9326$
6		$-j0.3961$	$+2.2354 - j0.3961$
7		$+1.0$	$+1.0$
	$\varepsilon = 6.0251$	$\varepsilon_R = 1.0$	

	1	2	3	4	5	6	7
1	0.0586	−0.0147	−0.2374	−0.0578	0.4314	−0.4385	0
2	−0.0147	−0.0810	0.4825	0.3890	0.6585	0.0952	−1.3957
3	−0.2374	0.4825	0.2431	−0.0022	0.3243	−0.2075	0.1484
4	−0.0578	0.3890	−0.0022	−0.0584	−0.3047	0.4034	−0.0953
5	0.4314	0.6585	0.3243	−0.3047	0.0053	−0.5498	−0.1628
6	−0.4385	0.0952	−0.2075	0.4034	−0.5498	−0.5848	−0.1813
7	0	−1.3957	0.1484	−0.0953	−0.1628	−0.1813	0.0211

图8.12 (7-1-2)不对称单终端滤波器简化前的 $N \times N$ 耦合矩阵。其元素值关于主对角线对称,$R_1 = 0.7220$,$R_N = 2.2354$

为了将全耦合矩阵简化为折叠形,根据表8.1及运用式(8.35),以 M [等于式(8.36)中的 M_0]为初始矩阵,对 M 进行连续10次相似变换。其中每次变换都基于其上次变换的结果。经过最后一次变换后,M_{10} 矩阵中不为零的元素与折叠形滤波器中谐振器之间的耦合系数相对应,采用适当的方法可以直接实现(见图8.13)。注意,交叉对角线上的耦合元素 M_{17} 和 M_{27},由于指定的滤波器函数并不包含它们,将自动消为零,所以无须使用特别的消元过程。

	1	2	3	4	5	6	7
1	0.0586	0.6621	0	0	0	0	0
2	0.6621	0.0750	0.5977	0	0	0.1382	0
3	0	0.5977	0.0900	0.4890	0.2420	0.0866	0
4	0	0	0.4890	−0.6120	0.5038	0	0
5	0	0	0.2420	0.5038	−0.0518	0.7793	0
6	0	0.1382	0.0866	0	0.7793	0.0229	1.4278
7	0	0	0	0	0	1.4278	0.0211

图8.13 简化为折叠形式(M_{10})的(7-1-2)不对称单终端滤波器 $N \times N$ 耦合矩阵

第 8 章　滤波器网络的耦合矩阵综合

这个耦合矩阵的响应如图 8.14(a)(抑制/回波损耗)和图 8.14(b)(群延迟)所示。从回波损耗曲线图上可以看出，这个单终端滤波器的通带内插入损耗是等波纹的，且 30 dB 的阻带抑制和带内群延迟均衡在变换过程中并不受影响。

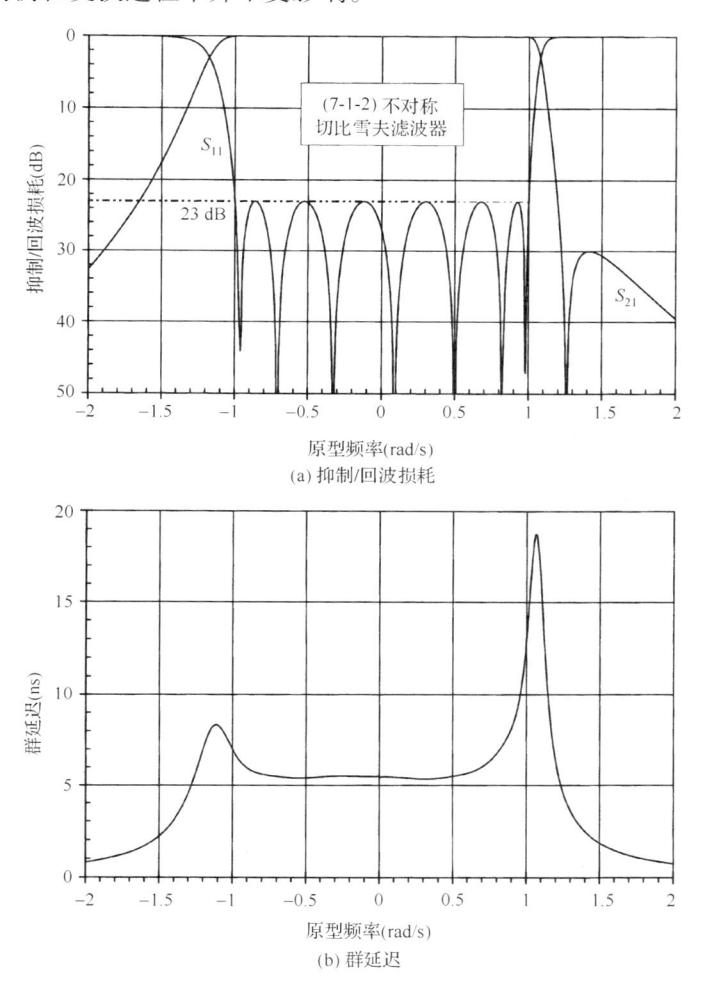

图 8.14　(7-1-2)折叠形不对称单终端滤波器综合示例

图 8.15(a)所示为与图 8.13 中耦合矩阵对应的折叠形网络拓扑结构，图 8.15(b)所示为可用于滤波器实现的一种同轴腔结构。本例中的交叉耦合与主耦合符号是相同的，但一般情况下它们可以混合使用。

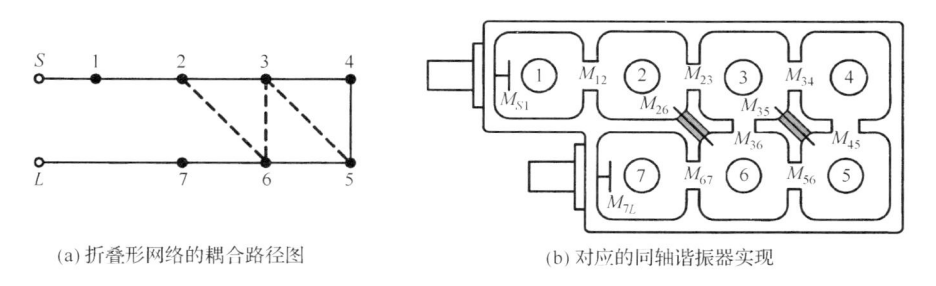

图 8.15　折叠形拓扑结构实现

(a)折叠形网络的耦合路径图　　(b)对应的同轴谐振器实现

8.4　N+2 耦合矩阵的综合

本节将介绍全规范型或折叠形 N+2 耦合矩阵的综合方法,该方法克服了常规 N×N 耦合矩阵的缺点[18]。与常规 N×N 耦合矩阵相比,折叠形 N+2 耦合矩阵更易于准确综合,且无须运用施密特正交化过程。N+2 耦合矩阵或扩展矩阵的上边和下边各多出一行,且左边和右边各多出一列。这些额外增加的行与列位于以 N×N 耦合矩阵为中心的周围,可实现源和负载与谐振器节点的输入和输出耦合。

与常规的 N×N 耦合矩阵相比,N+2 耦合矩阵具有如下优点:

- 可以实现多重输入/输出耦合。也就是说,不仅包括滤波器电路中第一个谐振器与最后一个谐振器之间的主输入/输出耦合,还包括源和(或)负载与谐振器之间的耦合。
- 可以综合全规范型滤波器函数(例如包含 N 个有限位置传输零点的 N 阶特性)。
- 在采用连续相似变换(旋转)的综合过程中,矩阵最外围的行或列的某些临时存放的耦合可以旋转到中间的其他位置。

首先利用滤波器函数的 N 阶"横向"电路耦合矩阵的综合方法,直接构建 N+2 耦合矩阵;然后根据 8.3 节介绍的"全" N×N 耦合矩阵简化方法,将 N+2 耦合矩阵简化为折叠形拓扑。

8.4.1　横向耦合矩阵的综合

为了综合 N+2 横向耦合矩阵,我们运用了两种方法来构建整个二端口网络的短路导纳矩阵 $[Y_N]$。一种方法是根据实现滤波器特性的传输和反射参数 $S_{21}(s)$ 与 $S_{11}(s)$ 的有理多项式系数来构造矩阵;另一种方法是利用横向拓扑网络的电路元件。令两种方法推导出的导纳矩阵 $[Y_N]$ 相等,从而确立横向拓扑网络的耦合矩阵元素与多项式 $S_{21}(s)$ 与 $S_{11}(s)$ 的系数之间的关系。

8.4.1.1　传输多项式和反射多项式综合导纳函数 $[Y_N]$

根据 6.3 节构造的广义切比雪夫滤波器函数的传输多项式和反射多项式具有如下形式[见式(6.5)和式(6.6)]:

$$S_{21}(s) = \frac{P(s)/\varepsilon}{E(s)}, \quad S_{11}(s) = \frac{F(s)/\varepsilon_R}{E(s)} \quad (8.39)$$

其中,

$$\varepsilon = \frac{1}{\sqrt{10^{RL/10} - 1}} \cdot \left| \frac{P(s)}{F(s)/\varepsilon_R} \right|_{s=\pm j}$$

RL 为给定的回波损耗 dB 值,并且假设 $E(s)$,$F(s)$ 和 $P(s)$ 多项式各自的最高阶项的系数归一化为 1。$E(s)$ 和 $F(s)$ 都是 N 阶多项式,N 为滤波器函数的阶数;而多项式 $P(s)$ 为 n_{fz} 阶多项式,其中 n_{fz} 为给定的有限传输零点数。对于一个可实现的网络,必须有 $n_{fz} \leqslant N$。

大多数应用中 ε_R 的值为 1,除了全规范型滤波器函数,其中所有传输零点都预先给定于有限频率处($n_{fz} = N$)。在这种情形下,位于无穷远处的 $S_{21}(s)$ 为有限 dB 值。由于每个多项式 $E(s)$,$F(s)$ 和 $P(s)$ 都归一化为 1,因此下式中 ε_R 的值会略大于 1[见式(6.26)]:

$$\varepsilon_R = \frac{\varepsilon}{\sqrt{\varepsilon^2 - 1}} \quad (8.40)$$

矩阵$[Y_N]$的多项式$y_{21}(s)$与$y_{22}(s)$的分子和分母可以根据传输多项式和反射多项式$S_{21}(s)$与$S_{11}(s)$直接构造[见式(7.20)和式(7.25)]。由于双终端网络的源和负载都为$1\ \Omega$[19],可得

N为偶数:
$$y_{21}(s) = y_{21n}(s)/y_d(s) = (P(s)/\varepsilon)/m_1(s)$$
$$y_{22}(s) = y_{22n}(s)/y_d(s) = n_1(s)/m_1(s)$$

N为奇数:
$$y_{21}(s) = y_{21n}(s)/y_d(s) = (P(s)/\varepsilon)/n_1(s)$$
$$y_{22}(s) = y_{22n}(s)/y_d(s) = m_1(s)/n_1(s)$$

其中,
$$m_1(s) = \text{Re}(e_0+f_0) + \text{jIm}(e_1+f_1)s + \text{Re}(e_2+f_2)s^2 + \cdots$$
$$n_1(s) = \text{jIm}(e_0+f_0) + \text{Re}(e_1+f_1)s + \text{jIm}(e_2+f_2)s^2 + \cdots \tag{8.41}$$

e_i和f_i,$i=0,1,2,\cdots,N$分别为多项式$E(s)$和$F(s)/\varepsilon_R$的复系数。同时,还可以构造出$y_{11}(s)$,但是与$N \times N$耦合矩阵一样,在$N+2$矩阵综合过程中它是多余的。类似地,单终端网络多项式$y_{21}(s)$与$y_{22}(s)$可以根据式(7.29)和式(7.31)构建得到。

已知$y_{21}(s)$与$y_{22}(s)$的分子和分母多项式,可以运用部分分式展开法,求解留数r_{21k}和r_{22k},$k=0,1,2,\cdots,N$。通过求得$y_{21}(s)$与$y_{22}(s)$的公共分母多项式$y_d(s)$的根,可以得出网络的纯实数本征值λ_k。如果N阶多项式$y_d(s)$具有纯虚数根$j\lambda_k$[见式(8.32)],则整个网络的导纳矩阵$[Y_N]$用留数的矩阵形式可表示为

$$[Y_N] = \begin{bmatrix} y_{11}(s) & y_{12}(s) \\ y_{21}(s) & y_{22}(s) \end{bmatrix} = \frac{1}{y_d(s)} \begin{bmatrix} y_{11n}(s) & y_{12n}(s) \\ y_{21n}(s) & y_{22n}(s) \end{bmatrix}$$
$$= j \begin{bmatrix} 0 & K_\infty \\ K_\infty & 0 \end{bmatrix} + \sum_{k=1}^{N} \frac{1}{(s-j\lambda_k)} \cdot \begin{bmatrix} r_{11k} & r_{12k} \\ r_{21k} & r_{22k} \end{bmatrix} \tag{8.42}$$

其中,除了对于全规范型滤波器函数(有限传输零点数n_{fz}等于阶数N)的情况,实常数$K_\infty = 0$。在全规范型函数中,$y_{21}(s)$分子多项式$[y_{21n}(s) = jP(s)/\varepsilon]$的阶数与其分母多项式$y_d(s)$的阶数相等。在求解留数$r_{21k}$之前,首先需要从$y_{21}(s)$中提取出常数$K_\infty$,使分子多项式$y_{21n}(s)$的阶数减1。注意,对于全规范型滤波器函数,由于$N-n_{fz}=0$为偶数,因此$P(s)$必须乘以j来确保散射矩阵满足幺正条件。

令$s=j\infty$,则K_∞的值与变量s无关,计算如下:
$$jK_\infty = \left.\frac{y_{21n}(s)}{y_d(s)}\right|_{s=j\infty} = \left.\frac{jP(s)/\varepsilon}{y_d(s)}\right|_{s=j\infty} \tag{8.43}$$

根据式(8.41)构造多项式$y_d(s)$,最终其最高阶项的系数为$1+1/\varepsilon_R$。由于$P(s)$的最高阶项的系数为1,因此K_∞的值计算如下:
$$K_\infty = \frac{1}{\varepsilon} \cdot \frac{1}{(1+1/\varepsilon_R)} = \frac{\varepsilon_R}{\varepsilon} \frac{1}{(\varepsilon_R+1)} \tag{8.44a}$$

根据式(8.40),K_∞的另一个推导形式如下:
$$K_\infty = \frac{\varepsilon}{\varepsilon_R}(\varepsilon_R-1) \tag{8.44b}$$

现在,新的分子多项式$y'_{21n}(s)$确定为
$$y'_{21n}(s) = y_{21n}(s) - jK_\infty y_d(s) \tag{8.45}$$

其阶数为$N-1$,且$y'_{21}(s) = y'_{21n}(s)/y_d(s)$的留数$r_{21k}$可以运用之前的方法求解。

8.4.1.2 电路方法综合导纳矩阵 $[Y_N]$

另外,整个二端口短路导纳矩阵 $[Y_N]$ 还可以根据全规范型横向网络直接综合得到。其常用形式如图 8.16(a) 所示,网络由一系列源与负载之间的 N 个单阶低通子网络并联组成,且它们之间不存在相互连接。在用于实现全规范型传输函数的网络中,还包含源-负载直接耦合变换器 M_{SL}。根据最短路径原理,有 $n_{fz\,max} = N - n_{min}$,其中 $n_{fz\,max}$ 为网络中可实现的最大有限传输零点数,n_{min} 为源与负载之间路径最短的谐振节点数。对于全规范型网络,$n_{min} = 0$,因此 $n_{fz\,max} = N$,即与网络的阶数相同。

每个低通子网络由并联电容 C_k 和不随频率变化的导纳 B_k 组成,它与源和负载的特征导纳 M_{SK} 和 M_{LK} 的导纳变换器连接。其中电路中第 k 个低通子网络如图 8.16(b) 所示。

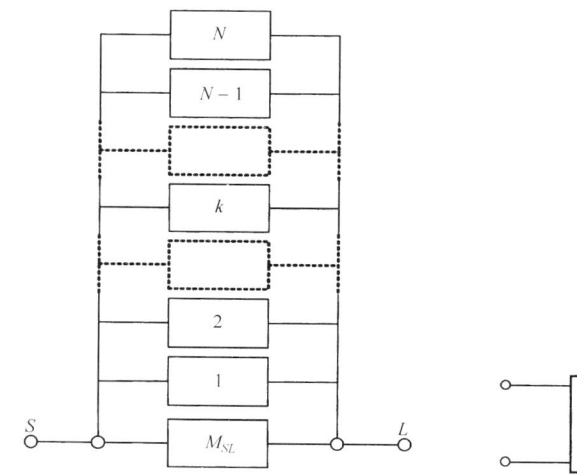

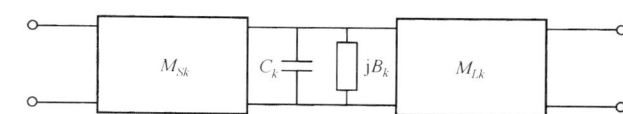

(a) 包含直接源-负载耦合 M_{SL} 的 N 个谐振器横向拓扑网络

(b) 横向拓扑网络中第 N 个低通子网络的等效电路

图 8.16 全规范型横向拓扑网络

全规范型滤波器函数 图 8.16(a) 中的源与负载直接耦合变换器 M_{SL} 的值为零(除了全规范型滤波器函数,其中滤波器的有限传输零点数与其阶数相等),在无穷远频率处 ($s = \pm j\infty$),低通子网络的所有并联电容 C_k 呈短路,且经过变换器 M_{SK} 和 M_{LK} 之后,在源-负载端口呈开路形式。因此,不随频率变化的导纳变换器 M_{SL} 在源与负载之间仅有一条路径。

如图 8.17 所示,如果负载阻抗为 1 Ω,则输入端看进去的驱动点导纳 $Y_{11\infty}$ 为

$$Y_{11\infty} = M_{SL}^2 \tag{8.46}$$

因此,$s = \pm j\infty$ 时的输入反射系数 $S_{11}(s)$ 为

$$S_{11}(s)|_{s=j\infty} \equiv |S_{11\infty}| = \left| \frac{(1 - Y_{11\infty})}{(1 + Y_{11\infty})} \right| \tag{8.47}$$

根据能量守恒定理,并替换式(8.47)中的 $|S_{11\infty}|$,可得

$$|S_{21\infty}| = \sqrt{1 - |S_{11\infty}|^2} = \frac{2\sqrt{Y_{11\infty}}}{(1 + Y_{11\infty})} = \frac{2M_{SL}}{(1 + M_{SL}^2)} \tag{8.48}$$

求解 M_{SL},可得

$$M_{SL} = \frac{1 \pm \sqrt{1 - |S_{21\infty}|^2}}{|S_{21\infty}|} = \frac{1 \pm |S_{11\infty}|}{|S_{21\infty}|} \tag{8.49}$$

第 8 章 滤波器网络的耦合矩阵综合

由于全规范型滤波器函数中的多项式 $P(s)$ 和 $E(s)$ 的阶数都为 N 阶，且最高阶项的系数归一化为 1，因此在无穷远频率处有 $|S_{21}(j\infty)| = |(P(j\infty)/\varepsilon)/E(j\infty)| = 1/\varepsilon$。同理可得 $|S_{11}|(j\infty) = |(F(j\infty)/\varepsilon_R)/E(j\infty)| = 1/\varepsilon_R$。因此，

$$M_{SL} = \frac{\varepsilon(\varepsilon_R \pm 1)}{\varepsilon_R} \tag{8.50}$$

由于全规范型网络中的 ε_R 略大于 1，因此上式中选取负号可以使 M_{SL} 的值相对更小，

$$M_{SL} = \frac{\varepsilon(\varepsilon_R - 1)}{\varepsilon_R} \tag{8.51a}$$

图 8.17 横向拓扑网络的等效电路($s = \pm j\infty$)

对于非规范型滤波器函数，当 $\varepsilon_R = 1$ 时可以正确解出 $M_{SL} = 0$。此外，选取正号可以得到第二个解 $M'_{SL} = 1/M_{SL}$ [见式(8.44)]，但是由于求得的数值较大，实际上从来不会采用[20]。根据式(8.40)，可以得到式(8.51a)的另一种形式(只含有 ε_R)：

$$M_{SL} = \sqrt{\frac{\varepsilon_R - 1}{\varepsilon_R + 1}} \tag{8.51b}$$

其中，当 $\varepsilon_R = 1$ 时再次可以得到 $M_{SL} = 0$。

8.4.1.3 二端口导纳矩阵 $[Y_N]$ 的综合

图 8.16(b)中级联的第 k 个低通谐振器元件的 $[ABCD]$ 传输矩阵给定为

$$[ABCD]_k = -\begin{bmatrix} \dfrac{M_{Lk}}{M_{Sk}} & \dfrac{(sC_k + jB_k)}{M_{Sk}M_{Lk}} \\ 0 & \dfrac{M_{Sk}}{M_{Lk}} \end{bmatrix} \tag{8.52}$$

然后，直接变换为如下等效短路导纳 y 参数矩阵(见表 5.2)：

$$[y_k] = \begin{bmatrix} y_{11k}(s) & y_{12k}(s) \\ y_{21k}(s) & y_{22k}(s) \end{bmatrix} = \frac{M_{Sk}M_{Lk}}{(sC_k + jB_k)} \cdot \begin{bmatrix} \dfrac{M_{Sk}}{M_{Lk}} & 1 \\ 1 & \dfrac{M_{Lk}}{M_{Sk}} \end{bmatrix}$$

$$= \frac{1}{(sC_k + jB_k)} \cdot \begin{bmatrix} M_{Sk}^2 & M_{Sk}M_{Lk} \\ M_{Sk}M_{Lk} & M_{Lk}^2 \end{bmatrix} \tag{8.53}$$

并联横向拓扑网络的二端口短路导纳矩阵 $[Y_N]$ 由 N 个子单元网络的 y 参数矩阵，以及源-负载直接耦合变换器 M_{SL} 的 y 参数矩阵 $[y_{SL}]$ 叠加构成，即

$$[Y_N] = \begin{bmatrix} y_{11}(s) & y_{12}(s) \\ y_{21}(s) & y_{22}(s) \end{bmatrix} = [y_{SL}] + \sum_{k=1}^{N} \begin{bmatrix} y_{11k}(s) & y_{12k}(s) \\ y_{21k}(s) & y_{22k}(s) \end{bmatrix}$$

$$= j\begin{bmatrix} 0 & M_{SL} \\ M_{SL} & 0 \end{bmatrix} + \sum_{k=1}^{N} \frac{1}{(sC_k + jB_k)} \begin{bmatrix} M_{Sk}^2 & M_{Sk}M_{Lk} \\ M_{Sk}M_{Lk} & M_{Lk}^2 \end{bmatrix} \tag{8.54}$$

8.4.1.4 $N+2$ 横向矩阵的综合

现在 $[Y_N]$ 有两种表示形式，一种是留数表示的传输函数矩阵形式[见式(8.42)]，另一种是横向拓扑网络的电路元件形式[见式(8.54)]。显然，$M_{SL} = K_\infty$，且对于式(8.42)和式(8.54)所示 $y_{21}(s)$ 和 $y_{22}(s)$ 矩阵中下标为 21 和 22 的元素，可得

$$\frac{r_{21k}}{(s-\mathrm{j}\lambda_k)} = \frac{M_{Sk}M_{Lk}}{(sC_k+\mathrm{j}B_k)} \tag{8.55a}$$

$$\frac{r_{22k}}{(s-\mathrm{j}\lambda_k)} = \frac{M_{Lk}^2}{(sC_k+\mathrm{j}B_k)} \tag{8.55b}$$

其中，留数 r_{21k} 和 r_{22k} 及本征值 λ_k 已经根据理想滤波器函数的多项式 $S_{21}(s)$ 与 $S_{22}(s)$ 推导得到[见式(8.42)]，因此令式(8.55a)和式(8.55b)中的实部和虚部分别相等，可以建立电路参数之间的直接关系如下：

$$C_k = 1, \quad B_k(\equiv M_{kk}) = -\lambda_k$$
$$M_{Lk}^2 = r_{22k}, \quad M_{Sk}M_{Lk} = r_{21k}$$

所以

$$M_{Lk} = \sqrt{r_{22k}} = T_{Nk}, \quad M_{Sk} = r_{21k}/\sqrt{r_{22k}} = T_{1k}, \quad k=1,2,3,\cdots,N \tag{8.56}$$

此时可以确定，M_{Sk} 和 M_{Lk} 与 8.2.1 节定义的正交矩阵 $\boldsymbol{T}$ 中未归一化的行向量 T_{1k} 和 T_{Nk} 相等。网络中所有的并联电容 $C_k=1$，且不随频率变化的导纳 $B_k=-\lambda_k$（表示自耦合 $M_{11}\to M_{NN}$），输入耦合 M_{SK}，输出耦合 M_{Lk} 及源与负载的直接耦合 M_{SL} 现在都已确定。由此可构造出图 8.16(a) 所示互易网络的 $N+2$ 横向耦合矩阵 $\boldsymbol{M}$，其中 N 个输入耦合 $M_{Sk}(=T_{1k})$ 出现在图 8.18 所示矩阵 $\boldsymbol{M}$ 的第一行和第一列中 1 到 N 的位置。类似地，N 个输出耦合 $M_{Lk}(=T_{Nk})$ 出现在矩阵最后一行和最后一列的 1 到 N 位置，而其他元素都为零。终端阻抗 R_s 和 R_L 分别与 $M_{SL}^2+\sum_{k=1}^{N}M_{Sk}^2$ 和 $M_{SL}^2+\sum_{k=1}^{N}M_{kL}^2$ 成正比。

	S	1	2	3	$\cdots$	k	$\cdots$	$N-1$	N	L
S		M_{S1}	M_{S2}	M_{S3}	$\cdots$	M_{Sk}	$\cdots$	$M_{S,N-1}$	M_{SN}	M_{SL}
1	M_{1S}	M_{11}								M_{1L}
2	M_{2S}		M_{22}							M_{2L}
3	M_{3S}			M_{33}						M_{3L}
$\vdots$	$\vdots$				$\ddots$					$\vdots$
k	M_{kS}					M_{kk}				M_{kL}
$\vdots$	$\vdots$						$\ddots$			$\vdots$
$N-1$	$M_{N-1,S}$							$M_{N-1,N-1}$		$M_{N-1,L}$
N	M_{NS}								M_{NN}	M_{NL}
L	M_{LS}	M_{L1}	M_{L2}	M_{L3}	$\cdots$	M_{Lk}	$\cdots$	$M_{L,N-1}$	M_{LN}	

图 8.18　横向拓扑网络的 $N+2$ 全规范型耦合矩阵 $\boldsymbol{M}$。中间双线框内表示为 $N\times N$ 子矩阵。其关于主对角线对称，即 $M_{ij}=M_{ji}$

在某些网络中，例如第 10 章介绍的源端和(或)负载端包含直接耦合提取极点的情况下，需要在源端和负载端分别添加并联的 FIR 元件 B_S 和 B_L。这类 FIR 元件通过综合方法计算得到，生成原型反射多项式 $S_{11}(s)=(F(s)/\varepsilon_R)/E(s)$ 和 $S_{22}(s)=(F_{22}(s)/\varepsilon_R)/E(s)$，其中 $E(s)$，$F(s)$ 和 $F_{22}(s)$ 具有复系数(最高阶项的系数也是如此)[21]。因此，利用式(8.41)建立的短路导纳矩阵$[Y_N]$的分子导纳多项式$y_{11n}(s)$和$y_{22n}(s)$也是N阶的,与其分母多项式$y_d(s)$的阶数相同。

现在,运用部分分式展开推导出该特性的留数r_{11k}和r_{22k}之前[见式(8.42)],首先要估算并提取出一个因子,将分子多项式$y_{11n}(s)$和$y_{22n}(s)$的阶数减1。对于全规范型传递函数[见式(8.43)和式(8.45)],可运用同样的方法将$P(s)$多项式的阶数也减1。将留数形式的短路导纳公式(8.42)修改如下,其中K_S和K_L分别与源端和负载端的FIR元件相关,并在$s = j\infty$时计算:

$$[Y_N] = j\begin{bmatrix} K_S & K_\infty \\ K_\infty & K_L \end{bmatrix} + \sum_{k=1}^{N}\frac{1}{(s-j\lambda_k)}\cdot\begin{bmatrix} r_{11k} & r_{12k} \\ r_{21k} & r_{22k} \end{bmatrix}$$

在横向电路的源端和负载端包含了这些FIR元件B_S和B_L以后,电路元件形式的横向网络的导纳公式(8.54)可以修改为

$$[Y_N] = j\begin{bmatrix} B_S & M_{SL} \\ M_{SL} & B_L \end{bmatrix} + \sum_{k=1}^{N}\frac{1}{(sC_k+jB_k)}\begin{bmatrix} M_{Sk}^2 & M_{Sk}M_{Lk} \\ M_{Sk}M_{Lk} & M_{Lk}^2 \end{bmatrix}$$

比较这两个公式,可以看出$B_S = K_S$且$B_L = K_L$,在横向矩阵中分别用M_{SS}和M_{LL}表示。

8.4.2 $N+2$横向耦合矩阵到规范折叠形矩阵的简化

大多数情况下,由于横向拓扑具有N个输入和输出耦合,显然它不可能实现,因此必须变换为更适用的拓扑结构。一个合适的结构是折叠形或反折叠形拓扑[14],它不仅可以直接实现,还可以作为初始矩阵,进一步变换成其他更有利于实现的滤波器结构。

横向矩阵简化为折叠形结构的主要过程是运用8.3节介绍的$N+2$耦合矩阵的变换方法,而不是$N\times N$矩阵。本方法中使用一系列相似变换,消去不需要的耦合元素。消元次序由最外围的行和列开始,即从每行的右边到左边,从每列的上端到下端,直至矩阵中剩余的元素与折叠形滤波器拓扑结构一一对应(见图8.19)。

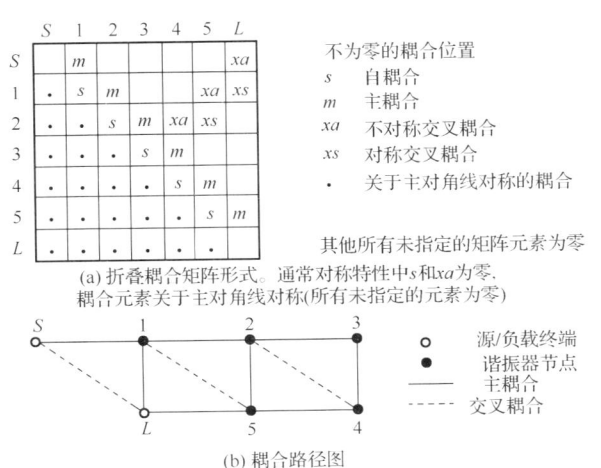

	S	1	2	3	4	5	L
S		m					xa
1	·	s	m			xa	xs
2		·	s	m	xa	xs	
3			·	s	m		
4			·	·	s	m	
5		·	·		·	s	m
L		·	·			·	

不为零的耦合位置
s 自耦合
m 主耦合
xa 不对称交叉耦合
xs 对称交叉耦合
· 关于主对角线对称的耦合

其他所有未指定的矩阵元素为零

(a) 折叠耦合矩阵形式。通常对称特性中s和xa为零。
耦合元素关于主对角线对称(所有未指定的元素为零)

○ 源/负载终端
● 谐振器节点
── 主耦合
---- 交叉耦合

(b) 耦合路径图

图8.19 全规范折叠形$N+2$网络耦合矩阵的五阶滤波器示例

与$N\times N$耦合矩阵一样,交叉对角线上的耦合xa和xs无须进行特别的消元操作。如果它们对于指定的滤波器特性的实现毫无贡献,会自动消去为零。

8.4.3 实用范例

为了说明 $N+2$ 耦合矩阵的综合过程，下面以一个四阶不对称滤波器为例。其回波损耗为 22 dB，有 4 个有限传输零点，其中 2 个传输零点 $-j3.7431$ 和 $-j1.8051$ 在通带下边沿外的阻带产生 30 dB 抑制，另外 2 个传输零点 $j1.5699$ 和 $j6.1910$ 在通带上边沿外的阻带产生 20 dB 抑制。利用 6.3.4 节的计算方法，这些波瓣分别出现在通带下边沿外的 $-j22.9167$ 和 $-j2.2414$ 位置，以及通带上边沿外的 $+j2.0561$ 位置。

运用 6.3 节介绍的迭代方法，可以求得 $S_{11}(s)$ 和 $S_{21}(s)$ 的分子和分母多项式的系数。为了便于理解，多项式的计算公式重写如下：

$$S_{21}(s) = \frac{P(s)/\varepsilon}{E(s)}, \quad S_{11}(s) = \frac{F(s)/\varepsilon_R}{E(s)} \tag{8.57}$$

计算得到系数的值如表 8.3 所示，其中 ε_R 的值根据式 (8.40) 求得。注意，由于 $N - n_{fz} = 0$ 为偶数，所以 $P(s)$ 的系数需要乘以 j，结果参见表 8.3。

现在 $y_{21}(s)[= y_{21n}(s)/y_d(s)]$ 和 $y_{22}(s)[= y_{22n}(s)/y_d(s)]$ 的分子和分母多项式可以通过式 (8.41) 构造得到，利用 $y_d(s)$ 的最高阶项的系数归一化后的多项式 $y_{21n}(s)$，$y_{22n}(s)$ 和 $y_d(s)$ 的系数总结在表 8.4 中。

表 8.3 四阶 (4-4) 滤波器函数的多项式 $E(s)$，$F(s)$ 和 $P(s)$ 的系数

$s^i, i=$	S_{11} 和 S_{21} 分母多项式 $E(s)$ 的系数 (e_i)	S_{11} 分子多项式 $F(s)$ 的系数 (f_i)	S_{21} 分子多项式 $P(s)$ 的系数 (p_i)
0	$1.9877 - j0.0025$	0.1580	$j65.6671$
1	$+3.2898 - j0.0489$	$-j0.0009$	$+1.4870$
2	$+3.6063 - j0.0031$	$+1.0615$	$+26.5826$
3	$+2.2467 - j0.0047$	$-j0.0026$	$+2.2128$
4	$+1.0$	$+1.0$	$+j1.0$
		$\varepsilon_R = 1.000\ 456$	$\varepsilon = 33.140\ 652$

表 8.4 (4-4) 滤波器函数 $y_{21}(s)$，$y_{22}(s)$ 和 $y'_{21n}(s)$ 的分子和分母多项式系数

$s^i, i=$	$y_{22}(s)$ 和 $y_{21}(s)$ 的分母多项式 $y_d(s)$ 的系数	$y_{22}(s)$ 的分子多项式 $y_{22n}(s)$ 的系数	$y_{21}(s)$ 的分子多项式 $y_{21n}(s)$ 的系数	提取 M_{SL} 之后 $y_{21}(s)$ 的分子多项式 $y'_{21n}(s)$ 的系数
0	1.0730	$-j0.0012$	$j0.9910$	$j0.9748$
1	$-j0.0249$	$+1.6453$	$+0.0224$	$+0.0221$
2	$+2.3342$	$-j0.0016$	$+j0.4012$	$+j0.3659$
3	$-j0.0036$	$+1.1236$	$+0.0334$	$+0.0333$
4	$+1.0$	—	$+j0.0151$	—

下一步运用部分分式展开求解 $y_{21}(s)$ 和 $y_{22}(s)$ 的留数。由于 $y_{22}(s)$ 的分子 $y_{22n}(s)$ 的阶数比分母 $y_d(s)$ 的阶数少 1，可以直接求得相应的留数 r_{22k}。而 $y_{21}(s)$ 的分子 $y_{21n}(s)$ 的阶数与分母 $y_d(s)$ 的阶数相同，所以必须首先提取出 $K_\infty (= M_{SL})$，从而使 $y_{21n}(s)$ 的阶数减 1。

通过计算 $s = j\infty$ 时 $y_{21}(s)$ 的值，很容易求解出 M_{SL}，它等于 $y_{21}(s)$ 的分子和分母多项式的最高阶项的系数的比值 [见式 (8.43)]：

$$jM_{SL} = y_{21}(s)|_{s=j\infty} = \left.\frac{y_{21n}(s)}{y_d(s)}\right|_{s=j\infty} = j0.015\ 09 \tag{8.58}$$

$y_{21n}(s)$ 的最高阶项的系数详见表 8.4。此外，M_{SL} 还可以由式 (8.51) 推导得到。

第8章 滤波器网络的耦合矩阵综合

根据式(8.45),从 $y_{21}(s)$ 的分子多项式中提取出 M_{SL} 为

$$y'_{21n}(s) = y_{21n}(s) - \mathrm{j}M_{SL}y_d(s) \tag{8.59}$$

此时,$y'_{21n}(s)$ 的阶数比 $y_d(s)$(见表8.4)的阶数少1,从而可以运用常规方法求得留数 r_{21k}。表8.5 中列出了所有留数、本征值 λ_k[其中 $\mathrm{j}\lambda_k$ 为 $y_d(s)$ 的根],以及本征向量 T_{1k} 和 T_{Nk} 的值[见式(8.56)]。

表8.5 四阶(4-4)滤波器函数的留数、本征值和本征向量

k	本征值 λ_k	留数		本征向量	
		r_{22k}	r_{21k}	$T_{Nk} = \sqrt{r_{22k}}$	$T_{1k} = r_{21k}/\sqrt{r_{22k}}$
1	−1.3142	0.1326	0.1326	0.3641	0.3641
2	−0.7831	0.4273	−0.4273	0.6537	−0.6537
3	0.8041	0.4459	0.4459	0.6677	0.6677
4	1.2968	0.1178	−0.1178	0.3433	−0.3433

需要注意的是,源和负载阻抗相同的双终端无耗网络,在可实现条件下,其留数 r_{22k} 为正实数,且 $|r_{21k}| = |r_{22k}|$[8]。

已知本征值 λ_k,本征向量 T_{1k} 和 T_{Nk},以及 M_{SL} 的值,现在可以完成整个 $N+2$ 横向耦合矩阵(见图8.18)的构造,如图8.20 所示。

	S	1	2	3	4	L
S	0	0.3641	−0.6537	0.6677	−0.3433	0.0151
1	0.3641	1.3142	0	0	0	0.3641
2	−0.6537	0	0.7831	0	0	0.6537
3	0.6677	0	0	−0.8041	0	0.6677
4	−0.3433	0	0	0	−1.2968	0.3433
L	0.0151	0.3641	0.6537	0.6677	0.3433	0

图8.20 (4-4)全规范型滤波器的横向耦合矩阵,矩阵关于主对角线对称

运用8.3.1节介绍的类似简化方法,现在对 $N+2$ 矩阵进行操作,可以简化横向矩阵为折叠形拓扑。经过6次连续相似变换后,耦合元素 M_{S4},M_{S3},M_{S2},M_{2L},M_{3L} 和最后的 M_{13} 被依次消去(见表8.6)。最终的折叠形耦合矩阵如图8.21(a)所示,且其对应的耦合元素和路径图如图8.21(b)所示。

表8.6 四阶滤波器的横向耦合矩阵运用相似变换简化为折叠形的支点和角度[①]

变换次序 r	支点[i, j]	消去元件	图8.20 中的对应行或列	$\theta_r = \arctan(cM_{kl}/M_{mn})$				
				k	l	m	n	c
1	[3,4]	M_{S4}	位于第 S 行	S	4	S	3	−1
2	[2,3]	M_{S3}	位于第 S 行	S	3	S	2	−1
3	[1,2]	M_{S2}	位于第 S 行	S	2	S	1	−1
4	[2,3]	M_{2L}	位于第 L 列	2	L	3	L	+1
5	[3,4]	M_{3L}	位于第 L 列	3	L	4	L	+1
6	[2,3]	M_{13}	位于第 1 行	1	3	1	2	−1

① 总变换次数为 $R = \sum_{n=1}^{N-1} n = 6$。

	S	1	2	3	4	L
S	0	1.0600	0	0	0	0.0151
1	1.0600	−0.0023	0.8739	0	−0.3259	0.0315
2	0	0.8739	0.0483	0.8359	0.0342	0
3	0	0	0.8359	−0.0668	0.8723	0
4	0	−0.3259	0.0342	0.8723	0.0171	1.0595
L	1.0151	0.0315	0	0	1.0595	0

(a) 耦合矩阵，关于主对角线对称

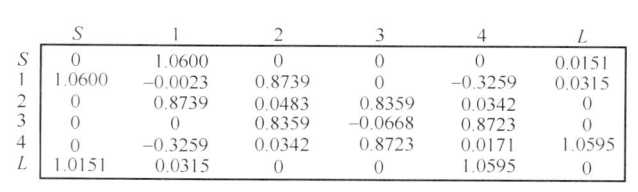

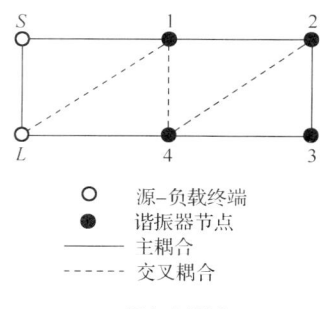

(b) 耦合路径图

○ 源-负载终端
● 谐振器节点
—— 主耦合
---- 交叉耦合

图 8.21　(4-4)全规范型折叠形拓扑结构的滤波器综合示例

经过分析，该耦合矩阵的曲线如图 8.22 所示。显然，与初始多项式 $S_{11}(s)$ 和 $S_{21}(s)$ 的回波损耗和抑制特性相比，其性能并没有发生变化。

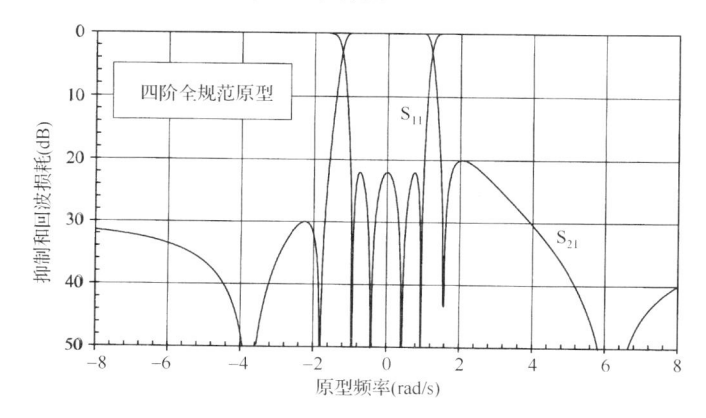

图 8.22　(4-4)全规范型综合示例：折叠形耦合矩阵分析。其抑制波瓣为 $s \rightarrow \pm j\infty = 20\lg(\varepsilon) = 30.407$ dB

8.4.4　复终端网络 $N+2$ 耦合矩阵综合

二端口 $N+2$ 耦合矩阵用到的横向网络综合方法，可以扩展到源和负载不随频率变化的复终端之间的矩阵综合设计，它们之间并不一定相等。对于根据式(8.41)生成的短路 Y 参数多项式，通过将其分子多项式 $y_{11n}(s)$，$y_{22n}(s)$，$y_{12n}(s)[=y_{21n}(s)]$ 和分母多项式 $y_d(s)$ 修改为端接复终端源阻抗 Z_S 和复终端负载 Z_L，可进行如下计算（其推导过程详见附录6A）：

$$\begin{aligned}
y_{11n}(s) &= [Z_L^*(E(s) - F(s)/\varepsilon_R) - (-1)^N Z_L(E(s) - F(s)/\varepsilon_R)^*] \\
y_{22n}(s) &= [(Z_S^* E(s) + Z_S F(s)/\varepsilon_R) - (-1)^N (Z_S^* E(s) + Z_S F(s)/\varepsilon_R)^*] \\
y_{12n}(s) &= y_{21n}(s) = -2\sqrt{\mathrm{Re}(Z_S)\mathrm{Re}(Z_L)} P(s)/\varepsilon \\
y_d(s) &= [Z_L^*(Z_S^* E(s) + Z_S F(s)/\varepsilon_R) + (-1)^N Z_L(Z_S^* E(s) + Z_S F(s)/\varepsilon_R)^*]
\end{aligned} \quad (8.60)$$

接下来，运用与归一化终端横向耦合矩阵类似的综合方法，即求解由已知的有理传输和反射多项式 $E(s)$，$F(s)/\varepsilon_R$ 和 $P(s)/\varepsilon$ 的留数表示的二端口导纳参数矩阵 $[Y]$，以获得横向网络矩阵 $[Y]$ 中未知的电路元件参数。求解方程后，构建出横向耦合矩阵，且重构为一个更适用的拓扑。由于多项式 y_{11n} 和 y_{22n} 为全规范型传输函数，其第 N 阶系数通常为复数且互不相等，因此需要对求解方法做一个小的修改。注意，这将在后面通过一个例子来演示。

首先,使用第6章中介绍的四阶不对称非规范型切比雪夫原型的多项式综合示例,其回波损耗为22 dB,两个传输零点分别为 $s_{01}=+j1.3217$ 和 $s_{02}=+j1.8082$。本例中,源和负载终端阻抗分别设为 $Z_S=0.5+j0.6$ 和 $Z_L=1.3-j0.8$。已知多项式 $E(s)$,$F(s)/\varepsilon_R$ 和 $P(s)/\varepsilon$(见表6.2),直接应用式(8.60),可得出多项式 $y_{11}(s)$,$y_{22}(s)$ 和 $y_{21}(s)$ 的系数,结果见表8.7。

表8.7 (4-2)型切比雪夫滤波函数:$y_{11}(s)$,$y_{22}(s)$ 和 $y_{21}(s)$ 的分子和分母多项式的系数

s^i, $i=$	$y_{11}(s)$,$y_{22}(s)$ 和 $y_{21}(s)$ 的分母多项式 $y_d(s)$ 的系数	$y_{11}(s)$ 的分子多项式 $y_{11n}(s)$ 的系数	$y_{22}(s)$ 的分子多项式 $y_{22n}(s)$ 的系数	$y_{12}(s)=y_{21}(s)$ 的分子多项式 $y_{12n}(s)$ 和 $y_{21n}(s)$ 的系数
0	−0.7113	−j2.1567	j0.7264	j1.2835
1	−j3.9495	+4.3842	−0.4659	−1.6809
2	+2.6518	−j0.4205	−j2.1752	−j0.5370
3	−j1.4611	+2.4015	+0.9237	—
4	+1.0	—	—	—

然后,运用8.4节介绍的相同方法,可求得导纳函数的留数和本征值 λ_k。由于原留数关系式 $r_{11k}r_{22k}=r_{21k}^2$ 仍适用,因此可计算出本征向量 T_{1k} 和 T_{Nk},并构造横向耦合矩阵(见表8.8)。

表8.8 (4-2)型复终端滤波函数:本征值、留数和本征向量

k	本征值 λ_k	留数		本征向量	
		r_{21k}	r_{22k}	$T_{1k}=r_{21k}/\sqrt{r_{22k}}$	$T_{Nk}=\sqrt{r_{22k}}$
1	−1.6766	0.3061	0.5740	0.4040	0.7576
2	0.2139	−0.3575	0.2772	−0.6789	0.5265
3	1.0697	0.0542	0.0724	0.2015	0.2691
4	1.8541	-0.2890×10^{-2}	0.4808×10^{-5}	−1.3179	0.0022

运用一系列相似变换(见表8.6),重构横向矩阵为折叠形耦合矩阵,如图8.23(a)所示。为了便于比较,图8.23(b)所示等效耦合矩阵中的终端阻抗进行了归一化[见式(8.10)]。

比较图8.23中的耦合矩阵,可以看出受到终端阻抗变化影响的只有第一个谐振器和最后一个谐振器的调谐状态,以及输入和输出耦合。

	S	1	2	3	4	L
S	0	1.5497	0	0	0	0
1	1.5497	−1.2860	0.9599	0	0.3606	0
2	0	0.9599	−0.1439	0.2862	0.7742	0
3	0	0	0.2862	−0.9250	0.5674	0
4	0	0.3606	0.7742	0.5674	0.8938	0.9611
L	0	0	0	0	0.9611	0

(a) 源和负载复终端分别为 $Z_S=0.5+j0.6$ 和 $Z_L=1.3−j0.8$ 的耦合矩阵

	S	1	2	3	4	L
S	0	1.0958	0	0	0	0
1	1.0958	0.1549	0.9599	0	0.3606	0
2	0	0.9599	−0.1439	0.2862	0.7742	0
3	0	0	0.2862	−0.9250	0.5674	0
4	0	0.3606	0.7742	0.5674	0.1549	1.0958
L	0	0	0	0	1.0958	0

(b) 源和负载复终端分别为1的等效耦合矩阵

图8.23 (4-2)型不对称滤波函数

8.4.4.1 复终端阻抗的全规范特性

这里应用与之前一样的方法,综合具有复终端阻抗的全规范型滤波函数的耦合矩阵。但

是,应用式(8.60)求得的多项式 y_{11n} 和 y_{22n} 的第 N 阶系数不为零。这意味着必须首先提取出这些系数,才能继续进行留数计算,这与从全规范特性多项式中提取最高阶项的系数的方法一样[见式(8.58)]。这些提取出来的系数将出现在耦合矩阵中的 M_{SS} 和 M_{LL} 位置。

为了说明此过程,运用 8.4.3 节介绍的相同全规范原型,同时源和负载复终端阻抗也与之前一样,为 $Z_S = 0.5 + \text{j}0.6$ 和 $Z_L = 1.3 - \text{j}0.8$。应用式(8.60)计算出多项式 $y_{11}(s)$,$y_{22}(s)$ 和 $y_{21}(s)$ 的系数,结果如表 8.9 所示。

表 8.9 (4-4)型全规范型切比雪夫滤波函数: $y_{11}(s)$,$y_{22}(s)$ 和 $y_{21}(s)$ 的分子和分母多项式的系数

s^i, $i=$	$y_{11}(s)$,$y_{22}(s)$ 和 $y_{21}(s)$ 的分母多项式 $y_d(s)$ 的系数	$y_{11}(s)$ 的分子多项式 $y_{11n}(s)$ 的系数	$y_{22}(s)$ 的分子多项式 $y_{22n}(s)$ 的系数	$y_{12}(s) = y_{21}(s)$ 的分子多项式 $y_{12n}(s)$ 和 $y_{21n}(s)$ 的系数
0	1.7478	j1.1236	j0.7264	− j1.2289
1	− j1.0043	+ 3.3196	− 0.4659	− 0.0278
2	+ 3.2728	+ j1.5633	− j2.1752	− j0.4975
3	− j0.6612	+ 2.2481	+ 0.9237	− 0.0414
4	+ 1.0	+ j0.00028	− j0.00021	− j0.0187

矩阵元件值 M_{SS} 和 M_{LL} 可计算得到:

$$y_{11}(s)|_{s=\text{j}\infty} = \left.\frac{y_{11n}(s)}{y_d(s)}\right|_{s=\text{j}\infty} = \text{j}0.00028 = \text{j}M_{SS}$$
$$y_{22}(s)|_{s=\text{j}\infty} = \left.\frac{y_{22n}(s)}{y_d(s)}\right|_{s=\text{j}\infty} = -\text{j}0.00021 = \text{j}M_{LL} \quad (8.61)$$

然后对 $y_{11}(s)$ 和 $y_{22}(s)$ 进行提取,将它们各自的阶数减 1:

$$y'_{11n}(s) = y_{11n}(s) - \text{j}M_{SS}y_d(s), \quad y'_{22n}(s) = y_{22n}(s) - \text{j}M_{LL}y_d(s) \quad (8.62)$$

现在可以计算出剩余网络的留数和本征向量,构造横向耦合矩阵且转换为折叠形式。表 8.10 列出了它的本征值、留数和本征向量,且图 8.24 显示了这个网络的折叠形耦合矩阵。注意,与归一化终端的矩阵相比(见图 8.21),所有耦合都发生了变化。

表 8.10 (4-4)型复终端滤波函数:本征值、留数和本征向量

k	本征值 λ_k	留数		本征向量	
		r_{21k}	r_{22k}	$T_{1k} = r_{21k}/\sqrt{r_{22k}}$	$T_{Nk} = \sqrt{r_{22k}}$
1	− 1.4748	− 0.0504	0.4080	− 0.0790	0.6387
2	− 0.6719	0.3042	0.2697	0.5859	0.5193
3	0.9489	− 0.2202	0.1833	− 0.5143	0.4281
4	1.8590	− 0.0626	0.0024	− 1.2782	0.0490

	S	1	2	3	4	L
S	0.0003	1.4993	0	0	0	0.0187
1	1.4993	−1.3562	0.8743	0	−0.2987	0.0194
2	0	0.8743	0.0638	0.8347	0.0341	0
3	0	0	0.8347	0.0823	0.8719	0
4	0	−0.2987	0.0341	0.8719	0.7135	0.9290
L	0.0187	0.0194	0	0	0.9290	−0.0002

图 8.24 源和负载复终端分别为 $Z_S = 0.5 + \text{j}0.6$ 和 $Z_L = 1.3 - \text{j}0.8$ 的(4-4)全规范型不对称耦合矩阵

8.5 奇偶模耦合矩阵综合方法：折叠形栅格拓扑

另一种方法是利用折叠形栅格拓扑来综合耦合矩阵[22~24]。本方法可用于全规范型矩阵的综合，无论是奇数阶的还是偶数阶的，实现对称或不对称特性。它的优点是简单，只需要 $S_{21}(s)$ 和 $S_{11}(s)$ 的分母多项式 $E(s)$ 就可以开始综合过程(尽管对于全规范特性来说，也需要用到比值 $\varepsilon/\varepsilon_R$)，而且只需要综合 $N/2$ 阶(N 为偶数)或 $(N+1)/2$ 阶(N 为奇数)单端口网络。无须求解留数和特征值，省略了多项式求根的计算。这种方法应用到高阶网络时，有时会导致不准确。然而，这种方法仅限于源和负载相等的网络(因此不包括单终端网络)，以及所有反射零点[$S_{11}(s)$ 的分子多项式 $F(s)$ 的零点]位于虚轴上的网络的响应。

该方法利用了折叠形栅格拓扑的一个特性，其所有元件如频变电纳(电容)、FIR 元件和耦合变换器在将网络等分的对称平面上都是等值的。图 8.25(a)为六阶网络示例的示意图，图 8.25(b)则给出了相应的耦合路径图，并标示了网络等分的对称平面。在这种情况下，节点电抗 $B_1 = B_6$ 且 $C_1 = C_6$，耦合 $M_{S1} = M_{6L}$ 且 $M_{S6} = M_{1L}$，以此类推。图 8.25(c)显示了奇数(五)阶的等效网络示例。这里，对称面将中间谐振节点(节点 3)一分为二，将电容和 FIR 元件分为两个相等的部分，每部分包含一对值分别为 $C_3/2$ 和 $jB_3/2$ 的并联电容和 FIR 元件。在这两种情况下，都包含了实现全规范特性所必需的源-负载耦合 M_{SL}。

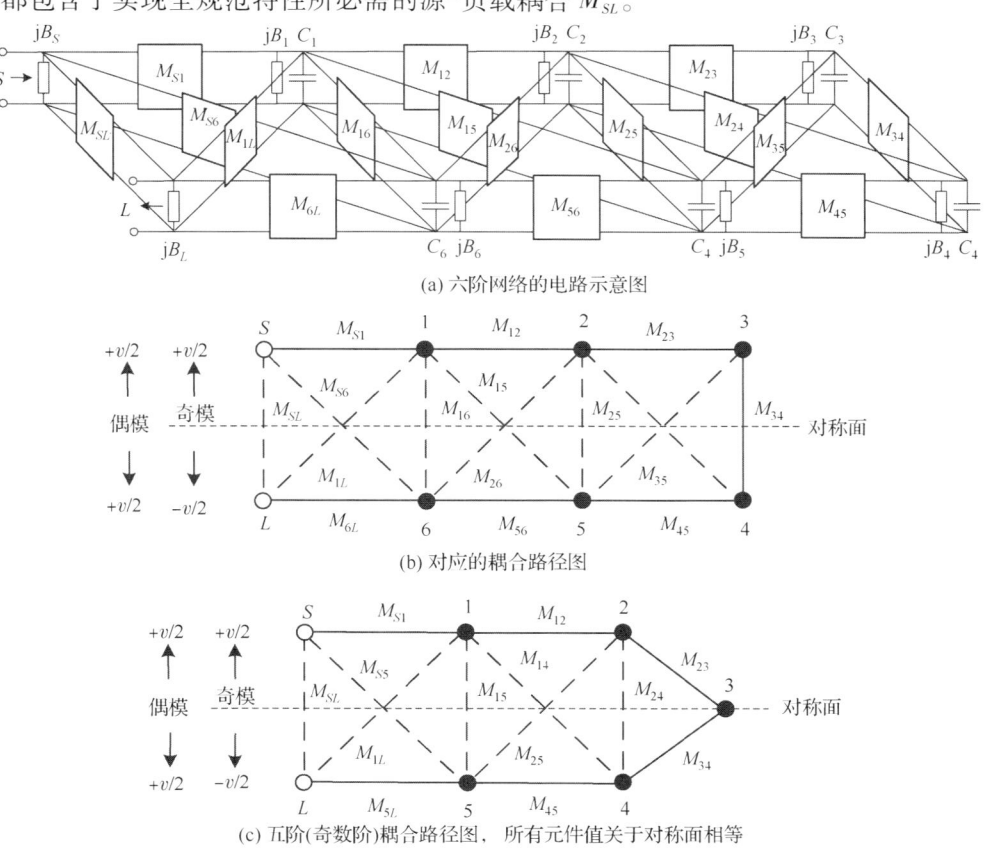

(a) 六阶网络的电路示意图

(b) 对应的耦合路径图

(c) 五阶(奇数阶)耦合路径图，所有元件值关于对称面相等

图 8.25 折叠形栅格网络

类似这样的对称网络元件值，可以通过使用奇模和偶模方法，将网络分成两个相同的单端口电路来综合。每一个单端口将有两个不同的驱动点导纳 Y_e 或 Y_o，这取决于分别施加到初始网络终端的奇模或偶模电压。奇模导纳和偶模导纳也可以根据所需的传输函数 $S_{21}(s)$ 和反射函数 $S_{11}(s)$，推导出单端口的奇模和偶模元件值。然后，通过一些简单的公式计算，可以得到整个栅格网络的元件值，并构建相应的耦合矩阵。

首先，通过对对称栅格网络终端施加奇模和偶模电压，沿对称平面将网络分成两个相同的单端口电路，如图 8.25 所示。

8.5.1 直耦合

针对直交叉耦合 [见图 8.25(a) 中的 M_{16}]，对称平面将变换器分为两条导纳值为 M_{16} 且相位长度为 45° 的传输线段。该线段的传输 [$ABCD$] 矩阵为 [见式(7.3)]

$$\begin{bmatrix} v_1 \\ i_1 \end{bmatrix} = \begin{bmatrix} \cos\theta & j\sin\theta/M_{ij} \\ jM_{ij}\sin\theta & \cos\theta \end{bmatrix} \begin{bmatrix} v_2 \\ i_2 \end{bmatrix} = \frac{1}{\sqrt{2}} \begin{bmatrix} 1 & j/M_{ij} \\ jM_{ij} & 1 \end{bmatrix} \begin{bmatrix} v_2 \\ i_2 \end{bmatrix} \quad (8.63\text{a})$$

该等分变换器在终端 2 的负载导纳为 Y_L，从其终端 1 看进去的导纳 Y_S 为

$$Y_S = \frac{C + Y_L D}{A + Y_L B} \quad (8.63\text{b})$$

在源和负载端施加两个相等的电压（偶模），在对称面上视为开路（$Y_L = 0$），可得 $Y_S = jM_{16}$。类似地，在源和负载端施加两个电压值相等但相位相反的电压（奇模），在对称面上将视为短路（$Y_L = \infty$），可得 $Y_S = -jM_{16}$。因此，在图 8.26 中的节点 1 和节点 6 处，该等分变换器成为并联 FIR 元件，其值分别为 $jK_1 = jK_6 = +jM_{16}$（偶模）和 $jK_1 = jK_6 = -jM_{16}$（奇模），并将 jK_1 和 jK_6 分别合并到这些节点已经存在的 FIR 元件 jB_1 和 jB_6 上。

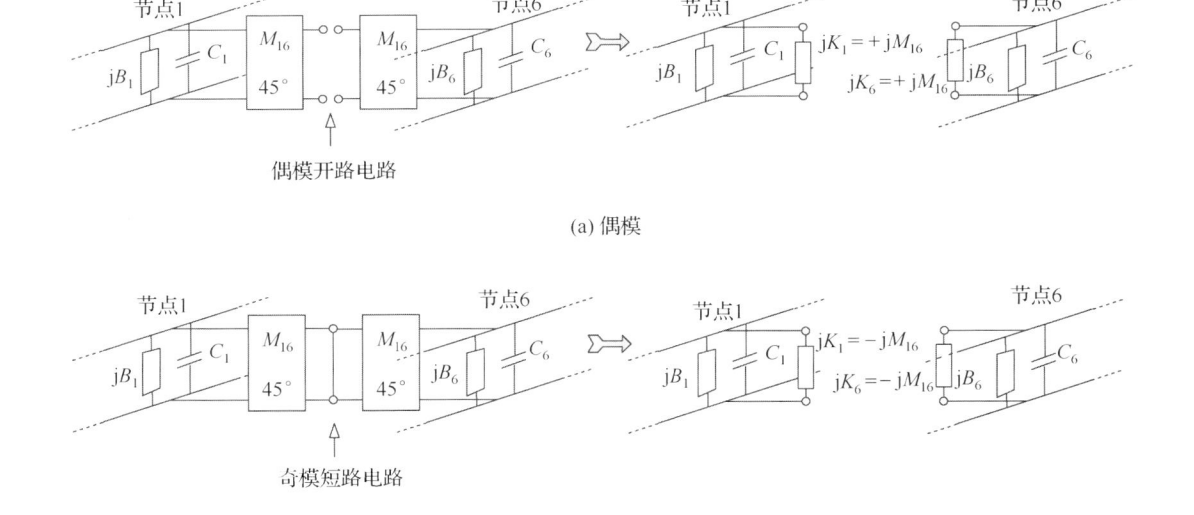

(a) 偶模

(b) 奇模

图 8.26 利用对称面等分的直交叉耦合

8.5.2 对角交叉耦合

由于栅格网络元件值的对称性,每部分子网络中包含对角耦合。当在网络终端施加相等的电压(偶模)时,相对的谐振节点(如六阶示例中的节点 1 和节点 6、节点 2 和节点 5 等)的电压将相等,而终端的奇模电压相等但相位相反。因此,当输入偶模电压时,与主耦合 M_{12} 和 M_{56} 并联的对角耦合 M_{15} 和 M_{26} ($M_{15} = M_{26}$)用正值表示,而当输入奇模电压时则用负值表示(见图 8.27)。

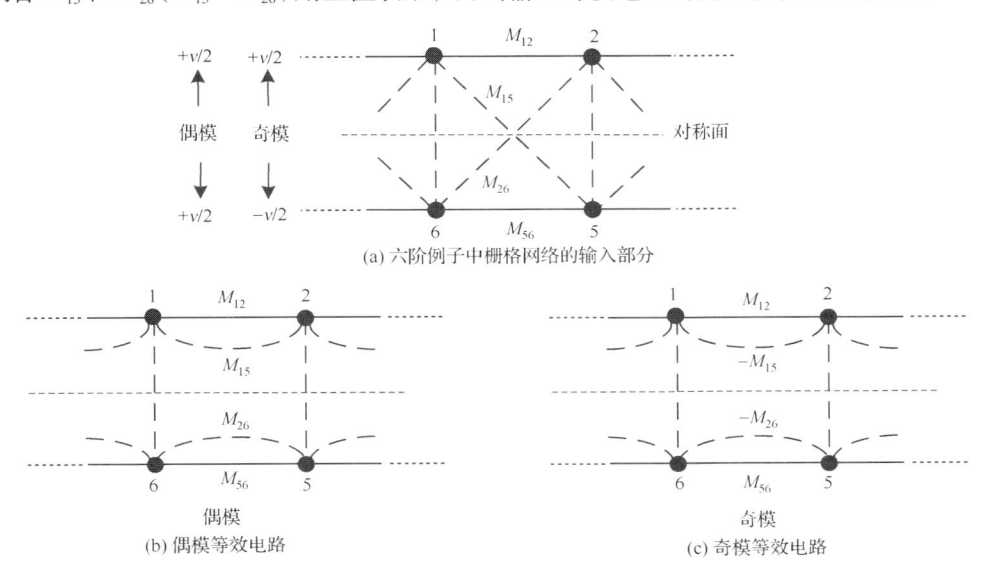

图 8.27 通过对称面等分的对角耦合

8.5.3 奇数阶网络中的等分中心谐振节点

对于奇数阶网络,对称面将中心谐振节点分成值相等的两半,如图 8.28 所示。这里,该平面是将图 8.25(c)中的五阶示例的中心节点(节点 3)分为两个并联的半边 3a 和 3b,每个半边由一个值为 $C_3/2$ 的电容和一个值为 $jB_3/2$ 的电抗 FIR 元件组成。值得注意的是,图 8.28 中节点 3 的两半部分(节点 3a 和 3b)之间的实线是直接连线,而不是变换器。

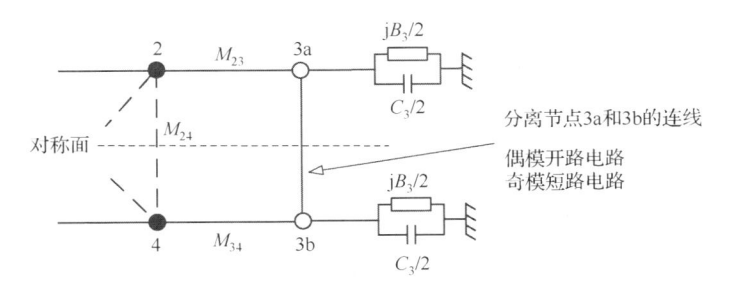

图 8.28 五阶(奇数阶)示例的等分中心谐振节点,对称面 $M_{23} = M_{34}$

在偶模条件下,节点 3a 和 3b 的电压将相等,3a 和 3b 之间的连接将视为开路。在奇模条件下,节点 3a 和 3b 处的电压将相等但相位相反,从而构成短路,再通过变换器 M_{23} 和 M_{34} 变换到节点 2 和节点 4 处,构成开路。因此,对于奇数阶网络,奇模单端口电路的阶数将比偶模电路的阶数少 1。

8.5.4 对称栅格网络的奇偶模电路

现在，对称栅格网络已经沿对称面被分成两个相同的网络，接下来的任务是由奇模和偶模导纳函数 Y_e 和 Y_o 来综合单端口奇模和偶模电路，其推导过程将在下面详细介绍。综合过程将产生两个单端口网络，如图 8.29 的六阶示例所示。对于偶数阶滤波函数，网络的阶数将为 $N/2$；对于奇数阶函数，偶模网络的阶数将为 $(N+1)/2$，而奇模网络的阶数将减1，为 $(N-1)/2$。此外，对于奇数阶网络的偶模电路，网络非末端的元件值将是整个栅格网络中相应元件值的一半。

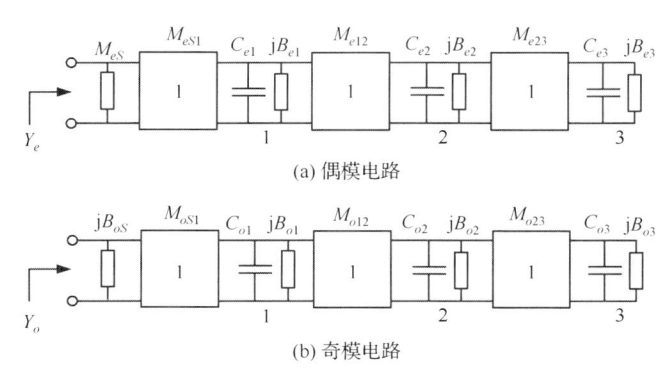

(a) 偶模电路

(b) 奇模电路

图 8.29 奇偶模单端口电路

下面按照常规的方式来进行单端口电路综合，详见 7.1.2 节[25]。在推导出有理多项式导纳函数 Y_e 和 Y_o 后，从每个网络的输入端向终端负载方向依次开始提取元件。如果函数是全规范型的，那么提取的第一个元件将是每个网络输入端的 FIR 元件，如图 8.29 中的 B_{eS} 和 B_{oS} 所示。接下来提取的是归一化的耦合变换器，提取这个元件的结果是使导纳函数反相。然后是每个网络的第一个谐振节点的元件，即偶模链路的 C_{e1} 和 B_{e1} 与奇模链路的 C_{o1} 和 B_{o1}。重复循环这个过程，直到从每条链路中提取出最后一个元件。

最后，对节点进行比例变换，将电容的值变换为1。对于第一个变换器 M_{eS1} 和 M_{oS1}，有

$$M_{eS1} = 1/\sqrt{C_{e1}}, \quad M_{oS1} = 1/\sqrt{C_{o1}} \tag{8.64a}$$

对于第一个节点和节点1和2之间的耦合变换器，有

$$\begin{aligned} M_{e12} &= 1/\sqrt{C_{e1}C_{e2}}, & M_{o12} &= 1/\sqrt{C_{o1}C_{o2}} \\ B_{e1} &\to B_{e1}/C_{e1}, & B_{o1} &\to B_{o1}/C_{o1} \\ C_{e1} &\to 1, & C_{o1} &\to 1 \end{aligned} \tag{8.64b}$$

重复循环以上过程，直到所有电容的值都变换为1。考虑到从奇数阶滤波函数的偶模网络中提取出的最后一个元件为实际值的一半，连接到中心节点的最后一个变换器[见图 8.25(c) 五阶示例中的 M_{23}]的变换和中心 FIR 元件的值给定为

$$M_{e(k-1,k)} = 1/\sqrt{2C_{ek}C_{e(k-1)}}, \quad B_{ek} \to B_{ek}/C_{ek}, \quad 最终 C_{ek} \to 1 \tag{8.65}$$

其中 $k = (N+1)/2$。

变换偶模和奇模网络之后，利用两个对角线的对称性，就可以完成对称栅格网络的耦合矩阵的构造了。以图 8.25(b) 中六阶栅格网络的第一段为例，可以看出，将栅格网络的"直线"

交叉耦合进行等分,可以得到 $B_{e1} = (B_1 + M_{16})$,$B_{o1} = (B_1 - M_{16})$。将这些公式进行加减运算,可得 $B_1 = (B_{e1} + B_{o1})/2$ 的值,即自耦合 $M_{11}(=M_{66})$ 和直交叉耦合 $M_{16} = (B_{e1} - B_{o1})/2$。且对于对角交叉耦合(见图 8.27),$M_{e12} = (M_{12} + M_{15})$,$M_{o12} = (M_{12} - M_{15})$。类似地,运用加减计算可得主线耦合的值 $M_{12} = (M_{e12} + M_{o12})/2(=M_{56})$,以及对角线交叉耦合的值 $M_{15} = (M_{e12} - M_{o12})/2(=M_{26})$。对于全规范原型,有 $B_{eS} = (B_S + M_{SL})$,$B_{oS} = (B_S - M_{SL})$,由此可得 $B_S = (B_{eS} + B_{oS})/2$,即源自耦合 $M_{SS}(=M_{LL})$ 和源-负载直接耦合 $M_{SL} = (B_{eS} - B_{oS})/2$。

对剩余栅格网络运用这些简单的关系式,然后再利用对称性来完成其余的矩阵元件值的计算。接下来推导奇模和偶模导纳函数 $Y_e(s)$ 和 $Y_o(s)$ 的有理多项式,开始奇模和偶模单端口网络的综合。

8.5.5 传输多项式和反射多项式的奇偶模导纳多项式设计

反射多项式 $S_{11}(s)$ 和传输多项式 $S_{21}(s)$ 可以用奇偶模导纳多项函数 $Y_o(s)$ 和 $Y_e(s)$ 表示如下[26]:

$$S_{11}(s) = \frac{F(s)/\varepsilon_R}{E(s)} = \frac{1 - Y_e Y_o}{(1 + Y_e)(1 + Y_o)} \tag{8.66a}$$

$$S_{21}(s) = \frac{P(s)/\varepsilon}{E(s)} = \frac{Y_o - Y_e}{(1 + Y_e)(1 + Y_o)} \tag{8.66b}$$

从这些公式可以看出,赫尔维茨多项式 $E(s)$ 的零点也是 $(1 + Y_e)(1 + Y_o)$ 的零点。这意味着有理多项式 $(Y_e + 1)$ 和 $(Y_o + 1)$ 的分子也是属于赫尔维茨多项式,但目前还不清楚 $E(s)$ 的零点哪些要分配给 $(Y_e + 1)$,哪些要分配给 $(Y_o + 1)$。由于假设 $F(s)$ 和 $P(s)$ 的零点在虚轴上或者关于虚轴呈共轭对分布,因此可以考虑使用 $S_{21}(s)$ 的交替极点法来求解(见 6.2 节)。

$S_{21}(s)$ 可以用其交替极点表示如下[见式(6.39a)和式(6.39b)]:

$$S_{21}(s)S_{21}(s)^* = |S_{21}(s)|^2 = \frac{1}{[1 + \varepsilon_1 C_N(s)][1 - \varepsilon_1 C_N(s)]} = \frac{1}{1 - \varepsilon_1^2 C_N^2(s)} \tag{8.67}$$

其中,纯虚部特征函数 $C_N(s) = F(s)/P(s)$(当 $N - n_{fz}$ 为奇数时),或 $C_N(s) = F(s)/jP(s)$(当 $N - n_{fz}$ 为偶数时),$\varepsilon_1 = \varepsilon/\varepsilon_R$。

现在根据能量守恒定理,$S_{11}(s)$ 可以计算为

$$|S_{11}(s)|^2 = 1 - |S_{21}(s)|^2 = \frac{-\varepsilon_1^2 C_N^2(s)}{1 - \varepsilon_1^2 C_N^2(s)} \tag{8.68}$$

然后可以根据式(8.67)和式(8.68)写出比例因子 $|S_{11}(s)/S_{21}(s)|$:

$$\left|\frac{S_{11}(s)}{S_{21}(s)}\right| = j\varepsilon_1 C_N(s) \tag{8.69}$$

已知 $S_{11}(s)$ 和 $S_{21}(s)$ 之间存在一个恒定的相位差 $\pm \pi/2$ rad[见式(6.12)],那么这个标量就可以通过乘以 $\pm j$ 转化为向量。根据式(8.66)和式(8.69)可得

$$\frac{S_{11}(s)}{S_{21}(s)} = \pm\varepsilon_1 C_N(s) = \frac{1 - Y_e Y_o}{Y_o - Y_e} \tag{8.70}$$

考虑式(8.67)中的分母项 $[1 + \varepsilon_1 C_N(s)]$ 和 $[1 - \varepsilon_1 C_N(s)]$,用式(8.70)代替 $\varepsilon_1 C_N(s)$,可得

$$\frac{1}{1+\varepsilon_1 C_N(s)} = \frac{Y_e - Y_o}{(Y_e - 1)(Y_o + 1)} \tag{8.71a}$$

$$\frac{1}{1-\varepsilon_1 C_N(s)} = \frac{Y_o - Y_e}{(Y_e + 1)(Y_o - 1)} \tag{8.71b}$$

这两个表达式左侧的极点在 s 平面的左半平面和右半平面之间交替出现，将它们组合后，形成了一个关于 s 平面虚轴对称分布的图形。因此，从式 8.71(a) 可以看出，如上文所阐述的 $(Y_o + 1)$ 的零点是赫尔维茨类型，也将是 $1 + \varepsilon_1 C_N(s)$ 的左半平面（赫尔维茨类型）零点。类似地，由式 8.71(b) 可知，$(Y_e + 1)$ 的零点将与 $1 - \varepsilon_1 C_N(s)$ 的左半平面零点重合。实现零点关于虚轴呈对称分布之后，$(Y_e - 1)$ 和 $(Y_o - 1)$ 分别是 $1 + \varepsilon_1 C_N(s)$ 和 $1 - \varepsilon_1 C_N(s)$ 的右半平面零点。图 8.30 以一个六阶示例来说明了这种情况，其中 Y_{en} 和 Y_{on} 分别是 Y_e 和 Y_o 的分子多项式，而 Y_{ed} 和 Y_{od} 是它们的分母多项式。

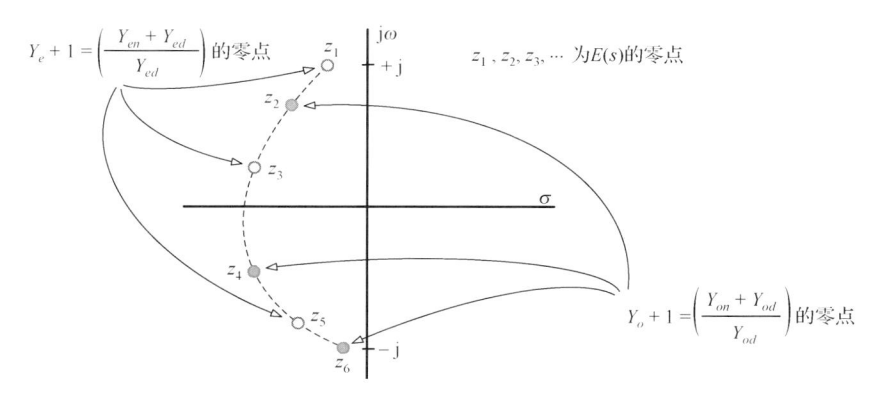

图 8.30　赫尔维茨多项式 $E(s)$ 的零点 $[S_{21}(s)$ 和 $S_{11}(s)]$ 的奇偶模导纳函数的综合

已知 $E(s)$ 的零点位置以及 $S_{11}(s)$ 和 $S_{21}(s)$ 的分母多项式，便可构造出 Y_e 和 Y_o 的分子和分母多项式。$(Y_e + 1)$ 的分子多项式 $Y_{en} + Y_{ed}$，是由 $E(s)$ 的序号交替排列的零点构成的，从最大正虚部的零点开始，即图 8.30 的六阶示例中的零点 z_1，z_3 和 z_5。$(Y_o + 1)$ 的分子多项式 $Y_{on} + Y_{od}$，由 $E(s)$ 的其余零点 z_2，z_4 和 z_6 构成。对于奇数阶原型，$(Y_o + 1)$ 的分子的阶数将比 $(Y_e + 1)$ 的分子的阶数少 1。

8.5.5.1　规范带阻原型

对于非规范型滤波器阶数中有限零点数 $n_{fz} < N$ 的情况，由 $E(s)$ 的零点构成的 $(Y_e + 1)$ 和 $(Y_o + 1)$ 分子多项式，它们的最高阶项的系数将自动归一化为 1。然而对于全规范原型（$n_{fz} = N$），需要确定一个向量乘数 $\bar{v}$，以计算这些情况下最高阶出现的非归一化系数。复向量 $\bar{v}$ 可由式(8.67)确定为 $\bar{v} = \sqrt{j + \varepsilon_1}$，然后 $(Y_{en} + Y_{ed})$ 乘以 $\bar{v}^*$ 且 $(Y_{on} + Y_{od})$ 乘以 $\bar{v}$。

为了获得带阻特性，向量 $\bar{v}$ 需要乘以 $45°$（如 $\bar{v}$ 变为 $\bar{v}\sqrt{j}$）。

8.5.5.2　奇偶模导纳多项式的构造

由于 $Y_e(s)$ 是一个纯电抗函数，它的极点和零点将在虚轴上交替出现，因此这意味着分子和分母多项式的共轭系数将在纯实数和纯虚数之间交替出现，即为复偶数和复奇数[8]。通过 $E(s)$ 的交替零点构成的分子多项式 $(Y_e + 1) = Y_{en} + Y_{ed}$，将得到复系数的多项式 $(Y_{en} + Y_{ed} =$

$e_0 + e_1 s + e_2 s^2 + e_3 s^3 + \cdots$)。然后,可以将分子和分母多项式分离出来,构成偶模导纳 Y_e(确保其分子 Y_{en} 具有最高阶的实系数):

$$Y_e(s) = \frac{Y_{en}(s)}{Y_{ed}(s)} = \frac{\mathrm{jIm}(e_0) + \mathrm{Re}(e_1)s + \mathrm{jIm}(e_2)s^2 + \mathrm{Re}(e_3)s^3 + \cdots}{\mathrm{Re}(e_0) + \mathrm{jIm}(e_1)s + \mathrm{Re}(e_2)s^2 + \mathrm{jIm}(e_3)s^3 + \cdots} \quad (8.72)$$

类似地,奇模导纳函数 $Y_o(s)$ 也可由 $E(s)$ 的剩余零点构建得到。

从 $E(s)$ 的零点中找到奇偶模导纳函数后,运用第 7 章中介绍的电容、FIR 元件和变换器的提取方法,就可以开始综合相应的单端口电路。然后,应用简单的公式推导出耦合值,建立对称栅格网络的耦合矩阵。整个综合过程无须通过求根来计算留数,而且只针对 $N/2$ 阶(偶数阶)或 $(N+1)/2$ 阶(奇数阶)的多项式来进行分析,所以保证了较高的精度。

8.5.6 对称栅格网络耦合矩阵的综合

为了说明这个过程,以一个六阶不对称特性的对称栅格耦合矩阵综合为例。这个示例表明,即使原型是不对称的,也只需用到滤波器原型多项式 $E(s)$ 的零点,但全规范函数综合过程中还需要用到常量 ε 和 ε_R。

下面使用一个六阶不对称原型示例来说明,其回波损耗为 22 dB,通带上边沿外有 3 个传输零点,产生了三个 40 dB 的抑制波瓣。原型奇点如表 8.11 所示。

表 8.11 六阶示例中的传输多项式和反射多项式奇点

序号	传播/反射极点[$E_N(s)$的根]	反射零点[$F_N(s)$的根]	传输零点(预设的)	带内反射极大值
1	$-0.0230 + \mathrm{j}1.0223$	$+\mathrm{j}0.9932$	$+\mathrm{j}1.0900$	$+\mathrm{j}0.9707$
2	$-0.1006 + \mathrm{j}0.9913$	$+\mathrm{j}0.9264$	$+\mathrm{j}1.1691$	$+\mathrm{j}0.8490$
3	$-0.2944 + \mathrm{j}0.8646$	$+\mathrm{j}0.7233$	$+\mathrm{j}1.5057$	$+\mathrm{j}0.5335$
4	$-0.6405 + \mathrm{j}0.4248$	$+\mathrm{j}0.2721$	$\mathrm{j}\infty$	$-\mathrm{j}0.0491$
5	$-0.7909 + \mathrm{j}0.4592$	$-\mathrm{j}0.3934$	$\mathrm{j}\infty$	$-\mathrm{j}0.7044$
6	$-0.3672 + \mathrm{j}1.2441$	$-\mathrm{j}0.9218$	$\mathrm{j}\infty$	—
		$\varepsilon_R = 1.0$	$\varepsilon = 2.2683$	

从表 8.11 中选择 $E(s)$ 的交替零点(序号为 1、3 和 5),并对它们进行因式分解,构成的三阶多项式为

$$Y_{en} + Y_{ed} = (-0.5464 - \mathrm{j}0.6566) + (0.2404 - \mathrm{j}1.6675)s + (1.1083 - \mathrm{j}1.4277)s^2 + s^3$$

将这个多项式的系数的实部和虚部分离出来,变成复偶多项式 Y_{en} 和复奇多项式 Y_{ed},从而得到

$$Y_e(s) = \frac{Y_{en}(s)}{Y_{ed}(s)} = \frac{-\mathrm{j}0.6566 + 0.2404s - \mathrm{j}1.4277s^2 + s^3}{-0.5464 - \mathrm{j}1.6675s + 1.1083s^2}$$

类似地,对表 8.11 中 $E(s)$ 的零点(序号为 2、4 和 6)进行多项式分解,得到 Y_{on} 和 Y_{od},因此 $Y_o(s)$ 为

$$Y_o(s) = \frac{Y_{on}(s)}{Y_{od}(s)} = \frac{-\mathrm{j}0.6926 + 1.6772s - \mathrm{j}0.1720s^2 + s^3}{0.7121 - \mathrm{j}0.2757s + 1.1083s^2}$$

下面应用达林顿综合方法,从这些奇偶模多项式中提取出元件值,建立相应的单端口网

络。开始考虑的是偶模网络[见图 8.29(a)]，首先提取出第一个输入 FIR 元件 B_{eS}（非规范型条件下将为零），接着是一个单位变换器 M_{eS1}，再接着是并联电容 C_{e1}，紧接着是并联 FIR 元件 B_{e1}，然后是下一个单位变换器 M_{e12}，以此类推，直到 Y_{en} 和 Y_{ed} 多项式为常数或零，所有元件都被提取出来。现在，可以在节点处进行变换，将所有的 C_{ei} 归一化为 1。结果总结在表 8.12(a) 中，表 8.12(b) 中给出了该网络的奇模等效电路。

提取出奇偶模元件值并进行变换之后，可以应用二分法公式来确定耦合矩阵上三角的元件值。其中输入部分的参数为（见图 8.25），

$$M_{SS} = (B_{eS} + B_{oS})/2, \qquad \text{输入自耦合}$$
$$M_{SL} = (B_{eS} - B_{oS})/2, \qquad \text{规范型拓扑中的源与负载直接耦合}$$
$$M_{S1} = (M_{e(S1)} + M_{o(S1)})/2, \qquad \text{主耦合}$$
$$M_{SN} = (M_{e(S1)} - M_{o(S1)})/2, \qquad \text{对角交叉耦合}$$
$$M_{11} = (B_{e1} + B_{o1})/2, \qquad \text{位于第一个谐振节点的自耦合}$$
$$M_{1N} = (B_{e1} - B_{o1})/2, \qquad \text{第一个直交叉耦合}$$

随后的栅格网络的部分参数为

$$M_{i,i+1} = (M_{e(i,i+1)} + M_{o(i,i+1)})/2, \qquad \text{主耦合}$$
$$M_{i,N-i} = (M_{e(i,i+1)} - M_{o(i,i+1)})/2, \qquad \text{对角交叉耦合}$$
$$M_{i+1,i+1} = (B_{e(i+1)} + B_{o(i+1)})/2, \qquad \text{自耦合}$$
$$M_{i+1,N-i} = (B_{e(i+1)} - B_{o(i+1)})/2, \qquad \text{直交叉耦合}$$

其中 $i = 1, 2, \cdots, N/2 - 1$[偶数阶，奇数阶则为 $(N-3)/2$]。对于奇数阶网络，中心谐振器的耦合值[见图 8.25(c) 的五阶示例中的 M_{23} 和 M_{34}]由式(8.65)给出。

表 8.12 六阶示例中综合出的奇偶模单端口电路的电容和 FIR 元件

	(a) 偶模					
	提取出的元件值			变换后的元件值		
i	C_{ei}	B_{ei}	$M_{e(i,i+1)}$	C_{ei}	B_{ei}	$M_{e(i,i+1)}$
	—	$B_{eS} = 0.0$	$M_{e(S1)} = 1.0$	—	$B_{eS} = 0.0$	$M_{e(S1)} = 1.0528$
1	0.9023	0.0693	1.0	1.0	0.0768	0.7860
2	1.7939	-0.9026	1.0	1.0	-0.5031	0.1041
3	51.4005	-51.4712		1.0	-1.0014	
	(b) 奇模					
	提取出的元件值			变换后的元件值		
i	C_{oi}	B_{oi}	$M_{o(i,i+1)}$	C_{oi}	B_{oi}	$M_{o(i,i+1)}$
	—	$B_{oS} = 0.0$	$M_{o(S1)} = 1.0$	—	$B_{oS} = 0.0$	$M_{o(S1)} = 1.0528$
1	0.9023	0.0693	1.0	1.0	0.0768	1.0078
2	1.0913	0.5257	1.0	1.0	0.4818	0.5390
3	3.1541	-2.3042		1.0	-0.7305	

最后，利用两个对角线的固有对称性，可以获得整个矩阵参数。图 8.31 给出了六阶不对称示例的完整耦合矩阵，其元件值关于两个对角线对称。

如果有需要，现在可以对耦合矩阵进行旋转，将其变换为更适用的拓扑结构。图 8.32 给出的示例按照表 8.13 进行了两次旋转，将网格拓扑结构变换为折叠形式。

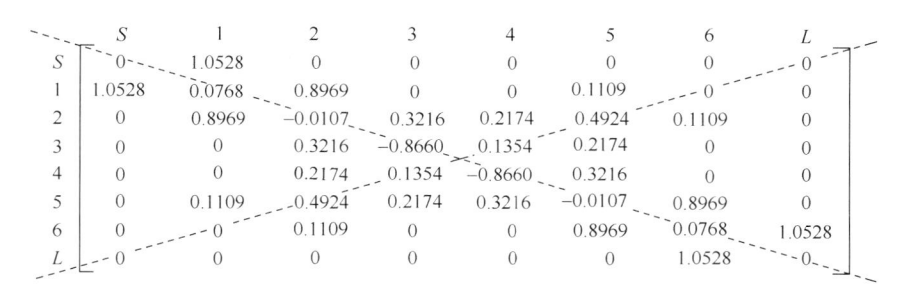

$$\begin{bmatrix} & S & 1 & 2 & 3 & 4 & 5 & 6 & L \\ S & 0 & 1.0528 & 0 & 0 & 0 & 0 & 0 & 0 \\ 1 & 1.0528 & 0.0768 & 0.8969 & 0 & 0 & 0.1109 & 0 & 0 \\ 2 & 0 & 0.8969 & -0.0107 & 0.3216 & 0.2174 & 0.4924 & 0.1109 & 0 \\ 3 & 0 & 0 & 0.3216 & -0.8660 & 0.1354 & 0.2174 & 0 & 0 \\ 4 & 0 & 0 & 0.2174 & 0.1354 & -0.8660 & 0.3216 & 0 & 0 \\ 5 & 0 & 0.1109 & 0.4924 & 0.2174 & 0.3216 & -0.0107 & 0.8969 & 0 \\ 6 & 0 & 0 & 0.1109 & 0 & 0 & 0.8969 & 0.0768 & 1.0528 \\ L & 0 & 0 & 0 & 0 & 0 & 0 & 1.0528 & 0 \end{bmatrix}$$

图 8.31 综合出的六阶对称栅格网络的耦合矩阵,对角线为对称面

$$\begin{bmatrix} & S & 1 & 2 & 3 & 4 & 5 & 6 & L \\ S & 0 & 1.0528 & 0 & 0 & 0 & 0 & 0 & 0 \\ 1 & 1.0528 & 0.0768 & 0.9037 & 0 & 0 & 0 & 0 & 0 \\ 2 & 0 & 0.9037 & 0.1092 & 0.4298 & 0 & 0.4776 & 0.2201 & 0 \\ 3 & 0 & 0 & 0.4298 & -0.7366 & 0.0399 & 0.3156 & 0 & 0 \\ 4 & 0 & 0 & 0 & 0.0399 & -0.9954 & 0.1306 & 0 & 0 \\ 5 & 0 & 0 & 0.4776 & 0.3156 & 0.1306 & -0.1306 & 0.8765 & 0 \\ 6 & 0 & 0 & 0.2201 & 0 & 0 & 0.8765 & 0.0768 & 1.0528 \\ L & 0 & 0 & 0 & 0 & 0 & 0 & 1.0528 & 0 \end{bmatrix}$$

图 8.32 经过两次相似变换(旋转)后,六阶折叠形(反折形)示例的耦合矩阵拓扑

表 8.13 六阶折叠形(反折形)对称栅格网络的旋转变换次序

变换次序 r	支点 $[i,j]$	消去的元件	图 8.31	$\theta_r = \arctan(cM_{kl}/M_{mn})$				
				k	l	m	n	c
1	[2,5]	M_{15}	第 1 行	1	5	1	2	-1
2	[3,4]	M_{24}	第 2 行	2	4	2	3	-1

对这些耦合矩阵中的任何一个进行分析,都会产生如图 8.33 所示的传输和反射特性。经过一系列简单的旋转后,对称栅格耦合矩阵转化成了闭端形式,且 $N-nfz \geqslant 3$。以网络中心为支点开始向外旋转(见表 9.7),每个旋转角度为 45°。图 8.33 所示的六阶示例的支点次序为 [3,4] 和 [2,5],然后是 [1,6]。

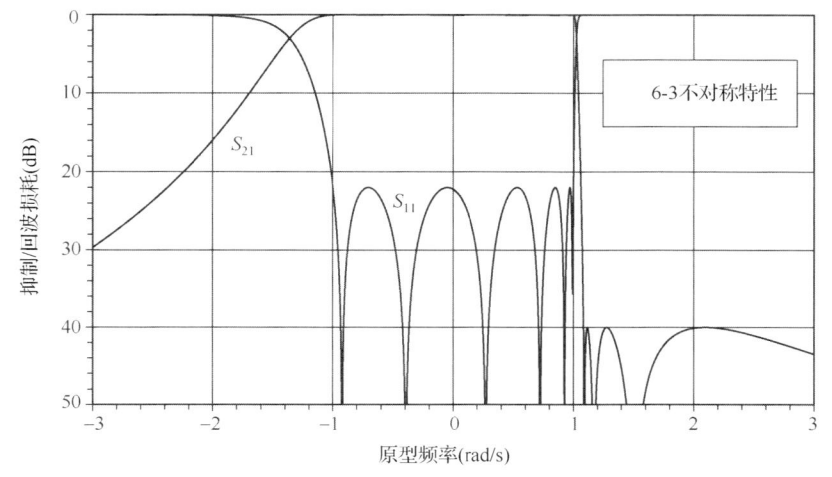

图 8.33 六阶对称栅格耦合矩阵的传输和反射特性分析

8.6 小结

在20世纪70年代,基于滤波器耦合矩阵的综合方法被引入双模带通滤波器的设计中。本方法中的基本带通原型电路是由无耗集总元件谐振器之间通过无耗变换器耦合构成的,这种网络可以实现对称滤波器响应。这种综合方法主要有两个优点:其一,一旦综合得到包含所有可能实现的基本耦合矩阵,并对耦合矩阵进行变换,就可以实现不同的拓扑结构;其二,耦合矩阵对应着实际带通滤波器的拓扑结构。因此,根据实际滤波器中唯一指定的参数,如无载 Q 值、色散特性及灵敏度,为滤波器性能的设计和优化提供了更准确的方法。

本章首先介绍了综合带通滤波器的 $N \times N$ 耦合矩阵概念,并扩展到包含假想的不随频率变化的电抗元件,如3.10节和6.1节所述。FIR的引入使得综合过程更加通用,且还适用于不对称滤波器响应的综合。其次,FIR的引入建立了耦合矩阵与低通原型等效电路之间的关系,并且可以运用第7章介绍的方法来综合此原型电路。

本章接下来深入讨论了 $N \times N$ 耦合矩阵的综合过程。通过分离出 $N \times N$ 耦合矩阵中纯电阻部分和纯电抗部分,可将这一概念推广应用到 $N+2$ 耦合矩阵。如果综合得到的基本耦合矩阵中的所有位置都存在耦合,则这种拓扑的滤波器结构是不可能实现的。通过对耦合矩阵运用相似变换,可以推导出包含最少耦合的拓扑结构,即规范型拓扑。由于变换过程中矩阵的本征值和本征向量仍保持不变,从而确保了理想滤波器响应不受影响。

耦合矩阵 M 有一些比较实用的规范形式,其中有两种比较知名的拓扑结构,第一种是箭形,另一种更实用的是折叠形。如果耦合元件值便于实现,那么这两种规范结构形式都可以直接应用。此外,它们还可以作为初始矩阵,通过进一步的相似变换,得到更有利于实现的最终拓扑结构。本章详细介绍了基本耦合矩阵化简为折叠形矩阵的方法,运用类似方法还可以推导出箭形耦合矩阵。最后,利用两个示例说明了 $N \times N$ 和 $N+2$ 耦合矩阵的综合过程。

8.7 参考文献

1. Atia, A. E. and Williams, A. E. (1971) New types of bandpass filters for satellite transponders. *COMSAT Technical Review*, **1**, 21-43.

2. Atia, A. E. and Williams, A. E. (1972) Narrow-bandpass waveguide filters. *IEEE Transactions on Microwave Theory and Techniques*, **MTT-20**, 258-265.

3. Atia, A. E. and Williams, A. E. (1974) Nonminimum-phase optimum-amplitude bandpass waveguide filters. *IEEE Transactions on Microwave Theory and Techniques*, **MTT-22**, 425-431.

4. Atia, A. E., Williams, A. E., and Newcomb, R. W. (1974) Narrow-band multiple-coupled cavity synthesis. *IEEE Transactions on Circuits and Systems*, **CAS-21**, 649-655.

5. Matthaei, G., Young, L., and Jones, E. M. T. (1980) *Microwave Filters, Impedance Matching Networks and Coupling Structures*, Artech House, Norwood, MA.

6. Kreyszig, E. (1972) *Advanced Engineering Mathematics*, 3rd edn, John Wiley and Sons.

7. Frame, J. S. (1964) Matrix functions and applications, part IV: matrix functions and constituent matrices. *IEEE Spectrum*, **1**, Series of 5 articles.

8. van Valkenburg, M. E. (1955) *Network Analysis*, Prentice-Hall, Englewood Cliffs, NJ.

9. Golub, G. H. and van Loan, C. F. (1989) *Matrix Computations*, 2nd edn, The John Hopkins University Press.

10. Gantmacher, F. R. (1959) *The Theory of Matrices*, vol. **1**, The Chelsea Publishing Co., New York.
11. Fröberg, C. E. (1965) *Introduction to Numerical Analysis*, Addison-Wesley, Reading, MA, Chapter 6.
12. Hamburger, H. L. and Grimshaw, M. E. (1951) *Linear Transformations in n-Dimensional Space*, Cambridge University Press, London.
13. Bell, H. C. (1982) Canonical asymmetric coupled-resonator filters. *IEEE Transactions on Microwave Theory and Techniques*, **MTT-30**, 1335-1340.
14. Rhodes, J. D. (1970) A lowpass prototype network for microwave linear phase filters. *IEEE Transactions on Microwave Theory and Techniques*, **MTT-18**, 290-300.
15. Rhodes, J. D. and Alseyab, A. S. (1980) The generalized Chebyshev low pass prototype filter. *International Journal of Circuit Theory Applications*, **8**, 113-125.
16. Cameron, R. J. and Rhodes, J. D. (1981) Asymmetric realizations for dual-mode bandpass filters. *IEEE Transactions on Microwave Theory and Techniques*, **MTT-29**, 51-58.
17. Cameron, R. J. (1979) A novel realization for microwave bandpass filters. *ESA Journal*, **3**, 281-287.
18. Cameron, R. J. (2003) Advanced coupling matrix synthesis techniques for microwave filters. *IEEE Transactions on Microwave Theory and Techniques*, **51**, 1-10.
19. Brune, O. (1931) Synthesis of a finite two-terminal network whose driving point impedance is a prescribed function of frequency. *Journal of Mathematical Physics*, **10** (3), 191-236.
20. Amari, S. (2001) Direct synthesis of folded symmetric resonator filters with source-load coupling. *IEEE Microwave and Wireless Components Letters*, **11**, 264-266.
21. He, Y., Wang, G., and Sun, L. (2016) Direct matrix synthesis approach for narrowband mixed topology filters. *IEEE Microwave and Wireless Components Letters*, **26** (5), 301-303.
22. Bell, H. C. (1974) Canonical lowpass prototype network for symmetric coupled-resonator bandpass filters. *Electronics Letters*, **10** (13), 265-266.
23. Bell, H. C. (1979) Transformed-variable synthesis of narrow-bandpass filters. *IEEE Transactions on Circuits and Systems*, **26** (6), 389-394.
24. Bell, H. C. (2007) The coupling matrix in lowpass prototype filters. *IEEE Microwave Magazine*, **8** (2), 70-76.
25. Darlington, S. (1939) Synthesis of reactance 4-poles which produce prescribed insertion loss characteristics. *Journal of Mathematical Physics*, **18**, 257-355.
26. Hunter, I. C. (2001) *Theory and Design of Microwave Filters*, Electromagnetic Waves Series 48, IEE, London.

第 9 章 折叠耦合矩阵的拓扑重构

第 7 章和第 8 章介绍了基于理想滤波函数的传输多项式和反射多项式,综合规范折叠形拓扑耦合矩阵的两种不同的方法。对于滤波器设计人员来说,折叠形拓扑具有许多优势:

- 排列相对简单;
- 使用正耦合和负耦合可实现高性能滤波器;
- 最大可实现 $N-2$ 个有限传输零点;
- 实现不对称响应中所需的对角耦合。

然而,如果滤波器利用双模技术实现(同一个谐振器中有两个正交的谐振模式),这种拓扑的缺陷就会显现出来。这是因为折叠形拓扑结构中,滤波器的输入与输出位于同一个谐振腔内,这就限制了带通滤波器输入与输出之间的隔离。对于圆柱谐振腔的双 TE_{11n} 模式(横电模)或方形谐振腔的双 TE_{10n} 模式而言,通常隔离度只有 25 dB。因此,双模滤波器的输入和输出耦合必须位于不同的谐振腔中。本章主要介绍了将折叠形耦合矩阵变换为适合双模滤波器的多种拓扑矩阵的方法。

9.1 双模滤波器的对称实现

20 世纪 70 年代,Rhodes 最早在一系列文献[1~3]中提出了利用折叠形交叉耦合拓扑结构实现偶数阶的对称响应,还介绍了使用折叠形耦合矩阵综合轴向结构双模滤波器的方法[4]。滤波器的输入和输出分别位于结构两端,这样就避免了采用折叠形出现隔离度低的问题。

图 9.1 说明了从一个(6-2)折叠形网络到串列形或传递形拓扑的变换过程。使用级联形拓扑结构,相对折叠形结构可以实现更少的有限传输零点(最短路径原理)。所以,原型函数的设计必须遵循如下规则:六阶滤波器包含 2 个有限传输零点,八阶或十阶滤波器包含 4 个有限传输零点,十二阶滤波器包含 6 个有限传输零点。

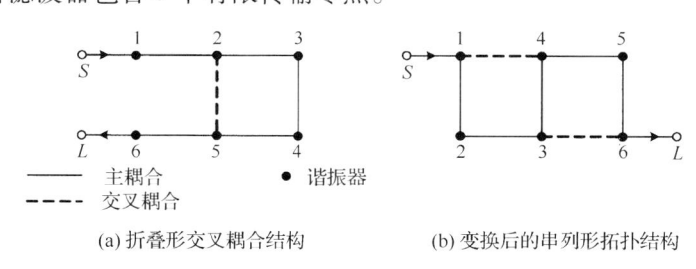

(a) 折叠形交叉耦合结构　　(b) 变换后的串列形拓扑结构

图 9.1　六阶网络

对于串列形拓扑结构,Rhodes 和 Zabalawi 采用偶模耦合矩阵作为基础矩阵[4]。对于偶数阶的对称网络,其偶模网络是按其垂直和水平中心线将折叠形 $N \times N$ 耦合矩阵均匀划分为对称的四块,并叠加至左上区域构成的,另一种产生奇模和偶模子矩阵的方法在 9.5.1 节中介绍。矩阵式(9.1)说明了一个六阶滤波器的示例的综合过程:式(9.1a)为一个关于中心线对称的 6×6 耦合矩阵;式(9.1b)为一个 3×3 偶模矩阵 M_e 和对应的矩阵 K,它是通过将矩阵 M_e 中对角元素的下标简单地调整为实际矩阵中的对应元素位置而得到的(如 $K_{22}=M_{25}$);式(9.1c)为经过一系列旋转变换得到的偶模矩阵;式(9.1d)为展开后的全耦合矩阵,如下所示:

$$M = \begin{bmatrix} 0 & M_{12} & 0 & 0 & 0 & 0 \\ M_{12} & 0 & M_{23} & 0 & M_{25} & 0 \\ 0 & M_{23} & 0 & M_{34} & 0 & 0 \\ \hline 0 & 0 & M_{34} & 0 & M_{23} & 0 \\ 0 & M_{25} & 0 & M_{23} & 0 & M_{12} \\ 0 & 0 & 0 & 0 & M_{12} & 0 \end{bmatrix} \tag{9.1a}$$

$$M_e = \begin{bmatrix} 0 & M_{12} & 0 \\ M_{12} & M_{25} & M_{23} \\ 0 & M_{23} & M_{34} \end{bmatrix} = \begin{bmatrix} 0 & K_{12} & 0 \\ K_{12} & K_{22} & K_{23} \\ 0 & K_{23} & K_{33} \end{bmatrix} \tag{9.1b}$$

$$M'_e = \begin{bmatrix} 0 & K'_{12} & K'_{13} \\ K'_{12} & 0 & K'_{23} \\ K'_{13} & K'_{23} & K'_{33} \end{bmatrix} \tag{9.1c}$$

$$M' = \begin{bmatrix} 0 & K'_{12} & 0 & K'_{13} & 0 & 0 \\ K'_{12} & 0 & K'_{23} & 0 & 0 & 0 \\ 0 & K'_{23} & 0 & K'_{33} & 0 & K'_{13} \\ \hline K'_{13} & 0 & K'_{33} & 0 & K'_{23} & 0 \\ 0 & 0 & 0 & K'_{23} & 0 & K'_{12} \\ 0 & 0 & K'_{13} & 0 & K'_{12} & 0 \end{bmatrix} \tag{9.1d}$$

现在矩阵变成六阶串列形滤波器[见图9.1(b)]的正确形式。接下来,将对偶模矩阵进行一系列旋转变换。根据表9.1,旋转角度是根据初始折叠形矩阵元素求解得到的,但任意阶的支点和旋转次序似乎没有规律可循,需要单独对每阶进行确定。表9.1列举了六阶至十二阶偶模矩阵的支点和旋转次序。每次旋转对应的角度公式给定为式(9.2)至式(9.5)。角度公式中的耦合元件值取自初始的 $N\times N$ 折叠形耦合矩阵。

表9.1 对称偶数阶原型网络:变换折叠形耦合矩阵为串列形的支点和角度的定义

阶数 N	旋转次序 r	支点 $[i,j]$	角度 θ_r	角度公式	矩阵 $[M_e]$ 中消去的元件
6	1	[2,3]	θ_1	(9.2)	K_{22}
8	1	[3,4]	θ_1	(9.3a)	—
	2	[2,4]	θ_2	(9.3b)	$K_{22}K_{24}$
10	1	[4,5]	θ_1	(9.4a)	—
	2	[3,5]	θ_2	(9.4b)	—
	3	[2,4]	θ_3	(9.4c)	$K_{44}K_{33}K_{25}$
12	1	[4,5]	θ_1	(9.5a)	—
	2	[5,6]	θ_2	(9.5b)	—
	3	[4,6]	θ_3	$\theta_3=\arctan(K_{46}/K_{66})$	—
	4	[3,5]	θ_4	$\theta_4=\arctan(K_{35}/K_{55})$	$K_{33}K_{35}K_{44}K_{46}$
	5	[2,4]	θ_5	$\theta_5=\arctan(K_{25}/K_{45})$	K_{25}

9.1.1 六阶滤波器

将折叠形网络变换为图9.1所示的串列形只需要进行一次旋转,支点为[2,3],角度 θ_1 给定为[见式(8.37e)]

$$\theta_1 = \arctan\left[\frac{M_{23} \pm \sqrt{M_{23}^2 - M_{25}M_{34}}}{M_{34}}\right] \quad (9.2)$$

下面通过一个六阶对称切比雪夫滤波函数示例来说明它的应用。此滤波器的回波损耗为23 dB,在 ±j1.5522 处产生两个40 dB的抑制波瓣。图9.2(a)所示为这个滤波器的 $N \times N$ 折叠形耦合矩阵 $\boldsymbol{M}$,且图9.2(b)为其偶模矩阵 $\boldsymbol{M}_e$。根据式(9.2)可计算出 θ_1 的两个解:-5.984°和61.359°。取 θ_1 的第一个解并在支点[2,3]对 $\boldsymbol{M}_e$ 进行一次旋转变换消去 M_{22},得到变换后的偶模矩阵 $\boldsymbol{M}_e'$,如图9.2(c)所示。最后,还原得到包含对称耦合元素的耦合矩阵的扩展形式,如图9.2(d)所示。

$$\boldsymbol{M} = \begin{bmatrix} 0 & 0.8867 & 0 & 0 & 0 & 0 \\ 0.8867 & 0 & 0.6050 & 0 & -0.1337 & 0 \\ 0 & 0.6050 & 0 & 0.7007 & 0 & 0 \\ 0 & 0 & 0.7007 & 0 & 0.6050 & 0 \\ 0 & -0.1337 & 0 & 0.6050 & 0 & 0.8867 \\ 0 & 0 & 0 & 0 & 0.8867 & 0 \end{bmatrix}$$

(a)

$$\boldsymbol{M}_e = \begin{bmatrix} 0 & 0.8867 & 0 \\ 0.8867 & -0.1337 & 0.6050 \\ 0 & 0.6050 & 0.7007 \end{bmatrix}$$

(b)

$$\boldsymbol{M}_e' = \begin{bmatrix} 0 & 0.8820 & -0.0919 \\ 0.8820 & 0 & 0.6780 \\ -0.0919 & 0.6780 & 0.5670 \end{bmatrix}$$

(c)

$$\boldsymbol{M}' = \begin{bmatrix} 0 & 0.8820 & 0 & -0.0919 & 0 & 0 \\ 0.8820 & 0 & 0.6780 & 0 & 0 & 0 \\ 0 & 0.6780 & 0 & 0.5670 & 0 & -0.0919 \\ -0.0919 & 0 & 0.5670 & 0 & 0.6780 & 0 \\ 0 & 0 & 0 & 0.6780 & 0 & 0.8820 \\ 0 & 0 & -0.0919 & 0 & 0.8820 & 0 \end{bmatrix}$$

(d)

图9.2 六阶折叠形耦合矩阵变换为对称串列形的过程

9.1.2 八阶滤波器

参考图9.3。

(a) 折叠形交叉耦合结构

(b) 变换后的串列形拓扑结构

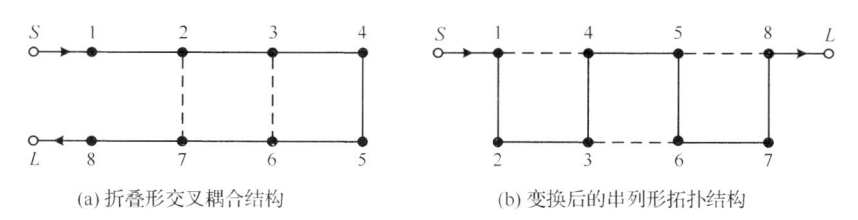

图9.3 八阶网络

八阶滤波器所需的两次旋转变换的角度 θ_1 和 θ_2 给定为

$$\theta_1 = \arctan\left[\frac{M_{27}M_{34} \pm \sqrt{M_{27}^2 M_{34}^2 + M_{27}M_{45}(M_{23}^2 - M_{27}M_{36})}}{M_{23}^2 - M_{27}M_{36}}\right] \quad (9.3a)$$

$$\theta_2 = \arctan\left[\frac{M_{27}}{M_{23}\sin\theta_1}\right] \quad (9.3b)$$

9.1.3 十阶滤波器

参考图 9.4。

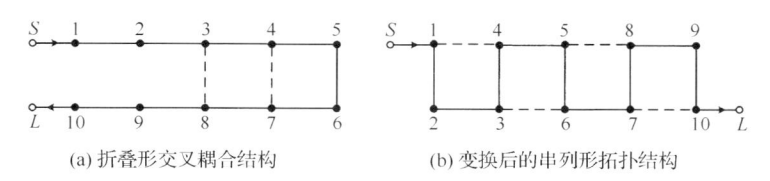

(a) 折叠形交叉耦合结构   (b) 变换后的串列形拓扑结构

图 9.4 十阶网络

十阶滤波器需要在 3 个角度进行旋转,结果如下:

$$\theta_1 = \arctan\left[\frac{M_{45} \pm \sqrt{M_{45}^2 - M_{47}M_{56}}}{M_{56}}\right] \tag{9.4a}$$

$$\theta_2 = \arctan\left[\frac{s_1 M_{34} \pm \sqrt{s_1^2 M_{34}^2 - M_{38}(M_{47} + M_{56})}}{M_{47} + M_{56}}\right] \tag{9.4b}$$

$$\theta_3 = \arctan\left[\frac{t_2 M_{23}}{M_{45} - t_1 M_{56} + c_1 t_2 M_{34}}\right] \tag{9.4c}$$

其中 $c_1 \equiv \cos\theta_1$,$t_2 \equiv \tan\theta_2$,等等。

9.1.4 十二阶滤波器

参考图 9.5。

(a) 折叠形交叉耦合结构

(b) 变换后的串列形拓扑结构

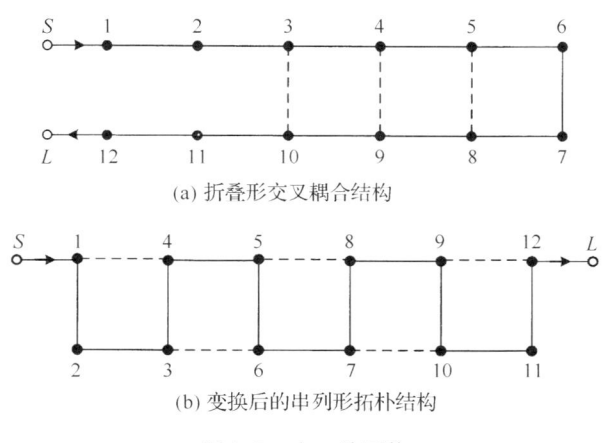

图 9.5 十二阶网络

十二阶滤波器需要求解一个四次方程,其解析过程如下[5]:

$$t_1^4 + d_3 t_1^3 + d_2 t_1^2 + d_1 t_1 + d_0 = 0 \tag{9.5a}$$

其中 $t_1 \equiv \tan\theta_1$,且

$$d = a_2 c_3^2 + a_3 c_2^2$$

$$d_0 = \frac{a_0 + a_3 c_0^2 + a_4 c_0}{d}$$

$$d_1 = \frac{a_1 + 2a_0 c_3 + 2a_3 c_0 c_1 + a_4(c_1 + c_0 c_3)}{d}$$

$$d_2 = \frac{a_2 + 2a_1 c_3 + a_0 c_3^2 + a_3(c_1^2 + 2c_0 c_2) + a_4(c_2 + c_1 c_3)}{d}$$

$$d_3 = \frac{2a_2 c_3 + a_1 c_3^2 + 2a_3 c_1 c_2 + a_4 c_2 c_3}{d}$$

$a_0 = M_{58}$, $\quad b_0 = M_{49} M_{67}$, $\quad c = a_3 b_5 - a_4 b_4$

$a_1 = 2M_{45}$, $\quad b_1 = -2M_{45} M_{67}$, $\quad c_0 = \dfrac{a_0 b_4 - a_3 b_0}{c}$

$a_2 = M_{49} - \dfrac{M_{34}^2}{M_{3,10}}$, $\quad b_2 = M_{58} M_{67} - M_{56}^2$, $\quad c_1 = \dfrac{a_1 b_4 - a_3 b_1}{c}$

$a_3 = M_{67}$, $\quad b_3 = -2M_{56} M_{45}$, $\quad c_2 = \dfrac{a_2 b_4 - a_3 b_2}{c}$

$a_4 = -2M_{56}$, $\quad b_4 = M_{49} M_{58} - M_{45}^2$, $\quad c_3 = \dfrac{a_3 b_3}{c}$

$\quad\quad\quad\quad\quad\quad b_5 = 2M_{56} M_{49}$

然后，从上述四次方程中求解得到的 4 个根中，任意选择一个根 t_1 用于求解 θ_2，过程如下：

$$\theta_2 = \arctan\left[\frac{c_0 + c_1 t_1 + c_2 t_1^2}{(1 + c_3 t_1)\sqrt{1 + t_1^2}}\right] \tag{9.5b}$$

接下来还需要对矩阵进行 3 次旋转变换。根据表 9.1，在每次旋转过程中都需要用到前一次变换后的矩阵元件值，直到最后旋转结束，展开得到串列形拓扑，如图 9.5(b)所示。

9.1.4.1 对称实现的条件

重构折叠形耦合矩阵为对称串列形的旋转角度公式，包含了四次方程组的求解过程。某些初始原型滤波函数的传输零点中不可避免地存在负平方根，不能使用对称结构实现。这些限制因素在文献[4]中有详细的讨论。一种违反"正平方根条件"的例子是包含一对实数传输零点和一对虚数传输零点的八阶(8-2-2)滤波器。这类特殊问题可以运用下面将要讨论的级联四角元件或其他不对称的实现方法来解决。

9.2 对称响应的不对称实现

不对称级联结构实现的串列形拓扑与初始折叠形耦合矩阵导出的对称响应完全吻合。然而，串列形耦合矩阵的元件值及实现它们的物理尺寸，相对于物理结构中心却不是对称相等的[6]。虽然这意味着这种滤波器的研制需要花费更多的时间，但是它对传输零点的形式没有限制，即原型可以包含许多零点形式[除了最短路径原理规定的零点，还有关于虚轴对称的(满足幺正条件)和关于实轴对称的(对称响应)传输零点]。而且，用于产生串列形结构的矩阵运算也不太复杂。

与对称结构一样，对于不同阶数的滤波器，旋转次序和角度并没有统一的标准可循。每阶(偶数阶)都必须单独考虑。当 $N=4$ 时，折叠形和串列形结构是完全一样的，所以无须变换。第一个特例是由 $N=6$ 开始的，运用变换可以导出 $N=6,8,10,12,14$ 的解。表 9.2 总结了用于获得这些阶数条件下的串列形结构的支点和旋转角度 θ_r。对于第 r 次旋转，M_{l_1,l_2} 和 M_{m_1,m_2} 为前一次旋转产生的耦合矩阵元件值；对于第 $r=1$ 次，首先由初始折叠形矩阵开始。除了 6 阶、10 阶和 14 阶的例子，对称级联结构的串列形拓扑结果完全相同。此时，最接近滤波器输出端的交叉耦合元件值为零。

表 9.2 实现常规 $N=6,8,10,12$ 和 14 阶不对称串列形拓扑用到的支点和旋转角度

阶数 N	旋转次序 r	支点 $[i,j]$	$\theta_r = \arctan[cM_{l_1,l_2}/M_{m_1,m_2}]$				
			l_1	l_2	m_1	m_2	c
6	1	[2,4]	2	5	4	5	+1
8	1	[4,6]	3	6	3	4	−1
	2	[2,4]	2	7	4	7	+1
	3	[3,5]	2	5	2	3	−1
	4	[5,7]	4	7	4	5	−1
10	1	[4,6]	4	7	6	7	+1
	2	[6,8]	3	8	3	6	−1
	3	[7,9]	6	9	6	7	−1
12	1	[5,9]	4	9	4	5	−1
	2	[3,5]	3	10	5	10	+1
	3	[2,4]	2	5	4	5	+1
	4	[6,8]	3	8	3	6	−1
	5	[7,9]	6	9	6	7	−1
	6	[8,10]	5	10	5	8	−1
	7	[9,11]	8	11	8	9	−1
14	1	[6,10]	5	10	5	6	−1
	2	[4,6]	4	11	6	11	+1
	3	[7,9]	4	9	4	7	−1
	4	[8,10]	7	10	7	8	−1
	5	[9,11]	6	11	6	9	−1
	6	[10,12]	9	12	9	10	−1
	7	[5,7]	4	7	4	5	−1
	8	[7,9]	6	9	6	7	−1
	9	[9,11]	8	11	8	9	−1
	10	[11,13]	10	13	10	11	−1

9.3 Pfitzenmaier 结构

1977 年，G. Pfitzenmaier 引入了一种结构，它避免了在六阶双模对称滤波器的折叠形结构中出现输入和输出之间的隔离问题[7]。同时 Pfitzenmaier 也证明了六阶电路综合可以转化(不

用耦合矩阵方法)成输入和输出位于相邻谐振腔(1 和 6)的双模拓扑结构综合,从而避免了隔离问题。

此外,由于谐振腔 1 和谐振腔 6 之间可能包含直接交叉耦合,输入和输出之间的信号仅经过了 2 个谐振腔。因此,根据最短路径原理,Pfitzenmaier 型结构可以实现 $N-2$ 个传输零点,这与折叠形结构一样。六阶 Pfitzenmaier 型耦合拓扑结构如图 9.6 所示。

(a) 初始折叠形结构　　(b) 变换后的Pfitzenmaier结构

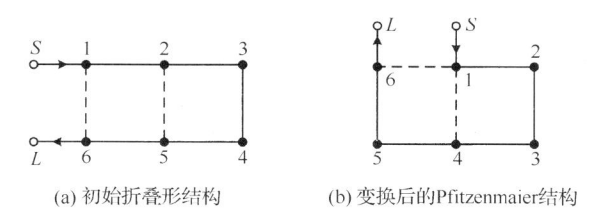

图 9.6 (6-4)对称滤波器特性的 Pfitzenmaier 结构

运用一系列耦合矩阵旋转变换[8],可以简单地导出六阶及更高偶数阶的 Pfitzenmaier 拓扑结构。与不对称串列形结构不同的是,其旋转次序中的支点和角度可以由一些简单的公式来确定。以折叠形矩阵为起点,根据式(9.6),进行 $R=(N-4)/2$ 次旋转变换,最后可以得到 Pfitzenmaier 结构(见图 9.7)。

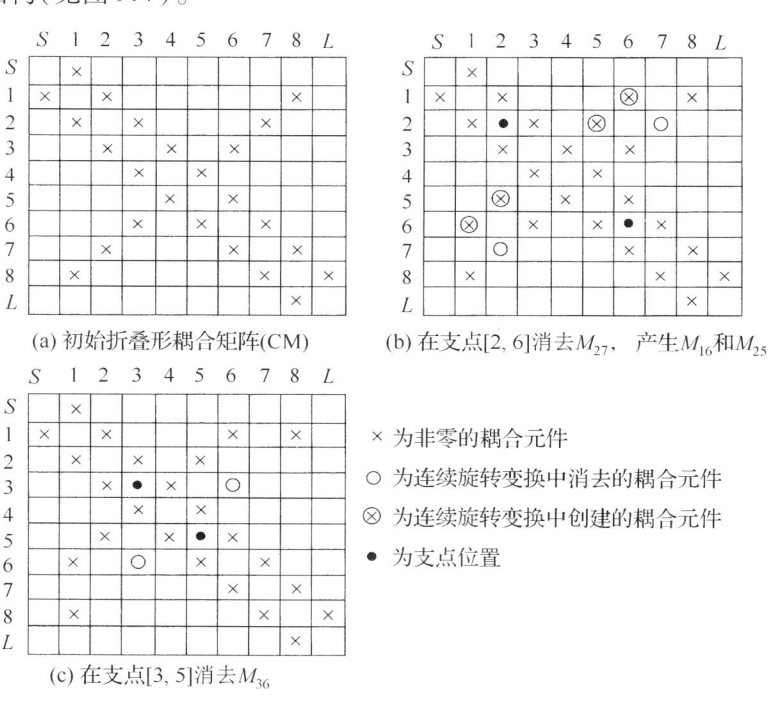

(a) 初始折叠形耦合矩阵(CM)　　(b) 在支点[2,6]消去M_{27},产生M_{16}和M_{25}

× 为非零的耦合元件
○ 为连续旋转变换中消去的耦合元件
⊗ 为连续旋转变换中创建的耦合元件
● 为支点位置

(c) 在支点[3,5]消去M_{36}

图 9.7 Pfitzenmaier 拓扑构造

对于第 k 次旋转变换,支点在 $[i,j]$,旋转角度为 θ_r,其中

$$i=r+1, \quad j=N-i, \quad \theta_r = \arctan\frac{M_{i,N-r}}{M_{j,N-r}} \quad r=1,2,3,\cdots,R \tag{9.6}$$

N 为滤波器阶数,N 为偶数($N \geqslant 6$)。

同样的过程也适用于包含 6 个有限传输零点的八阶滤波器，总的旋转次数为 $R = (N-4)/2 = 2$，列表如下。

阶数 N	旋转次序 r	支点 $[i, j]$	消去元件	$\theta_r = \arctan(cM_{i, N-r}/M_{j, N-r})$				
				i	$N-r$	j	$N-r$	c
8	1	[2, 6]	M_{27}	2	7	6	7	-1
	2	[3, 5]	M_{36}	3	6	5	6	-1

从折叠形拓扑到 Pfitzenmaier 拓扑的耦合矩阵变换过程如图 9.7 所示。

从图 9.8 中可以看出，Pfitzenmaier 拓扑很容易用双模结构来实现。例如，TE_{113} 模圆波导腔或双 $TE_{0,18}$ 模介质谐振器。与初始折叠形一样，耦合元件值 M_{18}（很小）在变换中不受影响，保持带外抑制性能不变。而且，与前面提及的不对称串列形一样，对传输零点的形式也没有任何限制。

(a) 初始折叠形结构
(b) 变换后的 Pfitzenmaier 结构

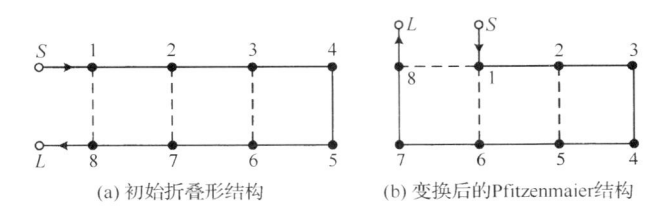

图 9.8 八阶对称滤波器特性的 Pfitzenmaier 结构

9.4 级联四角元件——八阶及以上级联的两个四角元件

第 10 章将介绍一种利用三角元件创建级联四角元件（Cascade Quartet，CQ）的方法。然而，更直接的方法可以应用于八阶及更高阶滤波器，其包含 2 对传输零点（每对通过两个级联的四角元件其中之一来实现[6]）。由于首次用到的旋转角度为一个二次方程的解，使得可实现的传输零点形式受到限制。然而，这与对称串列形结构应用中的限制不同。对于级联四角元件结构，2 对传输零点可以一个位于实轴上，一个位于虚轴上，或分别成对位于实轴或虚轴上。而且，每对零点必须关于轴对称，不能出现不位于轴上分布的情形。级联四角元件结构可以实现比较有用的(8-2-2)型拓扑，它包含 2 对传输零点，其中一对位于实轴上，一对位于虚轴上。尽管这种形式违反了对称串列形拓扑的可实现条件。

以折叠形耦合矩阵为起点，综合八阶的级联四角元件结构需要对耦合矩阵连续进行 4 次旋转变换。第一次变换的旋转角度通过求解一个二次方程（两个解）得到，利用初始折叠形耦合矩阵中的耦合元件可表示为

$$
\begin{aligned}
&t_1^2(M_{27}M_{34}M_{45} - M_{23}M_{56}M_{67} + M_{27}M_{36}M_{56}) \\
&+ t_1(M_{23}M_{36}M_{67} - M_{27}(M_{34}^2 - M_{45}^2 - M_{56}^2 + M_{36}^2)) \\
&- M_{27}(M_{36}M_{56} + M_{34}M_{45}) = 0
\end{aligned}
\tag{9.7}
$$

其中 $t_1 \equiv \tan\theta_1$。接下来，根据表 9.3，进行 3 次旋转变换，最后得到八阶滤波器的级联四角元件拓扑结构，如图 9.9 所示。

表 9.3 级联四角元件结构的旋转顺序

阶数 N	旋转次序 r	支点 $[i,j]$	消去元件	$\theta_r = \arctan(cM_{l_1,l_2}/M_{m_1,m_2})$				
				l_1	l_2	m_1	m_2	c
8	1	[3,5]	—					
	2	[4,6]	M_{36}	3	6	3	4	−1
	3	[5,7]	M_{27}, M_{47}	4	7	4	5	−1
	4	[2,4]	M_{25}	2	5	4	5	+1

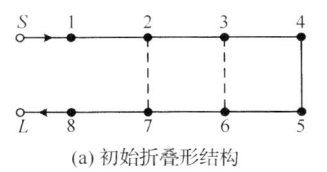

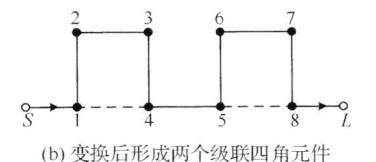

图 9.9 八阶对称滤波器特性的级联四角元件结构
(a) 初始折叠形结构　(b) 变换后形成两个级联四角元件

如果对图 9.9(b) 的拓扑结构运用最短路径原理，显然级联四角元件结构总共可以实现 4 个传输零点。相应地，初始原型特性也只包含 4 个有限传输零点。因此，根据原型多项式综合得到的折叠形耦合矩阵中的耦合 M_{18} 为零。然而，假如原型中有 6 个有限传输零点，即存在 M_{18} 耦合，它在级联四角元件拓扑中实现时并不受级联四角元件旋转变换的影响。这将会产生类似 Pfitzenmaier 拓扑的结构，如图 9.10 所示，比较适合一些特定场合的应用。

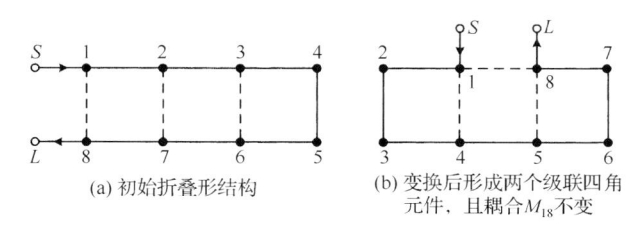

图 9.10 八阶规范型对称滤波器特性的准 Pfitzenmaier 拓扑
(a) 初始折叠形结构　(b) 变换后形成两个级联四角元件，且耦合 M_{18} 不变

对于更高阶的滤波器，可以运用同样的过程来综合其折叠形耦合矩阵，所有产生的中心 8×8 子矩阵的旋转角度公式和支点的耦合元件值，其下标和支点数字会同时增加 $(N-8)/2$。例如，对于 (10-2-2) 原型例子，$(N-8)/2=1$。式 (9.7) 中的耦合元件值 M_{67} 变为 M_{78}，支点 [3,5] 变为支点 [4,6]，以此类推。根据表 9.4 中的数据 (i 为四角元件的第一个谐振器节点) 运用一次旋转变换，将四角元件移动到耦合矩阵对角线的其他位置。例如，在图 9.9(b) 中将第一个四角元件向下移动到耦合矩阵对角线的另一个位置 (与第二个四角元件连接)，在支点 [2,4] 和角度 $\theta = \arctan(-M_{14}/M_{12})$ 运用一次旋转可以消去耦合元件值 M_{14}，从而产生耦合 M_{25}。当耦合矩阵对角线上的四角元件向上移动时，则可以创建一个双输入滤波器，它包含 2 个源耦合 M_{S1} 和 M_{S3}。

表 9.4 运用旋转变换，将四角元件向上或向下移动到耦合矩阵对角线上的某个位置 (i 为四角元件中的第一个谐振器节点)

四角元件的移动方向	支点	消去元件	$\theta = \arctan[cM_{l_1,l_2}/M_{m_1,m_2}]$				
			l_1	l_2	m_1	m_2	c
上对角	$[i, i+2]$	$M_{i,i+3}$	i	$i+3$	$i+2$	$i+3$	+1
下对角	$[i+1, i+3]$	$M_{i,i+3}$	i	$i+3$	i	$i+1$	−1

如果初始原型为不对称的,则每个级联四角元件单元包含一个对角交叉耦合,因此不能运用这种综合方法。对于不对称拓扑,电路必须首先使用三角元件综合,再进行旋转(混合综合),这些将在第 10 章详细讨论。

级联四角元件结构有许多实用价值。其拓扑不仅在一些双模结构中易于实现,而且每个级联四角元件对应一对特定的传输零点,便于设计和调试。如果传输零点对位于实轴上,则交叉耦合元件值为正;如果传输零点对位于虚轴上,则交叉耦合元件值为负。

接下来的两节将讨论两种新型的结构:并联二端口网络和闭端形结构[9]。第一种结构基于 $N+2$ 横向耦合矩阵,通过分组留数构造单独的二端口子网络,再将它们与源和负载终端并联而成;第二种结构则是对折叠形耦合矩阵进行一系列相似变换得到的。

9.5 并联二端口网络

滤波器函数的本征值及相应留数(见第 8 章)与其短路导纳参数密切相关。通过运用前面提到的矩阵旋转方法组建子网络,然后将子网络与源和负载终端并联,可以复原为初始滤波器的特性,而横向拓扑本身可以视为 N 个谐振器的并联。

由于留数分组是任意的,子网络内部和节点之间,以及源与负载终端之间可能产生难以实现的耦合。因此,滤波器函数的选取和留数分组必须受到限制。其主要限制概括如下:

- 滤波器函数必须为对称的偶数阶全规范型。
- 每组的本征值及对应的留数必须以互补对的形式出现。也就是说,如果选定本征值为 λ_i,它对应的留数 r_{21i} 和 r_{22i} 必须同组,而且同一组中还必须包含本征值 $\lambda_j = -\lambda_i$,以及对应的留数 $r_{21j}(=-r_{21i})$ 和 $r_{22j}(=r_{22i})$。这就意味着,这种简单结构只能应用于源与负载终端等值的双终端网络综合。

如果符合以上条件,那么总的网络由若干个二端口网络组成,其数量与源和负载终端并联的留数分组对应。假如滤波器函数为全规范型,则源和负载之间存在直接耦合 M_{SL}。

留数分组后,简化为折叠形子矩阵的综合过程与第 8 章讨论的横向网络综合相同。为了说明这个过程,考虑一个六阶滤波器示例,其回波损耗为 23 dB,包含两个对称传输零点 $\pm j1.3958$,以及一对实零点 ± 1.0749。滤波器分为两个子网络综合,其中一个是二阶的,一个是四阶的。采用第 8 章的方法,计算得到的留数和本征值如表 9.5 所示。

表 9.5 (6-2-2)对称滤波器函数的留数、本征值和本征向量

k	本征值 λ_k	留数		本征向量	
		r_{22k}	r_{21k}	$T_{Nk}=\sqrt{r_{22k}}$	$T_{1k}=r_{21k}/\sqrt{r_{22k}}$
1	−1.2225	0.0975	−0.0975	0.3122	−0.3122
2	−1.0648	0.2365	0.2365	0.4863	0.4863
3	−0.3719	0.2262	−0.2262	0.4756	−0.4756
4	0.3719	0.2262	0.2262	0.4756	0.4756
5	1.0648	0.2365	−0.2365	0.4863	−0.4863
6	1.2225	0.0975	0.0975	0.3122	0.3122

通过将 $k=1,6$ 时的本征值和对应的留数组成一组,可得到这个二阶子网络的折叠形矩阵,如图 9.11 所示。

接着再将 $k=2,3,4,5$ 时的本征值和留数分为一组，产生图 9.12 所示的四阶折叠形耦合矩阵。

通过两个矩阵叠加，组成的总矩阵如图 9.13 所示。

总耦合矩阵的响应如图 9.14(a)(抑制/回波损耗)和图 9.14(b)(群延迟)所示，其结果表明，结构变化后 25 dB 抑制波瓣水平和带内均衡群延迟特性仍保持不变。

这种拓扑结构还可以采用其他方案实现，这取决于子网络的留数组合。然而，无论什么组合，至少输入或输出中有一个耦合是负的。而且，随着滤波器阶数的增加，拓扑类型也相应地增加了。例如，一个十阶滤波器可以用两个二端口网络并联实现，其中一个是四阶的，一个是六阶的；或者用三个二端口网络并联实现，其中一个是二阶的，另外两个是四阶的，所有子网络都与源和负载之间并联。同时，每个子网络本身可以变换为其他的二端口拓扑结构。

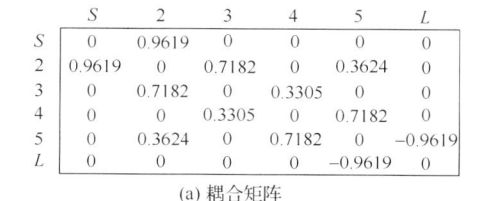

	S	1	6	L
S	0	0.4415	0	0
1	0.4415	0	1.2225	0
6	0	1.2225	0	0.4415
L	0	0	0.4415	0

(a) 耦合矩阵

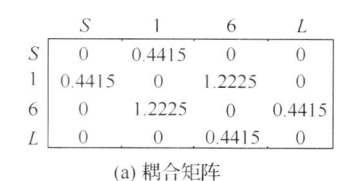

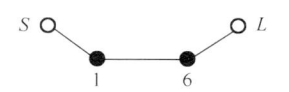

(b) 对应留数组 $k=1,6$

图 9.11 耦合子矩阵

	S	2	3	4	5	L
S	0	0.9619	0	0	0	0
2	0.9619	0	0.7182	0	0.3624	0
3	0	0.7182	0	0.3305	0	0
4	0	0	0.3305	0	0.7182	0
5	0	0.3624	0	0.7182	0	−0.9619
L	0	0	0	0	−0.9619	0

(a) 耦合矩阵

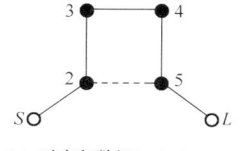

(b) 对应留数组 $k=2,3,4,5$

图 9.12 耦合子矩阵

	S	1	2	3	4	5	6	L
S	0	0.4415	0.9619	0	0	0	0	0
1	0.4415	0	0	0	0	0	1.2225	0
2	0.9619	0	0	0.7182	0	0.3624	0	0
3	0	0	0.7182	0	0.3305	0	0	0
4	0	0	0	0.3305	0	0.7182	0	0
5	0	0	0.3624	0	0.7182	0	0	−0.9619
6	0	1.2225	0	0	0	0	0	0.4415
L	0	0	0	0	0	−0.9619	0.4415	0

(a) 耦合矩阵

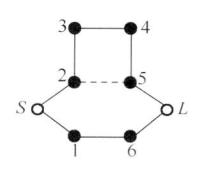

(b) 耦合路径图

图 9.13 二阶和四阶子矩阵叠加后的矩阵

如果网络分为 $N/2$ 个并联耦合的子网络，如图 9.15(b) 所示，则存在更多的直接综合方法。由横向矩阵开始，只需经过一轮 $N/2$ 次旋转变换，如图 9.15(a) 所示，就可以消去第一行中最右端位置 $M_{S,N}$ 到中点位置 $M_{S,N/2+1}$ 的耦合元件中的一半。由于横向矩阵行列最外围的元件值是对称的，则同时消去对应的最后一列元件值 M_{1L} 到 $M_{N/2,L}$。

用于耦合矩阵消元的这些支点首先从 $[1,N]$ 开始，向着矩阵的中心位置 $[N/2,N/2+1]$ 递进。根据表 9.6，一个六阶滤波器需要对横向矩阵进行 $N/2=3$ 次旋转变换。

经过一系列旋转变换之后，最终的耦合矩阵如图 9.15(a) 所示，其对应的耦合拓扑结构如图 9.15(b) 所示。所有例子中，输入或输出耦合至少有一个是负的。一种有意义的例子是参考文献 [10] 中介绍的使用介质谐振器实现的四阶拓扑结构。

还有一种可实现的结构是三个平面双模谐振片叠加排列而成的三层基板，如图 9.15(c) 所示。使用多层基板的低温共烧陶瓷(Low-Temperature Co-fired Ceramic，LTCC)技术比较适合制作这种滤波器。

第 9 章 折叠耦合矩阵的拓扑重构

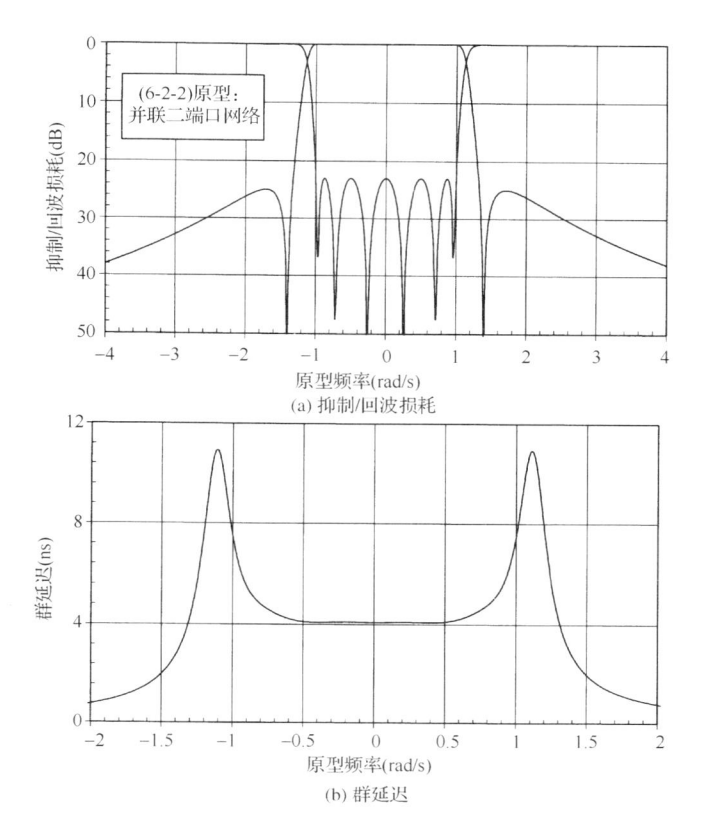

(a) 抑制/回波损耗

(b) 群延迟

图 9.14 并联二端口网络的耦合矩阵分析

	S	1	2	3	4	5	6	L
S	0	0.4415	0.6877	0.6726	0	0	0	0
1	0.4415	0	0	0	0	0	1.2225	0
2	0.6877	0	0	0	0	1.0648	0	0
3	0.6726	0	0	0	0.3720	0	0	0
4	0	0	0	0.3720	0	0	0	0.6726
5	0	0	1.0648	0	0	0	0	−0.6877
6	0	1.2225	0	0	0	0	0	0.4415
L	0	0	0	0	0.6726	−0.6877	0.4415	0

(a) 耦合矩阵

(b) 耦合路径图   (c) 多层双模片状谐振器的实现

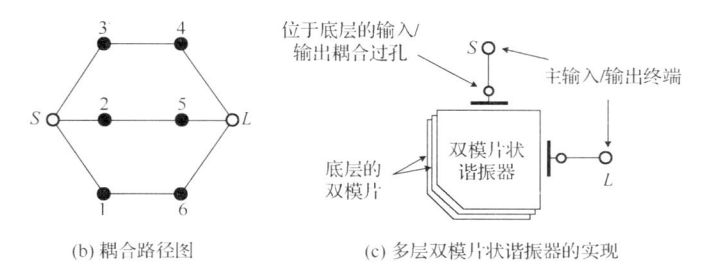

图 9.15 并联对耦合的对称(6-2-2)滤波器结构

表 9.6 (6-2-2)对称滤波器：横向耦合矩阵简化为并联对耦合形式的旋转次序

变换次序	支点$[i,j]$	消去的元件	$\theta_r = \arctan(cM_{kl}/M_{mn})$				
			k	l	m	n	c
1	$[1,6]$	M_{S6}（和 M_{1L}）	S	6	S	1	-1
2	$[2,5]$	M_{S5}（和 M_{2L}）	S	5	S	2	-1
3	$[3,4]$	M_{S4}（和 M_{3L}）	S	4	S	3	-1

9.5.1 偶模和奇模耦合子矩阵

滤波器函数的偶模和奇模子矩阵可以采用本征值分组的方法来综合得到。如果函数的本征值是降序排列的，则奇数组表示为奇模耦合矩阵，偶数组表示为偶模耦合矩阵。运用与 $N+2$ 全耦合矩阵一样的综合方法，利用两组本征值及相应的留数来综合出这两个耦合矩阵。一旦得到了这两个横向子矩阵，就可以运用旋转变换，将不想要的耦合消去。

代表对称串列形滤波器拓扑结构的偶模耦合矩阵（见 9.1 节）可以采用这种留数分组的方法得到。下面使用六阶对称滤波器的例子来说明从折叠形到串列形拓扑的变换过程。其本征值计算为 $\lambda_1 = -\lambda_6 = 1.2185$，$\lambda_2 = -\lambda_5 = 1.0729$ 且 $\lambda_3 = -\lambda_4 = 0.4214$。将本征值及其相应留数和本征向量分成偶数组，可以综合得到相应的 $N+2$ 偶模矩阵 $\boldsymbol{M}_e$；若使用奇数组本征值，则产生相应的奇模矩阵 $\boldsymbol{M}_o$：

$$\boldsymbol{M}_e = \begin{bmatrix} 0 & 0.7472 & 0 & 0 & 0 \\ 0.7472 & 0 & 0.7586 & -0.4592 & 0.7472 \\ 0 & 0.7586 & -0.4459 & 0.0891 & 0 \\ 0 & -0.4592 & 0.0891 & 1.0129 & 0 \\ 0 & 0.7472 & 0 & 0 & 0 \end{bmatrix}$$

$$\boldsymbol{M}_o = \begin{bmatrix} 0 & 0.7472 & 0 & 0 & 0 \\ 0.7472 & 0 & 0.6151 & 0.6387 & -0.7472 \\ 0 & 0.6151 & 0.3053 & 0.4397 & 0 \\ 0 & 0.6387 & 0.4397 & -0.8723 & 0 \\ 0 & -0.7472 & 0 & 0 & 0 \end{bmatrix} \quad (9.8a)$$

本例中，需要运用一次旋转变换将 $\boldsymbol{M}_e$ 和 $\boldsymbol{M}_o$ 耦合矩阵变成 9.1 节例子中的折叠形拓扑。变换的支点位于 $[2,3]$，用于消去 M_{13}，结果如下：

$$\boldsymbol{M}_e = \begin{bmatrix} 0 & 0.7472 & 0 & 0 & 0 \\ 0.7472 & 0 & 0.8867 & 0 & 0.7472 \\ 0 & 0.8867 & -0.1337 & 0.6050 & 0 \\ 0 & 0 & 0.6050 & 0.7007 & 0 \\ 0 & 0.7472 & 0 & 0 & 0 \end{bmatrix}$$

$$\boldsymbol{M}_o = \begin{bmatrix} 0 & 0.7472 & 0 & 0 & 0 \\ 0.7472 & 0 & 0.8867 & 0 & -0.7472 \\ 0 & 0.8867 & 0.1337 & 0.6050 & 0 \\ 0 & 0 & 0.6050 & -0.7007 & 0 \\ 0 & -0.7472 & 0 & 0 & 0 \end{bmatrix} \quad (9.8b)$$

现在可以看出 $\boldsymbol{M}_e$ 中心 $N \times N$ 矩阵和图 9.2(b) 中的偶模矩阵相同。不出预料，变换后的 $\boldsymbol{M}_o$ 为它的共轭矩阵。这些矩阵也可以运用 9.6.1 节中的闭端形综合方法得到。

9.6 闭端形拓扑结构

基本闭端形(cul-de-sac)拓扑结构[9]仅限于双终端网络，且最多可以实现 $N-3$ 个传输零点。另外，这种结构形式可以实现任意奇数阶和偶数阶的对称和不对称原型电路，并给谐振器排列带来了更大的自由度。

图9.16(a)所示为一个十阶滤波器的典型闭端形结构。它最大允许存在7个传输零点(本例中有3个位于虚轴的零点，以及两对复零点)。中间呈正方形的谐振器之间的相互直耦合(不含对角交叉耦合)构成了一个四角元件[(见图9.16(a)中标为1, 2, 9和10处]，其中任意一个耦合元件值应为负。中间四角元件的输入与输出分别位于正方形的对角1和10处，如图9.16(a)所示。

在中间四角元件的另外两个对角处，其他所有谐振器将分别呈等分(偶数阶原型)，或一边比另一边多一个的形式(奇数阶原型)级联排列。每条链路的末端谐振器都没有输出耦合，这就是此结构使用"闭端形"命名的由来。另一种奇数阶特性(七阶)的结构如图9.16(b)所示。如果在其中间的四角元件输入和输出之间加入一个对角交叉耦合，则可以产生一个额外的传输零点。这个耦合元件值的大小与对应的初始折叠形耦合矩阵的元件值相同。

对于对称或不对称响应的双终端滤波器网络，闭端形拓扑的综合利用了其梯形栅格网络的对称性[11]。这使得旋转变换特别简单，且具有规律性。以折叠形耦合矩阵为起点，经过一系列有规律的相似变换(奇数阶滤波器)，以及支点位置的旋转变换(偶数阶滤波器)，从矩阵中心的主对角元件开始，沿着或平行于交叉对角元件向外进行消元。

对于奇数阶滤波器，旋转角度公式的通用形式[见式(8.38a)]为

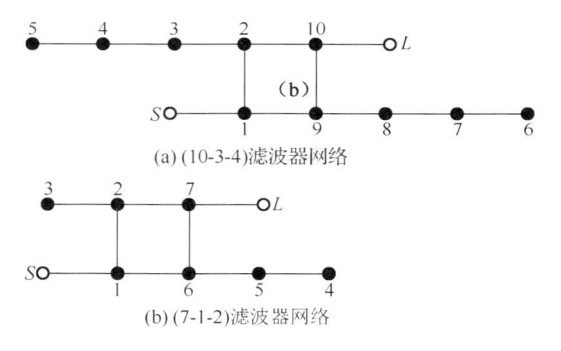

图9.16 闭端形网络结构

(a) (10-3-4)滤波器网络

(b) (7-1-2)滤波器网络

$$\theta_r = \arctan \frac{M_{ik}}{M_{jk}} \tag{9.9}$$

其中[i,j]为支点坐标，$k=j-1$。对于偶阶特性，交叉支点的变换角度公式[见式(8.38g)]为

$$\theta_r = \frac{1}{2}\arctan\left(\frac{2M_{ij}}{(M_{jj}-M_{ii})}\right) \tag{9.10}$$

表9.7列出了关于四阶至九阶折叠形耦合矩阵相似变换顺序的支点位置和角度公式，以及任意 $N \geqslant 4$ 阶的常用支点位置公式。

下面使用一个双终端折叠形耦合矩阵的例子来说明8.3节中耦合矩阵的简化过程，如图9.17(a)所示。这是一个七阶不对称滤波器，回波损耗为23 dB，包含一对复数传输零点。复数传输零点对给出了近60%的群延迟带宽，虚轴上的单传输零点在通带上边沿外给出了30 dB 的抑制波瓣。

表 9.7 折叠形简化为闭端形的支点坐标

阶数 N	支点位置 $[i,j]$ 和被消去的元件				变换角度 θ_r 的公式
	相似变换次数				
	$r = 1,2,3,\cdots,R$			$R = (N-2)/2$, N 为偶数 $R = (N-3)/2$, N 为奇数	
	$r = 1$	$r = 2$	$r = 3$	r	
4	$[2,3]M_{23}$				(9.10)
5	$[2,4]M_{23}$				(9.9)
6	$[3,4]M_{34}$	$[2,5]M_{25}$			(9.10)
7	$[3,5]M_{34}$	$[2,6]M_{25}$			(9.9)
8	$[4,5]M_{45}$	$[3,6]M_{36}$	$[2,7]M_{27}$		(9.10)
9	$[4,6]M_{45}$	$[3,7]M_{36}$	$[2,8]M_{27}$		(9.9)
N (为偶数)	$[i,j]M_{i,j}$ $i = (N+2)/2 - 1$ $j = N/2 + 1$	—		$[i,j]M_{i,j}$ $i = (N+2)/2 - r$ $j = N/2 + r$	(9.10)
N (为奇数)	$[i,j]M_{i,j-1}$ $i = (N+1)/2 - 1$ $j = (N+1)/2 + 1$	—	—	$[i,j]M_{i,j-1}$ $i = (N+1)/2 - r$ $j = (N+1)/2 + r$	(9.9)

	S	1	2	3	4	5	6	7	L
S	0	1.0572	0	0	0	0	0	0	0
1	1.0572	0.0211	0.8884	0	0	0	0	0	0
2	0	0.8884	0.0258	0.6159	0	0	0.0941	0	0
3	0	0	0.6159	0.0193	0.5101	0.1878	0.0700	0	0
4	0	0	0	0.5101	−0.4856	0.4551	0	0	0
5	0	0	0	0.1878	0.4551	−0.0237	0.6119	0	0
6	0	0	0.0941	0.0700	0	0.6119	0.0258	0.8884	0
7	0	0	0	0	0	0	0.8884	0.0211	1.0572
L	0	0	0	0	0	0	0	1.0572	0

(a) 初始折叠形耦合矩阵

	S	1	2	3	4	5	6	7	L
S	0	1.0572	0	0	0	0	0	0	0
1	1.0572	0.0211	0.6282	0	0	0	0.6282	0	0
2	0	0.6282	−0.0683	0.5798	0	0	0	−0.6282	0
3	0	0	0.5798	−0.1912	0	0	0	0	0
4	0	0	0	0	−0.4856	0.6836	0	0	0
5	0	0	0	0	0.6836	0.1869	0.6499	0	0
6	0	0.6282	0	0	0	0.6499	0.1199	0.6282	0
7	0	0	−0.6282	0	0	0	0.6282	0.0211	1.0572
L	0	0	0	0	0	0	0	1.0572	0

(b) 变换后的闭端形结构

图 9.17 七阶闭端形结构滤波器

为了将折叠形网络耦合矩阵变换为闭端形结构,根据表 9.7,利用式(9.9)的角度计算公式(支点[3,5]和[2,6]),进行两次旋转变换后,得到图 9.17(b)所示的耦合矩阵。对应的耦合拓扑结构如图 9.16(b)所示,耦合矩阵的曲线分析结果如图 9.18(a)(抑制/回波损耗)和图 9.18(b)(群延迟)所示。显然,30 dB 的抑制和带内的群延迟特性没有受到旋转变换的影响。需要注意的是,当源和负载与四角元件的对角直接相连,且有限传输零点少于 $N-3$ 个时,四角元件中的四个耦合元件的绝对值相同。

对应图 9.17 中两个耦合矩阵的实际同轴腔滤波器的拓扑如图 9.19(a)(折叠形)和

图 9.19(b)(闭端形)所示。相对折叠形结构而言,闭端形结构更简单。它没有对角耦合,且负耦合只有一个。

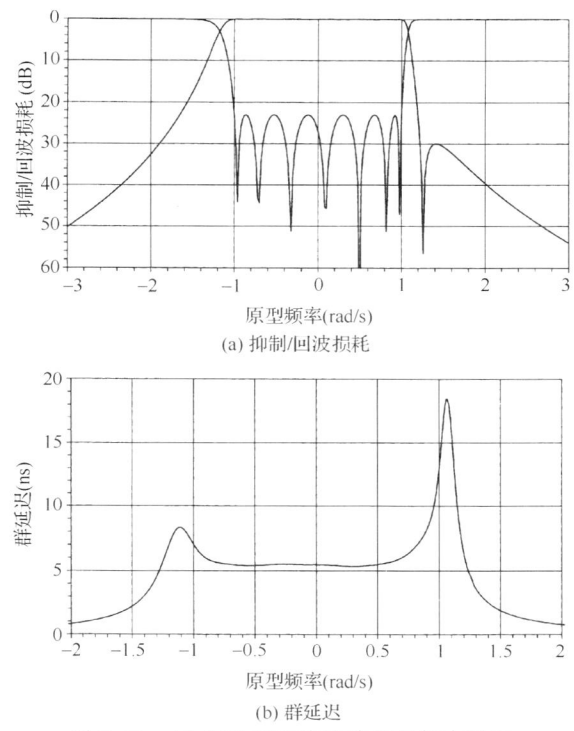

图 9.18　(7-1-2)不对称滤波器的仿真性能

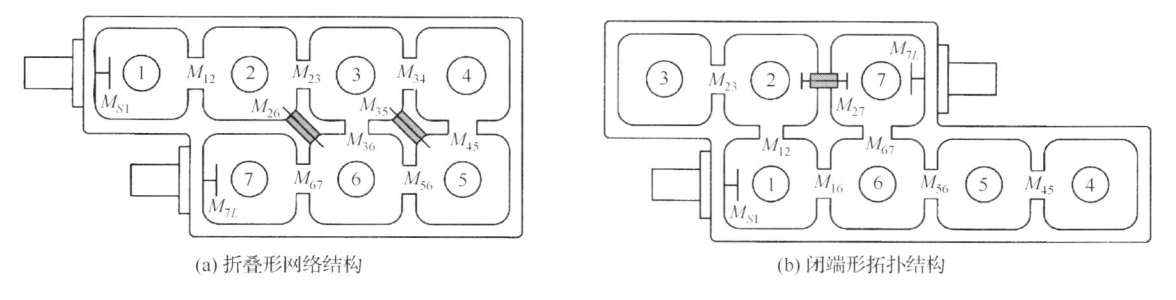

图 9.19　(7-1-2)同轴腔结构的不对称滤波器

9.6.1　闭端形拓扑的扩展形式

图 9.16 显示了一个偶数阶和一个奇数阶的闭端形结构例子。其基本核心部分是,谐振器节点互连形成的一个四角元件,其中两个对角直接与源和负载终端相连,而另外两个对角与余下的谐振器构成的两条链路连接。此拓扑形式是根据表 9.7 列出的支点和变换角度,对初始折叠形耦合矩阵连续进行 R 次旋转变换而成的。旋转次数为 $R=(N-2)/2$(N 为偶数),或 $R=(N-3)/2$(N 为奇数)。

通过在倒数第二次旋转后停止(即 $R-1$ 次旋转变换),或再进行一次额外的旋转变换(即 $R+1$ 次旋转变换),可以获得其两个扩展结构形式。第一种结构中的四角元件与源和负载终端没有直接相连,如图 9.20(a)的八阶滤波器所示。根据最短路径原理,这个例子实现的有限

传输零点数为 $N_{fz} = N-5$。与包含 $N-3$ 个有限传输零点的基本结构相比,其实现的零点数较少。但是,这种结构的优点是输入和输出之间的隔离度更大,而且更适合双模谐振腔的应用。

额外添加一次旋转,可以获得规范闭端形的拓扑形式,其中源和负载成为了中间四角元件中的一部分,如图 9.20(b)所示。这种拓扑可以实现 $N-1$ 个传输零点,且包含源与负载的直接耦合 M_{SL}[见图 9.20(b)中的虚线],这说明这种形式是全规范型的,即 $n_{fz} = N$。显然,这两个分支分别构成了滤波器函数的奇模和偶模子网络,其工作原理与 Hunter 等人在文献[12,13]中提到的混合电桥反射型带通和带阻滤波器原理类似。

假如在网络输入端和输出端新增额外的单位耦合变换器,则创建了一个 $N+4$ 矩阵(新增的单位变换器不会改变 S_{11} 和 S_{21},只使相位变化了 180°)。然后,旋转次序中需要再多一次旋转过程。这时,主网络部分的四角元件都为非谐振节点,如图 9.20(c)所示。其中主四角元件的耦合值都为 $1/\sqrt{2}$,且包含一个负耦合。显然,主网络部分成为一个环形耦合器,使用微带或其他平面技术比较容易实现。其中,包含负耦合的分支实现的相位是 270°,而不是 90°。正如图 9.20(b)所示的网络,构成滤波器奇模子网络和偶模子网络的两个分支,可以通过闭端综合程序自动完成。

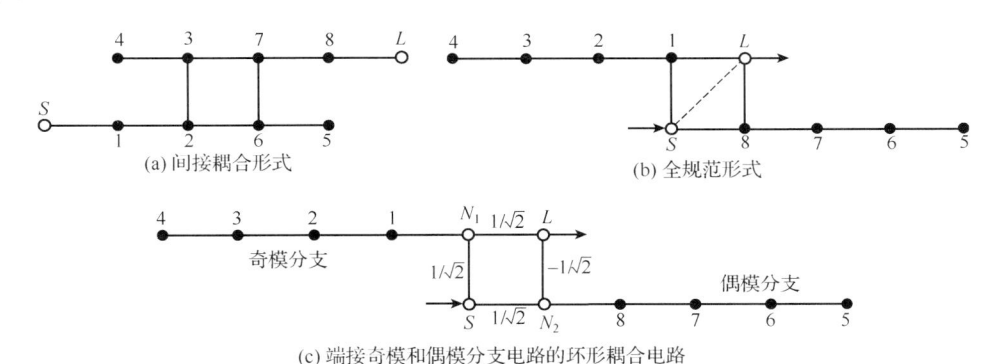

(a) 间接耦合形式

(b) 全规范形式

(c) 端接奇模和偶模分支电路的环形耦合电路

图 9.20 三种闭端形结构

为了说明规范闭端形网络的综合过程[见图 9.20(b)],再次采用六阶串列形对称响应示例(见 9.1.1 节)。首先导出这个滤波器的 $N+2$ 折叠形耦合矩阵,在交叉支点[3,4],[2,5]和[1,6]进行三次旋转变换,分别消去 M_{34},M_{25} 和 M_{16},其耦合矩阵如图 9.21 所示。由此可以看出,规范闭端形网络的两个分支构成了与 9.1.1 节和 9.5.1 节介绍的一样的偶模和奇模网络。

	S	1	2	3	4	5	6	L
S	0	0.7472	0	0	0	0	0.7472	0
1	0.7472	0	0.8867	0	0	0	0	0.7472
2	0	0.8867	−0.1337	0.6050	0	0	0	0
3	0	0	0.6050	0.7007	0	0	0	0
4	0	0	0	0	−0.7007	0.6050	0	0
5	0	0	0	0	0.6050	0.1337	0.8867	0
6	0.7472	0	0	0	0	0.8867	0	−0.7472
L	0	0.7472	0	0	0	0	−0.7472	0

图 9.21 (6-2)对称特性的规范闭端形耦合矩阵

9.6.1.1 概念验证模型

为了验证之前的结论,采用图 9.20(a)所示的间接耦合闭端形结构,通过同轴腔来实现一个 S 波段八阶不对称滤波器并测量其曲线。其原型为八阶切比雪夫滤波器函数,回波损耗为 23 dB,3 个给定的传输零点为 $s = -j1.3553$,$s = +j1.1093$ 和 $s = +j1.2180$,在通带下边沿外阻带产生一个 40 dB 的抑制,在通带上边沿外阻带产生两个 40 dB 的抑制。以这个原型的折叠形耦合矩阵为初始矩阵[见图 9.22(a)],应用表 9.7 中的支点[4,5]和[3,6],进行 $R-1$ 次,即 2 次相似变换后,得到的耦合矩阵及对应的结构如图 9.22(b)和图 9.20(a)所示。

	S	1	2	3	4	5	6	7	8	L
S	0	1.0428	0	0	0	0	0	0	0	0
1	1.0428	0.0107	0.8623	0	0	0	0	0	0	0
2	0	0.8623	0.0115	0.5994	0	0	0	0	0	0
3	0	0	0.5994	0.0133	0.5356	0	−0.0457	−0.1316	0	0
4	0	0	0	0.5356	0.0898	0.3361	0.5673	0	0	0
5	0	0	0	0	0.3361	−0.8513	0.3191	0	0	0
6	0	0	0	−0.0457	0.5673	0.3191	−0.0073	0.58481	0	0
7	0	0	0	−0.1316	0	0	0.5848	0.0115	0.8623	0
8	0	0	0	0	0	0	0	0.8623	0.0107	1.0428
L	0	0	0	0	0	0	0	0	1.0428	0

(a) 折叠形耦合矩阵

	S	1	2	3	4	5	6	7	8	L
S	0	1.0428	0	0	0	0	0	0	0	0
1	1.0428	0.0107	0.8623	0	0	0	0	0	0	0
2	0	0.8623	0.0115	0.3744	0	0	−0.4681	0	0	0
3	0	0	0.3744	−0.0439	0.8166	0	0	0.3744	0	0
4	0	0	0	0.8166	0.1976	0	0	0	0	0
5	0	0	0	0	0	−0.9590	0.2093	0	0	0
6	0	0	−0.4681	0	0	0.2093	0.0499	0.4681	0	0
7	0	0	0	0.3744	0	0	0.4681	0.0115	0.8623	0
8	0	0	0	0	0	0	0	0.8623	0.0107	1.0428
L	0	0	0	0	0	0	0	0	1.0428	0

(b) 变换后的闭端形间接耦合结构

图 9.22　(8-3)不对称滤波器

该滤波器的抑制和回波损耗性能的仿真与测量曲线如图 9.23 所示,图中清楚地显示了 3 个有限传输零点的位置。虽然由于滤波器带宽略微变大(110 MHz)引起了色散影响(耦合值随着频率变化),即回波损耗会稍微变差,但是其结果与仿真模型非常吻合。

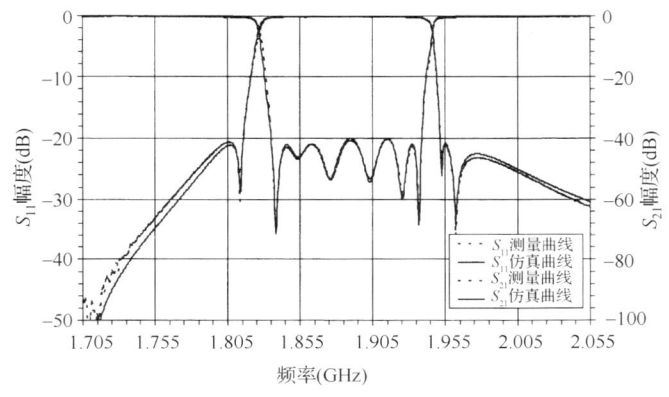

图 9.23　(8-3)闭端形滤波器性能的仿真和测量曲线

图 9.24 给出了滤波器的谐振器排列示意图,可以看出其耦合拓扑极其简单。由于省略了第三次旋转变换,使得输入和输出终端之间的耦合并没有与中间四角元件(2,3,6 和 7)直接相连,这样对带外抑制是比较有利的。这种构造同样也适用于八阶对称或不对称响应的滤波器,传输零点数在 0~3 之间。

注意,在四角元件中,除了有一个耦合元件值为负,其他耦合元件值全部为正。为了方便起见,负耦合可以移到四角元件中的其他位置,并使用容性探针来实现。例如,采用同轴谐振腔技术实现的滤波器,其所有正耦合由感性膜片或感性环来实现。尽管初始原型为不对称的,也不会存在对角耦合。

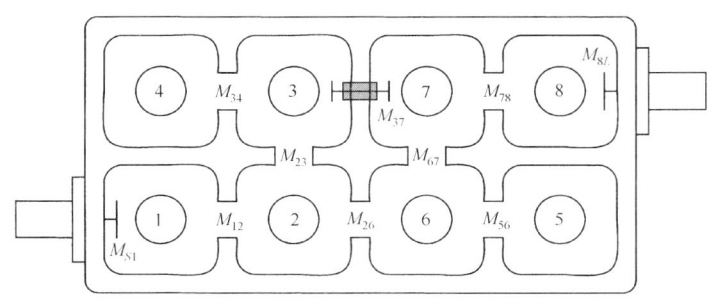

图 9.24 (8-3)不对称滤波器间接耦合的闭端形结构

闭端形拓扑结构的重要特性总结如下：

1. 闭端形拓扑可用于实现大部分的电气滤波器函数。它可以是对称的或不对称的，奇数阶的或偶数阶的。而且还可以用于源与负载终端(双终端)阻抗相同的滤波器函数设计，且滤波器函数包含的有限传输零点数小于或等于 $N-3$，其中 N 为函数的阶数。

2. 实现包含有限传输零点的滤波器函数时，使用的耦合元件最少，且调谐机制最简化。一个包含 7 个有限传输零点的十阶函数，需要 10 个谐振器间耦合；而等价的折叠形结构则需要 16 个谐振器间耦合，其中一些还是对角耦合。

3. 如果将所有谐振器排列成规则的网格形状，则所有的耦合为直耦合，即它们在谐振器间要么垂直，要么平行。由于对角元件难以加工、组装和调试，且它们对于振动和温度的变化十分敏感。因此，将对角元件消去，可以极大地简化设计。虽然缺少对角耦合元件，但是双模谐振器应用中仍可以实现不对称的滤波器响应。它可以是介质或波导，或者高 Q_u 值的 TE_{011} 模圆波导谐振器。

4. 同一种结构，可以适用于相同阶数下对称或不对称的双终端滤波器函数(其中 $n_{fz} \leq N-3$)。因此，对于耦合元件一体化的同一个滤波器壳体，可以实现不同的滤波器特性。例如，如果耦合值相对初始设计差异很小，为了矫正色散失真，只需要调整膜片附近的螺丝就可以实现，而无须修改滤波器谐振器间的耦合膜片尺寸，或增加额外的交叉耦合。

5. 无论哪种传输特性，除了中间四角元件中的一个耦合符号，其余谐振器间的耦合符号全部相同。由于谐振器间耦合值的分布范围很小，因此在通用设计中允许使用符号和取值相同的耦合。

6. 与复杂滤波器结构中的寄生和杂散耦合相比，谐振器间的耦合值相对较大。本结构不仅设计和调试简单，而且可以通过外部螺丝来调节所有谐振器间耦合，从而降低了制造公差，使最终产品具有最优的性能。

7. 随着耦合元件的增加，微波谐振腔的 Q_u 值将会恶化，这样就增加了腔体滤波器的插入损耗。由于闭端形滤波器的谐振器间耦合最少，且只有一个负的耦合(通常在同轴和介质谐振器中用探针实现时会带来损耗，特别是对角耦合的使用)，其插入损耗比耦合元件较多的等价滤波器的更小。

8. 短路某些谐振腔，将滤波器分为更小的部分，可以简化设计且便于生产调试。

9. 闭端形滤波器可以简单地分为腔体和盖板两部分进行加工，所有调节螺丝位于最上面。这样使得这种滤波器适合批量生产和调试，采用压铸方式可以实现大规模制造。此外，滤波器腔体排列特别灵活，可以和其他子系统或器件紧凑地集成为一体。

9.6.2 灵敏度分析

相对于采用折叠形结构或三角元件等实现的等价滤波器，闭端形滤波器包含最少的谐振器间耦合，其耦合元件值和调谐状态的变化会更敏感就不足为奇了。为了评估相同滤波器函数在不同结构下的敏感程度，下面给出了一个简要的定量分析。

引起滤波器耦合和谐振器变化的因素主要有两类：随机性，由元件的加工和装配公差引起；单向或双向性，主要是温漂的影响。针对第一类变化，运用蒙特卡罗灵敏度分析软件包对一个十一阶原型滤波器的特性进行评估分析，其标准的抑制和回波损耗特性如图9.25(a)所示。滤波器通带下边沿外有3个有限传输零点，给出了97 dB的抑制，分别使用折叠形、盒形、三角元件(见第10章)和闭端形来实现。其中耦合值变化1%时，对盒形和三角元件形的抑制影响相对较小。但是，对折叠形和闭端形的抑制影响极大，如图9.25(b)的曲线所示。虽然在生产过程中，耦合元件值的变化可以通过调节螺丝来补偿加工和装配公差的影响，并将滤波器的抑制性能复原到理想状态，但这在批量生产过程中将增大调试量。

(a) 标准11-3原型响应

(b) 闭端形：所有耦合元件的随机变化

(c) 闭端形：自耦合增加0.2%，其他耦合减少0.2%

(d) 盒形：自耦合增加0.2%，其他耦合减少0.2%

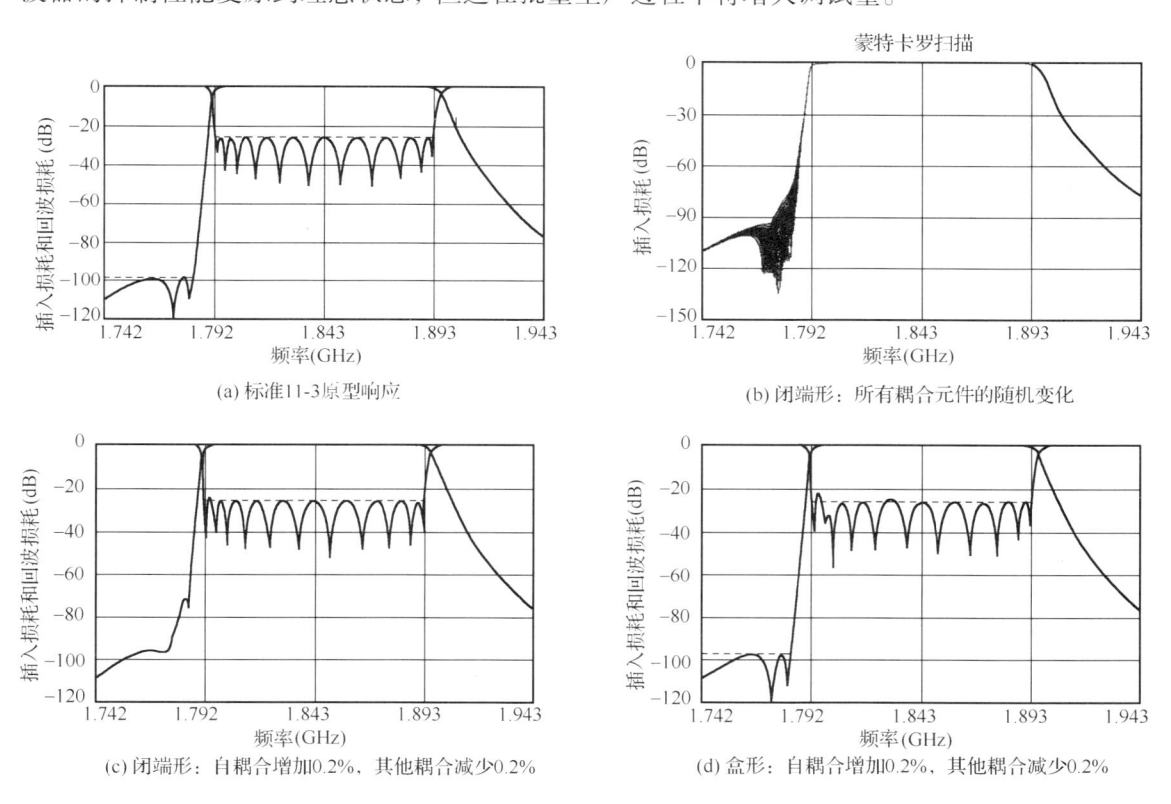

图9.25 滤波器耦合元件值变化的敏感性

第二种变化是将自耦合增加0.2%，而将其他耦合减小0.2%。通过比较可以发现，闭端形滤波器的抑制恶化特别严重，如图9.25(c)所示；而对盒形滤波器的影响相对较小，如图9.25(d)所示。这表明闭端形滤波器的耦合元件值和谐振频率的热稳定性需要改善，或者采用机械设计来保证温漂变化的方向保持一致。

9.7 小结

第 7 章和第 8 章分别介绍了如何利用理想滤波函数的传输多项式和反射多项式，综合规范折叠形拓扑耦合矩阵的两种方法。如果在某些应用中易于实现耦合，则可以直接采用这种规范形式。另外，也可以将它作为初始矩阵，进行一系列旋转变换，得到更方便实现的拓扑结构。此方法主要作用是双模滤波器设计中的应用，在单个物理谐振腔、介质片或平面结构中实现两个正交极化的简并模式。本方法极大地减小了滤波器的体积，并对滤波器的无载 Q 值和寄生响应影响极小。由于双模滤波器的体积大幅减小，使得它可以广泛应用于卫星和无线通信系统中。本章还专门介绍了运用相似变换方法实现适合双模滤波器的各种拓扑结构。除了纵向形和折叠形拓扑，还包括四角元件和闭端形拓扑结构。本章最后通过示例论述了一些双模滤波器拓扑的敏感性。

9.8 参考文献

1. Rhodes, J. D. (1970) A lowpass prototype network for microwave linear phase filters. *IEEE Transactions on Microwave Theory and Techniques*, **18**, 290-301.
2. Rhodes, J. D. (1970) The generalized interdigital linear phase filter. *IEEE Transactions on Microwave Theory and Techniques*, **18**, 301-307.
3. Rhodes, J. D. (1970) The generalized direct-coupled cavity linear phase filter. *IEEE Transactions on Microwave Theory and Techniques*, **18**, 308-313.
4. Rhodes, J. D. and Zabalawi, I. H. (1980) Synthesis of symmetrical dual mode in-line prototype networks, in *Circuit Theory and Application*, vol. **8**, Wiley, New York, pp. 145-160.
5. Abramowitz, M. and Stegun, I. A. (eds) (1970) *Handbook of Mathematical Functions*, Dover Publications, New York.
6. Cameron, R. J. and Rhodes, J. D. (1981) Asymmetric realizations for dual-mode bandpass filters. *IEEE Transactions on Microwave Theory and Techniques*, **29**, 51-58.
7. Pfitzenmaier, G. (1977) An exact solution for a six-cavity dual-mode elliptic bandpass filter. IEEE MTT-S International Microwave Symposium Digest, San Diego, pp. 400-403.
8. Cameron, R. J. (1979) Novel realization of microwave bandpass filters. *ESA Journal*, **3**, 281-287.
9. Cameron, R. J., Harish, A. R., and Radcliffe, C. J. (2002) Synthesis of advanced microwave filters without diagonal cross-couplings. *IEEE Transactions on Microwave Theory and Techniques*, **50**, 2862-2872.
10. Pommier, V., Cros, D., Guillon, P., Carlier, A. and Rogeaux, E. (2000) *Transversal filter using whispering gallery quarter-cut resonators*, IEEE MTT-S International Symposium Digest, Boston, pp. 1779-1782.
11. Bell, H. C. (1982) Canonical asymmetric coupled-resonator filters. *IEEE Transactions on Microwave Theory and Techniques*, **30**, 1335-1340.
12. Hunter, I. C., Rhodes, J. D., and Dassonville, V. (1998) Triple mode dielectric resonator hybrid reflection filters. *IEE Proceedings of Microwaves, Antennas and Propagation*, **145**, 337-343.
13. Hunter, I. C. (2001) *Theory and Design of Microwave Filters*, Electromagnetic Waves Series 48, IEE, London.

第 10 章　提取极点和三角元件的综合与应用

尽管可以根据滤波器结构的不同应用场合推导得到折叠形和横向耦合矩阵，但是有一些结构很难或不可能单独用耦合矩阵来综合实现。本章将运用电路方法来综合"提取极点"网络，并且直接应用于带通和带阻滤波器的设计。接下来，本章讨论了利用提取极点网络方法实现的另一种单传输零点形式，也就是"三角元件"的应用。三角元件可以直接在网络中应用，或者将它作为与其他结构级联的一部分。另外，它还可以应用于更加复杂的网络的综合。首先综合出级联三角元件结构，然后经过耦合矩阵变换，进一步重构网络。然后，运用这种变换方法，将级联三角元件变换为级联四角元件、五角元件或六角元件等的方法进行了概述。最后，本章介绍了级联三角元件变换到盒形及其衍生结构——扩展盒形拓扑的综合方法

10.1　提取极点滤波器的综合

高功率滤波器的低损耗要求，通常意味着设计中滤波器的阶数要小，带内无时延均衡要求（群延迟均衡器将增加插入损耗）。另外还有带外相对陡峭的隔离度，使得频谱扩展的影响（由于高功率放大器的非线性因素）最小化，从而确保信道之间有足够的隔离度。

虽然低阶对称与不对称原型滤波器网络的综合非常简单，但是如果存在负的交叉耦合[①]，则实现起来非常困难。在低功率环境中，负耦合通常采用容性探针来实现。然而，在高功率条件下，探针可能因为过热（通常需要高效率的散热器来传导热）而导致击穿，使腔体的无载 Q_u 值严重降低。

运用提取极点方法可以避免产生负耦合。实际上，在网络主腔部分综合之前，可以提取出传输零点作为网络中的带阻腔。当这类传输零点提取出来以后，除了对称滤波器中用于实现群延迟均衡的一对实轴对称分布的传输零点（采用与主耦合符号相同的交叉耦合来实现）尚未提取，剩余网络中不存在交叉耦合，无论是直的还是对角的耦合。

10.1.1　提取极点元件的综合

本节将详细介绍提取单个传输零点（虚轴上分布）的电路综合方法。下面运用 7.3 节的 (4-2) 不对称原型滤波器示例来说明综合过程。这里介绍的方法与参考文献 [1] 相比具有更大的灵活性，且参考文献 [1] 中的方法仅适用于对称网络的共轭极点对的提取。

产生传输零点（或极点）的原型电路如图 10.1 所示，它由 FIR 元件 $B = -s_0/b_0$ 和电感元件 $L = 1/b_0$ 串联组成的谐振器的两端与传输线网络并联构成，其中 b_0 为极点的留数。显然，当 $s = s_0$ 时，串联对电路的阻抗为零，即传输线短路。

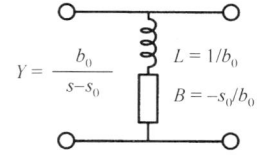

$$Y = \frac{b_0}{s - s_0} \quad L = 1/b_0 \quad B = -s_0/b_0$$

图 10.1　$s = s_0$ 时呈短路的并联而成的串联元件对

---

①　这里"负"的意思是相对于网络中的其他耦合而言的，如果其他正耦合为感性，则负耦合为容性，反之亦然。

代表整个滤波器网络的[ABCD]矩阵的提取极点方法分以下 3 步进行：

1. 提取 $s=s_0$ 处的极点之前，首先需要从电路网络中移出不随频率变化的相移器(部分移除)。
2. 移去 $s=s_0$ 处的并联谐振器对。
3. 在剩余网络中的其他极点，或滤波器输入端口的电容/FIR 对$(C+jB)$ 提取之前，需要再次提取网络中的相移线段。

10.1.1.1 提取相移线段

代表整个电路的[ABCD]矩阵可以看成传输线段与剩余[A'B'C'D']矩阵的级联[为简单起见，这里省略了 s，即 $A\equiv A(s)$，$B\equiv B(s)$，等等，且假定 $P(\equiv jP(s)/\varepsilon)$ 已包含了常数 ε]，

所以

$$\frac{1}{P}\begin{bmatrix} A & B \\ C & D \end{bmatrix} = \begin{bmatrix} \cos\varphi & j\sin\varphi/J \\ jJ\sin\varphi & \cos\varphi \end{bmatrix} \cdot \frac{1}{P}\begin{bmatrix} A' & B' \\ C' & D' \end{bmatrix}$$

$$\frac{1}{P}\begin{bmatrix} A' & B' \\ C' & D' \end{bmatrix} = \frac{1}{P}\begin{bmatrix} A\cos\varphi - jC\sin\varphi/J & B\cos\varphi - jD\sin\varphi/J \\ C\cos\varphi - jAJ\sin\varphi & D\cos\varphi - jBJ\sin\varphi \end{bmatrix} \quad (10.1)$$

剩余矩阵中包含的第一个元件为并联谐振器对：

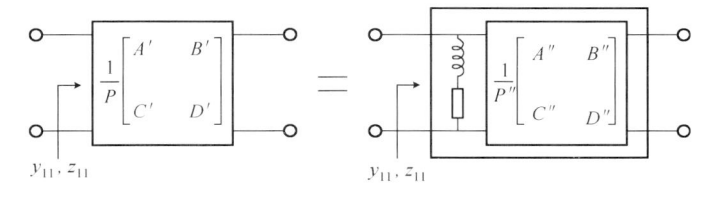

当 s 趋于极点频率 s_0 时，剩余矩阵输入端的开路阻抗 z_{11} 趋于零，且其短路导纳 y_{11} 接近于无穷大，表示为

$$z_{11} = \frac{A'}{C'} = 0, \qquad y_{11} = \frac{D'}{B'} = j\infty \quad (10.2)$$

因此在 $s=s_0$ 处，$A'=0$ 或 $B'=0$。从矩阵式(10.1)中提取元件 A' 和 B'，可得

$$A' = A\cos\varphi - \frac{jC\sin\varphi}{J} = 0. \quad \text{所以} \quad \tan\varphi_0 = \frac{AJ}{jC}\bigg|_{s=s_0}, \quad \text{或} J_0 = \frac{jC\tan\varphi}{A}\bigg|_{s=s_0} \quad (10.3a)$$

$$B' = B\cos\varphi - \frac{jD\sin\varphi}{J} = 0. \quad \text{所以} \quad \tan\varphi_0 = \frac{BJ}{jD}\bigg|_{s=s_0}, \quad \text{或} J_0 = \frac{jD\tan\varphi}{B}\bigg|_{s=s_0} \quad (10.3b)$$

式(10.3)表明，当 $A'=0$ 和 $B'=0$ 时，变换器导纳 J 可以根据给定的相移线段 φ_0 来确定，或相移线段 φ_0(不等于 90°)可以根据给定的变换器导纳 J 来确定。实际上，J 的值通常给定为 1，即表示互连的相移线段与传输线媒质界面的特征阻抗相等。如果 J 给定为 1，则根据式(10.3)计算相移线段 φ_0 的结果如下：

$$\varphi_0 = \arctan\frac{A}{jC}\bigg|_{s=s_0} \quad (10.4a)$$

$$\varphi_0 = \arctan\frac{B}{\mathrm{j}D}\bigg|_{s=s_0} \tag{10.4b}$$

由于在 $s=s_0$ 处,多项式 A' 和 B' 为零,因此同时除以公因子 $(s-s_0)$ 之后,可以获得中间多项式 A^x 和 B^x:

$$A^x = \frac{A'}{(s-s_0)}, \quad B^x = \frac{B'}{(s-s_0)} \tag{10.5}$$

10.1.1.2 提取谐振器对

提取相移线段之后,可以计算得到谐振器对的留数 b_0。如图 10.2 所示,当 s 趋近于 s_0 时,网络的阻抗或导纳主要取决于并联的谐振器对:

$$y_{11} = \frac{D'}{B'} = \frac{b_0}{(s-s_0)}\bigg|_{s=s_0}, \quad \text{所以 } b_0 = \frac{(s-s_0)D'}{B'}\bigg|_{s=s_0} = \frac{D'}{B^x}\bigg|_{s=s_0} \tag{10.6a}$$

$$z_{11} = \frac{A'}{C'} = \frac{(s-s_0)}{b_0}\bigg|_{s=s_0}, \quad \text{所以 } b_0 = \frac{(s-s_0)C'}{A'}\bigg|_{s=s_0} = \frac{C'}{A^x}\bigg|_{s=s_0} \tag{10.6b}$$

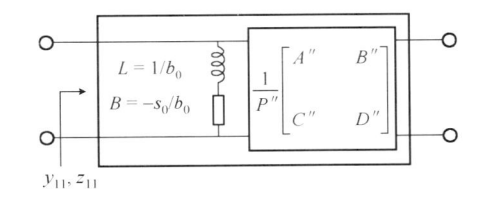

图 10.2 s 趋近于 s_0 时网络的输入阻抗/导纳

现在来提取谐振器对:

$$\frac{1}{P''}\begin{bmatrix} A'' & B'' \\ C'' & D'' \end{bmatrix} = \begin{bmatrix} 1 & 0 \\ -b_0/(s-s_0) & 1 \end{bmatrix} \cdot \frac{1}{P}\begin{bmatrix} A' & B' \\ C' & D' \end{bmatrix}$$

$$= \frac{1}{P}\begin{bmatrix} A' & B' \\ C' - A'b_0/(s-s_0) & D' - B'b_0/(s-s_0) \end{bmatrix} \tag{10.7a}$$

$$= \frac{1}{P}\begin{bmatrix} A' & B' \\ C' - b_0 A^x & D' - b_0 B^x \end{bmatrix}$$

其中 $[A''B''C''D'']$ 为剩余矩阵。将式(10.7a)最右边的矩阵提取公因子 $(s-s_0)$,可得

$$\frac{1}{P''}\begin{bmatrix} A'' & B'' \\ C'' & D'' \end{bmatrix} = \frac{(s-s_0)}{P}\begin{bmatrix} \dfrac{A'}{(s-s_0)} & \dfrac{B'}{(s-s_0)} \\ \dfrac{C' - b_0 A^x}{(s-s_0)} & \dfrac{D' - b_0 B^x}{(s-s_0)} \end{bmatrix} \tag{10.7b}$$

显然,$A'' = A'/(s-s_0) = A^x$,$B'' = B'/(s-s_0) = B^x$,且 C'' 和 D'' 的分子分别为 $C' - b_0 A^x$ 和 $D' - b_0 B^x$。由于 $s = s_0$ 时 $b_0 = C'/A^x = D'/B^x$[见式(10.6)],所以当 $s = s_0$ 时式(10.7b)中 C'' 和 D'' 的分子都为零。因此,为了提取谐振器对的留数 b_0,C'' 和 D'' 的分子需要同时除以因子 $(s-s_0)$。与提取相移线段的方法相同,A' 和 B' 的分子也需要同时准确地除以 $(s-s_0)$。根据定义,初始矩阵的多项式 P 也需要除以 $(s-s_0)$。

当 $s = s_0$ 时,单个传输零点提取和剩余矩阵 $[A''B''C''D'']$ 的求解过程总结如下:

1. 根据式(10.3)计算得到提取的传输线相移线段 φ_0 或特征导纳 J_0。

2. 计算得到提取出传输线段后的矩阵$[A'B'C'D']$[见式(10.1)]。
3. 根据式(10.5)，将 A' 和 B' 与因子 $(s-s_0)$ 相除，得到中间多项式 $A^x = A''$ 和 $B^x = B''$。
4. 根据式(10.6)计算留数 b_0 的值。
5. 求解 $C' - b_0 A^x$ 和 $D' - b_0 B^x$。
6. 利用 $(s-s_0)$ 分别去除上一步求得的多项式，得到 C'' 和 D''。
7. 最后，利用 $(s-s_0)$ 去除 P，得到 P''。

因此，上一个极点提取后，剩余矩阵中的所有多项式的阶数比初始矩阵中的多项式的阶数少1。现在可以在新的极点频率 s_{02} 处，从剩余矩阵中移除另一段传输线段，以提取第二个极点。在滤波器主腔部分开始综合时，如果下一个提取的元件是变换器或并联的 $C+jB$，则需要在 $s_0 = j\infty$ 时移除相移线段。滤波器的主腔部分自身可作为交叉耦合网络综合，从而产生更多的传输零点(一般是用于群延迟均衡的实轴传输零点)。而且，还可以通过旋转变换来重构滤波器拓扑(通常拓扑形式有限)，而无论是否存在提取极点。另外，也可以采用在滤波器主腔内创建提取极点的方式，将谐振器单独从主腔中分离出来，如图10.6(b)所示。这种形式虽然非常有利于滤波器调试，但是将会导致综合的耦合元件值产生一些极值。

10.1.2 提取极点综合示例

为了说明提取极点的过程，再次使用推导出的(4-2)滤波器原型特性的 $[ABCD]$ 多项式，以综合滤波器的提取极点电路。上节中介绍的提取极点的综合方法可以在网络中任意位置提取出每个极点，甚至是主腔的谐振器之间的极点。对于一个双极点网络，当两个极点分别位于物理网络的任一端展开综合时，可以得到最实用的耦合元件值。但是，为了说明该方法的有效性，下面选择两个极点位于滤波器的输入端进行展开综合。根据(4-2)滤波器(见7.3节)特性的 $[ABCD]$ 多项式，开始综合过程如下：

s^i, $i=$	$A(s)$	$B(s)$	$C(s)$	$D(s)$	$P(s)/\varepsilon$
0	$-j2.0658$	-0.1059	-0.1476	$-j2.0658$	$+2.0696$
1	$+2.4874$	$-j4.1687$	$-j3.0823$	$+2.4874$	$+j2.7104$
2	$-j2.1950$	$+4.4575$	$+2.8836$	$-j2.1950$	-0.8656
3	$+2.4015$	$-j1.5183$		$+2.4015$	
4	—	$+2.0$			

移除网络中第一个极点 $s_{01} = j1.8082$ 之前，提取特征导纳为1的传输线段的相位长度 θ_{S1}，可得

$$\theta_{S1} = \arctan\left.\frac{B(s)}{jD(s)}\right|_{s=s_{01}} = 48.9062°$$

提取出传输线段之后，剩余多项式的系数如下所示：

s^i, $i=$	$A'(s)$	$B'(s)$	$C'(s)$	$D'(s)$	$P(s)/\varepsilon$
0	$-j1.2466$	-1.6265	-1.6539	$-j1.2780$	$+2.0696$
1	-0.6880	$-j4.6146$	$-j3.9006$	-1.5067	$+j2.7104$
2	$-j3.6160$	$+1.2755$	$+0.2411$	$-j4.8021$	-0.8656
3	$+1.5785$	-2.8078	$-j1.8099$	$+0.4343$	—
4	—	$+1.3146$		$-j1.5073$	

因子多项式 A' 和 B' 与 $(s-s_0)$ 相除，从而构成中间多项式 $A^x(s)$ 和 $B^x(s)$：

$s^i, i =$	$A^x(s)$	$B^x(s)$	$C'(s)$	$D'(s)$	$P(s)/\varepsilon$
0	+0.6894	−j0.8995	−1.6539	−j1.2780	+2.0696
1	−j0.7618	+2.0546	−j3.9006	−1.5067	+j2.7104
2	+1.5785	−j0.4308	+0.2411	−j4.8021	−0.8656
3	—	+1.3146	−j1.8099	+0.4343	—
4	—	—	—	−j1.5073	—

计算并联谐振器对的留数 b_{01}：

$$b_{01} = \left.\frac{D'(s)}{B^x(s)}\right|_{s=s_{01}} = 1.9680$$

计算 $C' - b_{01}A^x(s)$ 和 $D'(s) - b_{01}B^x(s)$，然后分别除以因子 $(s-s_0)$，得到 $C''(s)$ 和 $D''(s)$。最后，用因子 $(s-s_{01})$ 去除 $P(s)$，推导出 $P''(s)$：

$s^i, i =$	$A''(s)(=A^x(s))$	$B''(s)(=B^x(s))$	$C''(s)$	$D''(s)$	$P''(s)/\varepsilon$
0	+0.6894	−j0.8995	−j1.6650	−0.2722	+j1.1446
1	−j0.7618	+2.0546	+0.4073	−j2.9189	−0.8660
2	+1.5785	−j0.4308	−j1.8099	+0.5726	—
3	—	+1.3146	—	−j1.5073	—
4	—	—	—	—	—

现在，重复以上步骤，可提取出第二个极点 $s_{02} = j1.3217$，从而得到 $\theta_{12} = 27.5430°$ 和 $b_{02} = 3.6800$，且剩余多项式为

$s^i, i =$	$A''(s)$	$B''(s)$	$C''(s)$	$D''(s)$	$P''(s)/\varepsilon$
0	−j0.1200	+0.5082	+1.0240	−j1.9122	−0.8660
1	+0.5627	−j0.0274	−j2.3347	+1.1540	—
2	—	+0.4686	—	−j1.9443	—
3	—	—	—	—	—
4	—	—	—	—	—

网络中的 $C_3 + jB_3$ 移除之前，提取位于 $s = j\infty$ 处的相移线段，可得

$$\theta_{23} = \left.\arctan\frac{B(s)}{jD(s)}\right|_{s=j\infty} = 13.5508°$$

提取出相移线段后，剩余多项式为

$s^i, i =$	$A(s)$	$B(s)$	$C(s)$	$D(s)$	$P(s)/\varepsilon$
0	−j0.3566	+0.0460	+0.9673	−j1.9781	−0.8660
1	—	−j0.2970	−j2.4015	+1.1540	—
2	—	—	—	−j2.00000	—
3	—	—	—	—	—
4	—	—	—	—	—

下面根据7.4节介绍的方法来综合滤波器主腔的网络：

1. 提取 $C_3 = 6.7343$ 和 $B_3 = 2.7126$；
2. 网络反向。如果极点位于网络的输出端，则必须首先提取出相移线段 θ_{5L}，以便提取谐振器对。在本例中所有的极点位于输入端，因此 $\theta_{5L} = 0$。
3. 提取出 90°传输线段和输出耦合变换器（$Y_0 = M_{45} = 1$）。
4. 提取出谐振器对元件 $C_4 = 0.8328$ 和 $B_4 = 0.1290$。
5. 最后，提取出并联变换器 $M_{34} = 2.4283$。

在相移线段 θ_{23} 和元件 $C_3 + jB_3$ 之间，可以添加两个相位长度分别为 $-90°$ 和 $+90°$ 的单位变换器，而网络的传输函数不受影响。其中第一段传输线段被 θ_{23} 吸收（$\theta_{23} \rightarrow \theta_{23} - 90° = -79.4492°$），第二段传输线段则构成了滤波器主腔中的输入耦合变换器 M_{23}。

对于图 10.3 所示的极点电路，根据对偶网络定理，可以变换为与主耦合变换器级联的并联谐振器对，如图 10.4(a)所示，或变换为串联在主腔中两个单位变换器之间的并联谐振器对，如图 10.4(b)所示。变换后的电路可以使用 H 面或 E 面的矩形波导 T 型接头实现。注意，在图 10.4(a)中，H 面接头的等效电路中包含一个变换器[7]。

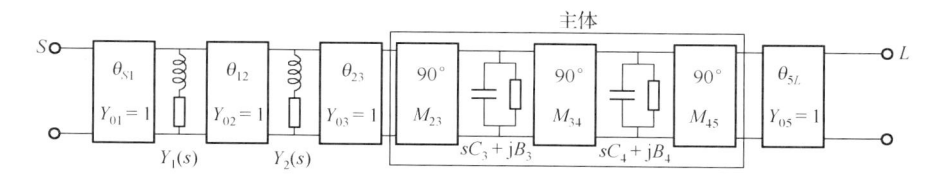

图 10.3 输入端包含两个极点的(4-2)提取极点滤波器网络

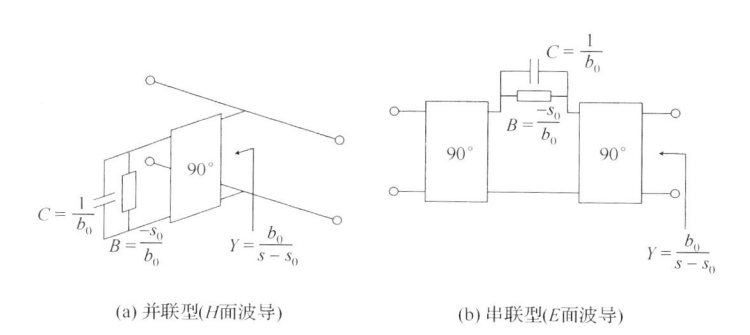

(a) 并联型(H 面波导)

(b) 串联型(E 面波导)

图 10.4 实际用到的提取极点网络的形式

对于图 10.5 中的并联谐振器对电路，根据对偶网络定理，也可以设计为一个变换器与一端短路的传输线段的级联，传输线段长度为 180° 或传输零点频率 s_0 半波长的整数倍。最终，传输线段可以采用谐振腔来实现，而变换器成为它的输入耦合。实际上，变换器等效于一个与长度极短且相位为负的传输线段并联的电感，通常采用感性的波导孔径来实现。

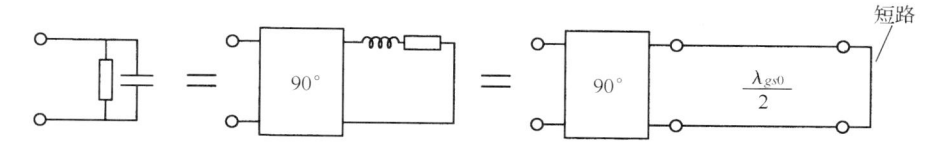

图 10.5 并联谐振器对变换为半波长短路传输线段与变换器的级联形式

图10.6(a)所示为一个提取极点型滤波器结构,它采用TE_{011}模的圆柱形谐振腔实现,且两个极点都位于输入端。尽管该结构包含两个传输零点,却不存在负耦合(该耦合在TE_{011}模谐振腔中难以实现)。为了抑制TE_{111}模,主谐振腔之间的耦合与输入和输出耦合之间相互呈直角,该模式在TE_{011}模谐振腔中为简并模。图10.6(b)所示为另一种排列方式,其中有一个提取极点位于主耦合结构的中间。

(a) 两个极点都位于输入端

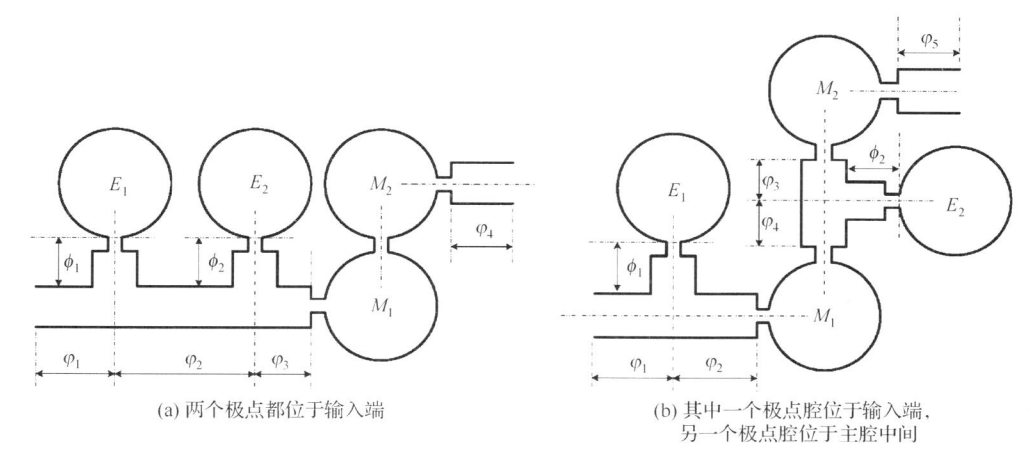

(b) 其中一个极点腔位于输入端,
另一个极点腔位于主腔中间

图10.6 (4-2)TE_{011}模圆柱形谐振腔的提取极点滤波器结构

10.1.3 提取极点滤波器网络的分析

提取极点网络可以运用经典的级联$[ABCD]$矩阵方法进行分析。更有效的方法是基于导纳矩阵,采用与耦合矩阵$[M]$分析相同的方法[见式(8.7)]。

总的导纳矩阵$[Y]$由两个单独的2×2子矩阵$[y]$叠加构成。这些子矩阵还可以通过众多的单个元件的$[ABCD]$矩阵来建立。或者,将这些矩阵"子级联"起来,然后再转换为y矩阵。图10.7列出了4种这样的子矩阵。第一个子矩阵由相位长度为θ_i且特征导纳为Y_{0i}的传输线段,与导纳为$Y_i(s)$的提取极点级联组成;第二个子矩阵由代表最后一个提取极点与滤波器主腔的输入耦合变换器(M_{S1})之间的相移线段,与特征导纳为$Y_0 = M_{jk}$的耦合变换器级联组成;第三个子矩阵由并联电容和FIR元件,与主腔的耦合变换器级联组成;第四个子矩阵和第三个相似,只是额外引入了一段相移线。这种元件级联成对的方式,将减少谐振器节点数量。最后通过求逆,总导纳矩阵的维数也就减小了。当然,还可以通过简单交换子矩阵的元素y_{11}和y_{22},将网络矩阵$[y]^{(i)}$反向,以开始综合(从滤波器的输出端开始)。

输入端级联两个提取极点的(4-2)滤波器如图10.8所示,将单个2×2子矩阵$[y]^{(i)}$叠加,其中子矩阵$[y]^{(1)}$表示输入相移线段与提取极点1的级联;$[y]^{(2)}$表示两个极点之间的相移线段与提取极点2的级联;子矩阵$[y]^{(3)}$表示最后的相移线段与滤波器主腔的输入耦合变换器的级联;子矩阵$[y]^{(4)}$和子矩阵$[y]^{(5)}$表示滤波器的主耦合网络(也可以使用$N\times N$交叉耦合矩阵来表示)。归一化的源和负载终端之间,输入和输出的相位参考面取决于输入相移线段θ_{S1}和最后的相移线段θ_{SL},它们对传输和反射的幅度特性没有影响。在实际应用中,如果网络允许,那么两个提取极点最好综合于滤波器主通道中的任意一端,从而得到更利于实现的耦合元件值。

运用常规耦合矩阵综合方法,对y_{11}和y_{66}位置包含归一化终端阻抗(1 Ω)的耦合矩阵求逆,并结合传输和反射特性的运算公式[见式(8.22)和式(8.25)],可以得到网络的传输和反射性能。

(a) 相移线段 + 提取极点

(b) 相移线段 + 耦合变换器

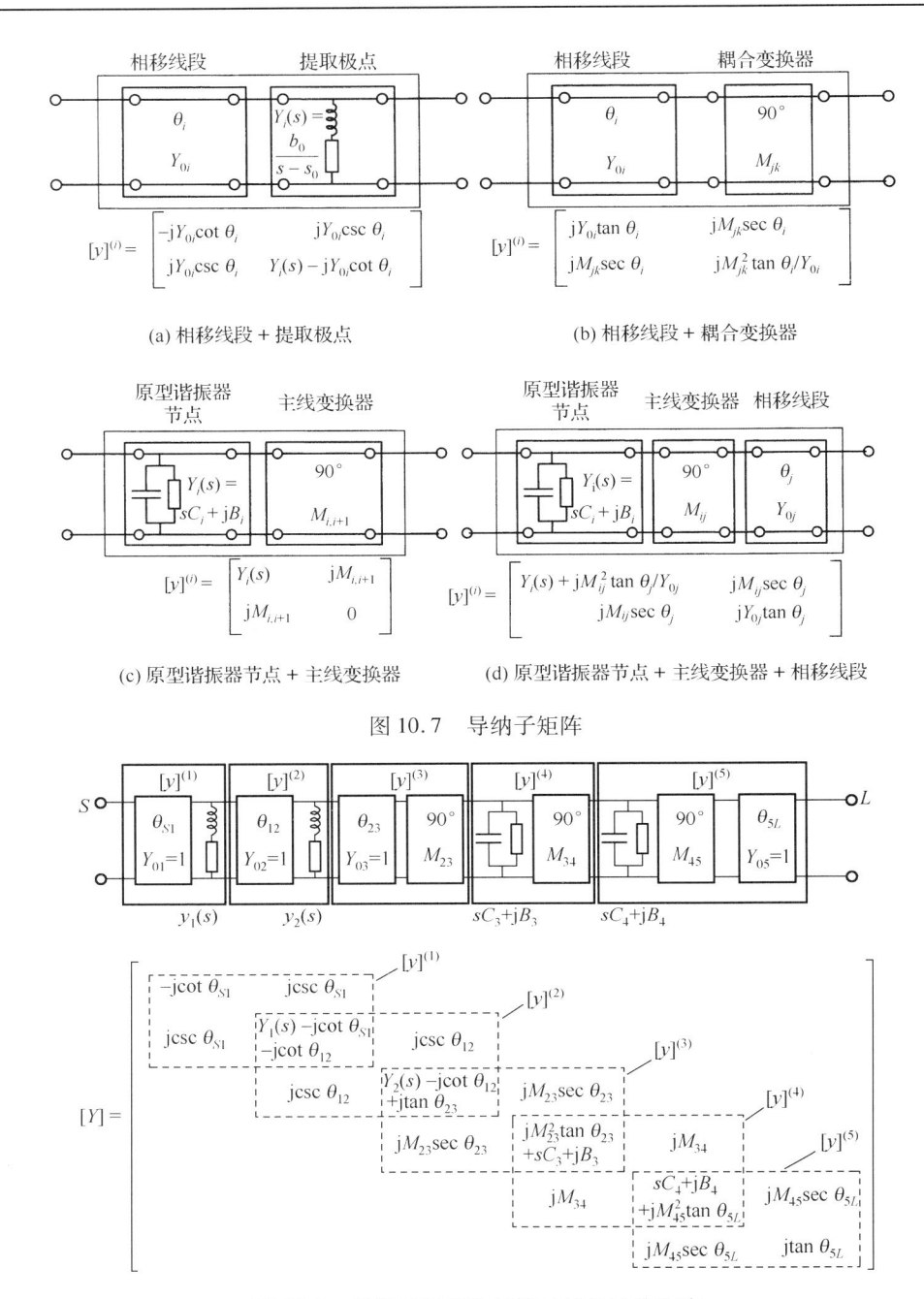

(c) 原型谐振器节点 + 主线变换器

(d) 原型谐振器节点 + 主线变换器 + 相移线段

图 10.7 导纳子矩阵

图 10.8 导纳子矩阵叠加构成的总导纳矩阵

10.1.4 直接耦合提取极点滤波器

极点之间，以及最后一个提取极点与滤波器主腔之间的相移线段，还可以根据图 10.9 所示的等效电路来构成。即特征导纳 Y_0 和不随频率变化的相移线段 θ_i，可以等效为导纳变换器 $Y_0 \csc \theta_i$ 左右两边分别连接值为 $-\mathrm{j}Y_0 \cot \theta_i$ 的 FIR 元件构成的电路。

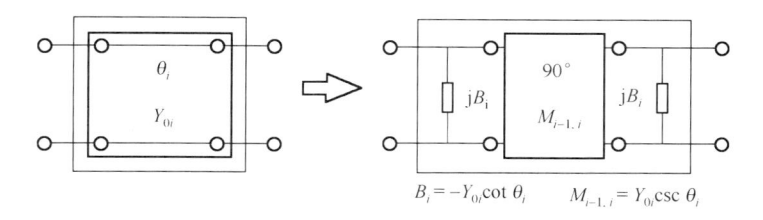

第 10 章 提取极点和三角元件的综合与应用

$B_i = -Y_{0i}\cot\theta_i \quad M_{i-1,i} = Y_{0i}\csc\theta_i$

图 10.9 相移线段与变换器两端级联 FIR 元件的网络的等效关系

提取极点与滤波器主腔中首个谐振器 $C+jB$ 之间的相移线段,可以直接使用图 10.9 所示的变换器和两个 FIR 元件组成的网络来代替。变换器自身构成了与滤波器主腔中第一个谐振器连接的输入耦合变换器(这样就避免了上面提取极点的例子中需要增加 $-90°$ 或 $+90°$ 相移线段)。同时,右边的 FIR 元件通过与第一个谐振器导纳 $sC+jB$ 的合并,使用新产生的谐振频率偏移来实现;而左边的 FIR 元件可以在滤波器的输入端添加电容(电感)微扰或螺丝来实现,方便时也可以采用非谐振节点(Non-Resonant Node,NRN)来实现。

通过以下示例,很容易说明利用相位耦合结构来设计直接耦合提取极点滤波器的过程。图 10.10 显示了(4-2)不对称滤波器综合的提取极点网络。但是,本例中的两个提取极点分别位于主腔部分的每一端,提取综合的次序如下:

1. 提取相移线段 θ_{S1};
2. 提取节点 1 的串联谐振器对 1;
3. 提取相移线段 θ_{12};
4. 提取 $C_2 + jB_2$,并将网络反向;
5. 提取相移线段 θ_{4L};
6. 提取节点 4 的串联谐振器对 2;
7. 提取相移线段 θ_{34};
8. 提取 $C_3 + jB_3$;
9. 最后提取并联耦合变换器 M_{23}。

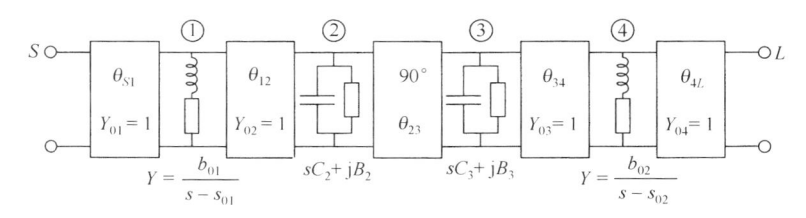

图 10.10 (4-2)不对称滤波器,相位耦合的提取极点网络

获得的元件值总结在表 10.1 中。

表 10.1 (4-2)提取极点滤波器——原型网络元件值

传输零点数 i	传输零点频率 s_{0i}	提取极点的留数 b_{0i}	$Y_i(s) = sC_i + jB_i$	相移线段 $\theta_{i-1,i}$	特征导纳 Y_{0i}
1	$s_{01} = j1.3217$	$b_{01} = 0.5767$		$\theta_{S1} = +23.738°$	$Y_{01} = 1.0$
				$\theta_{12} = +66.262°$	$Y_{02} = 1.0$
			$C_2 = 1.3937$		
			$B_2 = 0.8101$		
				$90.0°$	$M_{23} = 1.7216$
			$C_3 = 2.8529$		
			$B_3 = 1.7180$		
2	$s_{02} = j1.8082$	$b_{02} = 1.9680$		$\theta_{34} = +41.094°$	$Y_{03} = 1.0$
				$\theta_{4L} = +48.906°$	$Y_{04} = 1.0$

图 10.11 所示为相移线段 θ_{12} 和 θ_{34} 用等效 FIR 元件和变换器代替的网络结构。同时,串联谐振器对 Y_1 和 Y_2 还可以通过单位变换器 M_{S1} 和 M_{4L} 变换,构成并联谐振器对(见图10.4)。

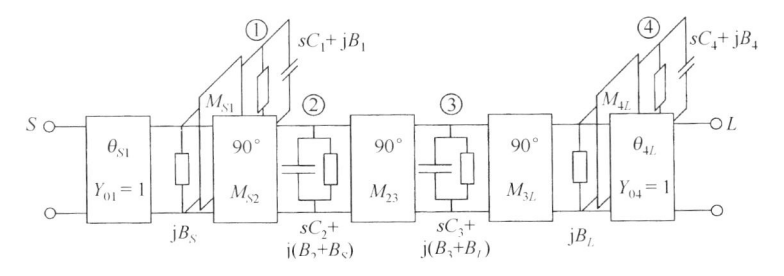

图 10.11　直接耦合提取极点的(4-2)不对称滤波器电路图

新的元件值为

$$\begin{aligned}
& M_{S2} = \csc\theta_{12} = 1.0924, \qquad && M_{3L} = \csc\theta_{34} = 1.5214 \\
& B_S = -\cot\theta_{12} = -0.4398, \qquad && B_L = -\cot\theta_{34} = -1.1466 \\
& C_1 = \frac{1}{b_{01}} = 1.7340, \qquad && C_4 = \frac{1}{b_{02}} = 0.5081 \\
& B_1 = -\frac{s_{01}}{b_{01}} = -2.2918, \qquad && B_4 = -\frac{s_{02}}{b_{02}} = -0.9188 \\
& B_2 \to B_2 + B_S = 0.3703, \qquad && B_3 \to B_3 + B_L = 0.5714
\end{aligned} \tag{10.8a}$$

现在将所有节点上的元件 C_i 变换为1,则有

$$\begin{aligned}
& M_{S1} = \frac{1}{\sqrt{C_1}} = 0.7594, \qquad && M_{4L} = \frac{1}{\sqrt{C_4}} = 1.4029 \\
& B_1 \to \frac{B_1}{C_1} = -s_{01} = -1.3217 \equiv M_{11}, \qquad && B_4 \to \frac{B_4}{C_4} = -s_{02} = -1.8082 \equiv M_{44} \\
& M_{S2} \to \frac{M_{S2}}{\sqrt{C_2}} = 0.9254, \qquad && M_{3L} \to \frac{M_{3L}}{\sqrt{C_3}} = 0.9007 \\
& B_2 \to \frac{B_2}{C_2} = 0.2657 \equiv M_{22}, \qquad && B_3 \to \frac{B_3}{C_3} = 0.2003 \equiv M_{33} \\
& M_{23} \to \frac{M_{23}}{\sqrt{C_2 C_3}} = 0.8634 \\
& M_{SS} \equiv B_S = -0.4398, \qquad && M_{LL} \equiv B_L = -1.1466 \\
& C_1, C_2, C_3, C_4 \to 1
\end{aligned} \tag{10.8b}$$

由于所有元件 C_i 变换为1,下面可以直接构造耦合极点滤波器的耦合矩阵。每个 FIR 元件可利用图 10.11 所示的微扰来实现,如输入/输出耦合位置添加的螺丝,或"非谐振节点"(NRN),即与极点和主腔部分谐振器都存在耦合的失谐谐振器[3]。其耦合矩阵与对应的耦合路径图分别如图 10.12(a)和图 10.12(b)所示,其中加入的单位变换器可分别用于非谐振节点与源和负载终端的输入和输出耦合。注意,原型传输零点位置(分别为 s_{01} 和 s_{02})的元件 M_{11} 和 M_{NN} 为负值,且出现在 $M_{N1,N1}$ 和 $M_{N2,N2}$ 位置的导纳值 B_S 和 B_L 分别表示与输入和输出端并联的 FIR 元件。图 10.12(c)和图 10.12(d)所示为用波导实现的两种提取极点网络结构。

$$[M]=\begin{array}{c} S \\ 1 \\ 2 \\ 3 \\ 4 \\ L \end{array} \begin{bmatrix} S & 1 & 2 & 3 & 4 & L \\ -0.4398 & 0.7594 & 0.9254 & 0 & 0 & 0 \\ 0.7594 & -1.3217 & 0.0 & 0 & 0 & 0 \\ 0.9254 & 0.0 & 0.2657 & 0.8634 & 0 & 0 \\ 0 & 0 & 0.8634 & 0.2003 & 0.0 & 0.9007 \\ 0 & 0 & 0 & 0.0 & -1.8082 & 1.4029 \\ 0 & 0 & 0 & 0.9007 & 1.4029 & -1.1466 \end{bmatrix}$$

(a) 耦合矩阵，其中节点N_1和N_2(除了节点S和节点L)为NRN

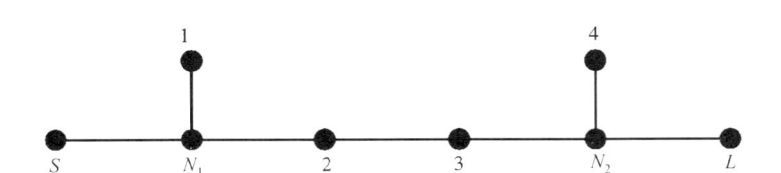

(b) 耦合路径图

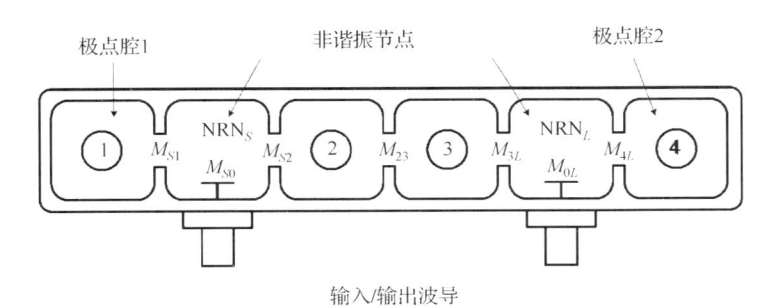

(c) 波导谐振腔的一种排列形式

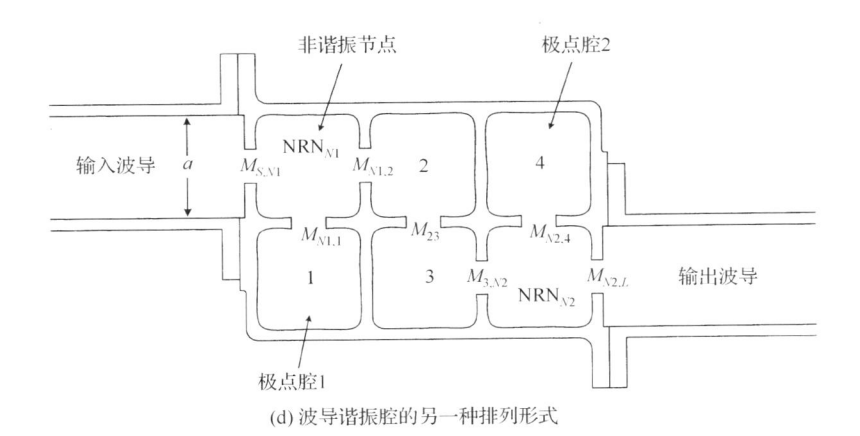

(d) 波导谐振腔的另一种排列形式

图 10.12　直接耦合提取极点的(4-2)不对称滤波器矩阵拓扑结构

10.2 带阻滤波器的提取极点综合方法

带阻滤波器用于衰减指定频段中的窄带信号,例如高功率放大器饱和输出的二次谐波频率。虽然带通滤波器也可以达到同样的效果,但在优化带通滤波器的阻带抑制特性时,主信号保持低插入损耗和好的回波损耗特性比较困难。而且,带阻滤波器只需要优化其阻带特性,其带阻腔设计不会在通带内产生寄生信号。

通常,带阻滤波器利用一系列等距离排列在主传输媒质上的带阻谐振腔来传输信号,从而降低了主通道的功率容量要求。图10.13所示为一个波导实现的四阶带阻滤波器结构[4,5]。

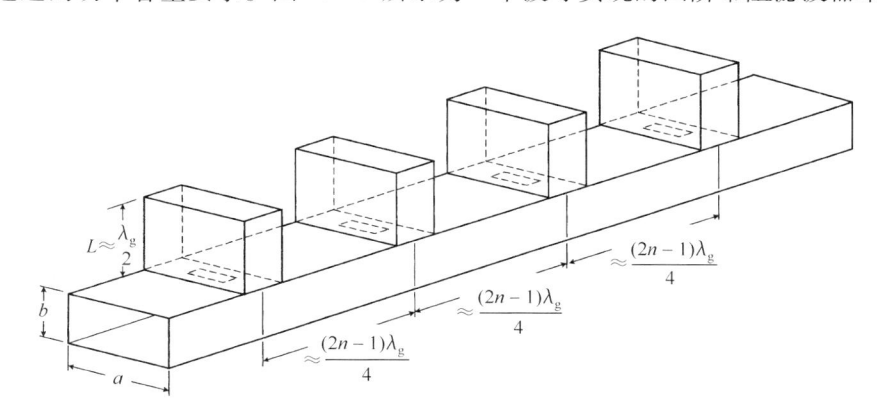

图10.13 四阶矩形波导带阻滤波器

由于带阻滤波器的带阻腔与表示提取极点滤波器中传输零点的带阻谐振腔的等效电路相同,因此提取极点方法同样适用于带阻滤波器的综合。本方法首先由文献[6]提出且在文献[7]中详细进行了介绍,主要不同之处在于 $S_{21}(s)$ 和 $S_{11}(s)$ 特性进行了互换,即原反射特性转变成了传输特性,反之亦然。如果滤波器特性为切比雪夫型,则给定的回波损耗变成了等波纹阻带衰减,而原抑制特性变成了阻带外的回波损耗特性。

因此,反射函数 $S_{11}(s)$ 的分子 $F(s)/\varepsilon_R$ 变成了传输函数 $S_{21}(s)$ 的分子,$P(s)/\varepsilon$ 变成了新 $S_{11}(s)$ 的分子。所以,对于 N 阶带阻滤波器,在原反射零点的位置可以提取得到 N 个传输零点,阶数不限。在提取所有极点和对应的相移线段的同时,还需要提取出并联的变换器元件。变换器可以位于级联网络中的任意位置,在大部分情况下其值为1,除了不对称的和偶数阶对称的规范型滤波器函数。值不为1的变换器可以表示为不随频率变化的小电抗元件,这种情况下,反射多项式在无穷频率处必定为有限回波损耗值。

下面采用8.4节的(4-4)不对称规范原型网络的综合示例,来说明带阻滤波器的综合过程:

1. 交换(4-4)低通原型传输函数 $S_{21}(s)$ 和反射函数 $S_{11}(s)$ 的多项式 $F(s)/\varepsilon_R$ 和 $P(s)/\varepsilon$。由于 $N-n_{fz}$ 为偶数,$P(s)$ 需要乘以j,使得交叉耦合可以用变换器实现。而现在 $F(s)/\varepsilon_R$ 必须乘以j,因为它是 $S_{21}(s)$ 的新分子。
2. 提取出多项式 $F(s)$ 中最低零点频率 $s_{01} = -j0.9384$ 处的第一个相移线段 θ_{S1} 及谐振器对 Y_1。
3. 类似地,提取出 $s_{02} = -j0.4228$ 处的 θ_{12} 和 Y_2。

4. 提取出 $s_0 = j\infty$ 处的相移线段 $\theta_{23}^{(1)}$。
5. 网络反向，提取出频率 $s_{04} = j0.9405$ 处的 θ_{4L} 和 $Y_4[F(s)$ 的最高零点频率]。
6. 类似地，提取出 $s_{03} = j0.4234$ 处的 θ_{34} 和 Y_3。
7. 提取出 $s_0 = j\infty$ 处的相移线段 $\theta_{23}^{(3)}$。同时，通常需要多提取出一段额外的 90° 相移线段，用于获得最后一个并联耦合变换器提取的多项式的正确形式。
8. 提取出并联耦合变换器 M_{23}。在大多数条件下 M_{23} 的值为 1，而对于对称偶数阶或任意不对称初始规范低通原型网络，M_{23} 的值为 $\varepsilon_R \pm \sqrt{\varepsilon_R^2 - 1}$。并且，$M_{23}$ 可以近似为一个小的电抗，如 FIR 元件来实现，使得原型电路在无穷频率处将产生有限的回波损耗值。

综合得到的(4-4)带阻滤波器网络如图 10.14 所示，其对应的元件值在表 10.2 中给出。对于大多数实际带阻滤波器的物理拓扑结构，如果元件值为负值或极小值，则可在谐振器间的相移线段上引入一段半波长(180°)传输线。然而其长度也不能太长，这主要是因为虽然理论上没有色散，但实际上仍然是存在的。

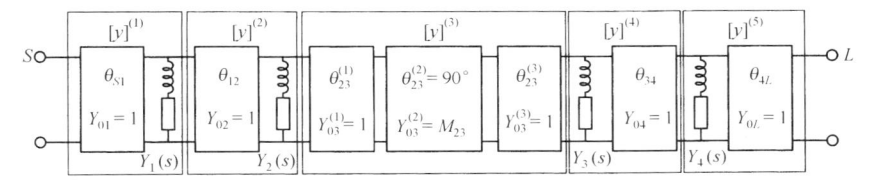

图 10.14 (4-4)带阻滤波器网络

表 10.2 (4-4)不对称规范带阻滤波器的元件值

传输零点数 i	传输零点频率 s_{0i}	相移线段 $\theta_{i-1,i}$	提取极点的留数 b_{0i}	特征导纳 Y_{0i}
1	$s_{01} = -j0.9384$	$\theta_{S1} = +34.859°$	$b_{01} = 0.6243$	$Y_{01} = 1.0$
2	$s_{02} = -j0.4228$	$\theta_{12} = +75.104°$	$b_{02} = 1.6994$	$Y_{02} = 1.0$
		$\theta_{23}^{(1)} = -19.962°$	—	$Y_{03}^{(1)} = 1.0$
		$\theta_{23}^{(2)} = +90.0°$	—	$Y_{03}^{(2)} = M_{23} = 1.0307$
3	$s_{03} = +j0.4234$	$\theta_{23}^{(3)} = 18.772°$	$b_{03} = 1.6024$	$Y_{03}^{(3)} = 1.0$
4	$s_{04} = +j0.9405$	$\theta_{34} = -72.334°$	$b_{04} = 0.6328$	$Y_{04} = 1.0$
		$\theta_{4L} = -36.438°$	—	$Y_{0L} = 1.0$
		$\sum \theta = k \cdot 90°$		

在本例中，传输零点为升序排列，但也可以不受此限制，即它们的排列可以是任意顺序的。除此之外，最后一个变换器的实现也不受限制，它也可以位于网络的末端。在这种情况下，首先按顺序提取 4 个极点，然后再提取无穷频率处的相移线段，最后是并联变换器。

10.2.1 直接耦合带阻滤波器

一旦将 $S_{21}(s)$ 和 $S_{11}(s)$ 的函数互换，就可以运用第 7 章介绍的网络综合方法，构建与带通滤波器类似且具有带阻滤波器特性的拓扑。其中谐振器之间为直接耦合，因此其宽带特性更佳。由于谐振腔全部调谐于阻带频率上，主信号功率通过输入和输出之间的直接耦合传输，绕过了谐振腔，从而给出了极小的插入损耗和相对较高的功率容量。

对于提取极点型网络，由普通低通原型多项式产生带阻特性，只需要交换反射和传输函数(包括常数)：

$$S_{11}(s) = \frac{P(s)/\varepsilon}{E(s)}, \qquad S_{21}(s) = \frac{F(s)/\varepsilon_R}{E(s)} \tag{10.9}$$

由于 $S_{21}(s)$ 和 $S_{11}(s)$ 拥有公共的分母多项式 $E(s)$，因此满足无源无耗网络的幺正条件。如果滤波器特性为切比雪夫型，则预先给定的等波纹回波损耗特性变成了传输响应，即最小的阻带衰减值等于预先给定的回波损耗值。由于 $S_{21}(s)[= F(s)/\varepsilon_R]$ 的新分子多项式的阶数与其分母 $E(s)$ 的阶数相同，因此综合得到的网络为全规范型的；且 $S_{11}(s)$ 的新分子为原传输函数的分子多项式 $P(s)/\varepsilon$，可以给定任意个（小于或等于滤波器阶数 N）传输零点。如果 $n_{fz} < N$，则常数 $\varepsilon_R = 1$。

带阻滤波器网络耦合矩阵的综合，与 8.4 节介绍的带通滤波器的全规范型低通原型网络的综合非常相似。首先，交换多项式 $P(s)/\varepsilon$（阶数为 n_{fz}）和 $F(s)/\varepsilon_R$（阶数为 N），然后推导出网络的有理短路导纳多项式 $y_{21}(s)$ 和 $y_{22}(s)$。对于源和负载阻抗为 $1\,\Omega$ 的偶数阶双终端网络，可得

$$\begin{aligned}y_{21}(s) &= \frac{y_{21n}(s)}{y_d(s)} = \frac{(F(s)/\varepsilon_R)}{m_1(s)} \\ y_{22}(s) &= \frac{y_{22n}(s)}{y_d(s)} = \frac{n_1(s)}{m_1(s)}\end{aligned} \tag{10.10a}$$

对于奇数阶网络，可得

$$\begin{aligned}y_{21}(s) &= \frac{y_{21n}(s)}{y_d(s)} = \frac{(F(s)/\varepsilon_R)}{n_1(s)} \\ y_{22}(s) &= \frac{y_{22n}(s)}{y_d(s)} = \frac{m_1(s)}{n_1(s)}\end{aligned} \tag{10.10b}$$

其中，

$$m_1(s) = \mathrm{Re}(e_0 + p_0) + \mathrm{jIm}(e_1 + p_1)s + \mathrm{Re}(e_2 + p_2)s^2 + \cdots$$
$$n_1(s) = \mathrm{jIm}(e_0 + p_0) + \mathrm{Re}(e_1 + p_1)s + \mathrm{jIm}(e_2 + p_2)s^2 + \cdots$$

且 e_i 和 p_i，$i = 0, 1, 2, \cdots, N$ 分别为多项式 $E(s)$ 和 $P(s)/\varepsilon$ 的复系数。如果 $n_{fz} < N$（一般情况），则 $P(s)/\varepsilon(= p_N)$ 的最高阶项的系数为零。

构造了分子多项式 $y_{21n}(s)$，$y_{22n}(s)$ 及分母多项式 $y_d(s)$，则可以运用与 8.4 节介绍的类似方法准确地综合得到耦合矩阵。现在，由于 $S_{21}(s)$ 分子的阶数与分母相同，即特性属于全规范型，也就是耦合矩阵包含源与负载的直接耦合 M_{SL}。M_{SL} 计算如下 [见式 (8.43)]：

$$\mathrm{j}M_{SL} = \left.\frac{y_{21}(s)}{y_d(s)}\right|_{s=\mathrm{j}\infty} = \left.\frac{\mathrm{j}F(s)/\varepsilon_R}{y_d(s)}\right|_{s=\mathrm{j}\infty} \tag{10.11}$$

如果初始带通特性为非规范型，即 $P(s)$ 的阶数 $n_{fz} < N$，则 $p_N = 0$。由式 (10.10) 可知，$y_d(s)$ 的首系数为 1。对于切比雪夫特性，多项式 $F(s)$ 的首系数总是等于 1；而对于非规范型的 ε_R，其值也为 1。显然，由式 (10.11) 可得 $M_{SL} = 1$。也就是说，由于源和负载之间的直接耦合变换器与连接到源和负载的传输线的特征阻抗相等，则可以采用 90° 传输线来简单地构造它。对于全规范特性，M_{SL} 略小于 1 且其无穷远频率处的回波损耗为有限值，这正是全规范原型的特点。

对于带通滤波器而言，剩余耦合矩阵的综合过程也是折叠形低通原型网络的综合过程。如果响应为不对称的，则会出现对角耦合元素。图 10.15 给出了一个四阶带阻滤波器的折叠形结构，从图中可以看出，主信号直接经过输入输出的直接耦合 M_{SL} 进行传输。

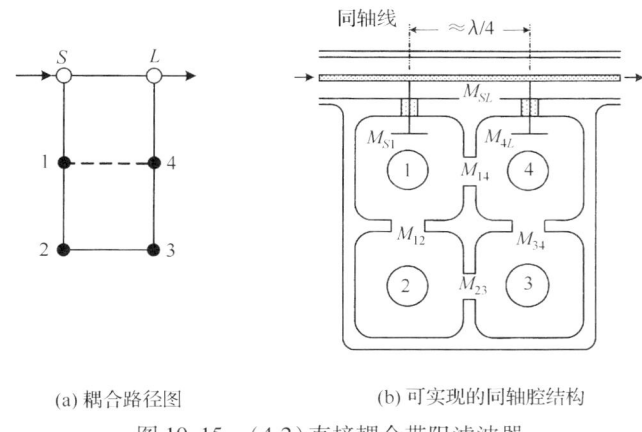

第10章 提取极点和三角元件的综合与应用　　271

(a) 耦合路径图　　(b) 可实现的同轴腔结构

图10.15　(4-2)直接耦合带阻滤波器

一般而言，直接耦合的折叠形带阻滤波器拓扑中并不希望出现复耦合，它仅限于对称原型中的应用。考虑一个回波损耗为22 dB(即阻带抑制)的四阶对称滤波器例子，2个传输零点(现在是反射零点)±j2.0107给出了30 dB的带外抑制水平(回波损耗)。综合出折叠梯形网络并变换所有的C_i为1之后，可得其耦合矩阵：

$$M = \begin{matrix} S \\ 1 \\ 2 \\ 3 \\ 4 \\ L \end{matrix} \begin{bmatrix} S & 1 & 2 & 3 & 4 & L \\ 0.0 & 1.5109 & 0 & 0 & 0 & 1.0000 \\ 1.5109 & 0.0 & 0.9118 & 0 & 1.3363 & 0 \\ 0 & 0.9118 & 0.0 & -0.7985 & 0 & 0 \\ 0 & 0 & -0.7985 & 0.0 & 0.9118 & 0 \\ 0 & 1.3363 & 0 & 0.9118 & 0.0 & 1.5109 \\ 1.0000 & 0 & 0 & 0 & 1.5109 & 0.0 \end{bmatrix} \quad (10.12\text{a})$$

注意，在非规范型中，输入输出的直接耦合M_{SL}为1。也就是说，这个耦合变换器具有与输入输出之间的传输线相同的特征阻抗，它可以由滤波器主腔部分的输入和输出抽头之间90°($\approx \lambda/4$)的传输线来实现，用于传输主信号功率，图10.15(b)所示为用同轴谐振腔实现的一类结构。然而，在矩阵式(10.12a)中M_{23}为负耦合，需要使用探针来实现。

值得注意的是，在带阻滤波器的传输和反射特性中，当反射零点数(原传输零点)小于或等于滤波器阶数N(即$n_{fz} < N$)时，运用对偶网络定理还可以推导出另一组解。通过简单地将分子多项式$F(s)$和$P(s)$的反射系数乘以-1，可以得到其对偶网络，它等效于在网络的输入和输出端各添加一个单位变换器。如果在(4-2)型对称示例中运用此方法，则经过重新综合后，可得所有元素符号为正的带阻耦合矩阵

$$M = \begin{matrix} S \\ 1 \\ 2 \\ 3 \\ 4 \\ L \end{matrix} \begin{bmatrix} S & 1 & 2 & 3 & 4 & L \\ 0.0 & 1.5109 & 0 & 0 & 0 & 1.0000 \\ 1.5109 & 0.0 & 0.9118 & 0 & 0.9465 & 0 \\ 0 & 0.9118 & 0.0 & 0.7985 & 0 & 0 \\ 0 & 0 & 0.7985 & 0.0 & 0.9118 & 0 \\ 0 & 0.9465 & 0 & 0.9118 & 0.0 & 1.5109 \\ 1.0000 & 0 & 0 & 0 & 1.5109 & 0.0 \end{bmatrix} \quad (10.12\text{b})$$

通常情况下，耦合符号的一致性不会改变。

10.2.1.1 直接耦合带阻矩阵的闭端形式

如果带阻滤波器的反射零点数小于网络的阶数($n_{fz} < N$),网络为双终端形式且源和负载的阻抗相等,那么在网络的任一侧分别引入两个阻抗为 1 的 45°相移线段,可得与带通滤波器(见 9.6 节)类似的闭端形带阻网络拓扑。这与多项式 $F(s)$、$F_{22}(s)$ 和 $P(s)$ 分别与 j 相乘的效果是一样的,对网络的传输和反射响应不会产生影响,除非改变 90°相移线段的长度。

运用电路方法或直接耦合矩阵的任一方法综合得到的网络如图 10.16 所示,其主要特点是中心正方形代表四角元件形耦合,且源和负载分别与输入和输出端相邻的两个拐角边接。与另外两个拐角串接的两条链路上的其他谐振器,当 N 为偶数时其数量相等,当 N 为奇数时其数量差为 1。而且,结构中也不会含有对角耦合,甚至对于不对称响应,其所有的耦合符号也相同。由于以上这些特性,当 $n_{fz} < N$ 时,源和负载的直接耦合元件值 M_{SL} 总是等于 1。

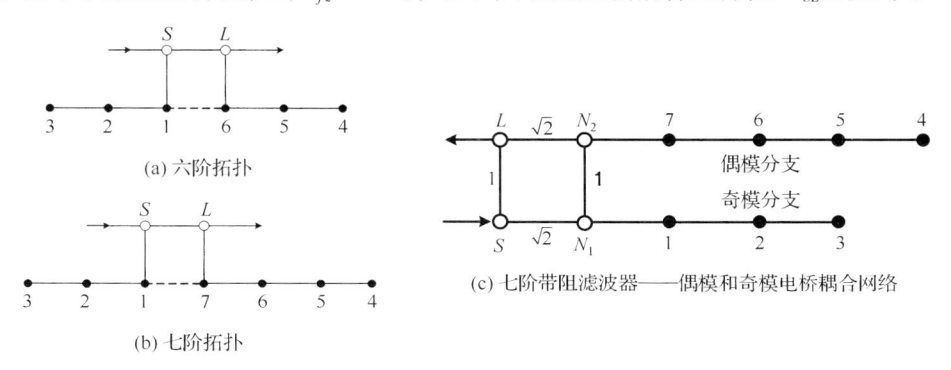

(a) 六阶拓扑

(b) 七阶拓扑

(c) 七阶带阻滤波器——偶模和奇模电桥耦合网络

图 10.16 直接耦合带阻滤波器的闭端形拓扑

对于带阻滤波器,也可以首先综合出低通原型的偶模和奇模的单端口网络,再连接到耦合网络的分支上,如图 10.16(c) 的七阶拓扑所示。如果耦合网络是一个 3 dB 电桥耦合拓扑,而不是与带通滤波器一样的环形耦合拓扑(见 9.6.1 节),则会得到带阻等效响应,也就是将 S_{21} 和 S_{11} 的响应进行了交换。这个过程很简单,首先生成 $N+4$ 耦合矩阵,并对带通滤波器进行一系列的闭端旋转,然后将环形耦合元件替换为 3 dB 耦合元件,即 $M_{S,L} = M_{N1,N2} = 1$ 且 $M_{S,N1} = M_{N2,L} = \sqrt{2}$,无须改变偶模和奇模网络的元件值,这是在闭端旋转过程中自动生成的。类似地,这种结构特别适合平面技术的实现,例如微带线。

下面以第 7 章和第 8 章使用的(4-2)不对称滤波器为例。交换多项式 $F(s)$ 和 $P(s)$,然后与 j 相乘,并综合折叠形耦合矩阵(见第 8 章),产生新的耦合矩阵式:

$$\boldsymbol{M} = \begin{array}{c} S \\ 1 \\ 2 \\ 3 \\ 4 \\ L \end{array} \begin{bmatrix} S & 1 & 2 & 3 & 4 & L \\ 0.0 & 1.5497 & 0 & 0 & 0 & 1.0000 \\ 1.5497 & 0.5155 & 1.2902 & 0 & 1.2008 & 0 \\ 0 & 1.2902 & -0.0503 & 0.0 & 0 & 0 \\ 0 & 0 & 0.0 & -1.0187 & 0.4222 & 0 \\ 0 & 1.2008 & 0 & 0.4222 & -0.2057 & 1.5497 \\ 1.0000 & 0 & 0 & 0 & 1.5497 & 0.0 \end{bmatrix} \quad (10.13)$$

图 10.17 所示为对应的耦合路径图,以及矩形波导实现的结构。其中连接输入和输出的波导传输线构成了输入和输出的直接耦合 M_{SL},它可以是 1/4 波长的奇数倍,且越短越好。

(a) 耦合路径图

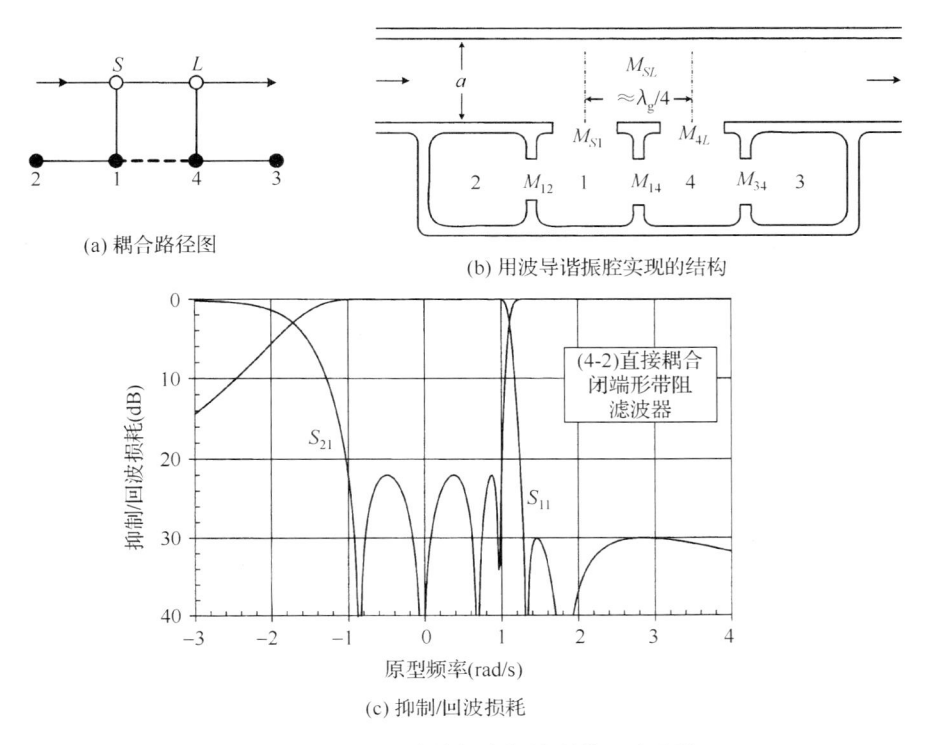

(b) 用波导谐振腔实现的结构

(c) 抑制/回波损耗

图 10.17　(4-2)直接耦合闭端形带阻滤波器

直接耦合带阻滤波器中的谐振器，可以使用同轴、介质或平面谐振器来实现。一种可能的应用是高功率双工器，其插入损耗要求极高且无带外抑制要求（或使用低损耗的宽带滤波器），无须极高的隔离度指标。在双工器应用中，两个带阻滤波器分别调谐于合路一侧的支路上，抑制另一侧支路上的信道频率。

10.3　三角元件

与提取极点结构一样，三角元件为另一种实现单个传输零点的结构。每个三角元件由三个节点相互耦合构成，第一个和第三个可以是源或负载，或低通谐振器 $C_i + jB_i$，而中间节点一般是低通谐振器[2,6,8]。图 10.18 显示了 4 种可能实现的结构。其中，图 10.18(a)表示谐振腔之间相互连接的三角元件，图 10.18(b)和图 10.18(c)分别表示与输入和输出端接的三角元件，其中一个节点为源或负载终端。当第一个和第三个节点分别为源和负载时，如图 10.18(d)所示，它可以看成一个单阶的规范型网络，其中源和负载的直接耦合 M_{SL} 构成了单个传输零点。此外，三角元件也可以和其他三角元件以间接或邻接的形式级联，如图 10.18(e)和图 10.18(f)所示。

一般来说，如果三角元件实现的传输零点位于通带上边沿外，则交叉耦合元件值[见图 10.18(b)中的 M_{S2}]为正；如果传输零点位于通带下边沿外，则交叉耦合元件值为负。其中，负交叉耦合元件可以采用呈对角的容性探针来实现，而正交叉耦合元件可以采用感性的耦合环来实现。

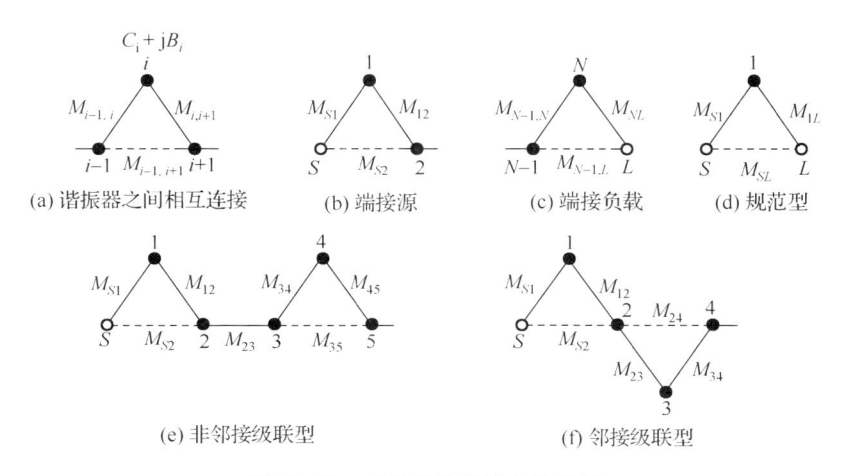

(a) 谐振器之间相互连接　(b) 端接源　(c) 端接负载　(d) 规范型

(e) 非邻接级联型　(f) 邻接级联型

图 10.18　三角元件的耦合路径图

用于高级交叉耦合拓扑结构的三角元件的性质如下：

- 实际给定的传输零点与三角元件中的交叉耦合元件值相对应；
- 三角元件可以使用耦合矩阵元素来表示。

三角元件的综合非常灵活，在整个滤波器网络内不受位置的限制。然后针对耦合矩阵进行旋转变换，可以获得最终的拓扑结构。但是，采用折叠形和横向形矩阵为初始矩阵进行综合，有一些结构很难得到。下面来讨论单个三角元件和级联三角元件的两种综合方法：一种是基于电路元件提取的混合方法，并变换为耦合矩阵形式；另一种是完全基于耦合矩阵方法。下面将概述含有三角元件结构的耦合矩阵变换为其他级联形式（n 角元件与盒形）的方法。

10.3.1　三角元件的电路综合方法

三角元件的综合与提取极点电路的综合方法类似，只需提取出并联元件和传输线段[6]。在提取极点过程中，首先需要从表示滤波器特性的总 $[ABCD]$ 矩阵中提取出相移线段，以便网络可以继续提取并联的谐振器串联对，实现传输零点 $s=s_0$。而对于三角元件，首先提取 $s=s_0$ 处的并联导纳 FIR 元件 J_{13}；接下来，提取单位导纳变换器，以便网络可以继续提取谐振器对，这一步与提取极点的过程相同。然后提取下一个值为 $-1/J_{13}$ 的 FIR 元件及另一个单位导纳变换器，最后提取得到的 FIR 元件 J_{13}，与第一个提取出的 FIR 元件值相同。因此，运用对偶网络定理，经过电路变换可以得到三角元件网络。

表 10.3 给出了整个变换过程。第一步中的初始网络由 2 个变换器和 3 个并联的 FIR 元件及一组谐振器对构成，这些元件是根据多项式 $A(s)$、$B(s)$、$C(s)$、$D(s)$ 及 $P(s)/\varepsilon$ 综合得到的。与提取极点方法一样，提取出这些元件之后，剩余多项式的阶数将比原多项式的阶数少 1。第二步和第三步过程展示了如何将网络变换成第三步中的 π 形网络。

现在，运用众所周知的变换方法，针对 π 形网络中的串联元件，将网络变换成第四步中的新 π 形网络。经过变换可以证实，当 $s=0$ 和 $s=s_0$ 时，包含串联元件的 π 形网络的短路输入导纳值 y_{11} 相等。此时，特征导纳值为 $-J_{13}$ 的等效导纳变换器，可以用导纳 $-J_{13}$ 两边分别与并联导纳 J_{13} 桥接构成的 π 形网络来代替[4]。最后运用对偶网络定理，将余下的串联元件变换为并联谐振器对 $C_{S2}+jB_{S2}$，即三角元件结构中间的低通谐振器。

第 10 章 提取极点和三角元件的综合与应用

表 10.3 三角元件的综合方法

1. 元件的提取顺序
   a. 提取极点 $s = s_0$ 之前，先提取不随频率变化的并联导纳 jJ_{13}
   b. 提取单位变换器
   c. 提取并联谐振器对的串联电感 $L_{S0}(=1/b_0)$ 和不随频率变化的电抗 $jX_{S0}(=-s_0/b_0)$，实现极点的提取（见10.1.1 节）
   d. 再次提取不随频率变化的并联导纳 $-1/jJ_{13}$
   e. 提取另一个单位变换器
   f. 提取最后一个不随频率变化的并联导纳 jJ_{13}

2. 对偶网络定理的应用
   a. 将并联的串联谐振器对 L_{S0} 和 jX_{S0} 变换为两个单位变换器之间串联的并联谐振器对：
   $$B_{S0} = X_{S0}$$
   $$C_{S0} = L_{S0}$$
   b. 两个单位变换器之间的并联导纳 $-1/jJ_{13}$ 变换为串联电抗 $-1/jJ_{13}$

3. 电路变换
   $$X_{S2} = \frac{J_{13} - B_{S0}}{-J_{13}^2} = \frac{J_{13} + \omega_0/b_0}{-J_{13}^2}$$
   $$L_{S2} = \frac{-jB_{S0}}{s_0 J_{13}^2} = \frac{1}{b_0 J_{13}^2}$$

4. 最终电路
   a. 使特征导纳变换器 $-jJ_{13}$ 由包含电纳 J_{13} 的 π 形网络构成
   b. 运用对偶网络定理，将串联对 $L_{S2} + jX_{S2}$ 变换成两个单位变换器之间的并联对 $C_{S2} + jB_{S2}$：
   $$C_{S2} = L_{S2}$$
   $$B_{S2} = X_{S2}$$

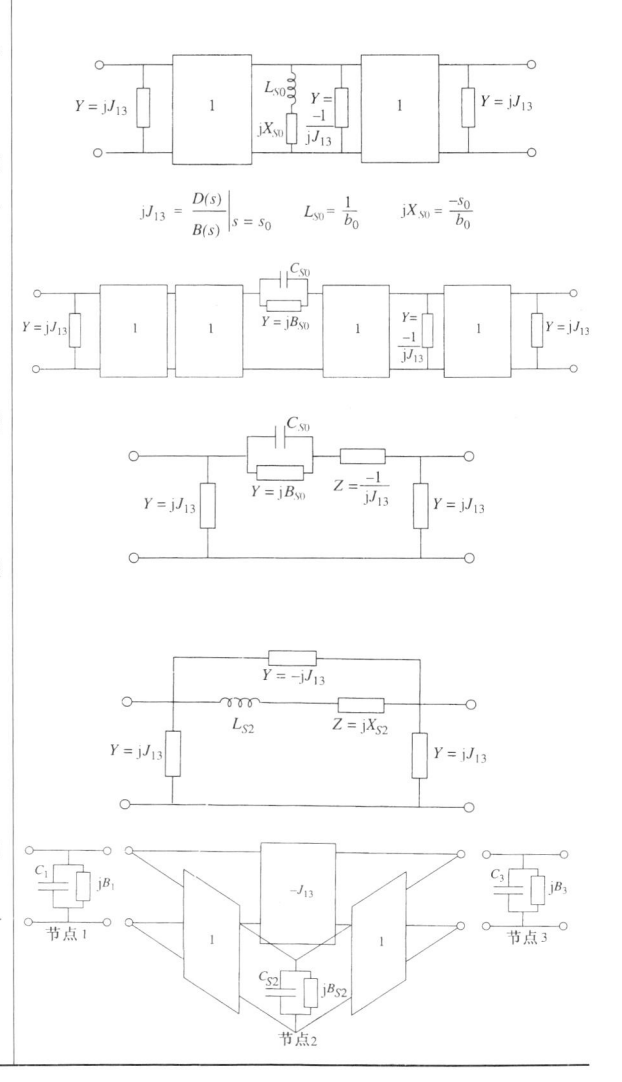

（图中公式：$jJ_{13} = \left.\frac{D(s)}{B(s)}\right|_{s=s_0}$，$L_{S0} = \frac{1}{b_0}$，$jX_{S0} = \frac{-s_0}{b_0}$）

如表 10.3 所示，三角元件的输入和输出节点（分别为节点 1 和节点 3）与其低通谐振器节点相连。但是，这些节点也可能是源或负载。在这种情况下，滤波器为双输入型，从源到谐振器 1 和谐振器 2，或从谐振器 $N-1$ 和谐振器 N 到负载之间包含两个耦合。当然，三角元件也可以通过指定 C_S、B_S 和 J 的标示符（即下标），在高阶网络中的任意位置综合得到。如果三角元件中间的并联谐振器对位于整个网络的节点位置 k，则 k 可作为三角元件的下标，且包含这个下标的交叉耦合变换器可表示为 $-J_{k-1,k+1}$（表 10.3 中的三角元件下标 $k=2$）。提取出其他元件且归一化所有电容后，这些变换器的值以及三角元件中间的谐振器对 $C_{Sk} + jB_{Sk}$ 的元件值，都能在耦合矩阵中反映出来。最后，运用旋转变换来重构网络拓扑。

N 阶网络的三角元件中下标为 k 的元件，按比例变换为耦合矩阵元素如下：

$$M_{k-1,k} = \frac{1}{\sqrt{C_{k-1}C_{Sk}}}$$

$$M_{k,k+1} = \frac{1}{\sqrt{C_{Sk}C_{k+1}}}$$

$$M_{k-1,k+1} = \frac{-J_{k-1,k+1}}{\sqrt{C_{k-1}C_{k+1}}} \quad (10.14)$$

$$B_{Sk}(\equiv M_{k,k}) \rightarrow \frac{B_{Sk}}{C_{Sk}}$$

$$C_{Sk} \rightarrow 1$$

其中,C_{Sk} 和 B_{Sk} 为三角元件中间的并联元件,且 C_{k-1} 和 C_{k+1} 是三角元件两边直接提取出的并联电容值。当 $k=1$ 时 $C_{k-1}=1$,当 $k=N$ 时 $C_{k+1}=1$。

求得已变换或未变换的三角元件后,运用如下公式,计算可得其传输零点的频率:

变换前的元件值:
$$\omega_0 = -\frac{1}{C_{Sk}}\left[\frac{1}{J_{k-1,k+1}} + B_{Sk}\right] \quad (10.15a)$$

如果用耦合矩阵元素来表示,则可得

$$\omega_0 = \frac{M_{k-1,k} \cdot M_{k,k+1}}{M_{k-1,k+1}} - M_{k,k} \quad (10.15b)$$

即当 $s = j\omega_0$ 时,求解三角元件的行列式如下:

$$\det\begin{vmatrix} M_{k-1,k} & M_{k-1,k+1} \\ \omega_0 + M_{k,k} & M_{k,k+1} \end{vmatrix} = 0 \quad (10.15c)$$

图 10.19 采用了 10.1.2 节介绍的(4-2)不对称滤波器原型示例,其综合结果与图 10.18(e)中的形式类似。

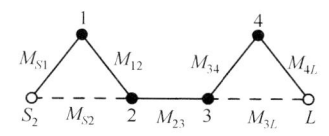

图 10.19　(4-2)不对称滤波器的三角元件实现

利用 7.4 节已经综合得到的(4-2)滤波器的 $[ABCD]$ 矩阵多项式,其中下标 $k=1$ 且传输零点为 j1.8082 的第一个三角元件综合过程如下(参见表 10.3 中的第 1 项)。

1. 根据下式计算并联 FIR 元件 J_{S2} 的值:

$$jJ_{S2} = \left.\frac{D(s)}{B(s)}\right|_{s=s_0}, \quad J_{S2} = -0.8722$$

2. 根据多项式 $A(s)$、$B(s)$、$C(s)$ 和 $D(s)$ 提取 FIR 元件 J_{S2} 和单位变换器以后,得到剩余多项式 $A'(s)$、$B'(s)$、$C'(s)$ 和 $D'(s)$。

接下来,提取过程与 10.1 节中介绍的并联谐振器对(提取极点)的提取方法类似。

3. $A'(s)$ 和 $B'(s)$ 与因子 $(s-s_0)$ 相除,得到多项式 $A''(s)$ 和 $B''(s)$。

4. 计算留数 b_0 的值:

$$b_0 = \left.\frac{D'(s)}{B''(s)}\right|_{s=s_0}, \quad b_0 = 1.1177$$

第 10 章 提取极点和三角元件的综合与应用

根据下式计算 B_{S1} 和 C_{S1} 的值：

$$B_{S1} = -\frac{J_{S2} + \omega_0/b_0}{J_{S2}^2}, \quad C_{S1} = \frac{1}{b_0 J_{S2}^2}$$

可得 $B_{S1} = -0.9801$，$C_{S1} = 1.1761$。

5. 计算 $C'(s) - b_0 A''(s)$ 和 $D'(s) - b_0 B''(s)$。
6. 用 $(s - s_0)$ 去除上面的这两个多项式，得到 $C''(s)$ 和 $D''(s)$。
7. 将多项式 $P(s)$ 除以因子 $(s - s_0)$ 可得 $P''(s)$。此时，多项式的系数列表如下：

$s^i, i =$	$A''(s)$	$B''(s)$	$C''(s)$	$D''(s)$	$P''(s)/\varepsilon$
0	+0.9148	−j1.1936	−j1.7080	−0.7964	+j1.1446
1	−j1.0108	+2.7263	−0.1938	−j3.5503	−0.8660
2	+2.0945	−j0.5716	−j2.4015	+0.1484	—
3	—	+1.7443	—	−j2.0000	—
4	—	—	—	—	—

8. 根据矩阵 $[A''B''C''D'']$ 提取并联 FIR 元件 $-1/J_{S2}$，接着提取单位变换器，最后提取出 FIR 元件 J_{S2}。

第一个三角元件提取完成后，余下 $[ABCD]$ 多项式的系数如下：

$s^i, i =$	$A(s)$	$B(s)$	$C(s)$	$D(s)$	$P(s)/\varepsilon$
0	−0.6591	−j0.5721	−j1.4896	−0.6946	+j1.1446
1	−j0.9652	−0.4244	−0.1690	−j3.0964	−0.8660
2	—	−j0.8038	−j2.0945	+0.1294	—
3	—	—	—	−j1.7443	—
4	—	—	—	—	—

注意，本轮提取过程结束后，通常多项式 $D(s)$ 会取代 $B(s)$ 而具有最高阶数。这是因为在开始过程中没有首先提取出单位变换器。但是，这并不影响余下的综合过程。由于已经提取出这个三角元件，并联谐振器对 $C_2 + jB_2$ 也可以被提取，其中 $C_2 = 2.1701$ 且 $B_2 = 1.3068$。

接下来，提取第二个下标 $k = 4$ 的三角元件中间的并联对 $C_{S4} + jB_{S4}$，其实现的传输零点为 $s_0 = j1.3217$。将网络反向，即交换 $A(s)$ 和 $D(s)$，运用与上述相同的 8 个步骤进行综合。求得的相应参数分别为 $J_{3L} = -2.2739$，$b_0 = 0.0935$，$C_{S4} = 2.0694$ 和 $B_{S4} = -2.2954$。接着提取出并联对 $C_3 + jB_3$，其中 $C_3 = 7.2064$ 且 $B_3 = 4.1886$。最后，提取出并联变换器 $J_{23} = 3.4143$（见表 10.4）。

表 10.4 包含两个三角元件的 (4-2) 不对称滤波器的元件值

节点处随频率 变化的电容值	节点处不随频率 变化的电抗值	邻接耦合变换器 的元件值	不邻接耦合变换器 的元件值
$C_{S1} = 1.1761$	$B_{S1} = -0.9801$	$J_{S1} = 1.0$	$-J_{S2} = 0.8722$
$C_2 = 2.1701$	$B_2 = 1.3068$	$J_{12} = 1.0$	$-J_{3L} = 2.2739$
$C_3 = 7.2065$	$B_3 = 4.1886$	$J_{23} = 3.4143$	—
$C_{S4} = 2.0694$	$B_{S4} = -2.2954$	$J_{34} = 1.0$	—
		$J_{4L} = 1.0$	

将所有节点的电容值变换为 1，可以得到图 10.20(a)所示的 $N+2$ 耦合矩阵。经过矩阵分析，可以准确地得到与初始折叠形结构完全吻合的曲线。图 10.20(b)所示为采用两个双模介质谐振腔实现的结构形式。其输入和输出谐振腔拐角位置的探针可以分别激励出双输入耦合 M_{S1} 和 M_{S2}，以及双输出耦合 M_{4L} 和 M_{3L}。

$$\begin{array}{c|cccccc}
 & S & 1 & 2 & 3 & 4 & L \\ \hline
S & 0.0 & 0.9221 & 0.5921 & 0 & 0 & 0 \\
1 & 0.9221 & -0.8333 & 0.6259 & 0 & 0 & 0 \\
2 & 0.5921 & 0.6259 & 0.6022 & 0.8634 & 0 & 0 \\
3 & 0 & 0 & 0.8634 & 0.5812 & 0.2590 & 0.8471 \\
4 & 0 & 0 & 0 & 0.2590 & -1.1092 & 0.6952 \\
L & 0 & 0 & 0 & 0.8471 & 0.6952 & 0
\end{array}$$

(a) 耦合矩阵　　　　　　　　　　(b) 采用两个双模介质谐振腔实现的结构形式

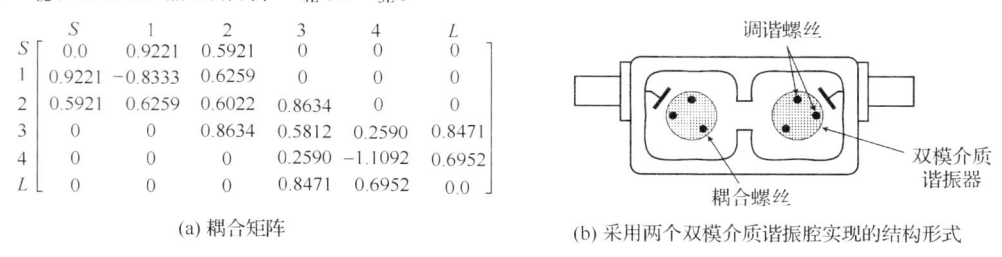

图 10.20　包含三角元件的(4-2)不对称滤波器的 $N+2$ 耦合矩阵

10.3.2　级联三角元件——耦合矩阵方法

Tamiazzo 和 Macchiarella 提出了一种基于耦合矩阵的级联三角元件的综合方法[9]。该方法主要基于 Bell 的规范轮形或箭形耦合矩阵。它的优点是，只需根据第 8 章介绍的利用滤波器函数的传输多项式和反射多项式直接综合得到的任意规范耦合矩阵形式(如全矩阵或横向矩阵)，以它为初始矩阵进行相似变换操作，而无须首先对电路综合，再转换为等效耦合矩阵。通过对初始耦合矩阵运用纯耦合矩阵方法进行连续不间断的旋转变换，可以得到箭形、级联三角元件等耦合矩阵拓扑；如果有必要，还可以经过重构得到其他拓扑结构形式(如级联四角元件)。

10.3.2.1　规范箭形耦合矩阵的综合

第 7 章和第 8 章介绍的折叠形交叉耦合电路及其对应的耦合矩阵，是基本的规范型耦合矩阵形式之一，它可以在 N 阶网络中实现 N 个有限传输零点。而第二种形式由 Bell 于1982 年提出[10]，也就是称为轮形或箭形的拓扑结构。与折叠形结构一样，其所有主耦合元件值不为零；另外，源和每个谐振腔与负载都存在耦合。

图 10.21(a)所示为一个五阶全规范型滤波器电路的耦合路径图，形象地说明了为什么这种拓扑称为规范轮形。其中，主耦合构成"轮圈"(实际上不是完整的圈)，而交叉耦合和输入输出耦合构成"轮辐"。图 10.21(b)所示为与之对应的耦合矩阵，其中交叉耦合元件都位于矩阵的最后一列和最后一行位置，沿着主对角线上的主耦合与自耦合一起，形成了指向矩阵右下角的箭头。

	S	1	2	3	4	5	L
S		X					X
1	X	X	X				X
2		X	X	X			X
3			X	X	X		X
4				X	X	X	X
5					X	X	X
L	X	X	X	X	X	X	

(a) 耦合路径图(轮形)　　　　　　(b) $N+2$ 耦合矩阵(箭形)

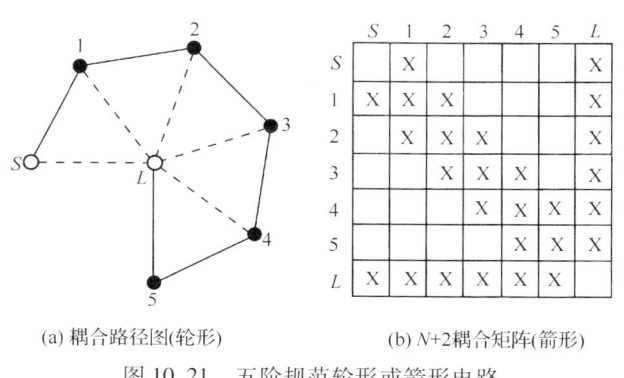

图 10.21　五阶规范轮形或箭形电路

将网络倒置后,则所有的交叉耦合都位于矩阵的第一行和第一列,形成了指向左上角的箭头。如果传输函数中不包含传输零点(全极点函数),则箭形矩阵的最后一行与最后一列只包含输出耦合 M_{NL}。当包含一个传输零点时,矩阵的最后一行和最后一列的耦合 $M_{N-1,L}$ 不为零;当包含两个传输零点时,$M_{N-2,L}$ 位置的元件值也不为零,以此类推;直至最后包含 N 个传输零点(全规范型),且耦合 M_{SL} 也不为零,如图 10.21(b)所示。因此,随着滤波器函数的传输零点数由 0 递增至 N,矩阵右边最后一行和最后一列逐渐被完全填满,形成箭头。

10.3.2.2 箭形耦合矩阵的综合

与折叠形矩阵(见 8.3 节)类似,箭形矩阵可以采用横向矩阵或任意其他矩阵形式,经过一系列旋转变换得到。用于产生 $N+2$ 箭形耦合矩阵所需的连续旋转变换的总次数为 $R = \sum_{r=1}^{N-1} r$,即图 10.21 所示的五阶示例中的 R 为 10。表 10.3 给出了五阶示例所需的支点次序和角度公式,可以将初始 $N+2$ 耦合矩阵(横向、折叠形或其他形式)简化为箭形矩阵。对于折叠形矩阵,位于最后一行和最后一列的元件值及位置在变换过程中自动生成,无须特别的消元过程。由于支点位置和角度的计算具有通用性,通过编程可以很容易地实现(见表 10.5)。

表 10.5 五阶 $N+2$ 耦合矩阵简化为箭形耦合矩阵的相似变换(旋转)次序

变换次数 r	支点 $[i, j]$	消去元件		$\theta_r = -\arctan(M_{kl}/M_{mn})$		
			k	l	m	n
1	[1,2]	M_{S2}	在第 1 行	S	2	S	1
2	[1,3]	M_{S3}	—	S	3	S	1
3	[1,4]	M_{S4}	—	S	4	S	1
4	[1,5]	M_{S5}	—	S	5	S	1
5	[2,3]	M_{13}	在第 2 行	1	3	1	2
6	[2,4]	M_{14}	—	1	4	1	2
7	[2,5]	M_{15}	—	1	5	1	2
8	[3,4]	M_{24}	在第 3 行	2	4	2	3
9	[3,5]	M_{25}	—	2	5	2	3
10	[4,5]	M_{35}	在第 4 行	3	5	3	4

10.3.2.3 箭形矩阵中三角元件的创建与定位

箭形耦合矩阵中第 i 个传输零点 $s_{0i} = j\omega_{0i}$ 对应的三角元件的创建,需要位于矩阵箭头尖端附近的支点 $[N-1, N]$ 进行一次旋转变换。与首个零点 $s_{01} = j\omega_{01}$ 对应的第一个三角元件,其旋转角度的计算需要满足变换后含有这个零点的矩阵的行列式条件[式(10.15c)]:

$$\det \begin{vmatrix} M_{N-2,N-1}^{(1)} & M_{N-2,N}^{(1)} \\ \omega_{01} + M_{N-1,N-1}^{(1)} & M_{N-1,N}^{(1)} \end{vmatrix} = 0 \qquad (10.16)$$

其中 $M_{ij}^{(1)}$ 为变换后矩阵 $\boldsymbol{M}^{(1)}$ 中的元件值。接下来对初始箭形矩阵 $\boldsymbol{M}^{(0)}$ 在支点 $[N-1, N]$ 应用旋转变换[见式(8.35)],满足式(10.16)条件的旋转角度 θ_{01} 确定如下:

$$\theta_{01} = \arctan\left[\frac{M_{N-1,N}^{(0)}}{\omega_{01} + M_{N,N}^{(0)}}\right] \qquad (10.17)$$

其中,$M_{N-1,N}^{(0)}$ 和 $M_{N,N}^{(0)}$ 为初始箭形矩阵 $\boldsymbol{M}^{(0)}$ 中的元件值。

在支点 $[N-1, N]$ 使用角度 θ_{01} 进行旋转变换后，得到的矩阵 $\boldsymbol{M}^{(1)}$ 中产生了新耦合 $M^{(1)}_{N-2,N}$，也就是箭形拓扑中包含下标 $k = N-1$ 的三角元件。然后在支点 $[N-2, N-1]$ 使用角度 θ_{12} 再次进行旋转变换，可以将这个对角线上的三角元件向上移动到下标 $k = N-2$ 的位置。经过此次操作后，新矩阵 $\boldsymbol{M}^{(2)}$ 中的元件值 $M^{(2)}_{N-2,N}$ 消去为零，且产生新的元件值 $M^{(2)}_{N-3,N-1}$ [见式(8.35)]：

$$\theta_{12} = \arctan \frac{M^{(1)}_{N-2,N}}{M^{(1)}_{N-1,N}} \tag{10.18}$$

展开这个新位置三角元件的行列式(10.16)，可得 $M^{(1)}_{N-2,N-1} \cdot M^{(1)}_{N-1,N} = M^{(1)}_{N-2,N} \cdot (\omega_{01} + M^{(1)}_{N-1,N-1})$，经过重新排列并代入式(10.18)，可得

$$\theta_{12} = \arctan\left[\frac{M^{(1)}_{N-2,N}}{M^{(1)}_{N-1,N}}\right] = \arctan\left[\frac{M^{(1)}_{N-2,N-1}}{\omega_{01} + M^{(1)}_{N-1,N-1}}\right] \tag{10.19}$$

因此，根据式(10.17)至式(10.19)，显然在支点 $[N-2, N-1]$ 使用角度 θ_{12} 进行旋转变换后，可以将对角线上的三角元件向上推进一个位置，并且新位置的三角元件再次满足其行列式的值自动为零这一条件。无论箭形矩阵中对角线上的三角元件位于何处，这一点同样适用。

接下来在支点 $[N-3, N-2]$ 使用角度 $\theta_{23} = \arctan(M^{(2)}_{N-3,N-1}/M^{(2)}_{N-2,N-1})$ 进行旋转变换，进一步向上将三角元件移动到下标 $k = N-3$ 的位置。结果，在新矩阵中消去了耦合元件 $M^{(3)}_{N-3,N-1}$，并创建了元件 $M^{(3)}_{N-4,N-2}$，以此类推，直到将这个三角元件移到理想位置。一旦三角元件移出了箭形区域，位于最后一行和最后一列中的距离箭头最远处的交叉耦合元件值就为零；换句话说，轮形耦合拓扑图，也就是图10.21(a)中少了一根轮辐。

如果传输函数包含第二个传输零点 $s_{02} = j\omega_{02}$，经过重复以上步骤，则可以创建与零点 s_{02} 对应的第二个三角元件。以此类推，直到实现三角元件 s_{01}，s_{02}，…级联的形式。然后进一步旋转变换，得到级联的四角元件和五角元件形式，这些将在10.3.3节介绍。

10.3.2.4 示例说明

为了说明以上过程，以一个回波损耗为 23 dB 的 (8-2-2) 不对称滤波器为例。其中两个传输零点分别为 $-j1.2520$ 和 $-j1.1243$，在通带下边沿外产生两个40 dB的抑制波瓣；且一对复零点分别为 $\pm 0.8120 + j0.1969$，可以均衡群延迟接近50%的通带带宽。首先综合出与两个纯虚轴上零点对应的两个三角元件，然后再合并为四角元件。

运用上面介绍的消元法(需要旋转28次)，根据传输函数构造出相应的 $N+2$ 耦合矩阵，变换得到的箭形拓扑如图10.22(a)所示，对应的耦合路径图如图10.22(b)所示。注意，传输函数包含4个有限传输零点，因此耦合矩阵中最后一行和最后一列也包含4个交叉耦合，以及主耦合 M_{8L}。

对于虚轴上的第一个零点 $s_{01} = -j1.2520$，根据式(10.17)计算可得其旋转角度为 $\theta_{01} = -j1.2747°$。首次在支点 $[7,8]$ 运行旋转变换后，创建的三角元件如图10.22(c)所示。进一步运行 5 次旋转变换，将下标为 7 [见图10.22(d)] 的三角元件向上移到下标为 2 的位置 [见图10.22(e)]，实现第一个传输零点 s_{01} 的三角元件并完成其位置构建。接下来开始第二轮变换，利用首轮变换结束后矩阵中的耦合元件值，根据式(10.17)计算出零点 $s_{02} = -j1.1243$ 的角度 θ_{67}，再次在支点 $[7,8]$ 进行新一轮的首次旋转变换。然后，进一步使用 3 次旋转变换，将创建的最新三角元件向上移到下标为 4 的位置，完成第二个三角元件的位置创建。整个过程总结在表10.6中。

第 10 章 提取极点和三角元件的综合与应用

	S	1	2	3	4	5	6	7	8	L
S	0	1.0516	0	0	0	0	0	0	0	0
1	1.0516	−0.0276	0.8784	0	0	0	0	0	0	0
2	0	0.8784	−0.0324	0.6147	0	0	0	0	0	0
3	0	0	0.6147	−0.0467	0.5816	0	0	0	0	0
4	0	0	0	0.5816	−0.1060	0.6078	0	0	0	−0.1813
5	0	0	0	0	0.6078	−0.2419	0.6167	0	0	0.2399
6	0	0	0	0	0	0.6167	−0.0428	0.5506	0	−0.3582
7	0	0	0	0	0	0	0.5506	0.3337	0.0027	0.8168
8	0	0	0	0	0	0	0	0.0027	1.1293	0.4691
L	0	0	0	0	−0.1813	0.2399	−0.3582	0.8168	0.4691	0

(a) 初始箭形耦合矩阵

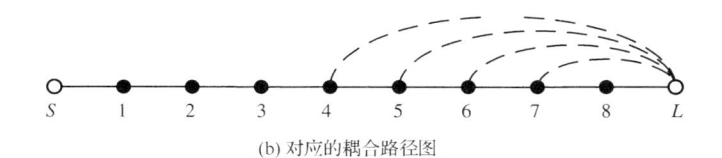

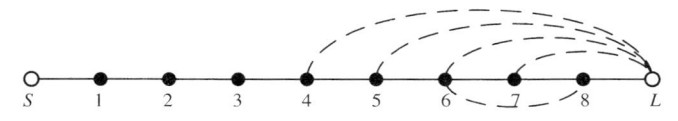

(b) 对应的耦合路径图

(c) 第一次旋转变换后创建得到下标为 7 的首个三角元件

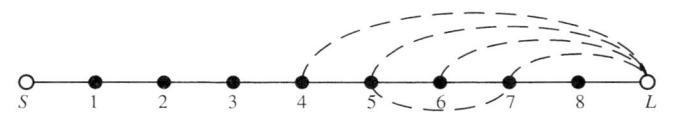

(d) 第二次旋转变换后,三角元件向前移到下标为 6 的设置

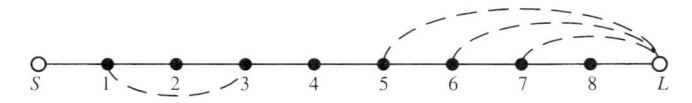

(e) 经过六次旋转变换,首个三角元件移到下标为 2 的位置

图 10.22　(8-2-2)滤波器综合示例

表 10.6　(8-2-2)滤波器的两个三角元件位置创建的旋转次序

旋转次数 r	支点 [i, j]	消去元件	$\theta_{r-1,r} = \arctan(M_{kl}^{(r-1)}/M_{mn}^{(r-1)})$ [见式(8.38a)]				备　注
			k	l	m	n	
1	[7,8]		$\theta_{01} = -1.2747°$				创建首个下标为 7 且零点 $\omega_{0i} = \omega_{01} = -1.2520$ 的三角元件[见式(10.17)],同时产生耦合 M_{68}
2	[6,7]	M_{68}	6	8	7	8	第 2~6 次旋转变换:将第一个三角元件从下标为 7 的位置移到下标为 2 的位置
3	[5,6]	M_{57}	5	7	6	7	
4	[4,5]	M_{46}, M_{4L}	4	6	5	6	
5	[3,4]	M_{35}	3	5	4	5	
6	[2,3]	M_{24}	2	4	3	4	

(续表)

旋转次数 r	支点[i, j]	消去元件	$\theta_{r-1,r} = \arctan(M_{kl}^{(r-1)}/M_{mn}^{(r-1)})$ [见式(8.38a)]				备 注
			k	l	m	n	
7	[7,8]		$\theta_{67} = 79.3478°$				创建第二个下标为7且零点 $\omega_{0i} = \omega_{02} = -1.1243$ 的三角元件[见式(10.17)]，并再次产生耦合 M_{68}
8	[6,7]	M_{68}	6	8	7	8	第 8~10 次旋转变换：将第二个三角元件从下标为 7 的位置移到下标为 4 的位置
9	[5,6]	M_{57}, M_{5L}	5	7	6	7	
10	[4,5]	M_{46}	4	6	5	6	

创建并确定这两个三角元件的位置之后，其耦合矩阵和对应的耦合路径图分别如图 10.23(a) 和图 10.23(b) 所示。注意，从箭形拓扑中提取出两个传输零点并通过三角元件来实现。位于耦合矩阵中箭头末端最后一行和最后一列的交叉耦合 M_{4L} 和 M_{5L}，在三角元件位置的移动过程中会自动消去为零，无须特别的消元过程。

	S	1	2	3	4	5	6	7	8	L
S	0	1.0516	0	0	0	0	0	0	0	0
1	1.0516	−0.0276	0.6953	−0.5368	0	0	0	0	0	0
2	0	0.6953	0.6920	0.4324	0	0	0	0	0	0
3	0	−0.5368	0.4324	−0.1274	0.4045	−0.4043	0	0	0	0
4	0	0	0	0.4045	0.7074	0.4167	0	0	0	0.0000
5	0	0	0	−0.4043	0.4167	−0.0435	0.6262	0	0	0.0000
6	0	0	0	0	0	0.6262	0.0061	0.7454	0	0.4189
7	0	0	0	0	0	0	0.7454	−0.0451	0.5875	0.0855
8	0	0	0	0	0	0	0	0.5875	−0.1965	0.9608
L	0	0	0	0	0.0000	0.0000	0.4189	0.0855	0.9608	0

(a) 综合得到两个三角元件后的耦合矩阵

(b) 耦合路径图   (c) 两个四角元件构成的耦合路径图

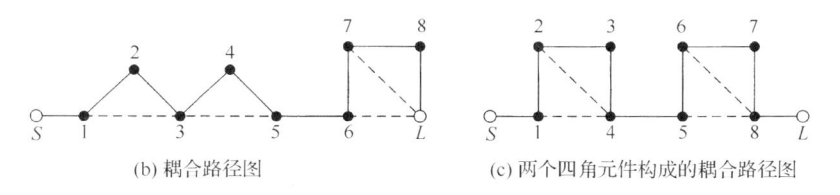

图 10.23　(8-2-2)不对称滤波器函数

现在，通过再次在支点[3,4]进行旋转变换可以消去 M_{35}。然后，在支点[2,3]进行旋转变换可以消去 M_{13} 或 M_{24}，将第二个三角元件向前移动，直到两个三角元件合并为四角元件形式。而第二个四角元件(由一对复数传输零点实现)已经包含在余下的箭形拓扑中，如图 10.23(a) 所示。通过在支点[7,8]和支点[6,8]进行两次旋转变换分别消去 M_{7L} 和 M_{6L}，将对角上的元件向上再移动一个位置。最后，这个(8-2-2)级联四角元件滤波器的最终耦合路径图如图 10.23(c) 所示。

10.3.2.5　复数传输零点的三角元件实现

运用上面介绍的方法，每个三角元件可以在箭形拓扑中单独创建，然后移动到对角线上的另一个位置，且每个三角元件可以实现与之唯一对应的传输零点。从箭形拓扑中移出传输零点并构建三角元件，等同于移出了对应的单个零点。当传输零点 s_{0i} 为纯虚数时，运用式(10.17)计算得到的旋转角度 θ_{ti} 为实数，在旋转变换过程中会更适用。

第 10 章　提取极点和三角元件的综合与应用

然而，只有位于虚轴上的传输零点才能单独存在。而对于虚轴外的传输零点（均衡群延迟作用），必须关于虚轴对称并以镜像对的形式出现，才能满足网络的可实现条件。由于每个三角元件只能实现复数传输零点对或实轴零点对中的一个零点，根据式(10.17)，可推导得到矩阵应用的初始旋转角度 $\theta_{ti} = a + \mathrm{j}b$ 为复数（即表 10.6 中的第一次旋转变换）。在这种情况下，旋转变换中需要用到且以复数形式出现的 $\sin\theta_{ti}$ 和 $\cos\theta_{ti}$（见 8.3.1 节）可以计算如下[11]：

$$\theta_{ti} = \arctan\left[\frac{M_{N-1,N}}{\omega_{0i} + M_{N,N}}\right] = \arctan(x + \mathrm{j}y) = a + \mathrm{j}b \tag{10.20}$$

其中，

$$a = \frac{1}{2}\arctan\left[\frac{2x}{1 - x^2 - y^2}\right], \quad b = \frac{1}{4}\ln\left[\frac{x^2 + (y+1)^2}{x^2 + (y-1)^2}\right]$$

现在已知 a 和 b，可以计算 $\sin\theta_{ti}$ 和 $\cos\theta_{ti}$ 如下：

$$\begin{aligned}\sin\theta_{ti} &= \sin a \cosh b + \mathrm{j}\cos a \sinh b = -\mathrm{j}\sinh[\mathrm{j}(a + \mathrm{j}b)] \\ \cos\theta_{ti} &= \cos a \cosh b - \mathrm{j}\sin a \sinh b = \cosh[\mathrm{j}(a + \mathrm{j}b)]\end{aligned} \tag{10.21}$$

使用复数角度进行首次旋转变换，矩阵中的一些元件值将产生复数。并且，当三角元件沿着对角线向上移动时，用于一些元件消元（即表 10.6 中的第 2~6 次旋转变换）的旋转角度同样也是复数。对于第 r 次旋转变换，

$$\theta_r = \arctan\frac{M_{ij}}{M_{kl}} = \arctan(x_r + \mathrm{j}y_r) = a_r + \mathrm{j}b_r \tag{10.22}$$

根据式(10.20)和式(10.21)，运用相同的方法可以计算得到 $\sin\theta_r$ 和 $\cos\theta_r$。

因此，经过第一轮旋转变换之后，确定了首个复数传输零点 s_{01} 的位置，推导得到的耦合矩阵的元件值为复数，当然这类矩阵在实际环境中无法应用。然而，如果呈镜像排列的复数传输零点对中的第二个传输零点 ($s_{02} = -s_{01}^*$) 创建的另一个三角元件，沿着对角线移动且与第一个三角元件构成一个四角元件[见图 10.23(c)中的八阶示例]，则矩阵中所有复数的虚部将会消去，仅剩下纯实数部分。因此，多于一组的复零点对的级联四角元件的综合必须包含以上过程（见图 10.24）。

图 10.24　运用级联四角元件实现的复零点对

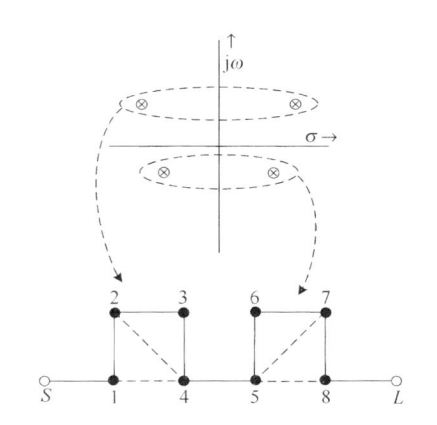

10.3.3　基于三角元件的高级电路综合方法

本节将介绍两类实用的网络拓扑综合方法：级联 n 角元件（例如四角、五角或六角元件）与盒形设计方法（包括盒形的衍生结构——扩展盒形拓扑）。这两种拓扑结构对于微波滤波器设计人员来说非常重要，它们在性能设计、加工和调试过程中具有许多优点。一般来说，这些网络的综合过程始于级联三角元件的创建，可以运用前面章节中介绍的电路方法或箭形耦合矩阵的方法来实现。

10.3.3.1　四角元件、五角元件和六角元件的综合方法

下面首先总结四角元件的综合方法，接下来将本方法扩展到级联五角元件和六角元件的综合，还可能扩展到六角元件以上形式拓扑的综合。但是，这种拓扑在实际中极少使用。

10.3.3.2 级联四角元件

本方法由一对零点 s_{01} 和 s_{02} 级联的三角元件开始综合,如图 10.23(a)的(8-2-2)不对称滤波器(两个纯虚轴上的传输零点和一对复零点)所示。在特定情况下,剩余网络通常可以综合成折叠形拓扑,如(8-2-2)示例中自动创建的第二个四角元件。下一步运用两次旋转变换,一次在支点[3,4]消去 M_{35},这次旋转变换将产生两个新的耦合元件值 M_{14} 和 M_{24}。显然,这两个对角耦合元件值 M_{13}(开始由第一个三角元件创建)和 M_{24} 构成了一个四角元件。而在支点[2,3]进行的第二次旋转变换可以消去耦合 M_{13} 或 M_{24}。

10.3.3.3 创建级联四角元件、五角元件和六角元件的通用过程

运用级联四角元件的综合方法时需要注意,连续运用旋转变换消元,最后获得四角元件的过程包含以下两个阶段。

1. 运用旋转变换,消去任意三角元件产生的交叉耦合,即主矩阵的 4×4 子矩阵的外部最后被四角元件占用的耦合,如(8-2-2)示例中的耦合 M_{35}。在此变换过程中,会创建更多的耦合元件值,这些新耦合都位于 4×4 子矩阵中。在这一阶段,这种现象称为"汇集"。
2. 针对 4×4 子耦合矩阵进行一系列旋转变换,消去不需要的耦合元件值(它们一般不为零),得到折叠形拓扑。旋转变换的次序与初始 $N\times N$ 或 $N+2$ 矩阵简化为折叠形矩阵的次序相似,如表 10.7 中所列,整个过程如图 10.25 所示。在这个(8-2-2)示例中,第一个三角元件位于 $k=2$ 的位置,而第二个位于 $k=4$ 的位置,并产生了耦合 M_{13} 和 M_{35}。此外,该过程还可以应用于三角元件组中,无论耦合的下标和旋转支点是否位于主矩阵中的正确位置。

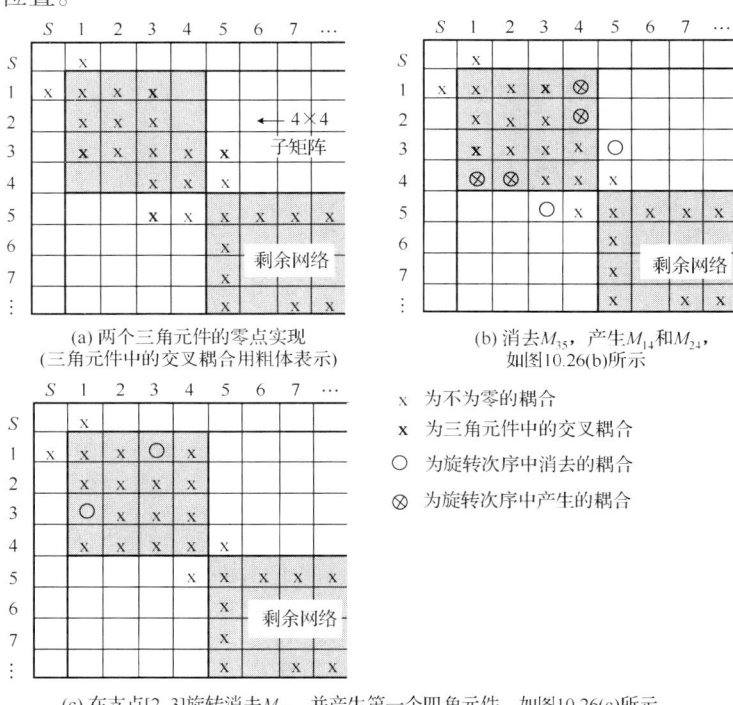

图 10.25 级联四角元件的构成

第 10 章 提取极点和三角元件的综合与应用

针对耦合矩阵运用旋转变换,很容易将网络中的四角元件移到另一个位置。例如,图 10.26(b)中的第一个四角元件沿对角线向下移动一个位置(与节点 5 的第二个四角元件邻接),运用两次旋转变换,第一次在支点[2,4]消去 M_{14}(产生 M_{25}),第二次在支点[3,4]消去 M_{24}(如果需要)。

表 10.7 (8-2-2)示例中两个三角元件变换为级联四角元件的旋转过程

旋转次数 r	支点[i,j]	消去元件	$\theta_r = \arctan(cM_{kl}/M_{mn})$				
			k	l	m	n	c
1	[3,4]	聚集到 4×4 子矩阵中 M_{35}	3	5	4	5	+1
2	[2,3]或[2,3]	4×4 子矩阵简化为折叠形结构					
		M_{13} 在第 1 行	1	3	1	2	−1
		M_{24} 在第 2 行	2	4	3	4	+1

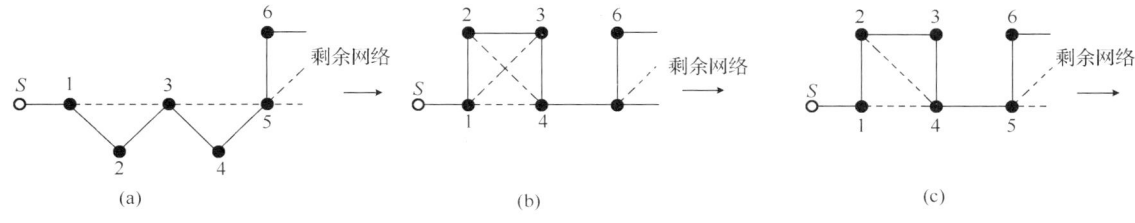

图 10.26 两个邻接三角元件构成四角元件的变换

10.3.3.4 级联五角元件

用于实现 3 个传输零点的一个五角元件(见图 10.27 和表 10.8),可以由这 3 个传输零点对应的三个邻接三角元件的级联形式构成,如图 10.28(a)所示。

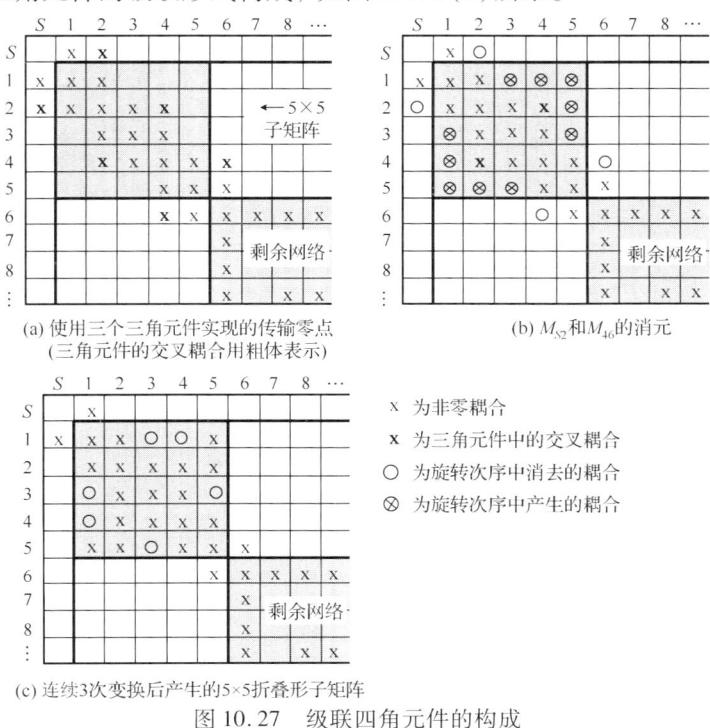

(a) 使用三个三角元件实现的传输零点
(三角元件的交叉耦合用粗体表示)

(b) M_{S2} 和 M_{46} 的消元

(c) 连续3次变换后产生的5×5折叠形子矩阵

x 为非零耦合
x 为三角元件中的交叉耦合
○ 为旋转次序中消去的耦合
⊗ 为旋转次序中产生的耦合

图 10.27 级联四角元件的构成

表 10.8 三个邻接三角元件变换为级联五角元件的旋转过程

旋转次数 r	支点 $[i,j]$	消去元件	$\theta_r = \arctan(cM_{kl}/M_{mn})$				
			k	l	m	n	c
		聚集到 5×5 子矩阵中					
1	[1,2]	M_{S2}	S	2	S	1	-1
2	[4,5]	M_{46}	4	6	5	6	$+1$
		简化为 5×5 折叠形子矩阵					
3	[3,4]	M_{14} 在第 1 行	1	4	1	3	-1
4	[2,3]	M_{13} —	1	3	1	2	-1
5	[3,4]	M_{35} 在第 5 列	3	5	4	5	$+1$

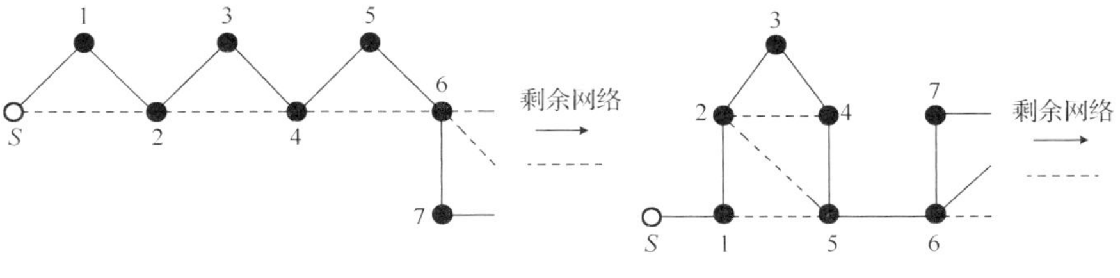

图 10.28 三个邻接三角元件构成五角元件的变换过程

10.3.3.5 级联六角元件

一个六角元件(见图 10.29 和表 10.9)由四个邻接三角元件的级联形式构成,如图 10.30(a)所示,它可以实现 4 个传输零点。

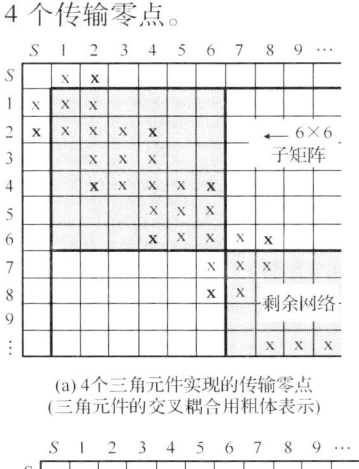

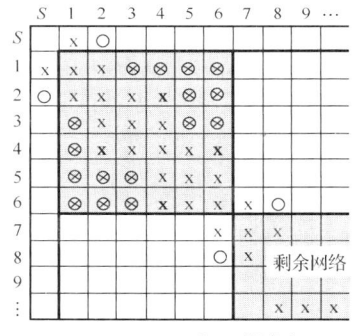

图 10.29 级联六角元件的构成

× 为非零耦合
x 为三角元件中的交叉耦合
○ 为旋转次序中消去的耦合
⊗ 为旋转次序中产生的耦合

表 10.9 四个邻接的三角元件变换为级联六角元件的旋转过程

旋转次数 r	支点 [i, j]	消去元件	$\theta_r = \arctan(cM_{kl}/M_{mn})$				
			k	l	m	n	c
		聚集到 6×6 子矩阵中					
1	[1,2]	M_{S2}	S	2	S	1	−1
2	[6,7]	M_{68}	6	8	7	8	+1
3	[5,6]	M_{57}	5	7	6	7	+1
4	[4,6]	M_{47}	4	7	6	7	+1
		简化为 6×6 折叠形子矩阵					
5	[4,5]	M_{15} 在第 1 行	1	5	1	4	−1
6	[3,4]	M_{14} —	1	4	1	3	−1
7	[2,3]	M_{13} —	1	3	1	2	−1
8	[3,4]	M_{36} 在第 6 列	3	6	4	6	+1
9	[4,5]	M_{46} —	4	6	5	6	+1
10	[3,4]	M_{24} 在第 2 行	2	4	2	3	−1

10.3.3.6 多重级联结构

尽管使用以上通用方法构成级联 n 角元件结构相对容易一些,但是随着阶数的增加,沿着矩阵对角线位置需要更多的节点空间。这是因为实现第一个传输零点的首个三角元件构建后,每个额外新增的传输零点对应的三角元件需要占用另外两个电路节点位置。例如,由图 10.30(a) 可知,占据源节点及 8 个谐振器节点的四个三角元件对应着 4 个传输零点,而最终实现这 4 个零点的六角元件,占用的前 6 个节点中不包括源节点,如图 10.30(b) 所示。由于耦合矩阵中剩余可用的节点极少,也就无法综合得到更多的三角元件及 n 角元件形式。

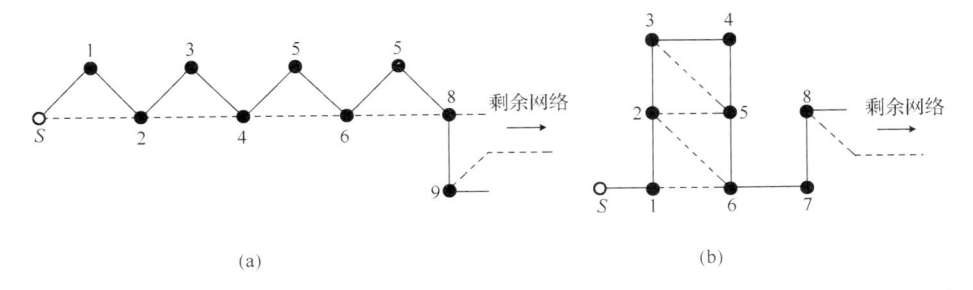

图 10.30 四个邻接的三角元件构成六角元件的变换过程。第二次旋转变换消去了 M_{68} 并创建了耦合 M_{57} 和耦合 M_{47},这两个耦合将分别在第三次和第四次旋转变换过程中消去

如果运用直接耦合矩阵方法创建基本的级联三角元件(见 10.3.2 节),就可以克服这个问题。因为只需要对耦合矩阵进行纯粹的旋转变换,将适当数量的级联三角元件移出箭形拓扑,则可以单独创建级联的 n 角元件结构。例如,首先从箭形拓扑中提取出两个三角元件,然后运用上面介绍的方法将其合并为耦合矩阵中最终位置的一个四角元件。因此,通过更多的三角元件提取与合并,可以产生另外一个与第一个级联的 n 角元件结构。通过将适当数量的基本三角元件从箭形拓扑中移出,可以构成 n 角元件结构。这种沿着耦合矩阵的对角线所需的节点空间,与首先级联所有的三角元件后再构成 n 角元件结构占用的节点空间相比要少一些。

另一种基于电路构成三角、四角和五角等元件的方法在文献 [12~15] 中介绍。

10.4 盒形和扩展盒形拓扑

对于某些应用,信道滤波器需要满足不对称的抑制特性。特别是在实际移动通信系统中,基站前端的发射和接收双工器需要优化滤波器的性能,在实现最佳的阻带抑制的同时,还需要保持极好的带内幅度与群延迟线性度,以及最小的插入损耗。

针对这类特性的网络综合,以及重构谐振器间主耦合与交叉耦合的过程,对角耦合出现的概率极高。本节将介绍一种实现对称和不对称滤波器特性(无须采用对角耦合结构)的综合方法:盒形拓扑,及其衍生结构——扩展盒形拓扑[16]。

10.4.1 盒形拓扑

盒形拓扑与级联四角元件拓扑类似,由四个谐振器节点组成一个正方形结构,其输入和输出端口位于其对角位置。图 10.31(a)所示为包含单传输零点的四阶滤波器的常规四角元件拓扑。图 10.31(b)则对应单个传输零点的等价盒形拓扑,但无须对角耦合。运用最短路径原理,表明盒形拓扑只能实现单个传输零点。

盒形拓扑是根据滤波器耦合矩阵综合得到的三角元件,在交叉支点进行相似旋转变换来创建的[见式(8.38g)]。交叉支点的相似变换与支点变换相同,其中耦合矩阵中相应坐标的元件值将被消去。也就是说,消去的元件在支点的交叉点上[见式(9.10)]。通过对交叉支点的旋转角度任意添加 90°的倍数来得到另一种求解,如下所示:

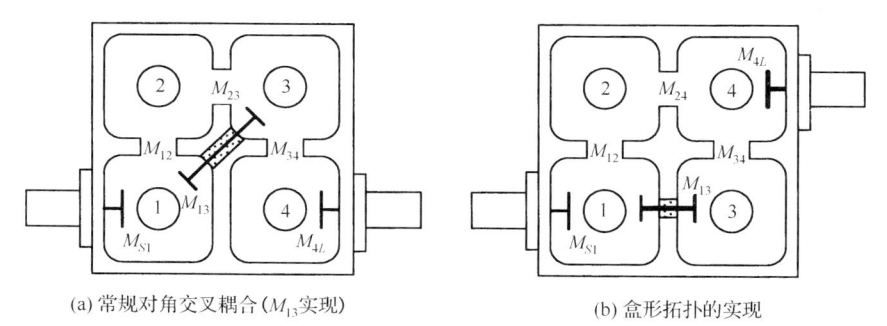

$$\theta_r = \frac{1}{2}\arctan\left(\frac{2M_{ij}}{(M_{jj} - M_{ii})}\right) \pm k\frac{\pi}{2} \quad (10.23)$$

(a) 常规对角交叉耦合(M_{13}实现)   (b) 盒形拓扑的实现

图 10.31 (4-1)不对称滤波器函数

在盒形拓扑中,需要设定支点用于消去耦合矩阵中三角元件的第二个主耦合。因此图 10.31(a)所示的四阶例子中,支点[2,3]用于消去耦合元件值 M_{23}(和 M_{32}),对应的耦合路径图如图 10.32(a)所示。在消去耦合元件值 M_{23} 的过程中产生了新的耦合元件值 M_{24},如图 10.32(b)所示。将这个结构反扭可以构成盒形拓扑,如图 10.32(c)所示。在最终得到的盒形拓扑中,始终有一个耦合为负,这与初始三角元件的交叉耦合值 M_{13} 的符号无关。

为了说明以上过程,以一个四阶 25 dB 回波损耗的切比雪夫滤波器为例。其包含的一个有限传输零点 $s = +j2.3940$,位于通带上边沿外,提供了 41 dB 的抑制波瓣。

图 10.33(a)所示为一个(4-1)滤波器的 $N+2$ 耦合矩阵,其中 M_{13} 为三角元件的交叉耦合,与图 10.32(a)的耦合拓扑相对应。图 10.33(b)是变换为盒形拓扑后的耦合矩阵,且

图 10.34(a)为这个(4-1)同轴腔滤波器的测量曲线,其结构如图 10.31(b)所示。从图中可看出,其仿真结果与实际测量结果非常吻合。

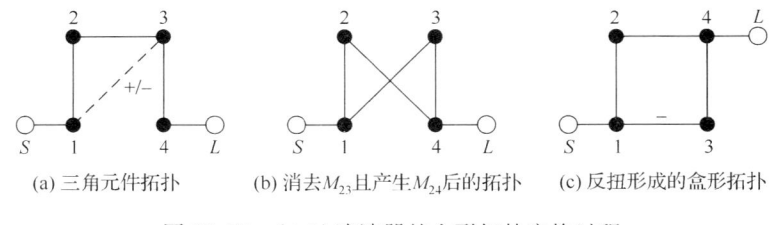

(a) 三角元件拓扑　　(b) 消去M_{23}且产生M_{24}后的拓扑　　(c) 反扭形成的盒形拓扑

图 10.32　(4-1)滤波器的盒形拓扑变换过程

	S	1	2	3	4	L
S	0	1.1506	0	0	0	0
1	1.1506	0.0530	0.9777	0.3530	0	0
2	0	0.9777	−0.4198	0.7128	0	0
3	0	0.3530	0.7128	0.0949	1.0394	0
4	0	0	0	1.0394	0.0530	1.1506
L	0	0	0	0	1.1506	0

(a) 三角元件拓扑

	S	1	2	3	4	L
S	0	1.1506	0	0	0	0
1	1.1506	0.0530	0.5973	−0.8507	0	0
2	0	0.5973	−0.9203	0	0.5973	0
3	0	−0.8507	0	0.5954	0.8507	0
4	0	0	0.5973	0.8507	0.0530	1.1506
L	0	0	0	0	1.1506	0

(b) 变换后构成的盒形拓扑(传输零点位于通带上边沿外)

	S	1	2	3	4	L
S	0	1.1506	0	0	0	0
1	1.1506	−0.0530	0.5973	−0.8507	0	0
2	0	0.5973	0.9203	0	0.5973	0
3	0	−0.8507	0	−0.5954	0.8507	0
4	0	0	0.5973	0.8507	−0.0530	1.1506
L	0	0	0	0	1.1506	0

(c) 传输零点位于通带下边沿外

图 10.33　(4-1)滤波器耦合矩阵

下面采用位于通带下边沿外的传输零点 −j2.3940 来代替。变换为盒形拓扑后,其谐振器间耦合值相同,但是自耦合不同[图 10.33(c)中沿着耦合矩阵主对角线的耦合 M_{11},M_{22},…]。由于自耦合代表谐振器中心频率的偏移,因此同一种滤波器结构经过螺丝调节可以同时用于实现双工器中发射和接收滤波器。例如,对于图 10.34(a)所示的滤波器结构,其测量曲线中的单个传输零点位于通带上边沿外;而图 10.34(b)所示的同一滤波器结构,其测量曲线中的单个传输零点位于通带下边沿外。

此外,还可以将盒形拓扑级联来创建高阶滤波器,其中交叉旋转支点的坐标与每个三角元件正确对应。图 10.35 所示为包含两个位于通带下边沿外的传输零点的十阶滤波器的耦合路径图，而图 10.36 所示为仿真和测量得到的滤波器的回波损耗和抑制曲线。

显然，由图 10.35(b)可知，不对称特性可以利用双模谐振腔来实现（没有对角交叉耦合）。

(a) 传输零点位于通带上边沿外

(b) 传输零点位于通带下边沿外

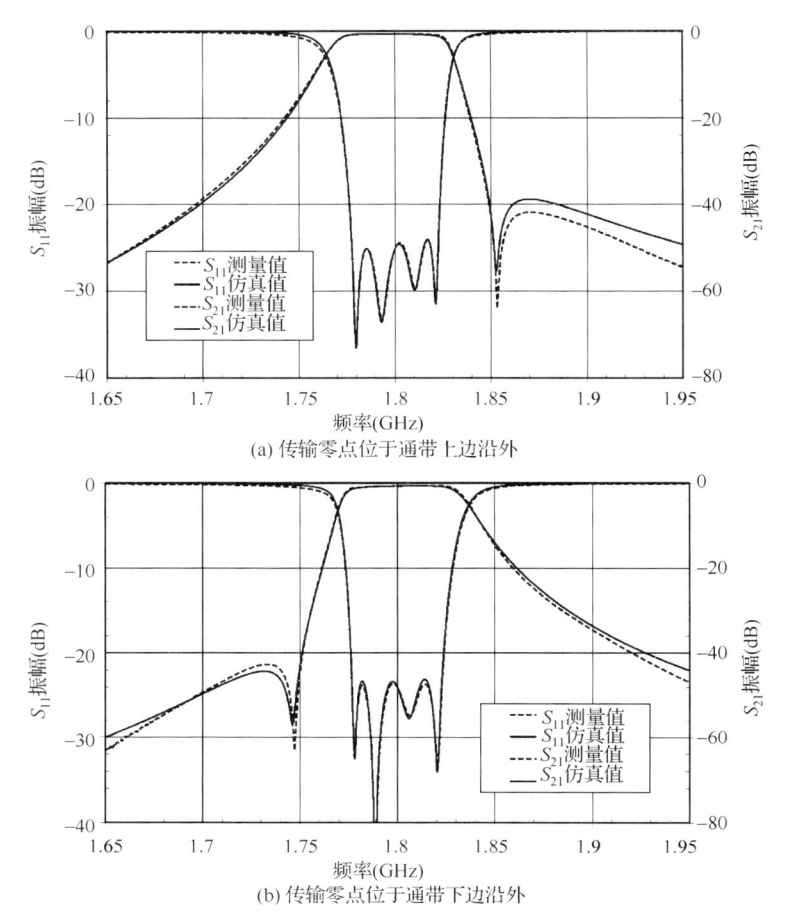

图 10.34　(4-1)滤波器的仿真与测量结果比较

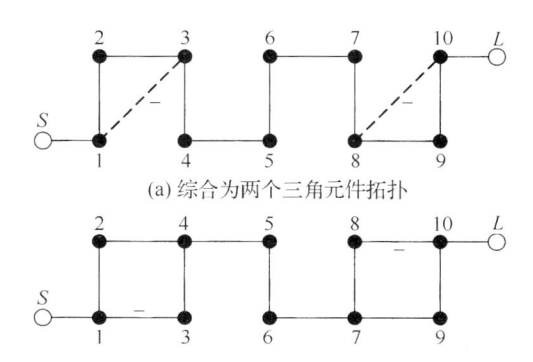

(a) 综合为两个三角元件拓扑

(b) 在交叉支点[2,3]和[8,9]的旋转变换，将三角元件变换为两个盒形拓扑。本拓扑结构适合用双模谐振腔来实现

图 10.35　(10-2)不对称滤波器的耦合路径图

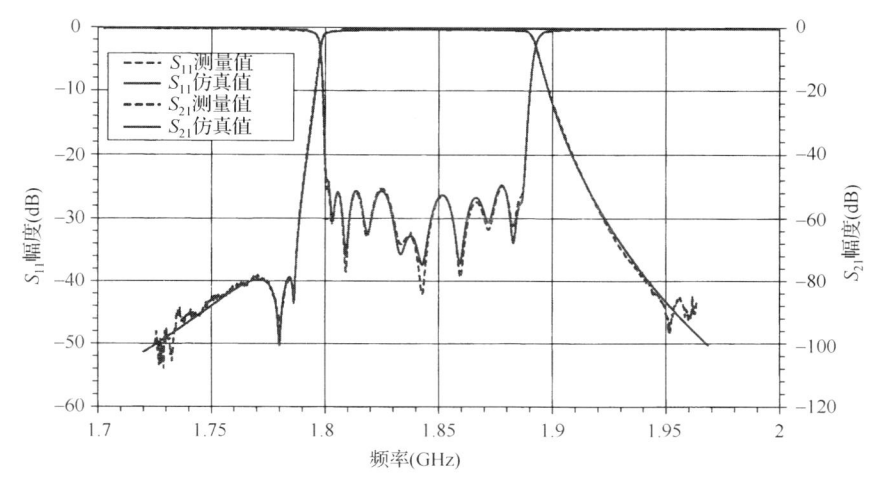

图 10.36 （10-2）不对称滤波器回波损耗和抑制的仿真与测试曲线

10.4.2 扩展盒形拓扑

在高阶网络中，针对级联的三角元件，在单个交叉支点进行旋转变换，消去其主耦合，再反扭后即可构成一系列盒形拓扑结构。但是，运用这种方法得到的盒形结构中，有两个盒形拓扑部分公用一个谐振器节点。以图 10.37 所示的八阶网络为例，由于其中一个谐振器上加载了 4 个耦合（图 10.37 中的第 4 个谐振器），此结构极难实现。而且，此网络只能实现两个有限传输零点。

另一种方法更利于物理排列，可用于实现若干个零点的拓扑结构如图 10.38 所示。从图中可以看出，在四阶盒形拓扑网络的基础上，通过加入若干个谐振器对，可以分别构成四阶、六阶、八阶和十阶网络。运用最短路径原理，在四阶、六阶、八阶、十阶或 N 阶网络

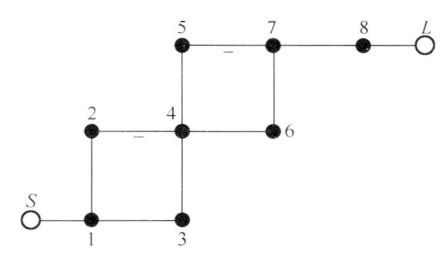

图 10.37 八阶网络，同一个拐角邻接的两个盒形拓扑

中可以实现的传输零点数分别为 $1, 2, 3, 4, \cdots, (N-2)/2$。滤波器结构排列为并列两行，且每行的谐振器数为总数的一半；其中输入位于一端的拐角上，而输出位于相反一端的对角上。即便特性是不对称的，也无须用到对角交叉耦合。

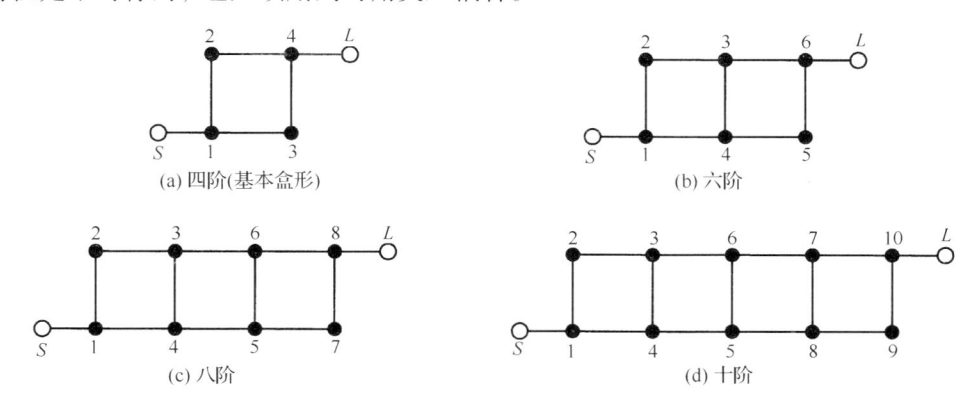

(a) 四阶(基本盒形)　　(b) 六阶

(c) 八阶　　(d) 十阶

图 10.38 扩展盒形拓扑网络的耦合路径图

根据折叠形或其他任意规范型网络来综合扩展盒形拓扑,其旋转次序并没有规律可循。在表 10.10 中,首先利用扩展盒形网络,简化为 8.3 节介绍的折叠形耦合矩阵的旋转次序,然后从反向进行旋转,将折叠形矩阵(运用第 7 章和第 8 章的方法,根据多项式 S_{21} 和 S_{11} 推导得到)变换成扩展盒形矩阵。

表 10.10 不同阶数下,拓扑结构折叠形矩阵简化为扩展盒形拓扑的支点坐标和旋转过程

阶数 N	旋转次数 r	支点 [i,j]	角度 θ_r	消去元件
6	1	[3,4]	θ_1	—
	2	[2,4]		M_{24}
	3	[3,5]		M_{25},M_{35}
8	1	[4,5]	θ_1	—
	2	[5,6]	θ_2	—
	3	[3,5]		M_{37}
	4	[3,4]		M_{46}
	5	[3,5]		M_{35}
	6	[2,4]		M_{24},M_{25}
	7	[6,7]		M_{67},M_{37}
10	1	[5,6]	θ_1	—
	2	[5,7]	θ_2	—
	3	[6,7]	θ_3	—
	4	[4,7]	θ_4	—
	5	[4,6]	θ_5	—
	6	[4,5]		M_{47}
	7	[6,8]		M_{48}
	8	[3,5]		M_{37},M_{38}
	9	[7,8]		M_{57},M_{68}
	10	[3,4]		M_{46},M_{35}
	11	[7,9]		M_{79},M_{69}
	12	[2,4]		M_{24},M_{25}

颠倒旋转次序,也就意味着有一些旋转角度 θ_r 事先未知,只能根据与初始折叠形耦合矩阵相关的最终耦合矩阵的元件值来求解得到 θ_r(这与八阶网络中综合级联四角元件的方法类似[17])。运用解析方法求解 θ_r 的计算公式,其代数运算十分复杂,但是通过编程很容易实现。

本方法预先设定未知旋转角度的初值(其中六阶为 1 个,八阶为 2 个,十阶为 5 个),然后根据表 10.10 列出的旋转次序,变换得到耦合矩阵。由于这些初值可能会使一些耦合元件值不为零,因此可以构造出关于这个耦合矩阵内所有这些元素和的平方根的误差函数。然后运用算法调整角度的初值,使评价函数趋于零。旋转过程中,改变交叉支点的角度公式中整数 k 的初值[见式(10.23)],大多数情况下会出现几组不同的解。根据这些解,可以选择其中最易于实现的耦合矩阵元件值。

下面考虑回波损耗为 23 dB 的八阶滤波器,它包含 3 个给定的传输零点:$s = -j1.3553$,$s = +j1.1093$ 和 $s = +j1.2180$,分别位于通带下边沿外产生一个 40 dB 的抑制波瓣和通带上边沿外产生两个 40 dB 的抑制波瓣。其折叠形 N+2 耦合矩阵如图 10.39(a)所示。通过求解两个未知角度 θ_1 和 θ_2(分别为 +63.881° 和 +35.865°),经过 7 次旋转变换(见表 10.10),得到的扩展盒形拓扑的耦合矩阵如图 10.39(b)所示,与之对应的是图 10.38(c)所示的耦合路径图。根据图 10.40 所示的耦合矩阵的传输和反射特性曲线,表明性能并没有受到影响。

另一种优化方法是由 Seyfer[18] 提出的基于计算机运算的综合方法,可以获得更多的解。

实际上，本方法可以得到几乎所有可能的解。但是，有些解的耦合值为复数，这是不可能实现的，而实数解的数量取决于原型中传输零点的形式。表 10.11 总结了运用最短路径原理，得到包含最多传输零点的六阶至十二阶原型滤波器的可能实数解。

	S	1	2	3	4	5	6	7	8	L
S	0	1.0428	0	0	0	0	0	0	0	0
1	1.0428	0.0107	0.8623	0	0	0	0	0	0	0
2	0	0.8623	0.0115	0.5994	0	0	0	0	0	0
3	0	0	0.5994	0.0133	0.5356	0	−0.0457	−0.1316	0	0
4	0	0	0	0.5356	0.0898	0.3361	0.5673	0	0	0
5	0	0	0	0	0.3361	−0.8513	0.3191	0	0	0
6	0	0	0	−0.0457	0.5673	0.3191	−0.0073	0.5848	0	0
7	0	0	0	−0.1316	0	0	0.5848	0.0115	0.8623	0
8	0	0	0	0	0	0	0	0.8623	0.0107	1.0428
L	0	0	0	0	0	0	0	0	1.0428	0

(a) 初始折叠形耦合矩阵

	S	1	2	3	4	5	6	7	8	L
S	0	1.0428	0	0	0	0	0	0	0	0
1	1.0428	1.0107	0.2187	0	−0.8341	0	0	0	0	0
2	0	1.2187	−1.0053	0.0428	0	0	0	0	0	0
3	0	0	0.0428	−0.7873	0.2541	0	−0.2686	0	0	0
4	0	−0.8341	0	0.2541	0.0814	0.4991	0	0	0	0
5	0	0	0	0	0.4991	0.2955	0.4162	0.1937	0	0
6	0	0	0	−0.2686	0	0.4162	−0.2360	0	−0.7644	0
7	0	0	0	0	0	0.1937	0	0.9192	0.3991	0
8	0	0	0	0	0	0	−0.7644	0.3991	0.0107	1.0428
L	0	0	0	0	0	0	0	0	1.0428	0

(b) 变换后的扩展盒形拓扑

图 10.39　八阶扩展盒形拓扑

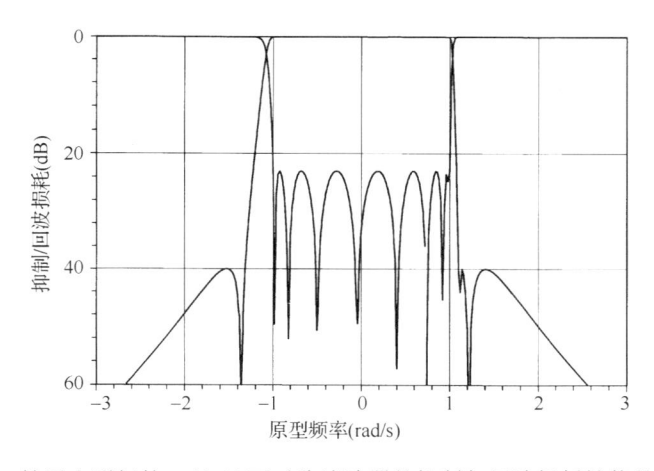

图 10.40　扩展盒形拓扑。(8-3)不对称滤波器的抑制与回波损耗性能的仿真曲线

从图 10.38 可以看出，由于没有对角耦合元件，扩展盒形拓扑也适用于双模谐振腔滤波器。这种结构的优点主要体现在所有耦合都为直接耦合，任意寄生耦合的影响都可以忽略。6、8、10 和 12 等偶数阶滤波器的综合方法，同样分别适用于 7、9、11 和 13 等奇数阶滤波器的综合。

表 10.11　扩展盒形拓扑的实数解个数

阶数 N	有限传输零点 n_{tz}的最大值	实数解个数（近似）
6	2	6
8	3	16
10	4	58
12	5	>2000

对耦合矩阵进行局部变换，也可以实现混合型拓扑结构。以包含 3 个传输零点的十一阶滤波器为例，首先综合出 3 个三角元件，如图 10.41(a)所示。接着对前 2 个三角元件进行两次旋转变换，在支点[4,5]和[3,4]分别消去 M_{46} 和 M_{24}，得到不对称的级联四角元件拓扑，如图 10.41(b)所示。然后运用前面章节中针对六阶例子的迭代过程，对主耦合矩阵左上角的 6×6 子矩阵进行变换，在网络左边构成扩展盒形拓扑，如图 10.41(c)所示。最后，在支点[8,9]进行交叉支点变换，消去耦合 M_{89}，从而在网络右边构成基本的盒形拓扑，此外还可以在支点[9,10]进行交叉支点变换，在网络最右边构成基本盒形拓扑。

(a) 初始的三角元件综合

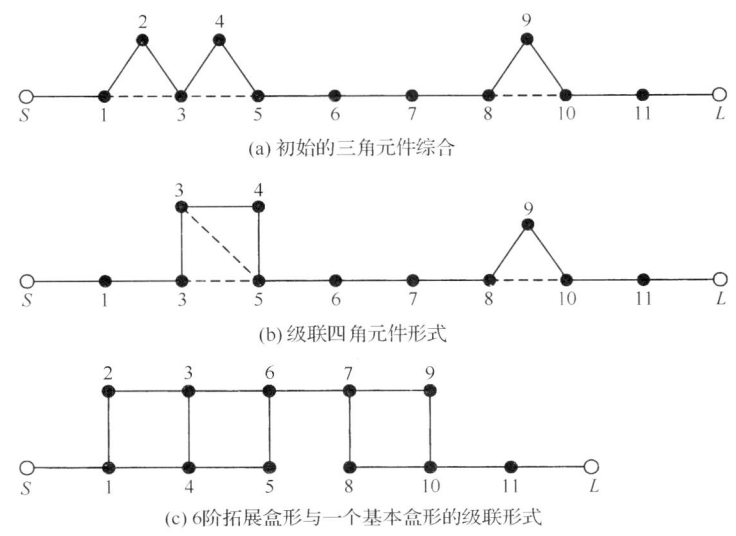

(b) 级联四角元件形式

(c) 6 阶拓展盒形与一个基本盒形的级联形式

图 10.41 级联盒形拓扑的(10-3)网络综合步骤

10.5 小结

第 7 章至第 9 章介绍的综合方法主要基于无耗集总电感、电容、不随频率变化的电抗(FIR)元件，以及不随频率变化的 K 和 J 变换器元件，从而推导出众多折叠形和横向耦合矩阵的滤波器拓扑结构。本章还介绍了两种高级的电路拓扑结构：提取极点型和三角元件拓扑。这两种结构都可以实现一个有限传输零点。同时，它们还可以与滤波器网络中的其他元件级联，扩展微波滤波器可实现的拓扑范围。

高功率滤波器应用中最好避免存在负耦合。这种耦合通常用容性探针来实现，在高功率作用下过热且容易受到影响。运用本章介绍的提取极点方法，可以有效地消除负耦合。它允许在剩余网络综合之前移出有限传输零点(带阻谐振腔实现)。由于传输零点已提取，剩余网络也就无须对角或者直的交叉耦合(没有移出的有限传输零点除外)。本章还介绍了提取极点型网络的综合过程，通过列举多种示例，深入讨论了提取极点型拓扑在三角元件构造中的作用。

在许多更高级的交叉耦合网络拓扑结构中，三角元件具有许多优点。一个三角元件的交叉耦合可以与一个特定的传输零点相对应，并通过耦合矩阵的形式表示。滤波器网络中的三角元件综合非常灵活，且不受位置的限制。在针对耦合矩阵进行旋转变换而最终获得的拓扑中，有些结构是采用折叠形或横向矩阵作为初始矩阵极难获得的。三角元件可以直接实现，或作为其他三角元件级联的一部分，应用于更复杂的网络综合。首先综合级联三角元件，然后运用耦合矩阵变换，进一步重构拓扑。本章接下来阐述了这种方法用于级联三角元件构成级联四角元件、五角元件和六角元件的有效性。最后，通过举例说明了盒形拓扑及其衍生结构——扩展盒形拓扑综合过程的复杂性。

10.6 参考文献

1. Rhodes, J. D. and Cameron, R. J. (1980) General extracted pole synthesis technique with applications to low-loss TE_{011} mode filters. *IEEE Transactions on Microwave Theory and Techniques*, **28**, 1018-1028.
2. Levy, R. (1976) Filters with single transmission zeros at real or imaginary frequencies. *IEEE Transactions on Microwave Theory and Techniques*, **24**, 172-181.
3. Amari, S., Rosenberg, U., and Bornemann, J. (2004) Singlets, cascaded singlets, and the nonresonating node model for advanced modular design of elliptic filters. *IEEE Microwave Wireless Components Letters*, **14**, 237-239.
4. Matthaei, G., Young, L., and Jones, E. M. T. (1980) *Microwave Filters, Impedance Matching Networks and Coupling Structures*, Artech House, Norwood, MA.
5. Rhodes, J. D. (1972) Waveguide bandstop elliptic filters. *IEEE Transactions on Microwave Theory and Techniques*, **20**, 715-718.
6. Cameron, R. J. (1982) General prototype network synthesis methods for microwave filters. *ESA Journal*, **6**, 193-206.
7. Amari, S. and Rosenberg, U. (2004) Direct synthesis of a new class of bandstop filters. *IEEE Transactions on Microwave Theory and Techniques*, **52**, 607-616.
8. Levy, R. and Petre, P. (2001) Design of CT and CQ filters using approximation and optimization. *IEEE Transactions on Microwave Theory and Techniques*, **49**, 2350-2356.
9. Tamiazzo, S. and Macchiarella, G. (2005) An analytical technique for the synthesis of cascaded N-tuplets cross-coupled resonators microwave filters using matrix rotations. *IEEE Transactions on Microwave Theory and Techniques*, **53**, 1693-1698.
10. Bell, H. C. (1982) Canonical asymmetric coupled-resonator filters. *IEEE Transactions on Microwave Theory and Techniques*, **30**, 1335-1340.
11. Stegun, I. A. and Abramowitz, M. (eds) (1970) *Handbook of Mathematical Functions*, Dover Publications, New York.
12. Levy, R. (1995) Direct synthesis of cascaded quadruplet (CQ) filters. *IEEE Transactions on Microwave Theory and Techniques*, **43**, 2939-2944.
13. Yildirim, N., Sen, O. A., Sen, Y. et al. (2002) A revision of cascade synthesis theory covering cross-coupled filters. *IEEE Transactions on Microwave Theory and Techniques*, **50**, 1536-1543.
14. Reeves, T. Van Stigt, N. and Rossiter, C. (2001) *A Method for the Direct Synthesis of General Sections*. IEEE MTT-S International Microwave Symposium Digest, Phoenix, pp. 1471-1474.
15. Reeves, T. and Van Stigt, N. (2002) *A Method for the Direct Synthesis of Cascaded Quintuplets*. IEEE MTT-S International Microwave Symposium Digest, Seattle, pp. 1441-1444.
16. Cameron, R. J., Harish, A. R., and Radcliffe, C. J. (2002) Synthesis of advanced microwave filters without diagonal cross-couplings. *IEEE Transactions on Microwave Theory and Techniques*, **50**, 2862-2872.
17. Cameron, R. J. and Rhodes, J. D. (1981) Asymmetric realizations for dual-mode bandpass filters. *IEEE Transactions on Microwave Theory and Techniques*, **29**, 51-58.
18. Seyfert, F. et al. (2002) *Design of Microwave Filters: Extracting Low Pass Coupling Parameters from Measured Scattering Data*, International Workshop Microwave Filters, Toulouse, France, June 24-26.

附录 A 阻抗和导纳变换器

低通原型滤波器设计用到的电感和电容元件在图 A.1 所述的梯形网络中以串联和并联形式交替排列。在微波滤波器的物理实现中，最好是在整个滤波器结构中使用相同的分布元件（电感或电容），这样可使结构更简单和坚固。使用阻抗或导纳变换器可以实现这一点。

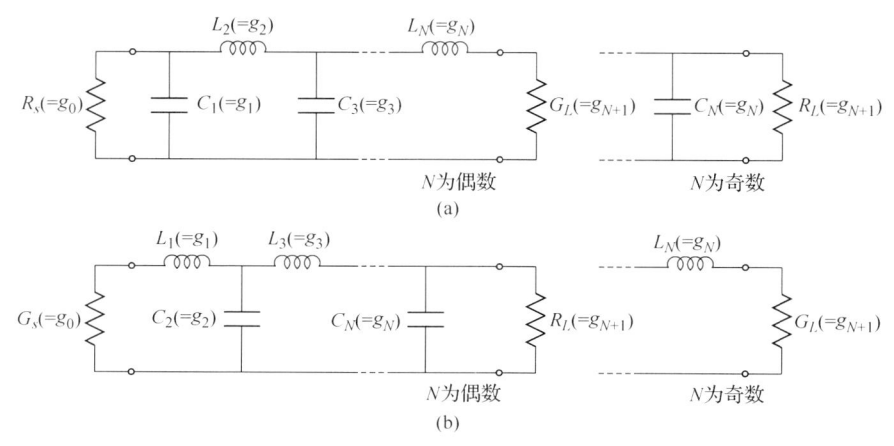

图 A.1　低通原型栅格网络。(a) 首个元件为并联电容；(b) 对偶网络

图 A.2(a)描述了一个阻抗变换器，它等效于一个与阻抗 Z_L 连接的特征阻抗为 $\sqrt{K}$ 的四分之一波长变换器。四分之一波长传输线阻抗变换的关系式为

$$Z_{\text{in}} = \frac{K^2}{Z_L} \tag{A.1}$$

当 $K = 1$ 时，$Z_{\text{in}} = 1/Z_L$；当 $K = \sqrt{Z_L}$ 时 $Z_{\text{in}} = 1$。一端连接的负载阻抗相对于常数变换器是反向的，因此可以通过选择变换器的参数 K 来改变阻抗或导纳值。由于其反相特性，从外部终端看过去，在每侧都有一个变换器的串联电感表现为并联电导。类似地，从外部终端看过去，在每侧都有一个变换器的并联电容表现为串联电感。

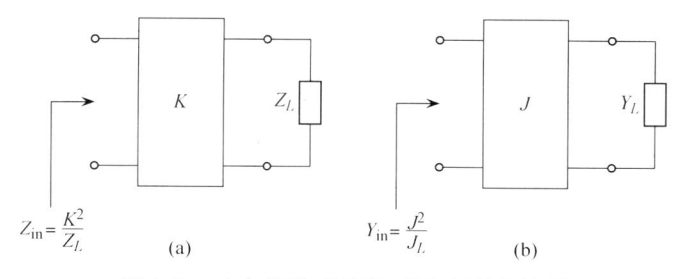

图 A.2　(a) 阻抗变换器；(b) 导纳变换器

图 A.2(b)所示的导纳变换器也具有如下类似关系：

$$Y_{\text{in}} = \frac{J^2}{Z_L} \tag{A.2}$$

A.1 用串联元件实现滤波器

我们使用图 A.3(a)描述的简单二阶原型滤波器来展示变换器在滤波器设计中的应用。滤波器拓扑结构的任何变化必须满足滤波器的传输函数条件。这意味着，当滤波器的拓扑变化时，输入阻抗或导纳必须保持不变。

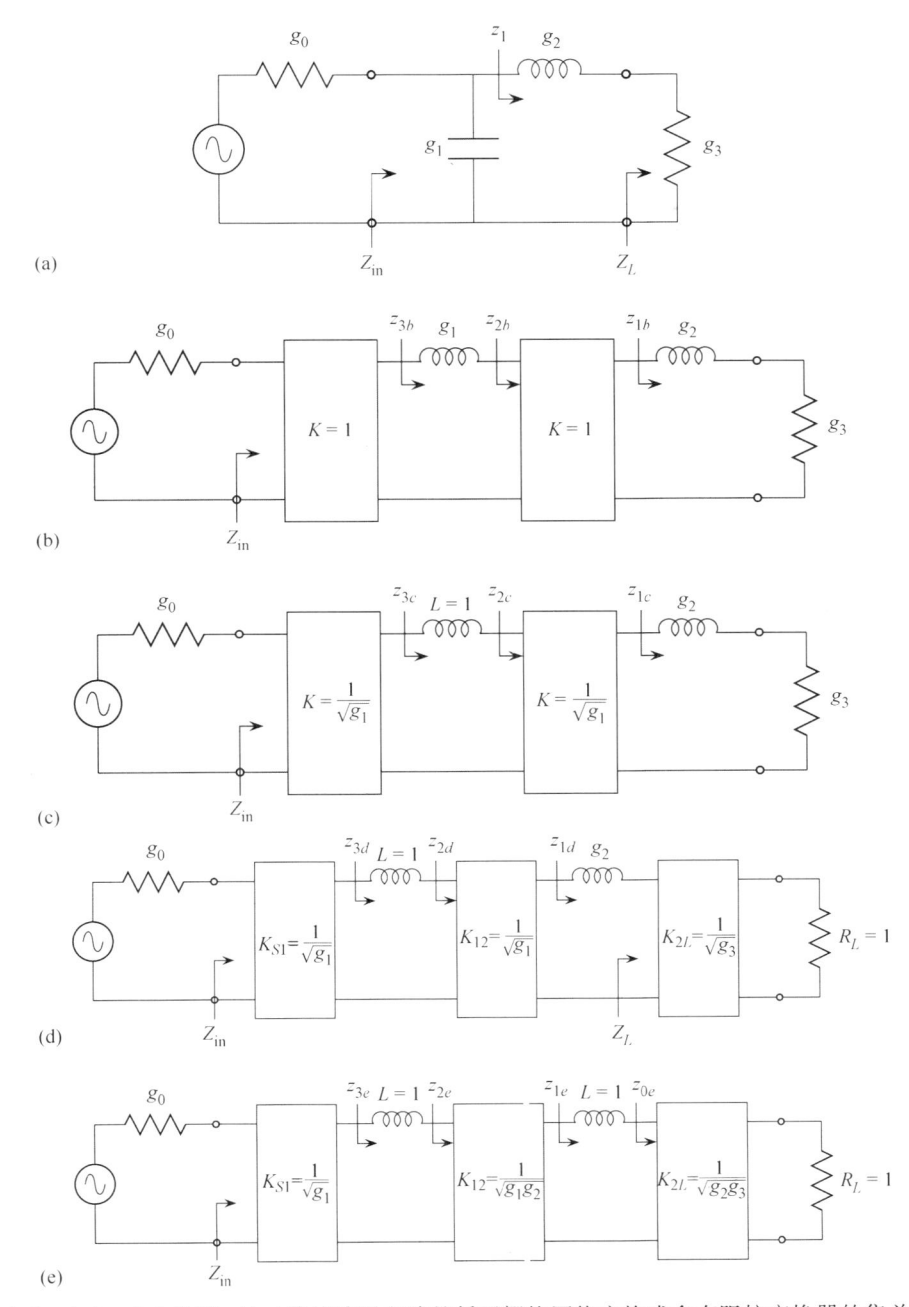

图 A.3 （a）~(e)步骤：从二阶滤波器电路的低通栅格网络变换成含有阻抗变换器的集总原型

牢记这一点，图 A.3(a)所示网络的输入阻抗 Z_{in} 则由下式给出：

$$Z_{in} = \frac{1}{g_1 s + \frac{1}{z_1}} = \frac{1}{g_1 s + \frac{1}{g_2 s + \frac{1}{g_3}}} \qquad (A.3)$$

其中，$z_1 = g_2 s + 1/g_3$。

图 A.3(b)显示了如何将并联电容与它每侧的单位变换器($K=1$)合并，从而转化为等效串联电感电路的过程，其输入阻抗计算如下：

$$z_{1b} = g_2 s + \frac{1}{g_3} \qquad (A.4a)$$

$$z_{2b} = \frac{K^2}{z_{1b}} = \frac{1}{g_2 s + \frac{1}{g_3}} \qquad (A.4b)$$

$$z_{3b} = g_1 s + z_{2b} = g_1 s + \frac{1}{g_2 s + \frac{1}{g_3}} \qquad (A.4c)$$

$$Z_{in} = \frac{K^2}{z_{3b}} = \frac{1}{g_1 s + \frac{1}{g_2 s + \frac{1}{g_3}}} \qquad (A.4d)$$

Z_{in} 的值与式(A.3)给定的值相同，因此确保了原型滤波器的输入阻抗保持不变。

A.2 元件值的归一化

为了使滤波器网络只由串联元件(电感)或并联元件组成，通过选取一个合适的特征阻抗 K，变换器可以将元件值归一化为 1(或任意值)。

图 A.3(c)演示了将元件值 g_1 归一化为 1 的过程，通过在 g_1 的两边选取值为 $K = 1/\sqrt{g_1}$ 的变换器来实现。如上所述，整个输入导纳必须保持不变：

$$z_{1c} = g_2 s + \frac{1}{g_3} \qquad (A.5a)$$

$$z_{2c} = \frac{K^2}{z_{1c}} = \frac{1/g_1}{g_2 s + \frac{1}{g_3}} \qquad (A.5b)$$

$$z_{3c} = s + z_{2c} = s + \frac{1/g_1}{g_2 s + \frac{1}{g_3}} \qquad (A.5c)$$

$$Z_{in} = \frac{K^2}{z_{3c}} = \frac{1/g_1}{s + \frac{1/g_1}{g_2 s + \frac{1}{g_3}}} = \frac{1}{g_1 s + \frac{1}{g_2 s + \frac{1}{g_3}}} \qquad (A.5d)$$

显然，Z_{in} 的值与式(A.3)给定的值相同，仍保持原型滤波器的输入阻抗不变。

附录 A 阻抗和导纳变换器

如果元件值 g_1 的归一化值不必为 1，而是考虑一个任意的电感如 L_1，则 K 值可以改为 $\sqrt{L_1/g_1}$。将 K 值代入式（A.5），可得

$$z_{1c} = g_2 s + \frac{1}{g_3} \tag{A.6a}$$

$$z_{2c} = \frac{K^2}{z_{1c}} = \frac{L_1/g_1}{g_2 s + \frac{1}{g_3}} \tag{A.6b}$$

$$z_{3c} = L_1 s + z_{2c} = L_1 s + \frac{L_1/g_1}{g_2 s + \frac{1}{g_3}} \tag{A.6c}$$

$$Z_{\text{in}} = \frac{K^2}{z_{3c}} = \frac{L_1/g_1}{L_1 s + \frac{L_1/g_1}{g_2 s + \frac{1}{g_3}}} = \frac{1}{g_1 s + \frac{1}{g_2 s + \frac{1}{g_3}}} \tag{A.6d}$$

因此，选取一个与变换器的特征阻抗相称的任意元件值，仍可保持与初始原型滤波器同样的输入阻抗。

下一步是 g_2 的归一化。由于该元件事实上是链路上最末端元件且端接负载阻抗 $1/g_3$，因此操作受到了限制。这也就意味着在元件 g_2 之后引入变换器，必须确保其输入端口的负载阻抗保持不变。这里，选取 $K_{2L} = 1/\sqrt{g_3}$ 来实现，图 A.3(d) 显示了其电路结构。现在可以通过将 g_2 每侧的变换器阻抗值分别修改为 $K_{12} = 1/\sqrt{g_1 g_2}$ 和 $K_{2L} = 1/\sqrt{g_2 g_3}$，将 g_2 归一化为 1，如图 A.3(e) 所示。输入阻抗计算如下：

$$z_{0e} = \frac{K_{2L}^2}{R_L} = \frac{1}{g_2 g_3} \tag{A.7a}$$

$$z_{1e} = s + z_{0e} = s + \frac{1}{g_2 g_3} \tag{A.7b}$$

$$z_{2e} = \frac{K_{12}^2}{z_{1e}} = \frac{\frac{1}{g_1 g_2}}{s + \frac{1}{g_2 g_3}} = \frac{1}{g_1 g_2 s + \frac{g_1}{g_3}} \tag{A.7c}$$

$$z_{3e} = s + z_{2e} = s + \frac{1}{g_1 g_2 s + \frac{g_1}{g_3}} \tag{A.7d}$$

$$Z_{\text{in}} = \frac{K_{S1}^2}{z_{3e}} = \frac{\frac{1}{g_1}}{s + \frac{1}{g_1 g_2 s + \frac{g_1}{g_3}}} = \frac{1}{g_1 s + \frac{1}{g_2 s + \frac{1}{g_3}}} \tag{A.7e}$$

最后一步是归一化源阻抗。可以运用与归一化负载阻抗的相同方法，通过修改首个变换器的特征阻抗为 $K_{S1} = \dfrac{1}{\sqrt{g_0 g_1}}$ 来实现 $R_S = 1$，如图 A.4 所示。注意，在图 A.4 中，从源端看进去的首个变换器的输出终端阻抗，与图 A.3 描述的所有电路中的值是一样的。

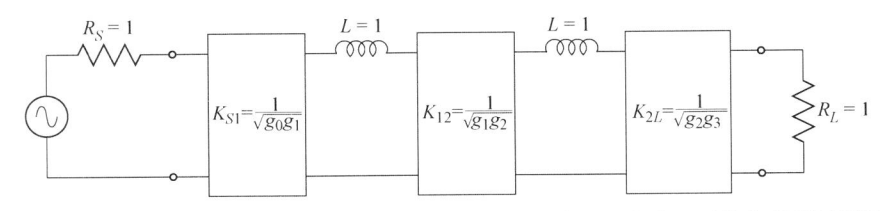

图 A.4 在二阶滤波电路中,利用阻抗变换器将所有元件值归一化为 1 后的集总低通栅格网络

A.3 广义低通原型示例

按照 A.2 中介绍的方法,一般情况下,图 A.5 中介绍的二阶滤波器的任意电感参数 K 可以推导如下:

$$K_{S1} = \sqrt{\frac{R_S L_1}{g_0 g_1}}, \qquad K_{12} = \sqrt{\frac{L_1 L_2}{g_1 g_2}}, \qquad K_{2L} = \sqrt{\frac{R_L L_2}{g_2 g_3}} \qquad (A.8)$$

$$K_{S1} = \frac{1}{\sqrt{g_0 g_1}}, \qquad K_{12} = \frac{1}{\sqrt{g_1 g_2}}, \qquad K_{2L} = \frac{1}{\sqrt{g_2 g_3}} \qquad (A.9)$$

除了终端阻抗归一化为 1,还需要将更多的电感值归一化为 1。变换器的值给定如下:

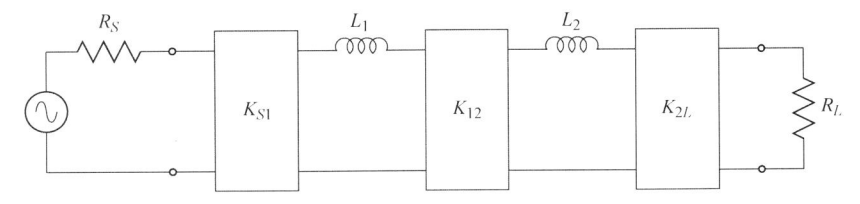

图 A.5 变换器的阻抗和电感为任意值的低通原型电路

运用归纳法,或重复这一过程,一般可将上述方程扩展成图 A.1 所述的一般情况应用。两个任意电感之间变换器的值一般为

$$K_{i,i+1} = \sqrt{\frac{L_i L_{i+1}}{g_i g_{i+1}}} \qquad (A.10)$$

电感值归一化为 1 时则为

$$K_{i,i+1} = \frac{1}{\sqrt{g_i g_{i+1}}} \qquad (A.10)$$

A.3.1 低通原型耦合系数

对于集总电路,耦合系数定义为

$$k_{i,i+1} = \frac{K_{i,i+1}}{\sqrt{L_i L_{i+1}}} = \frac{1}{\sqrt{g_i g_{i+1}}} \qquad (A.11)$$

耦合系数的值是由低通原型滤波器所选择的 g_i 的固定值决定的。这意味着 $K_{i,i+1}$、L_i 和 L_{i+1} 可在保持 $k_{i,i+1}$ 值不变的约束条件下取任意值。如果将电感值归一化为 1,则 $k_{i,i+1} = K_{i,i+1}$。

从物理学的角度讲，K 类似于互感，耦合系数代表了滤波器元件之间所需的能量传递（见图 A.6）。

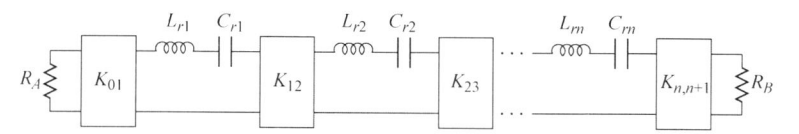

图 A.6　使用串联谐振器和阻抗变换器的带通原型电路

A.4　带通原型

在集总带通原型中，低通到带通的频率变换公式表示为

$$\Omega = \frac{\omega_0}{\Delta\Omega}\left(\frac{\omega}{\omega_0} - \frac{\omega_0}{\omega}\right) \tag{A.12}$$

其中 Ω 为低通域的归一化频率变量，ω 为通带变量。

将电感 L_a 的电抗从低通域变换到带通域，则有

$$\Omega L_a = \frac{\omega_0}{\Delta\omega}\left(\frac{\omega}{\omega_0} - \frac{\omega_0}{\omega}\right)L_a = \frac{L_a\omega}{\Delta\omega} - \frac{L_a\omega_0^2}{\omega\Delta\omega} = L\omega - \frac{1}{C\omega} \tag{A.13}$$

其中

$$L = \frac{L_a}{\Delta\omega}, \quad C = \frac{\Delta\omega}{L_a\omega_0^2}$$

因此，低通域中的电感在带通域中用串联谐振器表示，其电抗为

$$X(\omega) = L\omega - \frac{1}{C\omega}$$

A.4.1　斜率参数

集总低通和带通原型滤波器之间的等效关系是根据电抗的斜率参数来建立的，定义为

$$\mathcal{X} = \frac{\omega_0}{2}\frac{\mathrm{d}X}{\mathrm{d}\omega}\bigg|_{\omega_0} = L\omega_0 = \frac{1}{C\omega_0} \tag{A.14}$$

因此

$$L_a = \mathcal{X}\frac{\Delta\omega}{\omega_0} \tag{A.15}$$

在带通原型滤波器中，斜率参数提供了谐振器谐振频率附近的电抗的量度。将 L_a 的值代入式(A.8)，则 K 的值可计算如下：

$$K_{S1} = \sqrt{\frac{R_A\mathcal{X}_1\mathcal{W}}{g_0g_1}}, \quad K_{12} = \mathcal{W}\sqrt{\frac{\mathcal{X}_1\mathcal{X}_2}{g_1g_2}}, \quad K_{2L} = \sqrt{\frac{R_B\mathcal{X}_2\mathcal{W}}{g_2g_3}} \tag{A.16}$$

其中相对带宽 $\mathcal{W}$ 定义为

$$\mathcal{W} = \frac{\Delta\omega}{\omega_0} = \frac{\Delta f}{f_0}$$

类似的关系也可以用于 J 变换器的推导。

A.4.2 耦合矩阵参数 M

对于第 8 章描述的用于耦合矩阵综合的带通原型结构,其中

(1) 谐振器同步调谐,其中 $\omega_0 = 1$ rad/s;
(2) 相对带宽 $\Delta\omega/\omega_0$ 归一化为 1;
(3) 参数 M 表示谐振器之间的互耦合或电抗。

结合低通域公式(A.13),上述关系表明:模型中所有电感值(L_{a1} 和 L_{a2})都被归一化为 1。

根据式(A.10),这种归一化仅表明 M 由式(A.11)定义的耦合系数导出,因此耦合参数 M 表示为

$$\begin{aligned} M_{01} &= \frac{1}{\sqrt{g_0 g_1}} \\ M_{i,i+1} &= \frac{1}{\sqrt{g_i g_{i+1}}}, \quad i = 1, \cdots, N-1 \\ M_{N,N+1} &= \frac{1}{\sqrt{g_N g_{N+1}}} \end{aligned} \quad (A.17)$$

需要注意的是,式(A.17)适用于图 A.1 描述的原型梯形网络。它表明这种关系式对于巴特沃思和切比雪夫滤波器来说是成立的,可使用解析公式来求得参数 g。对于其他幅度响应单调递增的滤波器函数来说,参数 g 也很容易使用第 7 章的 [ABCD] 矩阵方法得到。对于含有传输零点的滤波器函数,或任意广义滤波器函数,耦合参数 M 是通过第 3 章和第 4 章,以及第 8 章至第 10 章介绍的滤波器函数多项式和耦合矩阵方法综合得到。

A.4.3 带通原型耦合系数

由式(A.13)可知,带通原型的斜率参数 $\mathcal{X}$ 类似于低通原型滤波器的自感或参数 g。根据式(A.13),以及式(A.14)至式(A.16),基于集总谐振器的耦合系数由下式给出:

$$k_{i,i+1} = \frac{K_{i,i+1}}{\sqrt{\mathcal{X}_i \mathcal{X}_{i+1}}} = \mathcal{W} M_{i,i+1} \quad (A.18)$$

不出所料,耦合系数通过带通原型滤波器的相对带宽与低通域中的有关参数一一对应。

需要注意的是,这个耦合系数可以用耦合孔径的物理尺寸来计算。Cohn[1] 等人基于 Bethe 的理想(零厚度)小孔径理论,提出了实际应用中孔径的近似表达式。如文献[2]所述,孔径尺寸也可以通过实验来估算。通过使用第 14 章①描述的电磁方法,这类模型可以变得更精确。

到目前为止,我们已经考虑了集总元件与不随频率发生变化的理想阻抗变换器的结合应用,后者实际并不存在。下一步是将基于集总谐振器的原型模型扩展到包含传输线的谐振器。

---

① 原著的第 14 章在中译本《通信系统微波滤波器——设计与应用篇(第二版)》中。——编者注

A.4.4 传输线谐振器的斜率参数

根据传输线理论，端接负载 Z_T 的无耗传输线的输入阻抗给定为

$$Z_{\text{in}} = Z_0 \frac{Z_T + jZ_0 \tan \beta l}{Z_0 + jZ_T \tan \beta l}$$

其中 Z_T 为终端阻抗，$\beta = 2\pi/\lambda = \omega/c$ 为相位常数，且 l 为传输线长度。

对于一个二分之一波长的串联谐振器，有 $Z_T = 0$，因此输入阻抗为

$$Z_{\text{in}} = jZ_0 \tan \beta l = jX$$

斜率参数计算为（当 $\omega = \omega_0$ 时，$l = \lambda/2$）

$$\mathcal{X} = \frac{\omega_0}{2} \frac{dX}{d\omega}\bigg|_{\omega_0} = \frac{\omega_0}{2} \frac{Z_0 l/c}{\cos^2 \beta l}\bigg|_{\omega_0} = \frac{Z_0 \pi}{2}$$

将此值代入式（A.16），设 $R_A = R_B = Z_0$，并将其扩展到如式（A.10）的一般情况，则归一化变换器的值可计算为

$$\begin{aligned}
\frac{K_{01}}{Z_0} &\approx \sqrt{\frac{\pi \mathcal{W}}{2g_0 g_1}} \\
\frac{K_{i,i+1}}{Z_0} &\approx \frac{\pi \mathcal{W}}{2\sqrt{g_i g_{i+1}}}, \quad i = 1, \cdots, N-1 \\
\frac{K_{N,N+1}}{Z_0} &\approx \sqrt{\frac{\pi \mathcal{W}}{2g_N g_{N+1}}}
\end{aligned} \qquad (\text{A.19})$$

A.4.5 波导谐振器的斜率参数

对于一个半波长波导谐振器，相位常数 β 为

$$\beta = \frac{2\pi}{\lambda_g}$$

其中

$$\lambda_g = \frac{\lambda}{\sqrt{1 - \left(\frac{f_c}{f}\right)^2}} = \frac{\frac{2\pi c}{\omega}}{\sqrt{1 - \left(\frac{\omega_c}{\omega}\right)^2}} = \frac{2\pi c}{\sqrt{\omega^2 - \omega_c^2}}$$

在谐振频率附近，输入阻抗可以近似地表示为

$$Z_{\text{in}} = jZ_0 \tan \beta l = jX$$

斜率参数为

$$\mathcal{X} = \frac{\omega_0}{2} \frac{dX}{d\omega}\bigg|_{\omega_0} = \frac{\omega_0}{2} \frac{d}{d\omega}(Z_0 \tan \beta l)\bigg|_{\omega_0} \approx \frac{Z_0 \omega_0}{2} \frac{1}{\cos^2 \beta l} 2\pi l \frac{d}{d\omega}\left(\frac{1}{\lambda_g}\right)\bigg|_{\omega_0}$$

因为 $l = \lambda_{g0}/2$，所以 $\cos^2 \beta l = 1$ 且

$$\mathcal{X} \approx \frac{\pi Z_0 \omega_0}{2} \lambda_{g0} \frac{d}{d\omega}\left(\frac{1}{\lambda_g}\right)\bigg|_{\omega_0} = Z_0 \frac{\pi}{2} \frac{\lambda_{g0}}{\lambda_0} \frac{d}{d\omega}\left(\sqrt{\omega^2 - \omega_c^2}\right)\bigg|_{\omega_0} = Z_0 \frac{\pi}{2} \left(\frac{\lambda_{g0}}{\lambda_0}\right)^2$$

将该斜率参数的值代入式(A.16)中,归一化变换器的值可计算为

$$\frac{K_{01}}{Z_0} \approx \sqrt{\frac{\pi \mathcal{W}_\lambda}{2g_0g_1}}$$

$$\frac{K_{i,i+1}}{Z_0} \approx \frac{\pi \mathcal{W}_\lambda}{2\sqrt{g_ig_{i+1}}}, \quad i = 1, \cdots, N-1 \quad (A.20)$$

$$\frac{K_{N,N+1}}{Z_0} \approx \sqrt{\frac{\pi \mathcal{W}_\lambda}{2g_Ng_{N+1}}}$$

其中

$$\mathcal{W}_\lambda = \frac{\lambda_{g1} - \lambda_{g2}}{\lambda_{g0}} \approx \mathcal{W}\left(\frac{\lambda_{g0}}{\lambda_0}\right)^2$$

为导波长的相对带宽[1,2]。

利用式(A.17),变换器的值可表示为以下形式:

TEM模: $\quad \dfrac{K_{01}}{Z_0} \approx M_{01}\sqrt{\dfrac{\pi \mathcal{W}}{2}}, \quad \dfrac{K_{i,i+1}}{Z_0} \approx M_{i,i+1}\dfrac{\pi \mathcal{W}}{2}, \quad \dfrac{K_{N,N+1}}{Z_0} \approx M_{N,N+1}\sqrt{\dfrac{\pi \mathcal{W}}{2}}$

TE模: $\quad \dfrac{K_{01}}{Z_0} \approx M_{01}\sqrt{\dfrac{\pi \mathcal{W}_\lambda}{2}}, \quad \dfrac{K_{i,i+1}}{Z_0} \approx M_{i,i+1}\dfrac{\pi \mathcal{W}_\lambda}{2}, \quad \dfrac{K_{N,N+1}}{Z_0} \approx M_{N,N+1}\sqrt{\dfrac{\pi \mathcal{W}_\lambda}{2}}$

$(A.21)$

A.4.6 实际阻抗和导纳变换器

在以上分析过程中,用到的阻抗和导纳变换器都假定是理想的,表现出与频率无关的特性。但这种变换器是不存在的。最简单的变换器是四分之一波长传输线。毋庸置疑,它的变换特性适用于窄带。另外,使用四分之一波长传输线会使滤波器结构变得非常大。在文献[1~3]中已经清晰地描述了由某些不连续形式组成的比较实用的变换器。这种变换器具有双重功能,即在宽带上进行阻抗反演,同时为谐振器的实现提供了一种结构,使实际应用中的微波滤波器结构更加紧凑。

参考文献

1. Cohn, S. B. (1957) Direct-coupled-resonator filters. *Proceedings of the IRE*, **45**, 187-196.
2. Matthaei, G. L., Young, L., and Jones, E. M. T. (1980) *Microwave Filters, Impedance Matching Networks, and Coupling Structures*, Artech House, New Jersey.
3. Collin, R. E. (2000) *Foundations for Microwave Engineering*, 2nd edn, Wiley-IEEE Press, New York.

物 理 常 数

物理常数	值
自由空间光速	$c = 2.998 \times 10^8$ m/s
自由空间介电常数	$\varepsilon_0 = 8.854 \times 10^{-12}$ F/m
自由空间磁导率	$\mu_0 = 4\pi \times 10^{-7}$ H/m
自由空间波阻抗	$\eta_0 = 376.7$ Ω
电子电荷	$e = 1.602 \times 10^{-19}$ C
电子质量	$m = 9.107 \times 10^{-31}$ kg
玻尔兹曼常数	$k = 1.380 \times 10^{-23}$ J/K

一些金属的导电率

材 料	导电率 S/m (20℃)
铝(aluminium)	3.816×10^7
黄铜(brass)	2.564×10^7
青铜(bronze)	1.00×10^7
铬(chromium)	3.846×10^7
紫铜(copper)	5.813×10^7
锗(germanium)	2.2×10^6
黄金(gold)	4.098×10^7
石墨(graphite)	7.0×10^4
铁(iron)	1.03×10^7
水银(mercury)	1.04×10^6
铅(lead)	4.56×10^6
镍(nickel)	1.449×10^7
铂(platinum)	9.52×10^6
银(silver)	6.173×10^7
不锈钢(stainless steel)	1.1×10^6
锡(solder)	7.0×10^6
钨(tungsten)	1.825×10^7
锌(zinc)	1.67×10^7

一些材料的介电常数和损耗角正切

材 料	频率(GHz)	介电常数(ε_r)	损耗角正切($\tan\delta$)
氧化铝(alumina)	10	9.7~10	0.0002
熔凝石英(fused quartz)	10	3.78	0.0001
砷化镓(gallium arsenide)	10	13	0.0016
耐热玻璃(pyrex glass)	3	4.82	0.0054
涂釉陶瓷(glazed ceramic)	10	7.2	0.008
树脂玻璃(plexiglass)	3	2.60	0.0057
聚乙烯(polyethylene)	10	2.25	0.0004
聚苯乙烯(polystyrene)	10	2.54	0.00033
干制陶瓷(porcelain)	100	5.04	0.0078
聚苯乙烯塑料①(rexolite)	3	2.54	0.00048
聚四氟乙烯合成材料②(RT/duriod 5880)	10	2.2	0.0009
聚四氟乙烯合成材料(RT/duriod 6002)	10	2.94	0.0012
聚四氟乙烯合成材料(RT/duriod 6006)	10	6.15	0.0019
聚四氟乙烯合成材料(RT/duriod 6010)	10	10.8	0.0023
硅(silicon)	10	11.9	0.004
泡沫聚苯乙烯(styrofoam)	3	1.03	0.0001
聚四氟乙烯(又称特氟龙)(teflon)	10	2.08	0.0004
凡士林(vaseline)	10	2.16	0.001
蒸馏水(distilled water)	3	76.7	0.157

矩形波导定义

WR-xx型号定义	推荐频率范围(GHz)	TE_{10}截止频率(GHz)	以 in 为单位的内部尺寸（括号内的数据以 cm 为单位）
WR-650	1.12~1.70	0.908	6.500 × 3.250(16.51 × 8.255)
WR-430	1.70~2.60	1.372	4.300 × 2.150(10.922 × 5.461)
WR-284	2.60~3.95	2.078	2.840 × 1.340(7.214 × 3.404)
WR-187	3.95~5.85	3.152	1.872 × 0.872(4.755 × 2.215)
WR-137	5.85~8.20	4.301	1.372 × 0.622(3.485 × 1.580)
WR-112	7.05~10.0	5.259	1.122 × 0.497(2.850 × 1.262)
WR-90	8.20~12.4	6.557	0.900 × 0.400(2.286 × 1.016)
WR-62	12.4~18.0	9.486	0.622 × 0.311(1.580 × 0.790)
WR-42	18.0~26.5	14.047	0.420 × 0.170(1.07 × 0.43)
WR-28	26.5~40.0	21.081	0.280 × 0.140(0.711 × 0.356)
WR-22	33.0~50.5	26.342	0.224 × 0.112(0.57 × 0.28)
WR-19	40.0~60.0	31.357	0.188 × 0.094(0.48 × 0.24)
WR-15	50.0~75.0	39.863	0.148 × 0.074(0.38 × 0.19)
WR-12	60.0~90.0	48.350	0.122 × 0.061(0.31 × 0.015)
WR-10	75.0~110.0	59.010	0.100 × 0.050(0.254 × 0.127)
WR-8	90.0~140.0	73.840	0.080 × 0.040(0.203 × 0.102)
WR-6	110.0~170.0	90.854	0.065 × 0.0325(0.170 × 0.083)
WR-5	140.0~220.0	115.750	0.051 × 0.0255(0.130 × 0.0648)

---

① 美国 C-Lee Plasties 公司生产的一种微波塑料专利产品。

② 美国 Rogers 公司生产的一种聚四氟乙烯合成材料。